算法设计与分析基础
(第 3 版)

(美) Anany Levitin 著
潘 彦 译

清华大学出版社
北 京

内 容 简 介

作者基于丰富的教学经验，开发了一套全新的算法分类方法。该分类法站在通用问题求解策略的高度，对现有大多数算法准确分类，从而引领读者沿着一条清晰、一致、连贯的思路来探索算法设计与分析这一迷人领域。本书作为第 3 版，相对前版调整了多个章节的内容和顺序，同时增加了一些算法，并扩展了算法的应用，使得具体算法和通用算法设计技术的对应更加清晰有序；各章累计增加了 70 道习题，其中包括一些有趣的谜题和面试问题。

本书十分适合用作算法设计和分析的基础教材，也适合任何有兴趣探究算法奥秘的读者使用，只要读者具备数据结构和离散数学的知识即可。

图书在版编目(CIP)数据

算法设计与分析基础/(美)莱维汀(Levitin，A.)著；潘彦译．—3 版．—北京：清华大学出版社，2015(2024.8重印)

书名原文：Introduction to the Design and Analysis of Algorithms

ISBN 978-7-302-38634-6

Ⅰ. ①算…　Ⅱ. ①莱…　②潘…　Ⅲ. ①算法设计　②算法分析　Ⅳ. ①TP301.6

中国版本图书馆 CIP 数据核字(2014)第 279849 号

责任编辑： 文开琪　汤涌涛
封面设计： 杨玉兰
责任校对： 周剑云
责任印制： 刘　菲
出版发行： 清华大学出版社
网　　址：https://www.tup.com.cn，https://www.wqxuetang.com
地　　址：北京清华大学学研大厦 A 座　　邮　　编：100084
社 总 机：010-83470000　　邮　　购：010-62786544
投稿与读者服务：010-62776969，c-service@tup.tsinghua.edu.cn
质量反馈：010-62772015，zhiliang@tup.tsinghua.edu.cn
印 装 者： 艺通印刷（天津）有限公司
经　　销： 全国新华书店
开　　本： 185mm×260mm　　**印　张：** 27.5　　**字　数：** 657 千字
版　　次： 2004 年 6 月第 1 版　2015 年 2 月第 3 版　　**印　次：** 2024 年 8 月第 23 次印刷
定　　价： 69.00 元

产品编号：044086-01

译 者 序

十年前，本书第 1 版面世。

十年后，迎来了第 3 版。

十年不长。作者 Anany Levitin 仍然在维拉诺瓦大学从事算法基础教学，兢兢业业不断更新和完善着这本算法经典教材。清华大学出版社的诸位仍然辛勤耕耘在教材出版的第一线，在行业并不十分景气的情况下，恪守职业尊严，努力为大家奉献一部部优秀的教材和读物。正是由于这些作者、编者多年不变的持续付出，计算机教育事业才有了不断发展下去的动力。

十年也不短。十年前的读者想必已经从莘莘学子成为了企业骨干，很多已经成家立业，事业有成了吧？大家有没有在从事和算法有关的工作？算法学习给大家带来了什么有益的改变？多想听听大家的心声。作为译者本人来说，翻译第 1 版时刚刚三十岁，而现在已过不惑之年。当年接手本书的初衷仅仅是希望提供一本易懂的翻译教材，尽量减少读者阅读的障碍。但实际上，从这本书受益最大的可能还是译者本人。首先，翻译本书的过程提高了自身的综合能力。其次，有机会逐字逐句精读这样一本严谨的教材是一种很好的学术训练，为本人后来的博士生涯增益不少。最后，本人目前从事算法交易，尽管很少用到现成算法，但本书提供的算法专业训练还是使我获益良多。

茫茫历史长河中，一本书的好坏可能并不重要，但如果每个人都能专注做好自己的事情，对人对己就会产生非常有益的影响。捧起本书的读者们，我衷心希望大家认真做事，做正确的事。因为，下一个十年你不会后悔这样的付出。

我要感谢本书原著者，让我有机会和一本好书一起成长。我要感谢第 1、第 2 版的读者，他们通过互联网对本书做出了非常积极的评价，还有读者不吝指出书中的错误，和大家交流非常开心。我要感谢出版社的领导，继续给予我信任，并容忍我并不算快的进度。我还要感谢本书的编辑，她十年如一日，以一贯的严谨为本书提供了质量保证，尽管从未谋面，我想我们已经是老朋友了。我最后要感谢爱人李靓的支持，她理解翻译工作的意义，为我提供了很多实际的帮助。

从作者本版的修订风格来看，第 3 版不会是最后一版，希望我有幸再次为广大读者执起译笔。

祝大家学习顺利！

潘彦

phil_pan@hotmail.com

前　言

一个人在接受科技教育时能得到的最珍贵的收获是能够终身受用的通用智能工具。①

——乔治·福赛思

无论是计算科学还是计算实践，算法都在其中扮演着重要角色。因此，这门学科中出现了大量的教材。它们在介绍算法的时候，基本上都选择了以下两种方案中的一种。第一种方案是按照问题的类型对算法进行分类。这类教材安排了不同的章节分别讨论排序、查找、图等算法。这种做法的优点是，对于解决同一问题的不同算法，它能够立即比较这些算法的效率。其缺点在于，由于过于强调问题的类型，它忽略了对算法设计技术的讨论。

第二种方案围绕着算法设计技术来组织章节。在这种结构中，即使算法来自于不同的计算领域，如果它们采用了相同的设计技术，就会被编成一组。从各方(例如[BaY95])获得的信心使我相信，这种结构更适合于算法设计与分析的基础课程。强调算法设计技术有三个主要原因。第一，学生们在解决新问题时，可以运用这些技术设计出新的算法。从实用的角度看，这使得学习算法设计技术颇有价值。第二，学生们会试图按照算法的内在设计方法对已知的众多算法进行分类。计算机科学教育的一个主要目的，就是让学生们知道如何发掘不同应用领域的算法间的共性。毕竟，每门学科都会倾向于把它的重要主题归纳为几个甚至一个规则。第三，依我看来，算法设计技术作为问题求解的一般性策略，在解决计算机领域以外的问题时，也能发挥相当大的作用。

遗憾的是，无论是从理论还是从教学的角度，传统的算法设计技术分类法都存在一些严重的缺陷。其中最显著的缺陷就是无法对许多重要的算法进行分类。由于这种局限性，这些书的作者不得不在按照设计技术进行分类的同时，另外增加一些章节来讨论特殊的问题类型。但这种改变导致课程缺乏一致性，而且很可能会使学生感到迷惑。

算法设计技术的新分类法

传统算法设计技术分类法的缺陷令我感到失望，它激发我开发一套新的分类法([Lev99])，这套分类法就是本书的基础。以下是这套新分类法的几个主要优势。

- 新分类法比传统分类法更容易理解。它包含的某些设计策略，例如蛮力法、减治法、变治法、时空权衡和迭代改进，几乎从不曾被看作重要的设计范例。
- 新分类法很自然地覆盖了许多传统方法无法分类的经典算法(欧几里得算法、堆排序、查找树、散列法、拓扑排序、高斯消去法、霍纳法则等，不胜枚举)。所以，新分类法能够以一种连贯的、一致的方式表达这些经典算法的标准内容。
- 新分类法很自然地容纳了某些设计技术的重要变种(例如，它能涵盖减治法的 3 个

① 译注：出自 *What to do till the computer scientist comes*(1968)。乔治·福赛思(George Forsythe，1917—1972)是一名数学家，他认为最重要的三大工具依次是自然语言、数学和计算机科学。

变种和变治法的 3 个变种)。

- 在分析算法效率时，新分类法与分析方法结合得更好(参见附录 B)。

设计技术作为问题求解的一般性策略

在本书中，主要将设计技术应用于计算机科学中的经典问题(这里唯一的创新是引入了一些数值算法的内容，我们也是用同样的通用框架来表述这些算法的)。但把这些设计技术看作问题求解的一般性工具时，它们的应用就不仅限于传统的计算问题和数学问题了。有两个因素令这一点变得尤其重要。第一，越来越多的计算类应用超越了它们的传统领域，并且有足够的理由使人相信，这种趋势会愈演愈烈。第二，人们渐渐认识到，提高学生们的问题求解能力是高等教育的一个主要目标。为了满足这个目标，在计算机科学课程体系中安排一门算法设计和分析课程是非常合适的，因为它会告诉学生如何应用一些特定的策略来解决问题。

虽然我并不建议将算法设计和分析课程变成一门教授一般性问题求解方法的课程，但我深信，我们不应错过算法设计和分析课程提供的这样一个独一无二的机会。为了这个目标，本书包含了一些和谜题相关的应用。虽然利用谜题来教授算法课程绝不是我的创新，但本书打算通过引进一些全新的谜题来系统地实现这个思路。

如何使用本书

我的目标是写一本既不泛泛而谈，又可供学生们独立阅读的教材。为了实现这个目标，本书做了如下努力。

- 根据乔治·福赛思的观点(参见前面的引文)，我试图着重强调隐藏在算法设计和分析背后的主要思想。在选择特定的算法来阐述这些思想的时候，我并不倾向于涉及大量的算法，而是选择那些最能揭示其内在设计技术或分析方法的算法。幸运的是，大多数经典算法满足这个要求。
- 第 2 章主要分析算法的效率，该章将分析非递归算法的方法和分析递归算法的典型方法区别开来。这一章还花了一些篇幅介绍算法经验分析和算法可视化。
- 书中系统地穿插着一些面向读者的提问。其中有些问题是经过精心设计的，而且答案紧随其后，目的是引起读者的注意或引发疑问。其余问题的用意是防止读者走马观花，不能充分理解本书的内容。
- 每一章结束时都会对本章最重要的概念和结论做一个总结。
- 本书包含 600 多道习题。有些习题是为了给大家练习，另外一些则是为了指出书中正文部分所涉及内容的重要意义，或是为了介绍一些书中没有涉及的算法。有一些习题利用了因特网上的资源。较难的习题数量不多，会在教师用书中用一种特殊的记号标注出来(因为有些学生可能没有勇气做那些有难度标注的习题，所以本书没有对习题标注难度)。谜题类的习题用一种特殊的图标做标注。
- 本书所有的习题都附有提示。除了编程练习，习题的详细解法都能够在教师资源中找到。请发送邮件到 coo@netease.com，申请教师相关资源(也可联系培生公司的当地销售代表，或者访问 *www.pearsonhighered.com/irc*)。本书的任何读者都可以在 CS 支持网站 *http://cssupport.pearsoncmg.com* 上找到 PowerPoint 格式的幻灯片文件。如果对算法有兴趣，欢迎加入 QQ 群“算法学习交流”，群号：425283001。

第 3 版的变化

第 3 版有若干变化。其中最重要的变化是介绍减治法和分治法的先后顺序。第 3 版会先介绍减治法，后介绍分治法，这样做有以下几个优点。

- 较之分治法，减治法更简单。
- 在求解问题方面，减治法应用更广。
- 这样的编排顺序便于先介绍插入排序，后介绍合并排序和快速排序。
- 数组划分的概念通过选择性问题引入，这次利用 Lomuto 算法的单向扫描来实现，而将 Hoare 划分方法的双向扫描留至后文与快速排序一并介绍。
- 折半查找归入介绍减常量算法的章节。

另一个重要变化是重新编排第 8 章关于动态规划的内容，具体如下所述。

- 导述部分的内容是全新的。在前两版中用计算二项式系数的例子来引入动态规划这一重要技术，但在第 3 版中会介绍 3 个基础性示例，这样介绍的效果更好。
- 8.1 节的习题是全新的，包括一些在前两版中没有涉及的流行的应用。
- 第 8 章其他小节的顺序也做了调整，以便达到由浅入深、循序渐进的效果。

此外，还有其他一些变化。增加了不少与本书所述算法相关的应用。遍历图算法不再随减治法介绍，而是纳入蛮力算法和穷举查找的范畴，我认为这样更合理。在介绍生成组合对象的算法时，新增了格雷码算法。对求解最近对问题的分治法有更深入的探讨。改进的内容包括算法可视化和求解旅行商问题的近似算法，当然参考文献也有相应的更新。

第 3 版一共新增约 70 道习题，其中涉及算法谜题和面试问题。

先修课程

本书假定读者已经学习了离散数学的标准课程和一门基础性的编程课程。有了这样的知识背景，读者应该能够掌握本书的内容而不会遇到太大的困难。尽管如此，1.4 节、附录 A 和附录 B 仍然对基本的数据结构以及必须用到的求和公式与递推关系分别进行复习和回顾。只有 3 个小节(2.2 节、11.4 节和 12.4 节)会用到一些简单的微积分知识，如果读者缺少必要的微积分知识，完全可以跳过这 3 个涉及微积分的小节，这并不妨碍对本书其余部分的理解。

课程进度安排

如果打算开设一门围绕算法设计技术来讲解算法设计和分析理论的基础课程，可以采用本书作为教材。但要想在一个学期内完成该课程，本书涵盖的内容可能过于丰富了。大体上来说，跳过第 3～12 章的部分内容不会影响读者对后面部分的理解。本书的任何一个部分都可以安排学生自学。尤其是 2.6 节和 2.7 节，它们分别介绍了经验分析和算法可视化，这两小节的内容可以结合课后练习①布置给学生。

下面给出了针对一个学期课程的教学计划，这是按照 40 课时的集中教学来设计的。

课 次	主 题	小 节
1	课程简介	1.1～1.3
2，3	分析框架；常用符号 O 、Θ 和 Ω	2.1，2.2
4	非递归算法的数学分析	2.3
5，6	递归算法的数学分析	2.4，2.5(+附录 B)
7	蛮力算法	3.1，3.2(+3.3)
8	穷举查找	3.4
9	深度优先查找和广度优先查找	3.5
10～11	减一算法：插入排序、拓扑排序	4.1，4.2
12	折半查找和其他减常量算法	4.4
13	减变量算法	4.5
14～15	分治法：合并排序、快速排序	5.1～5.2
16	其他分治法示例	5.3、5.4 或 5.5
16	减变量算法	5.6
17～19	实例化简：预排序、高斯消去法、平衡查找树	6.1～6.3
20	改变表现：堆和堆排序或者霍纳法则和二进制幂	6.4 或 6.5
21	问题化简	6.6
22～24	时空权衡：串匹配、散列法、B 树	7.2～7.4
25～27	动态规划算法	8.1～8.4(选 3 节)
28～30	贪婪算法：Prim 算法、Kruskal 算法、Dijkstra 算法、哈夫曼算法	9.1～9.4
31～33	迭代改进算法	10.1～10.4(选 3 节)
34	下界的参数	11.1
35	决策树	11.2
36	*P*、*NP* 和 *NP* 完全问题	11.3
37	数值算法	11.4(+12.4)
38	回溯法	12.1
39	分支界限法	12.2
40	*NP* 困难问题的近似算法	12.3

① 译注："练习"的原文为 project，一般应该翻译成"项目"，但国外一般将布置在课后完成的、较大型的、要求实际演练的习题称为 project，国内没有相应的称呼，所以姑且译为"练习"。

致谢

我要向本书的评审表达衷心的感谢，还要感谢本书前两版的许多读者，他们提供了许多宝贵的意见和建议，帮助本书得以改进和完善。本书第 3 版尤其得益于下列人士的评审，包括 Andrew Harrington(芝加哥洛约拉大学)、David Levine(圣文德大学)、Stefano Lombardi(加州大学河滨分校)、Daniel McKee(宾州曼斯菲尔德大学)、Susan Brilliant(弗吉尼亚州立联邦大学)、David Akers(普及海湾大学)以及两名匿名评审。

我要感谢培生出版社所有为本书付出不懈努力的工作人员和相关人士。尤其要感谢本书编辑 Matt Goldstein、编务助理 Chelsea Bell、市场经理 Yez Alayan 和产品总监 Kayla Smith-Tarbox。我还要感谢 Richard Camp 为本书审稿，Windfall Software 的 Paul Anagnostopoulos 和 Jacqui Scarlott 为本书排版并提供项目管理支持，以及 MaryEllen Oliver 为本书进行校对。

最后，我要感谢两位家人。另一半整天都在写书比自己本人写书更让人崩溃，我的妻子 Maria 已容忍我多年并任劳任怨地帮助我，本书 400 多幅插图以及教师手册都是凭她一己之力完成的。女儿 Miriam 是我多年的英语老师，她不但阅读了本书大量篇幅，还帮我为每章找到了合适的名人名言。

Anany Levitin
anany.levitin@villanova.edu

目　录

第 1 章 绪　　论

有两种思想，就像摆放在天鹅绒上的宝石那样熠熠生辉，一个是微积分，另一个就是算法。微积分以及在微积分基础上建立起来的数学分析体系造就了现代科学，而算法则造就了现代世界。[①]

——大卫·柏林斯基

为什么要学习算法？如果你想成为一名计算机专业人士，无论从理论还是从实践的角度，学习算法都是必需的。从实践的角度来看，我们必须了解计算领域中不同问题的一系列标准算法。此外，我们还要具备设计新算法和分析其效率的能力。从理论的角度来看，对算法的研究(有时称为**“算法学”**，英文为 algorithmics)已经被公认为是计算机科学的基石。大卫·哈雷尔(David Harel)写了一本非常好的书，他直截了当地将其命名为《算法学——计算精髓》(*Algorithmics: the Spirit of Computing*)。书中是这样阐述这个问题的：

算法不只是计算机科学的一个分支。它是计算机科学的核心。而且，可以毫不夸张地说，它与绝大多数科学、商业和技术都密切相关。([Har92]，p. 6)

即使不是计算机相关专业的学生，学习算法的理由也是非常充分的。坦率地说，没有算法，就没有计算机程序。而且，随着计算机日益渗透到我们日常工作和生活的方方面面，需要学习算法的人也越来越多。

学习算法的另一个理由是可以用它来培养人们的分析能力。毕竟，算法可以看作解决问题的一类特殊方法——它虽然不是问题的答案，但它是经过准确定义以获得答案的过程。因此，无论是否涉及计算机，特定的算法设计技术都能看作问题求解的有效策略。当然，算法思想天生固有的精确性限制了它能够解决的问题种类。例如，我们找不到一种使人幸福快乐的算法，也找不到一种使人功成名就的算法。但另一方面，从教育角度来看，这种必要的精确性却是很重要的。唐纳德·克努特(Donald Knuth)，算法学历史上最卓越的计算机科学家之一，是这样论述这个问题的：

受过良好训练的计算机科学家知道怎样处理算法：如何构造算法、操作算法、理解算法以及分析算法。这些知识远不止为了写出良好的计算机程序而准备的。算法是一种一般性的智能工具，它必定有助于我们对其他学科的理解，不管是化学、语言学或音乐，还是其他学科。为什么算法会有这种作用呢？我们可以这样理解：人们常说，一个人只有把知识教给别人，才能真正掌握它。实际上，一个人只有把知识教给“计算机”，才能“真正”掌握它，也就是说，将知识表述为一种算法……比起简单按照常规去理解事物，尝试用算法将其形式化能使我们的理解更加深刻。([Knu96]，p. 9)

---

① 译注：引自《算法的诞生》(*The Advent of the Algorithm*，2000)，作者是大卫·柏林斯基(David Berlinski)，他的另一部代表作是《微积分之旅》。

我们从 1.1 节开始涉及算法的概念。作为例子，我们将针对同一问题(求最大公约数)使用三种不同的算法。这样做有几个理由。首先，这是大家在中学时代就非常熟悉的问题。其次，它揭示了一种重要的观点：同样的问题往往能用多种算法来解决。这三种算法之所以具有典型意义，是因为它们的解题思路不同，复杂程度不同，解题效率也各不相同。再次，我希望将其中一种算法作为本书最先介绍的算法，这不仅因为它历史悠久(早在两千多年前它就出现在了欧几里得的著作中)，还因为它不朽的力量和重要性。最后，对这三种算法的研究，能使我们从总体上观察一种算法通常具有的若干重要特性。

1.2 节讲述算法解题的分析和计算问题。我们将讨论有关算法设计和分析的一些重要内容。内容涉及算法解题的不同方面，包括问题的分析、如何正确表述算法以及算法的效率分析。这一节不能传授秘方为任意问题设计算法。这是一个公认的事实，即这种秘方是不存在的。但当大家日后进行自己的算法设计和分析工作时，肯定会用到 1.2 节的内容。

1.3 节专门讨论几种重要的问题类型。经验证明，无论对于算法教学还是对于算法应用，这些问题类型都是极其重要的。实际上，有些教材(例如[Sed88])就是围绕这些问题类型来组织内容的。尽管包括我在内的许多人都认为围绕算法设计技术来组织内容更有优势，但无论如何，了解这些重要的问题类型都是十分必要的。一是因为这些类型是实际应用中最常见的，二是由于本书从头到尾都会用它们来演示一些特殊的算法设计技术。

1.4 节回顾基本的数据结构。安排这一节的目的与其说是为了讨论这方面的内容，还不如说是希望把它作为读者的参考材料。如果需要了解更详细的内容，可以参考很多关于该主题的优秀书籍，其中大多数都是和某一种编程语言相关的。

1.1 什么是算法

虽然对于这个概念没有一个大家公认的定义，但我们对它的含义还是有基本共识的：

算法(algorithm)是一系列解决问题的明确指令，也就是说，对于符合一定规范的输入，能够在有限时间内获得要求的输出。

这个定义可以用一幅简单的图(图 1.1)来说明。

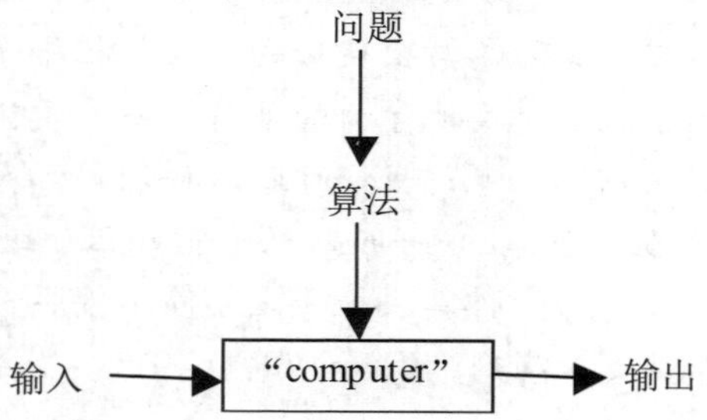

图 1.1 算法的概念

定义中使用了"指令"这个词，这意味着有人或物能够理解和执行所给出的命令，我们将这种人或物称为 computer。请记住，在电子计算机发明以前，computer 是指那些从事数学计算的人。现在，computer 当然是特指那些做每件事情都越发不可或缺的、无所不在的电子设备。但要注意的是，虽然绝大多数算法最终要靠计算机来执行，但算法概念本身并不依赖于这样的假设。

为了阐明算法的概念，本节将以三种方法为例来解决同一个问题，即计算两个整数的最大公约数。这些例子会帮助我们阐明以下要点。

- 算法的每一个步骤都必须没有歧义，不能有半点儿含糊。
- 必须认真确定算法所处理的输入的值域。
- 同一算法可以用几种不同的形式来描述。
- 同一问题，可能存在几种不同的算法。
- 针对同一问题的算法可能基于完全不同的解题思路，而且解题速度也会有显著不同。

还记得最大公约数的定义吗？两个不全为 0 的非负整数 m 和 n 的最大公约数记为 $\gcd(m, n)$，代表能够整除(即余数为 0)m 和 n 的最大正整数。古希腊数学家、亚历山大港的欧几里得(公元前 3 世纪)所著的《几何原本》，以系统论述几何学而著称，在其中的一卷里，他简要描述了一个最大公约数算法。用现代数学的术语来表述，**欧几里得算法**(Euclid's algorithm)采用的方法是重复应用下列等式，直到 $m \bmod n$ 等于 0。

$$\gcd(m, n) = \gcd(n, m \bmod n) \qquad (m \bmod n \text{ 表示 } m \text{ 除以 } n \text{ 之后的余数})$$

因为 $\gcd(m, 0) = m$(为什么？)，m 最后的取值也就是 m 和 n 的初值的最大公约数。

举例来说，gcd(60, 24)可以这样计算：

$$\gcd(60, 24) = \gcd(24, 12) = \gcd(12, 0) = 12$$

如果你对这个算法还没有足够的认识，可以做本节习题第 6 题，试着求一些较大数的最大公约数。

下面是该算法的一个更加结构化的描述：

用于计算 gcd(m, n)的欧几里得算法

第一步：如果 $n = 0$，返回 m 的值作为结果，同时过程结束；否则，进入第二步。

第二步：m 除以 n，将余数赋给 r。

第三步：将 n 的值赋给 m，将 r 的值赋给 n，返回第一步。

我们也可以使用伪代码来描述这个算法：

```
算法  Euclid(m, n)
      //使用欧几里得算法计算 gcd(m, n)
      //输入：两个不全为 0 的非负整数 m，n
      //输出：m，n 的最大公约数
      while n ≠ 0 do
         r ← m mod n
         m ← n
         n ← r
      return m
```

我们怎么知道欧几里得算法最终一定会结束呢？通过观察，我们发现，每经过一次循环，参加运算的两个算子中的后一个都会变得更小，而且绝对不会变成负数。确实，下一次循环时，n 的新值是 $m \bmod n$，这个值总是比 n 小。所以，第二个算子的值最终会变成 0，此时，这个算法也就结束了。

就像其他许多问题一样，最大公约数问题也有多种算法。让我们看看解这个问题的另外两种方法。第一个方法只基于最大公约数的定义：m 和 n 的最大公约数就是能够同时整除它们的最大正整数。显然，这样一个公约数不会大于两数中的较小者，因此，我们先有：$t = \min\{m, n\}$。我们现在可以开始检查 t 是否能够整除 m 和 n：如果能，t 就是最大公约数；如果不能，我们就将 t 减 1，然后继续尝试(我们如何确定该算法最终一定会结束呢？)。例如，对于 60 和 24 这两个数来说，该算法会先尝试 24，然后是 23，这样一直尝试到 12，算法就结束了。

用于计算 gcd(m, n)的连续整数检测算法

第一步：将 $\min\{m, n\}$的值赋给 t。

第二步：m 除以 t。如果余数为 0，进入第三步；否则，进入第四步。

第三步：n 除以 t。如果余数为 0，返回 t 的值作为结果；否则，进入第四步。

第四步：把 t 的值减 1。返回第二步。

注意，和欧几里得算法不同，按照这个算法的当前形式，当它的一个输入为 0 时，计算出来的结果是错误的。这个例子说明了为什么必须认真、清晰地规定算法输入的值域。

求最大公约数的第三种过程，我们应该在中学时代就很熟悉了。

中学时计算 gcd(m, n)的过程

第一步：找到 m 的所有质因数。

第二步：找到 n 的所有质因数。

第三步：从第一步和第二步求得的质因数分解式中找出所有的公因数(如果 p 是一个公因数，而且在 m 和 n 的质因数分解式分别出现过 p_m 和 p_n 次，那么应该将 p 重复 $\min\{p_m, p_n\}$次)。

第四步：将第三步中找到的质因数相乘，其结果作为给定数字的最大公约数。

这样，对于 60 和 24 这两个数，我们得到：

$$60 = 2\times2\times3\times5$$
$$24 = 2\times2\times2\times3$$
$$\gcd(60, 24) = 2\times2\times3 = 12$$

虽然学习这个方法的那段中学时光是令人怀念的，但我们仍然注意到，第三个过程比欧几里得算法要复杂得多，也慢得多(下一章中，我们将会讨论对算法运行时间进行求解和比较的方法)。撇开低劣的性能不谈，以这种形式表述的中学求解过程还不能称为一个真正意义上的算法。为什么？因为其中求质因数的步骤并没有明确定义：该步骤要求得到一个质因数的列表，但我们十分怀疑中学里是否曾教过如何求这样一个列表。必须承认，这并不是鸡蛋里挑骨头。除非解决了这个问题，否则我们不能下结论说，能够写一个实现这个过程的程序。顺便说一句，第三步也没有定义清楚。当然，它的不明确性要比求质因数的步骤更容易纠正一些。想想我们是如何求两个有序列表的公共元素的。

所以，我们要介绍一个简单的算法，用来产生一个不大于给定整数 n 的连续质数序列。它很可能是古希腊人发明的，称为“**埃拉托色尼筛选法**”①(sieve of Eratosthenes)。该算法一开始初始化一个 2～n 的连续整数序列，作为候选质数。然后，在算法的第一个循环中，它将类似 4 和 6 这样的 2 的倍数从序列中消去。然后，它指向列表中的下一个数字 3，又将其倍数消去(我们这里的做法过于直接，增加了不必要的开销。因为有一些数字，拿 6 来说吧，被消去了不止一次)。不必处理数字 4，因为 4 本身和它的倍数都是 2 的倍数，它们已经在前面的步骤中被消去了。第三步处理序列中剩下的下一个元素 5。该算法以这个方式不断做下去，直到序列中已经没有可消的元素为止。序列中剩下的整数就是我们要求的质数。

作为一个例子，我们尝试用这个算法找出 n 不大于 25 的质数序列。

2	3	4	5	6	7	8	9	10	11	12	13	14	15	16	17	18	19	20	21	22	23	24	25
2	3		5		7		9		11		13		15		17		19		21		23		25
2	**3**		5		7				11		13				17		19				23		25
2	3		**5**		7				11		13				17		19				23		

对于这个例子来说，更多步骤已经多余了，因为它们只会消去在算法的前面循环中已经消去的数字。序列中剩下的数字就是小于等于 25 的连续质数。

其倍数仍未消去的最大数 p 应该满足什么条件呢②？在回答这个问题之前，我们先要注意到：如果当前步骤中，我们正在消去 p 的倍数，那么第一个值得考虑的倍数是 $p\times p$，因为其他更小的倍数 $2p$，…，$(p-1)\ p$ 已经在先前的步骤中从序列里消去了。了解这个事实可以帮助我们避免多次消去相同的数字。显然，$p\times p$ 不会大于 n，p 也不会大于 $\sqrt{n}$ 向下取整的值(记作 $\lfloor\sqrt{n}\rfloor$③，称为“**向下取整函数**”)。在下面这段伪代码中，我们假设有一个函数可以计算 $\lfloor\sqrt{n}\rfloor$，当然，我们也能以不等式 $p\times p\leqslant n$ 作为判断循环是否继续的条件。

算法　Sieve(n)

```
//实现“埃拉托色尼筛选法”
//输入：一个正整数 n > 1
//输出：包含所有小于等于 n 的质数的数组 L
  for p ← 2 to n do A[p] ← p
  for p ← 2 to ⌊√n⌋ do      //参见伪代码前的说明
    if A[p] ≠ 0        //p 没有被前面的步骤消去
      j ← p * p
      while j ≤ n do
        A[j] ← 0       //将该元素标记为已经消去
        j ← j + p
  //将 A 中剩余的元素复制到质数数组 L 中
```

① 译注：埃拉托色尼出生于昔勒尼(在今利比亚)，此算法诞生于约公元前 200 年。

② 译注：p 以后，消去过程就可以停止了。

③ 译注：舍去小数部分后的整数值。

```
i ← 0
for p ← 2 to n do
    if A[p] ≠ 0
        L[i] ← A[p]
        i ← i + 1
return L
```

这样就能够将“埃拉托色尼筛选法”应用在中学时的求解过程中了，我们得到了一个计算两个正整数的最大公约数的正规算法。注意，还必须关注其中一个输入参数为 1 或者两个都为 1 的情况：因为严格来讲，数学家并不认为 1 是一个质数，所以这个方法是无法处理这种输入的。

在结束本节之前，还需要做一些说明。虽然我们这里举的例子有一些数学味道，但当今所使用的大多数算法(即使是那些已经应用于计算机程序的算法)都不涉及数学问题。大家可以看到，无论是工作中还是生活中，算法每天都在帮助我们处理各种事务。算法在当今社会是无所不在的，它是信息时代的魔术引擎，希望这个事实能够使大家下定决心，深入学习算法课程。

习题 1.1

1. 研究一下 al-Khorezmi(或者称为 al-Khwarizmi，译名为阿尔·花剌子模)，“算法”(algorithm)一词起源于这个人的名字。研究过程中我们还会发现，“算法”一词的起源和“代数”(algebra)一词的起源是相同的。

2. 如果告诉你，设立美国专利体系的基本目的是促进“有用的技术”，那么你认为算法在这个国家能够申请到专利吗？算法是否应该允许申请专利呢？

3. **a.** 按照算法要求的精确性写出你从学校到家里的驾驶指南。

b. 按照算法要求的精确性写出你最喜欢的菜的烹饪方法。

4. 设计一个计算 $\lfloor \sqrt{n} \rfloor$ 的算法，n 是任意正整数。除了赋值和比较运算，该算法只能用到基本的四则运算操作。

5. 设计一个算法，在已经排序的两个列表中，找出所有相同的元素。例如，列表 2, 5, 5, 5 和 2, 2, 3, 5, 5, 7，应该输出 2, 5, 5。如果给定的两个列表的长度分别为 m 和 n，你设计的算法的最大比较次数是多少？

6. **a.** 用欧几里得算法求 gcd(31415, 14142)。

b. 用欧几里得算法求 gcd(31415, 14142)，速度是检查 $\min\{m, n\}$ 和 $\gcd(m, n)$ 间连续整数的算法的多少倍？请估算一下。

7. 证明等式 $\gcd(m, n) = \gcd(n, m \bmod n)$ 对每一对正整数 (m, n) 都成立。

8. 对于第一个数小于第二个数的一对数字，欧几里得算法将会如何处理？该算法在处理这种输入的过程中，上述情况最多会发生几次？

9. **a.** 对于所有 $m \geqslant 1$，$n \leqslant 10$ 的输入，欧几里得算法最少要做几次除法？

b. 对于所有 $m \geqslant 1$，$n \leqslant 10$ 的输入，欧几里得算法最多要做几次除法？

10. **a.** 在欧几里得的书里，欧几里得算法用的不是整数除法，而是减法。请用伪代码描述这个版本的欧几里得算法。

b. **欧几里得游戏**(参见[Bog])　一开始，板上写有两个不相等的正整数。两个玩家交替写数字，每一次，当前玩家都必须在板上写出任意两个板上数字的差，而且这个数字必须是新的，也就是说，不能与板上任何一个已有的数字相同。当玩家再也写不出新数字时，他就输了。请问，你是选择先行动还是后行动呢？

11. **扩展欧几里得算法**　不仅能够求出两个正整数 m 和 n 的最大公约数 d，还能求出两个整数 x 和 y(不一定为正)，使得 $mx + ny = d$。

a. 在参考资料中查阅扩展欧几里得算法的描述(参见[KnuI])，然后任选一种语言实现它。

b. 改写上述程序以对丢番图方程 $ax + by = c$ 求解，系数 a，b，c 为任意整数。

12. **带锁的门**　在走廊上有 n 个带锁的门，从 1 到 n 依次编号。最初所有的门都是关着的。我们从门前经过 n 次，每一次都从 1 号门开始。在第 i 次经过时($i = 1, 2, \cdots, n$)我们改变 i 的整数倍号锁的状态：如果门是关的，就打开它；如果门是打开的，就关上它。在最后一次经过后，哪些门是打开的，哪些门是关上的？有多少打开的门？

1.2　算法问题求解基础

让我们重申一下在本章概述中已经提出的一个重要观点：

可以认为算法是问题的程序化解决方案。

这些解决方案本身并不是答案，而是获得答案的精确指令。正是对于精确定义的结构化过程的强调，才使计算机科学有别于其他学科，特别是有别于理论数学。理论数学一般仅满足于证明某个问题是否有解，或者对解的性质进行研究。

现在列出在算法设计分析过程中经历的一系列典型步骤(见图 1.2)，并做简要讨论。

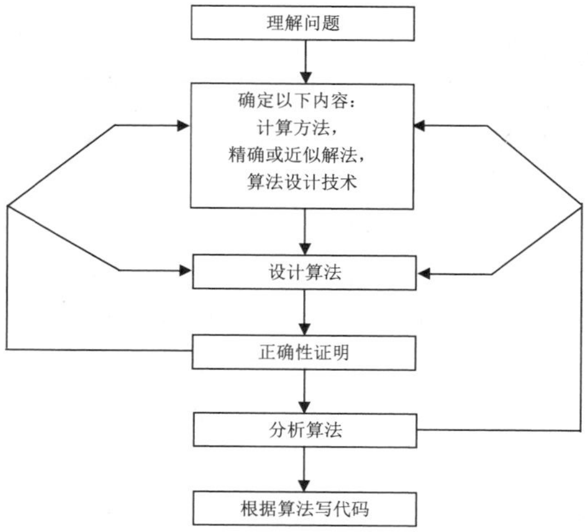

图 1.2　算法的设计和分析过程

1.2.1 理解问题

从实践角度看，在设计算法之前，我们首先需要对给定的问题有完全的理解。我们应该仔细阅读问题描述，有疑惑就提出来。试着手工处理一些小规模的例子，考虑一下特殊的情况，有必要时再继续提出疑问。

有几类问题会频繁出现在计算机应用中，我们会在下一节中进行讨论。如果待解问题属于其中的一类，就可以用一个已知的算法来求解。当然，了解这些算法如何运作及其优缺点，对解决问题是有帮助的，尤其是在我们不得不从几个可用的算法中选择一个时。但更常见的情况是我们无法找到一个完全可用的算法而不得不自己设计，这往往是一项有趣而又困难的工作。这时，本节所介绍的一系列步骤会有所帮助。

算法的输入，确定了该算法所解问题的一个**实例**(instance)。严格确定算法需要处理的实例的范围是非常重要的(例如，回忆一下前一节中讨论的三种最大公约数算法，它们能处理的实例范围是不同的)。如果不这样做，算法也许能够正确处理大多数输入，但遇到某些“边界值”时就会出错。记住，正确的算法不仅应该能处理大多数常见情况，而且应该能正确处理**所有**合法的输入。

因此，不要对算法解题的第一步敷衍了事。否则，就要冒不得不返工的风险。

1.2.2 了解计算设备的性能

一旦完全了解了待处理的问题，我们还要搞清楚将要运行算法的计算设备的性能。如今，类冯·诺依曼的机器(约翰·冯·诺依曼[①]、A. 博克斯和 H. 戈尔斯坦于 1946 年合作提出的一种计算机体系结构)仍是计算机的主流，我们使用的大多数算法的代码仍然注定要运行在这种系统上。这个体系结构的根本在于**随机存取机**(random-access machine，RAM)。它最主要的假设是：指令逐条运行，每次执行一步操作。相应地，设计在这种机器上运行的算法称为**顺序算法**(sequential algorithm)。

一些更新式的计算机打破了 RAM 模型的核心假设，它们可以在同一时间执行多条操作，即并行计算。能够利用这种计算能力的算法称为**并行算法**(parallel algorithm)。尽管如此，在可预见的未来，RAM 模型下的算法设计和分析的经典技术仍然是算法学的基础。

在算法当中是否需要考虑计算机的计算速度和存储容量呢？如果把设计算法作为科学实验，答案可以说是“否”：就像我们将在 2.1 节讲到的，绝大多数计算机科学家倾向于以一种独立于特定机型的方式来研究算法。如果把算法作为实用工具来设计，答案可能取决于所要解决的问题。今天，即使是一台很“慢”的计算机，它的速度也是快得不可思议的。所以，在很多情况下，我们并不需要担心计算机的速度无法胜任所要处理的任务。然而，总有一些重要的问题，它们原本就是非常复杂的，可能不得不处理海量的数据，或者处理一些对时间很敏感的应用。在这些情况下，认识到特定计算机系统的速度和存储限制是非常必要的。

---

① 约翰·冯·诺依曼(John von Neumann，1903—1957)，20 世纪最杰出的科学家之一。

1.2.3　在精确解法和近似解法之间做出选择

下一个重要问题是选择精确解题还是近似解题。前者所对应的算法称为**精确算法**(exact algorithm)，后者则称为**近似算法**(approximation algorithm)。为什么有时要选择近似算法呢？首先，有一些重要的问题在很多情况下的确无法求得精确解，例如求平方根、解非线性方程和求定积分。其次，由于某些问题固有的复杂性，用已知的精确算法来解决该问题可能会慢得让人难以忍受。这种情况往往发生在一个问题涉及数量庞大的选择时。我们将在第 3 章、第 11 章和第 12 章里看到此类难题的一些例子。最后，一个近似算法可以作为更复杂的精确算法的一部分。

1.2.4　算法的设计技术

现在，算法解题的必要条件都已具备了，如何设计一个算法来解决一个给定的问题呢？这正是本书希望解答的主要问题，我们会讲一些一般性的设计方法。

那么，什么是算法设计技术呢？

算法设计技术(也称为“策略”或者“范例”)是用算法解题的一般性方法，用于解决不同计算领域的多种问题。

查看本书的目录，你会发现本书大多数章节都是专门介绍某一设计技术的。它们提取出一些已被证实对算法设计非常有用的关键思想。基于以下原因，我们认为学习这些技术是非常重要的。

第一，在为新问题(没有令人满意的已知算法可以解决)设计算法时，它们能够给予指导。所以，学习这样的技术正如“授人以鱼，不如授人以渔”。当然，这并不是说，我们遇到的每个问题都必须应用所有的设计技术。但是放在一起，它们便构成一组强大的工具，为我们日后的学习和工作提供便利。

第二，算法是计算机科学的基础。每一门学科都倾向于对其主要研究对象进行分类，计算机科学也不例外。算法设计技术让我们可以按照内在设计理念对算法进行分类，所以，设计技术使我们能够以一种自然的方式对算法进行分类和研究。

1.2.5　确定适当的数据结构

尽管算法设计技术提供了一套通用的方法来对问题算法求解，但为特定问题设计算法仍然是一项具有挑战性的任务。有些设计技术不适用于目标问题；有时多种设计技术需要结合起来解决特定问题；还有一些问题，很难确定是不是特定算法设计技术的具体应用。即使特定的设计技术能够应用于具体问题，设计算法仍然需要设计人员精心构思。当然，选择算法设计技术或者编写算法都可以熟能生巧，但这两者本身并不是简单的工作。

当然，设计人员需要根据算法执行的操作为算法选择适合的数据结构。例如，在 1.1 节介绍的“埃拉托色尼筛选法”，如果实现时使用链表而不是数组，它的运行时间会更长(为什么？)。同时请注意，第 6 章和第 7 章所讨论的一些算法设计技术，它们非常依赖于对问题实例的数据进行构造和重构。很多年以前，一本很有影响的教材就预言了算法和数据结构将会成为计算机编程的重要基础，它的书名也很贴切，就叫《算法+数据结构=程序》([Wir76])。在面向对象编程的新领域，数据结构对于算法的设计和分析仍然是至关重要的。我们在 1.4 节将会复习基础的数据结构。

1.2.6 算法的描述

我们一旦设计了一个算法，就需要用一定的方式对它进行详细描述。1.1 节给出了一个例子，我们已经用文字(虽然较随意，但也是按照一步一步的形式)和伪代码描述了欧几里得算法。这是当今描述算法的两种最常用的做法。

使用自然语言描述算法显然很有吸引力。然而，自然语言固有的不严密性使得我们很难做到简单清晰地描述算法。不过，这也是我们在学习算法的过程中需要努力掌握的一个重要技巧。

伪代码(pseudocode)是自然语言和类编程语言组成的混合结构。伪代码往往比自然语言更精确，而且用伪代码描述的算法往往会更简洁。令人惊讶的是，计算机科学家从来没有就伪代码的形式达成过共识，而是让教材的作者去设计他们自己的“方言”。值得庆幸的是，这些方言彼此还十分相似，任何熟悉一门现代编程语言的人都完全能够理解。

本书选择的方言力求不给读者带来任何困难。出于对简单性的偏好，我们忽略了对变量的定义，并使用缩进来表示 **for**，**if** 和 **while** 语句的作用域。正如大家在前一节里看到的，我们将使用箭头“←”表示赋值操作，用双斜线“//”表示注释。

在计算机应用早期，描述算法的主要工具是**流程图**(flowchart)。流程图使用一系列相连的几何图形来描述算法，几何图形内部包含对算法步骤的描述。实践证明，除了一些非常简单的算法以外，这种表示方法使用起来非常不便。如今，我们只能在早期的算法教材里找到它的踪影。

当代计算机技术还不能将自然语言或伪代码形式的算法描述直接“注入”计算机。我们需要把算法变成用特定编程语言编写的程序。尽管这种程序应当属于算法的具体实现，但我们也能将其看作算法的另一种表述方式。

1.2.7 算法的正确性证明

一旦完成对算法的描述，我们就必须证明它的**正确性**(correctness)。也就是说，我们必须证明对于每一合法输入，该算法都会在有限的时间内输出一个需要的结果。举例来说，计算最大公约数的欧几里得算法的正确性依赖于以下条件：等式 $\gcd(m, n) = \gcd(n, m \bmod n)$ 的正确性(这需要证明，参见习题 1.1 的第 7 题)；该算法每做一次循环，第二个数字就会变得更小；算法会在第二个数字变为 0 时停止。

对于某些算法来说，正确性证明是十分简单的；而对于另一些算法来说，却可能是十分复杂的。证明正确性的一般方法是使用数学归纳法，因为算法的迭代过程原本就符合这种证明所需要的一系列步骤。值得一提的是，虽然根据一些特定输入来追踪算法操作的做法很有意义，但它并不能最终证明该算法的正确性。而为了证明算法是不正确的，则只需给出一个算法不能正确处理的输入实例就足够了。

对近似算法的正确性定义则没有精确算法那么直接。对于一个近似算法来说，我们常常试图证明该算法所产生的误差不超出预定义的范围。第 12 章会对这方面的研究举一些例子。

1.2.8 算法的分析

我们常常希望算法具有许多良好的特性。除了正确性，最重要的特性就是**效率**(efficiency)了。实际上，有两种算法效率：**时间效率**(time efficiency)，指出算法运行有多快；**空间效率**(space efficiency)，说明算法需要多少额外的存储空间[①]。第 2 章提出了一个分析算法效率的通用框架和一些特殊技术。

算法应该具有的另一个特性是**简单性**(simplicity)。和效率不同，效率能够用数学的严密性进行精确定义和研究论证，而简单性就像“美”一样，很大程度上取决于审视者的眼光。举例来说，大多数人都承认，在计算 gcd(m, n)时，欧几里得算法比中学里的计算过程更简单，但欧几里得算法是否比连续整数检验算法更简单则不是那么一目了然的。然而简单性仍然是一个重要的算法特性，值得我们孜孜以求。为什么？因为简单的算法更容易理解和实现，因而相应的程序也往往包含较少的 bug[②]。当然，对于简单性的美学诉求也是让人无法抗拒的。对于同样的问题，有时简单算法的效率比复杂算法更高。遗憾的是，情况并不总是如此，在这种情况下，我们就需要进行谨慎的权衡。

我们希望拥有的另一个算法特性是**一般性**(generality)。其实，它包含两层意思：算法所解决问题的一般性和算法所接受输入的一般性。对于第一个方面，我们应该注意到，有时候以更一般的形式出现的问题，反而更容易解决。考虑一个两个整数互质的例子，即判断它们是否只拥有唯一的公约数 1。实际上这样做更容易：设计一个更一般的算法，用它来计算两个整数的最大公约数，然后解决前面的问题——检查一下最大公约数是否为 1。然而，有些情况下，设计一个更一般的算法不仅没有必要，甚至可能是困难的或是完全不可能的。例如，没有必要为了找出 n 个数字的中值(即其中第$\lceil n/2 \rceil$个最小的元素)而对整个数列排序。又如，解二次方程的标准公式不可能推广到求解任意次数的多项式方程。

至于输入的范围，我们主要关心的是设计这样一个算法，它能够很自然地处理问题可能涉及的输入。例如，对于一个最大公约数算法来说，不把等于 1 的整数作为可能的输入就很不自然。另一方面，虽然解二次方程根的标准公式能够处理系数是复数的情况，但一般情况下，我们不会将它推广到这种程度，除非明确要求这样做。

如果我们对于某个算法的效率、简单性或一般性不满意，则必须重新设计算法。其实，即使我们对算法做出了肯定的评价，再去探寻另一种算法仍然是有意义的。回想一下前一节中用来计算最大公约数的三种不同算法。一般来说，不要指望依靠一次尝试就能找到最好的算法，最起码，我们应该试着对已有的算法进行优化。例如，相对于 1.1 节中的最初

① 译注：除了存储算法本身，另外需要的空间。

② 译注：程序设计中的小错误。

版本，我们已经对“埃拉托色尼筛选法”的实现做了不少改进(你知道是哪些改进吗？)。法国作家、飞行员和飞机设计师安东尼·德·圣埃克苏佩里(Antoine de Saint-Exupéry)有一句名言，如果我们把它记在心中，就会更上一层楼：“不是在无以复加，而是在无以复减的时候，设计师才知道他已经达到了完美的境界。”①

1.2.9 为算法写代码

绝大多数算法注定最终以计算机程序的形式实现。为算法编程既是挑战，也是机遇。挑战在于，为算法编写的程序可能出现错误或者效率低下。一些有影响的计算机科学家坚信，除非计算机程序的正确性能够以数学的严密性来证明，否则我们不能认为程序是正确的。他们开发了一些特殊的技术来实现这种证明([Gri81])，但到目前为止，这些形式化验证技术只能处理一些非常小型的程序。

就实用性来说，对程序的验证还是要依赖测试。测试计算机程序与其说是一门科学，还不如说是一门艺术。但这并不意味着我们就无需学习这方面的知识。我们可以查看一些专门讲述测试和调试技术的书籍，但更重要的是，无论我们实现何种算法，都要对程序进行彻底的测试及调试。

另一个需要注意的问题是，本书自始至终都假设算法的输入都在事先确定的范围内，从而不进行检验。当算法的程序实现用于实际应用时，这样的检验还是必不可少的。

当然，算法的正确实现是必要的，但它还不是全部：我们当然不愿意用缺乏效率的实现来削弱算法的威力。现代编译器的确为这种需求提供了一定的保障，尤其当它们处于代码优化模式时。但我们仍然需要掌握一些标准的技巧，例如：在循环之外计算循环中的不变式(表达式的值不会随情况而改变)；合并公共的子表达式；用低开销操作代替高开销操作等(参见[Ker99]和[Ben00]，它们对代码优化和算法编程的其他相关问题做了很好的讨论)。一般来说，这样的改进对算法速度的影响仅仅是一个常数因子，而一个更好的算法会使运行时间产生数量级的差异。对于一个已选定的算法，如果能提高 10%～50%的速度，上述努力将是值得的。

对于实际程序，我们还可以利用经验分析来研究它内在算法的效率。这种分析的基本原理是：提供若干输入，计算程序的运行时间，然后对结果进行分析。我们将在 2.6 节讨论经验分析方法的利与弊。

最后，我们再强调一下图 1.2 中过程的主要含义：

一个好的算法是不懈努力和反复修正的结果，这是一条规律。

所以，即使够运气，获得了一个看似完美的算法思路，也应该尝试着改进它。

实际上，这是一件好事，因为这会让最终结果充满更多的乐趣(的确，我曾经考虑将这本书命名为《算法的乐趣》)。但另一方面，我们怎么知道何时应该停止这种努力呢？现实生活中，迫使我们停下来的往往是项目进度表和老板的耐心。其实原本也该如此，完美的

① 这段对简洁设计的呼唤是我在乔恩·本特利(Jon Bentley)的论文集([Ben00])中找到的。这些论文讨论了算法设计和实现的多种问题，被恰当地命名为《编程珠玑》(*Programming Pearls*)。我真诚地向大家推荐乔恩·本特利和安东尼·德·圣埃克苏佩里的作品。

代价往往是高昂的，而且并不总是提倡的。设计算法是一种工程行为，需要在资源有限的情况下，在互斥的目标之间做权衡，设计者的时间就是这样一种资源。

在学术领域，算法的**最优性**(optimality)问题引发了有趣而又艰苦的研究。实际上，该问题与某一算法的效率无关，而与所解决问题的复杂度有关：对于给定的问题，任一算法最少需要花费多少气力呢？有些时候，上述问题的答案是已知的。例如，对于长度为 n 的数组，任何用比较元素值来对数组进行排序的算法，都需要做大约 $n\log_2 n$ 次比较(参见 11.2 节)。但对于许多貌似简单的问题，计算机科学家还无法给出一个最终答案，例如矩阵的乘法。

算法问题求解的另一个重要疑问是：是不是每个问题都能够用算法的方法来解决？我们当然不是在讨论问题无解的情况，例如在判别式为负时求二次方程的实根。在这种情况下，我们能得到的结果，或者说期望得到的结果，应该是算法指出该问题无解。我们也不是在讨论定义模糊的问题。我们所说的是，即使是一些明确定义的问题，它们只要求回答“是”或“否”，可能也是“不可判定”的，即不能用任何算法解决。11.3 节将介绍这种问题的一个重要例子。幸运的是，在实际计算中，绝大多数问题都**能够**用算法来解决。

图 1.2 的流程图可能过于呆板了，但在结束这一节之前，我们希望读者不要误以为设计算法很无聊。一个千真万确的事实是：发明(或者发现)算法是一个非常有创造性和非常值得付出的过程。本书的目的就是证明这个事实。

习题 1.2

1. **古代谜题**　一个农夫带着一只狼、一只羊和一棵白菜来到河边。他需要用船把它们带到河对岸。然而，这艘船只能容下农夫本人和另外一样东西(要么是狼，要么是羊，要么是白菜)。如果农夫不在场的话，狼就会吃掉羊，羊也会吃掉白菜。请为农夫解决这个问题，或者证明它无解(为了有助于解决这个问题，我们假设农夫是一位不爱吃白菜的素食主义者，所以他既不吃羊，也不吃白菜。而且，我们也不假设这只狼是一种受保护的动物)。

2. **现代谜题**　有 4 个人打算过桥，他们都在桥的某一端。我们有 17 分钟让他们全部到达大桥的另一头。时间是晚上，他们只有一只手电筒。一次最多只能有两个人同时过桥，而且必须携带手电筒。必须步行将手电筒带来带去，即扔来扔去是不行的。每个人走路的速度不同：甲过桥要用 1 分钟，乙要用 2 分钟，丙要用 5 分钟，丁要用 10 分钟。两个人一起走的速度等于其中走得慢的那个人的速度。(注意，根据网上传言，西雅图附近一家著名软件公司的主考官就是用这个问题来考面试者的。)

3. 当三角形的边长分别是给定的正数 a，b，c 时，下面哪个公式可以作为计算三角形面积的算法？

   a. $S=\sqrt{p(p-a)(p-b)(p-c)}$，$p=(a+b+c)/2$

   b. $S=\dfrac{1}{2}bc\sin A$，A 是 b 边和 c 边的夹角

   c. $S=\dfrac{1}{2}ah_a$，h_a 是 a 边上的高

4. 用伪代码写一个算法来求方程 $ax^2 + bx + c = 0$ 的实根，a，b，c 是任意实系数。(可以假设 sqrt(x)是求平方根的函数。)

5. 写出将十进制正整数转换为二进制整数的标准算法。

a. 用文字描述。

b. 用伪代码描述。

6. 写出你最喜欢用的 ATM 在提款时所用的算法(可以依据喜好选用文字或伪代码描述)。

7. **a.** 求π值问题能够精确求解吗？

b. 该问题存在几个实例？

c. 在网上查找该问题的算法。

8. 除计算最大公约数问题外，列出一个你已知有多种算法的问题。其中哪个算法更简单？哪个算法效率更高？

9. 考虑下面这个算法，它求的是数值数组中大小最接近的两个元素的差。

```
算法 MinDistance(A[0..n − 1])
     //输入：数字数组 A[0..n − 1]
     //输出：数组中两个大小相差最少的元素的差值
     dmin ← ∞
         for i ← 0 to n − 1 do
             for j ← 0 to n − 1 do
                 if i ≠ j and |A[i] − A[j]| < dmin
                 dmin ←|A[i] − A[j]|
     return dmin
```

尽可能改进该算法(如果有必要，完全可以抛弃该算法；否则，请改进该算法)。

10. 匈裔美籍数学家乔治·波利亚(George Polya，1887—1985)写了一本书，名为《怎样解题：数学思维的新方法》①(参见[Pol57])，这是关于问题求解的最有影响的书籍之一。波利亚将他的观点总结为 4 点。请到网上查找这段话，或者最好直接在他的书中找，然后将他的思想和我们在 1.2 节中概括的方法进行比较，看看它们之间有什么共同之处，有什么不同之处。

1.3 重要的问题类型

计算中能遇到无数种问题，但只有少数领域的问题引起了研究人员的特殊关注。大体来讲，这些问题要么具有非常重要的使用价值，要么具有一些非常重要的特征，从而使它们成为令人感兴趣的研究课题。幸运的是，在大多数情况下，这两种动因往往可以相互强化。

在本节中，我们开始讲述最重要的问题类型：

- 排序
- 查找

① 原书名为 *How to Solve it*，中译本由上海科技教育出版社于 2011 年出版。

- 字符串处理
- 图问题
- 组合问题
- 几何问题
- 数值问题

本书后面的章节将利用这些问题来阐明不同的算法设计技术和算法分析方法。

1.3.1　排序

排序问题(sorting problem)要求我们按照升序重新排列给定列表中的数据项。当然，为了让这个问题有意义，列表中的数据项应该能够排序(数学家可能会说，这里需要一种全序关系)。在实践中，我们常常需要对数字、字符和字符串的列表进行排序，最重要的是，类似于学校维护的学生信息、图书馆维护的图书信息以及公司维护的员工信息的记录也需要按照数字或者字符的顺序进行排序。在对记录排序的时候，我们需要选取一段信息作为排序的依据。例如，我们可以按照学生姓名的字母顺序，也可以按照学号或者学生个人的平均分数来对学生记录进行排序。这段特别选定的信息称为**键**(key)。计算机科学家常常只关心如何对键的列表进行排序，哪怕表中的元素不是记录，也许仅仅是整数。

我们为什么需要有序列表呢？首先，有序列表可能是所求解问题的输出要求，例如对网上搜索结果进行排序，或对学生的平均成绩进行排序。其次，排序使我们更容易求解和列表相关的问题。其中最重要的是查找问题：这就是为什么字典、电话簿和班级名册都是排好序的。在 6.1 节中我们将会看到一些例子来说明预排序列表的好处。同样原因，在很多其他领域的重要算法(例如几何算法和数据压缩)中，排序也被作为一个辅助步骤。贪婪算法是本书后续章节将要讨论的一个重要算法设计技术，它也要求有序的输入。

到目前为止，计算机科学家已经开发出了几十种不同的排序算法。实际上，有人形象地把发明一种新的排序算法比喻为像设计一种更棒的捕鼠器那么困难。但我们很高兴地告诉大家，寻找更好的“捕鼠器”这个行动还在继续。这种百折不挠的精神是令人钦佩的，原因如下：一方面，有少数不错的排序算法，只需要做大约 $n\log_2 n$ 次比较就能完成长度为 n 的任意数组的排序；另一方面，没有一种基于“键”值比较(相对比较键值的部分内容而言)的排序算法能在本质上超过它们。

排序领域有着那么多的算法，为什么还会出现这种困境呢？这不是没有原因的。虽然有些算法的确比其他算法更好，但没有一种算法在任何情况下都是最优的。有些算法比较简单，但速度相对较慢；另外一些速度比较快，但更复杂。有些算法比较适合随机排列的输入，而另一些则更适合基本有序的列表。有些算法仅适合排列驻留在快速存储器中的列表，而另一些可以用来对存储在磁盘上的大型文件排序，如此等等。

排序算法有两个特性特别值得一提。如果一个排序算法保留了等值元素在输入中的相对顺序，就可以说它是**稳定**的(stable)。换句话说，如果一个输入列表包含两个相等的元素，它们的位置分别是 i 和 j，$i<j$，而在排好序的列表中，它们的位置分别为 i' 和 j'，那么 $i'<j'$ 肯定就是成立的。这种特性很有用，例如，有一个按照字母排序的学生列表，现在我们打算以学生个人的平均成绩来排序：一个稳定算法输出的列表将会把成绩相同的学生仍然

按照字母顺序排列。一般来说，将相隔很远的键交换位置的算法虽然不稳定，但往往速度很快。在后面的章节中，一些重要的排序算法将会证实这一说法。

对于排序算法来说，第二个值得注意的特性是算法需要的额外存储空间。如果一个算法不需要额外的存储空间(除了个别存储单元以外)，我们就说它是**在位**的(in-place)。重要的排序算法有些是在位的，有些则不是。

1.3.2 查找

查找问题(searching problem)就是在给定的集合(或者是多重集，它允许多个元素具有相同的值)中找一个给定的值[我们称之为**查找键**(search key)]。有许多查找算法可供选择，其中既包括直截了当的顺序搜索，也包括效率极高但应用受限的折半查找，还有那些将原集合用另一种形式表示以方便查找的算法。最后一类算法对于现实应用具有特别重要的价值，因为它们对于大型数据库的信息存取来说是不可或缺的。

对于查找来说，也没有一种算法在任何情况下都是最优的。有些算法比其他算法速度快，但需要较多的存储空间；有些算法速度非常快，但仅适用于有序的数组。和排序算法不同，查找算法没有稳定性问题，但会发生其他问题。具体来说，如果应用里的数据相对于查找次数频繁变化，查找问题就必须结合另外两种操作一起考虑：在数据集合中添加和删除元素的操作。在这种情况下，必须仔细选择数据结构和算法，以便在各种操作的需求之间达到一个平衡。而且，对于用于高效查找(以及添加和删除)的特大型数据集合来说，如何组织其结构是一个不同寻常的挑战，而这对实际应用具有非常重要的意义。

1.3.3 字符串处理

近些年来，处理非数值数据的应用增长迅速，引发了研究人员和业界对字符串处理算法的极大兴趣。**字符串**(string)是字母表中的符号所构成的序列。我们尤其关心文本串，它是由字母、数字以及特殊符号构成的；位串是由“0”和“1”构成的；基因序列也可以用字符串模型来表示，只不过它的字母表只包含 4 个字母，即{A, C, G ,T}。但需要指出的是，由于编程语言以及编译的需要，字符串处理算法在计算机科学中一直都非常重要。

如何在文本中查找一个给定的词，这一特殊问题引起了研究人员的特别关注，他们称其为**字符串匹配**(string matching)问题。针对此类查找的特性，人们发明了好几种算法。我们会在第 3 章中介绍一种非常简单的算法，在第 7 章中讨论另外两个算法，它们分别基于 R. 博伊尔(R. Boyer)和 J. 摩尔(J. Moore)的卓越思想。

1.3.4 图问题

算法中最古老也最有趣的领域是图算法。通俗地讲，可以认为**图**(graph)是由一些称为顶点的点构成的集合，其中某些顶点由一些称为边的线段相连(下一节将给出一个更严格的定义)。图之所以成为一个令人感兴趣的对象，既有理论上的原因，也有实践上的原因。图可以对广泛的、各种各样的实际应用进行建模，包括交通、通信、社会和经济网络，项目日程安排以及各种比赛。研究互联网在技术和社会层面的各种具体问题，是现阶段计算机科学家、经济学家和社会学家共同关注的热点问题(参见[Eas10])。

基本的图算法包括图的遍历算法(如何能一次访问到网络中的所有节点)、最短路线算法(两个城市之间的最佳路线是哪条？)以及有向图的拓扑排序(一系列课程的预备课程是相互一致的，还是自相矛盾的？)。幸运的是，这些算法可以用来阐明一些通用的算法设计技术。因此，我们会在本书的相应章节中详细讲述。

有一些图问题在计算上是非常困难的。其中最广为人知的恐怕要数旅行商问题和图填色问题了。**旅行商问题**(traveling salesman problem，TSP)就是找出访问 n 个城市的最短路径，并且保证每个城市只访问一次。它的主要应用包括路径规划，主要出现在一些现代应用中，例如电路板和超大规模集成电路的制造，X 射线晶体学以及基因工程等。**图填色问题**(graph-coloring problem)就是要用最少种类的颜色为图中的顶点填色，并保证任何两个邻接顶点的颜色都不同。这个问题源于若干应用，例如安排事务进度：如果用以边相连的顶点来代表事务，当且仅当独立事务无法排定同时发生时，图填色问题的解才能生成一张最优的日程表。

1.3.5 组合问题

从更抽象的角度来看，旅行商问题和图填色问题都是**组合问题**(combinatorial problems)的特例。有一些问题要求(明确地或者隐含地)寻找一个组合对象，例如一个排列、一个组合或者一个子集，这些对象能够满足特定的条件并具有我们想要的特性，如价值最大化或者成本最小化。

一般说来，无论从理论角度还是实践角度来看，组合问题都是计算领域中最难的问题。这是出于以下原因。第一，通常，随着问题规模的增大，组合对象的数量增长极快，即使是中等规模的实例，其组合的规模也会达到不可思议的数量级。第二，还没有一种已知算法能在可接受的时间内，精确地解决绝大多数这类问题。而且，大多数计算机科学家认为这样的算法是不存在的。但这个猜想既没被证实，也没被证伪，所以这仍然是计算机科学理论领域中悬而未决的最重要问题。我们将在 11.3 节中对这个主题做更深入的讨论。

有些组合问题用高效的算法求解，但我们应该把它们当作幸运的例外。这些例外中就包含前面提到的最短路径算法。

1.3.6 几何问题

几何算法(geometric algorithm)处理类似于点、线、多面体这样的几何对象。古希腊人非常热衷于开发一些过程(当然，他们不会称其为算法[①])来解决各种各样的几何问题，包括用没有刻度的尺和圆规绘出简单的几何图形，如三角形、圆形等。二千多年以后，对几何算法一度消失的强烈兴趣，在计算机时代复兴了，虽然没有尺和圆规，但有比特、字节以及和古人相同的良好创造力。当然，如今人们对几何算法感兴趣是因为一些完全不同的应

① 译注：那时候，花剌子模数学家(al-Khwarizmi)还没有出生呢。

用，例如计算机图形学、机器人技术和断层 X 摄像技术等。

本书只讨论两个经典的计算几何问题：最近对问题和凸包问题。顾名思义，**最近对问题**(closest-pair problem)求的是给定平面上的 n 个点中，距离最近的两个点。**凸包问题**(convex-hull problem)要求找一个能把给定集合中所有点都包含在里面的最小凸多边形。如果对其他几何算法感兴趣，可以找到大量这方面的专著，例如[deB10]，[ORo98]，[Pre85]。

1.3.7 数值问题

数值问题(numerical problem)是另一个广阔的具体应用领域，涉及具有连续性①的数学问题：像解方程和方程组，计算定积分以及求函数的值等。对于大多数这样的数学问题，我们都只能近似求解。另外一个主要的困难是因为这样一个事实：这类问题一般都要操作实数，而实数在计算机内部只能近似表示。而且，对近似数的大量算术操作可能会将大量的舍入误差叠加起来，导致一个看似可靠的算法输出的是被严重歪曲的结果。

多年以来，人们在这个领域中开发出大量成熟的算法，这些算法在许多科学和工程应用中一直扮演着至关重要的角色。但在过去的三十年中，计算机业界将注意力转移到了商业应用。这些新的应用主要需要另外一些算法，它们能对信息存储、取出，再通过网络传输和呈现给用户。作为这种革命性变化的结果，数值分析丧失了它在计算机科学界和业界的应用统治地位。然而，对于计算机专业人士来说，至少掌握数值算法的基本概念还是非常重要的。我们将在 6.2 节、11.4 节和 12.4 节中讨论几个经典的数值算法。

习题 1.3

1. 考虑这样一个排序算法：对于待排序的数组中的每一个元素，统计小于它的元素个数，然后利用这个信息，将各个元素放到有序数组的相应位置上去。

```
算法 ComparisonCountingSort(A[0..n − 1])
     //用比较计数对数组排序
     //输入：可排序数组 A[0..n − 1]
     //输出：数组 S[0..n − 1]，A 的元素在其中按照非降序排列
     for i ← 0 to n − 1 do
        Count[i] ← 0
     for i ← 0 to n − 2 do
        for j ← i + 1 to n − 1 do
           if A[i] < A[j]
              Count[j] ← Count[j] + 1
           else Count[i] ← Count[i] + 1
     for i ← 0 to n − 1 do
        S[Count[i]] ← A[i]
     return S
```

a. 应用该算法对列表“60, 35, 81, 98, 14, 47”进行排序。

① 译注：非离散的。

b．该算法稳定吗？

c．该算法在位吗？

2. 写出你所知道的有关查找问题的算法名称。用简洁的文字描述每个算法。如果一个查找算法都不了解，正好借此机会自己设计一个。

3. 为字符串匹配问题设计一个简单的算法。

4. **七桥问题**　大家公认，图论诞生于七桥问题。出生于瑞士的伟大数学家欧拉(Leonhard Euler，1707—1783)解决了该问题。该问题如下：一个人是否可能在一次步行中穿越柯尼斯堡城中全部的七座桥后回到起点，且每座桥只经过一次。下面是河以及河上的两个岛和七座桥的草图。

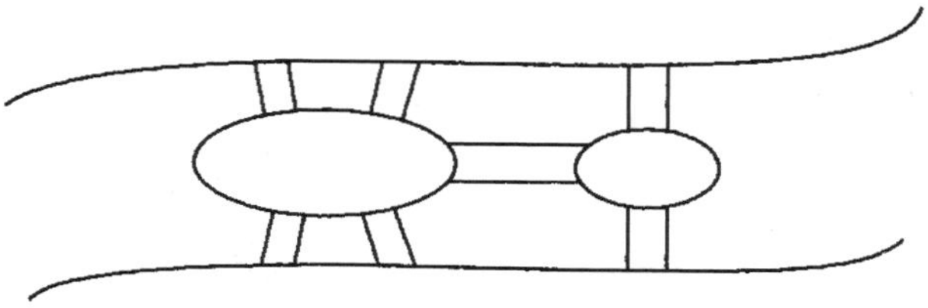

a．用图的语言定义该问题。

b．该问题有解吗？如果认为有解，请画出步行路线图；如果认为无解，解释一下原因并指出，为了使这种步行路线成为可能，我们最少需要增加几座新桥。

5. **环游世界游戏**(Icosian)　在欧拉的发现(参见第 4 题)一个世纪以后，著名的爱尔兰数学家威廉·哈密顿(William Hamilton，1805—1865)创造了另一个著名的问题，它被称为环游世界游戏。这个游戏是在一块圆形的木板上玩的，板上刻的图如下所示：

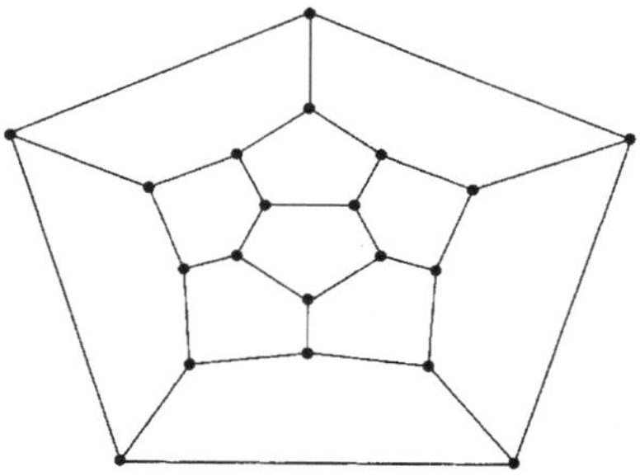

寻找**哈密顿回路**(Hamiltonian circuit)——在回到起点之前，这一路径能够访问该图的所有顶点并且只访问一次。

6. 考虑以下问题：假设身处华盛顿特区和伦敦那样发达的地铁系统中，为地铁乘客设计一个算法，找出从一个指定车站到另一个车站的最优路径。

a．该问题的定义有一些模糊，现实生活中的问题往往就是这样的。对于这个问题来说，有什么合理的标准可以用来定义“最优路径”？

b．如何用图来对该问题建模？

7. a．用组合对象的术语重新描述旅行商问题。

b．用组合对象的术语重新描述图填色问题。

8. 考虑以下地图。

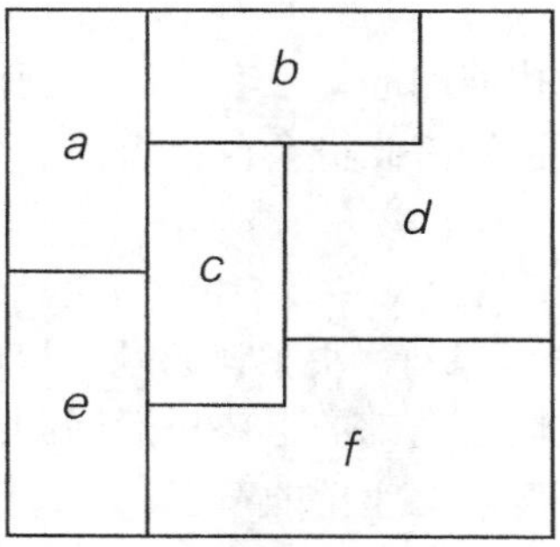

a. 解释一下如何根据图填色问题对该地图着色，使得相邻区域颜色不同。

b. 利用 a 的答案，用最少种类的颜色对该地图着色。

9. 为以下问题设计一个算法：对于 x–y 坐标平面上的 n 个点的集合，判断它们是不是都落在同一条圆周线上。

10. 写一个程序判断两条线段是否有交点，程序的输入是两条线段 P_1Q_1 和 P_2Q_2 的端点的(x, y)坐标。

1.4 基本数据结构

由于绝大多数算法关心的是对数据的操作，数据的特殊组织方法在算法设计和分析中扮演了一个至关重要的角色。我们可以将**数据结构**(data structure)定义为对相关的数据项进行组织的特殊架构。数据项的性质是由手头的问题所决定的，它的范围可以从基础的数据类型(例如，整数和字符)到数据结构(例如，我们可以用以一维数组为元素的一维数组来实现矩阵)。事实证明，有一些数据结构对计算机算法尤其重要。由于大家对这些结构已经非常熟悉了，因此这里仅提供一个快速的回顾。

1.4.1 线性数据结构

两种最重要的基本数据结构是数组和链表。(一维)**数组**(array)是 n 个相同数据类型的元素构成的序列，它们连续存储在计算机的存储器中，我们只要指定数组的**下标**(index)就能够访问这些元素(见图 1.3)。

数据项[0]	数据项[1]	…	数据项[$n-1$]

图 1.3 n 个元素的数组

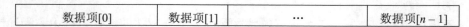

大多数情况下，下标都是整数，不是介于 0 到 $n-1$ 之间就是介于 1 到 n 之间(如图 1.3 所示)。有些计算机语言允许下标介于两个整数边界 low 和 high 之间，有些甚至允许非数字下标，例如，以月份名作为下标，来索引与每年 12 个月相对应的数据项。

无论位于数组的什么位置，都能用相等的常量时间访问数组中的任何元素。这个特性是链表所不具备的，参见下文。

数组可以实现多种其他数据结构，其中比较出名的是**字符串**。字符串是来自于字母表的字符序列，并以一个特殊字符来标识字符串的结束。由 0 和 1 组成的字符串称为**二进制串**(binary string)或者**位串**(bit string)。字符串对于文本数据处理、计算机语言定义、程序编译以及抽象计算模型研究都是不可或缺的。字符串的常见操作不同于其他数组(例如，数字数组)的典型操作。字符串的典型操作包括计算字符串的长度，按照**字典序**(lexicographic order，即字母顺序)确定两个字符串在排序时的顺序，以及连接两个字符串(根据两个给定的字符串构造一个新字符串，即将第二个字符串附加在第一个字符串的尾部)。

链表(linked list)是 0 个或多个称为**节点**(node)的元素构成的序列，每个节点包含两类信息：一类是数据；另一类是一个或多个称为**指针**(pointer)的链接，指向链表中其他元素(我们用一种称为 null 的特殊指针表明某个节点没有后继元素)。在**单链表**(singly linked list)中，除了尾节点，每个节点都包含一个指向下一元素的指针(见图 1.4)。

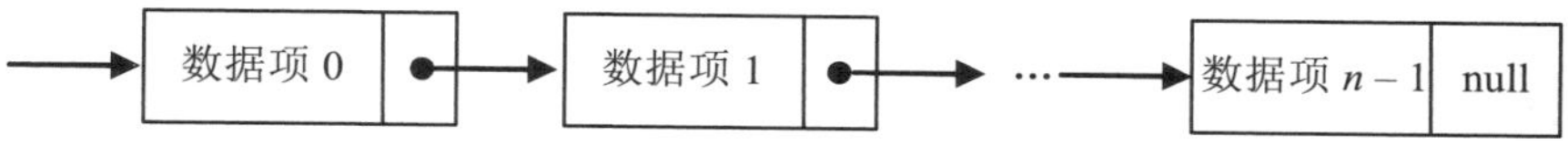

图 1.4　n 个元素的单链表

为了访问链表中的某个特定元素，我们从链表的首节点开始，沿指针链向前遍历，直到访问到该特定元素为止。因此，和数组不同，访问单链表元素所需要的时间依赖于该元素在链表中的位置。但从积极的方面来说，链表不需要事先分配任何存储空间，而且插入和删除的效率也非常高，只要对相关指针进行重新连接就可以了。

为了增强链表结构的灵活性，我们可以采取多种方式。例如，为了方便起见，链表常常从一个称为**表头**(header)的特殊节点开始。这个节点常常包含着一些关于链表的信息，例如链表的当前长度。它还能包含其他信息，例如，除了包含一个指向头元素的指针外，还可以包含一个指向尾元素的指针。

另一种扩展结构称为**双链表**(doubly linked list)，其中除了首尾两个节点，每一个节点都同时包含指向前趋的指针和指向后继的指针(见图 1.5)。

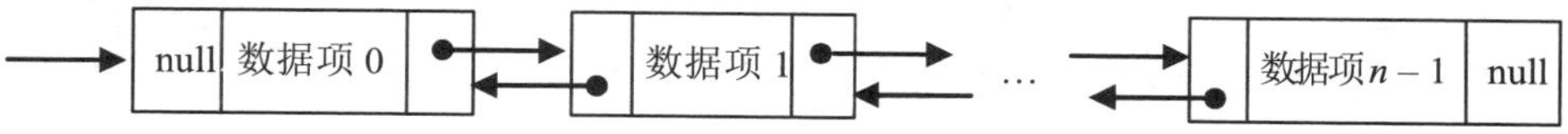

图 1.5　n 个元素的双链表

数组和链表都属于一种称为线性列表(或者简称为列表)的更抽象的数据结构，也是最主要的两种表现形式。**列表**(list)是由数据项构成的有限序列，即按照一定的线性顺序排列的数据项集合。这种数据结构的基本操作包括对元素的查找、插入和删除。

栈和队列是两种特殊类型的列表，它们尤其重要。**栈**(stack)是一种插入和删除操作都只能在端部进行的列表，这一端称为**栈顶**(top)。因为在我们脑海中栈的形象往往不是水平的，而是垂直的，就像一叠盘子就能很好地模拟栈操作。因此，当我们在栈中添加一个元素(进栈)或者删除一个元素(出栈)时，该结构按照一种“后进先出”(last-in-first-out，LIFO)的方式运转，非常类似于我们对一叠盘子的操作，我们只能移走最顶部的盘子，或者在一叠盘子的顶部再加上一个盘子。栈应用很广，尤其对于实现递归算法来说是不可缺少的。

另一方面，**队列**(queue)也是一种列表，只是删除元素在列表的一头进行，这一头称为**队头**(front)[这种删除操作称为**出队**(dequeue)]，插入元素在表的另一头进行，这一头称为**队尾**(rear)[这种插入操作称为**入队**(enqueue)]。因此，队列是按照一种“先进先出”(first-in-first-out，FIFO)的方式运行的(就像排在银行柜员前的一个顾客队列)。队列也有许多重要的应用，其中包括一些图问题的算法。

许多重要的应用，要求从一个动态改变的候选集合中选择一个优先级最高的元素。有一种数据结构可以满足这类应用，称为优先队列。**优先队列**(priority queue)是数据项的一个集合，这些数据项都来自于一些全序域(最常见的是整数或实数)。对优先队列的主要操作包括查找最大元素、删除最大元素和插入新的元素。当然，实现优先队列时，必须使后两种操作产生一个新队列。我们可以直接基于数组或者有序数组来实现优先队列，但这两者都不是效率最高的解决方案。优先队列还有更好的实现方法，它基于一种精巧的数据结构，我们称之为**堆**(heap)。6.4 节将讨论堆(以及一个基于堆的重要排序算法)。

1.4.2 图

就像上一节提到的，通俗地说，图可以看作平面上的“顶点”或者“节点”构成的集合，某些顶点被称为“边”或者“弧”的线段连接。严格来说，一个**图** $G=\langle V,E\rangle$由两个集合来定义：一个有限集合 V，它的元素称为**顶点**(vertex)；另一个有限集合 E，它的元素是一对顶点，称为**边**(edge)。如果每对顶点之间都没有顺序，也就是说，顶点对(u, v)等同于顶点对(v, u)，我们说顶点 u 和 v 相互**邻接**(adjacent)，它们通过**无向边**(u, v)相连接(无向边英文为 undirected edge)。我们把顶点 u 和 v 称为边(u, v)的**端点**(endpoint)，称 u 和 v 和该边相**关联**(incident)；当然，边(u,v)也和它的端点 u 和 v 相关联。如果图 G 中的所有边都是无向的，我们称之为**无向图**(undirected graph)。

如果顶点对(u, v)不等同于顶点对(v, u)，我们说边(u, v)的**方向**是从顶点 u 到顶点 v，其中 u 称为**尾**(tail)，v 称为**头**(head)。也可以说边(u, v)离开 u 进入 v。如果图的每一条边都是有向的，则图本身是**有向**的(directed)。有向的图也称为**有向图**(digraph)。

为了方便起见，通常会把图或者有向图的顶点标上字母或整数，或者按照应用的要求标上字符串(见图 1.6)。图 1.6(a)包含 6 个顶点和 7 条边：

$$V=\{a, b, c, d, e, f\}，E=\{(a, c), (a, d), (b, c), (b, f), (c, e), (d, e), (e, f)\}$$

图 1.6(b)中包含 6 个顶点和 8 条有向边：

$$V=\{a, b, c, d, e, f\}，E=\{(a, c), (b, c), (b, f), (c, e), (d, a), (d, e), (e, c), (e, f)\}$$

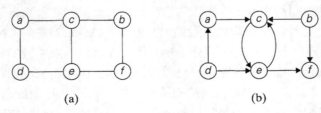

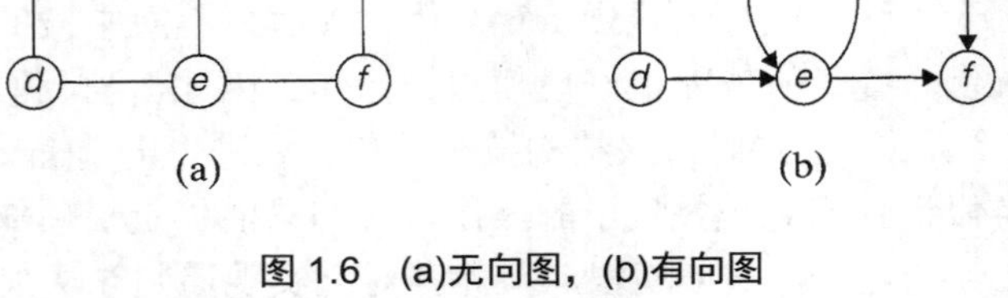

图 1.6 (a)无向图，(b)有向图

我们对图的定义没有禁止**圈**(loop)，即连接顶点自身的边。现在开始，除非另外明确定义，我们将只考虑不含圈的图。因为我们的定义不允许无向图的同一对顶点间拥有多条边，对于$|V|$个顶点的无圈无向图，它可能包含的边的数量$|E|$可以用这个不等式表示：

$$0 \leqslant |E| \leqslant |V|\,(|V|-1)\,/\,2$$

(如果每个顶点$|V|$和所有其他$|V|-1$ 个顶点之间都有边相连，图中边的数量就会达到最大。但是，我们必须对$|V|\,(|V|-1)$的积除以 2，因为每条边被包含了两次。)

任意两个顶点之间都有边相连的图称为**完全**(complete)**图**。如果完全图具有$|V|$个顶点，它的标准符号是 $K_{|V|}$。如果图中所缺的边数量相对较少，我们称它为**稠密**(dense)**图**；如果图中的边相对顶点来说数量较少，我们称它为**稀疏**(sparse)**图**。我们处理的是稀疏图还是稠密图，可能会影响图的表示方法，从而影响我们所设计或使用的算法的运行时间。

1. 图的表示法

在计算机算法中，图的表示常常在两种方法中选择其一：邻接矩阵或邻接链表。n 个顶点的**邻接矩阵**(adjacency matrix)是一个 $n \times n$ 的布尔矩阵，图中每个顶点都由一行和一列来表示。如果从第 i 个顶点到第 j 个顶点之间有连接边，则矩阵中第 i 行第 j 列的元素等于 1；如果没有这条边，则等于 0。例如，图 1.6(a)所对应的邻接矩阵可以参见图 1.7(a)。

注意，一个无向图的邻接矩阵总是对称的(为什么？)，也就是说，当 $i \geqslant 0$，$j \leqslant n-1$ 时，$\boldsymbol{A}[i, j] = \boldsymbol{A}[j, i]$。

图或者有向图的**邻接链表**(adjacency list)是邻接链表的一个集合，其中每一个顶点用一个邻接链表表示，该链表包含了和这个顶点邻接的所有顶点(即所有和该顶点有边相连的顶点)。通常，这样一个表由一个表头开始，表头指出该链表表示的是哪一个顶点。例如，图 1.6(b)所对应的邻接链表可以参见图 1.7(b)。也可以这样解释，对于一个给定的顶点，它的邻接链表指出了邻接矩阵中值为 1 的列。

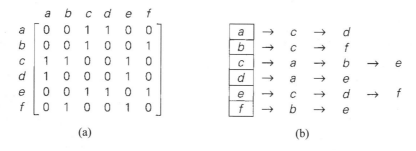

$$\begin{array}{c} \\ a \\ b \\ c \\ d \\ e \\ f \end{array}\begin{array}{c} \begin{array}{cccccc} a & b & c & d & e & f \end{array} \\ \begin{bmatrix} 0 & 0 & 1 & 1 & 0 & 0 \\ 0 & 0 & 1 & 0 & 0 & 1 \\ 1 & 1 & 0 & 0 & 1 & 0 \\ 1 & 0 & 0 & 0 & 1 & 0 \\ 0 & 0 & 1 & 1 & 0 & 1 \\ 0 & 1 & 0 & 0 & 1 & 0 \end{bmatrix} \end{array}$$

(a)

a	→	c	→	d		
b	→	c	→	f		
c	→	a	→	b	→	e
d	→	a	→	e		
e	→	c	→	d	→	f
f	→	b	→	e		

(b)

图 1.7　图 1.6(a)所对应的(a)邻接矩阵，(b)邻接链表

如果图是稀疏的，尽管链表中的指针会占用额外的存储器，但相对于相应的邻接矩阵来说，邻接链表占用的空间还是较少。如果是稠密图，情况就正好相反了。一般来说，采用哪种表示法更方便取决于问题的性质，取决于用哪种算法来解决问题，还可能取决于输入图的类型(稀疏的还是稠密的)。

2. 加权图

加权图(weighted graph)，又称加权有向图(weighted digraph)，是一种给边赋了值的图(或有向图)。这些值称为边的**权重**(weight)或**成本**(cost)。之所以要研究这种图是由于数目众多的现实应用，例如寻找交通网络或者通信网络两点间的最短路径，又如前面提到过的旅行商问题。

图的两种主要表示方法都可以方便地表示加权图。如果用邻接矩阵表示加权图，当存在一条从第 i 个节点到第 j 个节点的边时，矩阵元素 $A[i, j]$可以简单地包含这条边的权重；当不存在这样一条边时，则包含一个特殊符号，例如∞。这种矩阵称为**权重矩阵**(weight matrix)或**成本矩阵**(cost matrix)。图 1.8(b)演示了如何用该方法表示图 1.8(a)中的权重矩阵(对于有些应用来说，在邻接矩阵的主对角线上放上 0 会更方便)。加权图的邻接链表在它们的节点中不仅必须包含邻接节点的名字，还必须包含相应的边的权重(图 1.8(c))。

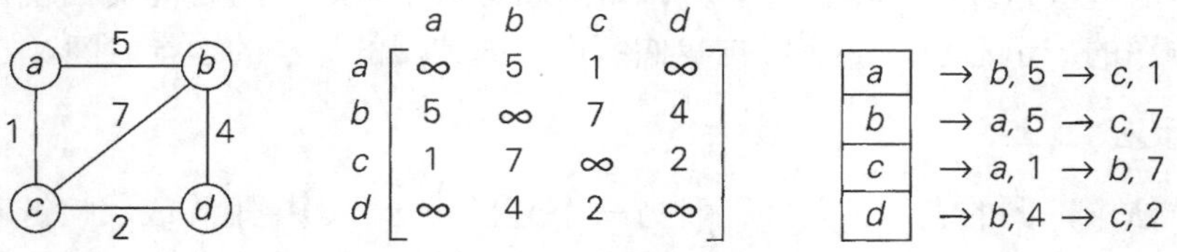

(a) (b) (c)

图 1.8 (a)加权图，(b)它的邻接矩阵，(c)它的邻接链表

3. 路径和环

图有许多令人感兴趣的特性，但有两个特性对于许多应用都是非常重要的：**连通性**(connectivity)和**无环性**(acyclicity)。两者都基于**路径**(path)的概念。从顶点 u 到顶点 v 的路径可以这样定义：它是图 G 中始于 u 止于 v 的邻接(以一条边连接)顶点序列。如果一条路径上所有的顶点都是互不相同的，我们说这条路径是**简单**(simple)**路径**。路径的**长度**(length)就是将路径代表的顶点序列中的顶点数目减 1，恰好和路径所包含的边的数目一致。例如，在图 1.6(a)中，a, c, b, f 是从 a 到 f 的长度为 3 的简单路径，而 a, c, e, c, b, f 是从 a 到 f 的长度为 5 的路径(非简单路径)。

如果是有向图，我们常常会对有向路径感兴趣。**有向路径**(directed path)是顶点的一个序列，序列中的每一对连续顶点都被一条边连接起来，边的方向等于从第一个顶点指向下一个顶点的方向。例如，图 1.6(b)中，a, c, e, f 是从 a 到 f 的一条有向路径。

如果对于图中的每一对顶点 u 和 v，都有一条从 u 到 v 的路径，我们说该图是**连通**的(connected)。如果把连通图的模型定义为代表边的绳子连接着代表顶点的小球，那么所有的东西都应该是连在一起的。如果图是非连通的，这样一个模型会包含几个自我连通的部分，称为该图的**连通分量**(connected component)。严格地说，连通分量是给定图的极大连通子图(不能通过加进某个邻接顶点来扩充)①。例如，图 1.6(a)和图 1.8(a)是连通的，而图 1.9 是不连通的，因为，像 a 到 f，它们之间并没有路径。图 1.9 有两个连通分量，分别包含顶点$\{a, b, c, d, e\}$和$\{f, g, h, i\}$。

包含若干连通分量的图常常出现在现实应用中。美国州际公路系统的示意图就是一个典型例子。(为什么？)

① 给定图 $G = \langle V, E\rangle$的**子图**(subgraph)是图 $G' = \langle V', E'\rangle$，使得 $V' \subseteq V$ 并且 $E' \subseteq E$。

对于许多应用来说，知道所考虑的图是否包含回路是非常重要的。**回路**(cycle)是这样一种路径，它的起点和终点都是同一顶点，长度大于 0，而且绝不会将同一条边包含两次。例如，*f*, *h*, *i*, *g*, *f* 是图 1.9 的一条回路。不包含回路的图称为**无环**(acyclic)**图**。下一小节将讨论无环图。

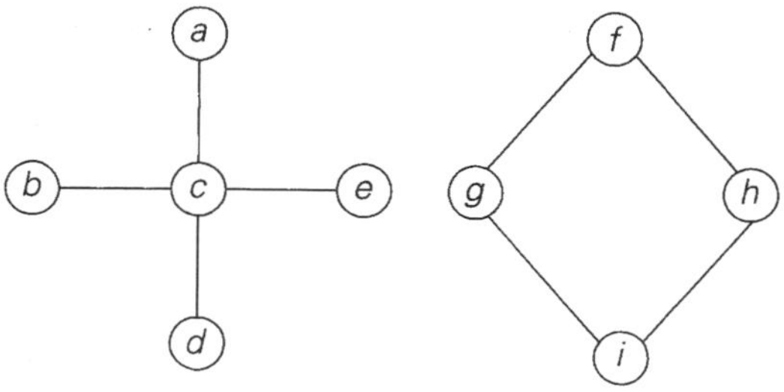

图 1.9　不连通的图

1.4.3　树

树(tree)，更精确地说，**自由树**(free tree)就是连通无回路图(图 1.10(a))。无回路但不一定连通的图称为**森林**(forest)：它的每一个连通分量是一棵树(图 1.10(b))。

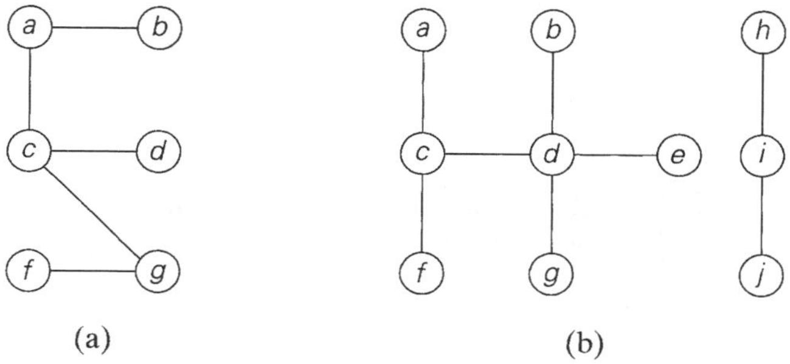

图 1.10　(a)树，(b)森林

树具有其他图没有的一些重要特性。具体来说，树的边数总是比它的顶点数少 1：

$$|E| = |V| - 1$$

就像图 1.9 所示，要使图成为树，这个特征是必要的，但不是充分的。但对于连通图来说，它就是充分的了，而且它可以作为检验连通图是否包含回路的简便方法。

1. 有根树

树的另外一个非常重要的特性就是：树的任意两个顶点之间总是恰好存在一条从一个顶点到另一个顶点的简单路径。这个性质使得以下做法成为可能：任选自由树中的一个顶点，将它作为所谓**有根树**(rooted tree)的**根**(root)。在对有根树的描述中，根常常放在最顶上(树的第 0 层)，邻接根的顶点放在根的下面(第 1 层)，再下面是和根距离两条边的顶点(第 2 层)，然后依次类推。图 1.11 表述了如何将自由树转换为有根树。

有根树在计算机科学中扮演了一个非常重要的角色，这个角色远远要比自由树重要。实际上，为了简单起见，它们常常简称为“树”。树的最典型应用是用来描述层次关系，从文件目录到企业的组织架构。还有很多较不明显的应用，如字典的实现(参见下文)，超大型数据集合的高效存储(7.4 节)以及数据编码(9.4 节)。就像第 2 章中将提到的，树对于分析递归算法也是很有帮助的。限于篇幅，树的应用难以一一列举，但我们应该提一下所谓的**状态空间树**(state-space tree)，它强调了两种重要的算法设计技术：回溯和分支界限(12.1 节和 12.2 节)。

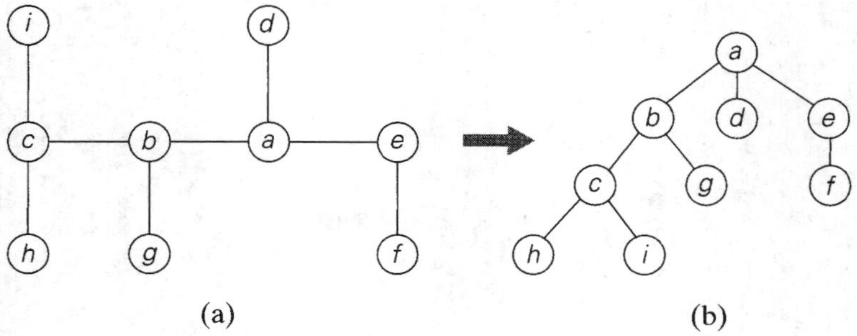

图 1.11 (a)自由树，(b)转换为有根树

对于树 T 中的任意顶点 v，从根到该顶点的简单路径上的所有顶点都称为 v 的**祖先**(ancestor)。一般也将顶点本身作为它自己的祖先，顶点本身以外的所有祖先顶点的集合称为**真祖先**(proper ancestor)集合。如果(u, v)是从根到顶点 v 的简单路径上的最后一条边，则 u 称为 v 的**父母**(parent)，v 称为 u 的**子女**(child)。具有相同父母的顶点称为**兄弟**(sibling)。没有子女的顶点称为**叶**(leaf)**节点**，至少有一个子女的顶点称为**父**(parental)**节点**。所有以顶点 v 为祖先的顶点称为 v 的**子孙**(descendant)，而 v 的**真子孙**(proper descendant)则不包括顶点 v 本身。顶点 v 的所有的子孙以及连接子孙的边构成了 T 的以 v 为根的**子树**(subtree)。因而，对于图 1.11(b)中的树来讲，该树的根是 a，顶点 d，g，f，h，i 是叶节点，而顶点 a，b，e，c 是父节点，b 的父母是 a，b 的子女是 c 和 g，b 的兄弟是 d 和 e，以 b 为根的子树中的顶点是$\{b, c, g, h, i\}$。

顶点 v 的**深度**(depth)是从根到 v 的简单路径的长度。树的**高度**(height)是从根到叶节点的最长简单路径的长度。例如，在图 1.11(b)的树中，顶点 c 的深度是 2，树的高度是 3。因此，如果我们约定根的层数是 0，然后从上到下地计算树的层数，那么顶点的深度就是它在树中的层数，而且树的高度就是顶点的最大层数(有一个事实需要提醒大家注意，有些教材的作者把树的高度定义为树所包含的层的数量，不像本书把高度定义为从根到叶的最长简单路径的长度。前者定义的高度要比后者大 1)。

2. 有序树

有序树(ordered tree)是一棵有根树，树中每一顶点的所有子女都是有序的。为方便起见，我们可以假设在这种树的图例中，所有的子女都是从左到右有序排列的。

也可以把一棵**二叉树**(binary tree)定义为有序树，但其中所有顶点的子女个数都不超过两个，并且每个子女不是父母的**左子女**(left child)就是父母的**右子女**(right child)。二叉树也可能为空。图 1.12(a)给出了一棵二叉树的例子。如果一棵二叉树的根是另一棵二叉树的顶点的左(右)子女，则称其为该顶点的**左(右)子树**。由于左右子树也是二叉树，二叉树其实可以递归定义。这使得很多涉及二叉树的问题可以用递归算法来解决。

在图 1.12(b)中，对图 1.12(a)中二叉树的顶点分配了一些数字。注意，分配给每个父母顶点的数字都比它左子树中的数字大，比右子树中的数字小。这种树称为**二叉查找树**(binary search tree)。二叉树和二叉查找树在计算机科学中有着极其广泛的应用，本书中也能发现不少。尤其是，二叉查找树能够推广为一种更一般的查找树，称为**多路查找树**(multiway search tree)，这种结构对于磁盘上超大数据集的高效存取是必不可少的。

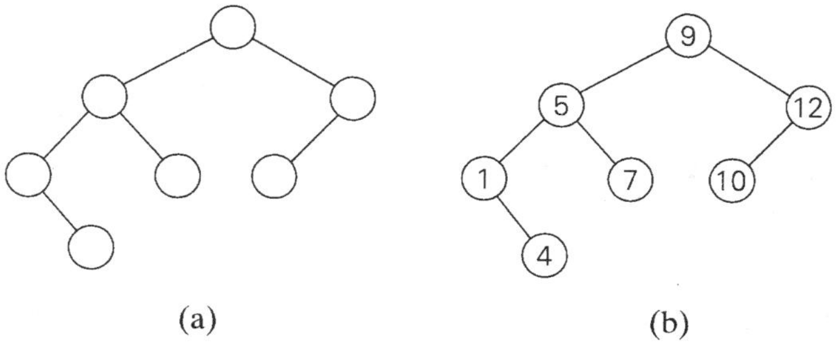

图 1.12　(a)二叉树，(b)二叉查找树

就像本书后面将会提到的，大多数有关二叉查找树的重要算法及其扩展算法的效率取决于这些树的高度。所以，下面的不等式对于分析这些算法是十分重要的。对于高度为 h，具有 n 个顶点的二叉树，我们有以下不等式：

$$\lfloor \log_2 n \rfloor \leqslant h \leqslant n-1$$

出于计算方便，在实现时一棵二叉树常常由代表树顶点的一系列节点来表示。每个节点包含相关顶点的某些信息(顶点的名字或是顶点的值)以及两个分别指向该节点左子女和右子女的指针。图 1.13 说明了图 1.12(b)中二叉查找树的一个实现。

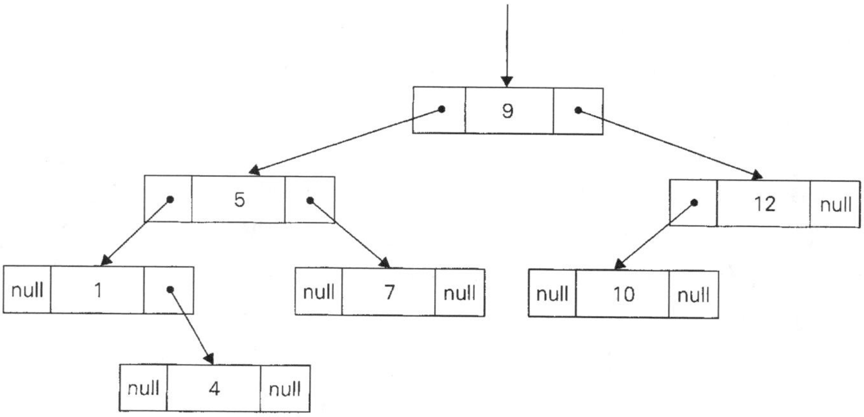

图 1.13　图 1.12(b)中二叉查找树的标准实现

在计算机中，任意一棵有序树可以这样表示：简单地在一个父节点中加入与子女相同数量的指针。但如果不同节点的子女数目相差很大，这种表示法将变得很不方便。如果像对待二叉树一样，每个节点只包含两个指针，就能避免这种不便。此时，左指针仍然指向节点的第一个子女，而右指针则指向节点的下一个兄弟。因此，这种方法称为**先子女后兄弟表示法**(first child-next sibling representation)。这样，一个顶点的所有兄弟都被一个单独的链表(通过节点的右指针)链接起来了，而且该链表的第一个元素也被它们父节点的左指针指着。当图 1.11(b)中的树应用了这种表示法以后，就会如图 1.14(a)所示。显而易见，这种表示法以一种高效的方式将一棵有序树改造成了一棵二叉树，我们说后者是前者的关联二叉树。只要把指针顺时针“转动”45°，就能把树变成这种表现形式(参见图 1.14(b))。

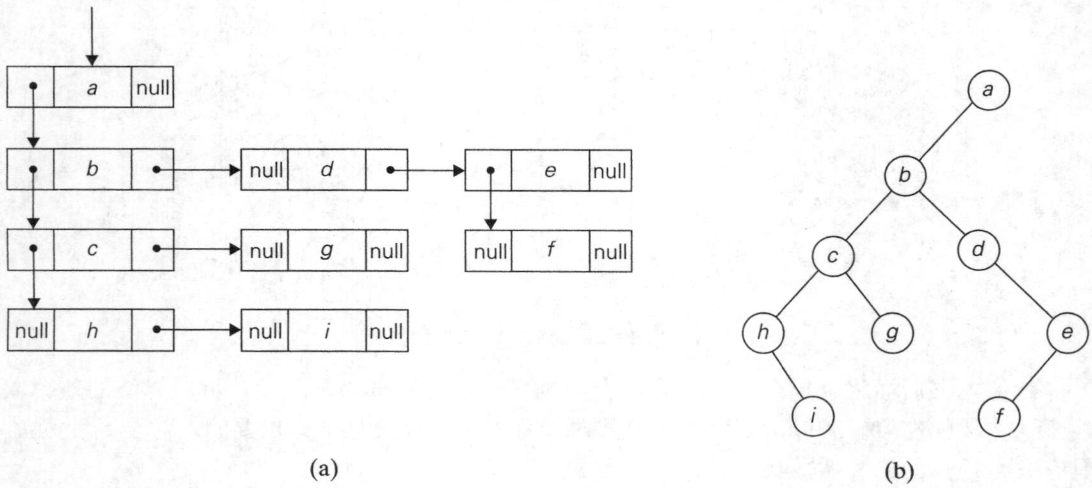

图 1.14　(a)图 1.11(b)的先子女后兄弟表示，(b)它的二叉树表示

1.4.4　集合与字典

在数学中，集合概念是一个中心角色。我们可以这样描述**集合**(set)：它是互不相同项的无序组合(可以为空)，这些项被称为集合的**元素**(element)。一个特定的集合应该这样定义：要么直接列出元素的确切列表(例如，$S = \{2, 3, 5, 7\}$)；要么指出集合的特殊属性，也就是集合所有元素都满足，并且只有它们才满足的特性(例如，$S = \{n: n$ 为小于 10 的质数$\}$)。最重要的集合运算包括：检查一个给定项是不是给定集合的成员(给定项是不是在集合的元素当中)；求两个集合的并集(该集合包含所有属于其中一个集合的元素或者同时属于两个集合的元素)；求两个集合的交集，该集合包含所有同时属于两个集合的元素。

集合在计算机应用中可以用两种方法实现。第一种方法只考虑一些称为**通用集合**(universal set)的大集合 U 的子集。如果集合 U 具有 n 个元素，那么 U 的任何子集 S 能够用一个长度为 n 的位串[称为**位向量**(bit vector)]来表示。当且仅当 U 的第 i 个元素包含在 S 中时，向量中第 i 个元素为 1。举个例子，如果 $U = \{1, 2, 3, 4, 5, 6, 7, 8, 9\}$，那么 $S = \{2, 3, 5, 7\}$ 应该用位串 011010100 表示。这种集合表示法可以实现非常快速的标准集合运算，但这是以使用大量存储空间为代价的。

为了计算的便捷，我们更常用第二种方法表示集合：用线性列表的结构来表示集合元素。当然，只有对有限集合这个方法才是可行的。幸运的是，与数学不同，大多数计算机应用需要的正是这种集合。但是，要注意集合和列表的两个主要差别。第一，集合不能包含相同的元素，而列表可以。有时，我们可以引进**多重集**(multiset)或者**包**(bag)的概念，来绕过对唯一性的要求，多重集和包是可重复项的无序组合。第二，集合是元素的无序组合，所以，改变集合元素的顺序并不会改变集合。列表——定义为元素的有序组合，则正好相反。这是一个重要的理论上的差别，但幸运的是，它对于许多应用来说并不重要。还有一点需要提醒一下，如果用线性表来表示一个集合，根据手头应用的情况，维护线性表的有序排列可能是必要的。

在计算时，我们对集合或者多重集做的最多的操作，就是从集合中查找一个给定元素、增加新元素和删除一个元素。能够实现这三种操作的数据结构称为**字典**(dictionary)。请注意这种数据结构和 1.3 节中提到的查找问题的关系，显然，我们现在处理的是动态内容的查找。因此，一个字典的高效实现必须在查找的效率和其他两种操作的效率之间达到一种平衡。有许多方法可以实现字典，范围从简单地使用数组(有序的或无序的)到类似散列法和平衡查找树的复杂技术，我们会在后面对这些技术进行讨论。

许多计算机应用要求动态地把 n 个元素的集合划分为一系列不相交的子集。我们可以把集合初始化为 n 个单元素的子集以后，再对它做一系列合并和查找的操作。这个问题称为**集合合并问题**(set union problem)。我们会在 9.2 节中结合它的一个最重要的应用来讨论解决该问题的一个高效算法。

大家可能会注意到，在复习基本数据结构的时候，我们总是提到对这些数据结构通常所做的特定操作。很久以前，计算机科学家就认识到了数据和操作之间的这种紧密关系。这种关系催生了**抽象数据类型**(abstract data type，ADT)这一思想。抽象数据类型是由一个表示数据项的抽象对象集合和一系列对这些对象所做的操作构成的。作为抽象数据类型的例子，大家可以再读一读我们对优先队列和字典的定义。虽然抽象数据类型可以用 Pascal 这样传统的面向过程语言来实现(参见[Aho83])，但用 C++和 Java 这样的面向对象语言来实现要更为方便，这些语言用**类**(class)来支持抽象数据类型。

习题 1.4

1. 请分别描述一下应该如何实现下列对数组的操作，使得操作时间不依赖于数组的长度 n。

a. 删除数组的第 i 个元素($1\leqslant i\leqslant n$)。

b. 删除有序数组的第 i 个元素(当然，原先的数组必须保持有序)。

2. 如果要解决包含 n 个元素的线性表的查找问题，已知该线性表是有序的，我们应该如何利用这个特性？请针对下列情况分别解答：

a. 该线性表是一个数组。

b. 该线性表是一个链表。

3. **a**．给出一个空栈在依次进行了以下操作之后的状态：

push(a)，push(b)，pop，push(c)，push(d)，pop

b．给出一个空队列在依次进行了以下操作之后的状态：

enqueue(a)，enqueue(b)，dequeue，enqueue(c)，enqueue(d)，dequeue

4. **a**．A 是一个无向图的邻接矩阵。请说明当邻接矩阵具有何种特征时意味着图具有下列特性：

i．图是完全图。

ii．图具有圈，即某些顶点具有指向自己的边。

iii．图具有一个孤立顶点，即没有边和该顶点相连。

b．针对图的邻接链表回答同样的问题。

5. 请详细描述这样一个算法，它将自由树转换为以该树的给定顶点为根的有根树。

6. 证明下列关于 n 个顶点二叉树高度的不等式：

$$\lfloor \log_2 n \rfloor \leqslant h \leqslant n-1$$

7. 请指出如何用下列数据结构实现 ADT 优先队列：

a．(无序)数组。

b．有序数组。

c．二叉查找树。

8. 如何实现一个相对较小，长度为 n 的字典(例如，美国的 50 个州的州名)，已知所有的元素都是唯一的。详细说明每个字典操作的实现。

9. 指出对于下列每个应用来说最适合的数据结构。

a．按照来电的优先顺序接电话。

b．按照客户订单的接收顺序向客户发货。

c．实现一个计算简单算术表达式的计算器。

10. **变位词** 设计一个检查两个单词是否为变位词的算法，也就是说，是不是能够通过改变一个单词的字母顺序，来得到另一个单词。例如单词 tea 和 eat 是变位词。

小　　结

- “算法”是在有限的时间内，对问题求解的一个清晰的指令序列。算法的每个输入确定了该算法求解问题的一个实例。
- 算法可以用自然语言或者伪代码表示，也可以用计算机程序的方式实现。
- 在对算法进行分类的各种方法中，最主要的两种方法如下：
  - 按照求解问题的类型对算法进行分组。
  - 按照其内在的设计技术对算法进行分组。
- 重要的问题类型包括：排序、查找、字符串处理、图问题、组合问题、几何问题和数值问题。

- “算法设计技术”(也称为“策略”或者“范例”)是用算法解题的一般性方法，适用于解决不同计算领域的多种问题。
- 虽然设计算法无疑是一种具有创造性的工作，但我们仍然能够确立一系列涉及这一过程的相互关联的活动。图 1.2 对此进行了描述。
- 一个好的算法常常是不懈努力和反复修正的结果。
- 解决同一个问题的算法常常有好几种。例如，对于计算两个整数的最大公约数，我们给出了三种算法：欧几里得算法、连续整数检测算法以及中学时代的算法。作为对最后一种算法的改进，我们用“埃拉托色尼筛选法”来产生一组质数。
- 算法操作的是数据，这使得数据结构成为决定算法解题效率的关键因素。最重要的基本数据结构是“数组”和“链表”。它们可以用来表示一些更抽象的数据结构，如线性表、栈、队列、图(通过图的邻接矩阵或者邻接链表表示)、二叉树以及集合。
- 一个表示数据项的抽象对象集合和一系列对这些对象所做的操作合称为“抽象数据类型”(ADT)。线性表、栈、队列、优先队列以及字典都是抽象数据类型的重要例子。现代面向对象语言用类来支持 ADT 的实现。

第 2 章　算法效率分析基础

我常常说，当你对所讲的内容能够进行度量并能够用数字来表达的时候，证明你对这些内容是有所了解的。如果你不能用数字来表达，表明你的认识是不完整的，也是无法令人满意的：无论它是什么内容，它也许正处于知识的初级阶段，但在你的思想中，几乎从没把它上升到一个科学的高度。

——开尔文爵士(1824—1907)

不是所有能计算的都有价值，不是所有有价值的都能被计算。

——阿尔伯特·爱因斯坦(1879—1955)

本章主要讨论算法分析。《美国传统辞典》(*American Heritage Dictionary*)将“分析”定义为“将知识或物质的整体细分为组成部分以进行个体研究”。因此，1.2 节指出的算法的每种主要特性都是值得研究的对象，同时也是适合研究的对象。但是“算法分析”这个术语常常仅用于狭义的技术层面，指的是对算法利用两种资源的效率做研究，这两种资源是运行时间和存储空间。很容易解释为什么要对效率如此强调。首先，和简单性、一般性这样的特性不同，我们对效率可以做精确的定量研究。其次，虽然有人会持不同的观点，但从实际应用的角度来看，就计算机现在的速度和容量而言，考虑效率因素仍然是第一重要的。所以，在本章中，我们还是仅限于讨论算法的效率。

2.1 节首先会介绍一个研究算法效率的通用框架。这一节可能是本章中最重要的一个部分。而且，由于它讲述的主题和基本原理有关，所以它也是本书最重要的小节之一。

在 2.2 节中，我们介绍三种符号：O(读作 O)，Ω(读作 omega)和 Θ(读作 theta)。这些从数学借来的符号已经成为讨论算法效率的特定语言。

2.3 节将研究我们应该如何使用 2.1 节所介绍的通用框架系统地对非递归算法进行分析。这种分析的主要工具是先定义一个代表算法运行时间的求和表达式，然后使用标准的求和法则对表达式进行化简。

2.4 节将研究我们是如何用 2.1 节所介绍的通用框架，系统地分析递归算法的。在这里，主要的分析工具不是求和，而是一种称为递推关系的特殊等式。我们会告诉大家如何建立这种递推关系，然后介绍一种对其求解的方法。

虽然本章前 4 节用了很多例子来讲解分析框架和该框架的应用，2.5 节仍会专门介绍另外一个例子——斐波那契数列。作为 800 多年前的发现，这个不同寻常的序列出现在计算机科学内外的各种不同应用中。我们引入斐波那契数列是将它作为一种案例，借此自然地引出 2.4 节的方法所不能解决的一类重要递推关系。我们也会讨论几种计算斐波那契数列的算法，主要为了对算法的效率以及算法的分析方法做一些一般性的观察。

2.3 节和 2.4 节提供了一种强有力的方法，使我们能够以一种数学的明晰和精确来分析许多算法的效率，但这些方法远没有达到简单好用的地步。本章的最后两节将讨论另外两种方法，即经验分析和算法可视法，这两种方法弥补了 2.3 节和 2.4 节中纯数学方法的不足。它们出现较晚，所以也没有数学分析方法那么完善，但它们绝对能够在分析算法效率的现有工具中占据重要的地位。

2.1 分析框架

在本节中，我们将概要描述一个分析算法效率的一般性框架。首先必须指出，有两种算法效率：时间效率和空间效率。**时间效率**也称为**时间复杂度**(time complexity)，指出正在讨论的算法运行得有多快；**空间效率**也称为**空间复杂度**(space complexity)，关心算法需要的额外空间。在电子计算机时代的早期，时间和空间这两种资源都是极其昂贵的。但经过半个多世纪不懈的技术革新，计算机的速度和存储容量已经提高了好几个数量级。现在，一个算法所需要的额外空间往往已不是我们需要重点关注的问题了，但需要提醒的是，快速主存、较慢的二级存储和高速缓存之间还是有区别的①。然而，时间效率的重要性并没有减弱到这种程度。而且，研究经验告诉我们，对于大多数问题来说，我们在速度上能够取得的进展要远远大于在空间上的进展。所以，沿袭算法教材的优良传统，我们把主要精力集中在时间效率上，但这里介绍的分析框架对于分析空间效率也是适用的。

2.1.1 输入规模的度量

我们先指出一个显而易见的事实：几乎所有的算法，对于规模更大的输入都需要运行更长的时间。例如，需要更多时间来对更长的数组排序，更大的矩阵相乘也需要花费更多时间，等等。所以，在研究算法效率时，把它作为一个以算法输入规模② n 为参数的函数是非常合乎逻辑的。在大多数情况下，选择什么为参数是非常一目了然的。例如，对于排序、查找、寻找列表的最小元素以及其他大多数和列表有关的问题来说，这个参数就是列表的长度。就一个对 n 次多项式 $p(x)=a_nx^n+\cdots+a_0$ 求值的问题来说，这个参数是多项式的次数，或者是它系数的个数，系数的个数比次数大 1。我们会从下面的讨论中看到，这样一个细小的差别对于效率分析来说是无关紧要的。

当然，在有些情况下，选择哪个参数表示输入规模是有差别的。例如，计算两个 n 阶矩阵的乘积。对这个问题来说有两种正常的度量方法。第一种方法也是更常用的方法，是用矩阵的阶 n。它的另一个天然竞争对手是参加乘法运算的矩阵中所有元素的个数 N(第二个方法其实更具有一般性，因为它对于非方矩阵也是适用的)。因为这两种度量方法之间具有简单的公式关系，我们可以轻易地在这两种方法之间进行转换，但取决于所采用的度量方法，我们求得的算法效率结果在性质上是有差别的(参见本节习题第 2 题)。

如何恰当地选择输入规模的度量单位，还要受到所讨论算法的操作细节影响。例如，

---

① 译注：速度越快的存储，其容量越小，反之也成立。算法的具体实现必须得考虑这些问题。

② 有些算法需要两个以上的参数来表示它们的输入规模(例如，对于用邻接链表来表示图的算法来说，这些参数就是顶点的数量和边的数量)。

对于一个拼写检查算法，我们如何度量其输入规模呢？如果算法对于输入的每一个独立字符都要做检查，我们应该使用字符的数量来度量输入规模；如果它的操作是以词为单位的，我们应该统计输入中词的数量。

如果算法是与数字特性相关的，在度量它的输入规模时，应该特别引起注意(例如，检查给定的整数 n 是否为质数)。对于这种算法，计算机科学家倾向于度量数字 n 的二进制表示中的位数 b：

$$b = \lfloor \log_2 n \rfloor + 1 \tag{2.1}$$

这种度量标准往往更适合度量数字算法的效率。

2.1.2 运行时间的度量单位

接下来我们要考虑算法运行时间的度量单位。当然，我们可以只使用时间的标准度量单位(如秒、毫秒等)来度量算法程序的运行时间。然而，这种方法有一些明显的缺陷：它依赖于特定计算机的运行速度，依赖于算法程序实现的质量，依赖于使用哪种编译器将程序转化成机器码，而且，对程序的实际运行时间进行计时也是困难的。既然我们寻求的是算法效率的度量标准，我们希望能够拥有一个不依赖于这些无关因素的度量标准。

当然，我们可以统计算法每一步操作的执行次数。我们将会发现，这种方法不仅过于困难，而且常常没有必要。我们应该做的，是找出算法中最重要的操作，即所谓的**基本操作**(basic operation)，它们对总运行时间的贡献最大，然后计算它们的运行次数。

掌握了以下规律，我们就不难发现一个算法中的基本操作：它通常是算法最内层循环中最费时的操作。例如，大多数排序算法是通过比较列表中的待排序元素(键)来工作的。对于这种算法来说，基本操作就是对键的比较。再举一个例子，求解数学问题的算法一般多少会涉及四则运算：加、减、乘、除。其中最耗时的操作是除法，其次是乘法，最后是加法和减法，这两个运算一般会统一考虑①。

这样，我们建立起一个算法时间效率的分析框架。它提出，对于输入规模为 n 的算法，我们可以统计它的基本操作执行次数，来对其效率进行度量。我们将在 2.3 节和 2.4 节分别介绍如何计算非递归算法和递归算法的“执行次数”。

这里介绍该框架的一个重要应用。我们约定，c_{op} 为特定计算机上一个算法基本操作的执行时间，而 $C(n)$是该算法需要执行基本操作的次数。这样，对运行在那台计算机上的某个算法程序的运行时间，我们就能用以下公式来估算：

$$T(n) \approx c_{op} C(n)$$

当然，这个公式要小心使用。执行次数 $C(n)$并不包括非基本操作的任何信息，并且，实际上，它本身也常常是一个近似结果。更进一步说，常量 c_{op} 也是一个可靠性难以评估的近似值。尽管如此，除非 n 非常大或者非常小，这个公式可以对算法的运行时间进行合理的估计。它也能帮助我们回答这种问题：“如果这个算法运行在一台执行速度是我们现有机器 10 倍的机器上，它运行得有多快？”很明显，答案是 10 倍。或者让我们假设

① 在一些所谓 RISC 架构的计算机上，并不一定如此。相关例子参见克里汉(Kernighan)和派克(Pike)提供的时间统计数据([Ker99]，pp. 185-186)。

$C(n)=\frac{1}{2}n(n-1)$，如果输入规模翻倍，该算法会运行多长时间呢？答案是大约要运行 4 倍的时间。的确，只要 *n* 的值不是非常小，就有下式：

$$C(n)=\frac{1}{2}n(n-1)=\frac{1}{2}n^2-\frac{1}{2}n\approx\frac{1}{2}n^2$$

所以：

$$\frac{T(2n)}{T(n)}\approx\frac{c_{op}C(2n)}{c_{op}C(n)}\approx\frac{\frac{1}{2}(2n)^2}{\frac{1}{2}n^2}=4$$

请注意，我们不需要知道 c_{op} 的值就能够回答刚才的问题：这个值在做除法的时候已经被完全约去了。还需要注意的是，$C(n)$公式中的乘法常量 1/2 也被约去了。正是出于这个原因，对于大规模的输入，我们的效率分析框架忽略了乘法常量，而仅关注执行次数的**增长次数**(order of growth)及其常数倍。

2.1.3　增长次数

为什么要对大规模的输入强调执行次数的增长次数呢？这是因为小规模输入在运行时间上的差别不足以将高效的算法和低效的算法区分开来。例如，当我们只需计算两个较小数的最大公因数时，欧几里得算法和 1.1 节讨论的其他两个算法的效率差异并不是很明显，甚至，我们为什么要关心哪个算法更快和快多少呢？只有当我们必须求两个较大数的最大公因数时，算法效率的差异才变得既明显又重要。对 *n* 的较大值来说，有意义的是其函数的增长次数。请看一下表 2.1，它包含了一些对算法分析具有重要意义的函数值。

表 2.1　对算法分析具有重要意义的函数值(有些是近似值)

n	$\log_2 n$	n	$n\log_2 n$	n^2	n^3	2^n	$n!$
10	3.3	10^1	3.3×10^1	10^2	10^3	10^3	3.6×10^6
10^2	6.6	10^2	6.6×10^2	10^4	10^6	1.3×10^{30}	9.3×10^{157}
10^3	10	10^3	1.0×10^4	10^6	10^9		
10^4	13	10^4	1.3×10^5	10^8	10^{12}		
10^5	17	10^5	1.7×10^6	10^{10}	10^{15}		
10^6	20	10^6	2.0×10^7	10^{12}	10^{18}		

表 2.1 中数字的数量级对于算法的分析具有深远意义。这些函数中增长最慢的是对数函数。实际上，它的增长是如此之慢，以至于我们可以认为：如果一个程序的算法具有对数级的基本操作次数，该程序对于任何实际规模的输入几乎都会在瞬间完成。还要注意，虽然特定的操作次数明显依赖于对数的底，但以下方程：

$$\log_a n = \log_a b\log_b n$$

允许它在不同的底之间转换，仅在对数部分以外新增一个乘法常量。这就是为什么当我们仅对函数的增长次数及其常数感兴趣时，要忽略对数的底，简单写成 $\log n$。

在效率的另一端是幂函数 2^n 和阶乘函数 $n!$。这两种函数增长得如此之快，以至于即使 n 的值相当小，函数的值也会成为天文数字(这就是为什么当 $n > 10^2$ 时，我们不把它们的值包括在表 2.1 中)。例如，对于一台每秒能做一万亿(10^{12})次操作的计算机来说，大约需要 4×10^{10} 年才能完成 2^{100} 次操作。虽然和执行 100!次操作相比，这个时间已经是快得无法比拟了，但它还是超过了 45 亿(4.5×10^9)年——地球的估计年龄。虽然在函数 2^n 和 $n!$ 的增长次数之间有着极大的不同，我们还是常常倾向于把两者都作为“呈指数级增长的函数”(或者简称为“指数级”)，尽管严格来讲，只有前者才能这么称呼。一个需要记住的要点是：

一个需要指数级操作次数的算法只能用来解决规模非常小的问题。

我们可以用另外一种方法理解表 2.1 中函数增长次数的本质区别，例如我们可以考虑一下，当参数 n 的值增长为原来的两倍时，它们会做出何种反应。函数 $\log_2 n$ 的值仅增长 1(因为 $\log_2 2n = \log_2 2+\log_2 n = 1+\log_2 n$)，线性函数的值也增长为原来的两倍，“$n$-log-$n$”函数 $n\log_2 n$ 的值略超过原来的两倍，平方函数 n^2 和立方函数 n^3 的值分别增长为原来的 4 倍和 8 倍(因为$(2n)^2 = 4n^2$，$(2n)^3 = 8n^3$)，2^n 的值变成了它的平方(因为 $2^{2n} = (2^n)^2$)，$n!$ 则增长得多得多(是的，甚至数学家也不愿意给 $n!$ 一个简洁的答案)。

2.1.4 算法的最优、最差和平均效率

我们在本节的开头指出，以算法输入规模为参数的函数可以合理地度量算法的效率。但有许多算法的运行时间不仅取决于输入的规模，而且取决于特定输入的细节。作为一个例子，请考虑一下顺序查找。这是一个简单直接的算法，为了在 n 个元素的列表中查找一个给定项(某些查找键 K)，它会检查列表中的连续元素，直到发现了匹配查找键的元素或者到达了列表的终点。下面是该算法的伪代码，为了简单起见，其中的列表是用数组来实现的。我们同时假设，如果判断数组下标是否越过上界的第一个条件为假，则不会判断第二个条件 $A[i] \neq K$ 。

```
算法  SequentialSearch(A[0..n – 1], K)
      //用顺序查找在给定的数组中查找给定的值
      //输入：数组 A[0..n – 1]和查找键 K
      //输出：返回第一个匹配 K 的元素的下标
      //        如果没有匹配元素，则返回 – 1
      i ← 0
      while i < n and A[i] ≠ K do
          i ← i + 1
      if i < n return i
      else return – 1
```

很明显，对于规模同样为 n 的列表来说，该算法的运行时间会有很大的差异。最坏的情况下，表中会没有匹配元素或者第一个匹配元素恰巧是列表的尾元素，相比其他规模为 n 的输入，该算法这时的键值比较次数是最多的：$C_{\text{worst}}(n) = n$。

一个算法的**最差效率**(worst-case efficiency)是指当输入规模为 n 时算法在最坏情况下的效率。这时，相对于其他规模为 n 的输入，该算法的运行时间最长。从原理上来讲，确定算法最差效率的方法是非常简单的：我们先分析算法，看看在规模为 n 的所有可能输入中，

哪种类型的输入会导致基本操作次数 $C(n)$达到最大值，然后再计算这个"最差值"$C_{worst}(n)$(对于顺序查找来说，答案是很明显的。我们会在本章的后面部分，讨论处理更复杂情况的方法)。无疑，通过确定算法运行时间的上界，分析最坏情况为我们提供了算法效率的一个非常重要的信息。换句话说，对于任何规模为 n 的实例来说，算法的运行时间不会超过最坏输入情况下的运行时间——$C_{worst}(n)$。

一个算法的**最优效率**(best-case efficiency)是指当输入规模为 n 时，算法在最优情况下的效率。这时，与其他规模为 n 的输入相比，该算法运行得最快。因此，我们可以这样来分析最优效率。首先，我们确定，在所有规模为 n 的可能输入中，哪种输入类型对应最小的 $C(n)$值(注意，最优情况并不是指规模最小的输入，而是使算法运行得最快的、规模为 n 的输入)。然后我们应该确定，在最理想的输入条件下 $C(n)$应该取何值。例如，对于顺序查找来说，最优输入应该是规模为 n 的、第一个元素等于查找键的列表。因此，对该算法来说，$C_{best}(n) = 1$。

最优效率分析远远不如最差效率分析重要，但它也不是完全没有价值的。虽然我们并不期望每次都遇到最优的输入，但是可以利用这样一个事实：对于一些接近于最优输入的有用输入类型，有些算法也能获得类似最优效率的良好性能。例如，有一种排序算法(插入排序)，它的最优输入是已经排过序的数组，在这种情况下，该算法非常快。此外，对于基本有序的数组来说，它的效率相对于最优效率稍有下降。从而，我们可以选择这种算法对基本有序的数组进行操作。而且，如果一个算法的最优效率都不能满足要求，我们立即就可以抛弃它，不必再做进一步的分析。

然而，从我们的讨论中可以发现，无论是最差效率分析还是最优效率分析，都不能提供一种必要的信息：在"典型"或者"随机"输入的情况下，一个算法会具有什么样的行为。这正是**平均效率**(average-case efficiency)试图提供给我们的信息。为了分析算法的平均效率，我们必须对规模为 n 的可能输入做一些假设。

再来考虑一下顺序查找。标准的假设是：(a)成功查找的概率是 $p(0 \leqslant p \leqslant 1)$；(b)对于任意 i 来说，第一次匹配发生在列表第 i 个位置的概率是相同的。基于这种假设(虽然这两个假设很合理，但其正确性常常很难验证)，我们可以用以下方法求出键值比较的平均次数 $C_{avg}(n)$。在成功查找的情况下，对于任意的 i，第一次匹配发生在列表的第 i 个位置的可能性是 p/n，在这种情况下，该算法所做的比较次数显然是 i。在不成功查找的情况下，比较的次数是 n，而这种情况发生的可能性是$(1-p)$。所以：

$$
\begin{aligned}
C_{avg}(n) &= \left[1\times\frac{p}{n}+2\times\frac{p}{n}+\cdots+i\times\frac{p}{n}+\cdots+n\times\frac{p}{n}\right]+n\times(1-p) \\
&= \frac{p}{n}[1+2+\cdots+i+\cdots+n]+n(1-p) \\
&= \frac{p}{n}\frac{n(n+1)}{2}+n(1-p)=\frac{p(n+1)}{2}+n(1-p)
\end{aligned}
$$

从这个一般性的方程可以推出一些非常合理的结论。例如，如果 $p = 1$(也就是说，查找一定会成功)，顺序查找所做的键值比较的平均次数是$(n + 1)/2$。这意味着，平均来说，该算法大约要检查表中一半的元素。如果 $p = 0$(也就是说，查找一定不会成功)，键值比较的平均次数将是 n，因为对于这种输入，该算法会对 n 个元素全部检查一遍。

我们可以从这个非常基本的例子发现，平均效率的研究比起最差效率研究和最优效率研究要困难很多。研究平均效率的直接方法包括将规模为 n 的实例划分为几种类型，使得对于同类实例来说，算法基本操作执行的次数都是相同的(对于顺序查找来说有几种类型呢？)。然后我们需要得到或者假设各类输入的概率分布，以推导出我们希望得到的基本操作的平均次数。

然而，这个方案的技术实现一般都不简单，而且在各种特定的情况下，它所包含的概率假设也往往很难验证。所以，为了追求简洁，在讨论算法的时候，我们会尽可能地引用其平均效率的已知结果。如果对这些结果的推导过程感兴趣，可以参考[Baa00]，[Sed96]，[KnuI]，[KnuII]以及[KnuIII]。

显然，从前面的讨论可知，我们不能用对最优效率和最差效率求平均数的方法来求得平均效率。虽然这个平均数偶尔会和平均效率一致，但它并不是进行平均效率分析的规范方法。

我们是否真的需要知道算法的平均效率呢？答案绝对是肯定的。以下事实可以解释它的必要性：有许多重要的算法的平均效率比它们过于悲观的最差效率要好得多。所以，如果没有平均效率分析，计算机科学家可能会错失许多重要的算法。

还有一种类型的效率称为**摊销效率**(amortized efficiency)。它并不适用于算法的单次运行，而是应用于算法对于同样的数据结构所执行的一系列操作。我们知道，在有些情况下，单次运行的时间代价可能是比较高昂的，但 n 次运行的总运行时间总是明显优于单次执行的最差效率乘以 n。所以，我们能把这样一次最差效率的高成本摊销到整个序列中去，这种做法和商业中把固定资产的成本按照它的使用年限进行摊销的方法是一样的。这个有效的方法是由美国计算机科学家罗伯特·塔扬(Robert Tarjan)发明的，他将这个方法应用于其他地方，开发出了经典二叉查找树的一个有趣变化形式([Tar87]中有一个可读性很强的非技术性讨论，而[Tar85]则探讨了它的技术细节)。我们在 9.2 节中讨论求不相交集合并集的算法时，会用一个例子说明摊销效率的价值。

2.1.5 分析框架概要

在本节结束前，让我们对上述分析框架的要点做一个总结。

- 算法的时间效率和空间效率都用输入规模的函数进行度量。
- 我们用算法基本操作的执行次数来度量算法的时间效率。通过计算算法消耗的额外存储单元的数量来度量空间效率。
- 在输入规模相同的情况下，有些算法的效率会有显著差异。对于这样的算法，我们需要区分最差效率、平均效率和最优效率。
- 本框架主要关心一点：当算法的输入规模趋向于无限大时，它的运行时间(消耗的额外空间)函数的增长次数。

下一节将研究增长次数的正式方法。在 2.3 节和 2.4 节中，分别讨论非递归算法和递归算法的特殊研究方法。我们将看到，这三节会应用本节描述的分析框架来研究特定算法的效率。在本书的其余部分还会看到更多这样的例子。

习题 2.1

1. 对于下列每种算法，请指出(i)其输入规模的合理度量标准；(ii)它的基本操作；(iii)对于规模相同的输入来说，其基本操作的次数是否会有所不同。
   a. 计算 n 个数的和。
   b. 计算 $n!$。
   c. 找出包含 n 个数字的列表中的最大元素。
   d. 欧几里得算法。
   e. 埃拉托色尼筛选法。
   f. 两个 n 位十进制整数相乘的笔算算法。
2. **a.** 考虑一个基于定义的，对两个 n 阶矩阵相加的算法。它的基本操作是什么？以矩阵阶 n 的函数表示，其基本操作的执行次数是多少？以矩阵元素数量的函数来表示呢？
   b. 对一个基于定义的矩阵乘法算法回答同样的问题。
3. 考虑顺序查找算法的一个变化形式，它返回给定的查找键在列表中的出现次数。它的效率和经典顺序查找算法的效率有差异吗？
4. **a.** **选择手套**　在一个抽屉里有 22 只手套：5 双红手套、4 双黄手套和 2 双绿手套。你在黑暗中挑选手套，而且只能在选好以后才能检查它们的颜色。在最优的情况下，你最少选几只手套就能找到一双匹配的手套？在最差的情况下呢？
   b. **丢失的袜子**　假设在洗了 5 双各不相同的袜子以后，你发现有两只袜子找不到了。当然，你希望留下数量最多的完整袜子。因此，在最好的情况下，你会留下 4 双完整的袜子，而在最坏的情况下，只会有 3 双完整的袜子。假设 10 只袜子中，每只袜子丢失的概率都相同，请找出最佳情况的发生概率和最差情况的发生概率。在平均情况下，你能够指望留下几双袜子呢？
5. **a.** 证明公式(2.1)，它代表十进制正整数用二进制表示时的位数。
   b. 证明一个正整数 n 的二进制表示，其位数的计算公式如下：

$$b = \lceil \log_2(n+1) \rceil$$

   c. 对于十进制数的位数，类似的公式是什么样的呢？
   d. 在我们所使用的分析框架下，无论用二进制位数还是十进制位数作为问题规模 n 的度量标准都不会影响分析结果。请说明一下原因。
6. 对任意排序算法如何扩充，才能使它在最优情况下的键值比较次数正好等于 $n-1$(n 当然是列表的大小)。你认为这个方法对于任何排序算法都是一个有效的补充吗？
7. 高斯消去法是一个经典的算法，用于对包含 n 个未知数和 n 个线性方程的联立方程组求解。乘法是这种算法的基本运算，对于这样的方程组，该算法大约需要做 $\frac{1}{3}n^3$ 次乘法运算。

a. 用高斯消去法解一个 1 000 个方程的方程组比解一个 500 个方程的方程组要多运行多少时间？

b. 你正打算买一台运行速度是你现在用的机器的 1 000 倍的计算机。假设两台机器都运行相同的时间，新计算机可以求解的方程组规模和老计算机相比有什么变化？

8. 对于下列每种函数，请指出当参数值增加到 4 倍时，函数值会改变多少。

a. $\log_2 n$ **b**. $\sqrt{n}$ **c**. n **d**. n^2 **e**. n^3 **f**. 2^n

9. 请指出下面每一对函数中，第一个函数的增长次数(包括其常数倍)比第二个函数的增长次数大还是小，还是二者相同。

a. $n(n+1)$和 $2000n^2$ **b**. $100n^2$ 和 $0.01n^3$

c. $\log_2 n$ 和 $\ln n$ **d**. $\log_2^2 n$ 和 $\log_2 n^2$

e. 2^{n-1} 和 2^n **f**. $(n-1)!$和 $n!$

10. **象棋的发明**

a. 根据一个著名的传说，国际象棋是许多世纪以前由一个印度西北部的贤人沙什(Shashi)发明的。当他把该发明献给国王的时候，国王很喜欢，就许诺可以给这个发明人任何他想要的奖赏。沙什要求以这种方式给他一些粮食：棋盘的第一个方格内只放 1 粒麦粒，第二格 2 粒，第三格 4 粒，第四格 8 粒，依次类推，直到 64 个方格全部放满。如果计算 1 粒麦粒需要 1 秒钟时间，那么计算完所有格子的麦粒需要多长时间？

b. 如果每个格子的麦粒数是前一个格子的麦粒数加 2，那么计算完所有格子的麦粒将花费多长时间？

2.2 渐近符号和基本效率类型

我们在前一节中指出，效率分析框架主要关心一个算法的基本操作次数的增长次数，并把它作为算法效率的主要指标。为了对这些增长次数进行比较和归类，计算机科学家使用了三种符号：O(读作“O”)，Ω(读作“omega”)和Θ(读作“theta”)。首先，我们将对它们做一个非正式的介绍，然后，在几个例子之后，给出正式的定义。在下面的讨论中，$t(n)$和 $g(n)$可以是定义在自然数集合上的任意非负函数。在我们所关心的上下文中，$t(n)$是一个算法的运行时间(常常用基本操作次数 $C(n)$来表示)，$g(n)$是一个用来和该操作次数做比较的函数。

2.2.1 非正式的介绍

非正式来说，$O(g(n))$是增长次数小于等于 $g(n)$(及其常数倍，n 趋向于无穷大)的函数集合。下面给出几个例子，它们的断言都为真：

$$n \in O(n^2)，\quad 100n + 5 \in O(n^2)，\quad \frac{1}{2}n(n-1) \in O(n^2)$$

的确，前两个函数都是线性函数，因此增长次数比 $g(n)=n^2$ 的要小，而最后一个是平方函数，所以有着和 n^2 相同的增长次数。另一方面，

$$n^3 \notin O(n^2)，\quad 0.00001n^3 \notin O(n^2)，\quad n^4+n+1 \notin O(n^2)$$

的确，n^3 和 $0.00001\,n^3$ 都是立方函数，因此增长次数比 n^2 大。对于四次多项式 n^4+n+1 也是如此。

第二个符号 $\Omega(g(n))$，代表增长次数大于等于 $g(n)$(及其常数倍，n 趋向于无穷大)的函数集合。例如：

$$n^3 \in \Omega(n^2)，\quad \frac{1}{2}n(n-1) \in \Omega(n^2)，\quad 但是 100n+5 \notin \Omega(n^2)$$

最后，$\Theta(g(n))$ 是增长次数等于 $g(n)$(及其常数倍，n 趋向于无穷大)的函数集合。因此，每一个二次方程 an^2+bn+c 在 $a>0$ 的情况下都包含在 $\Theta(n^2)$ 中，无数类似于 $n^2+\sin n$ 和 $n^2+\log n$ 的函数也都属于 $\Theta(n^2)$。(你能解释原因吗？)

希望通过前面的非正式讨论，大家对于这三个渐近符号背后所包含的思想已经有所熟悉了。因此，我们现在来做一个正式的定义。

2.2.2　符号 O

定义　如果函数 $t(n)$ 包含在 $O(g(n))$ 中，记作 $t(n) \in O(g(n))$。它的成立条件是：对于所有足够大的 n，$t(n)$ 的上界由 $g(n)$ 的常数倍所确定，也就是说，存在大于 0 的常数 c 和非负的整数 n_0，使得：

$$对于所有的 n \geqslant n_0 来说，\quad t(n) \leqslant cg(n)$$

图 2.1 说明了这个定义，为了让大家看清楚，我们在图中将 n 扩展为实数。

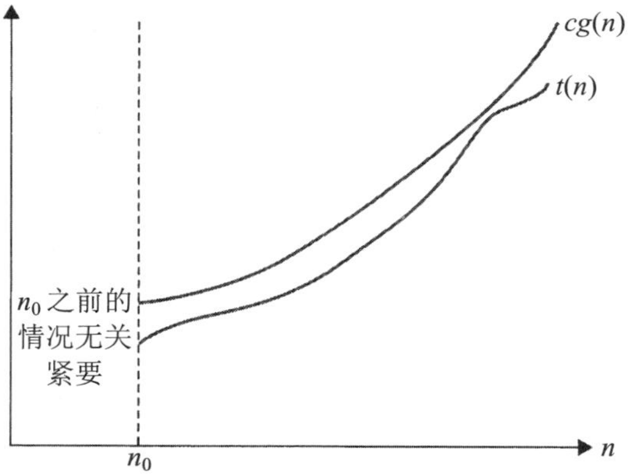

图 2.1　符号 O：$t(n) \in O(g(n))$

作为例子，让我们对前面的断言做一个正式的证明：$100n+5 \in O(n^2)$。的确，

$$100n+5 \leqslant 100n+n(当\ n \geqslant 5) = 101n \leqslant 101n^2$$

因此，我们得到了定义中要求的常量 c 和 n_0 的值，它们分别是 101 和 5。

注意，该定义给了我们很大的自由度来选择常量 c 和 n_0 的特定值。例如，也可用以下推导来完成证明：

$$100n+5\leqslant 100n+5n(\text{当 } n\geqslant 1)=105n$$

这时，$c=105$ 而 $n_0=1$。

2.2.3　符号Ω

定义　如果函数 $t(n)$包含在 $\Omega(g(n))$ 中，记作 $t(n)\in\Omega(g(n))$。它的成立条件是：对于所有足够大的 n，$t(n)$的下界由 $g(n)$的常数倍所确定，也就是说，存在大于 0 的常数 c 和非负的整数 n_0，使得：

$$\text{对于所有的 } n\geqslant n_0 \text{ 来说，} t(n)\geqslant cg(n)$$

图 2.2 说明了这个定义。

下例是 $n^3\in\Omega(n^2)$ 的一个正式证明：

$$\text{当 } n\geqslant 0 \text{ 时，} n^3\geqslant n^2$$

也就是说，我们可以选择 $c=1$ 及 $n_0=0$。

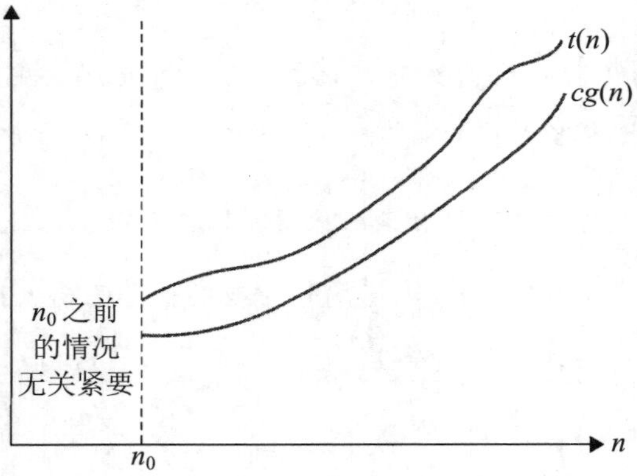

图 2.2　符号Ω：$t(n)\in\Omega(g(n))$

2.2.4　符号Θ

定义　如果函数 $t(n)$包含在 $\Theta(g(n))$ 中，记作 $t(n)\in\Theta(g(n))$，它的成立条件是：对于所有足够大的 n，$t(n)$的上界和下界都由 $g(n)$的常数倍所确定，也就是说，存在大于 0 的常数 c_1，c_2 和非负的整数 n_0，使得：

$$\text{对于所有的 } n\geqslant n_0 \text{ 来说，} c_2g(n)\leqslant t(n)\leqslant c_1g(n)$$

图 2.3 说明了这个定义。

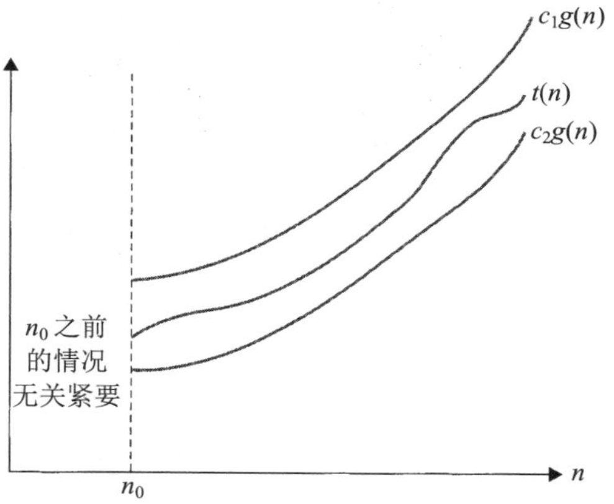

图 2.3　符号Θ：$t(n)\in\Theta(g(n))$

作为一个例子，让我们来证明$\frac{1}{2}n(n-1)\in\Theta(n^2)$。首先，我们来证明右边的不等式(上界的情况)：

$$\text{当} n\geqslant 0 \text{时}，\ \frac{1}{2}n(n-1)=\frac{1}{2}n^2-\frac{1}{2}n\leqslant\frac{1}{2}n^2$$

其次，我们来证明左边的不等式(下界的情况)：

$$\frac{1}{2}n(n-1)=\frac{1}{2}n^2-\frac{1}{2}n\geqslant\frac{1}{2}n^2-\frac{1}{2}n\frac{1}{2}n(\text{当}n\geqslant 2)=\frac{1}{4}n^2$$

因此，我们可以选择$c_2=\frac{1}{4}$，$c_1=\frac{1}{2}$及$n_0=2$。

2.2.5　渐近符号的有用特性

根据渐近符号的正式定义，我们可以证明它们的一般特性(参见本节习题第 7 题的一些简单例子)。如果某些算法是由两个连续的执行部分组成的，在对它们进行分析时，下列定理特别有用。

定理　如果$t_1(n)\in O(g_1(n))$并且$t_2(n)\in O(g_2(n))$，则

$$t_1(n)+t_2(n)\in O(\max\{g_1(n),g_2(n)\})$$

(对于Ω和Θ符号，类似的断言也成立。)

证明　增长次数的证明是基于以下简单事实：对于 4 个任意实数a_1，b_1，a_2和b_2，如果$a_1\leqslant b_1$并且$a_2\leqslant b_2$，则$a_1+a_2\leqslant 2\max\{b_1, b_2\}$。

因为$t_1(n)\in O(g_1(n))$，存在正常量c_1和非负整数n_1，使得：

$$\text{对于所有的} n\geqslant n_1，t_1(n)\leqslant c_1g_1(n)$$

同样，因为$t_2(n)\in O(g_2(n))$，

$$\text{对于所有的} n\geqslant n_2，t_2(n)\leqslant c_2g_2(n)$$

假设 $c_3 = \max\{c_1, c_2\}$ 并且 $n \geqslant \max\{n_1, n_2\}$，就可以利用两个不等式的结论。将上述两个不等式相加，可以得出以下结论：

$$\begin{aligned} t_1(n) + t_2(n) &\leqslant c_1 g_1(n) + c_2 g_2(n) \\ &\leqslant c_3 g_1(n) + c_3 g_2(n) = c_3[g_1(n) + g_2(n)] \\ &\leqslant c_3 2\max\{g_1(n), g_2(n)\} \end{aligned}$$

因此，$t_1(n) + t_2(n) \in O(\max\{g_1(n), g_2(n)\})$，这时，满足符号 O 定义的 c 和 n_0 的值分别为 $2c_3 = 2\max\{c_1, c_2\}$ 和 $\max\{n_1, n_2\}$。

那么，对于两个连续执行部分组成的算法，应该如何应用这个特性呢？它意味着该算法的整体效率是由具有较大增长次数的部分所决定的，即它效率较差的部分：

$$\left.\begin{aligned} t_1(n) \in O(g_1(n)) \\ t_2(n) \in O(g_2(n)) \end{aligned}\right\} \quad t_1(n) + t_2(n) \in O(\max\{g_1(n), g_2(n)\})$$

例如，我们可以用下面这个两部分算法来检查数组中是否含有相等元素：第一部分，应用某种已知的排序算法对数组进行排序；第二部分，扫描该有序数组，比较相邻元素是否相等。如果假设第一部分使用的排序算法的比较次数不会超过 $\frac{1}{2}n(n-1)$(所以它属于集合 $O(n^2)$)，而算法第二部分的比较次数不会超过 $n-1$(因此它属于 $O(n)$)，那么，算法的整体效率应该属于集合 $O(\max\{n^2, n\}) = O(n^2)$。

2.2.6 利用极限比较增长次数

虽然符号 O，Ω 和 Θ 的正式定义对于证明它们的抽象性质是不可缺少的，但我们很少直接用它们来比较两个特定函数的增长次数。有一种较为简便的比较方法，它是基于对所讨论的两个函数的比率求极限。有三种极限情况会发生①：

$$\lim_{n\to\infty}\frac{t(n)}{g(n)} = \begin{cases} 0 & \text{表明}t(n)\text{的增长次数比}g(n)\text{小} \\ c>0 & \text{表明}t(n)\text{的增长次数和}g(n)\text{相同} \\ \infty & \text{表明}t(n)\text{的增长次数比}g(n)\text{大} \end{cases}$$

注意，前两种情况意味着 $t(n) \in O(g(n))$，后两种情况意味着 $t(n) \in \Omega(g(n))$，第二种情况意味着 $t(n) \in \Theta(g(n))$。

基于极限的方法常常比基于定义的方法更方便，因为它可以利用强大的微积分技术来计算极限，例如洛必达法则

$$\lim_{n\to\infty}\frac{t(n)}{g(n)} = \lim_{n\to\infty}\frac{t'(n)}{g'(n)}$$

和史特林公式

$$\text{当}\, n\, \text{足够大时，}\quad n! \approx \sqrt{2\pi n}\left(\frac{n}{\mathrm{e}}\right)^n$$

---

① 第四种情况是这样一个极限不存在。虽然这种情况很少发生在实际的算法分析中，然而，这种可能性还是存在的。这使得基于极限的增长次数比较方法不如基于 O，Ω 和 Θ 定义的方法通用。

下面三个例子用极限法来比较两个函数的增长次数。

例 1　比较 $\frac{1}{2}n(n-1)$和 n^2 的增长次数(这是我们在前面用来解释定义的一个例子)。

$$\lim_{n\to\infty}\frac{\frac{1}{2}n(n-1)}{n^2}=\frac{1}{2}\lim_{n\to\infty}\frac{n^2-n}{n^2}=\frac{1}{2}\lim_{n\to\infty}\left(1-\frac{1}{n}\right)=\frac{1}{2}$$

因为极限等于一个为正的常量，所以这两个函数具有相同的增长次数，也可以用符号的形式表达为 $\frac{1}{2}n(n-1)\in\Theta(n^2)$ 。

例 2　比较 $\log_2 n$ 和 $\sqrt{n}$ 的增长次数(和例 1 不同,这个问题的答案不是一眼就能看出来的)。

$$\lim_{n\to\infty}\frac{\log_2 n}{\sqrt{n}}=\lim_{n\to\infty}\frac{(\log_2 n)'}{(\sqrt{n})'}=\lim_{n\to\infty}\frac{(\log_2 \mathrm{e})\frac{1}{n}}{\frac{1}{2\sqrt{n}}}=2\log_2 \mathrm{e}\lim_{n\to\infty}\frac{1}{\sqrt{n}}=0$$

因为极限等于 0，$\log_2 n$ 的增长次数比 $\sqrt{n}$ 小(因为 $\lim_{n\to\infty}\frac{\log_2 n}{\sqrt{n}}=0$，我们可以使用所谓的小 o 符号：$\log_2 n\in o(\sqrt{n})$。和大 O 不同，小 o 符号很少用在算法的分析中)。

例 3　比较 $n!$和 2^n 的增长次数(我们在 2.1 节非正式地讨论过这个问题)。利用史特林公式可得：

$$\lim_{n\to\infty}\frac{n!}{2^n}=\lim_{n\to\infty}\frac{\sqrt{2\pi n}\left(\frac{n}{\mathrm{e}}\right)^n}{2^n}=\lim_{n\to\infty}\sqrt{2\pi n}\frac{n^n}{2^n\mathrm{e}^n}=\lim_{n\to\infty}\sqrt{2\pi n}\left(\frac{n}{2\mathrm{e}}\right)^n=\infty$$

因此，虽然 2^n 增长很快，但 $n!$增长得更快。我们可以用符号记作 $n!\in\Omega(2^n)$ 。然而，请注意，Ω 符号并没有排除 $n!$和 2^n 增长次数相等的可能性，但前面计算出来的极限排除了这个可能性。

2.2.7　基本的效率类型

虽然效率分析框架已经把增长次数为倍数关系的函数放在了一起，但仍然存在着无数种效率类型(例如，对于不同的底数 a，指数函数 a^n 的增长次数是不同的)。所以，当得知大多数算法的时间效率可以分为不多的几种类型时，或许有点惊讶。在表 2.2 中，这些类型按照其增长次数的升序排列，旁边列出了它们的名称以及一些注释。

可能有人会注意到，按照算法的渐近效率类型对其进行分类的方法缺乏实用价值，因为我们常常没有指定乘法常量的值。所以，仍然存在这种可能性，即对于实际规模的输入，一个效率类型较差的算法有可能比效率类型较优的算法运行得更快。例如，如果一个算法的运行时间是 n^3，另一个算法的运行时间是 10^6n^2；除非 n 比 10^6 还大，否则，立方算法的表现会超过平方算法。我们的确知道这样一些算法。幸运的是，乘法常量之间通常不会相差那么悬殊。作为一个规律，即使是中等规模的输入，一个属于较优渐近效率类型的算法也会比一个来自于较差类型的算法表现得更好。当效率好于指数级的算法与指数级(或者更糟糕)算法相比时，这个规律会更加明显。

表 2.2 基本的渐近效率类型

类 型	名 称	注 释
1	常量	为数很少的效率最高的算法，很难举出几个合适的例子，因为典型情况下，当输入的规模变得无穷大时，算法的运行时间也会趋向于无穷大
$\log n$	对数	一般来说，算法的每一次循环都会消去问题规模的一个常数因子(参见 4.4 节)。注意，一个对数算法不可能关注它的输入的每一个部分(哪怕是输入的一个固定部分)：任何能做到这一点的算法最起码拥有线性运行时间
n	线性	扫描规模为 n 的列表(例如，顺序查找)的算法属于这个类型
$n \log n$	线性对数	许多分治算法(参见第 5 章)，包括合并排序和快速排序的平均效率，都属于这个类型
n^2	平方	一般来说，这是包含两重嵌套循环的算法的典型效率(参见下一节)。基本排序算法和 n 阶方阵的某些特定操作都是标准的例子
n^3	立方	一般来说，这是包含三重嵌套循环的算法的典型效率(参见下一节)。线性代数中的一些著名的算法属于这一类型
2^n	指数	求 n 个元素集合的所有子集的算法是这种类型的典型例子。“指数”这个术语常常被用在一个更广的层面上，不仅包括这种类型，还包括那些增长速度更快的类型
$n!$	阶乘	求 n 个元素集合的完全排列的算法是这种类型的典型例子

习题 2.2

1. 从 O, Ω 和 Θ 中选择最合适的符号，指出顺序查找算法的时间效率类型(参见 2.1 节)。
   a. 在最差情况下
   b. 在最优情况下
   c. 在平均情况下
2. 请用 O，Ω 和 Θ 的非正式定义来判断下列断言是真还是假。
   a. $n(n+1)/2 \in O(n^3)$　　**b.** $n(n+1)/2 \in O(n^2)$
   c. $n(n+1)/2 \in \Theta(n^3)$　　**d.** $n(n+1)/2 \in \Omega(n)$
3. 对于下列每一种函数，指出它们属于哪一种 $\Theta(g(n))$ 类型(尽量使用最简单的 $g(n)$)，并进一步证明。
   a. $(n^2+1)^{10}$　　**b.** $\sqrt{10n^2+7n+3}$
   c. $2n\lg(n+2)^2+(n+2)^2\lg\frac{n}{2}$　　**d.** $2^{n+1}+3^{n-1}$
   e. $\lfloor \log_2 n \rfloor$
4. **a.** 表 2.1 包含了一些在算法分析中常常会用到的函数值。这些函数值表明下列函数的增长次数的升序排列如下：

$\log n$，n，$n\log n$，n^2，n^3，2^n，$n!$

这些函数值是不是以一种数学的必然来证明这个事实的？

b．请证明，这些函数的增长次数的确是以这种方式升序排列的。

5. 根据下列函数的增长次数按照从低到高的顺序对它们进行排序。

$(n-2)!$，$5\lg(n+100)^{10}$，2^{2n}，$0.001n^4+3n^3+1$，$\ln^2 n$，$\sqrt[3]{n}$，3^n

6. **a**．证明当 $a_k>0$ 时，任何多项式 $p(n)=a_kn^k+a_{k-1}n^{k-1}+\cdots+a_0$ 属于集合 $\Theta(n^k)$。

b．请证明，对于不同的底 $a>0$，指数函数 a^n 具有不同的增长次数。

7. 对下列断言进行证明(使用相关符号的定义)或者证伪(举出一个特定的反例)：

a．如果 $t(n)\in O(g(n))$，则 $g(n)\in\Omega(t(n))$。

b．$\alpha>0$ 时，$\Theta(\alpha g(n))=\Theta(g(n))$。

c．$\Theta(g(n))=O(g(n))\cap\Omega(g(n))$。

d．对于任意两个定义在非负整数集合上的非负函数 $t(n)$ 和 $g(n)$，要么 $t(n)\in O(g(n))$，要么 $t(n)\in\Omega(g(n))$，要么两者都成立。

8. 证明本节的定理对于下列符号也成立：

a．Ω 符号　　**b**．Θ 符号

9. 本节曾提到，我们可以用基于数组预排序的两部分算法检查数组中的元素是否全都唯一。

a．如果该预排序算法的时间效率属于集合 $\Theta(n\log n)$，那么整个算法的时间效率类型是怎样的呢？

b．如果用于预排序的排序算法需要用到一个大小为 n 的额外数组，那么整个算法的空间效率类型是怎样的呢？

10. 含有 n 个实数的有限非空集合 S，它的**范围**被定义为 S 中最大元素与最小元素的差。对于 S 的下列定义，用语言描述一个算法计算 S 的范围，并用最合适的符号(O，Ω 或者 Θ)表示这些算法的时间效率类型。

a．一个未排序的数组

b．一个排序的数组

c．一个排序的单链表

d．一个二叉查找树

11. **更轻或者更重？**

你有 $n>2$ 个外观相似的硬币和一个没有砝码的天平。其中一枚为假币，但并不知道它比真币重还是轻。设计一个 Θ(1)的算法来确定假币比真币重还是轻。

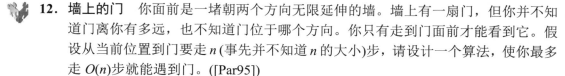

12. **墙上的门**　你面前是一堵朝两个方向无限延伸的墙。墙上有一扇门，但你并不知道门离你有多远，也不知道门位于哪个方向。你只有走到门面前才能看到它。假设从当前位置到门要走 n(事先并不知道 n 的大小)步，请设计一个算法，使你最多走 $O(n)$步就能遇到门。([Par95])

2.3 非递归算法的数学分析

本节中，我们会系统地运用 2.1 节介绍的通用框架来分析非递归算法的效率。让我们从一个非常简单的算法开始，这个例子示范了这类算法的所有主要分析步骤。

例 1 考虑一下从 n 个元素的列表中查找元素最大值的问题。为简单起见，我们假设列表是用数组实现的。下面给出一个解决该问题的标准算法的伪代码。

```
算法 MaxElement(A[0..n – 1])
    //求给定数组中最大元素的值
    //输入：实数数组 A[0..n – 1]
    //输出：A 中最大元素的值
    maxval ← A[0]
    for i ← 1 to n – 1 do
        if A[i] > maxval
            maxval ← A[i]
    return maxval
```

在这里，输入规模显然是用数组元素的个数也就是 n 来度量的。算法中执行最频繁的操作在 **for** 循环中。循环体中存在两种操作：比较运算 $A[i] > maxval$ 和赋值运算 $maxval \leftarrow A[i]$。我们应该把两种运算中的哪一种作为基本操作呢？由于每做一次循环都会进行一次比较，而赋值运算并不这样，我们应该把比较运算作为该算法的基本操作。注意，对于所有大小为 n 的数组，比较次数都是相同的。所以，使用比较次数度量的时候，我们没有必要去区分最差情况、平均情况和最优情况。

我们把 $C(n)$记作比较运算的执行次数，并试图寻找一个公式将它表达为规模 n 的函数。由于该算法每执行一次循环就会做一次比较，并且对于循环变量 i 在 1 和 $n-1$(包含在内)中的每个值都会做一次循环，所以，我们得到 $C(n)$的下列求和表达式：

$$C(n) = \sum_{i=1}^{n-1} 1$$

这个和很好计算，因为它只不过是对 1 重复了 $n-1$ 遍而已。因此，

$$C(n) = \sum_{i=1}^{n-1} 1 = n - 1 \in \Theta(n)$$

在分析非递归算法时，我们可遵循以下通用方案。

分析非递归算法效率的通用方案

(1) 决定用哪个(哪些)参数表示输入规模。

(2) 找出算法的基本操作(作为一个规律，它总是位于算法的最内层循环中)。

(3) 检查基本操作的执行次数是否只依赖于输入规模。如果它还依赖于一些其他的特性，则最差效率、平均效率以及最优效率(如有必要)需要分别研究。

(4) 建立一个算法基本操作执行次数的求和表达式①。

(5) 利用求和运算的标准公式和法则来建立一个操作次数的闭合公式，或者至少确定它的增长次数。

在继续新的例子以前，我们可以先阅读一下附录 A，其中列出了算法分析中常用的求和公式及法则。其中，我们用得特别频繁的是求和运算的两个基本法则：

$$\sum_{i=l}^{u} ca_i = c\sum_{i=l}^{u} a_i \quad \text{(R1)}$$

$$\sum_{i=l}^{u}(a_i \pm b_i) = \sum_{i=l}^{u} a_i \pm \sum_{i=l}^{u} b_i \quad \text{(R2)}$$

以及两个求和公式：

$$\sum_{i=l}^{u} 1 = u - l + 1，\ u、l \text{ 分别是上下限整数，并且 } l \leqslant u \quad \text{(S1)}$$

$$\sum_{i=0}^{n} i = \sum_{i=1}^{n} i = 1 + 2 + \cdots + n = \frac{n(n+1)}{2} \approx \frac{1}{2}n^2 \in \Theta(n^2) \quad \text{(S2)}$$

注意，我们在例 1 中用到的公式 $\sum_{i=0}^{n-1} 1 = n-1$，是公式(S1)在 $l=1$，$u=n-1$ 时的特例。

例 2　考虑一下**元素唯一性问题**(element uniqueness problem)：验证给定数组中的 n 个元素是否全部唯一。下面这个简单直接的算法可以解决该问题。

```
算法 UniqueElements(A[0..n − 1])
    //验证给定数组中的元素是否全部唯一
    //输入：数组 A[0..n − 1]
    //输出：如果 A 中的元素全部唯一，返回 true
    //      否则，返回 false
    for i ← 0 to n − 2 do
        for j ← i + 1 to n − 1 do
            if A[i] = A[j] return false
    return true
```

本题中，输入规模的合理度量标准还是数组中元素的个数 n。因为最内层的循环只包含一个操作(两个元素的比较)，我们可以把它作为该算法的基本操作。然而，请注意，元素比较的次数不仅取决于 n，还取决于数组中是否有相同的元素，在有相同元素的情况下，还取决于它们在数组中的位置。本题中，我们只研究最差效率。

根据定义，如果对某个数组所做的比较次数 $C_{worst}(n)$ 比其他数组都多，那么它是所有大小为 n 的数组中的最差输入。查看一下最内层的循环，我们发现有两种类型的最差输入(它们不会使算法过早地退出循环)：不包括相同元素的数组以及最后两个元素是唯一一对相同元素的数组。对于这样的输入，最内层循环每执行一次就会进行一次比较，并且对于循环变量 j 在 $i+1$ 和 $n-1$ 之间的每个值都会做一次循环。而对于外层循环变量 i 在 0 和 $n-2$ 之间的每个值，上述过程都会再重复一遍。因此，我们有：

---

① 在分析非递归算法的基本操作次数时，某些情况下需要建立一个递推关系，而不是一个求和表达式。在递归算法的分析中使用递推关系更为常见(参见 2.4 节)。

$$
\begin{aligned}
C_{\text{worst}}(n) &= \sum_{i=0}^{n-2}\sum_{j=i+1}^{n-1}1=\sum_{i=0}^{n-2}[(n-1)-(i+1)+1]=\sum_{i=0}^{n-2}(n-1-i) \\
&= \sum_{i=0}^{n-2}(n-1)-\sum_{i=0}^{n-2}i=(n-1)\sum_{i=0}^{n-2}1-\frac{(n-2)(n-1)}{2} \\
&= (n-1)^2-\frac{(n-2)(n-1)}{2}=\frac{(n-1)n}{2}\approx\frac{1}{2}n^2\in\Theta(n^2)
\end{aligned}
$$

用下面这个方法计算 $\sum_{i=0}^{n-2}(n-1-i)$ 会更快：

$$
\sum_{i=0}^{n-2}(n-1-i)=(n-1)+(n-2)+\cdots+1=\frac{(n-1)n}{2}
$$

其中，最后的等式是利用求和公式(S2)得到的。注意，这个结果是完全可以预知的：在最坏的情况下，对于 n 个元素的所有 $n(n-1)/2$ 对两两组合，该算法都要比较一遍。

例 3 对于两个给定的 n 阶方阵 $\boldsymbol{A}$ 和 $\boldsymbol{B}$ 的乘积计算问题($\boldsymbol{C}=\boldsymbol{AB}$)，求基于定义的算法的时间效率。根据定义，$\boldsymbol{C}$ 是一个 n 阶方阵，它的每个元素都是矩阵 $\boldsymbol{A}$ 的行和矩阵 $\boldsymbol{B}$ 的列的点积。

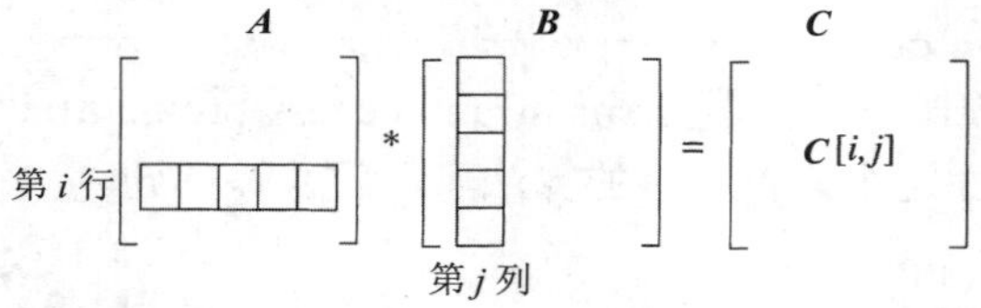

对于 $i\geqslant 0$ 和 $j\leqslant n-1$ 的每一对下标，$\boldsymbol{C}[i,j]=\boldsymbol{A}[i,0]\boldsymbol{B}[0,j]+\cdots+\boldsymbol{A}[i,k]\boldsymbol{B}[k,j]+\cdots+\boldsymbol{A}[i,n-1]\boldsymbol{B}[n-1,j]$。

```
算法  MatrixMultiplication(A[0..n − 1, 0..n − 1], B[0..n − 1, 0..n − 1])
      //用基于定义的算法计算两个 n 阶矩阵的乘积
      //输入：两个 n 阶矩阵 A 和 B
      //输出：矩阵 C = AB
      for i ← 0 to n − 1 do
          for j ← 0 to n − 1 do
              C[i, j] ← 0.0
              for k ← 0 to n − 1 do
                  C[i, j] ← C[i, j] + A[i, k]*B[k, j]
      return C
```

我们用矩阵的阶数 n 作为输入规模的度量标准。在该算法的最内层循环中是两个算术运算——乘法和加法，这两个运算原则上都可以作为算法的基本操作。实际上，对于该算法来说，我们不必指定哪个运算才是基本操作，因为最内层循环每做一遍，两个运算都只会执行一次。所以，在计算一个运算次数的同时，另外一个运算的次数也自动计算了。根据习惯，我们选择乘法作为算法基本操作(参见 2.1 节)。我们来建立一个计算该算法乘法运算总次数 $M(n)$的求和表达式(因为这个操作次数只依赖于输入矩阵的阶，所以我们不必分别研究最差效率、平均效率和最优效率)。

显然，算法最内层循环每次执行的时候，只执行一次乘法运算，由于变量 k 的范围是 0～$n-1$，所以该循环的执行次数也被限制住了。因此，对于变量 i 和 j 每对特定的值，该算法

所做的乘法运算次数是

$$\sum_{k=0}^{n-1} 1$$

而乘法运算总次数 $M(n)$可以用以下三重求和式来表示：

$$M(n)=\sum_{i=0}^{n-1}\sum_{j=0}^{n-1}\sum_{k=0}^{n-1}1$$

现在我们能使用前文给出的公式(S1)和规则(R1)来求和。先求最内层的 $\sum_{k=0}^{n-1}1$，它等于 n(为什么？)，于是，我们得到：

$$M(n)=\sum_{i=0}^{n-1}\sum_{j=0}^{n-1}\sum_{k=0}^{n-1}1=\sum_{i=0}^{n-1}\sum_{j=0}^{n-1}n=\sum_{i=0}^{n-1}n^2=n^3$$

因为这个例子足够简单，所以我们不必使用求和工具也能得出相同的结果。如何做呢？该算法计算的是乘积矩阵中 n^2 个元素的值。乘积的每一个元素都是第一个矩阵中某个 n 元素行和第二个矩阵中某个 n 元素列的点积，这个点积需要做 n 次乘法运算。所以乘法运算的总次数是 $n\times n^2=n^3$。(我们希望大家在回答习题 2.1 的第 2 题时就以这种方式来思考。)

如果要估算该算法在一台特定计算机上的运行时间，我们可以使用下面这个乘积：

$$T(n)\approx c_m M(n)=c_m n^3$$

其中，c_m 是一次乘法运算在所讨论的计算机上的运行时间。如果把加法运算所消耗的时间也考虑在内，我们会得到一个更精确的估算：

$$T(n)\approx c_m M(n)+c_a A(n)=c_m n^3+c_a n^3=(c_m+c_a)n^3$$

其中，c_a 是执行一次加法运算的时间。请注意，这两个估算仅在乘法常数上有差别，而在增长次数上没有差别。

我们不要留有这样的错误印象，仿佛使用上面介绍的方案来分析非递归算法总能取得成功。循环变量的无规律变化、过于复杂而无法求解的求和表达式、分析平均情况时固有的难度，这些情况都被证明是一些难以逾越的障碍。尽管有这些障碍，该方案对于许多简单的非递归算法来说还是非常有效的，我们会在本书的后续章节中看到这一点。

作为最后一个例子，我们来讨论这样一个算法，它的循环变量变化方式与以往的例子都不相同。

例 4　下列算法求一个十进制正整数在二进制表示中的二进制数字个数。

```
算法 Binary(n)
    //输入：十进制正整数 n
    //输出：n 在二进制表示中的二进制数字个数
    count ← 1
    while n > 1 do
        count ← count + 1
        n ← ⌊n/2⌋
    return count
```

首先请注意，本算法中最频繁的操作不在 **while** 循环内部，而是决定是否继续执行循环体的比较运算 $n>1$。但因为比较运算的执行次数仅比循环体的循环次数大 1，所以这个选择并不是那么重要。

本例的一个更为重要的特性是，循环变量在它的上下界之间只取较少的几个值。所以我们必须使用另外一种方法来计算循环的执行次数。因为在循环的每次执行过程中，n 的值基本上都会减半，所以该次数大约是 $\log_2 n$。比较运算 $n>1$ 的执行次数的精确计算公式实际上是 $\lfloor \log_2 n \rfloor + 1$，这是根据公式(2.1)得出的 n 的二进制表示中包含的位数。使用基于递推关系的分析技术也能够得到相同的答案，我们将在下一节中讨论这项技术，因为它和递归算法密切相关。

习题 2.3

1. 计算下列求和表达式的值。

a. $1+3+5+7+\cdots+999$ **b.** $2+4+8+16+\cdots+1024$

c. $\sum_{i=3}^{n+1} 1$ **d.** $\sum_{i=3}^{n+1} i$ **e.** $\sum_{i=0}^{n-1} i(i+1)$

f. $\sum_{j=1}^{n} 3^{j+1}$ **g.** $\sum_{i=1}^{n}\sum_{j=1}^{n} ij$ **h.** $\sum_{i=1}^{n} 1/i(i+1)$

2. 计算下列和的增长次数。用 $\Theta(g(n))$ 的形式给出，其中 $g(n)$ 要尽可能简单。

a. $\sum_{i=0}^{n-1} (i^2+1)^2$ **b.** $\sum_{i=2}^{n-1} \lg i^2$

c. $\sum_{i=1}^{n} (i+1)2^{i-1}$ **d.** $\sum_{i=0}^{n-1}\sum_{j=0}^{i-1} (i+j)$

3. $x_1, \cdots, x_n$ 的采样方差 n 可以这样计算：

$$\frac{\sum_{i=1}^{n}(x_i-\overline{x})^2}{n-1}，其中 \overline{x}=\frac{\sum_{i=1}^{n}x_i}{n}$$

或者

$$\frac{\sum_{i=1}^{n}x_i^2-\left(\sum_{i=1}^{n}x_i\right)^2 \Big/ n}{n-1}$$

根据每个公式，对求方差中需要用到的除法、乘法和加/减运算(加法和减法常常被捆绑在一起)的次数进行计算和比较。

4. 考虑下面的算法。

```
算法 Mystery(n)
     //输入：非负整数 n
     S ← 0
     for i ← 1 to n do
         S ← S + i * i
     return S
```

a. 该算法求的是什么？

b. 它的基本操作是什么？

c. 该基本操作执行了多少次？

d. 该算法的效率类型是什么？

e. 对该算法进行改进，或者设计一个更好的算法，然后指出它们的效率类型。如果做不到这一点，请试着证明这是不可能做到的。

5. 考虑下面的算法。

```
算法 Secret(A[0..n − 1])
    //输入：包含 n 个实数的数组 A[0..n − 1]
    minval ← A[0]; maxval ← A[0]
    for i ← 1 to n − 1 do
        if A[i] < minval
            minval ← A[i]
        if A[i] > maxval
            maxval ← A[i]
    return maxval − minval
```

对于本算法回答第 4 题中的 a～e 小题。

6. 考虑下面的算法。

```
算法 Enigma(A[0..n − 1, 0..n − 1])
    //输入：一个实数矩阵 A[0..n − 1, 0..n − 1]
    for i ← 0 to n − 2 do
        for j ← i + 1 to n − 1 do
            if A[i, j] ≠ A[j, i]
                return false
    return true
```

对于本算法回答第 4 题中的 a～e 小题。

7. 通过减少算法所做的加法次数来改进矩阵乘法算法的实现(参见例 3)。这种变化会给算法的效率带来什么影响？

8. 针对“带锁的门”谜题中所有门的开关总次数(习题 1.1 的第 12 题)，确定其渐近增长次数。

9. 证明下面的公式：

$$\sum_{i=1}^{n} i = 1 + 2 + \cdots + n = \frac{n(n+1)}{2}$$

可以使用数学归纳法，也可以像 10 岁的高斯(1777—1855)一样，用洞察力来解决该问题。这个小学生长大以后成为有史以来最伟大的数学家之一。

10. **心算术**　如下图所示，在一个 10×10 的表格中，用相同数字在对应的对角线上填满，心算表格中所有数字之和([Cra07]，问题 1.33)。

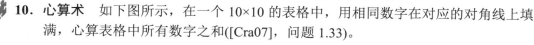

1	2	3			···			9	10
2	3						9	10	11
3						9	10	11	
					9	10	11		
				9	10	11			
⋮			9	10	11				⋮
		9	10	11					
	9	10	11						17
9	10	11						17	18
10	11				···		17	18	19

11. 以下是某重要算法的一个版本，我们会在本书的后面研究这个算法：

```
算法 GE (A[0..n – 1, 0..n])
    //输入：一个 n 行 n + 1 列的实数矩阵 A[0..n – 1, 0..n]
    for i ← 0 to n – 2 do
        for j ← i + 1 to n – 1 do
            for k ← n downto i do
                A[j, k] ← A[j, k]–A[i, k]*A[j, i]/A[i, i]
```

a. 求该算法的时间效率类型。

b. 该算法在效率方面有哪些重要的缺陷？我们如何弥补这个缺陷，来提高该算法的运行速度？

12. 冯 · 诺依曼邻居问题　考虑下列算法：从一个 1×1 的方格开始，每次都会在上次图形的周围再加上一圈方格，在第 n 次的时候要生成多少个方格？([Gar99]，根据元胞自动机理论的说法，问题的答案等于 n 阶冯 · 诺依曼邻居中的元胞数。)下图给出了 $n = 0, 1, 2$ 时的结果。

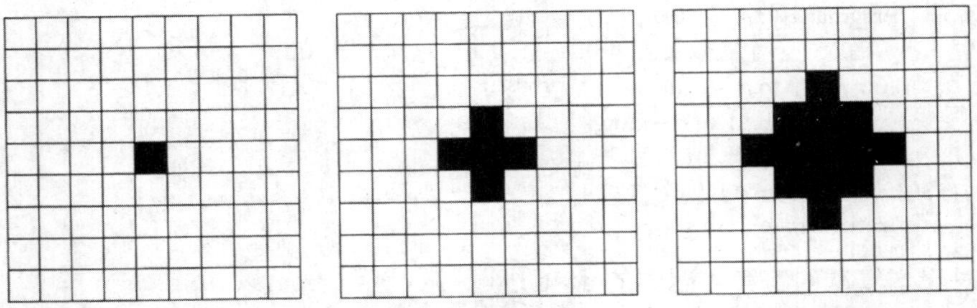

13. 页面编号　假设页面从 1 开始连续编号，共有 1000 页。计算所有页码中十进制数字的总个数。

2.4　递归算法的数学分析

本节中，我们将了解到如何运用算法分析的通用框架来分析递归算法。让我们用一个例子作为开始，这个例子常常用来向初学者介绍递归算法的概念。

例 1　对于任意非负整数 n，计算阶乘函数 $F(n) = n!$的值。因为

$$当\ n \geqslant 1\ 时，\ n! = 1 \times \cdots \times (n-1) \times n = (n-1)! \times n$$

并且根据定义，$0! = 1$，我们可以使用下面的递归算法计算 $F(n) = F(n-1) \times n$。

```
算法 F(n)
    //递归计算 n!
    //输入：非负整数 n
    //输出：n!的值
    if n = 0 return 1
    else return F(n – 1)*n
```

为了简单起见，我们用 n 本身来指出算法的输入规模(而不是它的二进制表示的位数)。该算法的基本操作是乘法[①]，我们把它的执行次数记作 $M(n)$。因为函数 $F(n)$的计算是根据下面的公式：

$$\text{当 } n>0 \text{ 时，} \quad F(n)=F(n-1)\times n$$

所以，计算这个公式时，用到的乘法数量 $M(n)$需要满足这个等式：

$$\text{当 } n>0 \text{ 时，} \quad M(n)=\underset{\substack{\text{用于计算}\\F(n-1)}}{M(n-1)}+\underset{\substack{\text{将}F(n-1)\\\text{乘以}n}}{1}$$

的确，计算 $F(n-1)$需要用 $M(n-1)$次乘法，还有一次乘法用来把该结果乘以 n 。

最后一个等式定义了需要求值的 $M(n)$的序列。注意，这个等式没有明确地定义 $M(n)$，也就是说，没有把它定义为 n 的函数，而是定义成它本身在另一点上的值的函数，这一点就是 $n-1$。这种等式称为**递推关系**(recurrence relation)，或者简称为**递推式**(recurrence)。递推关系不仅在算法的分析中扮演了重要的角色，而且在应用数学的某些领域也是如此。在离散数学或者离散结构的课程中常常会对递推关系做深入的研究。附录 B 也会对它们进行非常简要的介绍。我们现在的目标是解递推关系 $M(n)=M(n-1)+1$，也就是说，找到一个求 $M(n)$值的精确公式，该公式是以 n 为唯一自变量的。

然而请注意，满足这个递推式的不仅是一个序列，而是有无数个序列。(你能给出一两个例子吗？)为了确定一个唯一解，我们还需要一个**初始条件**(initial condition)来告诉我们该序列的起始值。要得到这个起始值，可以观察该算法停止递归调用时的条件：

if $n=0$ **return** 1

这个语句告诉我们两个信息。第一，因为调用在 $n=0$ 时结束，所以算法能够处理的 n 的最小值和 $M(n)$定义域上的最小值都是 0。第二，通过检查代码中的退出语句可以看到，当 $n=0$ 时，该算法不执行乘法操作。所以，我们所遵循的初始条件是：

$$\underset{\substack{\text{递归调用在}\\n=0\text{时停止}}}{M(0)}=\underset{\substack{\text{当}n=0\text{时}\\\text{不做乘法操作}}}{0}$$

这样，我们便成功地建立了该算法乘法次数 $M(n)$的递推关系和初始条件：

$$\begin{aligned}&\text{当 } n>0 \text{ 时，} \quad M(n)=M(n-1)+1\\&M(0)=0\end{aligned} \qquad (2.2)$$

在我们着手讨论如何解决这个递推式以前，先来重申一个要点。我们现在处理的是两个递归定义的函数。第一个是阶乘函数 $F(n)$本身，它是由下列递推式定义的：

$$\begin{aligned}&\text{当 } n>0 \text{ 时，} \quad F(n)=F(n-1)\times n\\&F(0)=1\end{aligned}$$

第二个函数是利用递归算法计算 $F(n)$的过程中所要执行的乘法次数——$M(n)$。我们已经在本节的开头给出了该算法的伪代码。如前所述，$M(n)$是由递推式(2.2)定义的。而我们现在要解的正是递推式(2.2)。

---

① 另一种做法是，我们可以计算比较运算 $n=0$ 的执行次数，这个次数和算法所做的递归调用的次数是相同的(参见本节习题第 2 题)。

这里虽然不难“猜测”答案(当 $n = 0$ 时为 0，每一步都增加 1，这是一种怎样的序列呢？)，但以一种系统化的方法求得结果会更有意义。有好几种技术可以用来解递推关系式，我们用的是其中的一种，称为**反向替换法**(method of backward substitution)。在使用这个方法解我们这个特定递推式的过程中，很容易就能明白该方法的原理(以及它名字的由来)。

$$\begin{aligned} M(n) &= M(n-1)+1 && \text{将 } M(n-1) \text{ 替换为 } M(n-2)+1 \\ &= [M(n-2)+1]+1 = M(n-2)+2 && \text{将 } M(n-2) \text{ 替换为 } M(n-3)+1 \\ &= [M(n-3)+1]+2 = M(n-3)+3 \end{aligned}$$

通过检查前面 3 行，我们看到一种模式渐渐浮现了出来，我们不仅可以用这种模式来预测下一行(下一行是什么？)，而且可以用一个通用方程来描述该模式：$M(n) = M(n-i)+i$。严格来讲，该方程的正确性应该用数学归纳法来证明，但先求解再验证它的正确性会更简单一些。

剩下需要做的就是利用给定的初始条件。因为该条件针对的是 $n = 0$，我们必须在模式的方程中把 i 替换为 n，以得到我们反向替换的最终结果：

$$M(n) = M(n-1)+1 = \cdots = M(n-i)+i = \cdots = M(n-n)+n = n$$

我们不要因为花费了很大的努力才得到一个“显而易见”的结果而沮丧。这个简单的例子阐明了一个方法，当我们不得不解一些更有难度的递推式时，这个方法的好处就会显现出来。另外需要注意的是，一个对 n 个连续整数累乘的循环算法需要执行同样次数的乘法，但它在这么做的时候，避免了维护递归栈而额外产生的时间开销和空间开销。

然而，对于计算 $n!$ 这个问题来说，时间效率因素实际上并不那么重要。就像我们在 2.1 节中看到的，该函数的值会在极短的时间内变得极大，以至于只有对于非常小的 n，我们才能实际计算该函数值。再次重申，我们只是把这个例子作为一种简单和方便的工具，来向大家介绍递归算法的标准分析方法。

研究了递归阶乘算法以后，归纳一下其中的经验，我们可以得出研究递归算法的一个通用方案。

分析递归算法时间效率的通用方案

(1) 决定用哪个(哪些)参数作为输入规模的度量标准。

(2) 找出算法的基本操作。

(3) 检查一下，对于相同规模的不同输入，基本操作的执行次数是否可能不同。如果有这种可能，则必须对最差效率、平均效率以及最优效率做单独研究。

(4) 对于算法基本操作的执行次数，建立一个递推关系以及相应的初始条件。

(5) 解这个递推式，或者至少确定它的解的增长次数。

例 2 我们接下来选择的一个例子，也常常被用于递归算法的教学，我们称之为**汉诺塔**(Tower of Hanoi)游戏。在这个游戏中，我们(或者是一位神话中的祭司，因为大家可能不喜欢亲自移动一大堆盘子)有 n 个不同大小的盘子和 3 根木桩。一开始，所有的盘子都按照大小顺序套在第 1 根木桩上，最大的盘子在底部，最小的盘子在顶部。我们的目的是把所有的盘子都移到第 3 根木桩上去，在必要的时候可以借助第 2 根木桩。我们每次只能移动一个盘子，但是不能把较大的盘子放在较小的盘子的上面。

这个问题有一个优雅的递归解法，图 2.4 演示了这个解法。为了把 $n>1$ 个盘子从木桩 1 移到木桩 3(借助木桩 2)，我们需要先把 $n-1$ 个盘子递归地从木桩 1 移到木桩 2(借助木桩 3)，然后直接把最大的盘子(第 n 个盘子)从木桩 1 移到木桩 3，并且，最后把 $n-1$ 个盘子递归地从木桩 2 移到木桩 3(借助木桩 1)。当然，如果 $n=1$，我们只需把这个唯一的盘子直接从一个木桩移到另一个木桩。

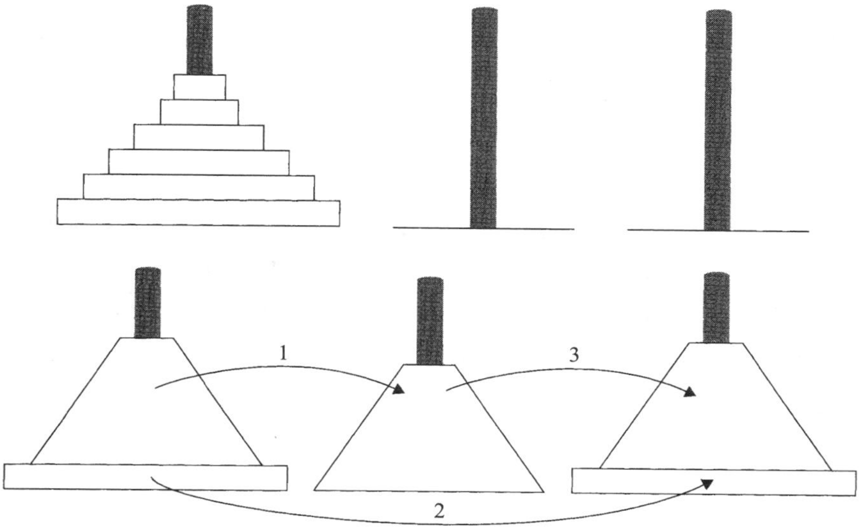

图 2.4 汉诺塔的递归解法

让我们把前面的一般性方案应用到汉诺塔问题上去。显然，我们可以选择盘子的数量 n 作为输入规模的一个指标，盘子的移动也可以作为该算法的基本操作。可以清楚地看到，移动的次数 $M(n)$ 只依赖于 n，因此，对于 $M(n)$ 有下列递推等式：

$$\text{当 } n>1 \text{ 时，} \quad M(n)=M(n-1)+1+M(n-1)$$

另一个很明显的事实是初始条件 $M(1)=1$，因此，对于移动次数 $M(n)$ 我们建立了下面的递推关系：

$$\begin{aligned} &\text{当 } n>1 \text{ 时，} \quad M(n)=2M(n-1)+1 \\ &M(1)=1 \end{aligned} \tag{2.3}$$

我们还是使用反向替换法来解这个递推式：

$$\begin{aligned} M(n)&=2M(n-1)+1 && \text{将 } M(n-1) \text{ 替换为 } 2M(n-2)+1 \\ &=2[2M(n-2)+1]+1=2^2M(n-2)+2+1 && \text{将 } M(n-2) \text{ 替换为 } 2M(n-3)+1 \\ &=2^2[M(n-3)+1]+2+1=2^3M(n-3)+2^2+2+1 \end{aligned}$$

左边前 3 个求和算式的模式预示着下一个算式将是 $2^4M(n-4)+2^3+2^2+2+1$，对这个模式进行一般化处理，在做了 i 次替换以后，得到下式：

$$M(n)=2^iM(n-i)+2^{i-1}+2^{i-2}+\cdots+2+1=2^iM(n-i)+2^i-1$$

因为初始条件是在 $n=1$ 的情况下确立的，所以必须让 $i=n-1$，我们得到下列方程来解递推式(2.3)：

$$\begin{aligned}M(n) &= 2^{n-1}M(n-(n-1))+2^{n-1}-1\\ &= 2^{n-1}M(1)+2^{n-1}-1=2^{n-1}+2^{n-1}-1=2^n-1\end{aligned}$$

这样得到了一个指数级的算法，即使 n 的值不算大，该算法的运行时间也会长得无法想象(参见本节习题第 5 题)。这并不是因为这个算法不好。不难证明，对于这个问题来说，这是可能提供的最高效的算法。事实上，是这个问题本身决定了它在计算上的难度。尽管如此，这个例子还是揭示了一个具有普遍意义的重要观点：

我们应该谨慎使用递归算法，因为它们的简洁可能会掩盖其低效率的事实。

如果一个递归算法会不止一次地调用它本身，出于分析的目的，构造一棵它的递归调用树是很有用的。在这棵树中，节点相当于递归调用，我们可以用调用参数的值(或者是几个参数的值)作为节点的标记。对于汉诺塔这个例子来说，它的递归调用树在图 2.5 中给出。通过计算树中的节点数，我们可以得到汉诺塔算法所做调用的全部次数：

$$C(n)=\sum_{l=0}^{n-1}2^l=2^n-1\ (l \text{ 是图 2.5 中树的层数})$$

这个数字就像我们预测的那样，和我们早先求得的移动次数是一致的。

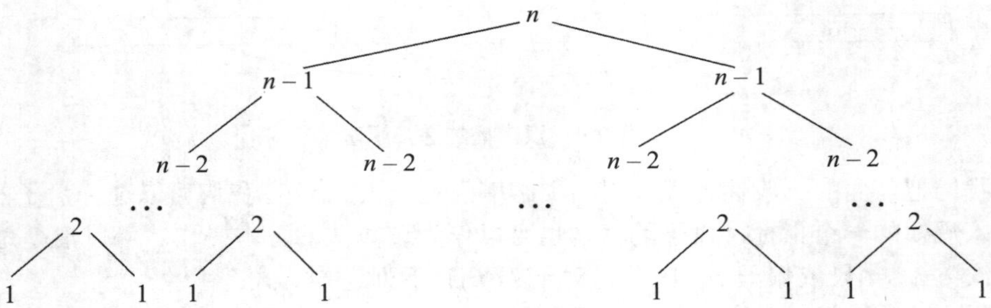

图 2.5 汉诺塔递归算法的递归调用树

例 3 在 2.3 节的结尾处我们讨论过一个算法，作为例子，现在要研究该算法的一个递归版本。

算法 BinRec(n)
//输入：一个正的十进制整数 n
//输出：n 的二进制表示的位数
if $n=1$ **return** 1
else return BinRec($\lfloor n/2 \rfloor$)+1

为了计算该算法所做的加法次数 $A(n)$，我们来建立一个递推关系和一个初始条件。为了计算 BinRec$(\lfloor n/2 \rfloor)$ 所做的加法次数是 $A(\lfloor n/2 \rfloor)$，当该算法把返回值加 1 的时候，它执行的加法次数也加 1。因此，可以得出下面这个递推式：

$$\text{当 } n>1 \text{ 时，} A(n)=A(\lfloor n/2 \rfloor)+1 \tag{2.4}$$

因为在 $n=1$ 时递归调用结束，同时加法的次数也不再增加了，所以，初始条件是：

$$A(1)=0$$

因为该函数的参数中包含 $\lfloor n/2 \rfloor$，所以，如果 n 不是 2 的乘方，就很难应用反向替换法。因此，标准的做法是仅在 $n=2^k$ 的情况下对该递推式求解，然后再使用所谓的**平滑规则**(smoothness rule)定理(参见附录 B)。这个定理认为，在一个非常宽泛的假设下，无论 n 取何值，它的增长次数与 $n=2^k$ 时的增长次数是完全相同的(另一种做法是，对于 2 的乘方求出相应的解以后，有时我们可以对这个解进行调整，以得到一个对于任意 n 都有效的公式)。现在让我们把这个方法应用到上面的递推式中，对于 $n=2^k$，这个递推式变为如下形式：

$$当 k>0 时，\quad A(2^k)=A(2^{k-1})+1$$
$$A(2^0)=0$$

现在，应用反向替换法就不会遇到困难了。

$A(2^k)=A(2^{k-1})+1$　　将 $A(2^{k-1})$ 替换为 $A(2^{k-2})+1$

$=[A(2^{k-2})+1]+1=A(2^{k-2})+2$　　将 $A(2^{k-2})$ 替换为 $A(2^{k-3})+1$

$=[A(2^{k-3})+1]+2=A(2^{k-3})+3$

…　　…

$=A(2^{k-i})+i$

…

$=A(2^{k-k})+k$

这样，最后便得到

$$A(2^k)=A(1)+k=k$$

或者，转换成原来的变量 n 的函数。因为 $n=2^k$，所以 $k=\log_2 n$，故

$$A(n)=\log_2 n\in\Theta(\log n)$$

实际上，我们可以证明(本节习题第 7 题)，对于 n 的任意值的精确解，可以从下面这个经过些许改良的公式中得出。

$$A(n)=\lfloor \log_2 n \rfloor$$

本节介绍了如何分析递归算法。本书许多地方都使用了这些技术，在必要时还对它们做了进一步的扩充。下一节我们专门讨论斐波那契数，对它们的分析涉及更复杂的递推关系，这些关系使用一个不同于反向替换法的方法解决。

习题 2.4

1. 解下列递推关系。

a. $x(n)=x(n-1)+5$，其中 $n>1$，$x(1)=0$

b. $x(n)=3x(n-1)$，其中 $n>1$，$x(1)=4$

c. $x(n)=x(n-1)+n$，其中 $n>0$， $x(0)=0$

d. $x(n)=x(n/2)+n$，其中 $n>1$， $x(1)=1$ (对于 $n=2^k$ 的情况求解)

e. $x(n)=x(n/3)+1$，其中 $n>1$， $x(1)=1$ (对于 $n=3^k$ 的情况求解)

2. 对于计算 $n!$ 的递归算法 $F(n)$，建立其递归调用次数的递推关系并求解。

3. 考虑下列递归算法，该算法用来计算前 n 个立方的和：$S(n)=1^3+2^3+\cdots+n^3$。

算法 $S(n)$
　　//输入：正整数 n
　　//输出：前 n 个立方的和
　　if $n=1$ **return** 1
　　else return $S(n-1)+n*n*n$

a. 建立该算法的基本操作执行次数的递推关系并求解。

b. 如果将这个算法和直截了当的非递归算法比较，你做何评价？

4. 考虑下面的递归算法。

算法 $Q(n)$
　　//输入：正整数 n
　　if $n=1$ **return** 1
　　else return $Q(n-1)+2*n-1$

a. 建立该函数值的递推关系并求解，以确定该算法计算的是什么。

b. 建立该算法所做的乘法运算次数的递推关系并求解。

c. 建立该算法所做的加减运算次数的递推关系并求解。

5. **汉诺塔谜题**

a. 汉诺塔谜题最早是由一个法国数学家卢卡斯于 19 世纪 90 年代提出的，当时的版本是这样的：当 64 个圆盘被从梵塔上移走时，世界末日也就来临了。如果祭司一分钟移动一个圆盘(假设该祭司不吃不睡，而且长生不老)，请估计一下，移走全部圆盘一共需要多少年？

b. 在该算法中，要移动第 i 大的盘子($1\leqslant i\leqslant n$)一共需要移动多少步？

c. 为汉诺塔谜题设计一个非递归的算法，并用你熟悉的语言实现。

6. **受限汉诺塔** 考虑以下版本的汉诺塔谜题：有 n 个圆盘需要从柱子 A 借助柱子 B 搬到柱子 C，且任何移动要么把一个圆盘搬到柱子 B 或者从柱子 B 上搬走一个圆盘。(同样禁止把较大的圆盘放在较小的圆盘下面。)设计一个递归算法解决这个问题，并且确定实现它所需要的移动次数。

7. **a.** 请证明，对于一个任意十进制正整数 n 来说，递归算法 BinRec(n)所做的加法运算的精确次数是 $\lfloor \log_2 n \rfloor$。

b. 对于该算法的非递归版本，建立其所做的加法运算次数的递推关系并求解(参见 2.3 节，例 4)。

8. **a.** 请基于公式 $2^n=2^{n-1}+2^{n-1}$ 设计一个递归算法。当 n 是任意非负整数时，该算法能够计算 2^n 的值。

b. 建立该算法所做的加法运算次数的递推关系并求解。

c. 为该算法构造一棵递归调用树，然后计算它所做的递归调用的次数。

d. 对于该问题的求解来说，这是一个好算法吗？

9. 考虑下面的递归算法。

算法 Riddle($A[0..n-1]$)
　　//输入：包含 n 个实数的数组 $A[0..n-1]$
　　if $n=1$ **return** $A[0]$
　　else *temp* ← Riddle($A[0..n-2]$)
　　　　if *temp* ≤ $A[n-1]$ **return** *temp*
　　　　else return $A[n-1]$

a. 该算法计算的是什么？

b. 建立该算法所做的基本操作次数的递推关系并求解。

10. 考虑下面的算法来检查一个由邻接矩阵表示的图是否是完全图。

算法 GraphComplete($\boldsymbol{A}[0..n-1, 0..n-1]$)
　　//输入：一个无向图 G 的邻接矩阵 $\boldsymbol{A}[0..n-1, 0..n-1]$
　　//输出：如果 G 是完全图，返回 1，否则返回 0
　　if $n=1$ **return** 1 //按照定义，一个顶点的图是完全图
　　else
　　　　if not GraphComplete($\boldsymbol{A}[0..n-2, 0..n-2]$) **return** 0
　　　　else for j←0 **to** $n-2$ **do**
　　　　　　if $\boldsymbol{A}[n-1, j]) = 0$ **return** 0
　　　　　return 1

这个算法最坏情况下的效率类型是什么？

11. 一个 n 阶方阵

$$\boldsymbol{A}=\begin{bmatrix} a_{0,0} & \cdots & a_{0,n-1} \\ a_{1,0} & \cdots & a_{1,n-1} \\ \cdot & & \\ \cdot & & \\ \cdot & & \\ a_{n-1,0} & \cdots & a_{n-1,n-1} \end{bmatrix}$$

的行列式记作 $\det \boldsymbol{A}$。当 $n=1$ 时，我们可以把它定义为 $a_{0,0}$；当 $n>1$ 时，则定义为下面的递推关系：

$$\det \boldsymbol{A}=\sum_{j=0}^{n-1} s_j a_{0,j} \det \boldsymbol{A}_j$$

当 j 为偶数时，s_j 取+1；当 j 为奇数时，s_j 取−1。$a_{0,j}$ 是位于第 0 行和第 j 列的元素，$\boldsymbol{A}_j$ 是把第 0 行和第 j 列从矩阵 A 中删除后获得的 $n-1$ 阶方阵。

a. 假设有一个实现该定义的算法，建立该算法的乘法运算次数的递推关系并求解。

b. 不对该递推关系求解，你认为它的增长次数和 $n!$ 相比会有什么结论？

12. **重温冯·诺依曼邻居问题**　建立一个递推关系并求解，以计算 n 阶冯·诺依曼邻居的细胞数(参见习题 2.3 的第 11 题)。

13. **烤汉堡**　有 n 个汉堡需要在烤架上烤，但是烤架上一次只能放 2 个汉堡。每个汉堡都需要两面烤，不管是烤一个汉堡还是同时烤两个汉堡，烤好一个汉堡的一面用时 1 分钟。假设要在最短的时间内完成该任务，考虑下列递归算法。如果 $n\leqslant 2$，一个汉堡单独烤并翻面，两个汉堡则同时烤并翻面。如果 $n>2$，两个汉堡同时烤

并翻面，然后对余下的 $n-2$ 个汉堡递归地应用同样的过程。

a. 给出该算法烤 n 个汉堡所需要时间的递推关系并求解。

b. 对于任意 $n>0$ 个汉堡，该算法完成任务的时间并不是最少的，为什么？

c. 给出一个在最少时间内完成烤汉堡任务的正确递归算法。

14. **名人问题** n 个人中的名人是指这样一个人：他不认识别人，但是每个人都认识他。任务就是找出这样一个名人，但只能通过询问“你认识他/她吗？”这种问题来完成。设计一个高效算法，找出该名人或者确定这群人中没有名人。你的算法在最坏情况下需要问多少个问题？

2.5 例题：计算第 n 个斐波那契数

本节讨论一个著名的数列——斐波那契数列。

$$0, 1, 1, 2, 3, 5, 8, 13, 21, 34, \cdots \tag{2.5}$$

这个数列可以用一个简单的递推式和两个初始条件来定义。

$$\text{当 } n>1 \text{ 时，} F(n)=F(n-1)+F(n-2) \tag{2.6}$$

$$F(0)=0, \quad F(1)=1 \tag{2.7}$$

1202 年，莱昂纳多·斐波那契(Leonardo Fibonacci)向世人介绍了斐波那契数列。当时，这个数列是为解决“兔子繁殖问题”[①]而提出的(参见本节习题第 2 题)。从那以后，不仅在自然界中发现了许多和斐波那契数列相关的例子，而且人们还用它来预测商品和证券的价格。在计算机科学领域，斐波那契数列也有许多令人感兴趣的应用。例如，1.1 节讨论的欧几里得算法的最差输入恰巧是斐波那契数列中的连续元素。在本节中，我们简要讨论一下求解第 n 个斐波那契数的算法。讨论斐波那契数列的另一个好处是，可以借机引进求解递推关系的新方法，从而有助于对递归算法进行分析。

首先，先给出一个求解第 n 个斐波那契数的明确的公式。如果试着应用反向替换法来解递推式(2.6)，我们将无法得到一个容易辨别的模式。但我们可以改用另外一个定理，这个定理描述了如何求解**带常系数的齐次二阶线性递推式**(homogeneous second-order linear recurrence with constant coefficients)

$$ax(n)+bx(n-1)+cx(n-2)=0 \tag{2.8}$$

其中，a，b，c 都是固定的实数($a\neq 0$)，称为该递推式的系数；$x(n)$ 是一个待解的未知数列的一般项。将该定理应用到一个具有给定初始条件的递推关系中，我们将获得下列公式(参见附录 B)：

$$F(n)=\frac{1}{\sqrt{5}}(\phi^n-\hat{\phi}^n) \tag{2.9}$$

① 当时是以这种形式提出的：如果一对兔子每月能生一对小兔(一雄一雌)，而每对小兔在它出生后的第三个月，又能开始生一对小兔。如果没有兔子死亡，由一对小兔开始，50 个月后会有多少对兔子？

其中，$\phi=(1+\sqrt{5})/2\approx1.61803$，而 $\hat{\phi}=-1/\phi\approx-0.61803$。[①]很难令人相信，虽然公式(2.9)包含了无理数的任意整数次幂，但是它的值恰好是全部斐波那契数(2.5)，事实确实如此！

方程(2.9)的一个好处是，它能够明显指出 $F(n)$是呈指数级增长的(还记得斐波那契的兔子吗？)，也就是说，$F(n)\in\Theta(\phi^n)$。因为 $\hat{\phi}$ 是在 -1 和 0 之间的小数，所以，当 n 趋向于无穷大时，$\hat{\phi}^n$ 趋向于无穷小。实际上，我们可以证明，方程的第二项 $\frac{1}{\sqrt{5}}\hat{\phi}^n$ 对 $F(n)$值的影响在效果上等同于将第一项的值向最近的整数取整。换句话说，对于每一个非负整数 n，

$$F(n)=\frac{1}{\sqrt{5}}\phi^n\text{取整为最近的整数} \tag{2.10}$$

为了简单起见，我们把加法和乘法这样的操作作为以下算法的单位开销。因为斐波那契数会变得无限大(而且增长非常迅速)，完全有必要在本节分析的基础上进一步详细研究。事实上，这里主要应该关心的是数字的规模，而不是计算它们的高效方法。尽管如此，对于学习算法设计和分析的学生来说，本书概述的算法和对它们所做的分析仍然是很有价值的例子。

首先，我们可以通过递推式(2.6)和初始条件(2.7)得到一个显而易见的算法，来计算 $F(n)$。

```
算法  F(n)
      //根据定义，递归计算第 n 个斐波那契数
      //输入：一个非负整数 n
      //输出：第 n 个斐波那契数
      if n≤1 return n
      else return F(n – 1) + F(n – 2)
```

在着手对该算法做正式分析之前，我们怎么能知道它是不是一个高效的算法呢？无论如何，我们都需要做一个正式的分析。该算法的基本操作很明显是加法，我们把 $A(n)$定义为这个算法在计算 $F(n)$的过程中所做的加法次数。因而，计算 $F(n-1)$和 $F(n-2)$所需要的加法次数分别是 $A(n-1)$和 $A(n-2)$，而该算法还需要做一次加法来计算它们的和。因此，对于 $A(n)$有下面的递推式：

$$\text{当 } n>1 \text{ 时，}\quad A(n)=A(n-1)+A(n-2)+1 \tag{2.11}$$
$$A(0)=0,\quad A(1)=0$$

递推式 $A(n)-A(n-1)-A(n-2)=1$ 和递推式 $F(n)-F(n-1)-F(n-2)=0$ 非常相似，只是它的等号右边不等于 0。这种递推式被称为**非齐次**(inhomogeneous)**递推式**。解非齐次递推式有一些通用的技巧(参见附录 B 或者其他关于离散数学的教材)，但对于这个特殊的递推式来说，有一个快速解题的捷径。可以把这个非齐次递推式简化为它的齐次形式，即改写为

$$[A(n)+1]-[A(n-1)+1]-[A(n-2)+1]=0$$

再做一个 $B(n)=A(n)+1$ 替换，得到：

$$B(n)-B(n-1)-B(n-2)=0$$

---

① 常数 ϕ 被认为是**黄金分割率**(golden ratio)。自古以来人们一直认为，从美学的角度来看，长方形的两条边如果符合这个比率将是最完美的。一些古代的建筑师和雕刻家也可能有意识地运用了这个比率。

$$B(0)=1,\ B(1)=1$$

就像通过解递推式(2.6)得到了计算 $F(n)$的一个精确的公式，我们也可以用同样的方法对这个齐次递推式精确求解。但其实可以发现，$B(n)$和 $F(n)$实际上是同一个递推式，唯一的区别是它以两个 1 作为开始，因此它总是比 $F(n)$领先一步。所以 $B(n) = F(n+1)$，并且

$$A(n)=B(n)-1=F(n+1)-1=\frac{1}{\sqrt{5}}(\phi^{n+1}-\hat{\phi}^{n+1})-1$$

因此 $A(n)\in\Theta(\phi^n)$，而且，如果我们用 n 的二进制表示的位数 $b=\lfloor\log_2 n\rfloor+1$ 来度量 n 的大小，该效率类型将变得更差，也就是双重指数级：$A(b)\in\Theta(\phi^{2^b})$。

从递推式(2.11)中，我们可以预计到该算法的效率并不高。的确，它包含两个递归调用，而这两个调用的规模仅比 n 略小一点(你以前遇到过类似的情形吗？)。通过观察该算法的递归调用树，也能发现该算法效率低下的原因。图 2.6 给出了这棵树在 $n=5$ 时的一个例子。注意，相同的函数值被一遍又一遍地重复计算，这很明显是一种效率低下的做法。

通过只对斐波那契数列的连续元素进行迭代计算，我们得到了一个快得多的算法，如下所示。

```
算法  Fib(n)
      //根据定义，迭代计算第 n 个斐波那契数
      //输入：一个非负整数 n
      //输出：第 n 个斐波那契数
      F[0]←0; F[1] ←1
      for i←2 to n do
          F[i]←F[i − 1]+F[i − 2]
      return F(n)
```

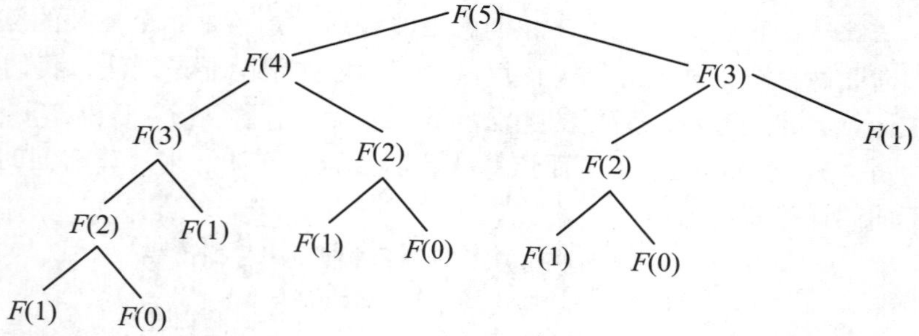

图 2.6 用基于定义的算法计算第 5 个斐波那契数时的递归调用树

很明显，这个算法要做 $n-1$ 次加法运算。所以，它和 n 一样都是线性函数，“仅在”作为 n 的二进制位数的函数时，才表现为指数级函数。注意，没有必要特意使用一个数组来存储斐波那契数列中前面的元素：为了完成该任务，只需要存储两个元素就足够了(参见本节习题第 8 题)。

计算第 n 个斐波那契数的第三种方法是利用公式(2.10)。该算法的效率显然是由用于计算 ϕ^n 的指数算法的效率决定的。如果这个指数是只对 ϕ 自乘 $n-1$ 次求得的，这个算法的效率会是 $\Theta(n)=\Theta(2^b)$。对于指数问题有一些更高效的算法。例如，在第 4 章和第 6 章中我们将会讨论一些效率类型为 $\Theta(\log n)=\Theta(b)$ 的指数算法。但要注意，应用这种方法求第 n

个斐波那契数时要特别小心。因为指数计算的中间结果都是无理数，我们必须保证它们存储在计算机中的近似值要足够精确，使得最后取整的时候能够产生一个正确的整数值。

最后，我们给出一种效率类型为 $\Theta(\log n)$ 的算法，它在计算第 n 个斐波那契数时只需要对整数进行操作。这个算法基于等式

$$\begin{bmatrix} F(n-1) & F(n) \\ F(n) & F(n+1) \end{bmatrix} = \begin{bmatrix} 0 & 1 \\ 1 & 1 \end{bmatrix}^n, \quad n \geqslant 1$$

它是计算矩阵乘方的高效方法。

习题 2.5

1. 去找一个专门讨论斐波那契数应用的网站，做一番研究。
2. **斐波那契兔子问题**　一个人把一对兔子用围墙围住。如果最初的一对兔子(一雌一雄)是新生的，并且所有的兔子在出生后的第一个月都不能繁殖，但是在之后的每个月末都能够生出一对(一雌一雄)兔子，那么一年后围墙里将会有多少对兔子？
3. **爬梯子**　假设每一步可以爬一格或者两格梯子，爬一部 n 格梯子一共可以用几种方法？(例如，一部三格的梯子可以用三种不同的方法爬：1-1-1，1-2 和 2-1。)
4. 斐波那契数列前 n 项(即在 $F(0)$，$F(1)$，$F(2)$，…，$F(n-1)$中)有多少偶数？给出对于所有 $n>0$ 都成立的闭合公式。
5. 用直接替换法验证，函数 $\frac{1}{\sqrt{5}}(\phi^n-\hat{\phi}^n)$ 在 $n>1$ 时，满足递归式(2.6)；在 $n=0$ 和 1 时，满足初始条件(2.7)。
6. Java 的基本数据类型 int 和 long 的最大值分别是 $2^{31}-1$ 和 $2^{63}-1$。当 n 最小为多少时，第 n 个斐波那契数能够使下面的类型溢出？

   a. int 类型　　**b.** long 类型
7. 考虑基于定义的计算第 n 个斐波那契数的递归算法 $F(n)$，假设 $C(n)$和 $Z(n)$分别是 $F(n)$调用 $F(1)$和 $F(0)$的次数。请证明：

   a. $C(n)=F(n)$　　**b.** $Z(n)=F(n-1)$
8. 改进算法 Fib，使它只需要 $\Theta(1)$ 的额外空间。
9. 证明等式：

   $$当\ n \geqslant 1\ 时，\begin{bmatrix} F(n-1) & F(n) \\ F(n) & F(n+1) \end{bmatrix} = \begin{bmatrix} 0 & 1 \\ 1 & 1 \end{bmatrix}^n$$
10. 当两个连续的斐波那契数 $F(n)$和$F(n-1)$ 作为欧几里得算法的输入时，该算法需要做多少次求模运算？
11. **分解斐波那契矩形**　给定一个矩形，它的边长是两个连续的斐波那契数。设计一个算法来把它分解为正方形，且具有相同尺寸的正方形不超过两个。你的算法的时间效率类型是什么？
12. 选择一种语言，计算第 n 个斐波那契数的最后 5 位数。要求分别实现下列两种算法：(a)基于定义的递归算法 $F(n)$，(b)基于定义的循环算法 Fib(n)。做一个实验，看看在你的计算机上，这两个程序一分钟内能处理的最大的 n 是多少。

2.6 算法的经验分析

在 2.3 节和 2.4 节中我们看到了如何对递归和非递归算法进行数学的分析。虽然这些技术能够成功应用于许多简单的算法，但即使有许多高级技术(参见[Sed96]，[Pur04]，[Gra94]和[Gre07])的支持，数学也远不是万能的。实际上我们能够证明，许多貌似简单的算法也很难用数学的精确性和严格性来分析。就像我们在 2.1 节中指出的那样，在做平均效率的分析时，这种观点尤其正确。

除了可以对算法的效率做数学分析以外，另一种主要方法是对算法的效率做经验分析。下面这个方案清楚地描述了这种方法的步骤。

对算法效率做经验分析的通用方案

(1) 了解实验的目的。

(2) 决定用来度量效率的度量标准 M 和度量单位(是用操作次数还是直接用时间)。

(3) 决定输入样本的特性(它的范围和大小等)。

(4) 为实验准备算法(或者若干算法)的程序实现。

(5) 生成输入样本。

(6) 对输入样本运行算法(或者若干算法)，并记录观察到的实验数据。

(7) 分析获得的实验数据。

让我们每次讨论一个步骤。在做算法的经验分析时，我们的目标往往不尽相同。可选目标包括：检验算法效率理论上的结论的精确性，比较相同问题的不同算法或者相同算法的不同实现间的效率，预估算法的效率类型，确定在特定的计算机上实现算法的程序的效率。显而易见，这种实验的设计依赖于实验者打算探寻什么答案。

特别是，实验的目标会影响甚至会决定如何对算法的效率进行度量。第一种方法就是在算法的程序实现中插入一些计数器(或者若干计数器)来对算法执行的基本操作次数进行计数。这常常是一种简单的操作，我们只要留心程序的哪些地方可能会出现基本操作，并保证对每一次基本操作都进行计数。虽然这项工作常常很简单，但我们每次修改完程序以后还是要对程序做测试，一方面是保证它能够正确解决问题，另一方面保证它对基本操作的计数是正确的。

第二种方法是记录待讨论算法的程序实现的运行时间。最简单的一种做法是利用系统命令，就像 UNIX 中的 time 命令一样。另一种测量程序段运行时间的做法是，在程序段的刚开始处(t_{start})和才结束时(t_{finish})查询系统的时间，然后计算这两个时间的差($t_{finish} - t_{start}$)[①]。在C和C++中，我们可以用clock函数来达到这个目的；在Java中，System类的currentTimeMillis()方法提供了这个功能。

然而，我们应该了解这样一些事实。第一，一般来说，系统时间并不是十分精确的，对相同程序的相同输入重复运行多次，可能会得到有轻微差异的统计结果。一个明显的补

① 如果系统时间是以“嘀嗒数”(tick)为单位给出的，这个时间的差应该除以一个常数，该常数表示的是每个时间单位中有多少嘀嗒数。

救办法是进行多次这样的度量，然后取它们的平均值(或取中值)作为该样本的观察值。第二，由于现代计算机的速度很快，程序的运行时间可能被报告为 0，使得记录会完全失败。解决这种困境的标准做法是用一个特定的循环多次运行这段程序，度量总运行时间，然后除以循环的重复次数。第三，在一个运行分时系统(如 UNIX)的计算机上所报告的时间很可能包含了 CPU 运行其他程序的时间，很明显这完全有悖于实验的初衷。所以我们应该注意并要求系统提供专门用于运行我们的程序的时间(在 UNIX 中，这个时间称为“用户时间”，time 命令中就提供了这个功能)。

因此，度量物理运行时间存在着一些弊端，既有原则上的(其中最重要的就是对特定计算机的依赖)，也有技术上的，而统计基本操作的运行次数就没有这些缺陷。但另一方面，物理运行时间提供了特定运行环境下的算法性能的详细信息。这种信息对于实验者来说，要比算法的渐近效率类型更重要。另外，对程序不同部分的运行时间进行度量能够揭示出程序性能的瓶颈，而对算法基本操作进行抽象分析是做不到这一点的。这样的数据对于算法运行时间的经验分析来说是宝贵的资源。大多数计算环境中都提供了相关的系统工具，我们通常可以使用这些工具来获得需要的数据。

无论决定用计时方法还是用基本操作计数法来度量效率，我们都必须确定实验的输入样本。一般来说，我们的目标是用一个样本来代表一类“典型”的输入，所以，我们面临的挑战是理解什么输入是“典型”输入。对于有些类型的算法，如本书后面将会讨论的旅行商问题的算法，研究人员制定了一系列输入实例用来作为测试的基准。但更常见的情况是，输入样本必须由实验者来确定。一般来说，我们必须做几方面的决定：样本的规模(一种比较明智的做法是，先从一个相对较小的样本开始，以后如有必要再加大)，输入样本的范围(一般来说，既不要小得没有意义，也不要过分大)以及一个在所选择范围内产生输入的程序。就最后一个方面来说，输入的规模既可以符合一种模式(例如，1 000, 2 000, 3 000, …, 10 000 或者 500, 1 000, 2 000, 4 000, …, 128 000)，也可以随机产生(例如，在最大值和最小值之间均匀分布)。

根据一个模式来改变输入规模的主要好处是，我们很容易分析这种改变所带来的影响。例如，如果一个样本的规模每次都会翻倍，我们可以计算所观察到的度量标准 M 之间的比率 $M(2n)/M(n)$，看一看该比率所揭示的算法典型性能是否属于一个基本的效率类型(参见 2.2 节)。输入规模不随机变化的主要弊病是存在这种可能性，即我们所研究的算法在我们所挑选的样本上正好表现出非典型的行为。例如，如果所有样本的规模都是偶数，但所研究的算法对于奇数规模的输入却运行得十分缓慢，得出的经验结论就会使人误入歧途。

对于实验样本的规模，我们需要重点考虑的另一个因素是，是否需要包括同样规模样本的多个不同实例。如果我们预测，对于相同规模的不同实例，我们观测到的度量值会相当不同，那么，让样本中的每一种规模都包含多个实例是比较明智的(统计学中有许多很成熟的方法帮助实验者来做这种决定，我们可以找到许多这方面的教材)。当然，如果样本中包含相同规模的若干实例，应该计算并研究每种规模的观察结果的平均值或者中值，而不是仅仅研究单独的样本点。

对于经验分析来说，大多数情况下都需要产生一些随机数。即使我们决定对输入规模应用一种模式，我们仍然希望输入的实例会自动随机产生。目前，在一台数字式的计算机上产生随机数还是一个难题，因为原理上，这个问题只能近似解决。这就是为什么计算机科学家倾向于把这种数称为**伪随机**(pseudorandom)**数**。从实用的角度看，获取这种数的最简单和最自然的方法是利用计算机语言的函数库提供的随机数发生器。典型情况下，它会输出一个均匀分布在 0 和 1 区间中的(伪)随机变量的值。如果需要另外一种随机变量，我们应该做一个相应的变换。例如，x 是一个均匀分布在区间 $0 \leqslant x < 1$ 上的连续随机变量，变量 $y = l + \lfloor x(r-l) \rfloor$ 就会均匀地分布在 l 和 $r-l$ 间的整数上，其中 l 和 r 是两个整数($l < r$)。

另外，有几个已知的生成(伪)随机数的算法，我们可以选择一个来实现。它们中使用最广泛、研究最彻底的一个算法是所谓的**线性同余法**(linear congruential method)。

算法 Random(n, m, $seed$, a, b)
//根据线性同余法生成 n 个伪随机数的一个序列
//输入：一个正整数 n 和正整数参数 m，$seed$，a，b
//输出：n 个伪随机数的一个序列 $r_1, \cdots, r_n$，是均匀分布在 0 和 $m-1$ 区间内的整数值
//注意：我们可以把生成的整数作为小数点后面的数字，来获得 0 和 1 区间的伪随机数
$r_0 \leftarrow seed$
for $i \leftarrow 1$ **to** n **do**
  $r_i \leftarrow (a * r_{i-1} + b) \bmod m$

这段简单的伪代码会令人误以为求伪随机数并不复杂，其实如何选择算法参数才是真正的难点。基于复杂的数学分析，这里给出一部分建议(详情请参见[KnuII]，pp.184-185)：$seed$ 可以任意选择，并且常常将它设为当前的日期或者时间；m 应该是一个较大数，出于方便的考虑，可以把它定为 2^w，w 是计算机的字长；a 可以是 $0.01m$ 和 $0.99m$ 间的任何整数，除了 $a \bmod 8 = 5$ 以外，它的值不要体现出任何模式；可以选择 1 作为 b 的值。

作为实验结果的经验数据需要记录下来，然后拿来做分析。数据可以用数值的形式记录在表格中或者表现为**散点图**(scatterplot)的形式，散点图就是在笛卡儿坐标系中用点将数据标出。任何时候只要可行，都应该同时使用这两种方法，因为这两种方法各有利弊。

以表格呈现数据的主要优点是，我们可以很方便地对它们进行计算。例如，我们可以计算 $M(n)/g(n)$的比率，其中 $g(n)$是所讨论算法的效率类型的候选对象。如果该算法的确属于 $\Theta(g(n))$，那么很可能当 n 变得越来越大时，这个比率会趋向于一个大于 0 的常数(注意，一个粗心的新手有时会假设这个常数必须为 1，这显然不符合 $\Theta(g(n))$ 的定义)。我们也可以计算 $M(2n)/M(n)$的比率，看一看当输入的规模翻倍的时候，运行时间是如何变化的。就像我们在 2.2 节中讨论的，对于对数算法来说，这个比率只会发生很轻微的变化，而对于线性、平方和立方算法来说，在最常见的情况下，这个比率很可能会分别趋向于 2，4 和 8。

另一方面，散点图这种形式也会帮助我们确定可能的算法效率类型。一个对数算法的散点图会具有一个上凸的形状(图 2.7(a))，这把它同其他效率类型区分开来。一个线性算法的散点图趋向于分布在一条直线的周围，或者更一般地来说，包含在两根直线的当中区域(图 2.7(b))。属于 $\Theta(n \lg n)$ 和 $\Theta(n^2)$ 的函数的散点图都会具有一个下凹的形状(图 2.7(c))，使我们很难把它们区分开来。一个立方算法的散点图也具有一个下凹的形状，但它的度量值显示出非常快速的增长。一个指数算法在垂直轴上很可能需要一种对数刻度，我们在图上标出的不是 $M(n)$，而是 $\log_a M(n)$(2 或者 10 常常被用作对数的底)。在这样一种坐标系中，真正的指数算法的散点图应该像一个线性函数，因为 $M(n) \approx ca^n$ 意味着 $\log_b M(n) \approx \log_b c + n \log_b a$。

经验分析的一种可能应用是：对于不包含在实验样本中的输入样本，我们可以试着去

预测算法会表现出来的性能。例如，如果在样本的实例中，我们观察到 $M(n)/g(n)$ 的比率接近某些常数 c，对于 n 的其他值，我们可以用 $cg(n)$ 的积来近似表示 $M(n)$。这种做法虽然有道理，但我们应该小心使用，尤其对于那些在样本值范围以外的 n 值来说[相对于专门处理样本范围内的值的**内推法**(interpolation)来说，数学家把这种方法称为**外推法**(extrapolation)]。而且，用这种方法得到的估计值常常不做精确度声明。当然，我们也可以使用标准的数据统计技术来做分析和预测。然而，请注意，大多数这种技术都是基于特定的概率假定，这种假定与所讨论的实验数据可能符合，也可能不符合。

在本节的末尾，我们应该指出算法的数学分析和经验分析的基本区别。数学分析的主要优点是它并不依赖于特定的输入，但它的主要缺点是适用性不强，这一点对于研究平均效率来说尤其明显。经验分析的主要优点是它能够适用于任何算法，但它的结论依赖于实验中使用的特定样本实例和计算机。

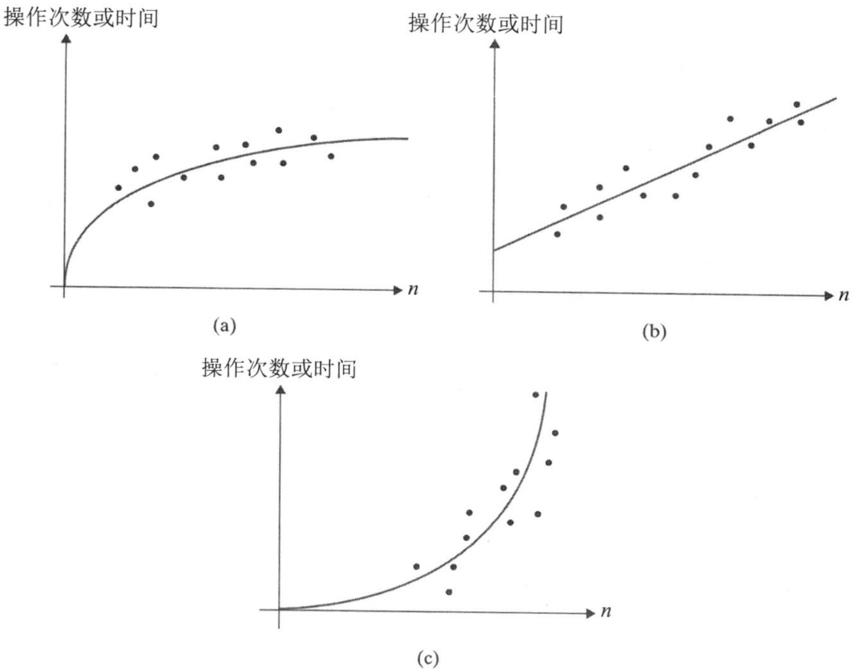

图 2.7 典型的散点图：(a)对数，(b)线性，(c)一种凸函数

习题 2.6

1. 考虑一个著名的排序算法(本书后文会更进一步地研究它)，其中插入一个计数器来对关键比较次数进行计数。

算法 SortAnalysis($A[0..n-1]$)
  //输入：包含 n 个可排序元素的一个数组 $A[0..n-1]$
  //输出：所做的关键比较的总次数
  $count \leftarrow 0$
  for $i \leftarrow 1$ **to** $n-1$ **do**

```
        v ← A[i]
        j ← i-1
        while  j > 0 and  A[j] > v do
                count ← count+1
                A[j+1] ← A[j]
                j ← j-1
        A[j+1] ← v
    return count
```

比较计数器是否插在了正确的位置？如果认为正确，请证明；如果认为错误，请改正。

2. a. 对于 20 个大小分别为 1 000，2 000，3 000，…，20 000 的随机数组，运行问题 1 中的程序,程序中应正确插入用于关键比较计数的计数器(或若干计数器)。
   b. 分析所得到的数据，建立一个对该算法平均效率的假设。
   c. 请估计，如果用相同的算法对一个规模为 25 000 的随机数组进行排序，我们预期的关键比较次数应该是多少。
3. 以毫秒作为程序运行时间的度量单位，把问题 2 再做一遍。
4. 基于以下基本操作运行次数的经验观察，猜测该算法的可能效率类型。

规模	1 000	2 000	3 000	4 000	5 000	6 000	7 000	8 000	9 000	10 000
次数	11 966	24 303	39 992	53 010	67 272	78 692	91 274	113 063	129 799	140 538

5. 如何变化坐标使一个对数散点图看上去像一个线性散点图？
6. 我们如何区分属于 $\Theta(\lg\lg n)$ 算法的散点图和属于 $\Theta(\lg n)$ 算法的散点图？
7. a. 基于经验方法，用欧几里得算法计算 gcd(m, n)时，最多要执行多少次除法？其中，$1 \leqslant n \leqslant m \leqslant 100$ 。
   b. k 是任意确定的正整数，如果欧几里得算法计算 gcd(m, n)时要进行 k 次除法运算，请基于经验方法求最小的整数对 m,n ，其中$1 \leqslant n \leqslant m \leqslant 100$ 。
8. 欧几里得算法在输入规模为 n 时的平均效率，是根据算法执行的平均除法次数 $D_{avg}(n)$来度量的，$D_{avg}(n)$是 gcd (n,1)，gcd (n, 2)，…，gcd(n, n)的除法次数的平均值。例如，

$$D_{avg}(5) = \frac{1}{5}(1+2+3+2+1) = 1.8$$

画一个 $D_{avg}(n)$的散点图，并指出该算法可能的效率类型。
9. 做一个实验，确定“埃拉托色尼筛选法”的效率类型(参见 1.1 节)。
10. 1.1 节展示了 3 种计算 gcd (m, n)的算法，做一个基于时间记录的实验，确定它们的效率类型。

2.7　算法可视法

除了算法的数学分析和经验分析，还有第三种研究算法的方法。我们称之为**算法可视法**(algorithm visualization)，这种方法可以定义为：使用图形来传达关于算法的一些有用信

息。这些信息可以是关于算法操作的图示，例如算法对于不同输入的性能，算法的执行速度与求解相同问题的其他算法的比较。为了达到这个目标，算法可视法使用图形元素——点、线段、二维或三维柱状图等——来表现算法操作中的一些“令人关注的结果”。

算法可视法有两种主要的变化形式：

- 静态算法可视法。
- 动态算法可视法，也称为**算法动画**(algorithm animation)。

静态算法可视法使用一系列静态的图形来显示一个算法的操作过程。而算法动画则以一种连续的、类似电影的表现方式来展现算法操作过程。使用动画显然是一种更加复杂的做法，而且必然更难以实现。

算法可视技术萌芽于 20 世纪 70 年代。1981 年是该技术的分水岭，算法可视的经典诞生了，它是一部长 30 分钟的有声彩色影片，名为《排序比赛》(*Sorting Out Sorting*)。这部影片是由多伦多大学的罗纳德·贝克(Ronald Baecker)和他的助手 D. 舍曼(D. Sherman)一起完成的([Bae81], [Bae98])。它包含了 9 种著名排序算法的动态展现(其中超过半数会在本书的后面部分讨论)，并且提供了它们之间相对速度的十分有说服力的演示。

《排序比赛》的成功使得算法动画对排序算法一直青睐有加。的确，待排序的元素很适合使用不同高度或长度的、垂直或水平的柱或条来表现，这些图形元素可以根据它们的大小进行重新排列(图 2.8)。然而，这种方式仅仅适合于表现输入规模较小的典型排序算法的行为。对于较大的文件，《排序比赛》使用了很有创造性的思路，用坐标平面上的散点图来表现数据。第一坐标表现的是元素在文件中的位置，第二坐标表现的是元素的值。通过这种表现法，排序的过程看上去就像把一个散点图中“随机”的点转变为沿着方框的对角线排列的点(图 2.9)。另外，大多数排序算法的工作方式都是在一个时点上对两个给定的元素进行比较和交换位置，这个事件可以相对容易地用动画来展现。

由于《排序比赛》的出现，人们创造了大量的算法动画，尤其是在 20 世纪 90 年代 Java 以及互联网出现以后。它们处理的范围从一个特定的算法到解决同样问题(例如，排序)或同样领域问题(例如，几何算法)的一组算法，甚至还有一些专门支持算法动画的通用系统。截至 2010 年底，美国国家科学基金支持的项目 AlgoViz 包含了超过 500 个算法可视化技术的链接。但不幸的是，调查发现大多数现有的算法可视化技术质量较低，内容也主要集中在排序这类较为简单的主题([Sha07])。

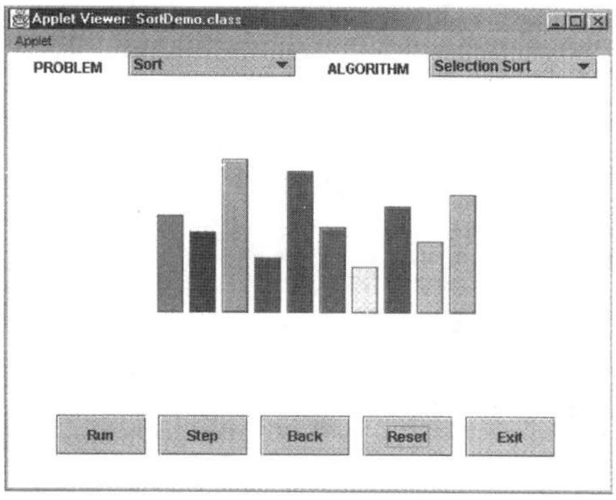

图 2.8　用柱状图表现排序算法在初始和结束时的典型画面

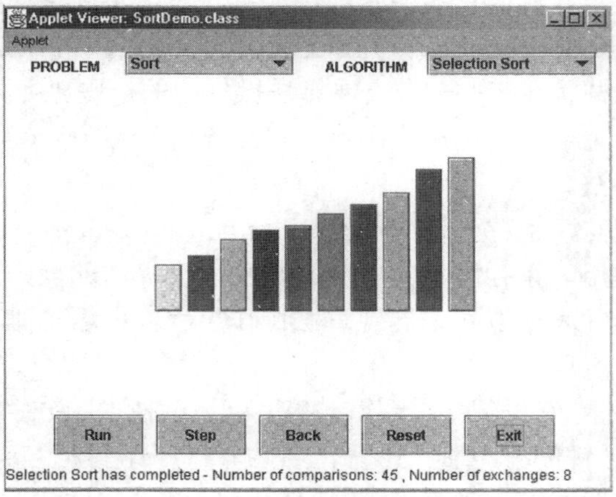

图 2.8(续)

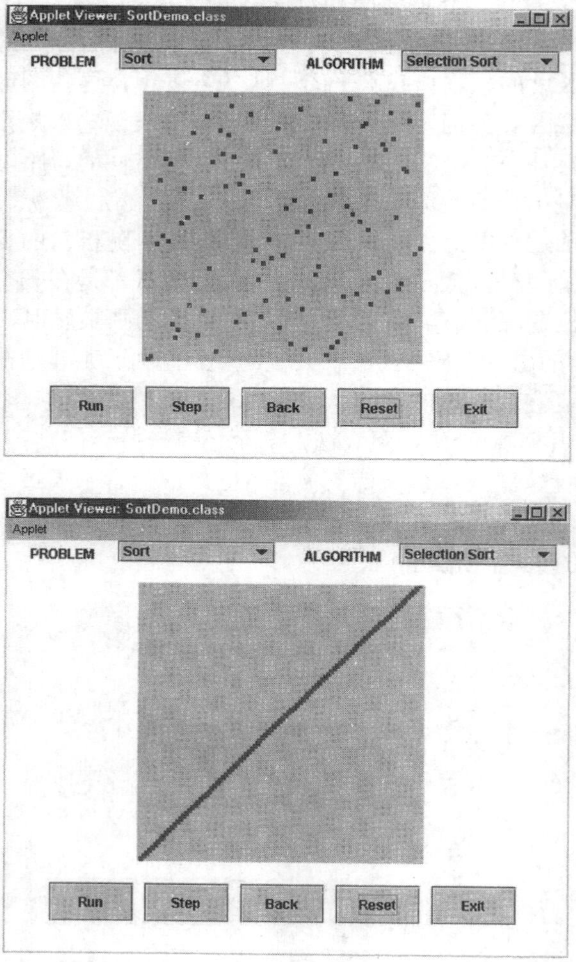

图 2.9 用散点图表现排序算法在初始和结束时的典型画面

算法可视法有两种主要的应用：科研和教学。教学上的应用是为了帮助学生学习算法。对科研人员来说，算法可视法有可能帮助他们发现算法的一些未知特性。例如，科研人员曾用可视法研究汉诺塔的递归算法，其中，编号为奇数和偶数的盘子颜色是不同的。他注意到，在算法的运行过程中，两个同样颜色的盘子从来不会直接接触。这个发现帮助他为该经典算法设计出了一个更好的非递归版本。另外一个例子是，宾利和麦克罗伊([Ben93])指出，他们在工作中使用一种算法动画系统改进了一个先进排序算法的库程序。

在教育实践中，算法可视法可以帮助学生学习算法。但算法可视法在学习中的效果还不明确，有些实验表明具有积极的学习效果，有些则并非如此。不断增加的证据表明，仅仅开发出复杂的可视化软件系统是不够的。实践表明，学生在算法可视化中的参与程度可能比可视化软件的功能更重要。在一些实验中，让学生主动对算法进行可视化，哪怕技术含量较低，也比向学生演示复杂的算法可视化软件更有效。

总的来说，虽然文献表明算法可视法在教学和科研中都有许多成功的应用，但它们并不像人们希望的那样给人留下深刻的印象。我们还需要对人类的图像认知行为有更深刻的理解，才能充分发掘出算法动画的真正潜力。

小　　结

- 有两种算法效率：时间效率和空间效率。时间效率指出算法的运行速度，空间效率涉及算法需要的额外空间。
- 算法的时间效率主要用它输入规模的函数来度量，该函数计算算法基本操作的执行次数。基本操作是在总运行时间中贡献最大的操作。通常，它是算法的最内层循环中最费时的操作。
- 对于有些算法来说，对于相同规模的输入，它的运行时间会有相当大的不同，导致了最差效率、平均效率和最优效率等概念的产生。
- 当算法的输入规模趋向于无穷大时，算法的运行时间表现出固定的增长次数。我们建立的分析算法时间效率的框架，主要就是基于这个增长次数。
- 符号 O，Ω 和 Θ 能够指出算法效率函数的渐近增长次数，也能对不同的函数进行比较。
- 大多数算法的效率可以分为以下几类：常数、对数、线性、线性对数、平方、立方和指数。
- 分析非递归算法时间效率的主要工具是建立算法的基本操作执行次数的求和表达式，然后确定“和函数”的增长次数。
- 分析递归算法时间效率的主要工具是建立算法的基本操作执行次数的递推关系式，然后确定它的增长次数。
- 递归算法的简洁性可能会掩盖它的低效率。
- **斐波那契数列**是一种重要的整数序列，它的每一个元素值都等于最近的两个前趋的和。有许多计算斐波那契数列的算法，它们的效率有很大的不同。

- 算法的经验分析是针对一个输入样本运行算法的一个程序实现，然后分析观测到的数据(基本操作次数或物理运行时间)。这常常涉及生成伪随机数。这种方法的主要优点是可以应用于任何算法，主要缺点是要依赖于特定的计算机和输入样本。
- **算法可视法**利用图像来传达有关算法的有用信息。算法可视法的两个主要变化形式是静态算法可视法和动态算法可视法(也称为算法动画)。

第3章 蛮 力 法

就像宝剑不是撬棍一样，科学也很少使用蛮力。

——爱德华·利顿[①]，《莱拉》，第二卷，第一章

把事情做“好”常常是浪费时间。

——罗伯特·伯恩[②]

在第 2 章中，我们讨论了算法分析的框架和方法，现在着手讨论算法设计技术。接下来的 8 章中，每一章都专注于一种特定的算法设计策略。本章的主题是蛮力法——一种最简单的设计策略。我们可以这样描述它：

蛮力法(brute force)是一种简单直接地解决问题的方法，常常直接基于问题的描述和所涉及的概念定义。

这里的“力”是指计算机的计算“能力”，而不是人的“智力”。我们也可以用“just do it！”来描述蛮力法的策略。而且一般来说，蛮力策略也常常是最容易应用的方法。

作为一个例子，请考虑一个指数问题：对于给定的数字 a 和一个非负整数 n，计算 a^n 的值。虽然这个问题看上去很一般，但它是说明好几种算法设计技术的有用工具，其中也包括蛮力法(要知道，针对大整数计算 $a^n \bmod m$，是一种重要密码算法的主要组成部分)。指数的定义如下：

$$a^n = \underbrace{a \times \cdots \times a}_{n次}$$

它意味着，我们可以简单地把 1 和 a 相乘 n 次，来得到 a^n 的值。

我们在本书中已经遇到了两个蛮力算法：1.1 节中计算 gcd(m, n)的连续整数检测算法和 2.3 节中基于定义的矩阵乘法算法。本章后面会给出许多其他的例子(能给出一些你所知道的基于蛮力法的算法吗？)。

虽然巧妙和高效的算法很少来自于蛮力法，但我们不应该忽略它作为一种重要的算法设计策略的地位。第一，和其他某些策略不同，我们可以应用蛮力法来解决广阔领域的各种问题。实际上，它可能是唯一一种几乎什么问题都能解决的一般性方法。第二，对于一些重要的问题(例如，排序、查找、矩阵乘法和字符串匹配)来说，蛮力法可以产生一些合理的算法，它们多少具备一些实用价值，而且不必限制实例的规模。第三，如果要解决的问题实例不多，而且蛮力法可以用一种能够接受的速度对实例求解，那么，设计一个更高效算法所花费的代价很可能是不值得的。第四，即使效率通常很低，仍然可以用蛮力算法解决一些小规模的问题实例。第五，蛮力算法可以为研究或教学目的服务，例如，可以以之为准绳，来衡量同样问题的更高效算法。

---

① 译注：爱德华·利顿(Edward Lytton，1803—1873)，英国维多利亚时代著名的小说家，代表作还有《庞贝末日》。

② 罗伯特·伯恩(Robert Byrne)，世界台球界著名的大师、名嘴评论员和选手。

3.1 选择排序和冒泡排序

本节中，我们考虑蛮力法在排序问题中的应用：给定一个可排序的 n 元素序列(例如，数字、字符和字符串)，将它们按照非降序方式重新排列。就像我们在 1.3 节中提到的，为了解决这个重要的问题，人们开发出了几十种排序算法。大家过去可能学过其中的一些，如果是这样，请暂时忘记它们，尝试用一种新的眼光来观察它们。

如果大家已经摆脱了关于排序算法的记忆，请问自己一个问题：“解决排序问题的最直截了当的方法是什么？”对于这个问题的答案恐怕是仁者见仁，智者见智。这里讨论的两个算法——选择排序和冒泡排序——似乎是两个主要的候选者。

3.1.1 选择排序

选择排序开始的时候，我们扫描整个列表，找到它的最小元素，然后和第一个元素交换，将最小元素放到它在有序表中的最终位置上。然后我们从第二个元素开始扫描列表，找到最后 $n-1$ 个元素中的最小元素，再和第二个元素交换位置，把第二小的元素放在它的最终位置上。一般来说，在对该列表做第 i 遍扫描的时候(i 的值从 0 到 $n-2$)，该算法在最后 $n-i$ 个元素中寻找最小元素，然后拿它和 A_i 交换。

$$\underbrace{A_0 \leqslant A_1 \leqslant \cdots \leqslant A_{i-1}}_{\text{已经位于最终的位置上}} \mid \underbrace{A_i, \cdots, A_{\min}, \cdots, A_{n-1}}_{\text{最后的}n-i\text{个元素}}$$

在 $n-1$ 遍以后，该列表就被排好序了。

下面是该算法的伪代码，其中，为了简单起见，假设列表是由数组实现的。

```
算法  SelectionSort(A[0..n − 1])
      //该算法用选择排序对给定的数组排序
      //输入：一个可排序数组 A[0..n − 1]
      //输出：升序排列的数组 A[0..n − 1]
      for i ← 0  to n − 2  do
          min ← i
          for  j ← i+1  to  n−1  do
              if A[j] < A[min]  min ← j
          swap A[i] and A[min]
```

作为一个例子，图 3.1 给出了该算法对于序列 89, 45, 68, 90, 29, 34, 17 所进行的操作。

对于选择排序的分析是很简单的。输入的规模由元素的个数 n 决定，基本操作是键值比较 $A[j]<A[min]$。这个比较的执行次数仅仅依赖于数组的规模，并由下面的求和公式给出：

$$C(n)=\sum_{i=0}^{n-2}\sum_{j=i+1}^{n-1}1=\sum_{i=0}^{n-2}[(n-1)-(i+1)+1]=\sum_{i=0}^{n-2}(n-1-i)$$

由于我们在分析 2.3 节例 2 中的算法时，已经遇到过这个最后的求和式了，现在大家可以自己计算一下。在计算这个求和式时，无论是把求和符号分配给每一个加数，还是立即求得一个整数递减序列的和，它们的答案显然都是一致的。

$$C(n)=\sum_{i=0}^{n-2}\sum_{j=i+1}^{n-1}1=\sum_{i=0}^{n-2}(n-1-i)=\frac{(n-1)n}{2}$$

| 89	45	68	90	29	34	**17**
17 |	45	68	90	**29**	34	89
17	29 |	68	90	45	**34**	89
17	29	34 |	90	**45**	68	89
17	29	34	45 |	90	**68**	89
17	29	34	45	68 |	90	**89**
17	29	34	45	68	89 |	90

图 3.1　选择排序的示例。每一行代表该算法的一次迭代，也就是说，从尾部到竖线的一遍扫描，找到的最小元素用黑体字表示。竖线左面的元素已经位于它们的最终位置，所以在当前和后面的循环中，都不必再考虑了

因此，对于任何输入来说，选择排序都是一个 $\Theta(n^2)$ 的算法。然而，请注意，键的交换次数仅为 $\Theta(n)$，或者更精确一点，是 $n-1$ 次(i 循环每重复一次执行一次交换)。这个特性使得选择排序优于许多其他的排序算法。

3.1.2　冒泡排序

蛮力法在排序问题上还有另一个应用，它比较表中的相邻元素，如果它们是逆序的话就交换它们的位置。重复多次以后，最终，最大的元素就“沉到”列表的最后一个位置。第二遍操作将第二大的元素沉下去。这样一直做，直到 $n-1$ 遍以后，该列表就排好序了。第 i ($0\leqslant i\leqslant n-2$)遍冒泡排序可以用下面的示意图来表示：

$$A_0,\cdots,A_j \overset{?}{\leftrightarrow} A_{j+1},\cdots,A_{n-i-1} \mid \underbrace{A_{n-i}\leqslant\cdots\leqslant A_{n-1}}_{\text{已经位于最终的位置上}}$$

下面是该算法的伪代码。

```
算法  BubbleSort(A[0..n − 1])
      //该算法用冒泡排序对数组 A[0..n − 1]进行排序
      //输入：一个可排序数组 A[0..n − 1]
      //输出：非降序排列的数组 A[0..n − 1]
      for i ← 0  to n − 2  do
          for  j ← 0  to  n − 2 − i  do
              if A[j + 1] < A[j] swap  A[j] and A[j + 1]
```

作为一个例子，图 3.2 给出了该算法对于序列 89, 45, 68, 90, 29, 34, 17 所做的操作。

89 $\overset{?}{\leftrightarrow}$ 45 68 90 29 34 17
45 89 $\overset{?}{\leftrightarrow}$ 68 90 29 34 17
45 68 89 $\overset{?}{\leftrightarrow}$ 90 $\overset{?}{\leftrightarrow}$ 29 34 17
45 68 89 29 90 $\overset{?}{\leftrightarrow}$ 34 17
45 68 89 29 34 90 $\overset{?}{\leftrightarrow}$ 17
45 68 89 29 34 17 |90

45 $\overset{?}{\leftrightarrow}$ 68 $\overset{?}{\leftrightarrow}$ 89 $\overset{?}{\leftrightarrow}$ 29 34 17 |90
45 68 29 89 $\overset{?}{\leftrightarrow}$ 34 17 |90
45 68 29 34 89 $\overset{?}{\leftrightarrow}$ 17 |90
45 68 29 34 17 |89 90

etc.

图 3.2 对于序列 89，45，68，90，29，34，17 的前两次冒泡排序。每次交换了两个元素的位置以后，就另起一行。竖线右面的元素已经位于它们的最终位置，所以在后面的循环中就不再考虑了

对于所有规模为 n 的数组来说，该冒泡排序版本的键值比较次数都是相同的，我们可以用下面这个求和表达式来表示。它和选择排序的表达式几乎是完全相同的。

$$C(n)=\sum_{i=0}^{n-2}\sum_{j=0}^{n-2-i}1=\sum_{i=0}^{n-2}[(n-2-i)-0+1]$$
$$=\sum_{i=0}^{n-2}(n-1-i)=\frac{(n-1)n}{2}\in\Theta(n^2)$$

但它的键交换次数取决于特定的输入。最坏的情况就是遇到降序排列的数组，这时，键交换次数和键比较次数是相同的。

$$S_{\text{worst}}(n)=C(n)=\frac{(n-1)n}{2}\in\Theta(n^2)$$

在应用蛮力法时常常会遇到这种情况，即经过适度的努力后，我们能够对算法的第一个版本进行一定的改良。具体来说，可以基于以下事实对冒泡排序的原始版本进行改进：如果对列表比较一遍之后没有交换元素的位置，那么这个表已经有序，我们可以停止这个算法了(习题 3.1 的第 12a 题)。虽然对于某些输入，这个新版本运行得比较快，但在最坏情况和平均情况下，它仍然属于 $\Theta(n^2)$。实际上，即使在初等排序方法当中，冒泡排序也不是一个好的选择，而且，如果不是因为它有一个好记的名字，我们很可能不会对它有任何了解。但不管怎样，我们刚刚学到的内容是非常重要的，而且有必要再重申一下：

蛮力法的第一个应用就是得到一个算法，此算法可以通过适度的努力来提升它的性能。

习题 3.1

1. **a**．请举出不能作为蛮力法的一个算法。
   b．请举出不能用蛮力法解决的一个问题。
2. **a**．有一个计算 a^n 的蛮力算法，请用 n 的函数来表示它的效率。如果用 n 的二进

制位数的函数来表示呢？

b．如果正在计算 $a^n \bmod m$，其中 $a>1$，并且 n 是一个大于 0 的大整数，如何才能处理好 a^n 的巨大的数量级问题？

3. 对于习题 2.3 中 4，5，6 题的每一个算法，请指出它们是不是基于蛮力法的。

4. **a**．设计一个蛮力算法，对于给定的 x_0，计算下列多项式的值：

$$p(x) = a_n x^n + a_{n-1} x^{n-1} + \cdots + a_1 x + a_0$$

并确定该算法的最差效率类型。

b．如果你设计的算法属于 $\Theta(n^2)$，请为该问题设计一个线性的算法。

c．对于该问题来说，能不能设计出一个比线性效率还要好的算法呢？

5. 网络拓扑图可以展示计算机、打印机和其他的设备如何通过网络进行互连。以下给出了三种常见的网络拓扑结构：环形拓扑、星形拓扑和完全互连拓扑。

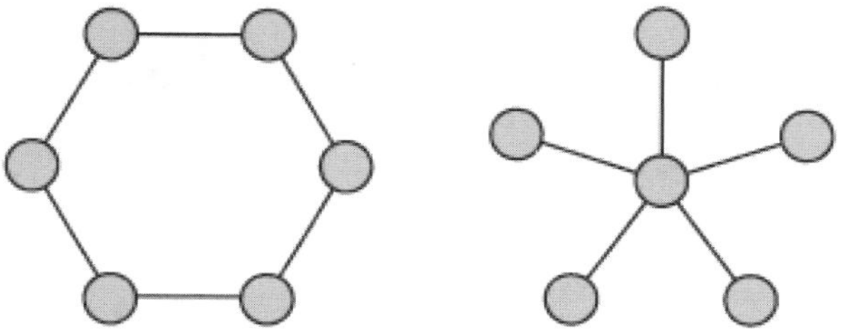

环形　　星形　　完全互连

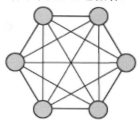

现在给出一个布尔矩阵 $\boldsymbol{A}[0..n-1, 0..n-1]$，其中 $n>3$，它用邻接矩阵来表示以上某种拓扑结构所对应的图。能否确定邻接矩阵表示的是哪一种拓扑结构(如果存在的话)？设计一种蛮力算法来解决这个问题并指出它的时间效率类型。

6. **四格拼板**　四格拼板是由 4 个 1×1 的正方形组成。下面是 5 种类型的四格拼板：

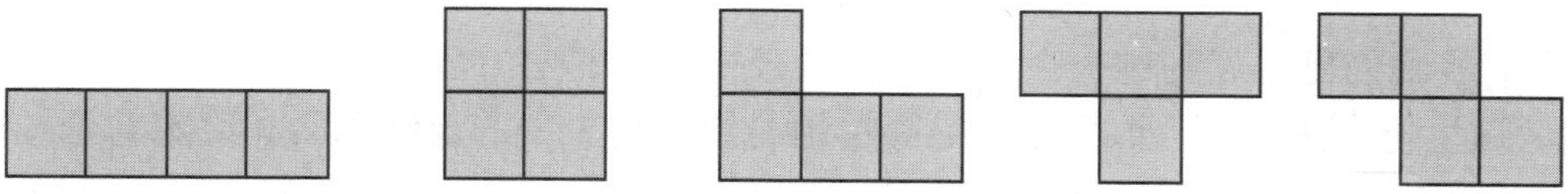

直线拼板　　方形拼板　　L 形拼板　　T 形拼板　　Z 形拼板

分别利用以下四格拼板，看看是否有可能在不重叠的情况下完全覆盖一个 8×8 的棋盘。

a. 直线拼板　　**b.** 方形拼板

c. L 形拼板　　**d.** T 形拼板

e. Z 形拼板

7. **一摞假币**　有 n 摞硬币，每摞包含 n 个硬币，硬币外观完全相同。其中一摞硬币全是假币，而其他摞全是真币。每个真币重 10 克。每个假币重 11 克。你有一个称重盘，可以对任意数量硬币精确称重。

a．设计一个蛮力算法识别那摞假币，并且确定该算法最坏情况的效率类型。

b．要识别出那摞假币，至少需要称重多少次？

8. 应用选择排序将序列 E, X, A, M, P, L, E 按照字母顺序排序。

9. 选择排序稳定吗？(1.3 节给出了稳定的排序算法的定义。)

10. 如果对链表实现选择排序，能不能获得和数组版相同的 $\Theta(n^2)$ 效率？

11. 应用冒泡排序将序列 E, X, A, M, P, L, E 按照字母顺序排序。

12. **a.** 请证明，如果冒泡排序对列表比较一遍之后没有交换元素的位置，那么这个表已经排好序了，算法也可以停止了。

b. 结合所做的改进，为冒泡排序写一段伪代码。

c. 请证明改进版本的最差效率也是平方级的。

13. 冒泡排序稳定吗？

14. **交替放置的碟子** 我们有数量为 $2n$ 的一排碟子，n 黑 n 白交替放置：黑、白、黑、白……现在要把黑碟子都放在右边，白碟子都放在左边，但只允许通过互换相邻碟子的位置来实现。为该谜题写个算法，并确定该算法需要执行的换位次数。([Gar99])

3.2 顺序查找和蛮力字符串匹配

我们在前一节中看到了蛮力法在排序问题上的两个应用。这里我们讨论该策略在查找问题中的两个应用。第一个应用处理一个经典的问题，即如何在一个给定的列表中查找一个给定的值。第二个应用则处理字符串匹配问题。

3.2.1 顺序查找

其实我们已经遇到过一个处理一般性查找问题的蛮力算法：它称为顺序查找(参见 2.1 节)。这里再介绍一下。该算法只是简单地将给定列表中的连续元素和给定的查找键进行比较，直到遇到一个匹配的元素(成功查找)，或者在遇到匹配元素前就遍历了整个列表(失败查找)。实现顺序查找时常常会使用这样一个小技巧：如果我们把查找键添加到列表的末尾，那么查找就一定会成功，所以不必在算法的每次循环时都检查是否到达了表的末尾。以下是这个增强版本的伪代码。

```
算法  SequentialSearch2(A[0..n], K)
      //顺序查找的算法实现，它用了查找键来作限位器
      //输入：一个 n 个元素的数组 A 和一个查找键 K
      //输出：第一个值等于 K 的元素的位置，如果找不到这样的元素，返回-1
      A[n] ← K
      i ← 0
      while  A[i] ≠ K do
          i ← i+1
      if  i < n return i
      else return – 1
```

如果已知给定数组是有序的，我们可以对该算法做另外一个简单的改进：在这种列表中，只要遇到一个大于或等于查找键的元素，查找就可以停止了。

顺序查找是阐释蛮力法的很好的工具，它有着蛮力法典型的优点(简单)和缺点(效率低)。与 2.1 节中得到的顺序查找标准版本的效率相比，现在这个增强版本的效率只有轻微的提升，所以无论是在最差情况还是平均情况下，该算法仍然是一个线性算法。本书的后面还会讨论一些查找算法，它们的时间效率更佳。

3.2.2 蛮力字符串匹配

回忆一下 1.3 节介绍过的字符串匹配问题：给定一个 n 个字符组成的串[称为**文本**(text)]，一个 m ($m \leqslant n$)个字符的串[称为**模式**(pattern)]，从文本中寻找匹配模式的子串。更精确地说，我们求的是 i ——文本中第一个匹配子串最左元素的下标——使得 $t_i = p_0$，…，$t_{i+j} = p_j$，…，$t_{i+m-1} = p_{m-1}$。

$$\begin{array}{ccccccccccc} t_0 & \cdots & t_i & \cdots & t_{i+j} & \cdots & t_{i+m-1} & \cdots & t_{n-1} & \text{文本 } T \\ & & \updownarrow & & \updownarrow & & \updownarrow & & & \\ & & p_0 & \cdots & p_j & \cdots & p_{m-1} & \text{模式 } P & & \end{array}$$

如果还需要寻找另一个匹配子串，字符串匹配算法可以继续工作，直到搜索完全部文本。

字符串匹配问题的蛮力算法是显而易见的：将模式对准文本的前 m 个字符，然后从左到右匹配每一对相应的字符，直到 m 对字符全部匹配(算法就可以停止了)或者遇到一对不匹配的字符。在后一种情况下，模式向右移一位，然后从模式的第一个字符开始，继续把模式和文本中的对应字符进行比较。请注意，在文本中，最后一轮子串匹配的起始位置是 $n-m$ (假设文本位置的下标是从 0 到 $n-1$)。在这个位置以后，再也没有足够的字符可以匹配整个模式了，因此，该算法也就没有必要再做比较了。

```
算法 BruteForceStringMatch(T[0..n − 1], P[0..m − 1])
    //该算法实现了蛮力字符串匹配
    //输入：一个 n 个字符的数组 T[0..n − 1]，代表一段文本
    //      一个 m 个字符的数组 P[0..m − 1]，代表一个模式
    //输出：如果查找成功，返回文本的第一个匹配子串中第一个字符的位置，
    //      否则返回-1
    for i ← 0 to n − m do
        j ← 0
        while j < m and P[j] = T[i + j] do
            j ← j + 1
        if j = m return i
    return −1
```

图 3.3 展示了该算法的一个操作。请注意，在这个例子中，几乎每做一次字符比较就要移动一次模式的位置。然而，最坏的情况比这还要糟得多：在移动模式之前，算法可能会做足 m 次比较，而 $n-m+1$ 次尝试的每一次都可能会遇到这种情况(本节习题第 6 题要求我们给出这种情况的一个特定例子)。因此，在最坏的情况下，该算法属于 $O(nm)$。然而，

对于在自然语言文本中查找词的典型问题，我们可以认为大多数移动都发生在很少几次比较之后(再核对一下上面的例子)。所以，该算法的平均效率应该比最差效率好得多。事实也是这样：在查找随机文本时，它能够显示出线性的效率，即 $\Theta(n)$。对于字符串查找问题，还有一些更复杂也更高效的算法。其中最知名的算法是 R. 博伊尔(R. Boyer)和 J. 摩尔(J. Moore)发明的，7.2 节将进行介绍，同时还将介绍 R. 霍斯普尔(R. Horspool)给出的一个简化版本。

```
N O B O D Y _ N O T I C E D _ H I M
N O T
  N O T
    N O T
      N O T
        N O T
          N O T
            N O T
              N O T
```

图 3.3 蛮力字符串匹配的一个例子(和文本中对应字符进行比较的模式字符用黑体字标出)

习题 3.2

1. 求限位器版的顺序查找算法的比较次数：
   a. 在最差情况下。
   b. 在平均情况下。假设成功查找的概率是 $p(0 \leqslant p \leqslant 1)$。
2. 如 2.1 节所述，顺序查找算法的平均键值比较次数(没有用限位器，并且输入满足规范的假设)由下式给出：
   $$C_{\text{avg}}(n) = \frac{p(n+1)}{2} + n(1-p)$$
   其中，p 是成功查找的概率。如果 n 已知，$p(0 \leqslant p \leqslant 1)$为何值时 $C_{\text{avg}}(n)$的值最大？p 为何值时 $C_{\text{avg}}(n)$的值最小？
3. **仪器测试** 某公司总部大楼有 n 层，为了测出哪层楼最高，可以用一种仪器从天花板向地板自由落体(当然仪器并不会摔坏)。公司有两个一模一样的仪器来进行测试。如果这两个仪器中的其中一个受损，而且无法修复，实验不得不用剩下的仪器独立完成。请设计一个具有最佳效率类型的算法来帮该公司解决这个问题。
4. 如果要在下面的文本中查找模式“GANDHI”，请确定蛮力算法将要执行的字符比较的次数。

   THERE_IS_MORE_TO_LIFE_THAN_INCREASING_ITS_SPEED

   假设查找前已知文本的长度，在这里它是 47 个字符长。
5. 用蛮力字符串匹配算法在由 1 000 个 0 组成的二进制文本中查找下列模式需要做多少次比较(包括成功的和不成功的)？
   a. 00001 **b.** 10000 **c.** 01010
6. 给出一个长度为 n 的文本和长度为 m 的模式构成的实例，它是蛮力字符串匹配算法的一个最差输入。请确切指出，对于这样的输入需要做多少次字符比较运算。

7. 在解决字符串匹配问题时，将模式和文本中的字符从右向左比较会不会比从左向右比较更有优势呢？

8. 有这样一个问题：在一段给定的文本中查找以 A 开始、以 B 结尾的子串的数量(例如，在 CABAAXBYA 中有 4 个这样的子串)。
   a. 为该问题设计一个蛮力算法并确定它的效率类型。
   b. 为该问题设计一个更高效的算法。([Gin04])

9. 为蛮力字符串匹配算法写一段可视化程序。

10. **填字游戏**　“填字”(称为 word find 或 word search)是在美国流行的一种游戏，它要求游戏者从一张填满字母的正方形表中，找出包含在一个给定集合中的所有词。这些词可以竖着读(向上或向下)，横着读(从左或从右)，或者沿 45° 对角线斜着读(4 个方向都可以)，但这些词必须是由表格中邻接的连续单元格构成。遇到表格的边界时可以环绕，但方向不得改变，也不能折来折去。表格中的同一单元格可以出现在不同的词中，但在任一词中，同一单元格不得出现一次以上。为该游戏设计一个计算机程序。

11. **海战游戏**　基于蛮力模式匹配，在计算机上编程实现“海战”游戏。游戏的规则如下：游戏中有两个对手(在这里，分别是玩家和计算机)，游戏是在两块完全相同的棋盘(10×10 的方格)上进行的，两个对手分别在各自的棋盘上放置他们的舰艇，当然对手是看不见的。每一个对手都有 5 艘舰艇：一艘驱逐舰(2 格)、一艘潜艇(3 格)、一艘巡洋舰(3 格)、一艘战列舰(4 格)和一艘航空母舰(5 格)。每艘舰艇都在棋盘上占据一定数量的格子。每艘舰艇既可以竖着放，也可以横着放，但任意两艘舰艇不能互相接触。游戏的玩法是双方轮流“轰炸”对方的舰艇。每次轰炸的结果是击中还是未击中都会显示出来。如果击中的话，该玩家就可以继续攻击，直到击不中为止。游戏的目标是赶在对手之前把他所有的舰艇都击沉。要击沉一艘舰艇，该舰艇的所有格子都必须被命中。

3.3　最近对和凸包问题的蛮力算法

本节中，我们考虑两个著名问题的简单解法，这两个问题处理的都是平面上的有限点集合。它们除了具有理论上的意义以外，还分别来自于两个重要的应用领域：计算几何和运筹学。

3.3.1　最近对问题

最近点对问题要求在一个包含 n 个点的集合中，找出距离最近的两个点。这种处理平面或者高维空间的邻近点的问题，在各种计算几何问题当中是最简单的。问题中的点可以代表飞机、邮局这类实体对象，也可以代表数据库记录、统计样本或者 DNA 序列等非实体对象。航空交通控制人员可能会对两架最可能发生碰撞的飞机感兴趣。区域邮政管理者可能需要依赖最近对问题的解来寻找地理位置最近的邮局。

最近点对问题的一个最重要的应用是统计学中的聚类分析。对于 n 个数据点的集合，层次聚类分析希望基于某种相似度度量标准将数据点构成的簇按照层次关系组织起来。对于数值型数据，相似度度量标准通常采用欧几里得距离；对于文本和其他非数值型数据，通常采用诸如汉明距离这样的相似度度量标准(参见本节习题第 5 题)。自下而上的算法初始时一般把每个元素作为一个分离的簇，然后合并最邻近的簇，使其成为更大的后继簇。

为了简单起见，我们只考虑最近对问题的二维版本。假设所讨论的点是以标准笛卡儿坐标形式(x, y)给出的，两个点 $p_i = (x_i, y_i)$和 $p_j = (x_j, y_j)$之间的距离是标准的欧几里得距离。

$$d(p_i, p_j) = \sqrt{(x_i - x_j)^2 + (y_i - y_j)^2}$$

很显然，求解该问题的蛮力算法应该是这样：分别计算每一对点之间的距离，然后找出距离最小的那一对。当然，我们不希望对同一对点计算两次距离。为了避免这种状况，我们只考虑 $i < j$ 的那些对(p_i, p_j)。

以下伪代码可以计算两个最近点的距离。如果需要得到最近点对是哪两个，则需要对伪代码做一点小小的修改。

```
算法 BruteForceClosestPoints(p)
    //使用蛮力算法求平面中距离最近的两点
    //输入：一个 n(n≥2)个点的列表 p， p1 = (x1,y1),…,pn = (xn,yn)
    //输出：两个最近点的距离
    d ← ∞
    for i ← 1 to n − 1 do
        for j ← i+1 to n do
            d ← min(d, sqrt((xi − xj)^2 + (yi − yj)^2)) //sqrt 是平方根函数
    return d
```

该算法的基本操作是计算平方根。在电子计算器有开方键的时代，有人可能会认为计算平方根的操作就像加法或乘法那么简单。但实际并非如此。首先，即使整数的平方根也大多是无理数，因此只能对它们近似求解。而且，计算这些近似数也不是一件轻松的工作。实际上，我们可以避免求平方根！(你知道原因吗？)窍门是忽略平方根函数，而只比较$(x_i - x_j)^2+(y_i - y_j)^2$ 的值本身。这样做的原因是，如果被开方的数越小，它的平方根也越小，或者用数学家的话说，平方根函数是严格递增的。

因此，算法的基本操作就是求平方。平方操作的执行次数可以计算如下：

$$C(n) = \sum_{i=1}^{n-1}\sum_{j=i+1}^{n} 2 = 2\sum_{i=1}^{n-1}(n-i)$$

$$= 2[(n-1) + (n-2) + \cdots + 1] = (n-1)n \in \Theta(n^2)$$

显然，加快算法执行内层循环的速度，对算法运行时间的提升只是一个常数因子而已(参见本节习题第 1 题)，并不能改进其渐进效率类型。在第 5 章中，我们会讨论该问题的一个线性对数算法，它基于一种更复杂的设计技术。

3.3.2 凸包问题

现在讨论另一个问题——计算凸包。在平面或者高维空间的一个给定点集合中寻找凸

包，被视为计算几何中最重要的问题之一，甚至有人认为这是最重要的问题。该问题之所以如此突出，是由于许多各种各样的应用要么本身就是凸包问题，要么其中一部分需要按照凸包问题来解决。大多数此类应用都是基于这样一个原理：凸包能方便地提供目标形状或给定数据集的一个近似。例如，在计算机动画中，用物体的凸包替换物体本身，能够加快碰撞检测的速度。同样的方法也能应用于火星探测车路径规划任务中。在地理信息系统中，也应用凸包问题根据卫星图像计算可通达地形图(accessibility map)。一些数理统计方法也利用该技术进行异常值检测。有一个计算点集直径(点集中两个点的最大距离)的高效算法，需要该点集的凸包来找到这个点集的两个极值点的最大距离(见下文)。最后，凸包对求解许多最优化问题也有重要作用，因为凸包的极值点限定了候选解的范围。

先来定义什么是凸集合。

定义　对于平面上的一个点集合(有限的或无限的)，如果以集合中任意两点 p 和 q 为端点的线段都属于该集合，我们说这个集合是**凸**的。

图 3.4(a)中的所有集合都是凸的，其他凸集合还包括直线、三角形、四边形(更一般地来讲，任意凸多边形都是)[①]、圆以及整个平面。相反，图 3.4(b)中所有的集合、任意两个或多个点构成的有限集、任意凸多边形的边界以及圆周，它们都是非凸集合的例子。

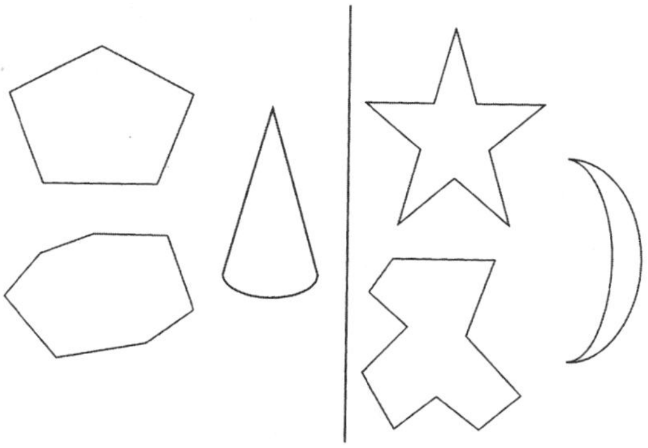

(a)　(b)

图 3.4　(a)凸集合，(b)非凸集合

现在可以介绍凸包的概念了。直观地来讲，对于平面上 n 个点的集合，它的凸包就是包含所有这些点(或者在内部，或者在边界上)的最小凸多边形。如果这个表述还不能激起大家的兴趣，我们可以把这个问题看作如何用长度最短的栅栏把 n 头熟睡的老虎围起来。这个解释是 D. 哈雷尔(D. Harel)给出的([Har92])。这个解释还是有些惊心动魄的，因为栅栏的栏杆正好要竖在某些老虎睡觉的地点！对这个概念还有另外一个温和得多的解释。请把所讨论的点想象成钉在胶合板上的钉子，胶合板代表平面。撑开一根橡皮筋圈，把所有的钉子都围住，然后啪一声松开手。凸包就是以橡皮筋圈为边界的区域(图 3.5)。

下面这个凸包的正式定义可以应用于任意集合，包括那些正好位于一条直线上的点的集合。

① 我们这里所说的三角形、四边形，或者更一般地来讲，多边形，指的是区域，也就是说，讨论的是形状内和边界上所有点的集合。

定义 一个点集合 S 的**凸包**(convex hull)是包含 S 的最小凸集合(“最小”意指，S 的凸包一定是所有包含 S 的凸集合的子集)。

如果 S 是凸的，它的凸包很明显是它本身。如果 S 是两个点组成的集合，它的凸包是连接这两个点的线段。如果 S 是由三个不同线的点组成的集合，它的凸包是以这三个点为顶点的三角形；如果三点同线，凸包是以距离最远的两个点为端点的线段。对于更大集合的凸包的例子，请参见图 3.6。

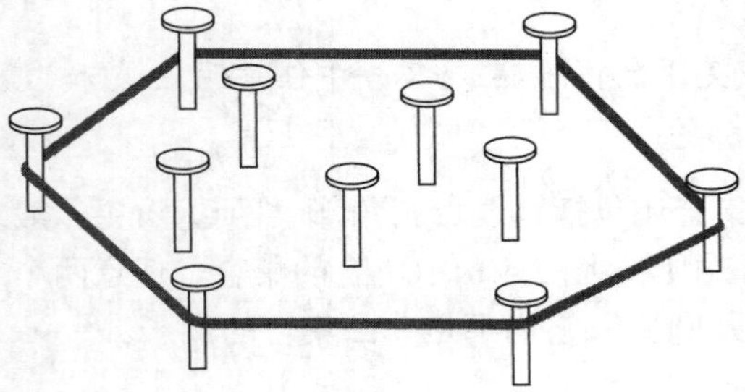

图 3.5 用橡皮筋圈来解释凸包

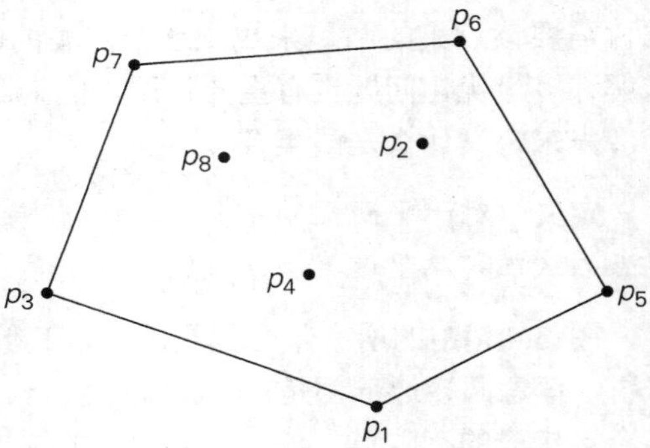

图 3.6 8 个点的集合的凸包是以 p_1，p_5，p_6，p_7 和 p_3 为顶点的凸多边形

在研究了这个例子以后，下面这个定理其实已经在我们意料之中了。

定理 任意包含 $n>2$ 个点(不共线的点)的集合 S 的**凸包**是以 S 中的某些点为顶点的凸多边形(如果所有的点都位于一条直线上，多边形退化为一条线段，但它的两个端点仍然包含在 S 中)。

凸包问题(convex-hull problem)是为一个有 n 个点的集合构造凸包的问题。为了解决该问题，需要找出某些点，它们将作为这个集合的凸多边形的顶点。数学家将这种多边形的顶点称为“极点”。根据定义，凸集合的**极点**(extreme point)是这个集合中这样的点：对于任何以集合中的点为端点的线段来说，它们不是这种线段的中点。例如，三角形的极点是它的 3 个顶点，圆形的极点是它圆周上的所有点，对于图 3.6 中 8 个点的集合来说，它的凸包的极点是 p_1，p_5，p_6，p_7 和 p_3。

极点具有的一些特性是凸集合中的其他点所不具备的。一个称为**单纯形法**(simplex method)的重要算法利用了其中的一个特性，10.1 节将对此进行讨论。该算法解决的是**线性规划**(linear programming)问题，这是一种求一个 n 元线性方程的最大值或最小值的问题(本节习题第 12 题给出了一个例子，6.6 节和 10.1 节对它做了一般性的讨论)，该方程需要满足某些线性约束。然而，这里我们之所以对极点感兴趣，是因为找到了极点，也就解出了凸包问题。实际上，为了完全解决该问题，除了知道给定集合中的哪些点是该集合的凸包极点之外，还需要知道另外一些信息：哪几对点需要连接起来以构成凸包的边界。注意，这个问题也可以这样表述：请将极点按照顺时针方向或者逆时针方向排列。

如何用蛮力法解决凸包问题呢？如果不能立即找到直接解决的方案，也不要沮丧：凸包问题正是这种没有明显算法解法的问题。但因为线段构成了凸包的边界，可以基于这个事实来设计一个简单但缺乏效率的算法：对于一个 n 个点集合中的两个点 p_i 和 p_j，当且仅当该集合中的其他点都位于穿过这两点的直线的同一边时①，它们的连线是该集合凸包边界的一部分(对于图 3.6 中的集合，验证这个特性)。对每一对点都做一遍检验之后，满足条件的线段构成了该凸包的边界。

为了实现这个算法，需要用到一些解析几何的基本知识。首先，在坐标平面上穿过两个点(x_1, y_1)，(x_2, y_2)的直线是由下列方程定义的：

$$ax + by = c$$

其中，$a = y_2 - y_1$，$b = x_1 - x_2$，$c = x_1y_2 - y_1x_2$。

其次，这样一根直线把平面分为两个半平面：其中一个半平面中的点都满足 $ax + by > c$，而另一个半平面中的点都满足 $ax + by < c$(当然，对于线上的点来说，$ax + by = c$)。因此，为了检验某些点是否位于这条直线的同一边，只需把每个点代入 $ax + by - c$，检验这个表达式的符号是否相同。我们把具体的实现留给大家作为练习。

该算法的时间效率如何呢？它属于 $O(n^3)$：对于不同点的每一个 $n(n-1)/2$ 来说，我们要对其他 $n-2$ 个点求出 $ax + bx - c$ 的符号。对这个重要问题，还有一些效率高得多的算法，我们会在后面讨论其中的一个。

习题 3.3

1. 假设在 BruteForceClosestPoints 算法中，最内层循环中 sqrt 的运行时间是其他运算的 10 倍，并且其他运算的运算时间相同。如果根据 3.3 节所讨论的方法对算法进行改进，试估算这个算法速度会提升多少。
2. 对于实线上的 n 个点 $x_1, x_2, \cdots, x_n$ 的最近对问题，能不能设计出一个比基于蛮力策略的算法更快的算法呢？
3. 假设 $x_1 < x_2 < \cdots < x_n$ 是实数，它们分别代表坐落在一条直路上的 n 个村庄。我们需要在其中一个村庄建一所邮局。

   a. 设计一个高效的算法，用来求出邮局的位置，使得各村庄和该邮局之间的平均距离最小。

   b. 设计一个高效的算法，用来求出邮局的位置，使得各村庄和该邮局之间的最大距离最小。
4. **a.** 对于坐标平面上的两个点 $p_1 = (x_1, y_1)$，$p_2 = (x_2, y_2)$之间的距离，有各种不同的定义方式。具体来说，有一种**曼哈顿距离**(Manhattan distance)是这样定义的：

   $$d_M(p_1, p_2) = |x_1 - x_2| + |y_1 - y_2|$$

   证明 d_M 满足所有距离函数都必须满足的下列公理：

   i. 对于任意两个点 p_1 和 p_2，$d_M(p_1, p_2) \geqslant 0$，当且仅当 $p_1 = p_2$ 时，$d_M(p_1, p_2) = 0$。

---

① 为了简单起见，我们假设给定的集合中，不存在三点同线的情况。为了适应一般情况要做的修改，留给大家作为练习。

ii. $d_M(p_1, p_2) = d_M(p_2, p_1)$。

iii. 对于任意 p_1，p_2 和 p_3，$d_M(p_1, p_2) \leqslant d_M(p_1, p_3) + d_M(p_3, p_2)$。

b. 在 x-y 坐标平面上，画出所有与原点(0, 0)的曼哈顿距离等于 1 的点。再对欧几里得距离也做一遍。

c. 判断正误：最近对问题的解不依赖于我们用的是哪种度量标准——d_E(欧几里得)还是 d_M(曼哈顿)。

5. 两条等长字符串之间的**汉明距离**(Hamming distance)被定义为：在两条字符串中，相应位置字符不同的个数。这个定义是以理查德·汉明(1915—1998)的名字命名的，他是美国著名的科学家和工程师，他在其关于错误检测码和纠错码的开创性论文里介绍了这个定义。

a. 此汉明距离是否满足在问题 4 中列出的关于距离度量的三个公理？

b. 如果最近点对问题中的点用一含 m 字符的字符串来表示，并且字符串之间的距离通过汉明距离度量。给出运用蛮力法来解决该最近对问题的时间效率类型。

6. **奇数派游戏** 在操场(欧几里得平面)上有 $n \geqslant 3$ 个人，每人都有唯一一位最近的邻居。他们手上都拿着一块奶油派，收到信号后，都会把派扔向他最近的邻居。假设 n 是奇数，而且每个人都扔得很准。请判断对错：每次至少有一个人不会被奶油派击中。([Car79])

7. 最近对问题也可以以 k 维空间的形式出现，k 维空间中的两个点 $p' = (x_1', \cdots, x_k')$ 和 $p'' = (x_1'', \cdots, x_k'')$ 的欧几里得距离是这样定义的：

$$d(p', p'') = \sqrt{\sum_{s=1}^{k} (x_s' - x_s'')^2}$$

对 k 维空间中的最近对问题，蛮力算法的效率类型是怎样的？

8. 求下列集合的凸包，并指出它们的极点(如果有的话)。

a. 线段

b. 正方形

c. 正方形的边界

d. 直线

9. 对于一个平面上 $n > 1$ 个点的集合，设计一个线性效率的算法来求出其凸包的两个极点。

10. 为了解决两个以上的点共线问题，需要对凸包问题的蛮力算法做怎样的改动？

11. 写一个程序，实现凸包问题的蛮力算法。

12. 考虑下面这个线性规划问题的一个小规模的实例：

当

$$\begin{aligned} x + y &\leqslant 4 \\ x + 3y &\leqslant 6 \\ x \geqslant 0,\ y &\geqslant 0 \end{aligned}$$

求 $3x + 5y$ 的最大值。

a. 在笛卡儿平面上，画出该问题的**可行区域**(feasible region)，或者满足问题中所有约束的点的集合。

b. 找出该区域的极点。

c. 用下面的定理解该最优问题：可行区域有界、非空的线性规划问题总有解，这个解一定位于可行区域的某个极点上。

3.4　穷 举 查 找

许多重要的问题要求在一个复杂度随实例规模指数增长(或者更快)的域中，查找一个具有特定属性的元素。无论是明指还是暗指，一般来说，这种问题往往涉及组合对象，例如排列、组合以及一个给定集合的子集。许多这样的问题都是最优问题：它们要求找到一个元素，能使某些期望的特性最大化或者最小化，例如路径的长度或者分配的成本。

对于组合问题来说，**穷举查找**(exhaustive search)是一种简单的蛮力方法。它要求生成问题域中的每一个元素，选出其中满足问题约束的元素，然后再找出一个期望元素(例如，使目标函数达到最优的元素)。注意，虽然穷举查找的思想很简单直接，但在实现时，它常常会要求一个算法来生成某些组合对象。我们把这种算法放到下一章中讨论。在这里，我们假设这种算法已经存在了。下面通过 3 个重要的应用来阐明穷举查找：旅行商问题、背包问题以及分配问题。

3.4.1　旅行商问题

由于**旅行商问题**(traveling salesman problem，TSP)有着貌似简单的表述、重要的应用以及和其他组合问题的重要关联，它在最近的 150 年中强烈地吸引着研究人员。按照非专业的说法，这个问题要求找出一条 n 个给定的城市间的最短路径，使我们在回到出发的城市之前，对每个城市都只访问一次。这个问题可以很方便地用加权图来建模，也就是说，用图的顶点代表城市，用边的权重表示城市间的距离。这样该问题就可以表述为求一个图的最短**哈密顿回路**(Hamiltonian circuit)问题。我们把哈密顿回路定义为一个对图的每个顶点都只穿越一次的回路。它是以爱尔兰数学家威廉·罗恩·哈密顿爵士(1805—1865)的名字命名的，他把这种回路作为他的代数发现的一个应用，并对其产生了兴趣。

很容易看出来，哈密顿回路也可以定义为 $n+1$ 个相邻顶点 v_{i_0}，v_{i_1}，…，$v_{i_{n-1}}$，v_{i_0} 的一个序列。其中，序列的第一个顶点和最后一个顶点是相同的，而其他 $n-1$ 个顶点都是互不相同的。并且，在不失一般性的前提下，可以假设，所有的回路都开始和结束于相同的特定顶点(它们毕竟是回路)。因此，可以通过生成 $n-1$ 个中间城市的组合来得到所有的旅行线路，计算这些线路的长度，然后求得最短的线路。图 3.7 介绍了该问题的一个小规模实例，并用该方法求出了它的解。

从图 3.7 可以看出，有 3 对不同的线路，对每对线路来说，不同的只是线路的方向。因此，可以把顶点排列的数量减半。例如，可以选择任意两个中间顶点，例如 b 和 c，然后只考虑那些 b 在 c 之前的排列(这个技巧意味着定义一条线路的方向)。

然而，这个改进并不能大大改善效率。排列的总次数仍然需要 $(n-1)!/2$ 次，这意味着除了一些非常小的 n 之外，穷举查找法几乎是不实用的。但另一方面，如果涉及个人利益，我们会认为工作量减半绝不是一件小事，尤其是我们用手工来解决该问题时，哪怕是一个很小的实例也会减少很多工作量。也请注意，现在我们只研究以同一个顶点为起始的回路，如果不做这种限定，那么排列的数量还要扩大为 n 倍。

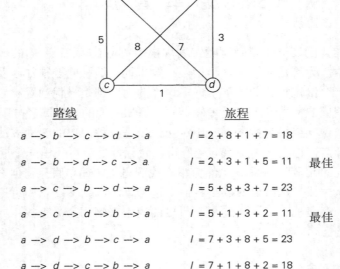

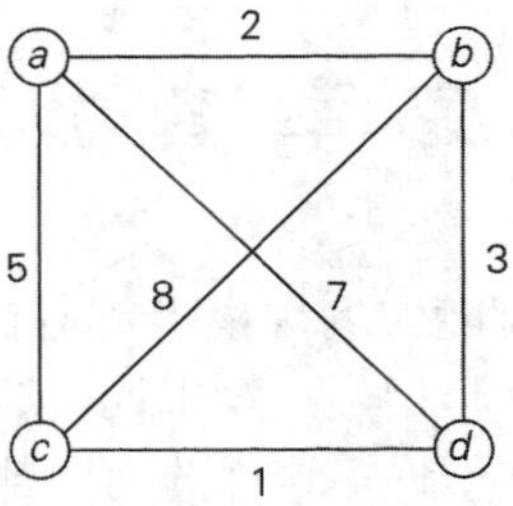

路线	旅程	
$a \to b \to c \to d \to a$	$l = 2 + 8 + 1 + 7 = 18$	
$a \to b \to d \to c \to a$	$l = 2 + 3 + 1 + 5 = 11$	最佳
$a \to c \to b \to d \to a$	$l = 5 + 8 + 3 + 7 = 23$	
$a \to c \to d \to b \to a$	$l = 5 + 1 + 3 + 2 = 11$	最佳
$a \to d \to b \to c \to a$	$l = 7 + 3 + 8 + 5 = 23$	
$a \to d \to c \to b \to a$	$l = 7 + 1 + 8 + 2 = 18$	

图 3.7 用穷举查找对一个小规模旅行商问题的求解过程

3.4.2 背包问题

这是计算机科学中另一个著名的问题。给定 n 个重量为 $w_1, w_2, \cdots, w_n$，价值为 $v_1, v_2, \cdots, v_n$ 的物品和一个承重为 W 的背包，求这些物品中一个最有价值的子集，并且要能够装到背包中。就像一个小偷打算把最有价值的赃物装入他的背包一样，但如果大家不喜欢扮演小偷的角色，也可以想象为一架运输机打算把最有价值的物品运送到外地，同时这些物品的重量不能超出它的运输能力。图 3.8 介绍了背包问题的一个小规模的实例。

在这个问题中，穷举查找需要考虑给定的 n 个物品集合的所有子集，为了找出可行的子集(也就是说，总重量不超过背包承重能力的子集)，要计算出每个子集的总重量，然后在它们中间找到价值最大的子集。作为一个例子，图 3.8(b)给出了图 3.8(a)问题的解。因为一个 n 元素集合的子集数量是 2^n，所以不论生成独立子集的效率有多高，穷举查找都会导致一个$\Omega(2^n)$的算法。

因此，不论对旅行商问题还是对背包问题，穷举查找型算法对于任何输入都是非常低效率的。实际上，这两个问题就是所谓的 ***NP* 困难问题**(*NP*-hard problem)中最著名的例子。对于 *NP* 困难问题，目前没有已知的效率可以用多项式来表示的算法。而且，大多数计算机科学家相信，这样的算法是不存在的，虽然这个非常重要的猜想从来没有被证实过。一些更复杂的方法——回溯法和分支界限法(参见 12.1 节和 12.2 节)——使我们可以在优于指数级的效率下解决该问题(以及类似问题)的部分实例。或者，也可以使用一些近似算法，详情参见本书 12.3 节。

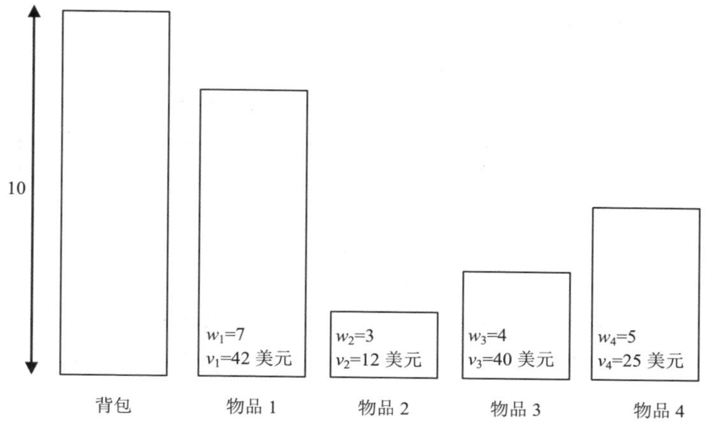

(a)

子　集	总 重 量	总价值/美元
∅	0	0
{1}	7	42
{2}	3	12
{3}	4	40
{4}	5	25
{1, 2}	10	54
{1, 3}	11	不可行
{1, 4}	12	不可行
{2, 3}	7	52
{2, 4}	8	37
{3, 4}	**9**	**65**
{1, 2, 3}	14	不可行
{1, 2, 4}	15	不可行
{1, 3, 4}	16	不可行
{2, 3, 4}	12	不可行
{1, 2, 3, 4}	19	不可行

(b)

图 3.8　(a)背包问题的一个实例，(b)用穷举查找求得的解(最优的选择用粗体字表示)

3.4.3　分配问题

对于可以用穷举查找求解的问题，我们再举第三个例子：有 n 个任务需要分配给 n 个人执行，一个任务对应一个人(意思是说，每个任务只分配给一个人，每个人只分配一个任务)。对于每一对 $i, j = 1, 2, \cdots, n$ 来说，将第 j 个任务分配给第 i 个人的成本是 $C[i, j]$。该问题要找出总成本最小的分配方案。

下面是该问题的一个小规模的实例，表中的数值代表的是分配成本 $C[i, j]$。

人　员	任务 1	任务 2	任务 3	任务 4
人员 1	9	2	7	8
人员 2	6	4	3	7
人员 3	5	8	1	8
人员 4	7	6	9	4

很容易发现，分配问题的实例完全可以用它的成本矩阵 $\boldsymbol{C}$ 来表示。就这个矩阵来说，这个问题要求在矩阵的每一行中选出一个元素，这些元素分别属于不同的列，而且元素的和是最小的。请注意，求解该问题并没有一个显而易见的策略。例如，我们不能选择每行中的最小元素，因为这些元素可能属于同一列。实际上，整个矩阵的最小元素并不一定是最优解的一部分。因此，似乎无法避免地要采用穷举查找了。

我们可以用一个 n 维元组 $\langle j_1, \cdots, j_n \rangle$ 来描述分配问题的一个可能的解，其中第 i 个分量 $(i = 1, \cdots, n)$ 表示的是在第 i 行中选择的列号(也就是说，给第 i 个人分配的任务号)。例如，对于上面的成本矩阵来说，$\langle 2, 3, 4, 1 \rangle$ 表示这样一种可行的分配：任务 2 分配给人员 1，任务 3 分配给人员 2，任务 4 分配给人员 3，任务 1 分配给人员 4。分配问题的要求意味着，在可行的分配和前 n 个整数的排列之间存在着一一对应关系。因此，分配问题的穷举查找要求生成整数 1, 2, ⋯, n 的全部排列，然后把成本矩阵中的相应元素相加来求得每种分配方案的总成本，最后选出其中具有最小和的方案。如果对上面的实例应用该算法，它的最初几次循环显示在图 3.9 中。我们要求大家在本节的习题中把它补充完整。

$$\boldsymbol{C} = \begin{bmatrix} 9 & 2 & 7 & 8 \\ 6 & 4 & 3 & 7 \\ 5 & 8 & 1 & 8 \\ 7 & 6 & 9 & 4 \end{bmatrix} \qquad \begin{array}{ll} \langle 1,2,3,4 \rangle & \text{成本} = 9+4+1+4 = 18 \\ \langle 1,2,4,3 \rangle & \text{成本} = 9+4+8+9 = 30 \\ \langle 1,3,2,4 \rangle & \text{成本} = 9+3+8+4 = 24 \\ \langle 1,3,4,2 \rangle & \text{成本} = 9+3+8+6 = 26 \\ \langle 1,4,2,3 \rangle & \text{成本} = 9+7+8+9 = 33 \\ \langle 1,4,3,2 \rangle & \text{成本} = 9+7+1+6 = 23 \end{array} \qquad \text{等}$$

图 3.9　用穷举查找解决一个小规模分配问题的最初几次循环

由于在分配问题的一般情况下，需要考虑的排列数量是 $n!$，所以除了该问题的一些规模非常小的实例，穷举查找法几乎是不实用的。幸运的是，对于该问题有一个效率高得多的算法，称为**匈牙利方法**(Hungarian method)，它因匈牙利数学家 König 和 Egerváry 对这个方法所做的贡献而得名(可以参见[Kol95])。

一个好消息是，问题域以指数级增长(或者更快)的这个事实并不一定意味着没有更有效的解题算法。实际上，我们在本书的后面会看到这种问题的其他几个例子。然而，这些例子更像是这个规律的例外。一般来说，如果问题的域以指数增长，而我们要对它们精确求解的话，目前还没有已知的多项式效率算法。并且，就像我们前面提到的，这样的算法很可能根本就不存在。

习题 3.4

1. **a.** 假设每一条旅行路线都能够在固定的时间内生成出来，对于书中描述的旅行商问题的穷举查找算法来说，它的效率类型是怎样的？

   b. 如果该算法的实现运行在一台每秒能做 10 亿次加法的计算机上，请估计在下述时间中，该算法能够处理的城市个数。

   i. 1 小时　　**ii.** 24 小时　　**iii.** 1 年　　**iv.** 100 年

2. 概要描述一个解决哈密顿回路问题的穷举查找算法。

3. 概要描述一个算法，判断一个用邻接矩阵表示的连通图是否具有欧拉回路。该算法的效率类型是怎样的？

4. 应用穷举查找，把书中做了一个开头的分配问题的实例补充完整。

5. 给出一个分配问题的例子，在它的最优解中，不包含其成本矩阵的最小元素。

6. 请考虑**划分问题**(partition problem)：给定 n 个正整数，把它们划分为元素之和相同但不相交的两个子集。(当然，这种问题并不总是有解的。)为该问题设计一个穷举查找算法。应尽量减少该算法需要生成的子集的数量。

7. 请考虑**完备子图问题**(clique problem)：给定一个图 G 和一个正整数 k，确定该图是否包含一个大小为 k 的完备子图，也就是说，一个具有 k 个节点的完全子图。为该问题设计一个穷举查找算法。

8. 解释一下如何对排序问题应用穷举查找，并确定这种算法的效率类型。

9. **八皇后问题**　这是一个经典游戏：在一个 8×8 的棋盘上，摆放 8 个皇后使得任意的两个皇后不在同一行或者同一列或者同一对角线上。那么对下列各种情形，各有多少种不同的摆放方法？

   a. 任意两个皇后不在同一块方格上。

   b. 任意两个皇后不在同一行上。

   c. 任意两个皇后不在同一行或者同一列上。

   同时估计在每秒能检查 100 亿个位置的计算机上，穷举查找方法针对上述各种情形找到问题的所有解需要多少时间。

10. **幻方问题**　n 阶幻方是把从 1 到 n^2 的整数填入一个 n 阶方阵，每个整数只出现一次，使得每一行、每一列、每一条主对角线上各数之和都相等。

    a. 证明：如果 n 阶幻方存在的话，所讨论的这个和一定等于 $n(n^2+1)/2$。

    b. 设计一个穷举算法，生成阶数为 n 的所有幻方。

    c. 在因特网上或者在图书馆查找一个更好的生成幻方的算法。

    d. 实现这两个算法——穷举查找算法以及在因特网上找到的算法，然后在自己的计算机上做一个试验，确定在一分钟之内，这两个算法能够求出的幻方的

最大阶数 n。

11. 字母算术 有一种称为**密码算术**(cryptarithm)的算式谜题，它的算式(例如加法算式)中，所有的数字都被字母所代替。如果该算式中的单词是有意义的，那么这种算式被称为**字母算术题**(alphametic)。最著名的字母算术是由大名鼎鼎的英国谜题大师亨利·E. 杜德尼(Henry E. Dudeney，1857—1930)给出的：

$$\begin{array}{r} \text{SEND} \\ +\text{MORE} \\ \hline \text{MONEY} \end{array}$$

这里有两个前提假设：第一，字母和十进制数字之间是一一对应关系，也就是说，每个字母只代表一个数字，而且不同的字母代表不同的数字；第二，数字 0 不出现在任何数的最左边。求解一个字母算术意味着找到每个字母代表的是哪个数字。请注意，解可能并不是唯一的，不同人的解可能并不相同。

a. 写一个程序用穷举查找解密码算术谜题。假设给定的算式是两个单词的加法算式。

b. 杜德尼的谜题发表于 1924 年，请用你认为合理的方法解该谜题。

3.5 深度优先查找和广度优先查找

本章的穷举查找也被应用于图论中的两个重要算法，用来系统性地遍历图中的所有点和边。这两个算法是**深度优先查找**(depth-first search，DFS)和**广度优先查找**(breadth-first search，BFS)。 在人工智能和运筹学的领域中求解与图有关的许多应用中，这两个算法被证明是非常有用的。并且，如需高效地研究图的基本性质，例如图的连通性以及图是否存在环，这些算法也是必不可少的。

3.5.1 深度优先查找

深度优先查找可以从任意顶点开始访问图的顶点，然后把该顶点标记为已访问。在每次迭代的时候，该算法紧接着处理与当前顶点邻接的未访问顶点。(如果有若干个这样的顶点，可以任意选择一个顶点。但在实际应用中，选择哪一个邻接的未访问候选顶点主要是由表示图的数据结构决定的。在我们的例子中，我们总是根据顶点的字母顺序来选择顶点。)这个过程一直持续，直到遇到一个终点——该顶点的所有邻接顶点都已被访问过。在该终点上，该算法沿着来路后退一条边，并试着继续从那里访问未访问的顶点。在后退到起始顶点，并且起始顶点也是一个终点时，该算法最终停了下来。这样，起始顶点所在的连通分量的所有顶点都被访问过了。如果未访问过的顶点仍然存在，该算法必须从其中任一顶点开始，重复上述过程。

用一个栈来跟踪深度优先查找的操作是比较方便的。在第一次访问一个顶点时(也就是说，开始对该顶点的访问时)，我们把该顶点入栈；当它成为一个终点时(也就是说，结束对该顶点的访问时)，我们把它出栈。

在深度优先查找遍历的时候构造一个所谓的**深度优先查找森林**(depth-first search forest)也是非常有用的。遍历的初始顶点可以作为这样一个森林中第一棵树的根。无论何时，如果第一次遇到一个新的未访问顶点，它是从哪个顶点被访问到的，就把它附加为哪个顶点的子女。连接这样两个顶点的边称为**树向边**(tree edge)，因为所有这种边的集合构成了一个森林。该算法也可能会遇到一条指向已访问顶点的边，并且这个顶点不是它的直接前趋(即它在树中的父母)，我们把这种边称为**回边**(back edge)，因为这条边在一个深度优先查找森林中，把一个顶点和它的非父母祖先连在了一起。图 3.10 给出了一个深度优先查找遍历的例子，同时给出了遍历栈和相应的深度优先查找森林。

以下是深度优先查找的伪代码。

```
算法  DFS(G)
      //实现给定图的深度优先查找遍历
      //输入：图 G = <V, E>
      //输出：图 G 的顶点，按照被 DFS 遍历第一次访问到的先后次序，用连续的整数标记
      将 V 中的每个顶点标记为 0，表示还“未访问”
      count ← 0
      for each vertex v in V do
          if v is marked with 0
              dfs (v)
    dfs (v)
      //递归访问所有和 v 相连接的未访问顶点，然后按照全局变量 count 的值
      //根据遇到它们的先后顺序，给它们赋上相应的数字
      count ← count + 1;  mark  v with  count
      for each vertex w in V adjacent to v do
          if w is marked with 0
              dfs(w)
```

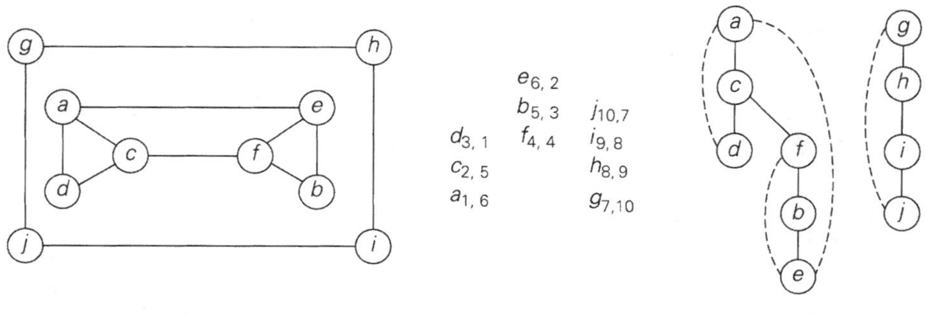

(a)　　(b)　　(c)

图 3.10　DFS 遍历的例子。(a)图；(b)遍历栈(第一个下标数字指出某个顶点被访问到的顺序，也就是入栈顺序，第二个下标数字指出该顶点变成终点的顺序，也就是出栈顺序)；(c)DFS 森林(树向边用实线表示，回边用虚线表示)

DFS 的伪代码很简短，而且这个算法用手工处理也很容易，这可能会使人们对该算法的复杂程度产生错误的印象。为了真正认识到该算法的功效和深度，我们不应该根据图的图形，而应该根据它的邻接矩阵和邻接链表来跟踪算法的操作。(试着对图 3.10 中的图或者一个更小的例子进行这样的操作。)

深度优先查找的效率如何呢？不难看出，该算法实际上是非常高效的，因为它消耗的时间和用来表示图的数据结构的规模是成正比的。因此，对于邻接矩阵表示法，该遍历的时间效率属于 $\Theta(|V|^2)$；而对于邻接链表表示法，它属于 $\Theta(|V|+|E|)$，其中 $|V|$ 和 $|E|$ 分别是图的顶点和边的数量。

作为 DFS 遍历的副产品，DFS 森林也值得我们花费一些笔墨。首先要告诉大家，它实际上不是一个森林。我们不如就把它当作给定图，只是图的边被 DFS 遍历分为不相交的两类：树向边和回边(对于无向图的 DFS 森林来说，没有其他可能的类型)。再重申一下，DFS 遍历用树向边来到达原先的未访问顶点。如果我们只考虑这一类的边，我们确实会得到一个森林。回边把遍历中已访问顶点的非直接前趋和顶点连接起来。在森林中，它们把顶点和顶点的非父母祖先连接起来。

事实证明，DFS 遍历和它提供的图的类森林表示法，对于开发某些高效算法非常有帮助，这些算法主要用来研究图的许多重要特性①。注意，DFS 产生两种节点排列顺序：第一次访问顶点(入栈)的次序和顶点成为终点(出栈)的次序。这两种次序在性质上是不同的，不同的应用可以按照需要利用这两种不同的次序。

DFS 重要的基本应用包括检查图的连通性和无环性。因为 DFS 在访问了所有和初始顶点有路径相连的顶点之后就会停下来，所以我们可以这样检查一个图的连通性：从任意一个节点开始 DFS 遍历，在该算法停下来以后，检查一下是否所有的顶点都被访问过了。如果都访问过了，那么这个图是连通的；否则，它是不连通的。再推广一步，我们可以用 DFS 来找到一个图的连通分量。(如何找？)

如果要检查一个图中是否包含回路，我们可以利用图的 DFS 森林形式的表示法。如果 DFS 森林不包含回边，这个图显然是无回路的。如果从某些节点 u 到它的祖先 v 之间有一条回边(例如，在图 3.10(c)中从 d 到 a 的回边)，则该图有一个回路，这个回路是由 DFS 森林中从 v 到 u 的路径上的一系列树向边以及从 u 到 v 的回边构成的。

我们会在本书中找到其他一些 DFS 的应用，虽然像求图的关节点这样一些更复杂的应用并不包括在内。[如果从图中移走一个节点和所有它附带的边之后，图被分为若干个不相交的部分，我们说这样的节点是图的**关节点**(articulation point)。]

3.5.2 广度优先查找

如果说深度优先查找遍历表现出来的是一种勇气(该算法尽可能地离“家”远些)，广度优先查找遍历表现出来的则是一种谨慎。它按照一种同心圆的方式，首先访问所有和初始顶点邻接的顶点，然后是离它两条边的所有未访问顶点，以此类推，直到所有与初始顶点同在一个连通分量中的顶点都访问过了为止。如果仍然存在未被访问的顶点，该算法必须从图的其他连通分量中的任意顶点重新开始。

使用队列(注意它和深度优先查找的区别！)来跟踪广度优先查找的操作是比较方便的。

---

① 20 世纪 70 年代，两个美国计算机科学家约翰·霍普克洛夫特(John Hopcroft)和罗伯特·塔扬(Robert Tarjan)发现了若干个这样的应用，这是一个重要的突破。为了这一发现和其他的一些贡献，他们相继获得了图灵奖——计算机领域的最高奖项([Hop87]，[Tar87])。

该队列先从遍历的初始顶点开始，将该顶点标记为已访问。在每次迭代的时候，该算法找出所有和队头顶点邻接的未访问顶点，把它们标记为已访问，再把它们入队。然后，将队头顶点从队列中移去。

和 DFS 遍历类似，在 BFS 遍历的同时，构造一个所谓的**广度优先查找森林**(breadth-first search forest)是有意义的。遍历的初始顶点可以作为这样一个森林中第一棵树的根。无论何时，只要第一次遇到一个新的未访问顶点，它是从哪个顶点被访问到的，就把它附加为哪个顶点的子女。连接这样两个顶点的边称为**树向边**(tree edge)。如果一条边指向的是一个曾经访问过的顶点，并且这个顶点不是它的直接前趋(即它在树中的父母)，这种边被称为**交叉边**(cross edge)。图 3.11 给出了一个广度优先查找遍历的例子，同时给出了遍历队列和相应的广度优先查找森林。

以下是广度优先查找的伪代码。

```
算法  BFS(G)
     //实现给定图的广度优先查找遍历
     //输入：图 G = <V, E>
     //输出：图 G 的顶点，按照被 BFS 遍历访问到的先后次序，用连续的整数标记
     将 V 中的每个顶点标记为 0，表示还“未访问”
     count ← 0
     for each vertex v in V do
         if v is marked with 0
             bfs(v)
     bfs(v)
     //访问所有和 v 相连接的未访问顶点，然后按照全局变量 count 的值
     //根据访问它们的先后顺序，给它们赋上相应的数字
     count ← count + 1; mark v with count and initialize a queue with v
     while the queue is not empty do
         for each vertex w in V adjacent to the front vertex do
             if w is marked with 0
                 count ← count + 1; mark w with count
                 add w to the queue
         remove the front vertex from the queue
```

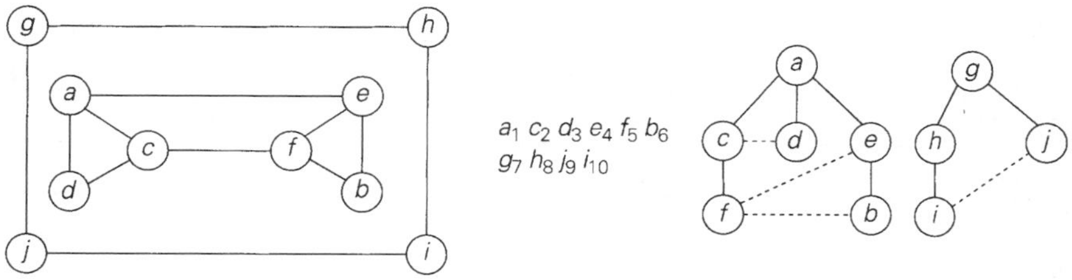

(a)　　(b)　　(c)

图 3.11　BFS 遍历的例子。(a)图；(b)遍历队列，其中的数字指出某个节点被访问到的顺序，也就是入队(或出队)顺序；(c)BFS 森林(树向边用实线表示，交叉边用虚线表示)

广度优先查找和深度优先查找的效率是相同的：对于邻接矩阵表示法，它属于 $\Theta(|V|^2)$；而对于邻接链表表示法，它属于 $\Theta(|V|+|E|)$。和深度优先查找不同的是，广度优先查找

只产生顶点的一种排序。因为队列是一种 FIFO(先进先出)的结构，所以顶点入队的次序和它们出队的次序是相同的。至于 BFS 森林的结构，它也可能具有两种不同类型的边：树向边和交叉边。树向边是一种通向原先未访问顶点的边。交叉边把顶点和那些已访问顶点相连，但和 DFS 树中的回边不同，它还连接 BFS 树中同层或者相邻层中的兄弟顶点。

我们也可以用 BFS 来检查图的连通性和无环性，做法在本质上和 DFS 是一样的。虽然它并不适用于一些较复杂的应用(例如求关节点)，但却可以用它来处理一些 DFS 无法处理的情况。例如，BFS 可以用来求两个给定顶点间边的数量最少的路径。我们从两个给定的顶点中的一个开始 BFS 遍历，一旦访问到了另一个顶点就结束。从 BFS 树的根到第二个顶点间的最简单路径就是我们所求得的路径。例如，在图 3.12 中，顶点 a 和 g 之间的所有路径中，路径 a-b-c-g 具有最少的边数。虽然从 BFS 的操作方式来看，这种应用的正确性是不言而喻的，但要从数学上证明它的正确性并不是十分简单的(可以参见[Cor09]，22.2 节)。

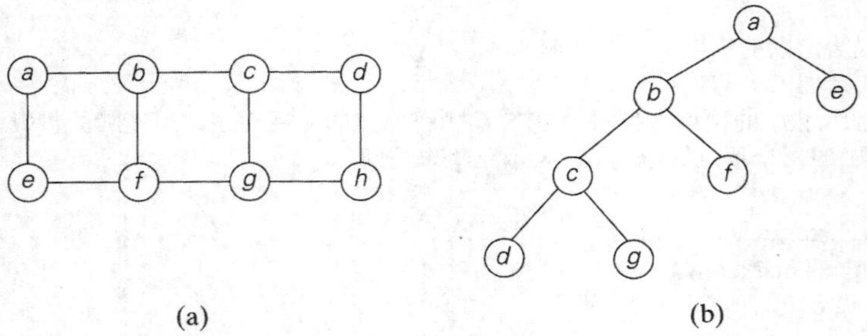

图 3.12　基于 BFS 求最少边路径的算法图示。(a)图；(b)BFS 树的一部分，确定了从 a 到 g 的最少边路径

表 3.1 总结了深度优先查找和广度优先查找的主要性质。

表 3.1　深度优先查找(DFS)和广度优先查找(BFS)的主要性质

项　目	DFS	BFS
数据结构	栈	队列
顶点顺序的种类	两种顺序	一种顺序
边的类型(无向图)	树向边和回边	树向边和交叉边
应用	连通性、无环性、关节点	连通性、无环性、最少边路径
邻接矩阵的效率	$\Theta(\|V\|^2)$	$\Theta(\|V\|^2)$
邻接链表的效率	$\Theta(\|V\|+\|E\|)$	$\Theta(\|V\|+\|E\|)$

习题 3.5

1. 考虑下图。

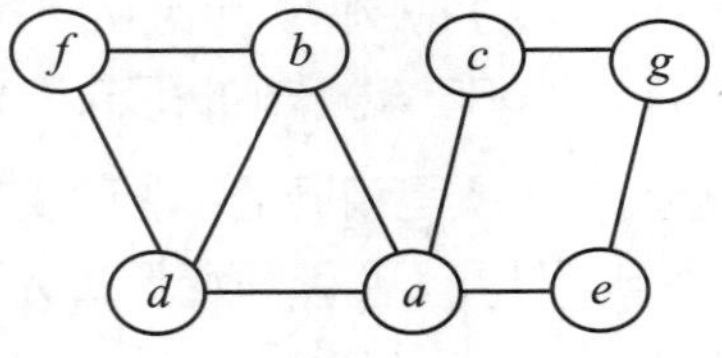

a. 写出表示这个图的邻接矩阵和邻接链表(假设矩阵的行和列以及邻接链表中的顶点都是按照顶点标签的字母顺序排列的)。

b. 从节点 a 开始用深度优先查找来遍历图，按照字母顺序选择未访问的顶点，并构造相应的深度优先查找树。给出顶点第一次被访问到(压入遍历栈)的顺序以及这些顶点变为终点(出栈)的顺序。

2. 如果定义一个稀疏图，它的 $|E| \in O(|V|)$ ，对于这样的图来说，哪一种 DFS 实现的时间效率更好，是使用邻接矩阵的实现，还是使用邻接链表的实现？

3. 假设 G 是一个有 n 个顶点和 m 条边的图，下列说法是对还是错？

a. 它的所有 DFS 森林(对应于不同顶点开始的遍历)包含相同数量的树。

b. 它的所有 DFS 森林包含相同数量的树向边和回边。

4. 使用广度优先查找对第 1 题中的图进行遍历，并构造相应的广度优先查找树。从顶点 a 开始遍历，在遇到多个可选顶点时，根据字母顺序来选择。

5. 请证明，在无向图中，BFS 树的交叉边要么连接同层的顶点，要么连接 BFS 树中两个相邻层的顶点。

6. **a.** 请解释一下如何使用广度优先查找来检查图的无环性。

b. 在 DFS 遍历和 BFS 遍历中，是不是某种方法总是比另一种方法更快地找到回路？如果你认为是，请指出哪一种遍历更快并解释原因；如果你回答否，请给出支持你观点的两个例子。

7. 请说明如何使用以下两种方法求得一个图的连通分量：

a. 深度优先查找

b. 广度优先查找

8. 如果图中的顶点可以分为两个不相交的子集 X 和 Y，使得每条连接 X 中顶点的边都连接着 Y 中的顶点，这样的图是**二分**(bipartite)**图**[也可以这样认为：如果只用两种颜色对顶点着色，就能使得每一条边上的两个顶点是不同色的，这样的图是二分图，也称为**二色**(2-colorable)**图**]。例如，图(i)是二分图，而图(ii)不是。

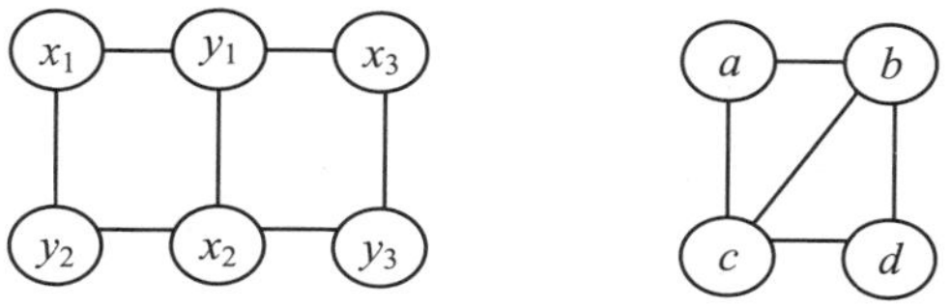

(i)　　(ii)

a. 设计一个基于 DFS 的算法来检查一个图是否是二分图。

b. 设计一个基于 BFS 的算法来检查一个图是否是二分图。

9. 设计一个程序，对于一个给定的图，它能够输出

a. 每一个连通分量的顶点；

b. 图的回路，或者返回一个消息表明图是无环的。

10. 我们可以用一个代表起点的顶点、一个代表终点的顶点、若干个代表死胡同和通道的顶点来对迷宫建模，迷宫中的通道不止一条，我们必须求出连接起点和终点的迷宫道路。

a. 为下面的迷宫构造一个图。

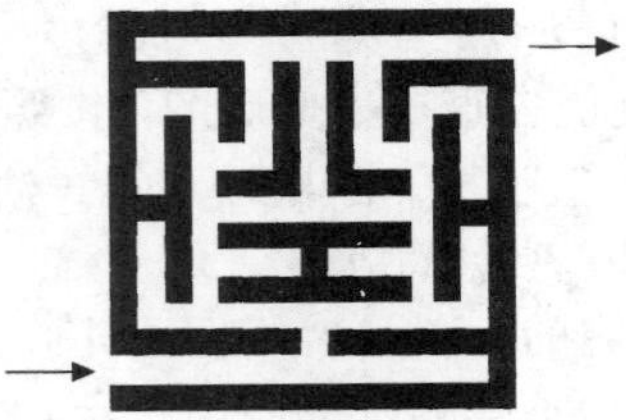

b. 如果你发现自己身处一个迷宫中，你会选用 DFS 遍历还是 BFS 遍历？为什么？

11. 三壶问题　西蒙 • 丹尼斯 • 泊松(Siméon Denis Poisson，1781—1840)是著名的法国数学家和物理学家。据说在他遇到某个古老的谜题之后，就开始对数学感兴趣了，这个谜题是这样的：给定一个装满水的 8 品脱壶以及两个容量分别为 5 品脱和 3 品脱的空壶，如何通过完全灌满或者倒空这些壶从而使得某个壶精确地装有 4 品脱的水？用广度优先查找来求解这个谜题。

小　　结

- 蛮力法是一种简单直接地解决问题的方法，通常直接基于问题的描述和所涉及的概念定义。
- 蛮力法的主要优点是它广泛的适用性和简单性，主要缺点是大多数蛮力算法的效率都不高。
- 蛮力法的第一个应用就是得出一个算法，此算法可以通过适度的努力来提升它的性能。
- 下列这些著名的算法可以看作蛮力法的例子：
    - 基于定义的矩阵乘法算法
    - 选择排序
    - 顺序查找
    - 简单的字符串匹配算法
- 穷举查找是解组合问题的一种蛮力方法。它要求生成问题中的每一个组合对象，选出其中满足该问题约束的对象，然后找出一个期望的对象。
- 旅行商问题、背包问题和分配问题是典型的能够用穷举查找算法求解的问题，至少在理论上是这样的。
- 除了相关问题的一些规模非常小的实例，穷举查找法几乎是不实用的。
- 深度优先查找(DFS)和广度优先查找(BFS)是两个重要的图遍历算法。通过构造图的深度优先查找或者广度优先查找森林，可以帮助研究图的许多重要性质。两个算法的时间效率是相同的：对于邻接矩阵结构的时间效率是 $\Theta(|V|^2)$，对于邻接链表结构的时间效率是 $\Theta(|V|+|E|)$。

第 4 章 减 治 法

普卢塔克说，萨特斯为了教士兵明白毅力和智慧比蛮力更重要的道理，就把两匹马带到他们面前，然后让两个人拔光马尾。一个人是魁梧的大力士，他抓住尾巴拔了又拔，但一点儿效果也没有；另一个人是一个瘦削、长脸的裁缝，他微笑着，每次拔掉一根毛，很快就把尾巴拔得光秃秃的。①

—— 科巴姆·布鲁尔

减治(decrease-and-conquer)技术利用了一个问题给定实例的解和同样问题较小实例的解之间的某种关系。一旦建立了这种关系，我们既可以从顶至下，也可以从底至上地来运用该关系。虽然自顶向下会自然导致出递归算法，但从本章给出的例子可以看出，最终还是非递归实现较好。自底向上版本往往是迭代实现的，从求解问题的一个较小实例开始，该方法有时也称为**增量法**(Incremental Approach)。

减治法有 3 种主要的变化形式：

- 减去一个常量。
- 减去一个常量因子。
- 减去的规模是可变的。

在**减常量**(decrease-by-a-constant)变化形式中，每次算法迭代总是从实例中减去一个相同的常量。一般来说，这个常量等于 1(图 4.1)，但减其他常量的情况偶尔也会出现。

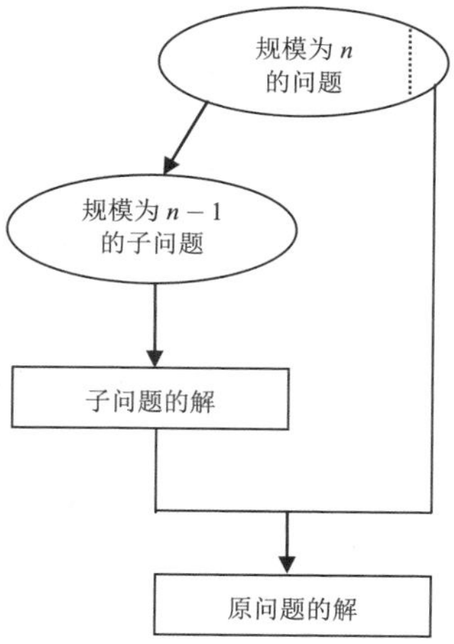

图 4.1 减(一)治技术

① 译注：引自《成语和寓言词典》(*Dictionary of Phrase and Fable*)。此书于 1870 年出版第 1 版，到 2012 年，已经有第 19 版。其中的“成语”部分主要解释各种各样的习惯用语和谚语，“寓言”部分则包含民间传说。

作为一个例子，请考虑一下指数问题：计算 a^n 的值，其中 $a \neq 0$，n 为非负整数。很明显，规模为 n 的实例和规模为 $n-1$ 的实例的关系，可由公式 $a^n = a^{n-1} \times a$ 来描述。所以函数 $f(n) = a^n$ 既可以用它的递归定义

$$f(n) = \begin{cases} f(n-1) \times a & \text{如果} n > 0 \\ a & \text{如果} n = 0 \end{cases} \tag{4.1}$$

“从顶至下”地计算，也可以“从底至上”地把 a 自乘 $n-1$ 次(是的，这个做法和蛮力法是一样的，但我们得出这个做法的思想过程是不同的)。4.1 节～4.3 节给出了减一算法更有趣的一些例子。

减常因子(decrease-by-a-constant-factor)技术意味着在算法的每次迭代中，总是从实例的规模中减去一个相同的常数因子。在大多数应用中，这样的常数因子等于 2。(你能给出这种算法的一个例子吗？)图 4.2 演示的就是减半思想。

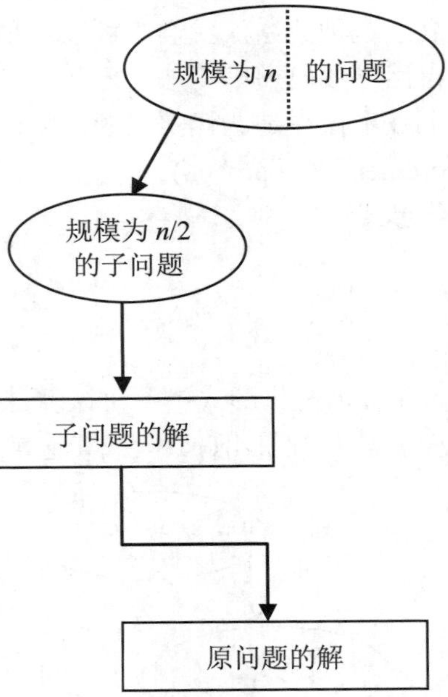

图 4.2　减(半)治技术

作为一个例子，让我们再来看看指数问题。如果规模为 n 的实例计算的是 a^n 的值，规模减半的实例计算的就是 $a^{n/2}$ 的值，它们之间有着明显的关系：$a^n = (a^{n/2})^2$。但因为我们只考虑整数指数的问题实例，前面这个办法只对偶数 n 有效。如果 n 是奇数，我们必须先使用偶指数的规则来计算 a^{n-1}，然后把结果乘以 a。总而言之，我们得到了下列公式：

$$a^n = \begin{cases} (a^{n/2})^2 & \text{如果} n \text{是正偶数} \\ (a^{(n-1)/2})^2 \times a & \text{如果} n \text{是正奇数} \\ 1 & \text{如果} n = 0 \end{cases} \tag{4.2}$$

如果我们根据式(4.2)递归计算 a^n 并且根据所做的乘法次数来度量该算法的效率，我们可以期望该算法属于 $\Theta(\log n)$，因为，每次迭代时，以一两次乘法为代价，问题的规模至少会减小一半。

4.4 节给出了减常因子算法的另外一些例子以及一些相关习题。然而，这种算法的效率是如此之高，以至于这种类型的例子非常少。

最后，在减治法的**减可变规模**(variable-size-decrease)变化形式中，算法在每次迭代时，规模减小的模式都是不同的。计算最大公约数的欧几里得算法是这种情况的一个很好的例子。回想一下，这个算法基于以下公式：

$$\gcd(m,n)=\gcd(n, m \bmod n)$$

虽然等号右边的那些参数总是小于等号左边的参数(至少从该算法的第二次迭代开始)，但它们既不是以常量也不是以常量因子的方式减小的。4.5 节给出了这类算法的其他一些例子。

4.1 插入排序

在本节中，我们考虑如何用减一技术对一个数组 $A[0..n-1]$排序。遵循该方法的思路，我们假设对较小数组 $A[0..n-2]$排序的问题已经解决了，得到了一个大小为 $n-1$ 的有序数组：$A[0]\leqslant\cdots\leqslant A[n-2]$。我们如何利用这个较小规模的解，并将元素 $A[n-1]$考虑进来，来得到原问题的解呢？显然，我们需要做的就是在这些有序的元素中为 $A[n-1]$找到一个合适的位置，然后把它插入到那里。一般来说，我们可以从右到左扫描这个有序的子数组，直到遇到第一个小于等于 $A[n-1]$的元素，然后把 $A[n-1]$插在该元素的后面。这种算法被称为**直接插入排序**(straight insertion sort)，或者简称为**插入排序**(insertion sort)。

虽然插入排序很明显是基于递归思想的，但从底至上地实现这个算法，也就是使用迭代，效率会更高。就像图 4.3 所显示的，从 $A[1]$开始，到 $A[n-1]$为止，$A[i]$被插在数组的前 i 个有序元素中的适当位置上(但是，和选择排序不同，这个位置一般来说并不是它们的最终位置)。

下面是这个算法的伪代码。

```
算法  InsertionSort(A[0..n − 1])
      //用插入排序对给定数组排序
      //输入：n 个可排序元素构成的一个数组 A[0..n − 1]
      //输出：非降序排列的数组 A[0..n − 1]
      for i ← 1 to n − 1 do
          v ← A[i]
          j ← i − 1
          while j ≥ 0 and A[j] > v do
              A[j + 1] ← A[j]
              j ← j − 1
          A[j + 1] ← v
```

$$A[0]\leqslant\cdots\leqslant A[j] < A[j+1]\leqslant\cdots\leqslant A[i-1] \mid A[i]\cdots A[n-1]$$

小于等于$A[i]$　　　　大于$A[i]$

图 4.3　插入排序的迭代过程：$A[i]$被插在数组的前几个有序元素中的适当位置上

图 4.4 是该算法的操作图示。

89 |	**45**	68	90	29	34	17
45	89 |	**68**	90	29	34	17
45	68	89 |	**90**	29	34	17
45	68	89	90 |	**29**	34	17
29	45	68	89	90 |	**34**	17
29	34	45	68	89	90 |	**17**
17	29	34	45	68	89	90

图 4.4 用插入排序法进行排序的例子。一条竖线把输入的有序部分和剩下的元素分开，正在插入的元素用粗体字表示

该算法的基本操作是键值比较 $A[j] > v$。(为什么不是 $j \geqslant 0$？因为在实际的计算机实现中，该运算几乎肯定比 $A[j] > v$ 快。而且，该运算其实和本算法没有必然联系：如果用限位器来实现的话，该运算就完全被避免了。参见习题 4.1 第 8 题。)

该算法的键值比较次数显然依赖于特定的输入。在最坏的情况下，$A[j] > v$ 的执行次数达到最大，也就是说，对于每个 $j = i-1, \cdots, 0$，它都要执行一次。因为 $v = A[i]$，所以当且仅当对每个 $j = i-1, \cdots, 0$ 都有 $A[j] > A[i]$时，这种情况才会发生。(注意，我们利用了这样一个事实，即在插入排序的第 i 次迭代时，在 $A[i]$之前的所有元素就是输入的前 i 个元素，只不过它们是有序的。)因此，在最坏的情况下，我们有 $A[0] > A[1]$(当 $i = 1$)，$A[1] > A[2]$(当 $i = 2$)，$\cdots$，$A[n-2] > A[n-1]$(当 $i = n-1$)。换句话说，最坏输入是一个严格递减的数组。对于这种输入的键值比较次数是

$$C_{\text{worst}}(n) = \sum_{i=1}^{n-1}\sum_{j=0}^{i-1} 1 = \sum_{i=1}^{n-1} i = \frac{(n-1)n}{2} \in \Theta(n^2)$$

因此，在最坏的情况下，插入排序和选择排序的键值比较次数是完全一致的(参见 3.1 节)。

最好的情况下，在外部循环的每次迭代中，比较操作 $A[j] > v$ 只执行一次。当且仅当对于每一个 $i = 1, \cdots, n-1$ 都有 $A[i-1] \leqslant A[i]$时，这种情况才会发生。也就是说，输入数组已经按照升序排列了。(虽然把已排序的实例作为最优情况很有道理，但也不是一成不变的，可参考第 5 章中的快速排序。)因此，对于有序的数组，键值比较的次数是

$$C_{\text{best}}(n) = \sum_{i=1}^{n-1} 1 = n-1 \in \Theta(n)$$

对于有序数组这种最优输入，该算法有着非常好的性能，但这种情况本身没有太大的意义，因为我们不能指望有这么简便的输入。然而，在许多不同的应用中都会遇到基本有序的文件，对于这样的输入，插入排序也保持了它的良好性能。

对该算法平均效率的精确分析主要基于对无序元素对的研究(参见本节习题第 11 题)。这种分析表明，对于随机序列的数组，插入排序的平均比较次数是降序数组的一半，也就是说，

$$C_{\text{avg}}(n) \approx \frac{n^2}{4} \in \Theta(n^2)$$

平均性能比最差性能快一倍，以及遇到基本有序的数组时表现出的优异性能，使得插入排序领先于它在基本排序算法领域的主要竞争对手——选择排序和冒泡排序。另外，它有一种扩展算法，是以发明者希尔(D. L. Shell)的名字命名的——**Shell 排序**(shellsort，参见

[She59])，此排序方法提供了一种更好的算法来对较大的文件进行排序(参见本节习题第 12 题)。

习题 4.1

1. **摆渡的士兵**　n 个士兵组成的小分队必须越过一条又深又宽又没有桥的河。他们注意到在岸旁有两个 12 岁大的小男孩在玩划艇。然而船非常小，只能容纳两个男孩或者一名士兵。怎样才能让士兵渡过河并且留下两个男孩共同操纵这条船？这条船要在岸与岸之间横渡多少次？
2. **交替放置的玻璃环**　有 $2n$ 个玻璃杯挨个排成一行，前 n 个装满苏打水，其余 n 个杯子为空。交换杯子的位置，使之按照满－空－满－空的模式排列，而且杯子移动的次数要最少([Gar78]，p. 7)。

3. **标记单元格**　为下列任务设计一个算法。n 为任意偶数，在一张无限大的绘图格子纸上标记 n 个单元格，使得每个被标记的单元格有奇数个相邻的标记单元格。相邻是指两个单元格在水平方向或垂直方向上相邻，但非对角方向上相邻。被标记的单元格必须形成连续域，也就是说区域中任意一对标记单元格之间有一条经过一系列相邻标记单元格的路径。([Kor05])
4. 设计一个减一算法，生成一个 n 元素集合的幂集(一个集合 S 的幂集是 S 的所有子集的集合，包括空集和 S 本身)。
5. 对于以邻接矩阵定义的图，用如下算法检测其连通性。

```
算法  Connected(A[0..n − 1, 0..n − 1])
    //输入：无向图 G 的邻接矩阵 A[0..n − 1, 0..n − 1])
    //输出：如果 G 是连通的，输出为 1 (true) ，否则输出为 0(false)
    if n = 1 return 1 //单一顶点的图显然是连通的
    else
        if not Connected(A[0..n − 2, 0..n − 2]) return 0
        else for j ← 0 to n − 2 do
            if A[n − 1, j] return 1
            return 0
```

   该算法是否对每个 $n > 0$ 个顶点的无向图能够正确运行？如果回答是，请说明最坏情况下的算法效率类型；如果回答否，请说明为什么。

6. **队伍排序**　给定一个完全循环赛的比赛结果，其中 n 个队伍两两比赛一次。每场比赛以一方胜出或者平局结束。设计一个算法，把 n 个队伍排序，序列中每个队伍都不曾输给紧随其后的那个队。说明该算法的时间效率类型。
7. 应用插入排序将序列 E, X, A, M, P, L, E 按照字母顺序排序。
8. **a.** 对于插入排序来说，为了避免在内部循环的每次迭代时判断边界条件 $j \geq 0$，我们应该在待排序数组的第一个元素前放一个什么样的限位器？

   b. 带限位器的版本和原版本的效率类型相同吗？

9. 能不能实现一个对链表排序的插入排序算法？它是不是和数组版本都一样有着 $O(n^2)$效率呢？

10. 把课本中插入排序的实现和下列版本做比较。

算法 InsertSort2($A[0..n-1]$)
    for $i \leftarrow 1$ **to** $n-1$ **do**
        $j \leftarrow i-1$
        while $j \geqslant 0$ **and** $A[j] > A[j+1]$ **do**
            swap($A[j], A[j+1]$)
            $j \leftarrow j-1$

该算法的时间效率如何？和 4.1 节给出的版本比又如何？

11. 设 $A[0..n-1]$是 n 个可排序元素的数组(简单起见，假设所有元素互不相同)。对于$(A[i], A[j])$这样的对，如果 $i<j$ 且 $A[i]>A[j]$，我们将其称为一个**倒置**。

a. 规模为 n 的数组在什么情况下具有最大数量的倒置？倒置数为多少？如果问的是最小数量的倒置呢？

b. 为什么插入排序的平均键值比较次数符合以下公式？

$$C_{\text{avg}}(n) \approx \frac{n^2}{4}$$

12. 希尔排序(由 D. L. 希尔发明)是一种重要的排序算法，它对一个给定序列的若干步长子序列分别应用插入排序。对序列的每一遍操作，都根据一些事先定义好的递减的步长队列 $h_1>\cdots> h_i>\cdots>1$ 来构造所要求的子序列，这个步长队列必须以 1 作为结尾。(该算法对任意步长队列都有效，但有些步长队列的效率要比其他的高。例如，对于希尔排序来说，步长队列 1, 4, 13, 40, 121 的效率是最高的。当然，使用的时候要反过来。)

a. 对下列序列应用希尔排序：

S, H, E, L, L, S, O, R, T, I, S, U, S, E, F, U, L

b. 希尔排序是一个稳定的排序算法吗？

c. 任意选择一种语言实现希尔排序、直接插入排序、选择排序以及冒泡排序，然后对于序列大小为 10^n，$n = 2, 3, 4, 5, 6$ 的随机序列、升序序列和降序序列分别比较它们的性能。

4.2 拓 扑 排 序

在本节中，我们讨论一个关于有向图的重要问题。但在提出该问题之前，先复习一下有关有向图的一些基本知识。一个**有向的图**(directed graph)，或者简称为**有向图**(digraph)，是一个对所有的边都指定方向的图(图 4.5(a)是一个例子)。邻接矩阵和邻接链表仍然是两种表示有向图的主要手段。用这两种方法表示时，无向图和有向图只有两个显著的差异：①有向图的邻接矩阵并不一定表现出对称性，②有向图的一条边在图的邻接链表中只有一个相应的节点(不是两个)。

对于有向图的遍历来说，深度优先查找和广度优先查找是主要的遍历算法，但相应森林的结构可能会更复杂。因此，即使对于像图 4.5(a)这样简单的例子来说，它的深度优先查找森林(图 4.5(b))也包含了 4 种类型的边，这是一个有向图的 DFS 森林可能具有的全部类型的边，即**树向边**(*ab*，*bc*，*de*)、从顶点到祖先的**回边**(*ba*)、从顶点到树中非子女子孙的**前向边**(*ac*)以及**交叉边**(*dc*)，所有不属于前三种类型的边都属于交叉边类型。

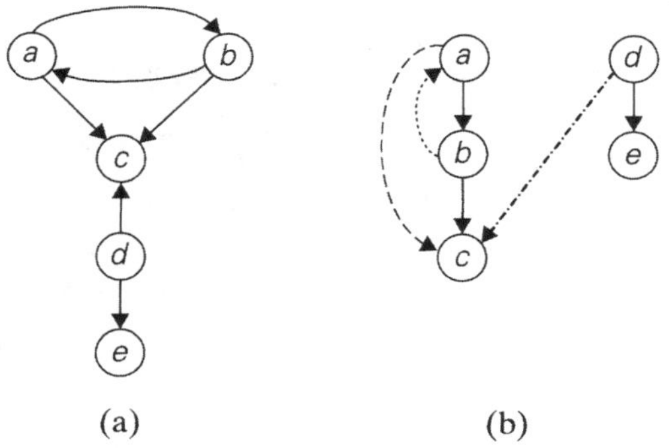

图 4.5　(a)有向图，(b)该有向图以 *a* 为 DFS 遍历的初始节点的 DFS 森林

注意，一个有向图的 DFS 森林的回边可以把一个顶点和它的父母连接起来。无论这个条件是否成立，一条回边的存在意味着该有向图具有一个有向的回路。有向图中的**有向回路**(directed cycle)是图中节点的一个序列，该序列的起点和终点相同，其中每一顶点和它的直接前趋之间，都连接着一条从前趋指向后继的边。例如，*a*, *b*, *a* 是有向图 4.5(a)中的一个有向回路。反之，如果一个有向图的 DFS 森林没有回边，该有向图是一个**无环有向图**(dag)，即**有向的无环图**(directed acyclic graph)的简称。

在对图的边引入了方向以后，一些对无向图来说没有意义或者微不足道的问题，成为了新的问题。在本节中，我们讨论其中的一个问题。作为启发大家的一个例子，我们考虑五门必修课的一个集合{*C*1, *C*2, *C*3, *C*4, *C*5}，一个在校的学生必须在某个阶段修完这几门课程。可以按照任何次序学习这些课程，只要满足下面这些先决条件：*C*1 和 *C*2 没有任何先决条件，修完 *C*1 和 *C*2 才能修 *C*3，修完 *C*3 才能修 *C*4，而修完 *C*3 和 *C*4 才能修 *C*5。这个学生每个学期只能修一门课程。这个学生应该按照什么顺序来学习这些课程？

这种状况可以用一个图来建模，它的节点代表课程，有向边表示先决条件(图 4.6)。就这个图来说，上面这个问题其实就是：我们是否可以按照这种次序列出它的顶点，使得对于图中每一条边来说，边的起始顶点总是排在边的结束顶点之前。(大家是不是能够求出该图节点的这样一个序列呢？)这个问题称为**拓扑排序**(topological sorting)。可以对任意一个有向图提出这个问题，但很容易发现，如果有向图具有一个有向的回路，该问题是无解的。因此，为了使得拓扑排序成为可能，问题中的图必须是一个无环有向图。其实，为了使拓扑排序成为可能，无环有向图不仅是必要条件，而且是充分条件。也就是说，如果一个图没有回路，对它来说，拓扑排序是有解的。而且，有两种高效的算法，它们既可以验证一个有向图是否是一个无环有向图，又可以在是的情况下，输出拓扑排序的一个顶点序列。

第一种算法是深度优先查找的一个简单应用：执行一次 DFS 遍历，并记住顶点变成死端(即退出遍历栈)的顺序。将该次序反过来就得到拓扑排序的一个解，当然，在遍历的时候不能遇到回边。如果遇到一条回边，该图就不是无环有向图，并且对它顶点的拓扑排序是不可能的。

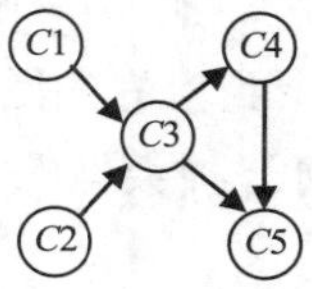

图 4.6 代表五门课程先决条件的结构图

这个算法为什么是有效的呢？当一个顶点 v 退出 DFS 栈时，在比 v 更早出栈的顶点中，不可能存在顶点 u 拥有一条从 u 到 v 的边(否则，(u, v)会成为一条回边)。所以，在退栈次序的队列中，任何这样的顶点 u 都会排在 v 的后面，并且在逆序队列中会排在 v 的前面。

对图 4.6 应用该算法，图 4.7 是它的一个图示。注意，在图 4.7(c)中，我们画出了有向图中的边，而且像问题定义中要求的那样，它们都是从左指向右的。这样做可以方便我们观察拓扑排序问题的实例，并检查解的正确性。

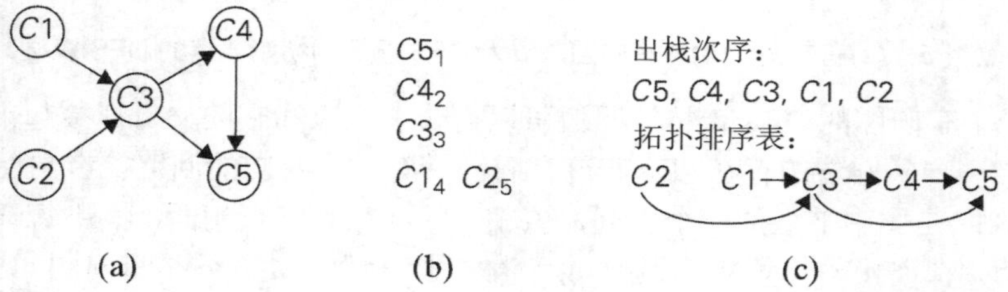

图 4.7 (a)需要求拓扑排序问题的有向图；(b)DFS 遍历栈，下标数字指出出栈的次序；(c)该问题的解

第二种算法基于减(减一)治技术的一个直接实现：不断地做这样一件事，在余下的有向图中求出一个**源**(source)，它是一个没有输入边的顶点，然后把它和所有从它出发的边都删除。(如果有多个这样的源，可以任意选择一个。如果这样的源不存在，算法停止，因为该问题是无解的——参见本节习题第 6 题的 a 小题。)顶点被删除的次序就是拓扑排序问题的一个解。图 4.8 给出了应用该算法对图 4.6 求解的过程。

注意，使用源删除算法获得的解和基于 DFS 的算法求得的解是不同的。当然，它们两者都是正确的。因此，拓扑排序问题可能会有若干个不同的可选解。

由于我们使用的例子的规模非常小，可能会使大家对拓扑排序有一个错误的印象。但请想象一个庞大的项目(例如建筑项目或者研究项目)，它可能会包括数以千计的相互关联的任务，并且具有已知的先决条件。在这种情况下，我们需要做的第一件事就是确定给定的先决条件的集合是不矛盾的。做到这一点的一个便利方法就是对该项目的图求一个拓扑排序的解。只有做到了这一点，我们才能开始安排任务，就是使得整个项目的总完成时间最短。这当然需要另一种算法的支持，我们可以在运筹学的通用教科书里找到它，也可以在一些专门探讨所谓的 CPM(Critical Path Method，关键路径法)和 PERT(Program Evaluation and Review Technique，程序评估和检查技术)方法的书中找到它。

拓扑排序在计算机科学中有很多应用，包括程序编译中的指令调度，电子表格单元格的公式求值顺序以及解决链接器中的符号依赖问题。

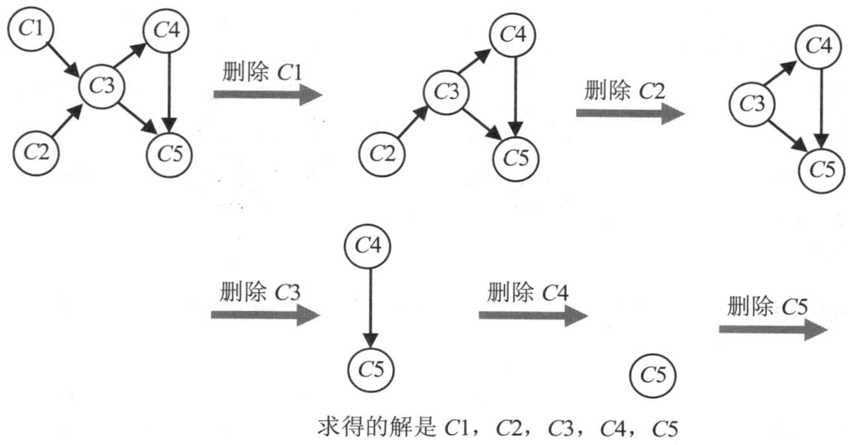

图 4.8　拓扑排序问题的源删除算法的图示。在每次迭代时，没有输入边的节点从有向图中删除

习题 4.2

1. 对于下面的有向图，应用基于 DFS 的算法来解拓扑排序问题。

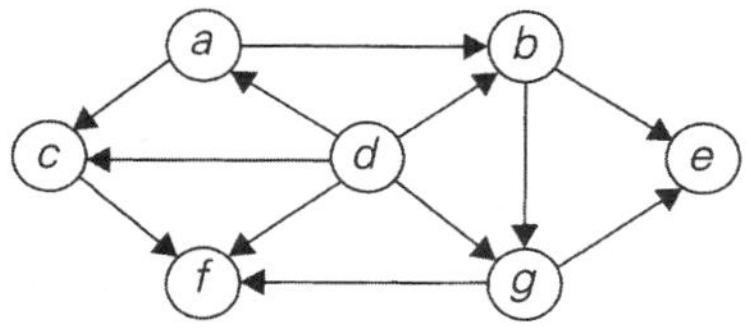

(a)

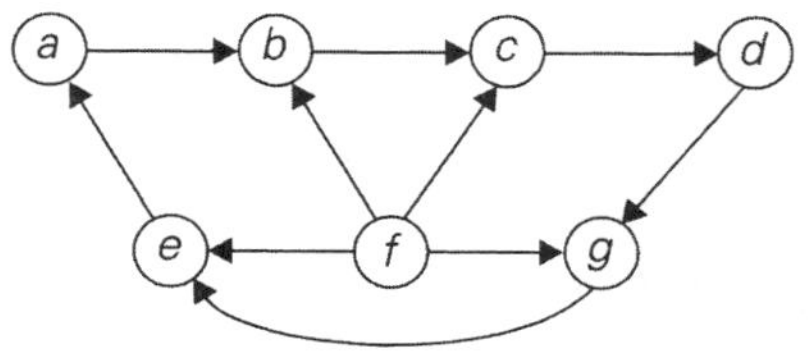

(b)

2. **a.** 请证明，当且仅当有向图是无环时，它的拓扑排序问题才是有解的。
   b. 对于一个具有 n 个顶点的有向图，拓扑排序问题最多会有多少个不同的解？
3. **a.** 基于 DFS 的拓扑排序算法的时间效率是怎样的？
   b. 我们如何修改基于 DFS 的算法，使得可以避免对 DFS 生成的顶点序列进行逆序？
4. 我们是否能够利用顶点进入 DFS 栈的顺序(代替它们从栈中退出的顺序)来解拓扑排序问题？
5. 对第 1 题中的有向图应用源删除算法。
6. **a.** 请证明一个无环有向图必定至少具有一个源。
   b. 在用邻接矩阵表示的有向图中，我们如何求得一个源(或者确定这样一个顶点不存在)？这种操作的时间效率如何？
   c. 在用邻接链表表示的有向图中，我们如何求得一个没有输入边的顶点(或者确定这样一个顶点不存在)？这种操作的时间效率如何？
7. 我们是否能够对一个用邻接矩阵表示的有向图实现源删除算法，使得它的运行时间属于 $O(|V|+|E|)$？

8. 任选一种语言实现这两种拓扑排序算法并做一个实验来比较它们的运行时间。

9. 如果对于任意两个不同的顶点 u 和 v，存在一个从 u 到 v 的有向路径以及一条从 v 到 u 的有向路径，这样的有向图被称为是**强连通**(strongly connected)的。一般来说，一个有向图的顶点可以分割成一些顶点的互不相交的最大子集，每个子集的顶点之间可以通过有向图中的有向路径相互访问，这些子集被称为**强连通分量**(strongly connected component)。有两种基于 DFS 的算法来确定强连通分量。以下是两个中较简单(但效率较低)的一种。

第一步：对给定的有向图执行一次 DFS 遍历，然后按照顶点变成死端的顺序对它们进行编号。

第二步：颠倒有向图中所有边的方向。

第三步：对于新的有向图，从仍未访问过的顶点中编号最大的顶点开始(而且，如果有必要的话，可以重新开始)做一遍 DFS 遍历。

在最后一次遍历中得到的每一棵 DFS 树的顶点构成的子集就是一个强连通分量。

a. 对下图应用该算法，确定它的强连通分量。

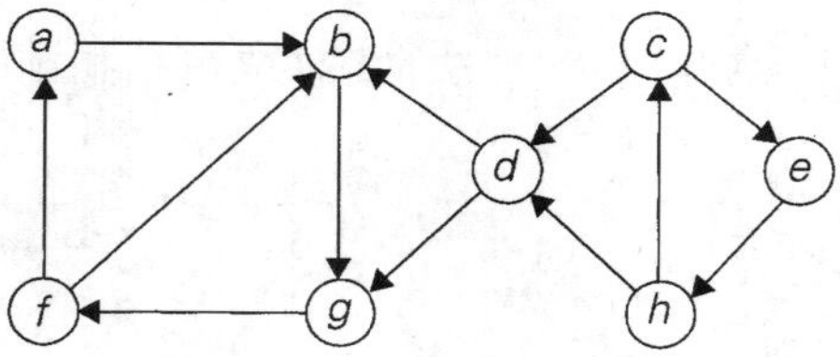

b. 该算法属于哪种时间效率类型？对于一个输入图的邻接矩阵表示法和邻接链表表示法分别回答这个问题。

c. 一个无环有向图会有多少个强连通分量？

10. **蛛网问题**　一只蜘蛛位于网的底端(点 S)，而一只苍蝇位于网的顶端(F)。沿着箭头方向在线上移动，蜘蛛有多少不同的路径到达苍蝇处？([Kor05])

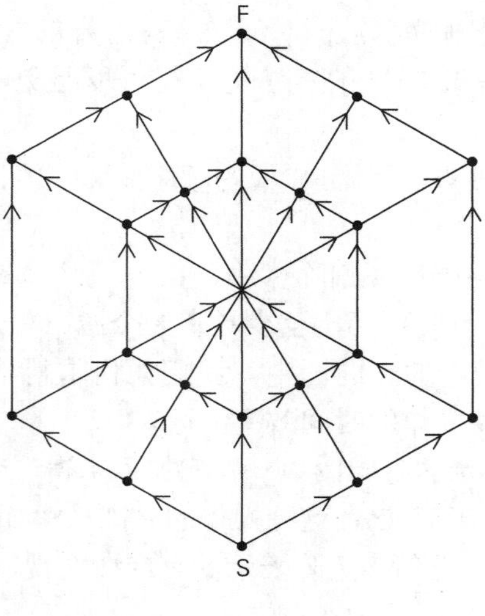

4.3　生成组合对象的算法

遵照计划，本节将讨论生成组合对象的算法。组合对象中最重要的类型就是排列、组合和给定集合的子集。一般来说，这种情况出现在要对不同的选择进行考虑的问题中。当我们在第 3 章中讨论穷举查找时，就已经接触过这类问题了。离散数学有一个分支名为组合数学，专门研究组合对象。数学家当然主要关心各种计算组合数量的方程，这些方程作用很大，它们指出有多少个对象需要生成。尤其重要的是，这些方程表明：作为问题规模的一个函数，组合对象的数量一般来说是呈指数增长的，有时甚至会更快。但我们这里感兴趣的主要是如何生成它们，而不仅仅是计算它们的数量。

4.3.1　生成排列

我们从排列开始。为了简单起见，假设需要对元素进行排列的集合是从1到n的简单整数集合。为了使它更具有一般性，可以把它们解释为n个元素集合$\{a_1, \cdots, a_n\}$中元素的下标。对于生成$\{1, \cdots, n\}$的所有$n!$个排列的问题，减一技术有什么好建议呢？该问题的规模减一就是要生成所有$(n-1)!$个排列。假设这个较小的问题已经解决了，我们可以把n插入$n-1$个元素的每一种排列中的n个可能位置中去，来得到较大规模问题的一个解。按照这种方式生成的所有排列都是独一无二的(为什么？)，并且它们的总数量应该是$n(n-1)! = n!$。这样，我们得到了$\{1, \cdots, n\}$的所有排列。

我们既可以从左到右也可以从右到左把n插入前面生成的排列中。从实际情况来看，下面这种做法是有好处的：一开始从右到左把n插入 $12\cdots(n-1)$的位置中，然后每处理一个$\{1, \cdots, n-1\}$的新排列时，再调换方向。图 4.9 给出了应用该方法从底向上对$n=3$的情况进行处理的例子。

开始	1
从右到左将 2 插入 1	12　21
从右到左将 3 插入 12	123 132 312
从左到右将 3 插入 21	321 231 213

图 4.9　从底至上生成排列

以这种次序来生成排列有什么好处呢？因为实际上它满足所谓的**最小变化要求**(minimal-change requirement)：因为仅仅需要交换直接前趋中的两个元素就能得到任何一个新的排列(请检查一下图 4.9 中生成的排列)。这个最小变化要求不仅有利于提高该算法的速度，而且对使用这些排列的应用也有好处。例如，在 3.4 节中我们用穷举查找解旅行推销员问题时需要城市的一个排列。如果这个排列是由最小变化算法生成的，从它前趋的路线长度中算出一条新路线的长度所需要的时间将是一个常量，而不是线性的。(怎么做？)

对于 n 的较小值来说，不用生成排列的方式来得到 n 个元素的相同次序的排列是有可能的。为了做到这一点，我们给一个排列中的每个元素 k 赋予一个方向。我们在所讨论的每个元素上画一个小箭头来指出它的方向，例如：

$$\overrightarrow{3}\,\overleftarrow{2}\,\overrightarrow{4}\,\overleftarrow{1}$$

如果元素 k 的箭头指向一个相邻的较小元素，我们说它在这个以箭头标记的排列中是**移动**(mobile)的。例如，对于排列 $\overrightarrow{3}\,\overleftarrow{2}\,\overrightarrow{4}\,\overleftarrow{1}$ 来说，3 和 4 是移动的，而 2 和 1 不是。通过使用移动元素这个概念，我们可以给出所谓的 **Johnson-Trotter 算法**的描述，它也是用来生成排列的。

算法　JohnsonTrotter(n)
　　//实现用来生成排列的 Johnson-Trotter 算法
　　//输入：一个正整数 n
　　//输出：$\{1, \cdots, n\}$的所有排列的列表
　　将第一个排列初始化为 $\overleftarrow{1}\,\overleftarrow{2}\cdots\overleftarrow{n}$
　　while 存在一个移动元素 **do**
　　　　求最大的移动元素 k
　　　　把 k 和它箭头指向的相邻元素互换
　　　　调转所有大于 k 的元素的方向
　　　　将新排列添加到列表中

在这里我们对 $n = 3$ 应用该算法，其中最大的移动整数用粗体字表示：

$$\overleftarrow{1}\,\overleftarrow{2}\,\overleftarrow{\mathbf{3}}\quad \overleftarrow{1}\,\overleftarrow{\mathbf{3}}\,\overleftarrow{2}\quad \overleftarrow{3}\,\overleftarrow{1}\,\overleftarrow{\mathbf{2}}\quad \overrightarrow{\mathbf{3}}\,\overleftarrow{2}\,\overleftarrow{1}\quad \overleftarrow{2}\,\overrightarrow{\mathbf{3}}\,\overleftarrow{1}\quad \overleftarrow{\mathbf{2}}\,\overleftarrow{1}\,\overrightarrow{3}$$

这个算法是生成排列的最有效的算法之一。该算法实现的运行时间和排列的数量是呈正比的，也就是说属于集合 $\Theta(n!)$。当然，除非 n 的值非常小，否则它的速度是慢得难以忍受的。然而，这不是这个算法的错，而应该说是这个问题的“错”：它要求生成的项的确是太多了。

有人可能会说 Johnson-Trotter 算法生成的排列的次序不是非常自然。例如，排列 $n\ n-1\cdots 1$ 的自然位置似乎应该是列表的最后一个。将排列按照升序排队，的确是这样的，这也被称为**字典序**，如果数字被解释成字母表中的字符，这就是它们在字典中的排列顺序。例如，对于 $n = 3$ 来说，

$$123 \quad 132 \quad 213 \quad 231 \quad 312 \quad 321$$

如何按照字典序生成 $a_1a_2\cdots a_{n-1}a_n$ 后面的排列呢？如果 $a_{n-1} < a_n$ (肯定有一半序列是这样的情况)，可以简单地调换最后这两个元素的位置。例如，123 后面应该是 132。如果 $a_{n-1} > a_n$，则需要找到序列的最长递减后缀 $a_{i+1} > a_{i+2} > \cdots > a_n$ (但 $a_i < a_{i+1}$)；然后把 a_i 与后缀中大于它的最小元素进行交换，以使 a_i 增大；再将新后缀颠倒，使其变为递增排列。例如，经过这样的变换，362541 后面会跟着 364125。下面就是这个简单算法的伪代码，其思想可以远溯到 14 世纪的印度。

算法　LexicographicPermute(n)
　　//以字典序产生排列
　　//输入：一个正整数 n
　　//输出：在字典序下$\{1, \cdots, n\}$所有排列的列表

```
初始化第一个排列为 12 ⋯ n
While 最后一个排列有两个连续升序的元素 do
    找出使得 a_i < a_{i+1} 的最大的 i   //a_{i+1} > a_{i+2} > ⋯ > a_n
    找到使得 a_i < a_j 的最大索引 j   //j ≥ i + 1，因为 a_i < a_{i+1}
    交换 a_i 和 a_j   //a_{i+1}a_{i+2} ⋯ a_n 仍保持降序
    将 a_{i+1} 到 a_n 的元素反序
    将这个新排列添加到列表中
```

4.3.2　生成子集

请回忆一下，在 3.4 节中我们研究过背包问题，它要求找出物品中最有价值的一个子集，并且能够装入一个承重量有限的背包中。当时讨论了求解该问题的穷举查找方法，它是以生成给定物品集合的所有子集为基础的。在本节中，我们来讨论一个算法，该算法能够生成一个抽象集合 $A = \{a_1, \cdots, a_n\}$的所有 2^n 个子集。[数学家把一个集合的所有子集的集合称为它的**幂集**(power set)。]

减一思想也可以应用到这个问题中来。集合 $A = \{a_1, \cdots, a_n\}$的所有子集可以分为两组：不包含 a_n 的子集和包含 a_n 的子集。前一组其实就是$\{a_1, \cdots, a_{n-1}\}$的所有子集，而后一组中的每一个元素都可以通过把 a_n 添加到$\{a_1, \cdots, a_{n-1}\}$的一个子集中来获得。因此，一旦我们得到了$\{a_1, \cdots, a_{n-1}\}$所有子集的列表，我们可以把列表中的每一个元素加上 a_n，再把它们添加到列表中，以得到$\{a_1, \cdots, a_n\}$的所有子集。图 4.10 给出了应用该算法来生成$\{a_1, a_2, a_3\}$的所有子集的示例。

n	子集
0	$\varnothing$
1	$\varnothing$　$\{a_1\}$
2	$\varnothing$　$\{a_1\}$　$\{a_2\}$　$\{a_1, a_2\}$
3	$\varnothing$　$\{a_1\}$　$\{a_2\}$　$\{a_1, a_2\}$　$\{a_3\}$　$\{a_1, a_3\}$　$\{a_2, a_3\}$　$\{a_1, a_2, a_3\}$

图 4.10　从底至上生成子集

和生成排列相同，我们不必对较小集合生成幂集。有一个直接解决该问题的简便方法，它是基于这样一种关系：n 个元素集合 $A = \{a_1, \cdots, a_n\}$ 的所有 2^n 个子集和长度为 n 的所有 2^n 个位串之间的一一对应关系。建立这样一种对应关系的最简单方法是为每一个子集指定一个位串。如果 a_i 属于该子集，$b_i = 1$；如果 a_i 不属于该子集，$b_i = 0$。(我们在 1.4 节中提到过位向量的思想。)例如，位串 000 将对应于一个三元素集合的空子集，111 将对应于该集合本身，也就是 $\{a_1, a_2, a_3\}$，而 110 将表示 $\{a_1, a_2\}$。如果利用这种对应关系，我们可以产生从 0 到 $2^n - 1$ 的二进制数来生成长度为 n 的所有位串。顺便说一句，如果有必要，应在数字前添加相应个数的 0。例如，对于 $n = 3$ 的情况，我们得到：

位串	000	001	010	011	100	101	110	111
子集	$\varnothing$	$\{a_3\}$	$\{a_2\}$	$\{a_2, a_3\}$	$\{a_1\}$	$\{a_1, a_3\}$	$\{a_1, a_2\}$	$\{a_1, a_2, a_3\}$

请注意，当该算法以字典序(在两个符号 0 和 1 构成的字母表中)生成位串时，子集的排列次序绝对是很不自然的。因此，我们有可能希望得到所谓的**挤压序**(squashed order)，

其中，所有包含 a_j 的子集必须紧排在所有包含 a_1，…，a_{j-1}($j=1$，…，$n-1$)的子集后面，就像图 4.10 给出的三元素集合的子集列表。很容易就能对基于位串的算法进行一个调整，让它生成相关子集的挤压序(参见本节习题第 6 题)。

一个更有挑战性的问题是，是否存在一种生成位串的最小变化算法，使得每一个位串和它的直接前趋之间仅仅相差一位。(就子集来讲，我们希望每一个子集和它的直接前趋之间的区别，要么是增加了一个元素，要么是删除了一个元素，但两者不能同时发生。)该问题的答案为“是”。例如，对于 $n=3$，我们可以得到：

00　001　011　010　110　111　101　100

这是**二进制反射格雷码**(binary reflected Gray code)的一个例子。19世纪70年代，法国工程师埃米尔·鲍德特(Emile Baudot)把这种编码用于电报中。弗兰克·格雷(Frank Gray)作为AT&T贝尔实验室的研究员，为了尽量降低传送数字信号时的误差影响，在20世纪40年代重建了格雷码(可参见[Ros07]，pp. 642-643)。下面是递归生成二进制反射格雷码的伪代码。

```
算法  BRGC(n)
      //递归生成 n 位的二进制反射格雷码
      //输入：一个正整数 n
      //输出：所有长度为 n 的格雷码位串列表
      if  n = 1 ，表 L 包含位串 0 和位串 1
      else 调用 BRGC(n – 1)生成长度为 n – 1 的位串列表 L1
           把表 L1 倒序后复制给表 L2
           把 0 加到表 L1 中的每个位串前面
           把 1 加到表 L2 中的每个位串前面
           把表 L2 添加到表 L1 后面得到表 L
      return L
```

算法正确性基于以下事实：它生成了 2^n 个位串，而且全部位串都是不同的。这两个断言通过数学归纳法很容易得到验证。要注意的是，二进制反射格雷码是循环的：它的最后一个位串与第一个位串只相差一位。生成二进制反射格雷码的非递归算法，可以参见本节习题第 9 题。

习题 4.3

1. 在你的计算机上实现一个要求生成 25 个元素组成的集合的全部排列的算法是否现实？如果是生成该集合的所有子集呢？

2. 使用下面的方法生成{1, 2, 3, 4}的全部排列：

a. 从底向上的最小变化算法。

b. Johnson-Trotter 算法。

c. 字典序算法。

3. 把 LexicographicPermute 算法应用到多重集{1, 2, 2, 3}上。它是否能正确生成字典序的所有排列？

4. 请考虑下面这个生成排列算法的实现，这个算法是由 B. 希普(B. Heap)发明的([Hea63])。

```
算法  HeapPermute(n)
      //实现生成排列的 Heap 算法
      //输入：一个正整数 n 和一个全局数组 A[1..n]
      //输出：A 中元素的全排列
      if n = 1
          write A
      else
          for  i ← 1 to n do
              HeapPermute(n − 1)
              if n is odd
                  swap A[1] and A[n]
              else swap A[i] and A[n]
```

a．对于 $n = 2, 3, 4$ 的情况，手工跟踪该算法。

b．证明 Heap 算法的正确性。

c．HeapPermute 的时间效率如何？

5. 用本节介绍的两种算法，分别对一个 4 元素的集合 $A = (a_1, a_2, a_3, a_4)$生成它的所有子集。

6. 有什么简单的小窍门可以使得基于位串的算法可以按照挤压序生成子集？

7. 有一个生成所有 2^n 个长度为 n 的位串的递归算法，为它编写伪代码。

8. 写一个生成 2^n 个长度为 n 的位串的非递归算法，它用数组来实现位串并且不使用二进制加法。

9. **a**．生成 4 位的二进制反射格雷码。

b．跟踪下面生成 4 位二进制反射格雷码的非递归算法。以全 0 的 n 位串开始。而对于 $i = 1, 2, \cdots, 2^{n-1}$，则通过反转前一位串中的第 b 位来生成第 i 个位串，在这里 b 是 i 的二进制表示中最低位 1 的位置。

10. 设计一个减治算法来生成 n 个元素的 k 个分量的所有组合，也就是说，一个给定的 n 元素集合的所有 k 元素子集。你设计的算法是最小变化算法吗？

11. **格雷码和汉诺塔**

a．为什么汉诺塔的经典递归算法产生的移动盘子动作可以用来生成二进制反射格雷码？

b．如何利用二进制反射格雷码来解汉诺塔问题？

12. **展会彩灯**　早些年，在展会上可能会看到这样一种彩灯：一个被连接到若干开关上的电灯泡，只当所有开关都闭合的时候才会发光。每一个开关由一个按钮控制；按下按钮就会切换开关状态，但是开关的状态是无法知道的。目标就是点亮灯泡。设计一个点亮灯泡的算法，使其在有 n 个开关时，在最坏的情况下，需要按动按钮的次数最少。

4.4　减常因子算法

我们可以回忆一下，在本章的简介中曾提到减常因子是减治方法的第二种主要变化形式。本书中已经遇到过这种设计技术的一些例子，我们曾提到过用平方求幂的算法(见公式(4.2)的定义)。在本节中，我们会发现另外一些基于减常因子思想的算法实例。其中最重要又最广为人知的是折半查找。减常因子算法常常具有对数时间效率，非常高效，因此实例并不多，而不以 2 为因子进行化简的情况更是少之又少。

4.4.1 折半查找

对于有序数组的查找来说，折半查找是一种性能卓越的算法。它通过比较查找键 K 和数组中间元素 $A[m]$来完成查找工作。如果它们相等，算法结束。否则，如果 $K < A[m]$，就对数组的前半部分执行该操作，如果 $K > A[m]$，则对数组的后半部分执行该操作。

$$\underbrace{A[0]\cdots A[m-1]}_{\text{如果}K<A[m]\text{，查找这里}} \quad \overset{K}{\updownarrow} \atop A[m] \quad \underbrace{A[m+1]\cdots A[n-1]}_{\text{如果}K>A[m]\text{，查找这里}}$$

作为一个例子，在 $K = 70$ 的情况下，让我们对于下面的数组应用折半查找。

3	14	27	31	39	42	55	70	74	81	85	93	98

以下给出了该算法所做的迭代。

下标	0	1	2	3	4	5	6	7	8	9	10	11	12
值	3	14	27	31	39	42	55	70	74	81	85	93	98
迭代 1	l						m						r
迭代 2								l		m			r
迭代 3								l,m	r				

虽然折半查找很明显是基于递归的思想，它也可以很容易地以非递归算法的形式实现。下面是一段非递归版本的伪代码。

```
算法  BinarySearch(A[0..n − 1], K)
      //实现非递归的折半查找
      //输入：一个升序数组 A[0..n − 1]和一个查找键 K
      //输出：一个数组元素的下标，该元素等于 K；如果没有这样一个元素，则返回 − 1
      l ← 0；  r ← n−1
      while  l ≤ r do
          m ← ⌊(l + r)/2⌋
          if K = A[m]  return m
          else if  K < A[m] r ← m−1
          else  l ← m+1
      return − 1
```

分析折半查找效率的标准方法是计算查找键和数组元素的比较次数。此外，为了简单起见，我们要计算所谓的三路比较次数。三路比较假设，对 K 和 $A[m]$进行一次比较以后，我们的算法就能判断出 K 是大于、小于还是等于 $A[m]$。

对于一个 n 元素的数组来说，该算法需要进行多少次比较呢？问题的答案不仅取决于 n，而且取决于特定输入的特征。让我们先来求最坏情况下需要进行的键值比较次数

$C_{worst}(n)$。最坏输入包括所有那些不包含查找键 K 的数组(实际上，还包括某些查找成功的数组)。因为在进行了一次比较以后，除了数组规模变成了原来的二分之一，该算法仍然面临着同样的情况，于是对于 $C_{worst}(n)$我们有下面的递推关系式：

$$\text{当} n>1 \text{时，} C_{worst}(n)=C_{worst}(\lfloor n/2 \rfloor)+1, \quad C_{worst}(1)=1 \tag{4.3}$$

(停下来问问自己，为什么 $n/2$ 需要向下取整？初始条件又为什么要写成这样？)

我们在 2.4 节中已经介绍过递推式(4.3)了，只是初始条件不同(参见递推式(2.4)和它对 $n=2^k$ 的求解)。对于初始条件 $C_{worst}(1)=1$，我们有

$$C_{worst}(2^k)=k+1=\log_2 n+1 \tag{4.4}$$

另外，与递推式(2.4)的情况类似(习题 2.4 的第 7 题)，公式(4.4)对于 $n=2^k$ 的解，可以稍加改动，得到对任意正整数 n 的有效解：

$$C_{worst}(n)=\lfloor \log_2 n \rfloor+1=\lceil \log_2(n+1) \rceil \tag{4.5}$$

公式(4.5)需要特别注意。首先，它暗示了最坏情况下折半查找的时间效率属于$\Theta(\log n)$。其次，它完全是我们意料之中的答案：因为每次迭代，该算法都会简单地把剩下的数组的规模大约缩小一半，所以，从初始规模 n 减小到 1 所需要进行的迭代次数大约是 $\log_2 n$。最后，它重申了 2.1 节中的观点，对数函数的增长是很缓慢的。即使对于非常大的 n 来说，该函数的值仍然会是非常小的。例如，对于式(4.5)来说，即使从 1 000 个元素的有序数组中找出元素(或者返回不存在这样的元素)，所需要的三路比较的次数也不会超过 $\lceil \log_2(10^3+1) \rceil=10$ 次；对于 100 万个元素的有序数组，所需要的比较次数也不会超过 $\lceil \log_2(10^6+1) \rceil=20$ 次。

折半查找的平均效率是怎样的呢？一个复杂的分析指出，折半查找的平均键值比较次数仅比最差的情况有轻微的改善。

$$C_{avg}(n)\approx \log_2 n$$

(对于查找成功的情况和查找失败的情况，它们的比较次数的更精确公式分别是 $C_{avg}^{yes}(n)\approx \log_2 n-1$ 和 $C_{avg}^{no}(n)\approx \log_2(n+1)$。)

就依赖键值比较操作的查找算法而言(参见 11.2 节)，尽管折半查找已经是一种最优查找算法了，但还有一些查找算法具有更优的平均效率(参见 4.5 节的插值查找和 7.3 节的散列法)，其中某个算法(散列法)甚至不需要输入数组是有序的！当然，这些算法除了键值比较外还依赖于一些特殊的计算。最后，折半查找蕴含的思想在搜索领域外还有着若干应用(参见[Ben00]等)。此外，它能用来求解一元非线性方程。我们将在 12.4 节中讨论这种问题域连续的情况下的折半查找，它被称为对分法。

4.4.2　假币问题

在识别假币问题的多种版本中，我们考虑最能够体现出减常因子策略的那个版本。在 n 枚外观相同的硬币中，有一枚是假币。在一架天平上，我们可以比较任意两组硬币。也就

是说，通过观察天平是向右倾、向左倾还是停在当中，我们可以判断出两组硬币重量是否相同，或者哪一组比另一组更重，但我们不知道重多少。我们的问题是，要求设计一个高效的算法来检测出这枚假币。该问题的一个较简单的版本(就是我们这里所讨论的)假设假币相对真币较轻还是较重是已知的①，即假币较轻。

解决这个简化版假币问题的最自然的思路是把 n 枚硬币分成两堆，每堆有 $\lfloor n/2 \rfloor$ 枚硬币。如果 n 为奇数，就留下一枚额外的硬币，然后把两堆硬币放在天平上。如果两堆硬币重量相同，那么放在旁边的硬币就是假币；否则我们可以用同样的方式对较轻的一堆硬币进行处理，这堆硬币中一定包含那枚假币。

我们可以非常容易地对该算法在最坏情况下所需要的称重次数 $W(n)$ 建立一个递推关系：

$$W(n) = W(\lfloor n/2 \rfloor) + 1\text{，当 } n > 1\text{，}W(1) = 0$$

这个递推式看上去很眼熟。的确，它基本上和最坏情况下折半查找的比较次数的递推式是相同的(不同的是初始条件)。这种相似性并不令人惊讶，因为这两种算法都是基于相同的设计技术，把问题的规模减半。关于称重次数递推式的解也和我们得出的折半查找的解非常相似：$W(n) = \lfloor \log_2 n \rfloor$。

目前为止，这些内容看上去都很初级，有人甚至会觉得无聊。但请注意：这里有意思的地方在于，实际上，该算法并不是最高效的解法。如果不是把硬币分成两堆，而是分成三堆，每堆 $n/3$ 个硬币，将会更好。(在习题中，我们要求大家详细讨论一个更精确的公式。不要错过这道习题！如果老师忘记了，请要求老师给大家布置第 10 题。)在比较了两堆硬币的重量以后，我们可以把实例的规模消去一个因子 3。相应地，我们可以期望称重的次数大约会是 $\log_3 n$，这要比 $\log_2 n$ 更小。

4.4.3 俄式乘法

现在我们来考虑对两个正整数相乘的非主流算法，它被称为**俄式乘法**(multiplication à la russe)，或者**俄国农夫法**(Russian peasant method)。假设 n 和 m 是两个正整数，我们要计算它们的乘积，同时，我们用 n 的值作为实例规模的度量标准。这样，如果 n 是偶数，一个规模为原来一半的实例必须要对 $n/2$ 进行处理，对于该问题较大实例的解和较小实例的解的关系有一个显而易见的公式：

$$n \times m = \frac{n}{2} \times 2m$$

如果 n 是奇数，我们只需要对该公式做轻微的调整：

$$n \times m = \frac{n-1}{2} \times 2m + m$$

通过应用这个公式，并以 $1 \times m = m$ 作为算法停止的条件，我们既可以用递归也可以用迭代来计算 $n \times m$ 的乘积。图 4.11 给出了一个利用该算法计算 50×65 的例子。请注意，所

① 一个更有挑战性的版本是这样假设的，对于假币和真币的相对重量没有额外的信息，我们甚至不知道在 n 个给定的硬币中是否包含假币。我们将会在 11.2 节的习题中研究这个较难的版本。

有在括号中的额外加数都位于第一列值为奇数的行中。所以，在手工操作该算法时，为了简洁起见，我们不需要像图 4.11(a)那样在括号中写任何东西。我们可以简单地把所有 n 列中包含奇数的 m 列元素相加(图 4.11(b))。

n	m	
50	65	
25	130	
12	260	(+130)
6	520	
3	1 040	
1	2 080	(+1040)
	2 080	+(130 + 1040) = 3 250

(a)

n	m	
50	65	
25	130	130
12	260	
6	520	
3	1 040	1 040
1	2 080	2 080
		3 250

(b)

图 4.11　用俄式乘法计算 50×65

大家还应该注意，该算法只包括折半、加倍和相加这几个简单的操作，这对那些不想背诵九九乘法表的人来说可能是一个有吸引力的特性。很可能就是该算法的这个特性，使得它对俄国农夫非常有吸引力。据西方的游客说，在 19 世纪，俄国农夫很广泛地在使用这个算法，这个算法的名字由此而来。实际上，埃及数学家早在公元前 1650 年就使用了这个算法的思想([Cha98]，p. 16)。这个算法也使得硬件实现的速度非常快，因为使用移位就可以完成二进制数的折半和加倍，在机器层次上，这些都属于最基本的操作。

4.4.4　约瑟夫斯问题

我们的最后一个问题是**约瑟夫斯问题**(Josephus problem)，是以弗拉瓦斯・约瑟夫斯(Flavius Josephus)的名字命名的。约瑟夫斯是一个著名的犹太历史学家，参加并记录了公元 66—70 年犹太人反抗罗马的起义。约瑟夫斯作为一个将军，设法守住了裘达伯特的堡垒达 47 天之久，但在城市陷落了以后，他和 40 名顽强的将士在附近的一个洞穴中避难。在那里，这些反抗者表决说“要投降毋宁死”。于是，约瑟夫斯建议每个人应该轮流杀死他旁边的人，而这个顺序是由抽签决定的。约瑟夫斯有预谋地抓到了最后一签，并且，作为洞穴中的两个幸存者之一，他说服了他原先的牺牲品一起投降罗马。

我们先让 n 个人围成一个圈，并将他们从 1 到 n 编上号码。从编号为 1 的那个人那里开始这个残酷的计数，我们每次消去第二个人直到只留下一个幸存者。这个问题就是要求算出幸存者的号码 $J(n)$。例如(图 4.12)，如果 n 是 6，那么 2，4，6 位置上的人在通过圆圈的第一轮就将被消去，而初始位置为 1 和 3 的那些人在第二轮中就会被消去，留下一个初始位置为 5 的唯一幸存者——因此，$J(6) = 5$。再给一个例子，如果 n 是 7，那么 2，4，6，1 位置上的人在第一轮就将被消去(在第一轮中包含 1 会更方便一些)，5 号位置上的人和 3 号位置上的人(方便起见)会在第二轮被消去——因此，$J(7) = 7$。

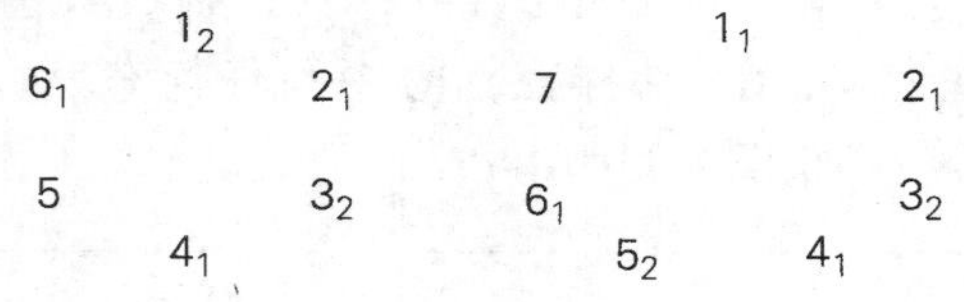

(a) (b)

图 4.12 约瑟夫斯问题的实例：(a)$n = 6$，(b)$n = 7$。下标数字指出了在第几轮操作时该位置上的人被消去。问题的解分别是 $J(6) = 5$，$J(7) = 7$

把奇数 n 和偶数 n 的情况分开来考虑会比较方便一些。如果 n 为偶数，也就是说，$n = 2k$，对整个圆圈处理第一遍之后，生成了同样问题的规模减半的实例。它们的唯一差别是位置的编号。例如，一个初始位置为 3 的人在第 2 轮会处在 2 号位置上，一个初始位置为 5 的人会处在 3 号位置上，以此类推(检验一下图 4.12(a))。很容易发现，为了得到一个人的初始位置，我们只需要将它的新位置乘 2 并减去 1。特别是对幸存者来说，这个关系会保持下去，也就是：

$$J(2k) = 2J(k) - 1$$

现在我们来考虑 n ($n>1$)为奇数的情况，也就是 $n = 2k + 1$。第一轮消去了所有偶数位置上的人。如果我们把紧接着消去的位置 1 上的人也加进来，我们留下了一个规模为 k 的实例。这里，为了得到与新的位置编号相对应的初始位置编号，我们必须把新的位置编号乘 2 再加上 1(检验一下图 4.12(b))。因此，对于奇数 n，我们有

$$J(2k+1) = 2J(k) + 1$$

我们是否能够得到这两个递推式的解的一个闭合式呢(在初始条件为 $J(1) = 1$ 的情况下)？虽然得到这个闭合式需要用到一些比反向替换法更高明的方法，但回答是肯定的。实际上，一种求解方法是应用前向替换法，例如求出 $J(n)$的前 15 个值，找到一个模式，然后应用数学归纳法来证明它在一般情况下的合法性。我们请大家在习题中试一试这个方案。或者，大家也可以查阅[Gra94]，我们遵循的就是它对约瑟夫斯问题的描述。有意思的是，关于闭合式的最优雅的形式涉及规模 n 的二进制表示：我们可以对 n 本身做一次向左的循环移位来得到 $J(n)$！例如，$J(6) = J(110_2) = 101_2 = 5$，而 $J(7) = J(111_2) = 111_2 = 7$。

习题 4.4

1. **切割木棍** 一根 n 英寸长的木棍需要切割成 n 段 1 英寸长的小段。描述以最小切割次数完成该任务的算法。如果一次能切多根木棍，再给出最小切割次数的公式。
2. 设计一个减半算法来计算 $\lfloor \log_2 n \rfloor$，并确定它的时间效率。
3. **a.** 在下面的数组中查找一个键时，折半查找最多需要进行多少次键值比较？

3	14	27	31	39	42	55	70	74	81	85	93	98

   b. 请列出所有这样的键，对于它们，折半查找在查找该数组时，需要进行最多次的键值比较。

　c．在对该数组折半查找成功的前提下，求键值比较的平均次数(假设查找每一个键的概率都是相同的)。

　d．在对该数组折半查找失败的前提下，求键值比较的平均次数(假设查找键位于该数组构成的 14 个区间内的概率都是相同的)。

4．请估计一下，对于一个包含 1 000 000 个元素的有序数组进行成功查找，折半查找比顺序查找平均快多少倍？

5．无论是用数组还是用链表实现一个列表，使用顺序查找的效率都是基本相同的。这对于折半查找来说也成立吗？

6．a．设计一个只使用两路比较的折半查找的版本，例如只用≤和=。可以任选一种语言来实现，并认真地调试：众所周知，这类程序很容易有错误。

　b．对于 **a** 中设计的两路比较算法，分析其时间效率。

7．**猜图片**　一个非常流行的解题游戏是这样的：给选手出示 42 张图片，每行 6 张，共 7 行。选手可以给大家做一些是非题，来确定他要寻找的图片。然后进一步要求选手用尽可能少的问题来确定目标图片。给出解决该问题的最有效的算法，并指出需要提问的最大次数。

8．请考虑**三重查找**(ternary search)——就是下面这个查找有序数组 $A[0..n-1]$的算法：如果 $n=1$，就把数组中的唯一元素和查找键 K 进行比较。否则，通过比较 K 和 $A[\lfloor n/3 \rfloor]$ 来进行递归查找。如果 K 较大，把它和 $A[\lfloor 2n/3 \rfloor]$ 进行比较，以确定在数组的三段中的哪一段中继续查找过程。

　a．该算法是以哪种算法思想为基础的？

　b．为最差情况下的键值比较次数建立一个递推式(我们可以假设 $n=3^k$)。

　c．在 $n=3^k$ 的情况下解该递推式。

　d．将该算法的效率和折半查找的进行比较。

9．一个数组 $A[0..\ n-2]$包含 $n-1$ 个从 1 到 n 的整数(因此在这个范围内缺少一个整数)，元素升序排列。尽你所能设计一个求缺失整数的最有效算法，并说明它的时间效率。

10．a．为假币问题的三分算法写一段伪代码。请确保该算法会正确处理所有的 n 值，而不仅仅是那些 3 的倍数。

　b．为假币问题的三分算法的称重次数建立一个递推关系，并在 $n=3^k$ 的情况下对它求解。

　c．当 n 的值非常大时，该算法要比把硬币分成两堆的算法快多少倍？这个答案应该与 n 无关。

11．a．应用俄式乘法来计算 26×47。

　b．从时间效率的角度看，我们用俄式乘法算法计算 $n \times m$ 和 $m \times n$ 有区别吗？

12．a．为俄式乘法算法编写伪代码。

　b．说明俄式乘法的时间效率类型。

13．求 $J(40)$ ——在 $n=40$ 的情况下，约瑟夫斯问题的解。

14．请证明，对于所有为 2 的乘方的 n 来说，它的约瑟夫斯问题的解是 1。

15．对于约瑟夫斯问题

a．当 $n = 1, 2, \cdots, 15$，计算 $J(n)$。

b．通过观察，从前 15 个 n 值的解中发现一个模式，然后证明它在一般情况下的正确性。

c．有一种做法是将 n 的二进制表示向左循环移一位来得到 $J(n)$，证明它的正确性。

4.5 减可变规模算法

就像本章综述中提到的，在减治法的第三个主要变化形式中，算法在每次迭代时，规模减小的模式都和另一次迭代是不同的。计算最大公约数的欧几里得算法(1.1 节)提供了这类算法的一个非常好的例子。在本节中，我们会遇到这个变化形式的更多例子。

4.5.1 计算中值和选择问题

选择问题(selection problem)是求一个 n 个数列表的第 k 个最小元素的问题。这个数字被称为第 k 个**顺序统计量**(order statistic)。当然，对于 $k = 1$ 或者 $k = n$ 的情况，我们可以只扫描所讨论的列表，然后分别找出最小或者最大的元素。该问题的一个更有意思的情况是在 $k = \lceil n/2 \rceil$ 时，它要求找出这样一个元素，该元素比列表中的一半元素大，又比另一半元素小。这个中间的值被称为**中值**(median)，它在数理统计中是一个非常重要的量。显然，为了找出第 k 个最小的元素，我们可以先把列表进行排序，然后从排序算法的输出中选出第 k 个元素。这样一种算法的运行时间取决于所选用的排序算法的效率。因此，如果使用类似合并排序这样优秀的排序算法，该算法的效率应该属于 $O(n \log n)$。

然而，大家可能会有疑问，对整个列表进行排序是不是有点像杀鸡用牛刀了？因为该问题不是要求我们对整个列表排序，而是要求找出列表的第 k 个最小的元素。的确，我们可以采用**划分**(partitioning)的思路，将一个给定列表根据某个值 p(例如列表的第一个元素)进行划分。一般来说，这是对列表元素的重新整理，使左边部分包含所有小于或等于 p 的元素，紧接着是**中轴**(pivot)p 本身，再接着是所有大于或等于 p 的元素。

有两种主要的划分算法，这里讨论**Lomuto划分**([Ben00]，p. 117)，下一章会介绍更有名的Hoare算法。为了了解Lomuto划分所包含的思想，考虑一个数组——或更一般地，一个子数组$A[l..r]$($0 \leqslant l \leqslant r \leqslant n-1$)，该数组由连续的三段组成。这三段按顺序排在中轴$p$的后面：一段为已知小于$p$的元素，一段为已知大于或等于$p$的元素，还有一段还未同$p$比较过的元素(参见图4.13(a))。请注意，这些段可以为空。例如，在算法开始时，前两段常常是空段。

从$i = l + 1$开始，算法从左到右扫描子数组$A[l..r]$，并保持这个结构直到划分完成。在每一次迭代中，它把未知段中的第一个元素(在图4.13(a)中由扫描索引i指出)与中轴p进行对比。如果$A[i] \geqslant p$，则只要i加1，就扩大了大于等于p元素的段，而同时缩小了未处理的段。如果$A[i] < p$，则小于p元素的段需要扩大。这将通过 s 加1来实现，s指向第一段中最后一个元素，再交换$A[i]$和$A[s]$，然后i加1，使之指向缩小后的未处理段的第一个元素。在未处理

元素为空后(图4.13(b))，算法把中轴与$A[s]$交换，就得到了一个我们所要求的划分(图4.13(c))。

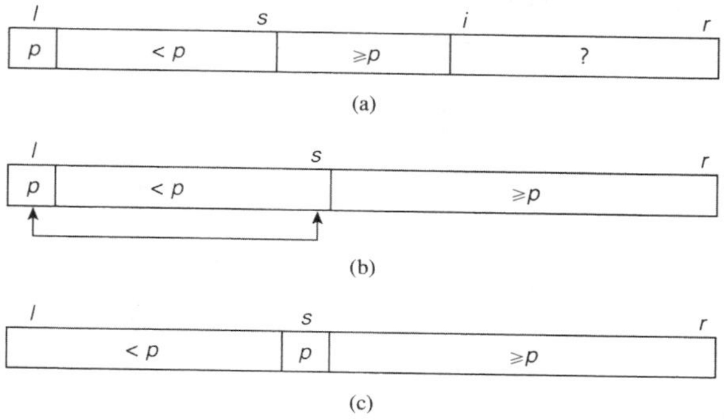

图 4.13　Lomuto 划分示意图

实现上述划分算法的伪代码如下：

```
算法  LomutoPartition(A[l..r])
      //采用 Lomuto 算法，用第一个元素作为中轴对子数组进行划分
      //输入：数组 A[0..n − 1] 的一个子数组 A[l..r]，它由左右两边的索引 l 和 r (l ≤ r)定义
      //输出：A[l..r]的划分和中轴的新位置
      p ← A[l]
      s ← l
      for i ← l + 1 to r do
            if A[i] < p
                  s ← s + 1; swap(A[s], A[i])
      swap(A[l], A[s])
      return s
```

我们如何利用划分列表来寻找其第 k 个最小元素呢？假设列表是以数组实现的，其元素索引从 0 开始，而 s 是划分的分割位置，也就是划分后中轴所在元素的索引。如果 $s = k - 1$，中轴 p 本身显然就是第 k 小的元素，问题得解。如果 $s > k - 1$，整个列表的第 k 小元素就是被划分数组左边部分的第 k 小的元素。而如果 $s < k - 1$，就是数组右边部分的第$(k - s)$小元素。因此，即使我们没有彻底解决该问题，但它的实例规模变得更小了，这个较小实例可以用同样方法来解决，即递归求解。这个算法被称为**快速选择**(quickselect)。

上述用来找数组 $A[0..n - 1]$中第 k 小元素的快速选择算法的伪代码可以描述如下。

```
算法  Quickselect(A[l..r], k)
      //用基于划分的递归算法解决选择问题
      //输入：可排序数组 A[0..n − 1]的子数组 A[l..r]和整数 k (1 ≤ k ≤ r − l + 1)
      //输出：A[l..r]中第 k 小元素的值
      s ←LomutoPartition(A[l..r]) //或者另一个划分算法
      if s = l + k − 1 return A[s]
      else if s > l + k − 1 Quickselect(A[l..s − 1], k)
      else Quickselect(A[s + 1..r], l + k − 1 − s)
```

实际上，该思想也可以不用递归法实现。对于非递归的版本，甚至不需要调整 k 的值，只要一直做到 $s = k - 1$ 为止。

例 利用基于划分的算法找出下面 9 个数列表的中位数：4, 1, 10, 8, 7, 12, 9, 2, 15。这里，$k = \lceil 9/2 \rceil = 5$，而我们的任务是找到数组中第 5 小的元素。

我们使用上述数组划分算法，中轴用粗体字表示。

0	1	2	3	4	5	6	7	8
s	*i*							
4	1	10	8	7	12	9	2	15
	s	*i*						
4	1	10	8	7	12	9	2	15
	s						*i*	
4	1	10	8	7	12	9	2	15
		s					*i*	
4	1	2	8	7	12	9	10	15
		s						*i*
4	1	2	8	7	12	9	10	15
2	1	**4**	8	7	12	9	10	15

因为 $s = 2$ 小于 $k - 1 = 4$，我们处理数组的右边部分。

0	1	2	3	4	5	6	7	8
			s	*i*				
			8	7	12	9	10	15
				s	*i*			
			8	7	12	9	10	15
				s				*i*
			8	7	12	9	10	15
			7	**8**	12	9	10	15

现在 $s = k - 1 = 4$，因此就可以停止了：找到的中位数是 8，它大于 2，1，4，7，但是小于 12，9，10，15。

快速选择的效率如何？对一个n元素数组进行划分总是要$n-1$次键值比较。如果不需要更多迭代就能得到分割位置而使问题得解，在这种最好情况下，有 $C_{\text{best}}(n) = n - 1 \in \Theta(n)$ 。但不幸的是，算法有可能对给定数组产生一个极度不平衡的划分，这个划分的一部分是空而另一部分包含$n-1$个元素。在最坏情况下，$n-1$次迭代的每一次都会出现这种情况(一个具体的最坏输入的例子，可以考虑$k = n$并且数组严格递增的情况)。这意味着：

$$C_{\text{worst}}(n) = (n-1) + (n-2) + \cdots + 1 = (n-1)n/2 \in \Theta(n^2)$$

这与我们在选择问题中一开始讨论的直接基于排序的方法相比更糟糕。因此，基于划分的算法的实用性依赖于其平均情况下的效率。幸运的是，一个严密的数学分析已经表明基于划分的算法在平均情况下的效率是线性的。实际上，计算机科学家发现了一种更加复杂的算法，用于在快速选择中选出中轴，其在最坏情况下也能保持线性时间效率([Blo73])，但它太复杂了，所以不推荐进行实际应用。

还值得注意的是，基于划分的算法解决了一种更一般性的问题，即得出了给定列表的k个最小元素和$n-k$个最大元素，而不仅仅是列表的第k小元素的值。

4.5.2　插值查找

作为减可变规模算法的下一个例子，我们考虑一个查找有序数组的算法，它被称为**插值查找**(interpolation search)。不同于折半查找总是把查找键和给定有序数组的中间元素进行比较(也因此把问题的规模消减了一半)，插值查找为了找到用来和查找键进行比较的数组元素，考虑了查找键的值。在某种意义上，这个算法模仿了我们在电话号码簿上查找名字的方式。如果我们找的人名字叫 Brown，我们不会翻到号码簿的中间，而是翻到很靠近开头的地方，总之，和我们查找 Smith 时的动作是不同的。

更精确地来说，如果某次迭代处理的是数组中最左边的元素 $A[l]$和最右边的元素 $A[r]$之间的一部分，该算法假设该数组的值是线性递增的，也就是说，沿着穿越点$(l, A[l])$和点$(r, A[r])$的直线分布的。(这个假设的精确度会影响该算法的效率，但不会影响算法的正确性。)因此，和查找键进行比较的元素下标实际上是一个点的 x 坐标(向下取整)，这个点位于穿越点$(l, A[l])$和点$(r, A[r])$的直线上，该点的 y 坐标等于查找键的值 v (图 4.14)。

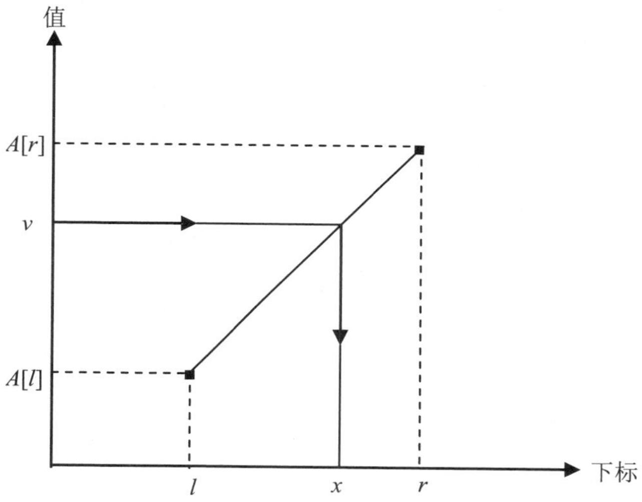

图 4.14　如何在插值查找中确定下标值

写下一个穿越点$(l, A[l])$和点$(r, A[r])$直线的标准方程，把 v 代入 y，然后对它求 x，导出了下面的公式：

$$x = l + \left\lfloor \frac{(v - A[l])(r - l)}{A[r] - A[l]} \right\rfloor \tag{4.6}$$

这个方法所依赖的逻辑也很简单。我们知道从 $A[l]$到 $A[r]$的数组值是递增的(更精确地说，是非递减的)，但我们不知道它们是怎样递增的。如果该数组的值是线性递增的，这就是一种最简单的方式，由公式(4.4)计算出来的下标就是和 v 相等的数组元素的期望位置。当然，如果 v 不在 $A[l]$和 $A[r]$之间，我们不必应用公式(4.4)(为什么？)。

在比较了 v 和 $A[x]$之后，该算法要么停止(如果它们相等)，要么以同样的方式继续对数组的元素进行处理。这些元素的下标要么在 l 和 $x-1$ 之间，要么在 $x+1$ 和 r 之间，这取决

于 $A[x]$是小于 v 还是大于 v。这样，该问题实例的规模被消减了，但我们无法事先说出会消减多少。

对该算法的效率分析表明，在查找一个包含 n 个随机键的列表时，平均来说，插值查找的键值比较次数要小于 $\log_2 \log_2 n + 1$ 次。这个函数增长得如此之慢，以至于对于所有实际可能的输入来说，它的比较次数都会是一个非常小的常数(参见本节习题第 6 题)。但在最坏的情况下，插值查找的效率也不过是线性的，人们一定会认为这是一种糟糕的性能(为什么？)。

罗伯特·塞奇威克(Robert Sedgewick)在 *Algorithms* 的第 2 版中对插值查找与折半查找的效率进行了对比，认为对于较小的文件，折半查找可能更好，但对于更大的文件和那些比较的开销非常大或者访问的成本非常高的应用，插值查找更值得考虑。请注意，在 12.4 节中，我们会讨论插值查找的一个连续版本，它也可以看作减可变规模算法的另一个例子。

4.5.3 二叉查找树的查找和插入

让我们来重温一下二叉查找树。请回忆一下，这种二叉树的节点包含了可排序项集合中的元素，每个节点一个元素，并使得对于每个节点来说，所有左子树的元素都小于子树根节点的元素，所有右子树的元素都大于子树根节点的元素。当我们要在这样一棵树中查找一个给定值为 v 的元素时，我们递归应用下面的做法。如果这棵树为空，则查找以失败告终。如果这棵树不为空，我们把 v 和该树的根 $K(r)$进行比较。如果它们相等，我们找到了想找的元素，查找也可以停止了；如果它们不相等，当 $v < K(r)$时，我们在左子树中继续查找，当 $v > K(r)$时，我们在右子树中继续查找。这样，在算法的每次迭代中，查找一棵二叉查找树的问题，简化为查找一棵更小的二叉查找树。一棵查找树的规模的最佳度量标准就是树的高度。显然，在二叉树的查找中，从一次迭代到另一次迭代，树的高度的减少通常都不相同——这给了我们一个很好的关于减可变规模算法的例子。

在二叉树查找的最坏情况下，这棵树是严重歪斜的。如果在构造这棵树时，我们连续插入键的一个递增序列或递减序列(图 4.15)，这种情况就会出现。

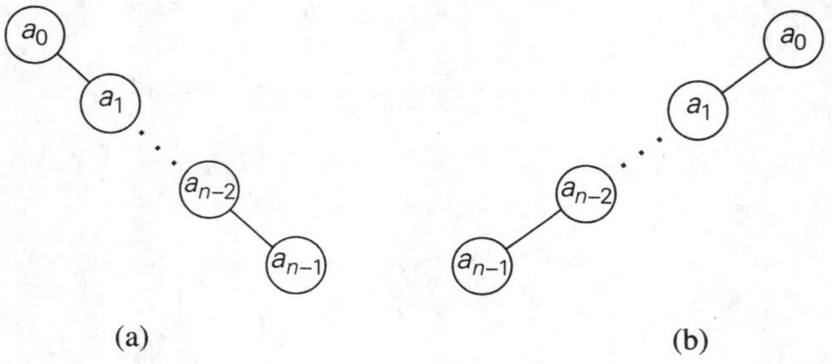

图 4.15 (a)键值为递增序列的二叉查找树，(b)键值为递减序列的二叉查找树

显然，在这样一棵树中查找 a_{n-1} 需要进行 n 次比较，使得查找操作的最差效率降为 $\Theta(n)$。幸运的是，它的平均效率则是 $\Theta(\log n)$。更精确地来说，查找一棵由 n 个随机键构造起来的二叉查找树所需的键值比较次数大约是 $2\ln n \approx 1.39\log_2 n$。因为把新的键插入二叉查找树的操作基本上和查找到那个地方是相同的，这个操作也可以作为减可变规模算法的

一个例子，而且它和查找操作的效率特性是相同的。

4.5.4　拈游戏

有许多著名的游戏都有下列特性：有两个玩家轮流走，游戏中没有随机性或者隐藏的信息，所有玩家都知道游戏的所有信息。这种游戏是公平的：同样的局面，每个玩家都有同样的可选走法，每种步数有限的走法都会形成同样游戏的一个较小实例。游戏以其中一位玩家的获胜而告终(不存在平局)，最后一位能够移动的玩家就是胜者。

这类游戏的一个原型实例是**拈游戏**(Nim)。一般来说，该游戏中会有若干堆棋子，但我们先来考虑单堆棋子的版本。因此，现在只有一堆 n 个棋子。两个玩家轮流从堆中拿走最少 1 个、最多 m 个棋子。每次拿走的棋子数都可以不同，但能够拿走的上下限数量是不变的。如果每个玩家都做出了最佳选择，哪个玩家能够胜利拿到最后那个棋子？是先走的还是后走的？

假设玩家明白制胜策略，让我们先来看看在什么局面下，接下来走的玩家是必胜的。也就是说，经过一系列步骤之后出现了这样一个局面，无论对方再怎么走，他都会赢。再来看看在什么局面下，接下来走的玩家是必输的，即无论他怎么走，都会给对方造成一个必赢的局面。确定胜局和败局的标准方法是先研究一下较小的 n 值。认为 $n=0$ 是败局是合乎逻辑的，因为接下来要走的人变成了第一个无路可走的玩家。任何$1 \leqslant n \leqslant m$ 棋子的实例显然都是胜局(为什么？)。$n=m+1$ 的实例是败局，因为合法拿走任意数量的棋子都会把对方推入胜局(参见图 4.16 在 $m=4$ 时的一个演示)。任何 $m+2 \leqslant n \leqslant 2m+1$ 棋子的实例都是胜局，因为走一步之后就可以留给对方 $m+1$ 个棋子，而那是一个败局；$2m+2=2(m+1)$ 是下一个败局，以此类推。我们不难看出这样一个可以用数学归纳法严格证明的模式：当且仅当 n 不是 $m+1$ 的倍数时，n 个棋子的实例是一个胜局。胜利的策略是在每次拿走 $n \bmod (m+1)$个棋子；如果背离这个策略，则会把胜局留给对手。

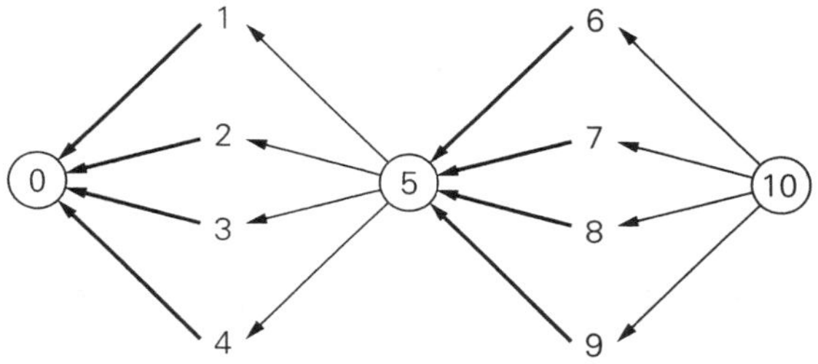

图 4.16　单堆拈游戏，每次能够拿走的最大棋子数 $m=4$。图中的数字表示堆中的棋子数 n。败局用圆圈表示，在胜局下出的致胜步用粗箭头表示

单堆拈游戏其实很早就有了。具体来说是 1612 年，以**求和游戏**(summation game)的形式出现在最早出版的一本关于趣味数学的书中，作者是克劳德-加斯珀·巴协(Claude-Gaspar Bachet)，他是法国贵族和数学家。该游戏要求：一个玩家选择一个小于某数(例如 10)的正整数，然后他和他的对手轮流加上任意一个小于 10 的正整数，第一个正好加到 10 的玩家就是胜者([Dud70])。

一般来说，拈游戏包含 $I>1$ 堆棋子，每堆的棋子数分别是 n_1，n_2，…，n_I。每次走的时候，玩家可以从任意一堆棋子中拿走任意允许数量的棋子，甚至可以把一堆都拿光。游戏的目的还是同样的——成为最后一个还能走的玩家。注意，对于 $I=2$ 来说，比较容易算出谁能赢、如何赢。给大家一个提示：对于 $n_1=n_2$ 的实例和 $n_1 \neq n_2$ 的实例来说，答案是不同的。

一般形式的拈游戏的解非常出人意料，因为它竟然基于堆中棋子数的二进制表示。b_1，b_2，…，b_I 分别是各堆棋子数的二进制表示。计算它们的**二进制数位和**(binary digital sum)，也称为**拈和**(nim sum)，即对每一位分别求和并忽略进位(换句话说，如果加数中第 i 位的 1 是偶数，和中的二进制位 s_i 是 0，如果 1 是奇数，则是 1)。可以证实，当且仅当二进制数位和中包含至少一个 1 时，该实例是一个胜局；相应地，当且仅当二进制数位和只包含 0 时，拈游戏的实例是一个败局。例如，对于最常玩的 $n_1=3$，$n_2=4$，$n_3=5$ 游戏实例来说，它的拈和是

$$\begin{array}{c}011\\100\\\underline{101}\\010\end{array}$$

因为该和包含一个 1，该实例对于先走的玩家来说，是一个胜局。要找到该胜局的一个胜手，玩家需要改变三个位串中的一个，使得新的二进制数位和仅包含 0。不难看出，为了做到这一点，我们只有从第一堆中拿走两个棋子。

拈游戏的这一精巧解法是 100 多年前哈佛大学数学教授鲍顿(C. L. Bouton)发现的。从那以后，数学家们对这类游戏演化出一个更具一般性的理论。在伯利坎普(E. R. Berlekamp)、康威(J. H. Conway)和盖伊(R. K. Guy)的专著中([Ber03])，对该理论做了一个很好的介绍，同时还对许多特定游戏应用了该理论。

习题 4.5

1. **a**. 如果我们用第二个参数 n 的规模来度量 m 和 n 的最大公约数问题的实例规模，在用欧几里得算法计算 gcd (m, n)时，实例的规模会消减多少？
   b. 请证明，在欧几里得算法做了两次连续的迭代以后，实例的规模总是会至少消去一个大于 2 的因子。
2. 应用快速选择算法求数列 9, 12, 5, 17, 20, 30, 8 的中位数。
3. 请写出非递归快速选择算法的伪代码。
4. 推导插值查找算法的公式。
5. 给出插值查找最差输入的一个例子，并说明该算法在最差情况下是线性的。
6. **a**. 为了使 $\log_2 \log_2 n+1$ 大于 6，n 的最小值是多少？
   b. 下列断言中哪些是正确的？
   i. $\log\log n \in o(\log n)$ **ii.** $\log\log n \in \Theta(\log n)$ **iii.** $\log\log n \in \Omega(\log n)$
7. **a**. 描述一个在二叉查找树中寻找最大键的算法。你会把你的算法归类为减可变规模算法吗？
   b. 你的算法在最坏情况下的效率类型是哪一种？

8. **a.** 描述一个在二叉查找树中删除一个键的算法。你会把你的算法归类为减可变规模算法吗？

b. 你的算法在最坏情况下的效率类型是哪一种？

9. 对于所有顶点连通度都是偶数的连通图，给出构造其欧拉回路的减可变规模算法。

10. **另类单堆拈游戏**　请考虑这个另类的单堆拈游戏，它规定谁拿走最后一个棋子就输了。该游戏的其他条件都不变，即该堆棋子有 n 个，每次每个玩家最多拿走 m 个，最少拿走 1 个棋子。请指出该游戏的胜局和败局(对于接下来要走的玩家来说)是怎样的？

11. **a.** **坏巧克力**　两个玩家轮流掰一块 $m \times n$ 格的巧克力，其中一块 1×1 的小块是坏的。每次掰只能顺着方格的边界，沿直线一掰到底。每掰一次，掰的人把两块中不含坏巧克力的那块吃掉，谁碰到最后那块坏巧克力就算输了。在这个游戏中，先走好还是后走好？

b. 写一个互动程序，让大家可以和计算机玩这个游戏。这个程序在胜局应该走出致胜一步，在败局中则只要随机下出合规的一步就好。

12. **翻薄饼**　有 n 张大小各不相同的薄饼，一张叠在另一张上面。允许大家把一个翻板插到一个薄饼下面，然后可以把板上面的这叠薄饼翻个身。我们的目标是根据薄饼的大小重新安排它们的位置，最大的饼要放在最下面。大家可以在网站“Interactive Mathematics Miscellany and Puzzles”(交互式的数学杂题和智力游戏)上找到该游戏的一个动态演示([Bog])。设计一个算法来解这个谜题。

13. 假设需要在一个 $n \times n$ 矩阵中搜索一个给定数字，该矩阵每行每列都按升序排列。你能为这个问题设计一个 $O(n)$算法吗？([Laa10])

小　　结

- **减治法**是一种一般性的算法设计技术，它利用了一个问题给定实例的解和同样问题较小实例的解之间的关系。一旦建立了这样一种关系，我们既可以自顶至下(递归)也可以自底至上地运用这种关系。
- 减治方法有 3 种主要的变化形式：
  - **减一个常量**，常常是减一(例如插入排序)。
  - **减一个常因子**，常常是减去因子 2(例如折半查找)。
  - **减可变规模**(例如欧几里得算法)。
- **插入排序**是减(减一)治技术在排序问题上的直接应用。无论在平均情况还是最差情况下，它都是一个 $\Theta(n^2)$ 的算法，但在平均情况下的效率大约要比最差情况快一倍。该算法一个较为出众的优势在于，对于几乎有序的数组，它的性能是很好的。
- 一个**有向图**是一个对边指定了方向的图。拓扑排序要求按照这种次序列出它的顶点，使得对于图中每一条边来说，边的起始顶点总是排在边的结束顶点之前。当且仅当有向图是一个**无环有向图(不包含回路的有向图)**时，该问题有解，也就是说，它不包含有向的回路。

- 解决拓扑排序问题有两种算法。第一种算法基于深度优先查找，第二种算法基于减一技术的直接应用。
- 在设计生成基本组合对象的算法时，减一技术是一种非常自然的选择。这类算法中最高效的类型是最小变化算法。然而，组合对象的数量增长得如此之快，使得实际应用中，即使最高效的算法也只能用来解决这类问题的一些非常小的实例。
- 折半查找是一种非常有效的搜索有序数组的算法。它是减常因子算法的一个重要例子。其他例子包括：平方求幂、天平选假币、俄式乘法以及约瑟夫斯问题。
- 对于某些基于减治技术的算法，在算法的一次迭代和另一次迭代时消减的规模是变化的。这种**减可变规模**算法的例子包括欧几里得算法、**选择问题**的基于划分的算法、**插值查找**和二叉查找树中的查找及插入操作。我们还以拈游戏为例介绍了这样一种游戏，它们是通过一系列步骤来完成游戏的，每一步都使该游戏变成一个更小的实例。

第5章 分 治 法

一个人无论在祈祷什么，他祈祷的都只不过是一个奇迹。所有祈祷文无非都是一个意思：“伟大的上帝啊，请使二乘二不等于四吧!”①

——伊万·屠格涅夫

分治法可能是最著名的通用算法设计技术了。虽然它的名气可能和它那好记的名字有关，但它的确是当之无愧的：很多非常有效的算法实际上就是这个通用算法的特殊实现。其实，分治法是按照以下方案工作的。

(1) 将一个问题划分为同一类型的若干子问题，子问题最好规模相同。

(2) 对这些子问题求解(一般使用递归方法，但在问题规模足够小时，有时也会利用另一个算法)。

(3) 有必要的话，合并这些子问题的解，以得到原始问题的答案。

分治法的流程可以参见图 5.1，该图描述的是将一个问题划分为两个较小子问题的例子，也是最常见的情况(至少那些设计运行在单 CPU 机器上的分治算法是这样的)。

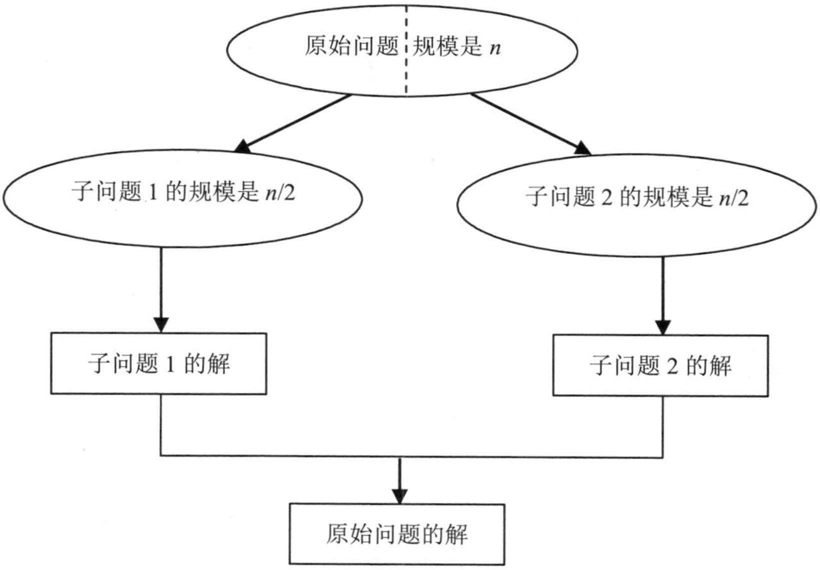

图 5.1 分治技术(典型情况)

作为一个例子，让我们假设待解问题是计算 n 个数字 a_0，…，a_{n-1} 的和。如果 $n>1$，我们可以把该问题分解为它的两个实例：计算前 $\lfloor n/2 \rfloor$ 个数字的和以及计算后 $\lceil n/2 \rceil$ 个数字的和。(当然，如果 $n=1$，我们简单地返回 a_0 作为问题的答案。)一旦这两个和都被计算出

① 引自俄国作家和短篇小说家伊万·屠格涅夫(1818—1883)所著的《散文诗·祈祷》。

来(通过递归应用上述方法)，我们就可以把这两个和相加，来得到原始问题的答案。

$$a_0+\cdots+a_{n-1}=(a_0+\cdots+a_{\lfloor n/2\rfloor-1})+(a_{\lfloor n/2\rfloor}+\cdots+a_{n-1})$$

这是不是一个计算 n 个数和的高效办法呢？片刻的沉思(这怎么会比蛮力求和效率更高呢？)、一个求和的小例子(例如用该算法做 4 个数的加法)、一个正式的分析(参见下文)以及常识(我们不会这样加的，不是吗？)都会对这个问题做出否定的回答①。

因此，不是所有的分治算法都一定要比蛮力法更高效。但是，通常我们向算法女神所做的祈祷——参见本章的引语——都得到了回应，因而，使用分治法所用的时间往往比其他方法要少。实际上，分治法孕育了计算机科学中许多最重要和最有效的算法。这一章中我们要讨论这类算法的许多经典例子。虽然我们这里只考虑顺序算法，但要知道，分治法对于并行计算是非常理想的，因为各个子问题都可以由各自的 CPU 同时计算。

就像前面提到的，在分治法最典型的运用中，问题规模为 n 的实例被划分为两个规模为 $n/2$ 的实例。更一般的情况下，一个规模为 n 的实例可以划分为 b 个规模为 n/b 的实例，其中 a 个实例需要求解(这里，a 和 b 是常量，$a\geqslant 1$，$b>1$)。为了简化分析，我们假设 n 是 b 的幂，对于算法的运行时间 $T(n)$，我们有下列递推式：

$$T(n)=aT(n/b)+f(n) \tag{5.1}$$

其中，$f(n)$是一个函数，表示将问题分解为小问题和将结果合并起来所消耗的时间(对于求和的例子来说，$a = b = 2$，$f(n) = 1$)。递推式 5.1 被称为**通用分治递推式**(general divide-and-conquer recurrence)。显然，$T(n)$的增长次数取决于常量 a 和 b 的值以及函数 $f(n)$ 的增长次数。在分析许多分治算法的效率时，可以应用下列定理来大大简化我们的工作(参见附录 B)。

主定理 如果在递推式(5.1)中 $f(n)\in\Theta(n^d)$，其中 $d\geqslant 0$，那么：

$$T(n)\in\begin{cases}\Theta(n^d) & 当a<b^d时\\ \Theta(n^d\log n) & 当a=b^d时\\ \Theta(n^{\log_b a}) & 当a>b^d时\end{cases}$$

(对 O 和 Ω 符号来说类似的结论也是成立的。)

例如，对于上面的分治求和算法，当输入规模为 $n = 2^k$时，加法运算次数 $A(n)$可以用下面的递推式表示：

$$A(n)=2A(n/2)+1$$

因此，对该例子来说，$a=2$，$b=2$，$d=0$。这样一来，因为 $a>b^d$，

$$A(n)\in\Theta(n^{\log_b a})=\Theta(n^{\log_2 2})=\Theta(n)$$

注意，通过这个定理，无需对递推式求解，就可以知道该解法的效率类型。但显然，

---

① 实际上，分治算法，也称成对求和，可有效减小数字相加后的累积舍入误差，因为实数在数字计算机中只能近似表示。([Hig93])

这种方法仅仅能够求出一个解法的增长次数，其乘法常量是未知的。但已知初始条件，解递推关系其实可以得到一个精确解(至少对 n 是 b 的乘方的情况来说是这样的)。

还需要指出的是，如果 $a=1$，递推式 5.1 退化为第 4 章讨论的减常因子算法。实际上，有人认为这类算法是分治法的一个变化形式，例如二项查找算法中，规模减半的两个子问题只有一个需要解决。但最好还是把减常因子算法和分治法作为两种不同的算法设计范式。

5.1　合并排序

合并排序是成功应用分治技术的一个完美例子。对于一个需要排序的数组 $A[0..n-1]$，合并排序把它一分为二：$A[0..\lfloor n/2 \rfloor -1]$ 和 $A[\lfloor n/2 \rfloor ..n-1]$，并对每个子数组递归排序，然后把这两个排好序的子数组合并为一个有序数组。

```
算法  Mergesort(A[0..n − 1])
      //递归调用 mergesort 来对数组 A[0..n − 1] 排序
      //输入：一个可排序数组 A[0..n − 1]
      //输出：非降序排列的数组 A[0..n − 1]
      if n > 1
          copy A[0..⌊n/2⌋−1] to B[0..⌊n/2⌋−1]
          copy A[⌊n/2⌋..n−1] to C[0..⌈n/2⌉−1]
          Mergesort(B[0..⌊n/2⌋−1])
          Mergesort(C[0..⌈n/2⌉−1])
          Merge(B, C, A) //参见下文
```

对两个有序数组的**合并**(merging)可以通过下面的算法完成。初始状态下，两个指针(数组下标)分别指向两个待合并数组的第一个元素。然后比较这两个元素的大小，将较小的元素添加到一个新创建的数组中。接着，被复制数组中的指针后移，指向该较小元素的后继元素。上述操作一直持续到两个数组中的一个被处理完为止。然后，在未处理完的数组中，剩下的元素被复制到新数组的尾部。

```
算法  Merge(B[0..p − 1], C[0..q − 1], A[0..p + q − 1])
      //将两个有序数组合并为一个有序数组
      //输入：两个有序数组 B[0..p − 1]和 C[0..q − 1]
      //输出：A[0..p + q − 1]中已经有序存放了 B 和 C 中的元素
      i ← 0; j ← 0; k ← 0
      while i < p and j < q do
          if B[i] ≤ C[j]
              A[k] ← B[i]; i ← i+1
          else A[k] ← C[j]; j ← j+1
          k ← k+1
      if i = p
          copy C[j..q−1] to A[k..p+q−1]
      else copy B[i..p−1] to A[k..p+q−1]
```

图 5.2 演示的是用合并排序算法对数列 8, 3, 2, 9, 7, 1, 5, 4 进行排序的操作过程。

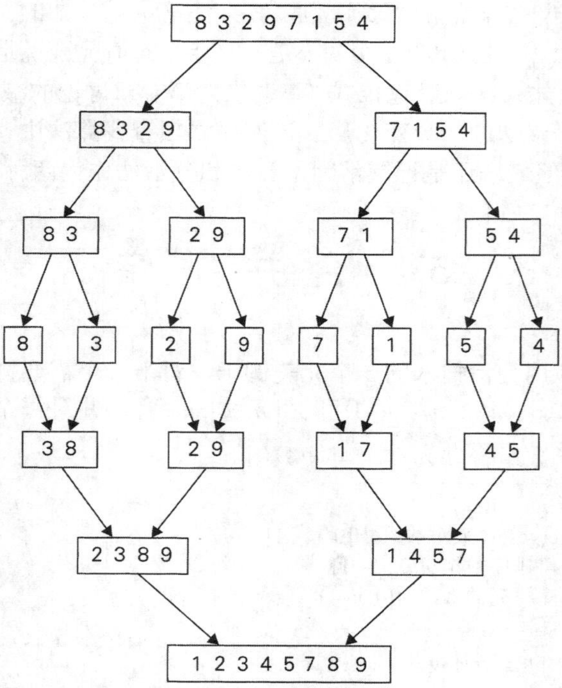

图 5.2　合并排序的例子

合并排序算法的效率如何呢？为简单起见，我们假设 n 是 2 的乘方，那么键值比较次数 $C(n)$的递推关系式为：

$$\text{当} n>1 \text{时，} C(n)=2C(n/2)+C_{\text{merge}}(n)\text{，}\quad C(1)=0$$

我们来分析一下 $C_{\text{merge}}(n)$，即合并阶段进行键值比较的次数。我们每做一步，都要进行一次比较，比较之后，两个数组中尚需处理的元素总个数减 1。在最坏的情况下，无论哪个数组都不会为空，除非另一个数组只剩下最后一个元素(举例来说，最小的元素轮流来自于不同的数组)。因此，对于最坏情况来说，$C_{\text{merge}}(n) = n - 1$，我们得到下面这个递推式：

$$\text{当} n>1 \text{时，} C_{\text{worst}}(n)=2C_{\text{worst}}(n/2)+n-1\text{，}\quad C_{\text{worst}}(1)=0$$

因此，根据主定理，$C_{\text{worst}}(n)\in\Theta(n\log n)$。(为什么？)实际上，如果 $n = 2^k$，我们很容易求得该最差效率递推式的精确解：

$$C_{\text{worst}}(n)=n\log_2 n-n+1$$

合并排序在最坏情况下的键值比较次数十分接近基于比较的排序算法在理论上能够达到的最少次数①。当 n 很大时，在平均情况下，合并排序算法比较的次数是要小于 $0.25n$ 次的(参见[Gon91]，p. 173)，因此效率也属于 $\Theta(n\log n)$。相比后面将要讨论的两个高级排序算法——快速排序和堆排序，合并排序的一个显著优点在于其稳定性(参见本节习题第 7

① 就像我们会在 11.2 节中看到的，这个理论上的最小值是 $\lceil \log_2 n! \rceil \approx \lceil n\log_2 n-1.44n \rceil$。

题)。合并排序的主要缺点就是该算法需要线性的额外空间。虽然合并排序也能做到“在位”，但会导致算法过于复杂，从而只具有理论上的意义。

合并排序有两类主要的变化形式。首先，算法可以自底向上合并数组的一个个元素对，然后再合并这些有序对，依此类推(如果元素数量不是 2 的幂，算法效率也没有质的变化)。这就避免了使用堆栈处理递归调用时的时间和空间开销。其次，可以把数组划分为待排序的多个部分，再对它们递归排序，最后将其合并在一起。这个方案尤其适合对存放在二级存储空间的文件进行排序，也被称为**多路合并排序**(multiway mergesort)。

习题 5.1

1. **a.** 为一个分治算法编写伪代码，该算法求一个 n 元素数组中最大元素的位置。
b. 如果数组中的若干个元素都具有最大值，该算法的输出是怎样的呢？
c. 建立该算法的键值比较次数的递推关系式并求解。
d. 请将该算法与解同样问题的蛮力算法做一个比较。

2. **a.** 为一个分治算法编写伪代码，该算法同时求出一个 n 元素数组的最大元素和最小元素的值。
b. 假设 $n=2^k$，为该算法的键值比较次数建立递推关系式并求解。
c. 请将该算法与解同样问题的蛮力算法做一个比较。

3. **a.** 为一个分治算法编写伪代码，该算法用来计算指数函数 a^n 的值，其中 $a>0$，n 是一个正整数。
b. 建立该算法执行的乘法次数的递推关系式并求解。
c. 请将该算法与解同样问题的蛮力算法做一个比较。

4. 我们在第 2 章中讨论算法设计和分析的框架时，曾经提到过，在分析算法效率类型的大多数情况下，对数的底是可以忽略的。对于主定理中两个包含对数的断言来说，这个论点也成立吗？

5. 求下列递推式的解的增长次数。
a. $T(n)=4T(n/2)+n$， $T(1)=1$
b. $T(n)=4T(n/2)+n^2$， $T(1)=1$
c. $T(n)=4T(n/2)+n^3$， $T(1)=1$

6. 应用合并排序将序列 E, X, A, M, P, L, E 按照字母顺序排序。

7. 合并排序是一个稳定的排序算法吗？

8. **a.** 对合并排序的最差键值比较次数的递推关系式求解(可以假设 $n=2^k$)。
b. 建立合并排序的最优键值比较次数的递推关系式，并对 $n=2^k$ 的情况求解。
c. 对于 5.1 节给出的合并排序算法，建立它的键值移动次数的递推关系式。考虑了该算法的键值移动次数之后，是否会影响它的效率类型呢？

9. $A[0..n-1]$ 是一个 n 个不同实数构成的数组。如果 $i<j$，但是 $A[i]>A[j]$，则这对元素($A[i], A[j]$)被称为一个**倒置**(inversion)。设计一个 $O(n\log n)$ 算法来计算数组中的倒置数量。

10. 任意选择一种语言实现自底向上的合并排序版本。

11. Tromino 谜题 Tromino(更准确地说是“右 Trominio”)是一个由棋盘上的三个 1×1 方块组成的 L 型骨牌。我们的问题是，如何用 Tromino 覆盖一个缺少了一个方块(可以在棋盘上的任何位置)的 $2^n \times 2^n$ 棋盘。除了这个缺失的方块，Tromino 应该覆盖棋盘上的所有方块，Tromino 可以任意转向但不能有重叠([Gol94])。

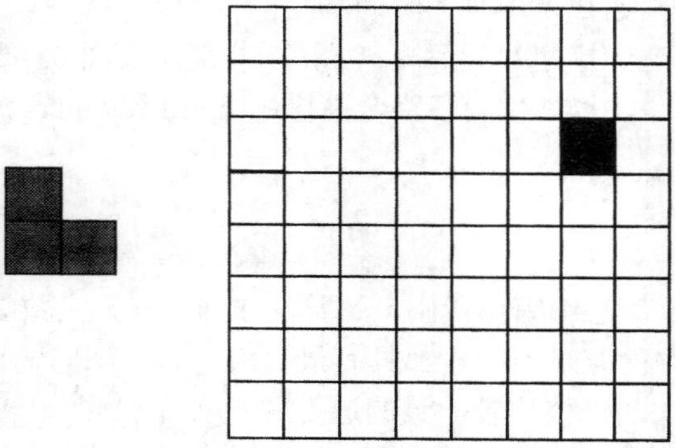

为此问题设计一个分治算法。

5.2 快速排序

快速排序是另一种基于分治技术的重要排序算法。不像合并排序是按照元素在数组中的位置对它们进行划分，快速排序按照元素的值对它们进行划分。我们在 4.5 节中讨论选择问题时介绍过数组划分的思想了。划分是对给定数组中的元素的重新排列，使得 $A[s]$左边的元素都小于等于 $A[s]$，而所有 $A[s]$右边的元素都大于等于 $A[s]$。

$$\underbrace{A[0]\cdots A[s-1]}_{\text{都小于等于}A[s]}\ A[s]\ \underbrace{A[s+1]\cdots A[n-1]}_{\text{都大于等于}A[s]}$$

显然，建立了一个划分以后，$A[s]$已经位于它在有序数组中的最终位置，接下来我们可以继续对 $A[s]$前和 $A[s]$后的子数组分别进行排序(例如，使用同样的方法)。注意，它与合并排序的不同之处在于：在合并排序算法中，将问题划分成两个子问题是很快的，算法的主要工作在于合并子问题的解；而在快速排序中，算法的主要工作在于划分阶段，而不需要再去合并子问题的解了。

下面是快速排序算法的伪代码。

```
算法 Quicksort(A[l..r])
    //用 Quicksort 对子数组排序
    //输入：数组 A[0..n-1]中的子数组 A[l..r]，由左右下标 l 和 r 定义
    //输出：非降序排列的子数组 A[l..r]
    if l < r
        s ← Partition (A[l..r]) //s 是分裂位置
        Quicksort(A[l..s-1])
        Quicksort(A[s+1..r])
```

作为一种划分算法，我们当然可以使用 4.5 节讨论的 Lomuto 划分，也可使用由霍尔(C.

A. R. Hoare)提出的更复杂的方法来划分数组 $A[0..n-1]$，或者，更一般地来说，是划分它的子数组 $A[l..r]$(其中 $0\leqslant l\leqslant r\leqslant n-1$)。霍尔是英国杰出的计算机科学家，快速排序算法的发明者①。与以前一样，我们要选择一个中轴，接下来会根据该元素的值来划分子数组。选择中轴有许多不同的策略，当我们分析该算法的效率时，我们会回到这个话题。现在，我们只使用最简单的策略——选择子数组的第一个元素，即 $p=A[l]$。

与 Lomuto 算法不同的是，我们将分别从子数组的两端进行扫描，并且将扫描到的元素与中轴相比较。从左到右的扫描(下面用指针 i 表示)从第二个元素开始。因为我们希望小于中轴的元素位于子数组的左半部分，扫描会忽略小于中轴的元素，直到遇到第一个大于等于中轴的元素才会停止。从右到左的扫描(下面用指针 j 表示)从最后一个元素开始。因为我们希望大于中轴的元素位于子数组的右半部分，扫描会忽略大于中轴的元素，直到遇到第一个小于等于中轴的元素才会停止。(为什么当遇到与中轴元素相等的元素时值得停止扫描？因为当遇到有很多相同元素的数组时，这个方法可以将数组分得更加平均，从而使算法运行得更快。如果我们遇到相等元素时继续扫描，对于一个具有 n 个相同元素的数组来说，划分后得到的两个子数组的长度可能分别是 $n-1$ 和 0，从而在扫描了整个数组后只将问题的规模减 1。)

两次扫描全部停止以后，取决于扫描的指针是否相交，会发生 3 种不同的情况。如果扫描指针 i 和 j 不相交，也就是说 $i<j$，我们简单地交换 $A[i]$和 $A[j]$，再分别对 i 加 1，对 j 减 1，然后继续开始扫描。

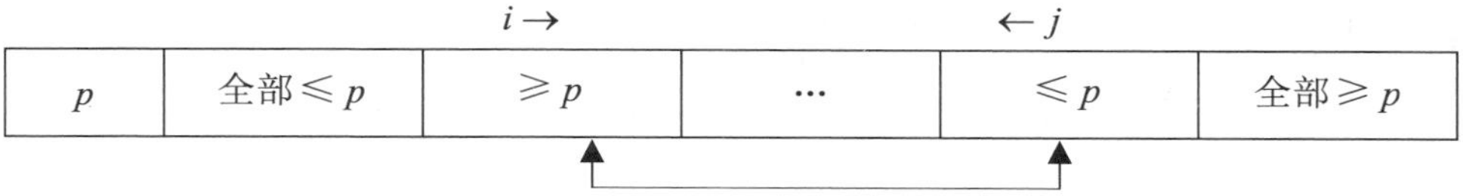

如果扫描指针相交，也就是说 $i>j$，把中轴和 $A[j]$交换以后，我们得到了该数组的一个划分。

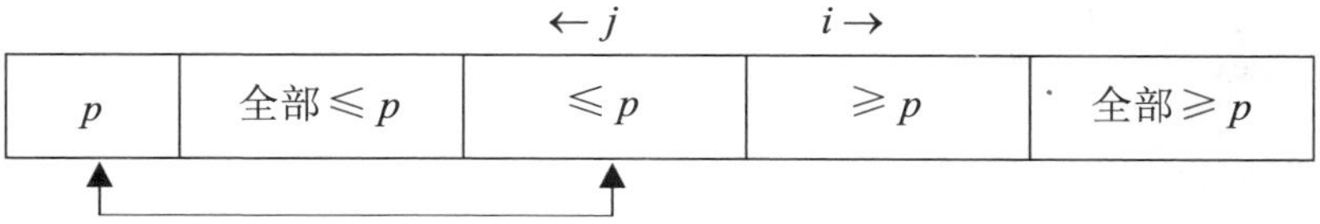

最后，如果扫描指针停下来时指向的是同一个元素，也就是说 $i=j$，被指向元素的值一定等于 p。(为什么？)因此，我们建立了该数组的一个划分，分裂点的位置 $s=i=j$。

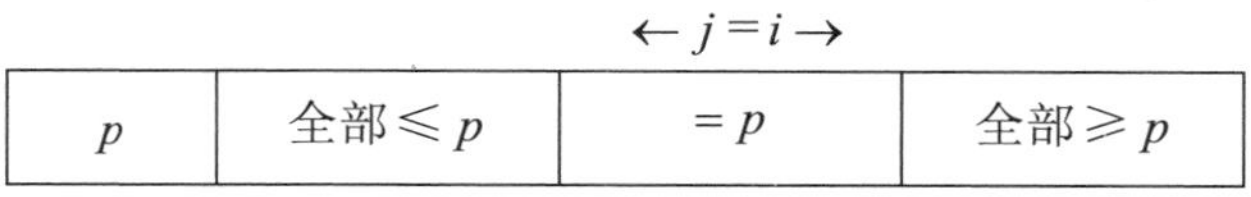

我们可以把第三种情况和指针相交的情况($i>j$)结合起来，只要 $i\geqslant j$，就交换中轴和 $A[j]$的位置。

① 1960 年，霍尔在对俄语词典进行排序的过程中发明了这个算法，当时他才 26 岁。根据霍尔的自述：“解决词典排序时，我第一个想法是使用冒泡方法，但非常幸运的是，我第二个想法就想到了快速排序。”我们完全赞同他的自我评价：“我是幸运的，以发明一种新的排序方法开始一个人的计算机职业生涯实在是太美妙了！”([Hoa96]) 20 年后，他由于在“编程语言的定义和设计方面的根本性贡献”获得了图灵奖。1980 年，他由于在教育和计算机科学方面的成就而荣获了骑士勋章。

下面这段伪代码实现了划分的过程。

```
算法 HoarePartition(A[l..r])
     //以第一个元素为中轴，对子数组进行划分
     //输入：数组 A[0..n – 1]中的子数组 A[l..r]，由左右下标 l 和 r 定义
     //输出： A[l..r]的一个划分，分裂点的位置作为函数的返回值
     p ← A[l]
     i ← l; j ← r+1
     repeat
          repeat i ← i+1 until A[i] ≥ p
          repeat j ← j–1 until A[j] ≤ p
          swap (A[i], A[j])
     until i ≥ j
     swap (A[i], A[j]) //当 i ≥ j 撤销最后一次交换
     swap (A[l], A[j])
     return j
```

注意，在这种形式下，下标 i 可能会越过子数组的边界。与其每次对下标 i 加 1 的时候检查下标越界的可能性，不如给数组 $A[0..n-1]$添加一个“限位器”，它可以防止下标 i 越过 n 这个位置。请注意，本节结尾会介绍一个更加精巧的选择中轴的方法，使用这种方法就没有必要设置限位器了。

图 5.3 给出了用快速排序法对一个数组进行排序的例子。

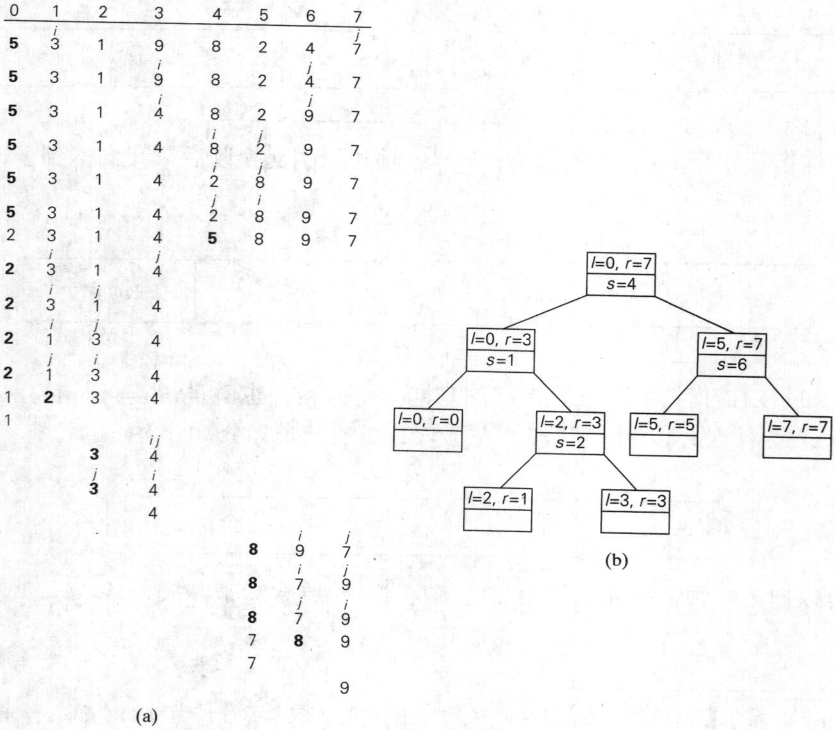

(a) (b)

图 5.3 快速排序操作的一个例子。(a)数组的变化，其中中轴用粗体字表示；(b)快速排序的递归调用树，调用的输入值是子数组的边界 l 和 r 以及划分的分裂点位置 s

在开始讨论快速排序的效率以前，我们应该要注意：如果扫描指针交叉了，建立划分之前所执行的键值比较次数是 $n+1$；如果它们相等，则是 n。(为什么？)如果所有的分裂点位于相应子数组的中点，这就是最优的情况。在最优情况下，键值比较的次数 $C_{best}(n)$满足下面的递推式：

$$当\ n>1\ 时，\quad C_{best}(n)=2C_{best}(n/2)+n\ ,\quad C_{best}(1)=0$$

根据主定理，$C_{best}(n)\in\Theta(n\log_2 n)$；对于 $n=2^k$ 的情况求得 $C_{best}(n)=n\log_2 n$。

在最差的情况下，所有的分裂点都趋于极端：两个子数组有一个为空，而另一个子数组仅仅比被划分的数组少一个元素。具体来说，这种令人遗憾的情况会发生在升序的数组上，也就是说，输入的数组已经被排过序了！的确，如果 $A[0..n-1]$是严格递增的数组，并且我们将 $A[0]$作为中轴，从左到右的扫描会停在 $A[1]$上，而从右到左的扫描会一直处理到 $A[0]$为止，导致分裂点出现在 0 这个位置。

$\leftarrow j$	$i\rightarrow$		
$A[0]$	$A[1]$	$\cdots$	$A[n-1]$

所以，在进行了 $n+1$ 次比较之后建立了划分，并且将 $A[0]$和它本身进行了交换以后，快速排序算法还会对严格递增的数组 $A[1..n-1]$进行排序。对规模减小了的严格递增数组的排序会一直继续到最后一个子数组 $A[n-2..\ n-1]$。这种情况下，键值比较的总次数应该等于：

$$C_{worst}(n)=(n+1)+n+\cdots+3=\frac{(n+1)(n+2)}{2}-3\in\Theta(n^2)$$

因此，为了了解快速排序算法的实用性，需要讨论其在平均情况下的效率。对于大小为 n 的随机排列的数组，快速排序的平均键值比较次数记为 $C_{avg}(n)$。在经过 $n+1$ 次比较后，划分分裂点可能出现在任意位置 $s\ (0\leqslant s\leqslant n-1)$处。划分结束后，所获得左右子数组的大小分别是 s 和 $n-1-s$。假设分裂点位于每个位置的概率都是 $1/n$，我们得到下面的递推关系式：

$$当\ n>1\ 时，\quad C_{avg}(n)=\frac{1}{n}\sum_{s=0}^{n-1}[(n+1)+C_{avg}(s)+C_{avg}(n-1-s)]$$

$$C_{avg}(0)=0\ ,\quad C_{avg}(1)=0$$

解这个递推式要比最优效率和最差效率的分析复杂得多，其结果如下：

$$C_{avg}(n)\approx 2n\ln n\approx 1.39n\log_2 n$$

因此，快速排序在平均情况下，仅比最优情况多执行 39%的比较操作。此外，它的最内层循环效率非常高，使得在处理随机排列的数组时，速度要比合并排序快(对于堆排序也是如此。堆排序是另一种效率为 $n\log n$ 的算法，我们会在第 6 章中介绍它)。因此它的确名副其实。

在了解了快速排序的重要性以后，多年以来，人们对这个基本算法进行了坚持不懈的改良。研究人员在这一领域的重要成果包括：

- 更好的中轴选择方法。例如**随机快速排序**(randomized quicksort)，它使用随机的元素作为中轴；**三平均划分法**(median-of-three method)，它以数组最左边、最右边和最中间的元素的中位数作为中轴。

- 当子数组足够小时(对于大多数计算机系统而言，元素数为 5～15)，改用插入排序方法，或者根本就不再对小数组进行排序，而是在快速排序结束后再使用插入排序的方法对整个近似有序的数组进行排序。
- 一些划分方法的改进。例如三路划分，将数组分成三段，每段的元素分别小于、等于、大于中轴元素(参见本节习题第 9 题)。

根据国际上快速排序的权威塞奇威克的说法([Sed11]，p. 296)，如果同时应用这些改进措施，可以将该算法的运行时间削减 20%～30%。

但是与其他排序算法一样，快速排序算法也有缺点。它是不稳定的。同时它还需要一个堆栈来存储那些还没有被排序的子数组的参数。尽管可以通过总是先对较短子数组排序的方法来使堆栈的大小降低到 $O(\log n)$，但是它还是比堆排序 $O(1)$的空间效率差。虽然有很多巧妙的中轴选择方法，使得在最差情况下时间效率为 $\Theta(n^2)$ 的可能性较小，但是这种可能性还是存在的。并且即使是对于随机数组的排序，排序性能的好坏，不仅与算法的具体实现有关，还与计算机的系统结构和数据类型有关。即便如此，在美国物理研究所和 IEEE 计算机协会联合出版的 *Computing in Science & Engineering* 2000 年 1/2 月刊中，快速排序算法还是被选为 20 世纪对科学技术进步具有巨大影响的 10 个算法之一。

习题 5.2

1. 应用快速排序将序列 E, X, A, M, P, L, E 按照字母顺序排序并画出相应的递归调用树。

2. 对于本节描述的划分过程：

a. 请证明，如果两个扫描指针停下来以后指向的是同一个元素，也就是说，$i = j$，那么，该元素的值一定等于 p。

b. 请证明，当扫描指针停下来时，j 指向的元素位置只可能比 i 指向的元素位置左移一格，而不可能左移更多。

3. 举例说明快速排序不是一个稳定的排序算法。

4. 请举一个 n 个元素数组的例子，使得我们有必要对它使用本节提到的“限位器”(防止下标越界)。限位器的值应该是多少？再解释一下，为什么一个限位器就能满足所有的输入呢？

5. 对于本节给出的快速排序的版本：

a. 一个所有元素都相等的数组，是该算法的最差输入还是最优输入，还是两者都不是？

b. 一个严格递减的数组，是该算法的最差输入还是最优输入，还是两者都不是？

6. **a.** 对于三平均中轴选择法来说，一个递增数组是该算法的最差输入还是最优输入，还是两者都不是？

b. 对于递减数组，回答相同的问题。

7. **a.** 对于一个包含 100 万随机数的数组排序，快速排序比插入排序快多少倍？

b. 是非题：对于 $n > 1$ 的 n 元素数组，是否存在插入排序比快速排序更快的情形？

8. 设计一个算法对 n 个实数组成的数组进行重新排列，使得其中所有的负元素都位于正元素之前。这个算法需要兼顾空间效率和时间效率。

9. a. **荷兰国旗问题**(Dutch national flag problem)要求对字符 R、W 和 B 构成的任意数组排序(红、白和蓝是荷兰国旗的颜色)，使得所有 R 排在最前面，W 随后，B 在最后([Dij76])。为该问题设计一个效率为线性的在位算法。

   b. 解释如何将快速排序算法用于求解荷兰国旗问题。

10. 任选一种语言实现快速排序算法。用该程序处理一批输入样本，来检验该算法的理论效率的正确性。

11. **螺钉和螺母问题** 假设我们有 n 个直径各不相同的螺钉以及 n 个相应的螺母。我们一次只能比较一对螺钉和螺母，来判断螺母是大于螺钉、小于螺钉还是正好适合螺钉。然而，我们不能拿两个螺母做比较，也不能拿两个螺钉做比较。我们的问题是要找到每一对匹配的螺钉和螺母。为该问题设计一个算法，它的平均效率必须属于集合 $\Theta(n\log n)$ 。([Raw91])

5.3 二叉树遍历及其相关特性

本节中，我们来看一看如何把分治技术应用到二叉树中。我们把二叉树定义为若干节点的一个有限集合，它要么为空，要么由一个根和两棵称为 T_L 和 T_R 的不相交二叉树构成，这两棵二叉树分别为根的左右子树。我们常常认为二叉树是有序树的一种特例(见图 5.4，和 1.4 节的二叉树定义不同，这种标准的解释是二叉树的另一个定义)。

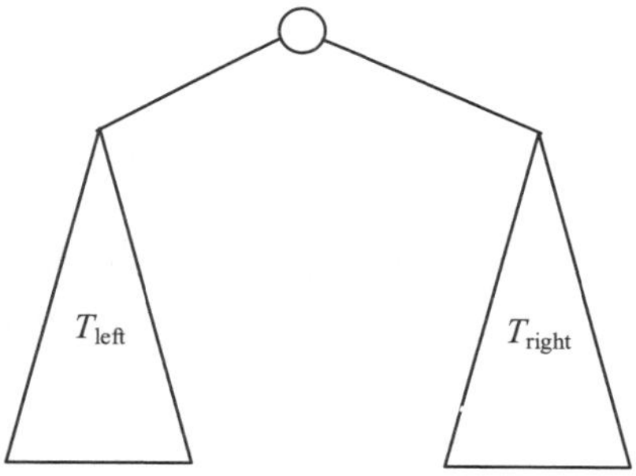

图 5.4 二叉树的标准定义

因为定义本身把二叉树划分为同样类型的两个更小的组成部分——左子树和右子树，许多关于二叉树的问题可以应用分治技术来解决。作为一个例子，让我们来考虑一下计算二叉树高度的递归算法。请回忆一下，我们曾将树的高度定义为从叶子到根之间的最长路径长度。所以，二叉树的高度可以这样计算，它是根的左、右子树的最大高度加 1(加 1 代表根所在的那一层)。注意，为了方便起见，我们把空树的高度定义为 -1 。因此，我们有下面的递归算法。

算法 Height(T)
　　//递归计算二叉树的高度
　　//输入：一棵二叉树 T

//输出：T 的高度
if $T = \varnothing$ **return** – 1
else return max{Height (T_{left}), Height (T_{right})}+1

我们以给定的二叉树的节点数 $n(T)$来度量问题实例的规模。显然，为了计算两数中的较大值，算法执行比较操作次数等于算法执行的加法操作次数 $A(n(T))$。对于 $A(n(T))$，我们有下面的递推关系：

$$\text{当 } n(T) > 0 \text{ 时，} \quad A(n(T)) = A(n(T_{\text{left}})) + A(n(T_{\text{right}})) + 1$$
$$A(0) = 0$$

在我们解这个递推关系之前(你能给出它的解吗？)，先让我们指出，加法运算并不是该算法中最频繁执行的操作。那是哪个操作呢？检查树是否为空，这才是二叉树算法中的典型操作。例如，对于空树来说，执行了一次 $T = \varnothing$ 的比较运算，但是加法运算一次也没有执行。对于一棵单节点的树来说，比较运算和加法运算的执行次数分别是 3 次和 1 次。

把树画成一种扩展形式有助于分析树的算法，即用特殊的节点代替空子树。附加的节点(在图 5.5 中用小方块表示)被称为**外部**(external)节点，引出其他节点的节点(用小圆圈表示)被称为**内部**(internal)节点。根据定义，一棵空二叉树的扩展部分是一个单独的外部节点。

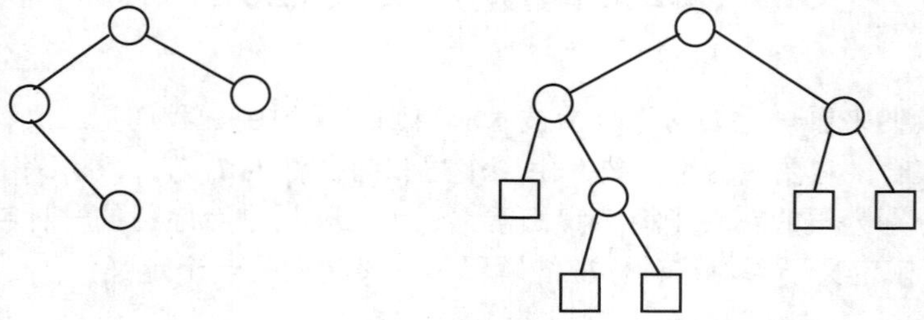

(a) (b)

图 5.5 (a)二叉树，(b)它的扩展(内部节点用圆圈表示，外部节点用方块表示)

很容易发现，对于扩展树的每一个内部节点，Height 算法都要执行一次加法运算，而且，不论对外部节点还是内部节点，该算法都要执行一次比较运算以判断它们的子树是否为空。因此，为了确定该算法的效率，我们需要知道一棵包含 n 个内部节点的扩展二叉树最多能够具有几个外部节点。检查一下图 5.5 以及其他一些类似例子，我们很容易做出这种假设(实际上，也不难证明)：外部节点的数量 x 总是比内部节点的数量大 1。

$$x = n + 1 \tag{5.2}$$

为了证明该公式，我们先来看看节点的总数，即内部节点和外部节点的总和。既然除了根之外的每个节点，都是某个内部节点的两个子女之一，因此有以下等式：

$$2n + 1 = x + n$$

该等式意味着式(5.2)成立。

注意，式(5.2)也可应用于任何非空**完全二叉树**(full binary tree)。完全二叉树的定义如下：一种每个节点仅具有 0 个或 2 个子女的二叉树。对于非空的完全二叉树来说，n 和 x 分别代表父母节点和叶节点的数量。

回到 Height 算法，其中，检查树是否为空的比较操作次数为：

$$C(n) = n + x = 2n + 1$$

而加法操作的次数为：

$$A(n) = n$$

这种类型中最重要的例子很可能是二叉树的三种经典遍历算法：前序、中序和后序。这三种遍历算法都递归地访问二叉树的节点，也就是说，访问二叉树的根、它的左子树和右子树。它们仅仅在访问根的时序上有所不同。

- 在**前序遍历**(preorder traversal)中，根在访问左右子树(就是这种先左后右的次序)之前被访问。
- 在**中序遍历**(inorder traversal)中，根在访问左子树后，但在访问右子树前被访问。
- 在**后序遍历**(postorder traversal)中，根在访问左右子树(就是这种先左后右的次序)之后被访问。

图 5.6 演示这几种遍历方法。这些遍历算法的伪代码也十分直截了当，就是把上面的描述直接实现一下而已(这些遍历算法也是数据结构教材的标准组成部分)。至于说到它们的效率分析，它们和我们刚才讨论的 Height 算法的效率其实是一样的，因为对于扩展二叉树的每一个节点，都需要做一个递归调用。

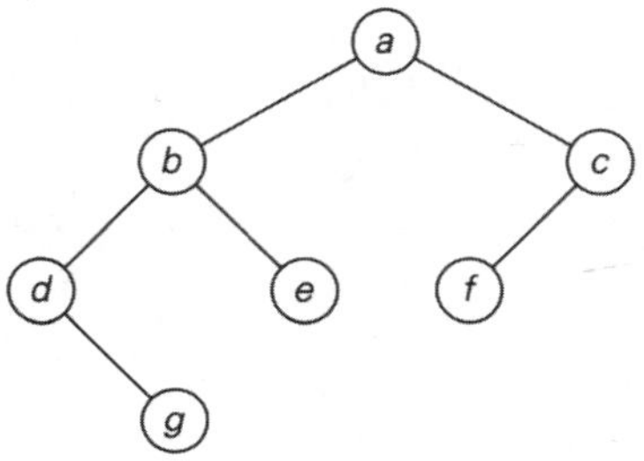

前序：a, b, d, g, e, c, f
中序：d, g, b, e, a, f, c
后序：g, d, e, b, f, c, a

图 5.6　二叉树及其遍历

最后，我们还要指出，显然，并不是所有关于二叉树的算法都需要遍历左右两棵子树。例如，二叉查找树的查找、插入和删除操作只需要遍历两棵子树的一棵。因此，我们在 4.5 节中没有将它们作为分治技术的应用，而是作为减可变规模技术的一个例子。

习题 5.3

1. 设计一个分治算法来计算二叉树的层数(具体来说，对于空树和单节点树，该算法应该分别返回 0 和 1)。这个算法的效率类型是怎样的？
2. 下列算法试图计算一棵二叉树的叶子数。

算法　LeafCounter(T)
　　//递归计算二叉树的叶子数
　　//输入：一棵二叉树 T
　　//输出：T 的叶子数

if $T = \varnothing$ **return** 0
else return LeafCounter(T_{left})+LeafCounter(T_{right})

该算法正确吗？如果正确，请证明；否则，请改正。

3. 计算一棵二叉树的高度，在不显式或隐式使用堆栈的情况下，确保其与本节的分治算法有相同的渐近效率。当然，你也可以使用不同的算法。

4. 用数学归纳法证明式(5.2)。

5. 遍历下面的二叉树：

a. 用前序法　　**b.** 用中序法　　**c.** 用后序法

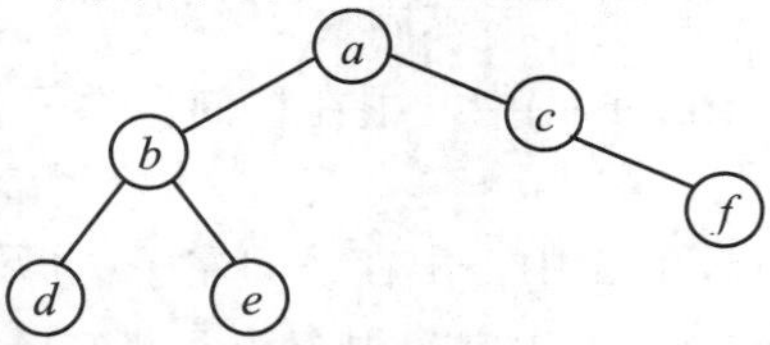

6. 选择一个二叉树的经典遍历算法(前序、中序和后序)，写出它的伪代码。假设该算法是一个递归算法，求它的递归调用次数。

7. 应用三种经典遍历算法的哪一种，在遍历一棵二叉查找树时会产生一个有序列表？请给出证明。

8. **a.** 画出一棵 10 节点的二叉树，节点分别标为 0, 1, 2, …, 9，如何排列才能让它的中序遍历和后序遍历分别生成以下列表：9, 3, 1, 0, 4, 2, 7, 6, 8, 5(中序)和 9, 1, 4, 0, 3, 6, 7, 5, 8, 2(后序)？

b. 对于同样 n 个标为 0, 1, 2, …, $n-1$ 的节点组成的二叉树来说，请给出两个排列，它们不可能是同一棵二叉树的中序和后序遍历列表。

c. 设计一个算法，它能根据二叉树的中序和后序遍历列表构造该树。列表是由 n 个标为 0, 1, 2, …, $n-1$ 的节点构成的。这个算法对无解的输入也应正确识别。

9. 我们把一棵扩展二叉树的**内部路径长度**(internal path length) I 定义为，连接根到每个内部节点的路径长度的总和。简单起见，我们把一棵扩展二叉树的**外部路径长度**(external path length) E 定义为，连接根到每个外部节点的路径长度的总和。请证明 $E = I + 2n$，n 是该树的内部节点的个数。

10. 编写一个程序，用于计算一棵二叉查找树的内部路径长度。使用该程序对检索一棵随机二叉查找树时的平均键值比较次数做一个实证研究。

11. **巧克力块谜题**　有一块 $n \times m$ 格的巧克力，我们要把它掰成 $n \times m$ 个 1×1 的小块。我们只能沿直线掰，而且不能几块同时掰。设计一个算法用最少的次数掰完巧克力，该次数是多少？用二叉树的特性来论证答案。

5.4 大整数乘法和 Strassen 矩阵乘法

在本节中，我们研究两个不同寻常的算法，它们用于解决两个看似简单的任务：两个数的乘法和两个方阵的乘法。两个算法都通过巧妙地运用分治技术来获得更好的渐近效率。

5.4.1　大整数乘法

某些应用，尤其是当代的密码技术，需要对超过 100 位的十进制整数进行乘法运算。显然，因为这样的整数过于长，现代计算机的一个“字”是装不下的，所以我们需要对它们做特别的处理。这就是研究高效的大整数乘法算法的现实需求。在本节中，我们会介绍一个对这种数做乘法的有趣算法。显然，如果我们使用经典的笔算算法来对两个 n 位整数相乘，第一个数中的 n 个数字都分别要被第二个数中的 n 个数字相乘，这样就一共要做 n^2 次位乘(如果一个数的位数比另一个数少，我们可以在较短的数前补零，使得两个数的位数相等)。虽然看上去，设计一个乘法次数少于 n^2 的算法是不可能的，但事实证明并非如此。分治技术的魔力帮助我们创造了这个奇迹。

为了展示该算法的基本思想，让我们研究一个两位整数相乘的案例，例如，23 和 14。这两个数字可以如下表示：

$$23 = 2\times10^1 + 3\times10^0，\quad 14 = 1\times10^1 + 4\times10^0$$

现在把它们相乘：

$$\begin{aligned}23 &= (2\times10^1 + 3\times10^0)\times(1\times10^1 + 4\times10^0)\\ &= (2\times1)\times10^2 + (2\times4 + 3\times1)\times10^1 + (3\times4)\times10^0\end{aligned}$$

当然，最后一个方程产生一个正确的结果 322，但它和笔算算法一样，都使用了 4 次位乘。幸运的是，2×1 和 3×4 是无论如何都需要计算的，我们可以利用它们的积，只做一次乘法就计算出中间项的结果。

$$2\times4 + 3\times1 = (2+3)\times(1+4) - (2\times1) - (3\times4)$$

显然，我们刚才计算的乘数并没有任何特别之处。对于任何两位数 $a = a_1a_0$ 和 $b = b_1b_0$ 来说，它们的积 c 可以用下列公式来计算：

$$c = a\times b = c_2 10^2 + c_1 10^1 + c_0$$

其中，$c_2 = a_1\times b_1$，是它们第一个数字的积；$c_0 = a_0\times b_0$，是它们第二个数字的积；$c_1 = (a_1 + a_0)\times(b_1 + b_0) - (c_2 + c_0)$，是 a 数字和与 b 数字和的积减去 c_2 与 c_0 的和。

现在我们应用这个窍门来计算两个 n 位整数 a 和 b 的积，其中 n 是一个正的偶数。我们从中间把两个数字一分为二，毕竟，我们曾承诺要利用分治技术。我们把 a 的前半部分记作 a_1，a 的后半部分记作 a_0；对于 b，则分别记作 b_1 和 b_0。在这种记法中，$a = a_1a_0$ 意味着 $a = a_1 10^{n/2} + a_0$，$b = b_1b_0$ 意味着 $b = b_1 10^{n/2} + b_0$。所以，利用与计算两位数相同的方法，可以得到：

$$\begin{aligned}c = a\times b &= (a_1 10^{n/2} + a_0)\times(b_1 10^{n/2} + b_0)\\ &= (a_1\times b_1)10^n + (a_1\times b_0 + a_0\times b_1)10^{n/2} + (a_0\times b_0)\\ &= c_2 10^n + c_1 10^{n/2} + c_0\end{aligned}$$

其中，$c_2 = a_1\times b_1$，是它们前半部分的积，$c_0 = a_0\times b_0$，是它们后半部分的积，

$c_1=(a_1+a_0)\times(b_1+b_0)-(c_2+c_0)$，是 a 两部分和与 b 两部分和的积减去 c_2 与 c_0 的和。

如果 $n/2$ 也是偶数，我们可以应用相同的方法来计算 c_2，c_0 和 c_1。因此，如果 n 是 2 的乘方，我们就得到了一个计算两个 n 位数积的递归算法。在这种完美的形式下，当 n 变成 1 时，递归就停止了。或者当我们认为 n 已经足够小了，小到可以直接对这样大小的数相乘时，递归也可以停止了。

该算法会做多少次位乘呢？因为 n 位数的乘法需要对 $n/2$ 位数做三次乘法运算，乘法次数 $M(n)$ 的递推式如下：

$$当\ n>1\ 时，\quad M(n)=3M(n/2)，\quad M(1)=1$$

当 $n=2^k$ 时，我们可以用反向替换法对它求解：

$$\begin{aligned}M(2^k)&=3M(2^{k-1})=3[3M(2^{k-2})]=3^2M(2^{k-2})\\&=\cdots=3^iM(2^{k-i})=\cdots=3^kM(2^{k-k})=3^k\end{aligned}$$

因为 $k=\log_2 n$，

$$M(n)=3^{\log_2 n}=n^{\log_2 3}\approx n^{1.585}$$

(在最后一步中，我们利用了对数的一个特性：$a^{\log_b c}=c^{\log_b a}$。)

但加法和减法的操作次数呢？我们在减少乘法次数的同时，是否需要更多的加减法操作呢？用 $A(n)$ 代表使用上述算法对两个 n 位十进制数相乘所需要的加减法运算次数。除了需要对 $n/2$ 位数之间进行三次相乘操作，即 $3A(n/2)$ 次乘法运算，上面的公式还需要 5 次加运算和 1 次减运算。因此，有递推式如下：

$$当\ n>1\ 时，\quad A(n)=3A(n/2)+cn，\quad A(1)=1$$

应用本章开头介绍的主定理，得到 $A(n)\in\Theta(n^{\log_2 3})$，这意味着算法中加减法运算总数与乘法运算次数有相同的渐近增长次数。

尽管这个算法拥有渐近效率的优势，但其实际性能呢？答案当然依赖于计算机系统和算法的程序实现质量。这也就是为什么不同的测试报告对其有着迥然不同的结论。在某些机器上计算 8 位十进制数时，分治算法的速度均快于传统方法，并且在计算超过 300 位十进制数时，其速度是传统算法的两倍之多，这一优势对于现代加密算法是非常重要的。但无论是何种计算机系统，如果存在分治算法性能超越传统算法的“转换点”，当被乘数位数小于转换点时，改用传统算法继续计算总是有益的。最后，如果我们使用类似 Java，C++ 和 Smalltalk 这样的面向对象语言，会发现这些语言专门为处理大整数提供了一些类。

分治算法是 1960 由 23 岁的俄罗斯数学家 Anatoly Karatsuba 发现的，这证明了当时认为任何整数相乘算法的时间效率一定属于 $\Omega(n^2)$ 的观点是错误的。这个发现激励了研究人员去寻找(渐近)更快的算法来解决这类(或其他)代数问题。下一节将介绍这样一个算法。

5.4.2 Strassen 矩阵乘法

我们既然看到分治方法可以减少两个数乘法中的位乘次数，就不会对它在矩阵乘法中发挥的同样作用感到惊讶。施特拉森(V. Strassen)在 1969 年发表了这样一个算法([Str69])，该算法的成功依赖于以下发现：计算两个 2×2 矩阵 $\boldsymbol{A}$ 和 $\boldsymbol{B}$ 的积 $\boldsymbol{C}$ 只需要进行 7 次乘法运算，而不是蛮力算法所需要的 8 次(参见 2.3 节的例 3)。为此我们使用了下面的公式：

$$\begin{bmatrix} c_{00} & c_{01} \\ c_{10} & c_{11} \end{bmatrix} = \begin{bmatrix} a_{00} & a_{01} \\ a_{10} & a_{11} \end{bmatrix} \times \begin{bmatrix} b_{00} & b_{01} \\ b_{10} & b_{11} \end{bmatrix}$$
$$= \begin{bmatrix} m_1 + m_4 - m_5 + m_7 & m_3 + m_5 \\ m_2 + m_4 & m_1 + m_3 - m_2 + m_6 \end{bmatrix}$$

其中，

$$\begin{aligned} m_1 &= (a_{00} + a_{11}) \times (b_{00} + b_{11}) \\ m_2 &= (a_{10} + a_{11}) \times b_{00} \\ m_3 &= a_{00} \times (b_{01} - b_{11}) \\ m_4 &= a_{11} \times (b_{10} - b_{00}) \\ m_5 &= (a_{00} + a_{01}) \times b_{11} \\ m_6 &= (a_{10} - a_{00}) \times (b_{00} + b_{01}) \\ m_7 &= (a_{01} - a_{11}) \times (b_{10} + b_{11}) \end{aligned}$$

因此，对两个 2×2 矩阵相乘时，Strassen 算法执行了 7 次乘法和 18 次加减法，而蛮力算法需要执行 8 次乘法和 4 次加法。这个数据并不能吸引我们用 Strassen 算法来计算两个 2×2 矩阵的积。它的重要性体现在当矩阵的阶趋于无穷大时，该算法所表现出来的卓越的渐近效率。

假设 n 是 2 的乘方，$\boldsymbol{A}$ 和 $\boldsymbol{B}$ 是两个 $n\times n$ 矩阵(如果 n 不是 2 的乘方，矩阵可以用为 0 的行或列来填充)。我们可以把 $\boldsymbol{A}$，$\boldsymbol{B}$ 和 $\boldsymbol{C}$ 分别划分为 4 个 $(n/2)\times(n/2)$ 的子矩阵。

$$\begin{bmatrix} \boldsymbol{C}_{00} & \boldsymbol{C}_{01} \\ \boldsymbol{C}_{10} & \boldsymbol{C}_{11} \end{bmatrix} = \begin{bmatrix} \boldsymbol{A}_{00} & \boldsymbol{A}_{01} \\ \boldsymbol{A}_{10} & \boldsymbol{A}_{11} \end{bmatrix} \times \begin{bmatrix} \boldsymbol{B}_{00} & \boldsymbol{B}_{01} \\ \boldsymbol{B}_{10} & \boldsymbol{B}_{11} \end{bmatrix}$$

不难验证，我们可以像对待数字一样对待这些子矩阵，来求得正确的积。例如，如果把数字替换成相应的子矩阵，$\boldsymbol{C}_{00}$ 既可以用 $\boldsymbol{A}_{00}\times\boldsymbol{B}_{00} + \boldsymbol{A}_{01}\times\boldsymbol{B}_{10}$ 来计算，也可以使用 $M_1 + M_4 - M_5 + M_7$ 来计算，其中 M_1，M_4，M_5 和 M_7 是由 Strassen 方程定义的。如果递归调用相同的方法来计算 7 个 $(n/2)\times(n/2)$ 矩阵的乘积，我们就得到了矩阵乘法的 Strassen 算法。

让我们来评估一下该算法的渐近效率。如果 $M(n)$ 是 Strassen 算法在计算两个 n 阶方阵时执行的乘法次数(其中 n 是 2 的乘方)，它满足下面的递推关系式：

$$\text{当 } n>1 \text{ 时，} \quad M(n) = 7M(n/2), \quad M(1) = 1$$

因为 $n = 2^k$，

$$\begin{aligned} M(2^k) &= 7M(2^{k-1}) = 7[7M(2^{k-2})] = 7^2 M(2^{k-2}) = \cdots \\ &= 7^i M(2^{k-i}) \cdots = 7^k M(2^{k-k}) = 7^k \end{aligned}$$

因为 $k = \log_2 n$，

$$M(n) = 7^{\log_2 n} = n^{\log_2 7} \approx n^{2.807}$$

它比蛮力算法需要的n^3次乘法运算要少。

因为减少了的乘法运算次数是以额外的加法运算为代价的，我们必须检查一下 Strassen 算法执行的加法次数$A(n)$。对两个$n>1$阶矩阵相乘时，该算法要对$n/2$阶的矩阵做7次乘法和 18 次加法；当$n=1$时，因为两个数字直接相乘，所以没有执行加法运算。从这一事实我们得出下列递推关系式：

$$当\ n>1\ 时，\quad A(n)=7A(n/2)+18(n/2)^2,\quad A(1)=0$$

虽然我们可以求得该递推式的一个闭合公式(参见本节习题第 8 题)，但我们这里只建立这个解的增长次数。根据本章开头所声明的主定理，得到$A(n)\in\Theta(n^{\log_2 7})$。换句话说，加法的增长次数和乘法的增长次数是相同的。所以 Strassen 算法属于集合$\Theta(n^{\log_2 7})$，这个效率类型要比蛮力法的$\Theta(n^3)$好。

自从施特拉森发明这个算法以来，人们发明了其他一些计算两个n阶实数矩阵乘法的算法，它们的运行时间都属于$O(n^{\alpha})$，而且常数α越来越小。目前为止，这类算法中最快的是库珀史密斯(Coopersmith)和威诺格拉德(Winograd)发明的([Coo87])，它的时间效率达到了$O(n^{2.376})$。但指数值的减小是以算法越来越复杂为代价的。而且由于乘法常量的值很大，它们都没有实用的价值。然而，从学术的观点看，它们还是非常有意思的。一方面，虽然我们得到的最优效率和理论上的最优效率之间还有很大的距离，但它们越来越接近我们所知道的矩阵乘法在理论上的效率下界，这个下界是n^2次乘法。另一方面，我们知道，矩阵乘法同其他一些重要问题在运算上是等价的，例如解线性方程组问题(留待第6章讨论)。

习题 5.4

1. 两个十进制n位数的积最少能拥有多少位数？最多呢？
2. 用课文中介绍的分治算法来计算 2101×1130。
3. **a.** 请证明等式$a^{\log_b c}=c^{\log_b a}$，5.4 节使用了这个等式。

   b. 作为$M(n)$的闭合公式来说，为什么$n^{\log_2 3}$要比$3^{\log_2 n}$好？
4. **a.** 在大整数乘法算法的乘法次数$M(n)$中，为什么不把乘以10^n时所做的乘法包括进去？

   b. 为了简单起见，我们假设n是2的乘方，其实，在建立$M(n)$的递推关系时，我们做出了另一个微妙的假设，它并不总是成立的(然而，它并不会改变最后的答案)。你能指出这个假设吗？
5. 在用笔算算法计算两个n位数乘法时，需要做多少次一位数的加法？可以忽略进位导致的加法。
6. 验证 Strassen 算法在计算2×2矩阵的乘法时所用到的公式。
7. 应用 Strassen 算法来计算

$$\begin{bmatrix}1&0&2&1\\4&1&1&0\\0&1&3&0\\5&0&2&1\end{bmatrix}\times\begin{bmatrix}0&1&0&1\\2&1&0&4\\2&0&1&1\\1&3&5&0\end{bmatrix}$$

当 $n=2$ 时停止递归，也就是说，是用蛮力法来计算 2×2 矩阵的积。

8. 对 Strassen 算法用到的加法次数的递推关系式求解。假设 n 是 2 的乘方。

9. 潘(V. Pan)发明了一种矩阵乘法的分治算法([Pan78])，它的理论根据是两个 70 阶的矩阵相乘需要 143 640 次乘法运算。求潘的算法的渐近效率(可以忽略加法)并将它和 Strassen 算法进行比较。

10. 实际实现 Strassen 算法时，当矩阵的规模变得小于“转换点”时，常常会切换到蛮力法。做一个实验，确定你的计算机上的这个转换点。

5.5 用分治法解最近对问题和凸包问题

在 3.3 节中，我们讨论了用蛮力法来解决两个经典计算几何问题：最近对问题和凸包问题。我们看到，解决这两个问题二维版本的蛮力算法的时间效率分别是 $\Theta(n^2)$ 和 $O(n^3)$。在本节中，对于这两个问题，我们讨论两个更复杂、渐近效率也更好的算法，它们也是基于分治技术的。

5.5.1 最近对问题

令 P 为笛卡儿平面上 $n>1$ 个点构成的集合。简单起见，假设集合中的每个点都不一样。我们还假设这些点是按照其 x 轴坐标升序排列的。(如果不是这样，可以事先用类似合并排序这样的高效算法对其排序。)为了更加方便，我们还可以按照点的 y 轴坐标在另一个列表中进行升序排列，并将这个列表示为 Q。

当 $2\leqslant n\leqslant 3$ 时，问题就可以通过蛮力算法求解。当 $n>3$ 时，可以利用点集在 x 轴方向上的中位数 m，在该处作一条垂线，将点集分成大小分别为 $\lceil n/2\rceil$ 和 $\lfloor n/2\rfloor$ 的两个子集 P_l 和 P_r。即使得其中 $\lceil n/2\rceil$ 个点位于线的左边或线上，$\lfloor n/2\rfloor$ 个点位于线的右边或线上。然后就可以通过递归求解子问题 P_l 和 P_r 来得到最近点对问题的解。其中 d_l 和 d_r 分别表示在 P_l 和 P_r 中的最近对距离，并定义 $d=\min\{d_l,d_r\}$。

但请注意，d 不一定是所有点对的最小距离，因为距离最近的两个点可能分别位于分界线的两侧。因此，在合并较小子问题的解时，需要检查是否存在这样的点。显然，我们可以只关注以分割带为对称的、宽度为 $2d$ 的垂直带中的点，因为任何其他点对的距离都至少为 d(图 5.7(a))。

设 S 是来自 Q，位于分割线 $2d$ 宽度范围内的垂直带的点的列表。由于 Q 的特点，因此 S 是按照 y 轴坐标升序排列的。我们扫描该列表，当遇到更近的点对时，更新目前为止的最小距离 $d_{\min}$。初始情况下 $d_{\min}=d$，但接下来 $d_{\min}\leqslant d$。设 $p(x,y)$ 为列表中的点。如果另一个点 $p'(x',y')$ 和 p 点的距离小于 $d_{\min}$，那么在列表 S 中，p' 点一定位于 p 点后面，并且两点在 y 轴上的距离一定要小于 $d_{\min}$ (为什么？)。在几何上，这也就意味着 p' 点一定包含在图 5.7(b)的矩形内。该算法的主要原理利用了以下事实：矩形内一般只能够包含少量候选点，因为在矩形每一边(左半边和右半边)内，点与点的距离至少为 d。其实很容易证明，在矩形中满足条件的点(包括 p 在内)的总数不超过 8 个(参见本节习题第 2 题)，更细致的研究表明这个数不会大于 6(参见[Joh04]，p. 695)。也就是说，在移动到下一个点之前，算法最多只需要考虑列表 S 中点 p 后面的 5 个点。

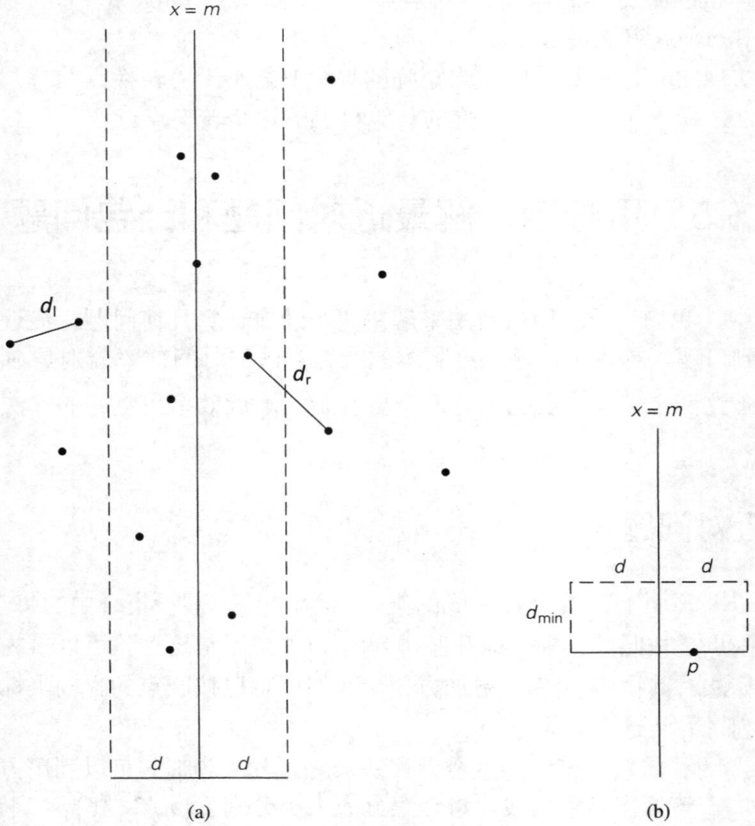

图 5.7 (a)最近对问题的分治算法的思想，(b)和点 p 距离小于 d_{min} 的点可能分布的矩形区域

下面是该算法的伪代码。我们遵循了 3.3 节的建议，尽量避免在算法的最内层循环中计算平方根。

算法 EfficientClosestPair(P, Q)
//使用分治算法来求解最近点对问题
//输入：数组 P 中存储了平面上的 $n \geqslant 2$ 个点，并且按照这些点的 x 轴坐标升序排列
//　　　数组 Q 存储了与 P 相同的点，只是它是按照这点的 y 轴坐标升序排列
//输出：最近点对之间的欧几里得距离
if $n \leqslant 3$
　　返回由蛮力算法求出的最小距离
else
　　将 P 的前 $\lceil n/2 \rceil$ 个点复制到 P_l
　　将 Q 的前 $\lceil n/2 \rceil$ 个点复制到 Q_l
　　将 P 中余下的 $\lfloor n/2 \rfloor$ 个点复制到 P_r

```
    将 Q 中余下的⌊n/2⌋个点复制到 Qr
    dl ←EfficientClosestPair (Pl, Ql)
    dr ←EfficientClosestPair (Pr, Qr)
    d ← min{dl, dr}
    m ← P[⌈n/2⌉−1].x
    将 Q 中所有|x − m| < d 的点复制到数组 S[0..num − 1]
    dminsq ← d²
    for i ←0 to num − 2 do
        k←i + 1
        while k ≤ num − 1 and (S[k].y − S[i].y)² < dminsq
            dminsq ← min( (S[k].x − S[i].x)² + (S[k].y − S[i].y)², dminsq)
            k←k + 1
return sqrt(dminsq)
```

无论将问题划分成两个规模减半的子问题，还是合并子问题的解，该算法都只需要线性时间。因此，假设 n 是 2 的幂，我们得到算法运行时间的递归式：

$$T(n) = 2T(n/2) + f(n)$$

其中 $f(n) \in \Theta(n)$。应用主定理(其中，$a = 2$，$b = 2$，$d = 1$)，我们得到 $T(n) \in \Theta(n\log n)$。如果用 $O(n\log n)$ 的算法来排序，对输入点必须进行的预排序不会影响整体的效率类型。实际上，这是我们可能得到的最好效率，因为已经证明，在对算法可以执行的操作没有特殊假设的情况下，该问题的任何算法都属于 $\Omega(n\log n)$ (参见[Pre85]，p. 188)。

5.5.2 凸包问题

我们再来回顾一下 3.3 节介绍的凸包问题：求能够完全包含平面上 n 个给定点的凸多边形。我们这里讨论的是它的分治算法，这个算法有时候也称为**快包**(quickhull)，因为它的操作和快速排序的操作十分类似。

假设集合 S 是平面上 $n > 1$ 个点 $p_1(x_1, y_1)$，…，$p_n(x_n, y_n)$ 构成的。我们还假设这些点是按照它们的 x 轴坐标升序排列的，如果 x 轴坐标相同，则按照 y 轴坐标升序排列。不难证明这样一个几何学上的明显事实，最左面的点 p_1 和最右面的点 p_n 一定是该集合的凸包顶点(图 5.8)。设 $\overrightarrow{p_1p_n}$ 是方向从 p_1 到 p_n，经过 p_1 和 p_n 的直线。这条直线把点分为两个集合：S_1 是位于直线左侧或在直线上的点构成的集合，S_2 是位于直线右侧或在直线上的点构成的集合(如果 $\overrightarrow{q_1q_2}$ 是方向从 q_1 到 q_2 的直线，如果 q_1 q_2 q_3 构成一个逆时针的回路，我们说点 q_3 位于 $\overrightarrow{q_1q_2}$ 的左侧。后面，我们会应用一种解析方法来检查这种情况，它的原理是检查这三个点的坐标所构成的行列式符号)。除了 p_1 和 p_n，S 中位于 $\overrightarrow{p_1p_n}$ 线上的点肯定不可能是凸包的顶点，因此后面也不必考虑。

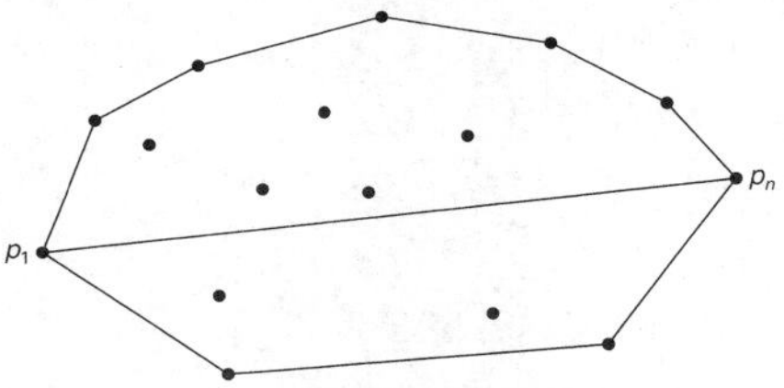

图 5.8 点集合的上包和下包

S 的凸包的边界是由下面两条多角形链条构成的：一条“上”边界和一条“下”边界。“上”边界称为**上包**(upper hull)，是一系列线段的序列，这些线段以 p_1、S_1(如果 S_1 不空)中的一些点以及 p_n 为端点。“下”边界称为**下包**(lower hull)，是一系列线段的序列，这些线段以 p_1、S_2(如果 S_2 不空)中的一些点以及 p_n 为端点。整个集合 S 的凸包是由上包和下包构成的，它们可以用同样方法分别构造。这个事实是一个非常有价值的发现，许多解这个问题的算法都利用了这个特性。

为了让大家有一个具体印象，我们来讨论一下这个所谓的快包算法是如何构造上包的，下包当然也可以用同样的方式来构造。如果 S_1 为空，上包就是以 p_1 和 p_n 为端点的线段。如果 S_1 不空，该算法找到 S_1 中的顶点 $p_{\max}$，它是距离直线 $\overrightarrow{p_1p_n}$ 最远的点(图 5.9)。如果距离最远的点有多个，就找能使角 $\angle p_{\max}p_1p_n$ 最大的点。(注意，对于以 p_1 和 p_n 为两个顶点，S_1 中的其他点为第三个顶点的三角形，$p_{\max}$ 使得这个三角形的面积最大。)然后该算法找出 S_1 中所有在直线 $\overrightarrow{p_1p_{\max}}$ 左边的点，这些点以及 p_1 和 $p_{\max}$，构成了集合 $S_{1,1}$。S_1 中在直线 $\overrightarrow{p_{\max}p_n}$ 左边的点以及 $p_{\max}$ 和 p_n 构成了集合 $S_{1,2}$。不难证明：

- $p_{\max}$ 是上包的顶点。
- 包含在 $\triangle p_1p_{\max}p_n$ 之中的点不可能是上包的顶点(因此在后面不必考虑)。
- 同时位于 $\overrightarrow{p_1p_{\max}}$ 和 $\overrightarrow{p_{\max}p_n}$ 两条直线左边的点是不存在的。

因此，该算法可以继续递归构造 $p_1 \cup S_{1,1} \cup p_{\max}$ 和 $p_{\max} \cup S_{1,2} \cup p_n$ 的上包，然后把它们连接起来，以得到整个集合 $p_1 \cup S_1 \cup p_n$ 的上包。

现在，我们必须知道如何来实现该算法的几何操作。幸运的是，我们可以利用下面这个非常有用的解析几何知识：如果 $q_1(x_1,y_1)$，$q_2(x_2,y_2)$，$q_3(x_3,y_3)$ 是平面上的任意三个点，那么三角形△ $q_1q_2q_3$ 的面积等于下面这个行列式绝对值的二分之一。

$$\begin{vmatrix} x_1 & y_1 & 1 \\ x_2 & y_2 & 1 \\ x_3 & y_3 & 1 \end{vmatrix} = x_1y_2 + x_3y_1 + x_2y_3 - x_3y_2 - x_2y_1 - x_1y_3$$

当且仅当点 $q_3 = (x_3, y_3)$ 位于直线 $\overrightarrow{q_1q_2}$ 的左侧时，该表达式的符号为正。使用这个公式，我们可以在固定的时间内，检查一个点是否位于两个点确定的直线的左侧，并且可以求得这个点到这根直线的距离。

快包有着和快速排序相同的最差效率 $\Theta(n^2)$ (本节习题第 9 题)，但它的平均效率则好得多。首先，该算法和快速排序一样，一般会把问题平均地分为两个较小的子问题，这会使效率提高很多。其次，数量可观的点，也就是那些位于$\triangle p_1p_{max}p_n$之内的点在后续处理时不必考虑(参见图 5.9)。基于自然的假设，也就是给定的点是均衡分布在某些凸区域(例如圆或长方形)内的，快包的平均效率可以表现出线性特征([Ove80])。

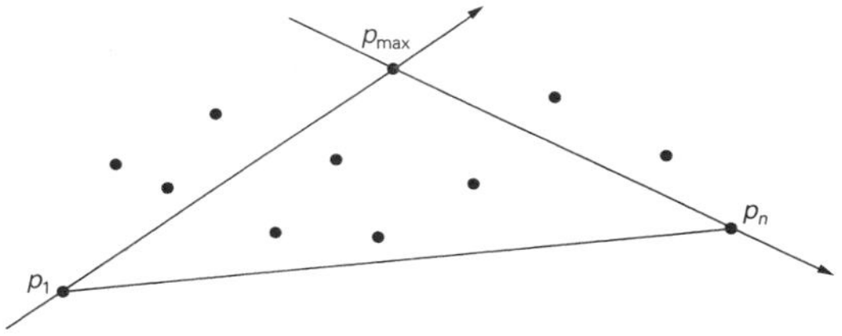

图 5.9　快包的思想

习题 5.5

1. **a.** 为最近对问题的一维版本(即求一个给定的 n 整数集合中最接近的两个数)设计一个直接基于分治技术的算法，并确定它的效率类型。

   b. 对于这个问题来说，它是一个好算法吗？

2. 证明在使用分治算法来求解最近点对问题时，对于每个垂直带中的点 p(参见图 5.7(a)和图 5.7(b))，与点 p 的距离小于 d_{min} 的点不超过 7 个，d_{min} 是截至目前该算法已知的两点间最短距离。

3. 考虑分治版本的二维最近对算法，在其中的每次递归调用时，我们都简单地对两个集合 C_1 和 C_2 分别按照它们 y 轴坐标的升序进行排列。假设我们使用的是合并排序，请建立最差运行时间的近似递推关系，并在 $n = 2^k$ 的条件下对它求解。

4. 任意选择一种语言，实现本节中表述的最近对分治算法。

5. 在因特网上查找最近对问题的算法可视演示。该演示表示的是哪种算法？

6. 平面点集合 S 中的点，如果到点 p 的距离比到集合中其他点的距离都近，那么所有这种点的最小凸多边形，称为点 p 的 **Voronoi 多边形**(Voronoi polygon)。S 中的点的所有 Voronoi 多边形共同构成 S 的 **Voronoi 图形**(Voronoi diagram)。

   a. 一个包含三个点的集合的 Voronoi 图形是怎样的？

   b. 在因特网上查找生成 Voronoi 图形的算法可视演示，然后研究该图形的一些实例。根据你的观察，如何将上一问题的解进行推广，使之能适应一般性的情况。

7. 请解释一下，在快包算法中，如何求点 p_{max}。

8. 快包的最佳效率是怎样的？

9. 给出一个特定的输入，使得快包算法的运行时间是平方级的。

10. 任意选择一种语言实现快包算法。

11. **创建十边形**　在平面上有 1 000 个点，并且任意 3 个点不在同一条直线上。设计一个算法来构造 100 个十边形，使得十边形的点落在平面上的 1 000 个点上。十边形不必是凸多边形，但必须是简单多边形，也就是说它的边之间不能够交叉，并且任意两个十边形没有公共点。

12. **最短路径** 在二维欧几里得平面上有一块围起来的区域，它的形状是一个凸多边形，多边形的顶点位于点 $p_1(x_1,y_1)$，$p_2(x_2,y_2)$，…，$p_n(x_n,y_n)$(不一定按照这个顺序)。还有另外两个点 $a(x_a,y_a)$ 和 $b(x_b,y_b)$，满足 $x_a<\min\{x_1,x_2,\cdots,x_n\}$，而且 $x_b>\max\{x_1,x_2,\cdots,x_n\}$。设计一个高效的算法来计算 a 和 b 之间最短路径的长度。([ORo98])

小　　结

- **分治法**是一种一般性的算法设计技术，它将问题的实例划分为若干个较小的实例(最好拥有同样的规模)，对这些较小的实例递归求解，然后合并这些解，以得到原始问题的解。许多高效的算法都是基于这种技术的，虽然有时候它的适应性和效率并不如一些更简单的算法。
- 许多分治算法的时间效率 $T(n)$满足方程 $T(n) = aT(n/b) + f(n)$。主定理确定了该方程解的增长次数。
- **合并排序**是一种分治排序算法。它把一个输入数组一分为二，并对它们递归排序，然后把这两个排好序的子数组合并为原数组的一个有序排列。在任何情况下，这个算法的时间效率都是 $\Theta(n\log n)$，而且它的键值比较次数非常接近理论上的最小值。它的主要缺点是需要相当大的额外存储空间。
- **快速排序**是一种分治排序算法，它根据元素值和某些事先确定的元素的比较结果，来对输入元素进行划分。快速排序十分有名，这不仅因为对于随机排列的数组，它是一种较为出众的 $n\log n$ 效率算法，而且因为它的最差效率是平方级的。
- 二叉树的经典遍历算法(前序、中序、后序)和其他类似的算法都需要递归处理左右两棵子树，它们都可以当作分治技术的例子。用一些特定的**外部节点**来替代给定树的空子树，有助于对这些算法进行分析。
- 有一种处理两个 n 位整数相乘的分治算法，大约需要做 $n^{1.585}$ 次一位数乘法。
- **Strassen 算法**只需要做 7 次乘法就能计算出两个 2×2 矩阵的积，但比基于定义的算法要做更多次的加法。利用分治技术，该算法计算两个 $n\times n$ 矩阵的乘法时需要做 $n^{2.807}$ 次乘法。
- 分治技术可以成功地应用于两个重要的计算几何问题：最近对问题和凸包问题。

第6章 变 治 法

生活的秘密在于……用一个烦恼代替另一个烦恼。

——查尔斯·M. 舒尔茨[①]

本章讨论一组设计方法，它们都基于变换的思想。我们把这种通用技术称为**变治法**(transform-and-conquer)，因为这些方法都是分成两个阶段工作的。首先，在“变”的阶段，出于这样或者那样的原因，把问题的实例变得更容易求解。然后，在第二阶段或者说“治”的阶段，对实例进行求解。

根据我们对问题实例的变换方式，变治思想有 3 种主要的类型(图 6.1)：

- 变换为同样问题的一个更简单或者更方便的实例——我们称之为**实例化简**(instance simplification)。
- 变换为同样实例的不同表现——我们称之为**改变表现**(representation change)。
- 变换为另一个问题的实例，这种问题的算法是已知的——我们称之为**问题化简**(problem reduction)。

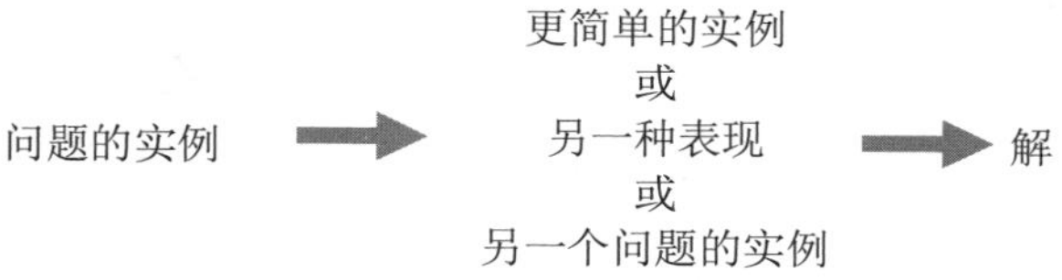

图 6.1 变治策略

在本章的前三节，我们会遇到实例化简类型的例子。6.1 节讨论预排序，这种思想虽然简单，却富有成效。如果输入是有序的，许多算法问题会更容易求解。当然，有序列表带来的好处应该大于为排序付出的时间代价，否则，我们还不如直接处理一个没有排过序的列表。6.2 节介绍了应用数学领域中最重要的算法之一：高斯消去法。这个算法是这样解一个线性方程组的：它先把方程组变换为一个具有特殊性质的方程组，这个性质使得求解变得非常简单。在 6.3 节中，我们把实例化简和改变表现的思想应用于查找树，结果就有了 AVL 树和多路平衡查找树，对于后者我们只考虑最简单的情况——2-3 树。

6.4 节给大家介绍堆和堆排序。即使大家对于这种重要的数据结构和它在排序上的应用已经非常熟悉了，但用变治设计的新眼光来观察它们时，我们还是有所收获的。在 6.5 节中，我们讨论霍纳法则，这是一种解多项式的卓越算法。如果存在一个算法纪念堂，霍纳法则应该是进入纪念堂的一个重要候选对象，这完全要归功于该算法的高效和优雅。在这节中，我们还要考虑求乘方问题的两种算法，它们都基于改变表现的思想。

在本章结束的时候，我们来看看变治的第三种类型(问题化简)的若干个应用。这个类

---

① 查尔斯·M. 舒尔茨(Charles M. Schulz，1922—2000)，美国漫画家，史努比之父。

型应该说是三者中最激进的一个：将一个问题化简为另一个问题，也就是说，变换成一种完全不同的问题。这是一种非常有效的思想，被广泛地应用于复杂性理论(第 11 章)。然而，应用这个思路来设计一个实用的算法并不是一件容易的事情。首先，我们要确定一种新问题，使得给定的问题可以变换成它的形式。然后，我们必须确定，变换算法和新问题求解算法的总时间效率要比其他算法更好。在所举的若干个例子中，我们会讨论一种称为**数学建模**(mathematical modeling)的重要特例，也就是用类似变量、函数和方程这样的纯数学对象的形式来表达问题。

6.1 预 排 序

在计算机科学中，预排序是一种很古老的思想。实际上，对于排序算法的兴趣很大程度上是因为这样一个事实：如果列表是有序的，许多关于列表的问题更容易求解。显然，由于包含了排序操作，这种算法的时间效率依赖于所选用的排序算法的效率。为了简单起见，我们假设本节中所有的列表都是用数组来实现的，因为某些算法用数组表示法更容易实现。

目前为止，我们讨论了 3 种基本的排序算法——选择排序、冒泡排序和插入排序，它们的效率在最坏情况和平均情况下都是平方级的。我们还讨论了两种高级算法：合并排序和快速排序。前者总是属于 $\Theta(n\log n)$，后者在平均情况下也是 $\Theta(n\log n)$，但在最坏情况下是平方级的。是不是还存在更快的排序算法呢？就像我们在 1.3 节(也可参见 11.2 节)中声明过的，没有一种基于比较的普通排序算法，在最坏情况下的效率能够超过 $n\log n$，这个结论对于平均效率也成立①。

下面 3 个例子说明了预排序的思想。更多的例子可以在本节的习题中找到。

例 1 检验数组中元素的唯一性 如果这个元素唯一性问题看上去很熟悉，这就对了。我们曾在 2.3 节(参见例 2)中考虑过该问题的一个蛮力算法。这个蛮力算法对数组中的元素对进行比较，直到找到两个相等的元素，或者所有的元素对都已比较完毕。它的最差效率属于 $\Theta(n^2)$。

换一种做法，我们可以先对数组排序，然后只检查它的连续元素：如果该数组有相等的元素，则一定有一对元素是相互紧挨着的，反之亦然。

算法 PresortElementUniqueness($A[0..n-1]$)
　　//先对数组排序来解元素唯一性问题
　　//输入：n 个可排序元素构成的一个数组 $A[0..n-1]$
　　//输出：如果 A 没有相等的元素，返回 true，否则返回 false
　　对数组 A 排序

---

① 有一类称为**基数排序**(radix sort)的排序算法，它们的效率是线性的，但这是针对输入中总的位数来说的。这些算法比较的是键的个别位或者片段，而不是整个键。虽然这些算法的运行时间和输入的位数是成比例的，但它们本质上还是 $n\log n$ 算法，因为为了区分输入中 n 个不同的键，每个键的位数至少应该是 $\log_2 n$。

```
for  i ← 0 to  n − 2 do
    if  A[i] = A[i + 1] return false
return true
```

用于排序的时间加上用于检验连续元素的时间就是该算法的总运行时间。因为前者至少需要 $n\log n$ 次比较，而后者的比较次数不会超过 $n-1$，所以是排序部分决定了算法的总效率。因此，如果我们在这里用的是平方级的排序算法，那么整个算法不会比蛮力算法更高效。但如果我们使用了一个好的排序算法，例如合并排序，它的最差效率属于 $\Theta(n\log n)$，那么整个基于预排序的算法的最差效率也属于 $\Theta(n\log n)$ 。

$$T(n) = T_{\text{sort}}(n) + T_{\text{scan}}(n) \in \Theta(n\log n) + \Theta(n) = \Theta(n\log n)$$

例 2　模式计算　在给定的数字列表中最经常出现的一个数值称为**模式**(mode)。例如，对于 5, 1, 5, 7, 6, 5, 7 来说，模式是 5(如果若干个不同的值都是最经常出现的，它们中的任何一个都可以看作模式)。如果用蛮力法来计算模式将会对列表进行扫描，并计算它的所有不同值出现的频率。为了实现这个思路，我们可以在另一个列表中存储已经遇到的值和它们出现的频率。在每次迭代当中，通过遍历这个辅助列表，原始列表中的第 i 个元素要和已遇到的数值进行比较。如果碰到一个匹配数值，该数值的出现频率加 1；否则，将当前元素添加到辅助列表中，并把它的出现频率置为 1。

不难发现，该算法的最差输入是一个没有相等元素的列表。对于这样一个列表，它的第 i 个元素要和目前为止的唯一数值的辅助列表中 $i-1$ 个元素进行比较，然后再加入到辅助列表中，并把出现频率设为 1。因此，创建频率列表时，该算法的最差比较次数是：

$$C(n) = \sum_{i=1}^{n}(i-1) = 0 + 1 + \cdots + (n-1) = \frac{(n-1)n}{2} \in \Theta(n^2)$$

求辅助列表中的最大频率还需要 $n-1$ 次额外比较，但这不会改变该算法的平方级最差效率类型。

另一种做法是，我们可以先对输入排序，这样所有相等的数值都会邻接在一起。要求出模式，我们只需要求出在该有序数组中邻接次数最多的等值元素即可。

```
算法  PresortMode(A[0..n − 1])
      //先对数组排序来计算它的模式
      //输入：可排序元素构成的数组 A[0..n − 1]
      //输出：该数组的模式
      对数组 A 排序
      i ← 0                         //当前一轮从位置 i 开始
      modefrequency ← 0  //目前为止求出的最高频率
      while  i ≤ n − 1 do
            runlength ← 1;  runvalue ← A[i]
            while  i + runlength ≤ n − 1 and  A[i + runlength] = runvalue
                runlength ← runlength + 1
            if  runlength > modefrequency
                modefrequency ← runlength;  modevalue ← runvalue
            i ← i + runlength
      return modevalue
```

这里的分析和例 1 的分析是类似的：该算法的运行时间受制于排序时间，因为该算法的剩余部分只需要线性的时间(为什么？)。因此，如果使用一个 $n\log n$ 排序，这个方法的最差效率的渐近类型就会好于蛮力算法的最差效率。

例 3　查找问题　考虑在 n 个可排序项构成的一个给定数组中查找某个给定值 v 的问题。这里的蛮力解法是顺序查找(3.1 节)，它在最差情况下需要进行 n 次比较。如果该数组是预先排好序的，我们就可以应用折半查找，它在最坏的情况下只需要进行 $\lfloor \log_2 n \rfloor + 1$ 次比较。假设我们使用最高效的 $n\log n$ 排序，这个查找算法在最差情况下的总运行时间会是：

$$T(n) = T_{\text{sort}}(n) + T_{\text{search}}(n) = \Theta(n\log n) + \Theta(\log n) = \Theta(n\log n)$$

这比顺序查找还要差。对于平均效率来说，也是同样的情况。当然，如果我们要在同一个列表中进行多次查找，在排序上花费的时间应该是值得的。(习题 6.1 第 4 题要求大家估计一下，为了使预排序有意义，最少需要进行多少次查找。)

在结束对预排序的讨论之前，我们需要指出，许多(或许绝大多数)处理点集合的几何算法都使用了这样或那样的预排序。点的排序依据可以是它们的一个坐标，或者是它们到一条特定直线的距离，或者是根据某种角度等。例如，在最近对问题和凸包问题的分治算法中曾经使用了预排序，这些我们都在 5.5 节中讨论过。

需要进一步指出的是，某些关于有向无环图的问题，在对有向图进行了拓扑排序以后会容易求解得多。求这类有向图的最短及最长路径问题可以证明这一点(参见 8.1 节和 9.3 节的习题)。

最后，大多数基于贪婪技术的算法(第 9 章将重点讨论)都要求对其输入预排序，这是整个算法必须包含的部分。

习题 6.1

1. 考虑这样一个问题：它要找出 n 个数字构成的一个数组中两个最接近数的距离(两个数 x 和 y 之间的距离定义为 $|x-y|$)。

a. 设计一个基于预排序的算法来解该问题并确定它的效率类型。

b. 将该算法的效率类型和蛮力算法的效率类型进行比较(参见习题 1.2 中的第 9 题)。

2. 假设 $A=\{a_1,\cdots,a_n\}$ 和 $B=\{b_1,\cdots,b_m\}$ 是两个数字集合。考虑一下对它们求交集的问题，也就是说，集合 C 中的所有数字都是既属于 A 又属于 B 的。

a. 设计一个蛮力算法来解该问题并确定它的效率类型。

b. 设计一个基于预排序的算法来解该问题并确定它的效率类型。

3. 考虑一下求 n 个数字构成的数组中最大元素和最小元素的问题。

a. 设计一个基于预排序的算法来解该问题并确定它的效率类型。

b. 比较以下三种算法的效率：(i)蛮力算法，(ii)基于预排序的算法，(iii)分治算法(参见习题 5.1 的第 2 题)。

4. 请估计一下，如果用合并排序做预排序，用折半查找做查找，要做多少次查找才能使得对一个由 10^3 个元素构成的数组所做的预排序是有意义的(我们可以假设，所要查找的都是数组中的元素)。如果是一个由 10^6 个元素构成的数组呢？

5. 是排序还是不排序？为下面的每个问题设计一个较为高效的算法，然后确定该算法的效率类型。

   a. 给定 n 张电话账单和 m 张用来付电话费的支票（$n \geqslant m$）。假设支票上写着电话号码，请确定哪些账单还没付费(为了简单起见，我们可以假设，一张支票只付一张特定的账单，并且一次性全部付清)。

   b. 我们有一份档案，里面有 n 个学生的记录，指出了每个学生的学号、姓名、家庭地址和生日。美国有 50 个州，求出来自每一个州的学生的数量。

6. 给定一个集合，里面包含 $n \geqslant 3$ 个在笛卡儿平面上的点，用简单多边形把它们连接起来，也就是一条穿过所有点的最短路径，并且它的线段(多边形的边)不能相互交叉(除了公共顶点上的两条相邻边)。例如，

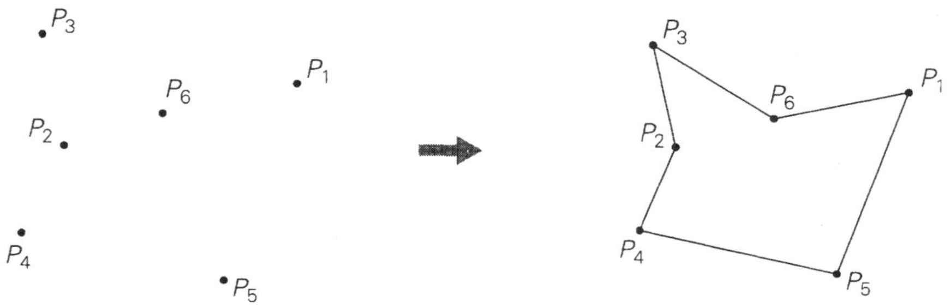

   a. 该问题是否总是有解？是否总是有唯一解？

   b. 为该问题设计一个较为高效的算法，并指出它的效率类型。

7. 我们有一个 n 个数字构成的数组以及一个整数 s。确定该数组是否包含两个和为 s 的元素(例如，对于数组 5, 9, 1, 3 和 $s=6$，答案为是；但对于相同的数组和 $s=7$，答案为否)。为该问题设计一个算法，使它的时间效率要好于平方级。

8. 我们在实数域上有 n 个开区间 (a_1,b_1)，(a_2,b_2) …，(a_n,b_n) (开区间 (a,b) 是由严格位于端点 a 和 b 之间的所有点构成的，即 $(a,b)=\{x \mid a<x<b\}$)。求包含共同点的区间的最大数量。例如，对于区间 $(1,4)$，$(0,3)$，$(-1.5,2)$，$(3.6,5)$ 来说，这个数量是 3。为这个问题设计一个算法，要求效率要好于平方级。

9. **数字填空**　给定 n 个不同的整数以及一个包含 n 个空格的序列，每个空格之间事先给定有不等(>或<)符号。请设计一个算法，将 n 个整数填入这 n 个空格中并满足不等号的约束。例如，数 4, 6, 3, 1, 8 可以填在这样的 5 个空格中：

$$\boxed{1} < \boxed{8} > \boxed{3} < \boxed{4} < \boxed{6}$$

10. **最大点寻找**

   a. 对于笛卡儿平面上的一个点 (x_i, y_i)，如果存在另一个点 (x_j, y_j)，使得 $x_i \leqslant x_j$，并且 $y_i \leqslant y_j$，而且两个不等式中的一个至少严格成立，那么我们就说点 (x_j, y_j) 是点 (x_i, y_i) 的先导。现在，给定一个含 n 个点的集合，如果其中一个点不被其他任何点先导，那么我们就说这个点是这个集合的**最大点**(maximum)。例如，如下图所示，所有的最大点已经被圈出来。

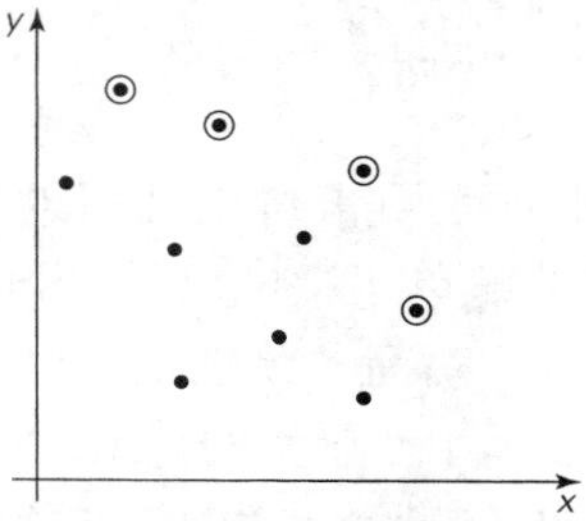

请设计一个高效的算法，在笛卡儿平面中从给定的 n 个点中找到所有的最大点并求出这个算法的时间效率类型。

b. 请给出这个算法在现实生活中的一些实例。

11. 查找变位词

a. 为这个问题设计一个高效的算法：在一个类似英语辞典的大文件中找出变位词的所有集合([Ben00])。例如，eat，ate 和 tea 属于同一个变位词集合。

b. 写一个程序实现该算法。

6.2 高斯消去法

大家一定非常熟悉由两个线性方程构成的二元联立方程组：

$$\begin{cases} a_{11}x + a_{12}y = b_1 \\ a_{21}x + a_{22}y = b_2 \end{cases}$$

请回忆一下，除非一个方程的系数和另一个方程的系数成比例，否则该方程组就有一个唯一解。求解的标准方法是：无论用哪个方程，先把一个变量表示为另一个变量的函数，再把这个结果代入另一个方程中，得到一个线性的方程，然后用它的解来求出另一个变量的值。

在许多应用中，我们需要解一个包含 n 个方程的 n 元联立方程组：

$$\begin{cases} a_{11}x_1 + a_{12}x_2 + \cdots + a_{1n}x_n = b_1 \\ a_{21}x_1 + a_{22}x_2 + \cdots + a_{2n}x_n = b_2 \\ \qquad\qquad \vdots \\ a_{n1}x_1 + a_{n2}x_2 + \cdots + a_{nn}x_n = b_n \end{cases}$$

其中，n 是一个大数。理论上来说，我们可以把两个联立方程的解法推广到对这种方程组求解(这种方法是基于哪种通用的设计技术？)。然而，这会导致算法变得非常笨重。

幸运的是，这种线性方程组有一个优雅得多的求解算法，它被称为**高斯消去法**(Gaussian elimination)[①]。高斯消去法的思路是把 n 个线性方程构成的 n 元联立方程组变换为一个等价

① 这个方法是以卡尔·弗里德里希·高斯(1777—1855)的名字命名的。和数学历史上的其他巨人(例如牛顿和欧拉)一样，无论是对理论数学还是对计算数学，他都做出了许多基础性的贡献。但中国人早就发明了这个方法，比欧洲人早 1800 多年。

的方程组(也就是说，它的解和原来的方程组相同)，该方程组有着一个上三角形的系数矩阵，这种矩阵的主对角线下方元素全部为 0。

$$\begin{aligned} a_{11}x_1 + a_{12}x_2 + \cdots + a_{1n}x_n &= b_1 \\ a_{21}x_1 + a_{22}x_2 + \cdots + a_{2n}x_n &= b_2 \\ &\vdots \\ a_{n1}x_1 + a_{n2}x_2 + \cdots + a_{nn}x_n &= b_n \end{aligned} \quad \Rightarrow \quad \begin{aligned} a'_{11}x_1 + a'_{12}x_2 + \cdots + a'_{1n}x_n &= b'_1 \\ a'_{22}x_2 + \cdots + a'_{2n}x_n &= b'_2 \\ &\vdots \\ a'_{nn}x_n &= b'_n \end{aligned}$$

用矩阵的符号，我们可以把它写成 $\boldsymbol{A}x = \boldsymbol{b} \Rightarrow \boldsymbol{A}'x = \boldsymbol{b}'$，

其中，$\boldsymbol{A} = \begin{bmatrix} a_{11} & a_{12} & \cdots & a_{1n} \\ a_{21} & a_{22} & \cdots & a_{2n} \\ & & \vdots & \\ a_{n1} & a_{n2} & \cdots & a_{nn} \end{bmatrix}$，$\boldsymbol{b} = \begin{bmatrix} b_1 \\ b_2 \\ \vdots \\ b_n \end{bmatrix}$，$\boldsymbol{A}' = \begin{bmatrix} a'_{11} & a'_{12} & \cdots & a'_{1n} \\ 0 & a'_{22} & \cdots & a'_{2n} \\ & & \vdots & \\ 0 & 0 & \cdots & a'_{nn} \end{bmatrix}$，$\boldsymbol{b}' = \begin{bmatrix} b'_1 \\ b'_2 \\ \vdots \\ b'_n \end{bmatrix}$

(我们对矩阵的元素以及新方程组的右边部分加入撇号，是为了强调这些值和它们原先的对应值是不同的。)

为什么具有上三角系数矩阵的方程组要好于任意系数矩阵的方程组呢？因为我们可以对具有上三角系数矩阵的方程组进行这种反向替换：首先，我们从最后一个方程中可以立即求出 x_n 的值；然后我们可以把这个值带入倒数第二个方程来求出 x_{n-1}，依次类推，直到把最后 $n-1$ 个变量的已知值代入第一个方程，这样我们就求出了 x_1 的值。

那么，我们如何从一个具有任意系数矩阵的方程组 $\boldsymbol{A}$ 推导出一个具有上三角系数矩阵的等价方程组 $\boldsymbol{A}'$ 呢？可以通过一系列**初等变换**(elementary operation)来做到这一点，所谓的初等变换就是：

- 交换方程组中两个方程的位置。
- 把一个方程替换为它的非零倍。
- 把一个方程替换为它和另一个方程倍数之间的和或差。

因为所有的初等变换都无法改变方程组的解，任何经过这种变换得到的方程组和原来的方程组都会有相同解。

我们来看看如何能够得到一个具有上三角系数矩阵的方程组。首先，我们以 a_{11} 为**主元**(pivot)，使得第一个方程后面的所有方程中 x_1 的系数为 0。具体来说，我们用第二个方程和第一个方程乘以 a_{21}/a_{11} 之后的差来替代第二个方程，以得到一个 x_1 系数为 0 的方程。对第三个、第四个直到最后第 n 个方程，分别用 a_{31}/a_{11}，a_{41}/a_{11}，…，a_{n1}/a_{11} 作为第一个方程的乘数，重复同样的做法，使得第一个方程以后的所有 x_1 的系数都为 0。然后，从第二个方程以后的每个方程中减去第二个方程的一个恰当的倍数，从而除去了它们全部 x_2 的系数。对前面 $n-1$ 个变量中的每一个都重复这个消去过程，最终会生成一个具有上三角系数矩阵的方程组。

在给出一个高斯消去法的例子以前，我们应该知道，我们可以仅仅操作一个方程组的扩展系数矩阵，也就是把这些方程右边的值作为第$(n+1)$列添加到系数矩阵中。换句话说，我们既不需要明确写出变量的名称，也不需要写出加号和等号。

例 1　用高斯消去法解方程组

$$\begin{cases} 2x_1 - x_2 + x_3 = 1 \\ 4x_1 + x_2 - x_3 = 5 \\ x_1 + x_2 + x_3 = 0 \end{cases}$$

$$\begin{bmatrix} 2 & -1 & 1 & 1 \\ 4 & 1 & -1 & 5 \\ 1 & 1 & 1 & 0 \end{bmatrix} \begin{matrix} \\ \text{row } 2 - \frac{4}{2}\text{ row } 1 \\ \text{row } 3 - \frac{1}{2}\text{ row } 1 \end{matrix}$$

$$\begin{bmatrix} 2 & -1 & 1 & 1 \\ 0 & 3 & -3 & 3 \\ 0 & \frac{3}{2} & \frac{1}{2} & -\frac{1}{2} \end{bmatrix} \begin{matrix} \\ \\ \text{row } 3 - \frac{1}{2}\text{ row } 2 \end{matrix}$$

$$\begin{bmatrix} 2 & -1 & 1 & 1 \\ 0 & 3 & -3 & 3 \\ 0 & 0 & 2 & -2 \end{bmatrix}$$

现在我们可以用反向替换法求解了：

$x_3 = (-2)/2 = -1$， $x_2 = (3-(-3)x_3)/3 = 0$，并且 $x_1 = (1 - x_3 - (-1)x_2)/2 = 1$

下面是该算法第一阶段的伪代码，称为**前向消去**(forward elimination)。

算法　ForwardElimination(***A***[1..*n*,1..*n*], ***b***[1..*n*])
```
//对一个方程组的系数矩阵 A 应用高斯消去法
//用该方程组右边的值构成的向量 b 来扩展该矩阵
//输入：矩阵 A[1..n,1..n]和列向量 b[1..n]
//输出：一个代替 A 的上三角形等价矩阵图，相应的右边的值位于第(n + 1)列中
for i ← 1 to n do  A[i,n+1] ← b[i]    //扩展该矩阵
for i ← 1 to  n−1 do
    for j ← i+1 to n do
        for k ← n+1 downto i do
            A[j,k] ← A[j,k] − A[i,k] * A[j,i] / A[i,i]
```

对于这段伪代码，我们要指出两个重要的事实。第一，它并不总是正确的：如果 ***A***[*i*, *i*] = 0，我们不能以它为除数，因此在该算法的第 *i* 次迭代中不能把第 *i* 行作为基点。在这种情况下，我们应该利用第一种初等操作，用下面的某行与第 *i* 行进行交换，该行的第 *i* 列元素的系数不为 0(如果该方程组具有唯一解——我们所关注的方程组一般都是如此，那么这样的行一定会存在)。

因为我们无论如何都必须对行交换的可能性有所准备，所以我们也可以同时解决另一种潜在的麻烦：***A***[*i*, *i*]可能会非常小，所以比例因子 ***A***[*j*, *i*]/***A***[*i*, *i*]是如此之大，以至于 ***A***[*j*, *k*]的新值会因为舍入误差而歪曲，这个误差是在两个数量级相差非常大的数相减时发生的①。为了避免这个问题，我们可以每次都去找第 *i* 列系数的绝对值最大的行，然后把它作为第 *i* 次迭代的基点。这种修改，称为**部分选主元法**(partial pivoting)，它保证比例因子的绝对值永远不会大于 1。

① 我们会在 11.4 节中详细讨论舍入误差。

第二个事实是，最内层循环的效率十分低。在查看下面这段伪代码之前，大家能看出端倪来吗？下面这段代码不但采用了部分选主元法，而且消除了低效率的弊端。

```
算法  BetterForwardElimination(A[1..n, 1..n], b[1..n])
      //用部分选主元法实现高斯消去法
      //输入：矩阵 A[1..n, 1..n]和列向量 b[1..n]
      //输出：一个代替 A 的上三角形等价矩阵图，相应的右边的值位于第(n + 1)列中
      for i ← 1 to n do  A[i,n+1] ← b[i]  //把 b 作为最后一列添加到 A 中
      for i ← 1 to  n−1 do
          pivotrow ← i
          for  j ← i+1 to n do
              if  |A[j,i]|>|A[pivotrow,i]| pivotrow ← j
          for  k ← i to n + 1 do
              swap(A[i, k], A[pivotrow, k])
          for  j ← i+1 to n do
              temp ← A[j,i]/A[i,i]
              for  k ← i to  n+1 do
                  A[j,k] ← A[j,k] − A[i,k] * temp
```

我们来求一下该算法的时间效率。它的最内层循环中只有一行语句：

$$A[j,k] \leftarrow A[j,k] - A[i,k] * temp$$

它包含一个乘法和一个减法。毫无疑问，在大多数计算机上，乘法的开销要比加减法更大，因此，我们总是以乘法作为该算法的基本操作①。我们在 2.3 节(也可以参见附录 A)中介绍的标准的求和公式和求和法则在下面的推导过程中是十分有用的。

$$\begin{aligned}
C(n) &= \sum_{i=1}^{n-1}\sum_{j=i+1}^{n}\sum_{k=i}^{n+1}1 = \sum_{i=1}^{n-1}\sum_{j=i+1}^{n}(n+1-i+1) = \sum_{i=1}^{n-1}\sum_{j=i+1}^{n}(n+2-i) \\
&= \sum_{i=1}^{n-1}(n+2-i)(n-(i+1)+1) = \sum_{i=1}^{n-1}(n+2-i)(n-i) \\
&= (n+1)(n-1)+n(n-2)+\cdots+3\times 1 \\
&= \sum_{j=1}^{n-1}(j+2)j = \sum_{j=1}^{n-1}j^2 + \sum_{j=1}^{n-1}2j = \frac{(n-1)n(2n-1)}{6} + 2\frac{(n-1)n}{2} \\
&= \frac{n(n-1)(2n+5)}{6} \approx \frac{1}{3}n^3 \in \Theta(n^3)
\end{aligned}$$

因为高斯消去法的第二阶段，即**反向替换**(back substitution)属于 $\Theta(n^2)$ (这一点我们要求大家在习题中加以解释)，所以算法的运行时间取决于立方的消去阶段，从而使得整个算法的效率也是立方级的。

理论上来说，高斯消去法要么在一个线性方程组有唯一解时生成它的精确解，要么确定该方程组不存在这样的解。在后一种情况下，该方程组要么无解，要么有无穷多个这样

① 就像我们在 2.1 节中提到的，在有些计算机上，乘法不一定比加减法开销更大。对于这个算法来说，这一点并没有实际意义，因为我们可以只计算出最内层循环的执行次数，显然，这个执行次数同乘法次数和减法次数都是一致的。

的解。在实践中，用该方法在计算机上解一个规模较大的方程组并没有我们想象中那么简单。最主要的困难在于如何防止舍入误差的累积(参见 11.4 节)。请参考一些关于数值分析的教材，它们会对这个问题进行分析，也会详细讨论其他一些具体的实现细节。

6.2.1 *LU* 分解

高斯消去法有一个有趣的也非常有用的副产品，被称为系数矩阵的 ***LU* 分解**(*LU* decomposition)。实际上，高斯消去法的现代商业实现是以这种分解法为基础的，而不是前面所描述的基本算法。

例 2 让我们回到本节开头的例子，我们当时对这个矩阵应用过高斯消去法。

$$\boldsymbol{A}=\begin{bmatrix}2 & -1 & 1\\ 4 & 1 & -1\\ 1 & 1 & 1\end{bmatrix}$$

考虑一下下三角矩阵 $\boldsymbol{L}$，它是由主对角线上的“1”以及在高斯消去过程中行的乘数所构成的。

$$\boldsymbol{L}=\begin{bmatrix}1 & 0 & 0\\ 2 & 1 & 0\\ \frac{1}{2} & \frac{1}{2} & 1\end{bmatrix}$$

而下面的上三角矩阵 $\boldsymbol{U}$ 是消去的结果。

$$\boldsymbol{U}=\begin{bmatrix}2 & -1 & 1\\ 0 & 3 & -3\\ 0 & 0 & 2\end{bmatrix}$$

我们可以看出，这两个矩阵的乘积 $\boldsymbol{LU}$ 等于矩阵 $\boldsymbol{A}$。(对于 $\boldsymbol{L}$ 和 $\boldsymbol{U}$ 的特定值，我们可以用直接相乘来验证这一事实，但作为一个一般性的命题，它当然需要一个证明，我们在这里就省略了。)

所以，解方程组 $\boldsymbol{A}x=\boldsymbol{b}$ 等价于解方程组 $\boldsymbol{LU}x=\boldsymbol{b}$。后面这个方程组可以这样解：设 $\boldsymbol{y}=\boldsymbol{U}x$，那么 $\boldsymbol{L}y=\boldsymbol{b}$。先解方程组 $\boldsymbol{L}y=\boldsymbol{b}$，这很容易解，因为 $\boldsymbol{L}$ 是一个下三角矩阵。然后解方程组 $\boldsymbol{U}x = y$，用上三角矩阵 $\boldsymbol{U}$ 来求出 x。因此，对于本节开头的方程组，我们先来解 $\boldsymbol{L}y=\boldsymbol{b}$。

$$\begin{bmatrix}1 & 0 & 0\\ 2 & 1 & 0\\ \frac{1}{2} & \frac{1}{2} & 1\end{bmatrix}\begin{bmatrix}y_1\\ y_2\\ y_3\end{bmatrix}=\begin{bmatrix}1\\ 5\\ 0\end{bmatrix}$$

它的解是：

$$y_1 = 1, \quad y_2 = 5 - 2y_1 = 3, \quad y_3 = 0 - \frac{1}{2}y_1 - \frac{1}{2}y_2 = -2$$

解 $\boldsymbol{Ux} = y$ 意味着解

$$\begin{bmatrix} 2 & -1 & 1 \\ 0 & 3 & -3 \\ 0 & 0 & 2 \end{bmatrix} \begin{bmatrix} x_1 \\ x_2 \\ x_3 \end{bmatrix} = \begin{bmatrix} 1 \\ 3 \\ -2 \end{bmatrix}$$

而它的解是：

$$x_3 = (-2)/2 = -1, \quad x_2 = (3-(-3)x_3)/3 = 0, \quad x_1 = (1 - x_3 - (-1)x_2)/2 = 1$$

注意，一旦我们得到了矩阵 $\boldsymbol{A}$ 的 LU 分解，无论对于什么样的右边向量 $\boldsymbol{b}$，我们都可以对方程组 $\boldsymbol{Ax} = \boldsymbol{b}$ 求解，每次求解一个。这个明显的优点使它超越了我们前面讨论的经典高斯消去法。也请注意，LU 分解实际上并不需要额外的存储空间，因为我们可以把 $\boldsymbol{U}$ 的非零部分存储在 $\boldsymbol{A}$ 的上三角部分(包括主对角线)，并把 $\boldsymbol{L}$ 中的有效部分存储在 $\boldsymbol{A}$ 的主对角线的下方。

6.2.2 计算矩阵的逆

高斯消去法是一种十分有用的算法，它可以解决应用数学中最重要的问题之一：解线性方程组。实际上，高斯消去法也可以应用于线性代数的其他若干问题，例如计算一个矩阵的**逆**(inverse)。一个 n 阶方阵的逆也是一个 n 阶方阵，我们把它记作 $\boldsymbol{A}^{-1}$，它使得

$$\boldsymbol{AA}^{-1} = \boldsymbol{I}$$

其中，$\boldsymbol{I}$ 是一个 n 阶的单位矩阵(这种矩阵除了主对角线的元素全部为 1 以外，其他元素全部为 0)。不是每一个方阵都有逆，但如果这个逆存在，它一定是唯一的。如果一个矩阵 $\boldsymbol{A}$ 的逆不存在，我们说它是一个**退化矩阵**(singular)。我们可以证明，当且仅当矩阵的某一行是其他行的一个线性组合(某些乘积的和)时，该矩阵是一个退化矩阵。检查矩阵是否退化的一个简便方法是应用高斯消去法：如果高斯消去法生成的上三角矩阵的主对角线不包含 0，该矩阵是非退化的；否则，它是退化的。因此，退化是一种非常特殊的情况，绝大多数的方阵都有逆。

在理论上，逆矩阵是非常重要的，因为它们在矩阵代数中扮演了倒数的角色，克服了矩阵不存在明确的除法操作的问题。例如，在一个一元的线性方程 $ax = b$ 中，它的解可以写成 $x = a^{-1}b$(如果 a 不为 0)。与此类似，我们可以把 n 个线性方程构成的 n 元方程组 $\boldsymbol{Ax} = \boldsymbol{b}$ 的解表达为 $x = \boldsymbol{A}^{-1}\boldsymbol{b}$(如果 $\boldsymbol{A}$ 是非退化的)。当然，$\boldsymbol{b}$ 是一个向量，而非数字。

根据定义，要求出一个非退化的 n 阶方阵 $\boldsymbol{A}$ 的逆矩阵，我们要求出 n^2 个 x_{ij}，其中 $i \geqslant 1$，$j \leqslant n$，使得：

$$\begin{bmatrix} a_{11} & a_{12} & \cdots & a_{1n} \\ a_{21} & a_{22} & \cdots & a_{2n} \\ & & \vdots & \\ a_{n1} & a_{n2} & \cdots & a_{nn} \end{bmatrix} \begin{bmatrix} x_{11} & x_{12} & \cdots & x_{1n} \\ x_{21} & x_{22} & \cdots & x_{2n} \\ & & \vdots & \\ x_{n1} & x_{n2} & \cdots & x_{nn} \end{bmatrix} = \begin{bmatrix} 1 & 0 & \cdots & 0 \\ 0 & 1 & \cdots & 0 \\ & & \vdots & \\ 0 & 0 & \cdots & 1 \end{bmatrix}$$

我们可以通过解 n 个具有相同系数矩阵 $\boldsymbol{A}$ 的线性方程组来求出这些未知数，未知数向量 $\boldsymbol{x}^j$ 是逆矩阵的第 j 列，右边的向量 $\boldsymbol{e}^j$ 是单位矩阵的第 j 列($1\leqslant j\leqslant n$)：

$$\boldsymbol{A}\boldsymbol{x}^j=\boldsymbol{e}^j$$

通过 n 阶单位矩阵得到 $\boldsymbol{A}$ 的扩展矩阵以后，我们可以应用高斯消去法来解这些方程组。但更好的做法是，我们可以使用高斯消去法求出 $\boldsymbol{A}$ 的 LU 分解，然后就像我们前面解释过的，再对方程组 $\boldsymbol{LU}x^j=\boldsymbol{e}^j$，$j=1, \cdots, n$ 求解。

6.2.3 计算矩阵的行列式

另一个可以用高斯消去法求解的问题是计算一个矩阵的行列式。一个 n 阶方阵 $\boldsymbol{A}$ 的**行列式**(determinant)记作 $\det \boldsymbol{A}$ 或者 $|\boldsymbol{A}|$。$\det \boldsymbol{A}$ 是一个数字，它的值是按照下面的方式递归定义的：如果 $n=1$，也就是说，如果 $\boldsymbol{A}$ 是由一个元素 a_{11} 构成的，$\det \boldsymbol{A}$ 等于 a_{11}；如果 $n>1$，$\det \boldsymbol{A}$ 是由下面的递归公式计算得来的。

$$\det \boldsymbol{A}=\sum_{j=1}^{n} s_j a_{1j} \det \boldsymbol{A}_j$$

其中，如果 j 为奇数，$s_j=+1$，如果 j 为偶数，$s_j=-1$，a_{1j} 是位于1行 j 列的元素，$\boldsymbol{A}_j$ 是一个 $n-1$ 阶方阵，它是从矩阵 $\boldsymbol{A}$ 中删去了第1行和第 j 列后得到的。

具体来说，对于一个 2 阶方阵，这个定义意味着一个很好记的公式：

$$\det\begin{bmatrix} a_{11} & a_{12} \\ a_{21} & a_{22} \end{bmatrix}=a_{11}\det[a_{22}]-a_{12}\det[a_{21}]=a_{11}a_{22}-a_{12}a_{21}$$

换句话说，一个 2 阶方阵的行列式就等于它的对角线元素的乘积的差。

对于一个 3 阶方阵，我们有：

$$\begin{aligned}\det\begin{bmatrix} a_{11} & a_{12} & a_{13} \\ a_{21} & a_{22} & a_{23} \\ a_{31} & a_{32} & a_{33} \end{bmatrix}&=a_{11}\det\begin{bmatrix} a_{22} & a_{23} \\ a_{32} & a_{33} \end{bmatrix}-a_{12}\det\begin{bmatrix} a_{21} & a_{23} \\ a_{31} & a_{33} \end{bmatrix}+a_{13}\det\begin{bmatrix} a_{21} & a_{22} \\ a_{31} & a_{32} \end{bmatrix}\\ &=a_{11}a_{22}a_{33}+a_{12}a_{23}a_{31}+a_{13}a_{21}a_{32}-a_{11}a_{23}a_{32}-a_{12}a_{21}a_{33}-a_{13}a_{22}a_{31}\end{aligned}$$

顺带说一句，这个公式在许多不同的应用中是非常有用的。具体来说，作为快包算法的一部分，这个公式已经在 5.5 节中使用了两次了。

但如果我们需要计算一个大矩阵的行列式，会是什么情形呢？(虽然在实际应用中，很少会有这样的需求，但仍然有讨论的必要。)使用前面的递归定义是没有什么帮助的，因为它意味着我们需要计算 $n!$ 个项的和。在这里，高斯消去法又充当了救火队员的角色。它的要点在于，实际上，一个上三角矩阵的行列式等于它的主对角线上元素的乘积，而且我们很容易看出，该算法中用到的初等变换操作是如何影响了行列式的值(总的来说，这个值要么不变，要么改变了符号，要么乘上了一个消去算法中使用的常量)。这样一来，我们可以在立方级的时间内算出一个 n 阶方阵的行列式。

行列式在线性方程组的理论中扮演了一个重要的角色。具体来说，对于一个包含 n 个

线性方程的 n 元方程组 $Ax=b$ 来说，当且仅当它的系数矩阵的行列式 $\det A$ 不等于 0 时，这个方程组才有唯一解。此外，我们可以使用被称为**克拉默法则**(Cramer's rule)的公式对方程组求解：

$$x_1=\frac{\det A_1}{\det A},\ \cdots,\ x_j=\frac{\det A_j}{\det A},\ \cdots,\ x_n=\frac{\det A_n}{\det A}$$

其中，$\det A_j$ 是把 A 的第 j 列用列 b 替换以后得到的矩阵。在习题中，我们会要求大家研究一下为什么用克拉默法则解线性方程组是一个好的算法。

习题 6.2

1. 用高斯消去法解下面的方程组：

$$\begin{cases}x_1+x_2+x_3=2\\2x_1+x_2+x_3=3\\x_1-x_2+3x_3=8\end{cases}$$

2. a．用 LU 分解法解上题中的方程组。

   b．从通用算法设计技术的角度来看，LU 分解法应该如何归类？

3. 解第 1 题中的方程组，先计算它的系数矩阵的逆，然后再乘以右边的向量。

4. 按照下面的方式来求高斯消去法在消去阶段的效率类型是否正确？

$$C(n)=\sum_{i=1}^{n-1}\sum_{j=i+1}^{n}\sum_{k=i}^{n+1}1=\sum_{i=1}^{n-1}(n+2-i)(n-i)$$
$$=\sum_{i=1}^{n-1}[(n+2)n-i(2n+2)+i^2]$$
$$=\sum_{i=1}^{n-1}(n+2)n-\sum_{i=1}^{n-1}(2n+2)i+\sum_{i=1}^{n-1}i^2$$

   因为 $s_1(n)=\sum_{i=1}^{n-1}(n+2)n\in\Theta(n^3)$，$s_2(n)=\sum_{i=1}^{n-1}(2n+2)i\in\Theta(n^3)$，

   并且 $s_3(n)=\sum_{i=1}^{n-1}i^2\in\Theta(n^3)$，$s_1(n)-s_2(n)+s_3(n)\in\Theta(n^3)$。

5. 为高斯消去法的反向替换阶段写一段伪代码，并说明为什么它的运行时间属于 $\Theta(n^2)$。

6. 假设两个数除法的运算时间是乘法的 3 倍，估计一下 BetterForwardElimination 要比 ForwardElimination 快多少。（当然，我们还应该假设，编译器不会对 ForwardElimination 中的低效部分自动进行优化。）

7. a．给出一个包含两个线性方程的二元方程组有唯一解的例子，并用高斯消去法对它求解。

   b．给出一个包含两个线性方程的二元方程组无解的例子，并对它应用高斯消去法。

   c．给出一个包含两个线性方程的二元方程组有无穷多解的例子，并对它应用高斯消去法。

8. **高斯-若尔当消去法**(Gauss-Jordan elimination)和高斯消去法的不同点在于，在系数矩阵的主对角线下方的元素变为 0 的同时，它用主元行把主对角线上方的元素也变成了 0。
   a. 对本习题中第 1 题的方程组应用高斯-若尔当消去法。
   b. 这个算法是以哪种通用设计策略为基础的？
   c. 一般来说，在解一个包含 n 个方程的 n 元方程组时，这个方法要进行多少次乘法运算？这个乘法次数和高斯消去法在消去阶段和反向替换阶段所做的乘法次数的总和相比，结果如何？
9. 当且仅当 $\det \boldsymbol{A} \neq 0$ 时，一个包含 n 个线性方程的 n 元方程组有唯一解。在对一个方程组应用高斯消去法以前，我们可以检查一下这个条件是否满足，但这是一个好的想法吗？
10. a. 对本习题中第 1 题的方程组应用克拉默法则。
   b. 估计一下，在解一个包含 n 个线性方程的 n 元方程组时，克拉默法则要比高斯消去法多用多少时间(假设在克拉默法则的公式中，所有的行列式都是应用高斯消去法独立计算出来的)。
11. **关灯游戏** 这个单人游戏中有一块 $n \times n$ 的面板，都是由 1×1 的电灯小面板组成的。每个小面板都有一个开关可以打开或关闭，这会同时打开或关闭水平和垂直邻接的 4 块小面板的灯(因此，拨动角上的面板开关会改变 3 个面板的灯，拨动边界上的非角落的面板开关会改变 4 个面板的灯)。如果知道初始时哪些灯是点亮的，如何关闭所有的灯呢？
   a. 请说明求解该问题可以利用 mod 2 运算和解线性方程，该方程的系数和等式右边都是 0/1。
   b. 利用高斯消去法解该问题的 2×2 全 1 实例，也就是说 2×2 面板上所有的灯一开始都亮着。
   c. 利用高斯消去法解该问题的 3×3 全 1 实例，也就是说 3×3 面板上所有的灯一开始都亮着。

6.3 平衡查找树

在 1.4 节、4.5 节和 5.3 节中，我们讨论过二叉查找树——一种实现字典的重要数据结构。二叉树节点所包含的元素来自可排序项的集合，每个节点一个元素，使得所有左子树中的元素都小于子树根节点的元素，而所有右子树中的元素都大于它。请注意，把一个集合变换为一棵二叉查找树，是改变表现技术的一个实例。这种变换与字典的简单实现(例如，数组)相比，能给我们带来什么好处呢？我们赢得了查找、插入和删除的时间效率，这些操作都属于 $\Theta(\log n)$。但这仅仅在平均情况下成立，在最差情况下，这些操作属于 $\Theta(n)$，因为这种树可能会退化成一种严重不平衡的树，树的高度等于 $n-1$。

计算机科学家付出了大量的精力试图寻找一种既能够保留经典二叉查找树的好特性，又能够避免它退化到最差情况的数据结构，我们这里所说的好特性主要是指它对于字典操作的对数效率以及它维护了集合元素的顺序。科学家们现在给出了两套方案。

- 第一种方法属于实例化简的类型：把一棵不平衡的二叉查找树转变为平衡的形式。因此，我们说这类树是**自平衡**(self-balancing)的。这个思想的特定实现之间的区别在于它们对平衡的定义是不同的。一棵 **AVL 树**(AVL tree)要求它的每个节点的左右子树的高度差不能超过 1。一棵**红黑树**(red-black tree)能够容忍同一节点的一棵子树的高度是另一棵子树的两倍。如果一个节点的插入或删除产生了一棵违背平衡要求的树，我们就从一系列称为**旋转**(rotation)的特定变换中选择一种，重新构造这棵树，使得这棵树重新满足平衡要求。在本节中，我们只讨论 AVL 树。某些其他类型的二叉查找树，像红黑树和**分裂树**(splay tree)，也体现了通过旋转来达到重新平衡的思想，它们的信息可以在参考书目中找到([Cor09]，[Sed02]和[Tar83])。
- 第二种方法属于改变表现的类型：它允许一棵查找树的单个节点中不止包含一个元素。这种树的特例是 **2-3 树**，**2-3-4 树**以及更一般和更重要的 **B 树**。它们的区别在于查找树的单个节点中能够容纳的元素个数，但它们都达到了很好的平衡。在本节中，我们只讨论这种树的最简单类型，即 2-3 树。我们把对 B 树的讨论留到第 7 章。

6.3.1 AVL 树

AVL 树是 1962 年由两个苏联科学家爱德尔森-威尔斯基(G. M. Adelson-Velsky)和兰迪斯(E. M. Landis)发明的([Ade62])，这也是该数据结构名字的由来。

定义 *一棵* **AVL 树***是一棵二叉查找树，其中每个节点的***平衡因子**(balance factor)*定义为该节点左子树和右子树的高度差，这个平衡因子要么为 0，要么为+1 或者 –1(一棵空树的高度定义为 –1。当然，平衡因子也可以被定义为左右子树的叶子数的差而不是高度差)。*

例如，图 6.2(a)中的二叉查找树是一棵 AVL 树，而图 6.2(b)中的不是。

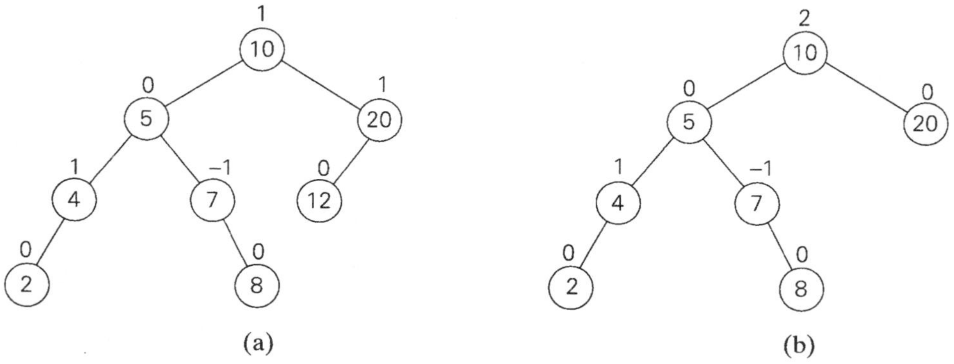

图 6.2　(a)AVL 树，(b)不是 AVL 树的二叉查找树。节点上方的数字指出了该节点的平衡因子

如果插入的一个新节点使得一棵 AVL 树失去了平衡，我们用旋转对这棵树做一个变换。AVL 树的**旋转**，是以某节点为根的子树的一个本地变换，该节点的平衡要么变成了+2，要么变成了 –2。如果有若干个这样的节点，我们先找出最靠近新插入的叶子的不平衡节点，然后旋转以该节点为根的子树。只存在 4 种类型的旋转，实际上，其中两种又是另外两种的镜像。图 6.3 给出了这 4 种旋转的最简单形式。

第一种旋转类型被称为**向右单向旋转**(single right rotation)或者**右单转**(R-rotation) (想象一下，把图 6.3(a)二叉树中连接根和它左子女的边向右旋转)。图 6.4 表现的是右单转的最具一般性的形式。注意，旋转是在一个新的键插入树的左子女的左子树后发生的。在插入以前，这棵树的根的平衡因子是+1。

和右单转相对应的是**向左单向旋转**(single left rotation)或者**左单转**(L-rotation)，它是右单转的镜像。旋转是在一个新的键插入树的右子女的右子树后发生的。在插入以前，这棵树的根的平衡因子是 –1。(我们会要求大家在习题中画一个左单转的一般情况的图示。)

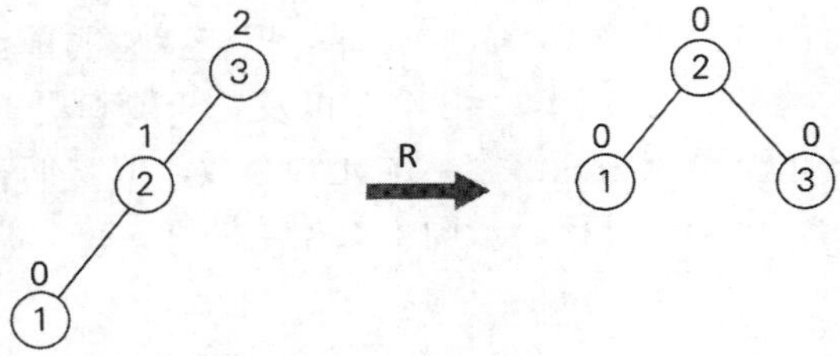

(a)

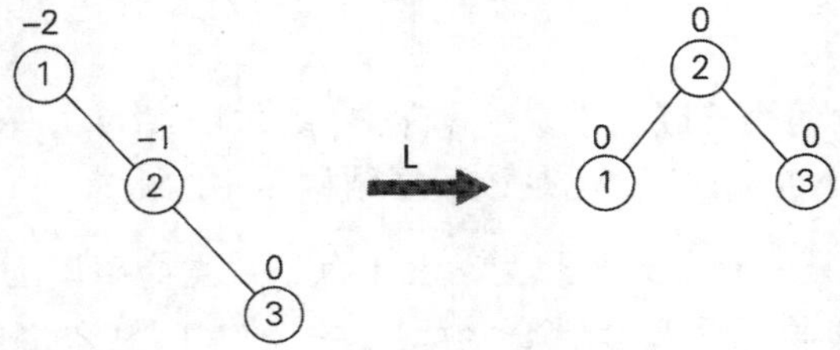

(b)

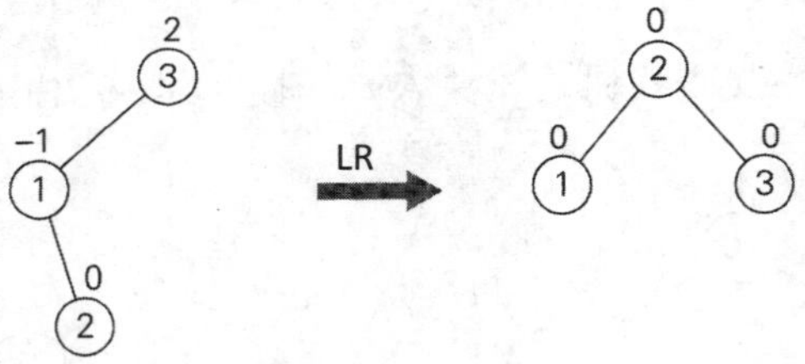

(c)

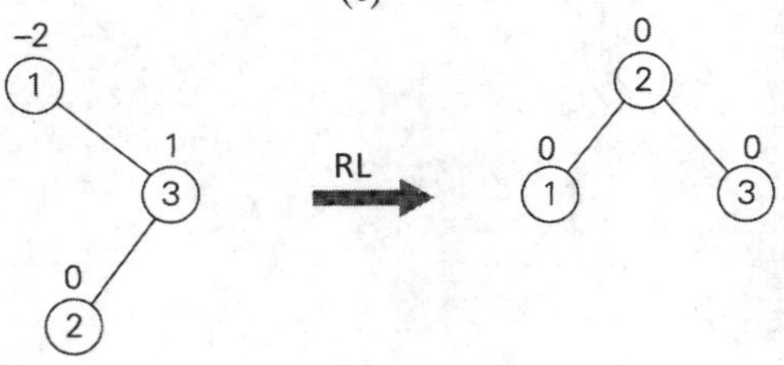

(d)

图 6.3 包含三个节点的 AVL 树的四种旋转。(a)右单转，(b)左单转，(c)左右双转，(d)右左双转

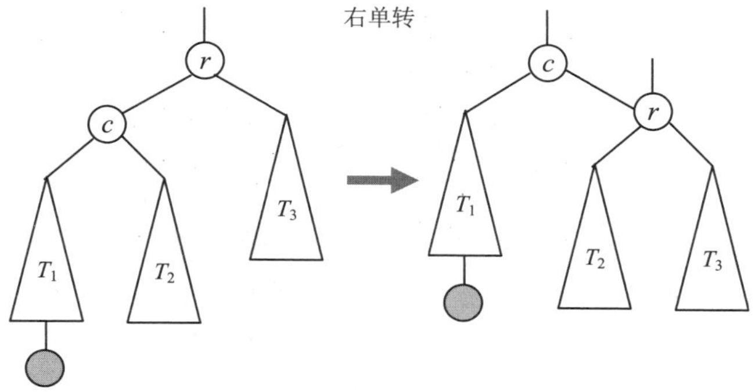

图 6.4　在 AVL 树中，右单转的一般性形式。阴影节点是最后插入的节点

第二种旋转类型被称为**双向左右旋转**(double left-right rotation)或者**左右双转**(LR-rotation)。实际上，它是两个旋转的组合：我们对根 r 的左子树进行左旋，再对这棵以 r 为根的新树进行右旋(图 6.5)。旋转是在一个新的键插入树的左子女的右子树后发生的。在插入以前，这棵树的根的平衡因子是+1。

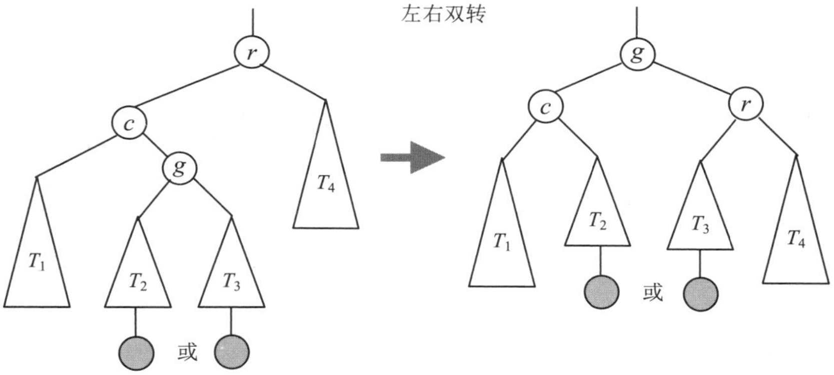

图 6.5　在 AVL 树中，左右双转的一般性形式。阴影节点是最后插入的节点。它既可以插在根的孙子的左子树中，也可以插在根的孙子的右子树中

双向右左旋转(double right-left rotation)，又称**右左双转**(RL-rotation)，是左右双转的镜像，我们把它作为习题留给大家。

请注意，虽然旋转可以在常量时间内完成，但它并不是一种无足轻重的变换。它们不仅能够保证结果树是平衡的，而且保留了一棵二叉查找树的基本要求。例如，在图 6.4 的初始树中，子树 T_1 中的所有键都小于 c，而 c 小于子树 T_2 中的所有键，T_2 又小于 r，r 又小于子树 T_3 中的所有键。而在旋转之后，对于新的平衡树来说，这些键值之间的关系仍然被保留了下来，这也是旋转必须要做到的。

图 6.6 给出了对给定的一个数字列表构造 AVL 树的例子。在大家跟踪算法操作时请记住，如果有若干个节点的平衡因子为±2，先找出最靠近新插入的叶子的不平衡节点，然后再旋转以该节点为根的树。

AVL 树的效率如何？就像所有的查找树一样，最关键的特性是树的高度。事实表明，它的效率的上下界都是对数函数。具体来说，所有包含 n 个节点的 AVL 树的高度 h 都满足下列不等式：

$$\lfloor \log_2 n \rfloor \leqslant h < 1.4405 \log_2 (n+2) - 1.3277$$

(这些看上去很怪异的常量是对一些无理数舍入以后得到的，这些无理数和斐波那契数以及黄金分割率有关——参见 2.5 节。)

这个不等式指出，在最差情况下，查找和插入操作的效率属于 $\Theta(\log n)$ 。对于一棵针对随机键的列表构造的 AVL 树来说，得到它的平均高度的精确公式被证明是有难度的。但是大量的实验表明，除非 n 比较小，否则，这个高度大概是 $1.01\log_2 n + 0.1$([KnuIII], p. 468)。因此，在平均情况下，查找一棵 AVL 树需要的比较次数和用折半查找法查找一个有序数组几乎是相同的。

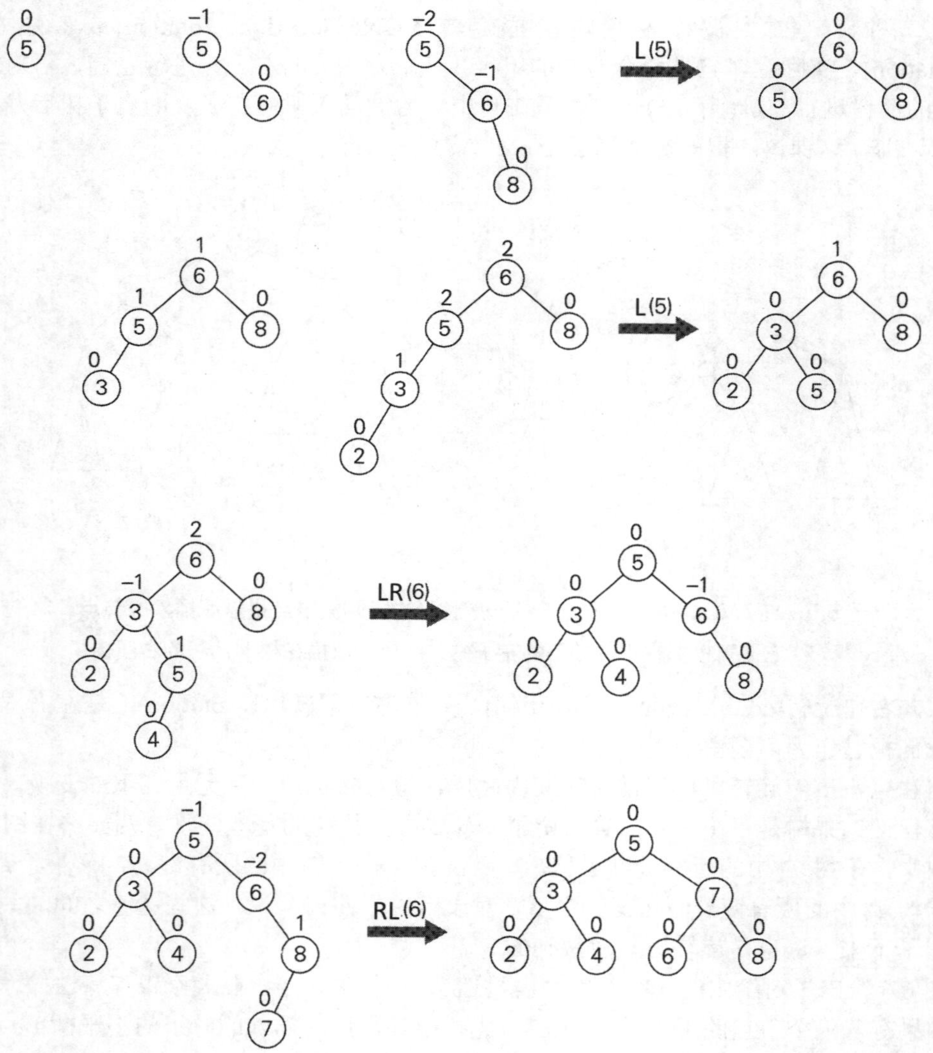

图 6.6 通过连续的插入，为列表 5, 6, 8, 3, 2, 4, 7 构造一棵 AVL 树。旋转缩写字符旁括号中的数字指出了被重新组织的树的根

在 AVL 树中删除键的操作相对插入来说要困难不少，但幸运的是，事实表明，它的效率类型和插入也是一样的，也就是说，是对数级的。

然而，这些令人印象深刻的效率特性是有代价的。AVL 树的缺点是频繁的旋转、需要维护树的节点的平衡以及总体上的复杂性，尤其是删除操作。这些缺点阻碍了 AVL 树成为实现字典的标准结构。但同时，它们所蕴含的思想—— 通过旋转来重新平衡一棵二叉树—— 被证明是富有成效的，也导致人们发现了经典二叉查找树的其他一些令人感兴趣的变化形式。

6.3.2 2-3 树

就像在本节的开头提到的，平衡一棵查找树的第二种思路是允许一个节点不止包含一个键。这种思想的最简单实现是 2-3 树，它是由美国计算机科学家约翰•霍普克洛夫特在 1970 年提出的。**2-3 树**是一种可以包含两种类型节点的树：2 节点和 3 节点。一个 2 节点只包含一个键 K 和两个子女：左子女作为一棵所有键都小于 K 的子树的根，而右子女作为一棵所有键都大于 K 的子树的根。(换句话说，一个 2 节点和一棵经典二叉查找树的节点类型是相同的。)一个 **3 节点**包含两个有序的键 K_1 和 K_2($K_1 < K_2$)并且有 3 个子女。最左边的子女作为键值小于 K_1 的子树的根，中间的子女作为键值位于 K_1 和 K_2 之间的子树的根，最右边的子女作为键值大于 K_2 的子树的根(图 6.7)。

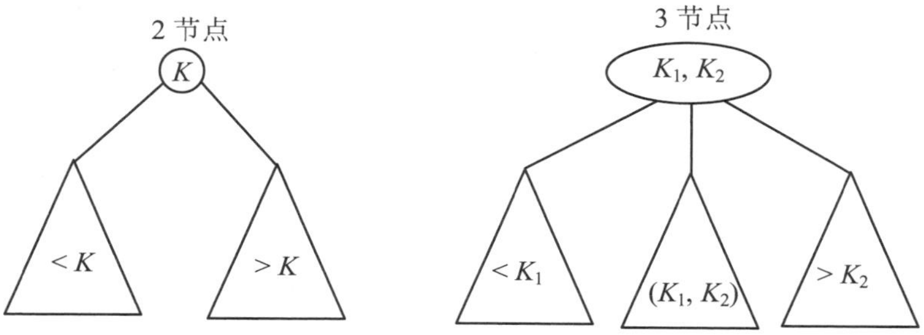

图 6.7 2-3 树的两种节点类型

2-3 树的最后一个要求是，树中的所有叶子必须位于同一层，也就是说，一棵 2-3 树总是**高度平衡**的：对于每个叶子来说，从树的根到叶子的路径长度都是相同的。为了这个特性，我们付出的“代价”是允许查找树的一个节点包含不止一个键。

在 2-3 树中查找一个给定的键 K 是非常简单的。我们从根开始。如果根是一个 2 节点，我们就把它当作一个二叉查找树来操作：如果 K 等于根的键值，算法停止；如果 K 小于或大于根的键值，我们分别在左子树或右子树中继续查找。如果根是一个 3 节点，在不超过两次比较之后，我们就能知道，是停止查找(K 等于根的某个键值)，还是应该在根的 3 棵子树的哪一棵中继续查找。

在 2-3 树中插入一个新键的做法如下。首先，除非空树，否则我们总是把一个新的键 K 插入一个叶子里。通过查找 K 我们来确定一个合适的插入位置。如果找到的叶子是一个 2 节点，根据 K 是小于还是大于节点中原来的键，我们把 K 作为第一个键或者第二个键插入。如果叶子是一个 3 节点，我们把叶子分裂成 2 个节点：3 个键(2 个原来的键和 1 个新键)中最小的放到第一个叶子中，最大的键放到第二个叶子中，同时中间的键提升到原来叶子的父母中(如果这个叶子恰好是树的根，我们就创建一个新的根来接纳这个中间键)。注意，中间键提升到父母中可能会导致父母的溢出(如果它是一个 3 节点)，并且因此会导致沿着该叶子的祖先链条发生多个节点的分裂。

图 6.8 给出了构造 2-3 树的一个例子。

就像所有的查找树一样，字典操作的效率依赖于树的高度。因此我们先来确定这个高度的上界。一个具有最少节点的高度为 h 的 2-3 树是一棵全部由 2 节点构成的满树(就像图 6.8 中高度为 2 的最后一棵树)。所以，对于任何包含 n 个键、高度为 h 的 2-3 树，有以下不等式：

$$n \geqslant 1+2+\cdots+2^h = 2^{h+1}-1，并且因此\ h \leqslant \log_2(n+1)-1$$

换句话说，一个具有最多节点的高度为 h 的 2-3 树是一棵全部由 3 节点构成的满树，每个节点都包含 2 个键和 3 个子女。所以，对于任何 n 个节点的 2-3 树，

$$n \leqslant 2\times 1+2\times 3+\cdots+2\times 3^h = 2\times(1+3+\cdots+3^h) = 3^{h+1}-1$$

并且因此 $h \geqslant \log_3(n+1)-1$。所以高度 h 的上下界是：$\log_3(n+1)-1 \leqslant h \leqslant \log_2(n+1)-1$。这意味着，无论在最差情况还是在平均情况下，查找、插入和删除的时间效率都属于 $\Theta(\log n)$。2-3 树有一种重要的一般性形式，就是所谓的 B 树，我们会在 7.4 节中讨论。

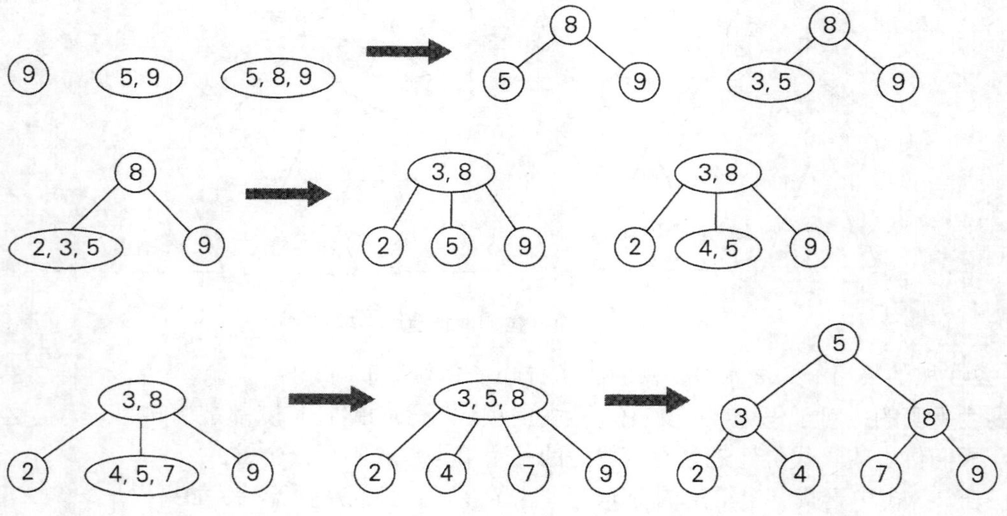

图 6.8 为列表 9, 5, 8, 3, 2, 4, 7 构造一棵 2-3 树

习题 6.3

1. 下列哪些二叉树是 AVL 树？

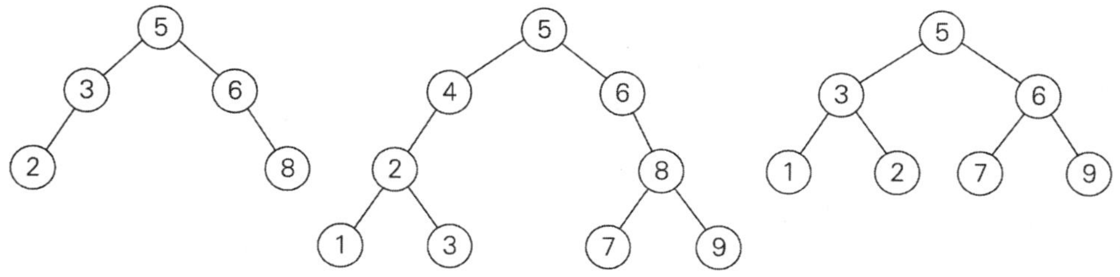

(a)　(b)　(c)

2. **a.** 对于 $n = 1, 2, 3, 4, 5$ 的情况，画出所有包含 n 个节点并满足 AVL 树平衡要求的二叉树。

   b. 画出一棵高度为 4 的，可以称为 AVL 树的二叉树，它必须具有最少的节点数。

3. 对于左单转和右左双转，分别画出表示它们一般形式的图。

4. 对于下面的每个列表，从一棵空树开始，通过连续插入它们的元素来构造一棵 AVL 树。

   a. 1, 2, 3, 4, 5, 6

   b. 6, 5, 4, 3, 2, 1

   c. 3, 6, 5, 1, 2, 4

5. **a.** 对于一棵包含实数的 AVL 树，设计一个算法来计算它的值域(也就是说，最大数和最小数的差)，请确定该算法的最差效率。

   b. 判断正误：AVL 树中最小的键和最大的键总是位于最后一层或者倒数第二层。

6. 写一个程序，为 n 个不同整数构成的一个给定列表构造一棵 AVL 树。

7. **a.** 为列表 C, O, M, P, U, T, I, N, G 构造一棵 2-3 树(根据这些字母的字母顺序，从一棵空树开始，把它们连续插入)。

   b. 假设查找每个键(也就是字母)的概率都是相同的，求出在这棵树中进行成功查找时的最大键值比较次数和平均键值比较次数。

8. 假设 T_B 和 $T_{2\text{-}3}$ 分别是一棵经典的二叉查找树和一棵 2-3 树，它们都是按照相同次序插入相同的键的列表所构造成的。请判断下列命题是否成立：如果查找相同的键，$T_{2\text{-}3}$ 的键值比较次数总是小于或等于 T_B 的键值比较次数。

9. 为包含实数的 2-3 树设计一个算法，来计算它的值域(也就是说，最大数和最小数的差)，并确定该算法的最差效率。

10. 写一个程序，为包含 n 个整数的列表构造一棵 2-3 树。

6.4 堆和堆排序

在一个标准的字典中可能会把“堆”定义成元素的无序堆积，但被称为“堆”的数据结构绝对不符合这种定义。我们更应该把它说成是一种灵巧的、部分有序的数据结构，它尤其适合用来实现优先队列。请回忆一下，**优先队列**(priority queue)是元素的一个集合，其中每个元素都包含一个被称为元素**优先级**(priority)的可排序属性。优先队列支持下面的操作：

- 找出一个具有最高优先级的元素(即最大元素)。
- 删除一个具有最高优先级的元素。
- 添加一个元素到集合中。

主要是由于这些操作的有效实现，使得堆既令人感兴趣，又非常具有实用价值。在诸如操作系统的作业调度以及通信网络中流量管理等场景中，非常需要采用优先队列。并且，优先队列也常常出现在一些重要的算法中，例如 Prim 算法(9.1 节)，Dijkstra 算法(9.3 节)，哈夫曼编码(9.4 节)，还有在分支界限中的应用(12.2 节)。堆排序是一种在理论上十分重要的排序算法，它的基础也依赖于堆这一数据结构。在定义完堆并研究过它的基本特性之后，我们将讨论这个算法。

6.4.1 堆的概念

定义 **堆**(heap)可以定义为一棵二叉树，树的节点中包含键(每个节点一个键)，并且满足下面两个条件：

(1) **树的形状**(shape property)要求——这棵二叉树是**基本完备**(essentially complete)的(或者简称为**完全二叉树**)，这意味着，树的每一层都是满的，除了最后一层最右边的元素有可能缺位。

(2) **父母优势**(parental dominance)要求，又称为**堆特性**(heap property)——每一个节点的键都要大于或等于它子女的键(对于任何叶子我们认为这个条件都是自动满足的)。[①]

举例来说，请考虑一下图 6.9 中的树。其中的第一棵树是堆，第二棵树不是堆，因为这棵树的形状违例了，第三棵树也不是堆，因为对于节点 5 来说，父母优势的条件不满足。

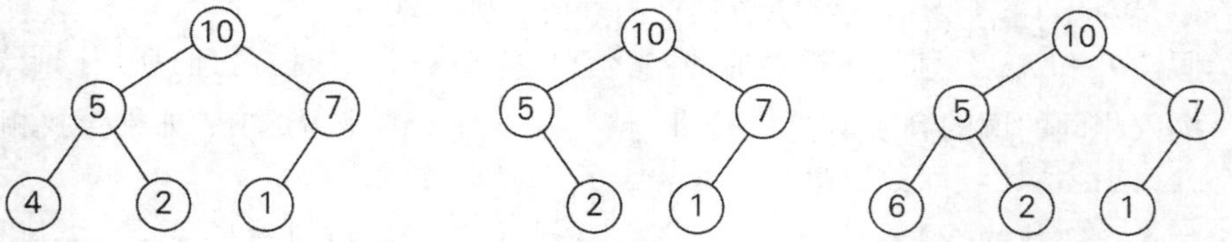

图 6.9 “堆”的定义的图示：只有最左边的树才是堆

请注意，在堆中，键值是从上到下排序的。也就是说，在任何从根到某个叶子的路径上，键值的序列是递减的(如果允许相等的键存在，则是非递增的)。然而，键值之间并不存在从左到右的次序。也就是说，在树的同一层的节点之间，不存在任何关系，更一般地来说，在同一节点的左右子树之间也没有任何关系。

下面列出了堆的重要特性，这些特性都是不难证明的(作为一个例子，可以检查一下图 6.10 中堆的特性)。

① 有些作者要求每一个节点的键都要小于或等于它子女的键。我们把这种类型称为**最小堆**(min-heap)。

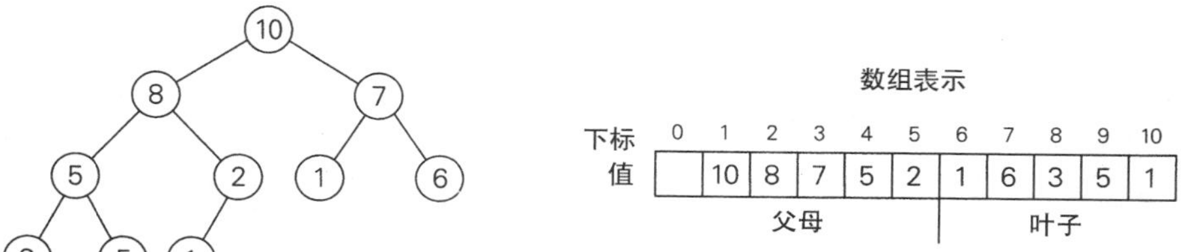

图 6.10　堆和堆的数组表示

(1) 只存在一棵 n 个节点的完全二叉树。它的高度等于 $\lfloor \log_2 n \rfloor$。

(2) 堆的根总是包含了堆的最大元素。

(3) 堆的一个节点以及该节点的子孙也是一个堆。

(4) 可以用数组来实现堆，方法是用从上到下、从左到右的方式来记录堆的元素。为了方便起见，可以在这种数组从 1 到 n 的位置上存放堆元素，留下 $H[0]$，要么让它空着，要么在其中放一个限位器，它的值大于堆中的任何一个元素。在这种表示法中：

a. 父母节点的键将会位于数组的前 $\lfloor n/2 \rfloor$ 个位置中，而叶子节点的键将会占据后 $\lceil n/2 \rceil$ 个位置。

b. 在数组中，对于一个位于父母位置 $i(1 \leqslant i \leqslant \lfloor n/2 \rfloor)$ 的键来说，它的子女将会位于 $2i$ 和 $2i+1$。相应地，对于一个位于 $i(2 \leqslant i \leqslant n)$ 的键来说，它的父母将会位于 $\lfloor i/2 \rfloor$。

因此，我们也可以把堆定义为一个数组 $H[1..n]$，其中，数组前半部分中，每个位置 i 上的元素总是大于等于位置 $2i$ 和 $2i+1$ 中的元素，也就是说，

$$\text{对于 } i=1,\ \cdots,\ \lfloor n/2 \rfloor,\quad H[i] \geqslant \max\{H[2i], H[2i+1]\}$$

(当然，如果 $2i+1>n$，只需要满足 $H[i] \geqslant H[2i]$ 即可。)虽然对于大多数处理堆的算法来说，把堆想象成二叉树可以更容易地理解它们所隐含的思想，但对于实际实现来说，使用数组会简单得多，效率也高得多。

针对键的给定列表，我们如何来构造一个堆呢？我们有两种主要的做法。第一种是所谓的**自底向上堆构造**(bottom-up heap construction)算法(图 6.11 给出了图示)。在初始化一棵包含 n 个节点的完全二叉树时，我们按照给定的顺序来放置键，然后按照下面的方法对树进行“堆化”。从最后的父母节点开始，到根为止，该算法检查这些节点的键是否满足父母优势要求。如果该节点不满足，该算法把节点的键 K 和它子女的最大键进行交换，然后再检查在新位置上，K 是不是满足父母优势要求。这个过程一直继续到对 K 的父母优势要求满足为止(最终它必须满足，因为对于每个叶子中的键来说，这个条件是自动满足的)。对于以当前父母节点为根的子树，在完成它的“堆化”以后，该算法对于该节点的直接前趋进行同样的操作。在对树的根完成这种操作以后，该算法就停止了。

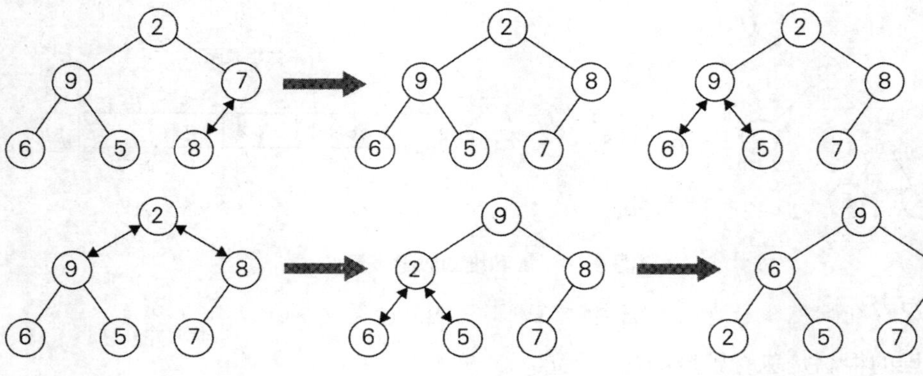

图 6.11　对于列表 2, 9, 7, 6, 5, 8 自底向上构造堆

```
算法 HeapBottomUp(H[1..n])
    //用自底向上算法，从给定数组的元素中构造一个堆
    //输入：一个可排序元素的数组 H[1..n]
    //输出：一个堆 H[1..n]
    for i ← ⌊n/2⌋ downto 1 do
        k ← i; v ← H[k]
        heap ← false
        while not heap and 2*k ≤ n do
            j ← 2*k
            if j < n // 存在两个子女
                if H[j] < H[j+1] j ← j+1
            if v ≥ H[j]
                heap ← true
            else H[k] ← H[j]; k ← j
    H[k] ← v
```

在最坏的情况下，该算法的效率是怎样的呢？为了简单起见，我们假设 $n = 2^k - 1$，所以堆的树是满树，也就是说，在每一层上，节点的数量都达到了最多。h 是这棵树的高度。根据本节开头给出的堆的第一条特性，$h = \lfloor \log_2 n \rfloor$(对于我们所考虑的 n 的特殊值来说，就是 $\lceil \log_2(n+1) \rceil - 1 = k - 1$)。在堆构造算法的最坏情况下，每个位于树的第 i 层的键都会移动到叶子层 h 中。因为移动到下一层需要进行两次比较——一次找出较大的子女，另一次确定是否需要交换——位于第 i 层的键总共需要 $2(h-i)$次键值比较。所以，在最坏情况下，总的键值比较次数会是

$$C_{\text{worst}}(n) = \sum_{i=0}^{h-1} \sum_{\text{第}i\text{层的键}} 2(h-i) = \sum_{i=0}^{h-1} 2(h-i)2^i = 2(n - \log_2(n+1))$$

对于其中最后一个等式的合法性，我们既可以用求和式 $\sum_{i=1}^{h} i2^i$ 的闭合公式来证明(参见附录 A)，也可以对 h 使用数学归纳法来证明。因此，使用了这个自底向上算法，一个规模为 n 的堆只需不到 $2n$ 次比较就能构造完成。

另一种算法(效率较低)通过把新的键连续插入预先构造好的堆，来构造一个新堆。有

的人把它称为**自顶向下堆构造**(top-down heap construction)算法。那么我们如何把一个新的键 K 插入堆中呢？首先，把一个包含键 K 的新节点附加在当前堆的最后一个叶子后面。然后按照下面的方法把 K 筛选到它的适当位置。拿 K 和它父母的键做比较：如果后者大于等于 K，算法停止(该结构已经是一个堆了)；否则，交换这两个键并把 K 和它的新父母做比较。这种交换一直持续到 K 不大于它的最后一个父母，或者是达到了树的根为止(图 6.12 是一个图示)。

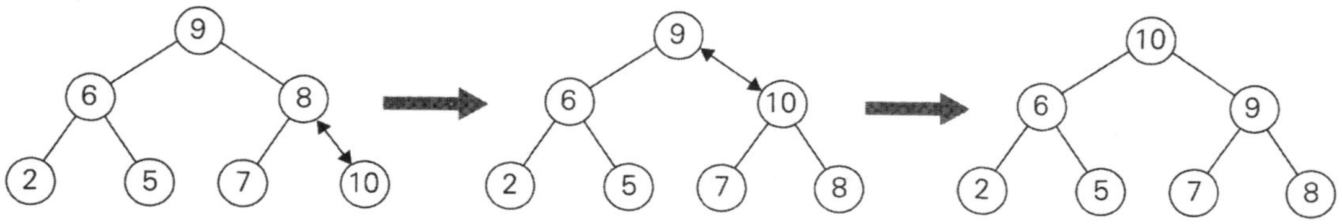

图 6.12　向图 6.11 中构造的堆插入键(10)。通过新键和它父母的交换，这个键向上筛选，直到它不大于它的父母(或者包含在根中)为止

显然，这个插入操作所需的键值比较次数不可能超过堆的高度。因为包含 n 个节点的堆的高度大约是 $\log_2 n$，所以插入的时间效率属于 $O(\log n)$。

我们如何从堆中删除一个元素呢？我们这里只考虑一种最重要的情况——删除根中的键，至于如何在堆中删除一个任意键，就留给大家在练习中解决吧(教材的作者喜欢这样对待读者，不是吗？)。我们可以用下面的算法从一个堆中删除根的键(图 6.13 给出了它的图示)。

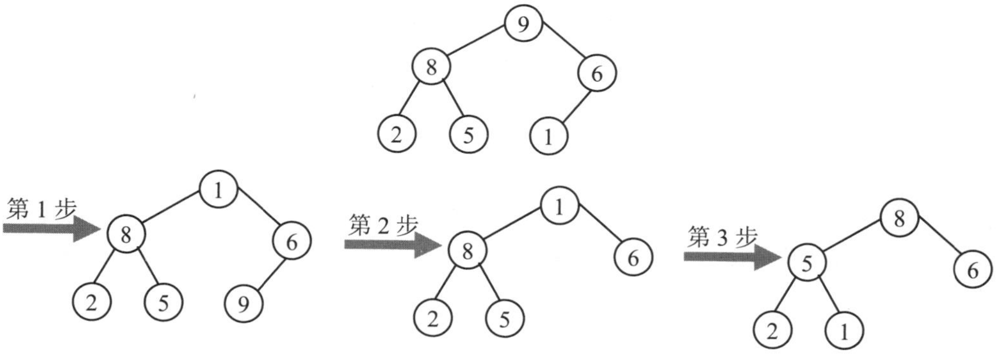

图 6.13　从一个堆中删除根的键。要删除的键和最后的键做交换，然后，我们这样来“堆化”这棵较小的树：根中的新键和它子女中较大的键做交换，直到满足父母优势要求

从堆中删除最大的键

第一步： 根的键和堆的最后一个键 K 做交换。

第二步： 堆的规模减 1。

第三步： 严格按照我们在自底向上堆构造算法中的做法，把 K 沿着树向下筛选，来对这棵较小的树进行“堆化”。也就是说，验证 K 是否满足父母优势要求：如果它满足，我们就完成了；如果不满足，K 和它较大的子女做交换。然后重复这个操作，直到 K 在新位置中满足了父母优势要求为止。

删除的效率取决于在交换和堆的规模减 1 以后，树的“堆化”所需的键值比较次数。既然它所需要的键值比较次数不可能超过堆的高度的两倍，删除的时间效率也属于 $O(\log n)$。

6.4.2 堆排序

现在我们可以描述**堆排序**(heapsort)了，威廉姆斯(J. W. J. Williams)发明了这一重要的排序算法([Wil64])。这种两阶段算法是这样工作的。

第一步： 构造堆，即为一个给定的数组构造一个堆。

第二步： 删除最大键，即对剩下的堆应用 $n-1$ 次根删除操作。

最终结果是按照降序删除了该数组的元素。但是对于堆的数组实现来说，一个正在被删除的元素是位于最后的，所以结果数组将恰好是按照升序排列的原始数组。图 6.14 对一个特定输入的堆排序进行了跟踪(我们故意使用了和图 6.11 中相同的输入，以便大家可以对这棵树和自底向上堆构造算法的数组实现进行比较)。

第 1 步(构造堆)	第 2 步(删除最大键)
2 9 **7** 6 5 8	**9** 6 8 2 5 7
2 **9** 8 6 5 7	7 6 8 2 5 | **9**
2 9 8 6 5 7	**8** 6 7 2 5
9 **2** 8 6 5 7	5 6 7 2 | **8**
9 6 8 2 5 7	**7** 6 5 2
	2 6 5 | **7**
	6 2 5
	5 2 | **6**
	5 2
	2 | **5**
	2

图 6.14　用堆排序对数组 2, 9, 7, 6, 5, 8 排序

因为我们已经知道该算法堆构造阶段的时间效率属于 $O(n)$，我们只需要研究第二阶段的时间效率。在把堆的规模从 n 消减到 2 的过程中，为了消去根的键，所需要的键值比较次数记为 $C(n)$。对于 $C(n)$，有下面的不等式：

$$C(n) \leqslant 2\lfloor \log_2(n-1) \rfloor + 2\lfloor \log_2(n-2) \rfloor + \cdots + 2\lfloor \log_2 1 \rfloor \leqslant 2\sum_{i=1}^{n-1} \log_2 i \leqslant$$

$$2\sum_{i=1}^{n-1}\log_2(n-1)=2(n-1)\log_2(n-1)\leqslant 2n\log_2 n$$

这意味着在堆排序的第二阶段中 $C(n)\in O(n\log n)$。对于两个阶段的总效率，我们有 $O(n)+O(n\log n)=O(n\log n)$，一个更详细的分析告诉我们，实际上，无论是最差情况还是平均情况，堆排序的时间效率都属于 $\Theta(n\log n)$。因此，堆排序的时间效率和合并排序的时间效率属于同一类。而且，与后者不同，堆排序是在位的，也就是说，它并不需要任何额外的存储空间。针对随机文件的计时实验指出，堆排序比快速排序运行得慢，但和合并排序相比还是有竞争力的。

习题 6.4

1. **a.** 用自底向上算法为列表 1, 8, 6, 5, 3, 7, 4 构造一个堆。

b. 用连续的键插入(自顶向下算法)为列表 1, 8, 6, 5, 3, 7, 4 构造一个堆。

c. 这个命题是否永远成立：对于相同的输入，自底向上算法和自顶向下算法产生相同的堆。

2. 描述一个检查某数组 $H[1..n]$是否为堆的算法，并确定它的时间效率。

3. **a.** 一个高度为 h 的堆最多能包含多少个键，最少又要包含多少个键？

b. 证明包含 n 个节点的堆的高度等于 $\lfloor \log_2 n \rfloor$。

4. 证明 6.4 节中出现的等式：

$$\sum_{i=0}^{h-1}2(h-i)2^i=2(n-\log_2(n+1))\text{，其中 } n=2^{h+1}-1$$

5. **a.** 设计一个算法，寻找并删除堆中的最小元素，然后确定它的时间效率。

b. 设计一个算法，在给定的堆 H 中寻找并删除一个包含给定值 v 的元素，然后确定它的时间效率。

6. 指出用以下方法实现的优先队列的时间效率类型。

a. 未排序数组

b. 有序数组

c. 二叉查找树

d. AVL 树

e. 堆

7. 用堆的数组表示法，使用堆排序对下面的列表排序：

a. 1, 2, 3, 4, 5(升序)

b. 5, 4, 3, 2, 1(升序)

c. S, O, R, T, I, N, G(按照字母顺序)

8. 堆排序是一种稳定的排序算法吗？

9. 堆排序体现了哪种变治技术？

10. 除了堆排序以外，还有哪种排序算法使用了优先队列？

11. 任选一种语言实现三种高级排序算法——合并排序、快速排序和堆排序，然后针

对规模为 $n = 10^3, 10^4, 10^5, 10^6$ 的数组研究它们的性能。对于每种规模，再考虑以下三种情况：

a．[1..n]区间内的整数所构成的随机生成文件。

b．整数 1, 2, …, n 的升序文件。

c．整数 $n, n-1$, …, 1 的降序文件。

12．**面条排序**　想象一把意大利生面条，每一根面条代表一个需要排序的数字。

a．描述一个“面条排序”算法——一种利用了这种非正统描述的排序算法。

b．这个在计算机科学界流传的例子(参见[Dew93])，如何从一般性上阐述了本章的主题，又如何特别阐述了堆排序？

6.5　霍纳法则和二进制幂

本节我们讨论这两个问题：已知 x，求多项式

$$p(x) = a_n x^n + a_{n-1} x^{n-1} + \cdots + a_1 x + a_0 \tag{6.1}$$

的值的问题，以及该问题的一个特例——计算 x^n。多项式构成了最重要的一类函数，一方面是因为它们拥有许多良好的特性，另一方面是因为可以用它们来近似计算其他类型的函数。过去的几百年间，多项式的高效计算问题都是非常受重视的。在过去的 50 年里，这一领域仍然有一些新的发现。目前为止，最重要的一种算法是**快速傅立叶变换**(fast Fourier transform，FFT)，它的基本思想是用多项式在某些特定点上的值来表示该多项式。由于这个卓越算法在实践上的重要意义，有些人把它看作有史以来人们发明的最重要的算法之一。然而，由于它相对来说较为复杂，我们不在本书中讨论 FFT 算法。感兴趣的读者可以找到许多相关的著作，包括像[Kle06]和[Cor09]这样的教材，它们对这个算法做了一些合理的处理，使得它更好理解。

6.5.1　霍纳法则

霍纳法则(Horner's rule)是一个古老的计算多项式的算法，但却十分优雅和高效。它是以英国数学家霍纳(W. G. Horner)的名字命名的，霍纳在 19 世纪早期发表了这个算法。但根据克努特的说法([KnuII]，p. 486)，艾萨克·牛顿使用这个方法要比霍纳早 150 年。如果大家事先设计过一个对多项式求值的算法，并研究过它的效率，就会更加欣赏霍纳法则了(参见习题 6.5 的第 1 题和第 2 题)。

霍纳法则是一个很好的改变表现技术的例子，因为它基于一种形式和式(6.1)不同的公式来表示 $p(x)$。这个新公式也是从式(6.1)推导出来的，它不断地把 x 作为公因子从降次以后的剩余多项式中提取出来。

$$p(x) = (\cdots(a_n x + a_{n-1})x + \cdots)x + a_0 \tag{6.2}$$

例如，对于多项式 $p(x) = 2x^4 - x^3 - 3x^2 + x - 5$，我们有

$$
\begin{aligned}
p(x) &= 2x^4 - x^3 - 3x^2 + x - 5 \\
&= x(2x^3 - x^2 + 3x + 1) - 5 \\
&= x(x(2x^2 - x + 3) + 1) - 5 \\
&= x(x(x(2x - 1) + 3) + 1) - 5 \qquad (6.3)
\end{aligned}
$$

在式(6.2)中，可以把 x 替换为某个值，我们就是在这个值点上对多项式求解的。式(6.2)看上去并不太优雅，很难相信它会带来一个高效的算法，但事实就是如此。我们将会看到，为了得到式(6.2)，没有必要经过一些特定的变换，所需要的仅仅是该多项式系数的一个原始列表。

我们可以方便地用一个两行的表来帮助笔算。第一行包含了该多项式的系数(如果存在等于 0 的系数，也都包含进来)，从最高的 a_n 到最低的 a_0。第二行中，除了第一个单元格用来存储 a_n，其他单元格都将用来存储中间结果。在做了这样的初始化以后，用第二行的最后一个单元格乘以 x 的值再加上第一行的下一个系数，来算出表格下一个单元格的值。以这种方式算出的最后一个单元格的值，就是该多项式的值。

例 1　当 $x = 3$ 时，计算 $p(x) = 2x^4 - x^3 - 3x^2 + x - 5$ 。

系数	2	−1	3	1	−5
x = 3	2	3×2+(−1) = 5	3×5+3 = 18	3×18+1 = 55	3×55 + (−5) = 160

所以，$p(3) = 160$。(拿表格的单元格和式(6.3)做比较，我们会发现 $3×2+(–1) = 5$ 是 $2x – 1$ 在 $x = 3$ 时的值，$3×5+3 = 18$ 是 $x(2x – 1)+3$ 在 $x = 3$ 时的值，$3×18+1 = 55$ 是 $x(x(2x – 1)+3)+1$ 在 $x = 3$ 时的值，最后，$3×55+(–5) = 160$ 是 $x(x(x(2x – 1)+3)+1 – 5 = p(x)$在 $x = 3$ 时的值。)

在重要的算法中，该算法的伪代码可能是最短的了。

```
算法  Horner(P[0..n], x)
      //用霍纳法则求一个多项式在一个给定点的值
      //输入：一个 n 次多项式的系数数组 P[0..n](从低到高存储)，以及一个数字 x
      //输出：多项式在 x 点的值
      p ← P[n]
      for i ← n−1 downto 0 do
          p ← x * p + P[i]
      return p
```

它的乘法次数和加法次数都由同一个求和式给出：

$$M(n) = A(n) = \sum_{i=0}^{n-1} 1 = n$$

为了搞清楚霍纳法则的效率有多高，我们只要考虑一个 n 次多项式的第一项：$a_n x^n$ 。用蛮力算法仅仅计算这一项就会需要 n 次乘法，但霍纳法则除了计算这一项，还计算了其他 $n-1$ 项，并且仍然只使用了相同的乘法次数！在不需要对多项式的系数进行预处理的多项式求解算法中，霍纳法则虽然是一种最佳选择，但我们对此并不感到奇怪，我们奇怪的是，在霍纳的成果发表 150 年之后，科学家们才意识到这是一个值得研究的问题。

霍纳法则还有一些有用的副产品。该算法在计算 $p(x)$在某些点 x_0 上的值时所产生的中间数字，恰好可以作为 $p(x)$除以 $x-x_0$ 的商的系数，而算法的最后结果，除了等于 $p(x_0)$以外，还等于这个除法的余数。因此，对于我们的例子来说，$p(x)=2x^4-x^3-3x^2+x-5$ 除以 $x-3$ 的商和余数分别为 $2x^3+5x^2+18x+55$ 和 160。这种被称为**综合除法**(synthetic division)的除法算法，要比所谓的“长除法”更方便。

6.5.2 二进制幂

当用霍纳法则计算 a^n 时，它惊人的效率就失去了光芒，其中 a^n 是 x^n 在 $x=a$ 时的值。实际上，它退化成了一种对 a 自乘的蛮力算法，其中还夹杂着一些无用的加法，因为计算 a^n(实际上是 $a^n \bmod m$)是许多质数判定和加密方法的基本操作。我们现在来考虑两种计算 a^n 的算法，它们都是基于改变表现思想的。这两种算法都使用了指数 n 的二进制表示，但一个算法从左到右处理这个二进制串，而另一个从右到左处理。

设 $n=b_I\cdots b_i\cdots b_0$ 是在二进制系统中，表示一个正整数 n 的位串。这意味着我们可以通过下面这个多项式的值来计算 n 的值：

$$p(x)=b_Ix^I+\cdots+b_ix^i+\cdots+b_0 \tag{6.4}$$

其中 $x=2$。例如，如果 $n=13$，它的二进制表示是 1101：

$$13=1\times 2^3+1\times 2^2+0\times 2^1+1\times 2^0$$

现在让我们应用霍纳法则来计算这个多项式的值，并看一看在计算下面这个幂的时候，该算法的操作意味着什么。

$$a^n=a^{p(2)}=a^{b_I2^I+\cdots+b_i2^i+\cdots+b_0}$$

用霍纳法则计算二进制多项式 $p(2)$	对 $a^n=a^{p(2)}$ 的意义
$p\leftarrow 1$//当 $n\geqslant 1$，第一个数字总是 1	$a^p\leftarrow a^1$
for $i\leftarrow I-1$ **downto** 0 **do**	**for** $i\leftarrow I-1$ **downto** 0 **do**
$p\leftarrow 2p+b_i$	$a^p\leftarrow a^{2p+b_i}$

但是，

$$a^{2p+b_i}=a^{2p}\times a^{b_i}=(a^p)^2\times a^{b_i}=\begin{cases}(a^p)^2 & \text{如果}b_i=0\\(a^p)^2\times a & \text{如果}b_i=1\end{cases}$$

因此，把这个累乘器的值初始化为 a 之后，我们可以扫描表示指数的位串，并总是对累乘器的最新值进行平方①。而且，如果当前的二进制位是 1，还要把存储变量乘以 a。通过这样的观察，我们得到了以下用于计算 a^n 的**从左至右二进制幂**(left-to-right binary exponentiation)算法。

算法 LeftRightBinaryExponentiation(a, $b(n)$)
　//用从左至右二进制幂算法计算 a^n
　//输入：一个数字 a 和二进制位 $b_I,\cdots,b_0$ 的列表 $b(n)$，

① 当然，这个平方应该用乘法完成。

```
//        这些位来自于一个正整数 n 的二进制展开式
//输出：a^n 的值
product ← a
for i ← I−1 downto 0 do
    product ← product * product
    if b_i = 1 product ← product * a
return product
```

例 2　用从左至右二进制幂算法计算 a^{13}，这里 $n = 13 = 1101_2$。因此，我们有

n 的二进制位	1	1	0	1
累乘器	a	$a^2 \times a = a^3$	$(a^3)^2 = a^6$	$(a^6)^2 \times a = a^{13}$

因为该算法在每次重复它唯一循环时都要做一到两次乘法，所以它在计算 a^n 时，总的乘法次数 $M(n)$是

$$(b-1) \leqslant M(n) \leqslant 2(b-1)$$

其中，b 是代表指数 n 的位串的长度。考虑到 $b-1 = \lfloor \log_2 n \rfloor$，我们可以下结论：从左至右二进制幂算法的效率是对数级的。因此，该算法比蛮力幂算法具有更好的效率类型，因为蛮力算法总是需要 $n-1$ 次乘法。

从右至左二进制幂(right-to-left binary exponentiation)算法使用了相同的二进制多项式 $p(2)$(参见式(6.4))来表示 n 的值。但它并不像前面那个方法那样对多项式运用霍纳法则，这个算法以一种不同的方式来使用这个多项式：

$$a^n = a^{b_I 2^I + \cdots + b_i 2^i + \cdots + b_0} = a^{b_I 2^I} \times \cdots \times a^{b_i 2^i} \times \cdots \times a^{b_0}$$

因此，可以用各项

$$a^{b_i 2^i} = \begin{cases} a^{2^i} & 如果 b_i = 1 \\ 1 & 如果 b_i = 0 \end{cases}$$

的积来计算 a^n，也就是连续项 a^{2^i} 的积，其中跳过了那些二进制位 b_i 为 0 的项。此外，我们可以只对前面项的计算结果进行平方来计算 a^{2^i}，因为 $a^{2^i} = (a^{2^{i-1}})^2$。所以，我们可以从最小值到最大值，计算 a 的所有这样的乘方(从右到左)，但我们只把那些相应二进制位为 1 的项包括在累乘器中。以下是该算法的伪代码。

```
算法 RightLeftBinaryExponentiation(a, b(n))
    //用从右至左二进制幂算法计算 a^n
    //输入：一个数字 a 和二进制位 b_I, …, b_0 的列表 b(n)，
    //        这些位来自于非负整数 n 的二进制展开式
    //输出：a^n 的值
    term ← a    //初始化 a^n
    if b_0 = 1  product ← a
    else  product ← 1
    for i ← 1 to I do
```

```
        term ← term * term
        if b_i = 1 product ← product * term
    return product
```

例 3 用从右至左二进制幂算法计算 a^{13}，这里 $n = 13 = 1101_2$。因此，我们有下面这个从右到左填写的表格。

1	1	0	1	n 的二进制位
a^8	a^4	a^2	a	项 a^{2^i}
$a^5 \times a^8 = a^{13}$	$a \times a^4 = a^5$		a	累乘器

显然，和从左至右二进制幂算法的理由相同，该算法的效率也是对数级的。由于这两种二进制幂算法都明确地依赖于指数 n 的二进制展开式，所以它们的有效性在某种程度上被削弱了。本节习题第 9 题要求大家设计一种不包含这种缺陷的算法。

习题 6.5

1. 考虑下面这个计算多项式的蛮力算法。

```
算法 BruteForcePolynomialEvaluation(P[0..n], x)
     //用“从最高项到最低项”的蛮力算法，求一个多项式 P 在一个给定点 x 的值
     //输入：一个 n 次多项式的系数数组 P[0..n](从低到高存储)，以及一个数字 x
     //输出：多项式在 x 点的值
     p ← 0.0
     for i ← n downto 0 do
         power ← 1
         for j ← 1 to i do
             power ← power * x
         p ← p + P[i] * power
     return p
```

求这个算法的乘法总次数和加法总次数。

2. 有一种计算多项式的蛮力算法是把变量的给定值替换到多项式的式子中，并从最低项到最高项计算这个多项式。为这个算法写一段伪代码，并确定这个算法的乘法次数和加法次数。

3. **a.** 分别对于下面这两种情况，估计一下，霍纳法则比第 2 题中的“从最低项到最高项”的蛮力算法会快多少：(i)做一次乘法运算的时间明显大于做一次加法运算的时间，(ii)做一次乘法运算的时间和做一次加法运算的时间基本相同。

b. 和蛮力算法相比，霍纳法则较好的时间效率是不是以较低的空间效率为代价的？

4. **a.** 应用霍纳法则计算下列多项式：

$$p(x) = 3x^4 - x^3 + 2x + 5, \quad x = -2$$

b. 利用霍纳法则的运算结果，求 $p(x)$ 除以 $x+2$ 之后的商和余数。

5. 应用霍纳法则将二进制数 110100101 转换成其十进制表示。

6． 分别用“长除法”和“综合除法”计算多项式 $p(x)=a_nx^n+a_{n-1}x^{n-1}+\cdots+a_0$ 除以 $x-c$，其中 c 是某个常量。请比较这两种算法的乘法次数和加减法次数。

7． **a．** 应用从左到右二进制幂算法计算 a^{17}。

b． 是否能够扩展从左到右二进制幂算法，使得它能够处理任意非负的整数指数。

8． 应用从右到左二进制幂算法计算 a^{17}。

9． 设计一个非递归的算法，模仿从右到左二进制幂算法计算 a^n，但不要明确使用 n 的二进制表现形式。

10． 可以用一种像霍纳法则这样的通用多项式求解算法计算多项式 $p(x)=x^n+x^{n-1}+\cdots+x+1$，但这种做法是否明智？

11． 根据代数基本定理的推论，每一个多项式

$$p(x)=a_nx^n+a_{n-1}x^{n-1}+\cdots+a_0$$

都可以表示成以下形式：

$$p(x)=a_n(x-x_1)(x-x_2)\cdots(x-x_n)$$

其中 $x_1, x_2, \cdots, x_n$ 都是多项式的根(一般来说是复数，并且不一定唯一)。对于下面的每种操作，请说明使用这两种表示法中的哪一种更方便。

a． 计算多项式在给定点的值。

b． 把两个多项式相加。

c． 把两个多项式相乘。

12． **多项式内插**　给定 n 个数据点(x_i, y_i)的集合，其中任意两个 x_i 均不同。求一个至多 $n-1$ 阶的多项式 $p(x)$，使得对于每个 $i=1, 2, \ldots, n$，都有 $p(x_i)=y_i$。

6.6 问题化简

有一个众所周知的关于数学家的笑话，我对其稍做了修改：X 教授是一个著名的数学家，他注意到，每当他的妻子要烧泡茶的开水时，她会把水壶从厨房的柜子里拿出来，装上水，然后把它放在炉子上。有一次，他的妻子外出了(如果大家一定想知道，她其实是到一家当地书店签名售书去了)，这个教授只能自己烧开水了。他看到水壶已经坐在灶台上了。X 教授是怎么做的呢？他先把水壶放在柜子里，然后再遵循他妻子的烧水程序。

问题化简是一种重要的解题策略，X 教授处理他任务的方式就是这种策略的一个例子。如果我们要解决一个问题，可以把它化简为另一个我们知道如何求解的问题(图 6.15)。

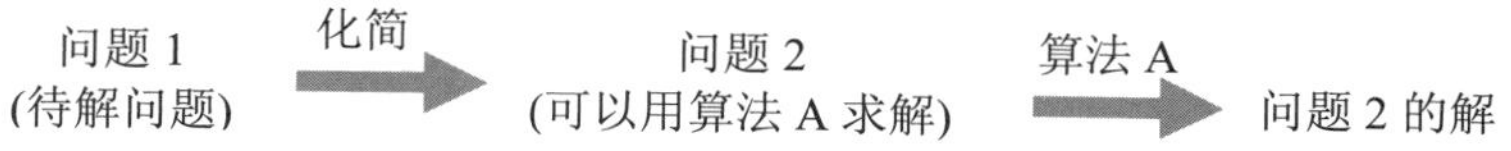

图 6.15　问题化简策略

尽管 X 教授的故事是一个笑话，但问题化简的思想在计算机科学理论中扮演了一个中心角色，它被用来根据问题的复杂性对问题分类。我们会在第 11 章中接触到这个分类。但

是这个策略也能用于解决实际问题。当然，这个策略的实际应用是有难度的，其难点在于如何找到一个可以化简手头问题的目标问题。而且，如果我们希望付出的努力有实际价值，目标问题的算法要比直接求解原始问题更高效。

请注意，其实我们在本书的前面部分已经遇到过这个技术了。例如，在 6.5 节中，我们提到过所谓的综合除法，它应用了求解多项式的霍纳法则。在 5.5 节中，我们利用了解析几何的下列事实：如果 $p_1=(x_1,y_1)$，$p_2=(x_2,y_2)$，$p_3=(x_3,y_3)$ 是平面上的任意三个点，那么，当且仅当 p_3 位于穿越 p_1 和 p_2 的有向直线 $\overrightarrow{p_1p_2}$ 的左边时，行列式

$$\begin{vmatrix} x_1 & y_1 & 1 \\ x_2 & y_2 & 1 \\ x_3 & y_3 & 1 \end{vmatrix} = x_1y_2 + x_3y_1 + x_2y_3 - x_3y_2 - x_1y_3 - x_2y_1$$

大于 0。换句话说，我们把关于三个点相对位置的几何问题简化成了一个关于行列式符号的问题。实际上，解析几何的根本思想就是把几何问题化简为代数问题。其实，绝大多数几何算法也都得益于勒内·笛卡儿(René Descartes，1596－1650)的这一远见卓识。在本节中，我们再给出一些基于问题化简策略的实例。

6.6.1 求最小公倍数

请回忆一下，两个正整数 m 和 n 的**最小公倍数**(least common multiple)，记作 lcm(m, n)，我们把它定义为能够被 m 和 n 整除的最小整数。例如，lcm(24, 60) = 120，而 lcm(11, 5) = 55。最小公倍数是初等数学和初等几何学中最重要的概念之一。大家可能还记得下面这个计算最小公倍数的中学算法。给出了 m 和 n 的质因数，我们可以把 m 和 n 的所有公共质因数的积乘以 m 的不在 n 中的质因数，再乘以 n 的不在 m 中的质因数，来求得 lcm(m, n)。例如，

$$24 = 2\times2\times2\times3$$
$$60 = 2\times2\times3\times5$$
$$\text{lcm}(24, 60) = (2\times2\times3)\times2\times5 = 120$$

作为一个计算的例程，该算法和 1.1 节讨论的计算最大公约数的中学算法有着同样的缺点：它缺乏效率，并且需要一个连续质数的列表。

通过问题化简，我们可以设计一个更为有效的计算最小公倍数的算法。毕竟，我们有一个非常有效的算法(欧几里得算法)来求最大公约数，这是 m 和 n 的所有公共质因子的积。我们是不是能够找到一个 lcm(m, n)和 gcd(m, n)的关联公式呢？不难发现，lcm(m, n)和 gcd(m, n)的积把 m 和 n 的每一个因子都恰好包含了一次，因此就等于 m 和 n 的积。这个观察结果可以得出下面的公式：

$$\text{lcm}(m,n) = \frac{m\times n}{\text{gcd}(m,n)}$$

其中，$\text{gcd}(m,n)$ 可以用欧几里得算法非常高效地计算出来。

6.6.2　计算图中的路径数量

作为下一个例子，我们将会讨论计算图中两个顶点之间路径数量的问题。用数学归纳法不难证明，从图(无向图或有向图)中第 i 个顶点到第 j 个顶点之间，长度为 $k>0$ 的不同路径的数量等于 $\boldsymbol{A}^k$ 的第(i,j)个元素，其中，$\boldsymbol{A}$ 是该图的邻接矩阵。(顺便提一句，我们前面讨论的计算数字幂的指数算法也可以用来计算矩阵的幂。)因此，我们可以用一个算法来计算图的邻接矩阵的相应幂，得出图中的路径数量。

作为一个特例，请考虑图 6.16。它的邻接矩阵 $\boldsymbol{A}$ 及其平方 $\boldsymbol{A}^2$，分别指出了图中相应的顶点间长度为 1 和 2 的路径。具体来说，有三条长度为 2 的、起止于顶点 a 的路径：$a-b-a$，$a-c-a$ 和 $a-d-a$。但从 a 到 c，只有一条长度为 2 的路径：$a-d-c$。

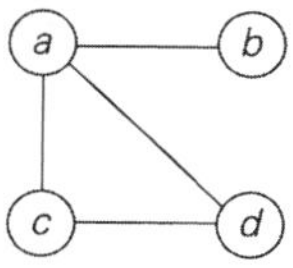

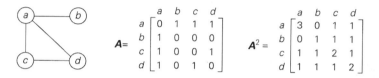

$$\boldsymbol{A}=\begin{array}{c} \\ a\\ b\\ c\\ d\end{array}\begin{array}{c}\begin{array}{cccc} a & b & c & d\end{array}\\ \begin{bmatrix}0&1&1&1\\1&0&0&0\\1&0&0&1\\1&0&1&0\end{bmatrix}\end{array}\qquad \boldsymbol{A}^2=\begin{array}{c} \\ a\\ b\\ c\\ d\end{array}\begin{array}{c}\begin{array}{cccc} a & b & c & d\end{array}\\ \begin{bmatrix}3&0&1&1\\0&1&1&1\\1&1&2&1\\1&1&1&2\end{bmatrix}\end{array}$$

图 6.16　一个图，它的邻接矩阵 $\boldsymbol{A}$ 及其平方 $\boldsymbol{A}^2$。$\boldsymbol{A}$ 和 $\boldsymbol{A}^2$ 分别指出了长度分别为 1 和 2 的路径的数量

6.6.3　优化问题的化简

我们的下一个例子涉及解最优化问题。如果是一个求某些函数的最大值的问题，我们称它为**最大化问题**(maximization problem)；如果求的是一个函数的最小值，则称之为**最小化问题**(minimization problem)。假设我们现在必须求某个函数 $f(x)$ 的最小值，并且我们知道一个求函数最大值的算法。我们如何利用后者呢？问题的答案就在这个简单的公式中：$\min f(x)=-\max[-f(x)]$。换句话说，为了求一个函数的最小值，我们可以先求它的负函数的最大值。然后，为了得到正确的函数本身的最小值，我们改变答案的符号。图 6.17 以一个实数变量的函数为例，演示了这个特征。

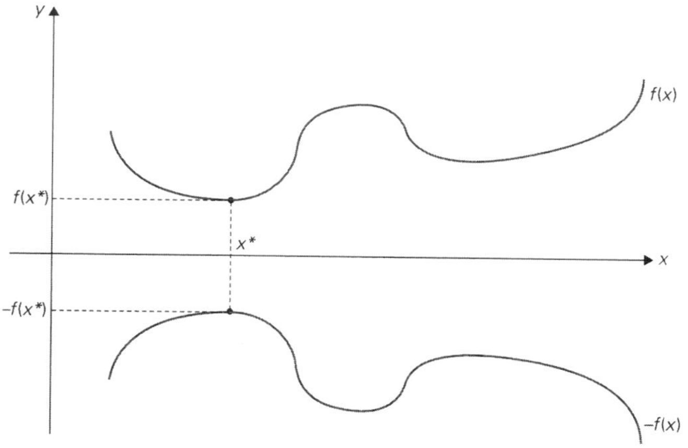

图 6.17　最小化问题和最大化问题的关系：$\min f(x)=-\max[-f(x)]$

当然，公式 $\max f(x) = -\min[-f(x)]$ 也是成立的。它说明的是，一个最大化问题是如何化简为一个等价的最小化问题的。

最小化问题和最大化问题之间的关系是非常具有一般性的：它对于定义在任何定义域 D 上的函数都有效。具体来说，我们可以对满足额外约束条件的多个变量的函数应用这个公式。我们会在本节的下一部分介绍这个问题的一种非常重要的类型。

我们现在讨论的主题是函数最优化，应该指出，求函数极值点的标准微积分过程实际上也是以问题化简为基础的。的确，它要求求出该函数的导数 $f'(x)$，然后对方程 $f'(x)=0$ 求解，来求出该函数的临界点。换句话说，我们把最优化问题化简为一个求极值点的问题，新问题的主要部分是解方程。请注意，我们没有把微积分过程称为算法，因为它并没有被清晰地定义。实际上，并没有一个通用的解方程的算法。微积分教材中有一个小秘密，那就是，书中的问题经过了精心的挑选，使得我们总能没有困难地找到临界点。这会让老师和学生的日子都更好过一些，但这个过程有可能会无意中在学生的脑海里建立了一种错误的印象。

6.6.4 线性规划

许多决策最优化的问题都可以化简为**线性规划**问题的一个实例，线性规划问题是一个多变量线性函数的最优化问题，这些变量所要满足的一些约束是以线性等式或线性不等式的形式出现的。

例 1 假定有一个大学基金需要进行一亿美元的投资。这笔钱必须分成三种类型的投资：股票、债券和现金。基金经理们对他们的股票、债券和现金给出的预期年收益分别是 10%，7%和 3%。因为股票比债券的风险更高，该基金的规则要求投资在股票上的资金不能超过债券投资的 1/3。此外，现金投资至少应相当于股票和债券投资总额的 25%。基金经理们如何投资才能使收益最大化？

我们先来为这个问题建立一个数学模型。设 x，y 和 z 分别是投资在股票、债券和现金上的金额(以 100 万美元为单位)。通过使用这些变量，我们可以提出下面这个最优化问题：

使 $0.10x + 0.07y + 0.03z$ 最大化

约束条件：$x + y + z = 100$

$$x \leqslant \frac{1}{3}y$$

$$z \geqslant 0.25(x+y)$$

$$x \geqslant 0,\ y \geqslant 0,\ z \geqslant 0$$

这个特定的问题虽然既小又简单，但它的确告诉我们如何把一个决策最优化问题化简为一个一般的线性规划问题的实例。

使 $c_1x_1 + \cdots + c_nx_n$ 最大化(或最小化)

约束条件：$a_{i1}x_1 + \cdots + a_{in}x_n \leqslant (或 \geqslant 或 =) b_i$，$i = 1, \cdots, m$

$$x_1 \geqslant 0,\ \cdots,\ x_n \geqslant 0$$

(最后一组约束，即所谓的非负约束，严格来说不是必需的，因为它们是更一般约束 $a_{i1}x_1+\cdots+a_{in}x_n \geqslant b_i$ 的特例，但是把它们独立对待更方便一些。)

事实证明，线性规划具有足够的灵活度，它可以对种类广泛的重要应用来建模，例如飞机航班工作人员的排班，交通和通信网络规划，石油勘探和提纯以及工业生产优化。许多人认为线性规划是应用数学历史上最重要的成就之一。

这个问题的经典算法被称为**单纯形法**(参见 10.1 节)。这是美国数学家乔治·丹齐格(George Dantzig)在 20 世纪 40 年代提出的([Dan63])。该算法的最差效率虽然是属于指数级的，但它在典型输入时的性能非常好。而且，卡马卡(Narendra Karmarkar)提出的新算法([Kar84])经证明，其最差时间效率是多项式级的，测试的结果也表明，该算法表现出了和单纯形法不相上下的性能。

但我们必须强调，单纯形法和卡马卡算法只能成功地处理不把变量值限定在整数中的线性规划问题。如果线性规划问题中的变量必须是整数，我们说这个线性规划问题是一个**整数线性规划**(integer linear programming)问题。除去一些特例(如分配问题和 10.2～10.4 节讨论的问题)，整数线性规划问题要难得多。对于一个一般的整数线性规划问题的任意实例来说，还没有一个已知的多项式级的求解算法。而且，就像我们将在第 11 章中看到的，这样一种算法很可能是不存在的。我们一般会用其他一些方法来解整数线性规划问题，例如我们将在 12.2 节中讨论的分支界限技术。

例 2　先让我们看看如何把背包问题化简为线性规划问题。请回忆一下，在 3.4 节中，我们是这样提出背包问题的：给定一个承重为 W 的背包和 n 个重量为 $w_1, \cdots, w_n$，价值为 $v_1, \cdots, v_n$ 的物品，求这些物品中最有价值的一个子集，并且要能够装到背包中。我们先考虑该问题的所谓**连续**(continuous)或者**小数**(fractional)版本，其中，我们可以把给定的任意物品按照任意比例放进背包。设 x_j，$j=1, \cdots, n$ 是一个变量，代表物品 j 放在背包中的比例。显然，x_j 必须满足不等式 $0 \leqslant x_j \leqslant 1$。然后，所选物品的总重量可以表示为求和式 $\sum_{j=1}^{n} w_j x_j$，而所选物品的总价值可以表示为求和式 $\sum_{j=1}^{n} v_j x_j$。因此，背包问题的连续版本可以表示为下面这个线性规划问题：

$$\text{使} \sum_{j=1}^{n} v_j x_j \text{ 最大化}$$

$$\text{约束条件：} \sum_{j=1}^{n} w_j x_j \leqslant W$$

$$0 \leqslant x_j \leqslant 1, \quad j=1, \cdots, n$$

在这里没有必要应用一个解线性规划问题的通用方法：我们可以用一种简单的特殊算法来解这个特定的问题，12.3 节会介绍这个算法。(但为什么要等待呢？我们应该立即试着自己寻找答案。)尽管如此，把背包问题化简为线性规划问题的一个实例仍然是有用的，可以用它来证明所讨论的算法的正确性。

在背包问题的所谓**离散**(discrete)或者 0-1 版本中，我们只能，要么拿走一个物品的全部，要么一点都不拿。因此，对于这个版本，我们有下面这个整数线性规划问题：

$$使\sum_{j=1}^{n} v_j x_j 最大化$$

$$约束条件：\sum_{j=1}^{n} w_j x_j \leqslant W$$

$$x_j \in \{0,1\}，\quad j=1，\cdots，n$$

这个问题以及类似的问题都只能在它们的潜在定义域中取到离散的值，这个表面上微小的变化，使得问题的复杂性有了巨大的不同。尽管实际上 0-1 版本看上去会更简单些，因为它完全可以忽略掉连续版本中包含了任何物品的非整数部分的子集合。但实际上，0-1 版本要比连续版本复杂得多。读者们如果对求解该问题的专门算法感兴趣，可以找到和该主题相关的大量文献，其中包括专著[Mar90]和[Kel04]。

6.6.5 简化为图问题

就像我们在 1.3 节中提到过的，可以把许多问题化简为一种标准的图问题，然后再来求解。的确是这样，尤其是对于许多谜题和游戏来说。在这些应用当中，图的顶点一般用来表示所讨论问题的可能状态，而边则表示这些状态之间的可能转变。图中的一个顶点代表初始状态，另一个顶点代表问题的目标状态(目标状态顶点可能会有若干个)。这种图被称为**状态空间图**(state-space graph)。因此，这种变换把问题化简为一个求初始状态顶点到目标状态顶点之间路径的问题。

例 3 我们再来回顾一下习题 1.2 第 1 题中的经典过河谜题。一个农夫在河边带了一只狼、一只羊和一筐白菜。他需要把这三样东西用船带到河的对岸。然而，这艘船只能容下农夫本人和另外一样东西(要么是狼，要么是羊，要么是白菜)。如果农夫不在场的话，狼就会吃掉羊，羊也会吃掉白菜。请为农夫解决这个问题，或者证明它无解。

图 6.18 给出了这个问题的状态空间图。图中顶点上的标记指出了它们所代表的状态：P，w，g 和 c 分别代表农夫、狼、羊和白菜；双直线||表示河。为了简单起见，我们还对边做了标记，用来指出船在每次过河时的负载。就这个图来说，我们关心的是，找到一条从标为 Pwgc||的初始状态顶点到标为||Pwgc 的结束状态顶点之间的路径。

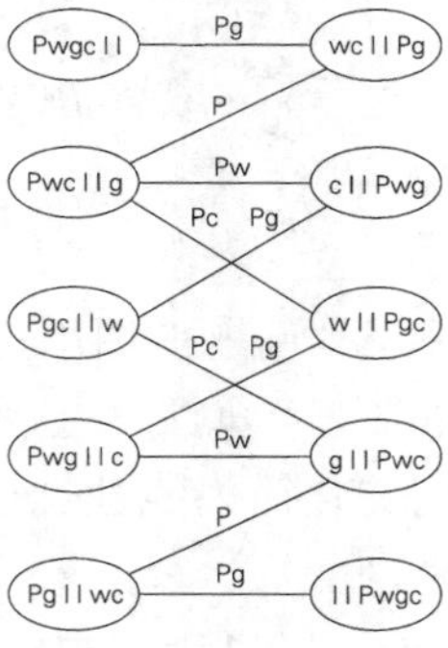

图 6.18 农夫、狼、羊、白菜谜题的状态空间图

很容易看出，在初始状态顶点和结束状态顶点之间存在着两条不同的简单路径(是哪两条？)。如果用广度优先查找来求解，我们可以证明这些路径包含了最少的边。因此，这个谜题有两个解，每个解都需要穿越 7 次河，这已经是最少的过河次数了。

大家不能因为我们在这个简单的谜题上获得了成功，就认为生成和研究状态空间图永远是一项简单的任务。为了对状态空间图有一个更加正确的评价，可以参考一些人工智能(artificial intelligence，AI)方面的图书。AI 是计算机科学的一个分支，这类问题是这个分支的一个重要主题。在本书中，我们会在 12.1 节和 12.2 节中涉及状态空间图的一个重要的特例。

习题 6.6

1. **a.** 等式

$$\text{lcm}(m,n)=\frac{m\times n}{\gcd(m,n)}$$

是计算 lcm(m, n)的算法的基础，请证明这个等式。

b. 我们知道欧几里得算法属于 $O(\log n)$。如果我们用这个算法计算 gcd(m, n)，那么计算 lcm(m, n)的算法效率是什么类型？

2. 给定一个数字的列表，我们需要为它构造一个最小堆(最小堆是一棵完全二叉树，其中的每个键都小于等于它子女中的键)。我们如何利用构造最大堆(在 6.4 节中定义的堆)的算法来构造最小堆？

3. 请证明，从图(无向图或有向图)中第 i 个顶点到第 j 个顶点之间，长度为 $k>0$ 的不同路径的数量等于 A^k 的第(i, j)个元素，其中，A 是该图的邻接矩阵。

4. **a.** 设计一个时间效率好于立方的算法，用来检验一个包含 n 个顶点的图是否具有一条长度为 3 的回路。([Man89])

b. 对于同样的问题考虑下面这个算法。从一个任意顶点开始，用深度优先查找遍历图，并检查它的深度优先查找森林是否有一个顶点具有一条指向它祖父的回边。如果是，这个图包含一个三角形；如果否，这个图不包含一个作为子图的三角形。这个算法正确吗？

5. 给定坐标平面上的 $n>3$ 个点 $P_1=(x_1,y_1)$，…，$P_n=(x_n,y_n)$，设计一个算法，用来检查是否所有的点都位于以给定点为顶点的三角形之内(你既可以重新设计一个算法，也可以把问题化简为另一个有已知算法的问题)。

6. 考虑这样一个问题：对一个给定的正整数 n，求一对整数，它们的和是 n，它们的积要尽可能地大。为该问题设计一个高效的算法并指出它的效率类型。

7. 3.4 节介绍的分配问题可以这样定义：有 n 项任务需要分配给 n 个人执行，每项任务一个人(即每项任务只分配给一个人，每个人只分配一项任务)。对于每一对 $i,j=1$，…，n 来说，将第 j 项任务分配给第 i 个人会产生的成本是 $C[i,j]$。该问题要找出总成本最小的分配方案。请将分配问题按照 0-1 线性规划问题的形式来表述。

8. 解 6.6 节给出的线性规划问题的实例：

$$
\begin{aligned}
&\text{使}\ 0.10x + 0.07y + 0.03z\ \text{最大化} \\
&\text{约束条件：}\ x + y + z = 100 \\
&\qquad\qquad x \leqslant \frac{1}{3}y \\
&\qquad\qquad z \geqslant 0.25(x + y) \\
&\qquad\qquad x \geqslant 0,\quad y \geqslant 0,\quad z \geqslant 0
\end{aligned}
$$

9. 图着色问题常常定义为顶点着色问题：将最少的颜色分配给给定图的顶点，使得任何相邻顶点的颜色都不同。请考虑**边着色**(edge-coloring)问题：将最少的颜色分配给给定图的边，使得任何具有相同端点的两条边的颜色都不同。解释一下，如何才能把边着色问题化简为顶点着色问题。

10. 请考虑二维版本的**邮局位置问题**(post office location problem)：已知坐标平面上的 n 个点 (x_1, y_1)，…，(x_n, y_n)，求邮局的位置 (x, y)，使得邮局到已知点的平均曼哈顿距离 $\frac{1}{n}\sum_{i=1}^{n}(|x_i - x| + |y_i - y|)$ 最短。请解释一下如何利用问题化简技术对此高效求解，假设该邮局不必建在某个已知的点上。

11. **吃醋的丈夫谜题** 有 n 对夫妇要越过一条河。他们有一条船，但一次最多只能载两个人。为了使情况复杂化，我们假设所有的丈夫都爱吃醋，因此在过河的全过程中，即使有他人在场，但如果没有本人的陪伴，丈夫也不会允许妻子和其他妻子的丈夫在河的同一个岸上。在这种约束下，他们能越过河去吗？

a. 对于 $n = 2$ 的情况，解这个问题。

b. 对于 $n = 3$ 的情况，解这个问题，这是该问题的经典版本。

c. 对于任何 $n \geqslant 4$ 的情况，这个问题有解吗？如果有解，请指出他们一共要过多少次河；如果无解，请解释一下原因。

12. **双 n 多米诺** 多米诺是一种骨牌，两面刻有点数。一副标准的“双六”多米诺有 28 块骨牌：每一块为从(0, 0)到(6, 6)的无序整数对。也就是说，一副“双 n”多米诺是由从(0, 0)到(n, n)的无序整数对构成。请确定 n 的所有值，使得在“双 n”多米诺里的所有骨牌能组成一个环。

小　结

- **变治法**是本书讨论的第四种通用算法设计(问题求解)策略。实际上，这是一组基于变换思想的技术，用来把问题变换成一种更容易解决的类型。
- 变治技术有三种主要的类型：**实例化简、改变表现和问题化简**。
- **实例化简**是一种把问题的实例变换成相同问题的另一个实例的技术，这个新的实例有一些特殊的属性，使得它更容易被解决。列表预排序、高斯消去法和 AVL 树都是这种技术的好例子。
- **改变表现**指的是将一个问题实例的表现改变为同样实例的另一种表现。本章所讨论的例子有用 2-3 树表示集合、堆和堆排序、求多项式的霍纳法则以及两种二进制幂算法。

- **问题化简**提倡把一个给定的问题变换为另一个可以用已知算法求解的问题。在那些应用了这个思想的算法解题中(参见 6.6 节)，化简为线性规划问题和化简为图问题是尤其重要的。
- 一些用来阐述变治技术的例子恰好是非常重要的数据结构和算法。它们是：堆和堆排序、AVL 树和 2-3 树、高斯消去法以及霍纳法则。
- **堆**是一棵基本完备二叉树，它的键都满足父母优势要求。虽然定义为二叉树，但一般用数组来实现堆。堆对于优先队列的高效实现来说尤为重要，同时，堆还是堆排序的基础。
- **堆排序**在理论上是一种重要的排序算法，它的基本思路是，在排列好堆中的数组元素后，再从剩余的堆中连续删除最大的元素。无论在最差情况下还是在平均情况下，该算法的运行时间都属于 $\Theta(n\log n)$ ，而且，它还是在位的排序算法。
- **AVL 树**是一种在二叉树可能达到的广度上尽量平衡的二叉查找树。平衡是由四种称为**旋转**的变换来维持的。AVL 树上的所有基本操作都属于 $O(\log n)$ ，它消除了经典二叉查找树在最差效率上的弊端。
- **2-3 树**是一种达到了完美平衡的查找树，它允许一个节点最多包含两个键和三个子女。这个思想推而广之，会产生一种非常重要的 B 树，本书的后面会做介绍。
- **高斯消去法**是一种解线性方程组的算法，它是线性代数中的一种基本算法。它通过把方程组变换为一个具有上三角形系数矩阵的方程组来解题，这种方程组很容易用反向替换法求解。高斯消去法大约需要 $n^3/3$ 次乘法运算。
- 在无需对系数进行预处理的多项式求解算法中，**霍纳法则**是最优的。它只需要 n 次乘法和 n 次加法。它还有一些有用的副产品，例如综合除法算法。
- 6.5 节介绍了两种计算 a^n 的**二进制幂**算法。它们都使用了指数 n 的二进制表示，但它们按照相反的方向对其进行处理：从左到右和从右到左。
- **线性规划**关心的是最优化一个包含若干变量的线性函数，这个函数受到一些形式为线性等式和线性不等式的约束。有一些高效的算法可以对这个问题的庞大实例求解，它们包含了成千上万的变量和约束，但不能要求变量必须是整数。如果变量一定要是整数，我们称之为**整数线性规划**问题，这类问题的难度要高很多。

第 7 章 时 空 权 衡

舍卒保车，壮士断腕。

——约翰·沃尔夫冈·冯·歌德(1749—1832)

无论对于计算机理论工作者还是计算机实践工作者来说，算法设计中的时空权衡都是一个众所周知的问题。作为一个例子，考虑一下在函数定义域的多个点上计算函数值的问题。如果运算时间更为重要的话，我们可以事先把函数值计算好并将它们存储在一张表中。这就是在电子计算机发明前，“人工计算机”所做的工作，那时的图书馆也被厚重的数学用表堆满了。虽然随着电子计算机的广泛应用，这些数学用表失去了大部分的吸引力，但事实证明，在开发一些用于其他问题的重要算法时，它们的基本思想还是非常有用的。按照一种更一般的表述，这个思想是对问题的部分或全部输入做预处理，然后将获得的额外信息进行存储，以加速后面问题的求解。我们把这个方法称为**输入增强**(input enhancement)[①]，下面这些要讨论的算法都是以它为基础的：

- 计数法排序(7.1 节)。
- Boyer-Moore 字符串匹配算法和霍斯普尔提出的简化版本(7.2 节)。

其他采用空间换时间权衡思想的技术简单地使用额外空间来实现更快和(或)更方便的数据存取。我们把这种方法称为**预构造**(prestructuring)。这个名字强调了这种空间换时间权衡技术的两个方面：所讨论的问题在实际处理之前已经做过某些处理了；但和输入增强技术不同，这个技术只涉及存取结构。我们用下面两个例子来说明这个方法：

- 散列法(7.3 节)。
- 以 B 树作索引(7.4 节)。

还有一种和空间换时间权衡思想相关的算法设计技术：**动态规划**(dynamic programming)。这个策略的基础是把给定问题中重复子问题的解记录在表中，然后求得所讨论问题的解。我们会在本书的第 8 章中单独讨论这个非常成熟的技术。

最后还要对算法设计中时间和空间的相互作用做两点说明：首先，并不是在所有的情况下，时间和空间这两种资源都必须相互竞争。实际上，它们可以联合起来，使得一个算法无论在运行时间上还是在消耗的空间上都达到最小化。具体来说，这种情况出现在一个算法使用了一种空间效率很高的数据结构来表示问题的输入，这种结构又会反过来提高算法的时间效率的时候。作为一个例子，考虑图的遍历问题。回忆一下两种主要的遍历算法(深度优先查找和广度优先查找)，它们的时间效率依赖于表示图的数据结构：对于邻接矩阵表示法是 $\Theta(n^2)$，对于邻接链表表示法是 $\Theta(n+m)$，其中 n 和 m 分别是顶点和边的数量。如

---

① 这个技术的同义标准术语还包括**预处理**(preprocessing)和**预调节**(preconditioning)。容易混淆的是，这些术语还可以表示那些用到了预处理思想但不使用额外空间的方法(参见第 6 章)。因此，为了避免混乱，我们用“输入增强”来特指这里所讨论的空间换时间权衡技术。

果输入图是稀疏的，也就是说，相对于顶点的数量来说，边的数量并不多(例如，$m \in O(n)$)，无论从空间角度还是从运行时间的角度来看，邻接链表表示法的效率都会更高一些。在处理稀疏矩阵和稀疏多项式时也会有相同的情况：如果在这些对象中，0 所占的百分比足够高，在表示和处理对象时把 0 忽略，则既可以节约空间，也可以节约时间。

其次，在讨论空间换时间权衡技术时，我们无法不提到数据压缩这个重要领域。然而，我们必须强调，数据压缩的主要目的是节约空间而不是作为解决另一个问题的一项技术。在第 8 章中，我们会讨论一种数据压缩算法。对这个主题感兴趣的读者可以在类似[Say05]的书中找到大量的数据压缩算法。

7.1 计 数 排 序

作为输入增强技术的第一个例子，我们讨论该技术在排序问题上的应用。一个非常显而易见的思路是，针对待排序列表中的每一个元素，算出列表中小于该元素的元素个数，并把结果记录在一张表中。这个“个数”指出了该元素在有序列表中的位置。也就是说，如果对于某些元素来说，这个数字是 10，它应该排在有序数组第 11 个位置(如果我们从 0 开始计数，它的下标是 10)上。因此，我们可以简单地把列表的元素复制到它在有序的新列表中的相应位置上，来对列表进行排序。这个算法称为**比较计数排序**(comparison-counting sort)，示例参见图 7.1。

数组 $A[0..5]$		62	31	84	96	19	47
初始	*Count* []	0	0	0	0	0	0
$i = 0$ 遍之后	*Count* []	3	0	1	1	0	0
$i = 1$ 遍之后	*Count* []		1	2	2	0	1
$i = 2$ 遍之后	*Count* []			4	3	0	1
$i = 3$ 遍之后	*Count* []				5	0	1
$i = 4$ 遍之后	*Count* []					0	2
最终状态	*Count* []	3	1	4	5	0	2
数组 $S[0..5]$		19	31	47	62	84	96

图 7.1　用比较计数法排序的例子

算法　ComparisonCountingSort ($A[0..n-1]$)
　　//用比较计数法对数组排序
　　//输入：可排序数组 $A[0..n-1]$
　　//输出：将 A 中元素按照升序排列的数组 $S[0..n-1]$
　　for $i \leftarrow 0$ **to** $n-1$ **do**　$Count[i] \leftarrow 0$
　　for $i \leftarrow 0$ **to** $n-2$ **do**
　　　　for $j \leftarrow i+1$ **to** $n-1$ **do**
　　　　　　if $A[i]<A[j]$
　　　　　　　　$Count[j] \leftarrow Count[j]+1$
　　　　　　else　$Count[i] \leftarrow Count[i]+1$
　　for $i \leftarrow 0$ **to** $n-1$ **do**　$S[Count[i]] \leftarrow A[i]$

return S

该算法的时间效率如何？它应该是平方级的，应为该算法考虑了一个 n 元素数组的所有不同对。更正式地说，它的基本操作(比较 $A[i] < A[j]$)的执行次数等于下面这个求和式(这个式子我们已经遇到过多次了)。

$$C(n) = \sum_{i=0}^{n-2}\sum_{j=i+1}^{n-1} 1 = \sum_{i=0}^{n-2}[(n-1)-(i+1)+1] = \sum_{i=0}^{n-2}(n-1-i) = \frac{n(n-1)}{2}$$

因此该算法执行的键值比较次数和选择排序的一样多，而且占用了线性数量的额外空间。从积极的角度来看，这个算法使得键值可能移动的次数最小化，直接将键值放置在它们在有序数组中的最终位置。

计数思想在一种情况下还是卓有成效的，在这种情况下，待排序的元素的值都来自于一个已知的小集合。例如，假设我们必须对一个列表进行排序，列表的值要么为 1，要么为 2。我们应该可以利用待排序值的这个额外信息，而不是应用一个通用的排序算法。的确，我们可以扫描列表，计算列表中 1 的数量和 2 的数量，然后，在第二步中，让前面相应数量的元素等于 1，而让剩下的元素等于 2。更一般地说，如果元素的值是位于下界 l 和上界 u 之间的整数，我们可以计算每个这样的值出现的频率，然后把它们存储在数组 $F[0..u-l]$ 中。然后，必须把有序列表的前 $F[0]$ 个位置填入 l，接下来的 $F[1]$ 个位置填入 $l+1$，以此类推。当然，只有当我们可以改写给定的元素时，上述操作才能成立。

让我们来考虑一种更现实的情况，即待排序的数组元素有一些其他信息和键相关联，这样一来，我们就不能改写列表的元素了。于是，我们可以把元素复制到一个新数组 $S[0..n-1]$ 中。A 中元素的值如果等于最小的值 l，就被复制到 S 的前 $F[0]$ 个元素中，也就是，位置 0 到 $F[0]-1$，值等于 $l+1$ 的元素被复制到位置 $F[0]$ 至位置 $(F[0]+F[1])-1$，以此类推。因为这种频率的累积和在统计中称为分布，这个方法本身也称作**分布计数**(distribution counting)。

例 考虑下面数组的排序：

13	11	12	13	12	12

我们知道它们的值来自于集合{11, 12, 13}，并且在排序的过程中不能改写。下面是它的频率数组和分布数组：

数组值	11	12	13
频率	1	3	2
分布值	1	4	6

请注意，分布值指出了在最后的有序数组中，它们的元素最后一次出现时的正确位置。如果我们从 0 到 $n-1$ 建立数组的下标，为了得到相应的元素位置，分布值必须减 1。

从右到左处理输入数组会更容易一些。例如，最后的值是 12，而因为它的分布值是 4，我们把这个 12 放在数组 S 的第 $3(4-1=3)$ 个位置上(S 将会存放有序列表)。然后我们把 12 的分布值减 1，再处理给定数组中的下一个(从右边数)元素。图 7.2 演示了这个例子的整个处理过程。

	D[0..2]			S[0..5]					
A[5] = 12	1	**4**	6				12		
A[4] = 12	1	**3**	6			12			
A[3] = 13	1	2	**6**						13
A[2] = 12	1	**2**	5		12				
A[1] = 11	**1**	1	5	11					
A[0] = 13	0	1	**5**					13	

图 7.2　用分布计数法排序的例子。减一的分布值用粗体字表示

以下是该算法的伪代码。

```
算法  DistributionCountingSort (A[0..n − 1], l, u)
      //用分布计数法，对来自于有限范围整数的一个数组进行排序
      //输入：数组 A[0..n − 1]，数组中的整数位于 l 和 u 之间(l ≤ u)
      //输出：A 中元素构成的非降序数组 S[0..n − 1]
      for j ← 0 to u − l do  D[j] ← 0                     // 初始化频率数组
      for i ← 0 to n − 1 do  D[A[i] − l] ← D[A[i] − l] + 1  // 计算频率值
      for j ← 1 to u − l do  D[j] ← D[j − 1] + D[j]         // 重用于分布
      for i ← n − 1 downto 0 do
           j ← A[i] − l
           S[D[j] − 1] ← A[i]
           D[j] ← D[j] − 1
      return S
```

假设数组值的范围是固定的，这显然是一个效率为线性的算法，因为它仅仅对输入数组 A 从头到尾连续处理两遍。它的时间效率类型比我们遇到过的最高效的排序算法——合并排序、快速排序和堆排序——还要好。然而，要重点记忆的是，除了空间换时间之外，分布计数排序的这种高效率是因为利用了输入列表独特的自然属性。

习题 7.1

1. 不使用额外的存储来交换两个变量的数值是否可能，例如 u 和 v？
2. 对于具有等值元素的数组，比较计数算法能够正确处理吗？
3. 假设列表的可能值属于集合 $\{a, b, c, d\}$，用分布计数算法将下面的列表按照字母顺序排序：

   $b,\ c,\ d,\ c,\ b,\ a,\ a,\ b$
4. 分布计数算法是稳定的吗？
5. 设计一个只有一行语句的算法，对任意规模为 n、元素值是 n 个从 1 到 n 的不同整数的数组排序。
6. **祖先问题**(ancestry problem)要求在一棵给定的 n 顶点二叉树(或者，更一般地说，是一棵有根有序树)中，确定一个顶点 u 是否是顶点 v 的祖先。设计一个属于 $O(n)$ 的输入增强算法，使我们可以在常量时间内获得树的每一对顶点的足够信息，来

对问题求解。

7. 下面这个技术称为**虚拟初始化**(virtual initialization)。如果仅仅对一个给定数组 $A[0..n-1]$ 中的某些元素进行初始化，这是一种时间效率很高的方法。对于数组的每一个元素，这个方法可以在常数时间内告诉我们，该元素是不是被初始化了；如果是，它的值是什么。这是因为该方法使用了一个变量 *counter* 来表示 A 中已初始化元素的个数，外加两个大小相同的辅助数组，例如 $B[0..n-1]$和 $C[0..n-1]$。这两个数组是这样定义的。$B[0], \cdots, B[counter-1]$包含了 A 中已初始化元素的下标：$B[0]$包含了第一个已初始化元素的下标，$B[1]$包含了第二个已初始化元素的下标，以此类推。而且，如果 $A[i]$是第 k 个已初始化的元素($0 \leqslant k \leqslant counter-1$)，$C[i]$包含 k。

 a．在下面 3 个赋值操作完成以后，描述数组 $A[0..7]$，$B[0..7]$和 $C[0..7]$的状态。

$$A[3] \leftarrow x; A[7] \leftarrow z; A[1] \leftarrow y$$

 b．根据这个例子，一般来说我们如何确定 $A[i]$是否被初始化了？如果是，它的值是什么？

8. **最小距离排序** 在美术馆大厅，有 10 个古埃及石像放置成一排。新的馆长希望移动它们使得它们按照高度大小顺序放置，要怎么样移动才能使所有石像的移动距离总和最小呢？为了简化问题，假定石像的高度都不相同。([Azi10])

9. **a**．写一个对两个稀疏矩阵相乘的程序，一个是 $p \times q$ 的矩阵 $\boldsymbol{A}$，另一个是 $q \times r$ 的矩阵 $\boldsymbol{B}$。

 b．写一个程序，处理两个次数分别是 m 和 n 的稀疏多项式 $p(x)$ 和 $q(x)$ 的相乘。

10. 如果写一个和人玩井字游戏(圆圈打叉游戏)的程序，策略是把 3×3 棋盘上所有可能的棋局和最佳的应对步骤全部存储起来，这是一个好主意吗？

7.2 字符串匹配中的输入增强技术

在本节中，我们来看一看如何把输入增强技术应用到字符串匹配问题中。回忆一下，字符串匹配问题要求在一个较长的称为**文本**的 n 个字符的串中，寻找一个称为**模式**的给定的 m 个字符的串。我们在 3.2 节中讨论过该问题的蛮力算法：它简单地从左到右比较模式和文本中每一对相应的字符，如果一旦不匹配，把模式向右移一格，再进行下一轮尝试。因为这种尝试的最大次数是 $n-m+1$ 次，而在最坏的情况下，每次尝试需要进行 m 次比较，所以在最坏情况下，字符比较的次数是 $m(n-m+1)$。这使得蛮力算法的最差性能是 $O(nm)$ 类型。然而，我们期望在平均情况下，模式移动前进行的比较的次数会更少一些。的确，对于随机的自然语言文本，它的平均效率是 $O(n+m)$。

已经有一些更快速的算法被发现了。它们大多都使用了输入增强思想：对模式进行预处理以得到它的一些信息，把这些信息存储在表中，然后在给定文本中实际查找模式时使用这些信息。这就是这种类型中最著名的两种算法的基本思路，这两种算法是

Knuth-Morris-Pratt 算法([Knu77])和 Boyer-Moore 算法([Boy77])。

这两种算法的主要区别在于它们如何对模式和文本中的相应字符进行比较：Knuth-Morris-Pratt 算法是从左到右比较，而 Boyer-Moore 算法从右到左比较。因为后面这种做法使得算法更简单，我们这里只研究这种算法。(请注意，开始的时候，Boyer-Moore 算法把模式和文本的开头字符对齐。如果第一次尝试失败了，它把模式向右移。只是每次尝试过程中的比较才是从右到左的，即从模式的最后一个字符开始。)

虽然 Boyer-Moore 算法的基本思想是简单的，它在工作中的实际实现就不是那么简单了。因此，我们从霍斯普尔(R. Horspool)建议的 Boyer-Moore 算法的简化版本([Hor80])开始我们的讨论。Horspool 算法不仅更简单，而且在处理随机串的时候，效率并不一定比 Boyer-Moore 算法低。

7.2.1 Horspool 算法

作为一个例子，考虑一下在某个文本中查找模式 BARBER：

s_0 …　　　　　　c …　　s_{n-1}

B A R B E R

从模式的最后一个 R 开始从右向左，我们比较模式和文本中的相应字符对。如果模式中所有的字符都匹配成功，就找到了一个匹配的子串，就可停止查找了。如果还希望查找同样模式的另一个匹配，就继续查找。

如果遇到了一对不匹配字符，我们需要把模式右移。很明显，如果不存在错过文本中一个匹配子串的风险，我们希望移动的幅度尽可能地大。假设文本中，对齐模式最后一个字符的元素是字符 c，Horspool 算法根据 c 的不同情况来确定移动的距离，无论 c 是否和模式的最后一个字符相匹配。

一般来说，会存在下面 4 种情况。

情况 1　如果模式中不存在 c (在我们的例子中，c 就是字母 S)，模式安全移动的幅度就是它的全部长度(如果我们移动的幅度较小，模式中的某些元素还是会和字符 c 对齐，而 c 又不在模式中)。

s_0 …　　　　　　S　　　　…s_{n-1}

　　　　　　　　　$\nparallel$

B A R B E R

　　　　　　　　　B A R B E R

情况 2　如果模式中存在 c，但它不是模式的最后一个字符(在我们的例子中，c 就是字母 B)，移动时应该把模式中最右边的 c 和文本中的 c 对齐。

s_0 …　　　　　　B　　　　…s_{n-1}

　　　　　　　　　$\nparallel$

B A R B E R

　　　　B A R B E R

情况 3 如果 c 正好是模式中的最后一个字符，但是在模式的其他 $m-1$ 个字符中不包含 c，移动的情况就类似于情况 1：移动的幅度等于模式的全部长度 m。例如，

```
s0 ...                M  E  R                ...s(n-1)
                      ∦  ‖  ‖
             L  E  A  D  E  R
                                 L  E  A  D  E  R
```

情况 4 最后，如果 c 正好是模式中的最后一个字符，而且在模式的前 $m-1$ 个字符中也包含 c，移动的情况就类似于情况 2：移动时应该把模式中前 $m-1$ 个字符中的 c 和文本中的 c 对齐。例如，

```
s0 ...                   A  R                ...s(n-1)
                         ∦  ‖
          R  E  O  R  D  E  R
                   R  E  O  R  D  E  R
```

这些例子明确说明了，比起蛮力算法每次总是只移动一个位置，从右到左的字符比较使模式移动得更远。然而，如果这个算法在每次尝试时都必须检查模式中的每个字符，它的优势也会丧失殆尽。我们可以预先算出每次移动的距离并把它们存在表中。这个表是以文本中所有可能遇到的字符为索引的，对于一个自然语言的文本来说，这些字符包括空格、标点符号和其他一些特殊字符。(请注意，对于最终要查找的文本，我们并不需要它的其他信息。)我们将移动的距离填入表中的单元格。具体来说，对于每一个字符 c，我们可以用以下公式算出移动距离：

$$t(c)=\begin{cases}\text{模式的长度}m(\text{如果}c\text{不包含在模式的前}m-1\text{个字符中})\\ \text{模式前}m-1\text{个字符中最右边的}c\text{到模式最后一个字符的距离(在其他情况下)}\end{cases} \tag{7.1}$$

例如，对于模式 BARBER，除了 E，B，R，A 的单元格分别为 1，2，3，4 之外，表中所有的单元格都等于 6。

这里有一个简单的算法用来计算移动表中每个单元格的值。初始时把所有的单元格都置为模式的长度 m，然后从左到右扫描模式，将下列步骤重复 $m-1$ 遍：对于模式中的第 j 个字符($0\leqslant j\leqslant m-2$)，将它在表中的单元格改写为 $m-1-j$，这是该字符到模式右端的距离。注意，因为该算法从左到右扫描模式，一个字符的最后一次改写是在该字符最右边一次出现的时候，这正是我们所希望的。

```
算法 ShiftTable (P[0.. m − 1])
    //用 Horspool 算法和 Boyer-Moore 算法填充移动表
    //输入：模式 P[0..m − 1]以及一个可能出现字符的字母表
    //输出：以字母表中字符为索引的数组 Table[0..size − 1] ，
    //表中填充的移动距离是通过公式(7.1)计算出来的
    for i ← 0 to size − 1 do Table[i] ← m
    for j ← 0 to m − 2 do Table[P[j]] ← m − 1 − j
    return Table
```

现在，我们可以对该算法做如下总结。

Horspool 算法

第一步： 对于给定的长度为 m 的模式和在模式及文本中用到的字母表，按照上面的描述构造移动表。

第二步： 将模式与文本的开始处对齐。

第三步： 重复下面的过程，直到发现了一个匹配子串或者模式到达了文本的最后一个字符以外。从模式的最后一个字符开始，比较模式和文本中的相应字符，直到：要么所有 m 个字符都匹配(然后停止)，要么遇到了一对不匹配的字符。在后一种情况下，如果 c 是当前文本中和模式的最后一个字符相对齐的字符，从移动表的第 c 列中取出单元格 $t(c)$的值，然后将模式沿着文本向右移动 $t(c)$ 个字符的距离。

以下是 Horspool 算法的一段伪代码。

```
算法  HorspoolMatching (P[0.. m − 1], T [0..n − 1])
      //实现 Horspool 字符串匹配算法
      //输入：模式 P[0..m − 1]和文本 T [0..n − 1]
      //输出：第一个匹配子串最左端字符的下标，如果没有匹配子串，则返回 − 1
      ShiftTable(P[0..m − 1])            //生成移动表
      i ← m − 1                          //模式最右端的位置
      while  i ≤ n − 1  do
          k ← 0                          //匹配字符的个数
          while  k ≤ m − 1 and  P[m − 1 − k] = T [i − k] do
              k ← k + 1
          if  k = m
              return  i − m + 1
          else  i ← i + Table[T[i]]
      return  − 1
```

例 1　作为完整应用 Horspool 算法的一个例子，考虑在一个由英文字母和空格(用下划线表示)构成的文本中查找模式 BARBER。就像我们提到过的，移动表是以下列方式填充的：

字符 c	A	B	C	D	E	F	…	R	…	Z	_
移动距离 $t(c)$	4	2	6	6	1	6	6	3	6	6	6

在特定文本中的实际查找如下：

```
J I M _ S A W _ M E _ I N _ A _ B A R B E R S H O P
B A R B E R           B A R B E R
        B A R B E R       B A R B E R
          B A R B E R           B A R B E R
```

一个简单的例子就能说明 Horspool 算法的最差效率属于 $O(nm)$ (本节习题第 4 题)。但对于随机文本来说，它的效率是属于 $\Theta(n)$ 的。而且，虽然效率类型相同，但平均来说，Horspool 算法显然要比蛮力算法快许多。实际上，就像我们提到过的，一般来说，它的效率至少和它的前辈(博伊尔和摩尔发明的更复杂的算法)一样高。

7.2.2 Boyer-Moore 算法

现在我们回过头来介绍 Boyer-Moore 算法。如果模式最右边的字符和文本中的相应字符 c 所做的初次比较失败了，该算法和 Horspool 算法所做的操作完全一致。我们前面曾经解释过如何事先计算好一张表，这时，它也会按照从这张表中取出的字符个数将模式向右移动相应的距离。

然而，在遇到一个不匹配字符之前，如果已经有 $k\ (0 < k < m)$ 个字符成功匹配了，这两个算法的操作是不同的。

$$\begin{array}{llllllllll} s_0 & \ldots & c & s_{i-k+1} & \ldots & s_i & \ldots & s_{n-1} & \text{文本} \\ & & \nparallel & \| & & \| & & & \\ p_0 & \ldots & p_{m-k-1} & p_{m-k} & \ldots & p_{m-1} & & & \text{模式} \end{array}$$

在这种情况下，Boyer-Moore 算法会参考两个数值来确定移动的距离。第一个数值是由文本中的一个字符 c 确定的，它导致了模式中的相应字符和它不匹配。因此，我们把它称为**坏符号移动**(bad-symbol shift)。导致这种移动的原因和导致 Horspool 算法移动的原因是一样的。如果 c 不在模式中，我们把模式移动到正好跳过这个字符的位置。为方便起见，可以用公式 $t_1(c) - k$ 来计算移动的距离，其中 $t_1(c)$是 Horspool 算法用到的预先算好的表中的单元格，而 k 是成功匹配的字符个数。

$$\begin{array}{llllllllll} s_0 & \ldots & c & s_{i-k+1} & \ldots & s_i & \ldots & s_{n-1} & \text{文本} \\ & & \nparallel & \| & & \| & & & \\ p_0 & \ldots & p_{m-k-1} & p_{m-k} & \ldots & p_{m-1} & & & \text{模式} \\ & & & p_0 & \ldots & & p_{m-1} & & \end{array}$$

例如，如果我们正在某个文本中查找模式 BARBER，在成功匹配了最后两个字符以后，却无法匹配文本中的字母 S，我们可以把模式移动 $t_1(\text{S}) - 2 = 6 - 2 = 4$ 个位置。

$$\begin{array}{lllllllllll} s_0 & \ldots & & & \text{S} & \text{E} & \text{R} & & & \ldots & s_{n-1} \\ & & & & \nparallel & \| & \| & & & & \\ & \text{B} & \text{A} & \text{R} & \text{B} & \text{E} & \text{R} & & & & \\ & & & & \text{B} & \text{A} & \text{R} & \text{B} & \text{E} & \text{R} & \end{array}$$

如果不匹配字符 c 出现在模式中，而且 $t_1(c) - k > 0$，这个公式也是可用的。例如，如果我们正在某个文本中查找模式 BARBER，在成功匹配了最后两个字符以后，却无法匹配文本中的字母 A，我们可以把模式移动 $t_1(\text{A}) - 2 = 4 - 2 = 2$ 个位置。

$$\begin{array}{lllllllll} s_0 & \ldots & & & \text{A} & \text{E} & \text{R} & \ldots & s_{n-1} \\ & & & & \nparallel & \| & \| & & \\ & \text{B} & \text{A} & \text{R} & \text{B} & \text{E} & \text{R} & & \\ & & & \text{B} & \text{A} & \text{R} & \text{B} & \text{E} & \text{R} \end{array}$$

如果 $t_1(c) - k \leqslant 0$，我们显然不希望把模式移动 0 个或者负数个位置。我们宁可回到蛮力的思路上，简单地把模式向右移动一个字符。

总之，Boyer-Moore 算法是这样计算坏符号移动 d_1 的：如果这个数值是正数，它等于 $t_1(c)-k$；如果是 0 或者负数，则为 1。这句话可以用下面这个紧凑公式来表达：

$$d_1 = \max\{t_1(c)-k, 1\} \tag{7.2}$$

第二种移动是由模式中最后 $k>0$ 个成功匹配的字符确定的。我们把模式的结尾部分叫作模式的长度为 k 的后缀，记作 *suff* (k)。相应地，我们把这种类型的移动称为**好后缀移动**(good-suffix shift)。在坏符号移动表中，我们是根据单独的字符 c 来填充表格的，而在好后缀移动表中，我们是根据模式后缀的长度 1, …, $m-1$ 来分别填充表格的。

先让我们来考虑一下在模式中存在另一个 *suff* (k)的情况，或者更精确地说，模式中存在的另一个 *suff* (k)的后继字符与最后一个 *suff* (k)的后继字符不同。(把模式移动到另一个以相同字符为后继的 *suff* (k)是没有用的，因为这只会重复上一次的失败尝试。)在这种情况下，我们可以把模式移动 d_2 的距离，d_2 是从右数第二个 *suff* (k)(它的后继字符和最后一个 *suff* (k)的后继不同)到最右边的 *suff* (k)之间的距离。例如，对于模式 ABCBAB 来说，在 $k=1$ 和 2 时，这个距离分别是 2 和 4。

k	模　式	d_2
1	$\text{ABC}\overline{\text{B}}\text{A}\underline{\text{B}}$	2
2	$\overline{\text{AB}}\text{CB}\underline{\text{AB}}$	4

如果模式中，以不同字符为后继的另一个 *suff* (k)不存在怎么办？在大多数情况下，我们可以按照模式的整个长度 m 来移动模式。例如，如果模式是 DBCBAB 并且 $k=3$，我们可以把模式移动 6(模式的整个长度)个字符的位置。

```
s0   ...     c  B  A  B               ...  sn-1
             ≠  ||  ||  ||
       D  B  C  B  A  B
                         D  B  C  B  A  B
```

遗憾的是，如果不存在另一个以不同字符为后继的 *suff* (k)，就按照模式的整个长度 m 来移动模式的这种做法并不总是正确的。例如，如果模式是 ABCBAB 并且 $k=3$，移动 6 个字符会错过一个匹配的子串，这个子串的开头字符 AB 是和模式的最后两个字符对齐的。

```
s0   ...     c  B  A  B  C  B  A  B        ...  sn-1
             ≠  ||  ||  ||
       A  B  C  B  A  B
                         A  B  C  B  A  B
```

注意，移动 6 位对于模式 DBCBAB 是正确的，但对于 ABCBAB 却不是，因为第二个模式以相同的子串 AB 作为它的前缀(模式的开头部分)和后缀(模式的结尾部分)。为了避免这种针对长度为 k 的后缀的错误移动，我们需要找出长度 $l<k$ 的最长前缀，它能够和长度同样为 l 的后缀完全匹配。如果存在这样的前缀，我们通过求出这样的前缀和后缀之间的距离，来作为移动距离 d_2 的值，否则，把 d_2 设为模式的长度 m。作为一个例子，这里有一个模式 ABCBAB 的 d_2 值的完整列表，也就是 Boyer-Moore 算法的好后缀表。

k	模　式	d_2
1	$\text{ABC}\overline{\text{B}}\text{A}\underline{\text{B}}$	2
2	$\overline{\text{AB}}\text{CB}\underline{\text{AB}}$	4
3	$\overline{\text{AB}}\text{C}\underline{\text{BAB}}$	4
4	$\overline{\text{AB}}\underline{\text{CBAB}}$	4
5	$\overline{\text{AB}}\text{CBAB}$ (with $\underline{\text{BCBAB}}$)	4

现在，我们可以对 Boyer-Moore 算法做一个完整的总结。

Boyer-Moore 算法

第一步：对于给定的模式和在模式及文本中用到的字母表，按照给出的描述构造坏符号移动表。

第二步：按照之前给出的描述，利用模式来构造好后缀移动表。

第三步：将模式与文本的开始处对齐。

第四步：重复下面的过程，直到发现了一个匹配子串或者模式到达了文本的最后一个字符以外：从模式的最后一个字符开始，比较模式和文本中的相应字符，直到要么所有 m 个字符都匹配(然后停止)，要么在 $k \geqslant 0$ 对字符成功匹配以后，遇到了一对不匹配的字符。在后一种情况下，如果 c 是文本中的不匹配字符，我们从坏符号移动表的第 c 列中取出单元格 $t_1(c)$的值。如果 $k > 0$，还要从好后缀移动表中取出相应的 d_2 的值。然后将模式沿着文本向右移动 d 个字符的距离。d 是按照以下公式计算出来的：

$$d = \begin{cases} d_1 &, \quad k = 0 \\ \max\{d_1, d_2\}, & k > 0 \end{cases} \tag{7.3}$$

其中，$d_1 = \max\{t_1(c) - k, 1\}$ 。

按照两个有效移动距离的最大值进行移动是非常合乎逻辑的。这两个移动距离都是根据实际观察得来的，第一个距离和文本的不匹配字符有关，而第二个距离和模式中最右边一组匹配的字符有关。这意味着，如果移动的距离小于 d_1 或 d_2 个字符，模式绝对不会和文本中的一个匹配子串对齐。因为我们关心的是如何在不错过任何可能的匹配子串的前提下，把模式移动得越远越好，所以我们只取这两个距离中的最大值。

例 2 作为一个完整的例子，我们在一个由英文字母和空格构成的文本中查找 BAOBAB。它的坏符号移动表如下：

c	A	B	C	D	…	O	…	Z	_
$t_1(c)$	1	2	6	6	6	3	6	6	6

我们如下填写它的好后缀移动表：

k	模　式	d_2
1	$\text{BAO}\overline{\text{B}}\text{A}\underline{\text{B}}$	2
2	$\overline{\text{B}}\text{AOB}\underline{\text{AB}}$	5
3	$\overline{\text{B}}\text{AO}\underline{\text{BAB}}$	5
4	$\overline{\text{B}}\text{A}\underline{\text{OBAB}}$	5
5	$\overline{\text{B}}\underline{\text{AOBAB}}$	5

在图 7.3 给出的文本中实际查找这个模式的过程是这样的：在模式中最后一个字符 B 和文本中的对应字符 K 匹配失败之后，该算法从坏符号移动表中取出 $t_1(\text{K}) = 6$，然后把模式向右移动 $d_1 = \max\{t_1(\text{K}) - 0, 1\} = 6$ 个位置。新的一轮尝试成功地匹配了两对字符。第三次比较中，和文本中空格的匹配失败了，然后，该算法从坏符号移动表中取出 $t_1(\_) = 6$，从好后缀移动表中取出 $d_2 = 5$，把模式移动 $\max\{d_1, d_2\} = \max\{6 - 2, 5\} = 5$ 个位置。请注意，在这一轮迭代中，是好后缀规则使得模式移动了更远的距离。

```
B E S S _ K N E W _ A B O U T _ B A O B A B S
B A O B A B
d1 = t1(K) - 0 = 6   B A O B A B
                     d1 = t1(_) - 2 = 4   B A O B A B
                     d2 = 5               d1 = t1(_) - 1 = 5
                     d = max{4, 5} = 5    d2 = 2
                                          d = max{5, 2} = 5
                                                      B A O B A B
```

图 7.3　用 Boyer-Moore 算法进行字符串匹配的例子

接下来的一轮尝试中，只匹配成功了一对 B。在第二次比较中，和文本中空格的匹配失败之后，该算法从坏符号移动表中取出 $t_1(\_) = 6$，从好后缀移动表中取出 $d_2 = 2$，来把模式移动 $\max\{d_1, d_2\} = \max\{6 - 1, 2\} = 5$ 个位置。请注意，在这一轮迭代中，是坏符号规则使得模式移动了更远的距离。下一轮尝试中，在模式中的 6 个字符全部和文本中的对应字符成功匹配了之后，我们终于发现了文本中的一个匹配子串。

如果仅仅是查找模式在文本中的第一次出现，我们知道 Boyer-Moore 算法的最差效率是线性的。虽然这个算法的速度非常快，而且当字母表的规模很大时更是如此(相对于模式的长度来说)，但在处理类似自然语言的串时，许多人还是更倾向于它的简化版本，例如 Horspool 算法。

习题 7.2

1. 应用 Horspool 算法在下面的文本中查找模式 BAOBAB：

BESS_KNEW_ABOUT_BAOBABS

2. 考虑使用 Horspool 算法在 DNA 序列中查找基因的问题。一个 DNA 序列是由来自字母表{A, C, G, T}的文本表示的，而基因或者基因片段就是模式。

   a. 为第 10 对染色体中的下列基因片段构造一个移动表：

   TCCTATTCTT

   b. 用 Horspool 算法，在下面的 DNA 序列中为上面这个模式定位：

   TTATAGATCTCGTATTCTTTTATAGATCTCCTATTCTT

3. 用 Horspool 算法在一个 1 000 个 0 构成的二进制文本中查找下列模式时，分别需要进行多少次字符比较？

   a. 00001
   b. 10000
   c. 01010

4. 用 Horspool 算法在一个长度为 n 的文本中查找一个长度为 m ($n \geqslant m$)的模式。请分别给出下面两种例子。

   a. 最差输入
   b. 最优输入

5. 如果在相同的文本中查找相同的模式，Horspool 算法的字符比较次数是否有可能比蛮力算法的还多？

6. 如果 Horspool 算法已经找到了一个匹配的子串，要查找下一个匹配子串，它的移动距离应该是多少？

7. 用 Boyer-Moore 算法在一个 1 000 个 0 构成的二进制文本中查找下面的模式，分别需要进行多少次字符比较？

   a. 00001
   b. 10000
   c. 01010

8. a. 如果只用坏符号移动表来引导模式的移动，Boyer-Moore 算法能够正确工作吗？

   b. 如果只用好后缀移动表来引导模式的移动，Boyer-Moore 算法能够正确工作吗？

9. a. 如果模式中的最后一个字符和它在文本中的对应字符相匹配，Horspool 算法是否必须要从右到左检查模式中的其他字符，还是说它也能从左到右检查？

   b. 对于 Boyer-Moore 算法回答同样的问题。

10. 任意选择一种语言实现 Horspool 算法、Boyer-Moore 算法和 3.2 节中的蛮力算法，并做一个实验来比较它们在做下列匹配时的效率。

    a. 在随机二进制文本中匹配随机的二进制模式。
    b. 在自然语言文本中匹配随机的自然语言模式。

11. 给定两个长度都为 n 的字符串 S 和 T，需要确定其中一个字符串是否是另外一个字符串循环右移之后的结果。例如，PLEA 是由 LEAP 循环右移一位产生的字符串，反之亦然。(正式的定义：当 T 由 S 的 $(n-i)$ 个字符的后缀和 i 个字符的前缀所组成，$1 \leqslant i \leqslant n$，则称 T 可由 S 循环右移产生。)

a．设计一个空间效率较高的算法解决该问题，并说明算法的空间和时间效率类型。

b．设计一个时间效率较高的算法解决该问题，并说明算法的空间和时间效率类型。

7.3 散列法

在本节中，我们来考虑一种非常高效的实现字典的方法。请回忆一下，字典是一种抽象数据类型，即一个在其元素上定义了查找、插入和删除操作的元素集合。这种集合的元素可以是任意类型的：数字、某个字母表中的字符以及字符串，等等。在实际应用中，最重要的一种类型是记录的集合(学校中的学生记录、政府部门的人员记录和图书馆的图书记录)。

一般情况下，记录是由若干字段组成的，每个字段负责保存记录所代表实体的一段特殊类型的信息。例如，一条学生记录可能会包含一些字段，分别代表学号、姓名、生日、性别、家庭住址和专业等。在记录的字段中，通常至少会有一个被称为**键**的字段(例如学生的学号)用来标识该条记录所代表的实体。在下面的讨论中，我们假设必须实现一个包含 n 条记录的字典，记录的键分别是 $K_1, K_2, \cdots, K_n$。

散列法(hashing)的基本思想是把键分布在一个称为**散列表**(hash table)的一维数组 $H[0..m-1]$中。我们可以通过对每个键计算某些被称为**散列函数**(hash function)的预定义函数 h 的值，来完成这种分布。该函数为每个键指定一个称为**散列地址**(hash address)的位于 0 到 $m-1$ 之间的整数。

例如，如果键是一个非负整数，它的散列函数可以是下列形式：$h(K) = K \bmod m$(显然，除以 m 之后的余数总是位于 0 和 $m-1$ 之间的)。如果键是某个字母表中的字母，我们可以先把这个字母在字母表中的位置指定给该键(在这里记作 $ord(K)$)，然后再应用用于整数的同样函数。如果 K 是一个字符串 $c_0c_1\cdots c_{s-1}$，我们可以选用一种非常简单的方法——$\left(\sum_{i=0}^{s-1} ord(c_i)\right) \bmod m$。一种更好的选择是使用公式[①]

$$h \leftarrow 0; \ \textbf{for } i \leftarrow 0 \textbf{ to } s-1 \textbf{ do } h \leftarrow (h * C + ord(c_i)) \bmod m$$

来计算 $h(K)$，其中 C 是一个大于每个 $ord(c_i)$的常量。

一般来说，散列函数需要满足下列多少有些冲突的要求。

- 散列表的长度相对于键的个数不应过大，但同时也不应过小从而影响算法的时间效率(参见下文)。
- 散列函数需要把键在散列表的单元格中尽可能均匀地分布(因为这个要求，m 的值常常被选定为质数。对于大多数应用来说，这个要求还使得散列函数必须考虑键的所有比特位，而不仅仅是其中的某些位)。
- 散列函数必须容易计算。

显然，如果选择的散列表长度 m 小于键的数量 n，会遇到**碰撞**(collision)，这是一种两

① 这个公式是这样得到的：把 $ord(c_i)$作为 C 进制系统中一个数字的某一位，用霍纳法则计算整个数字的十进制值，并在对它除以 m 后求出它的余数。

个(或者更多)键被散列到散列表的同一个单元格的现象(图 7.4)。但即使 m 相对于 n 足够大，这种碰撞还是会发生的(参见本节习题第 5 题)。实际上，在最坏的情况下，所有的键都会散列到散列表的同一个单元格中。幸运的是，通过选择适当的散列表长度和散列函数，这种情况很少发生。然而，每一种散列方法都必须要有一种碰撞解决机制。散列有两个主要版本：**开散列**(open hashing)，也称为**分离链**(separate chaining)；**闭散列**(closed hashing)，也称为**开式寻址**(open addressing)。在这两个主要版本中，它们的碰撞解决机制是不同的。

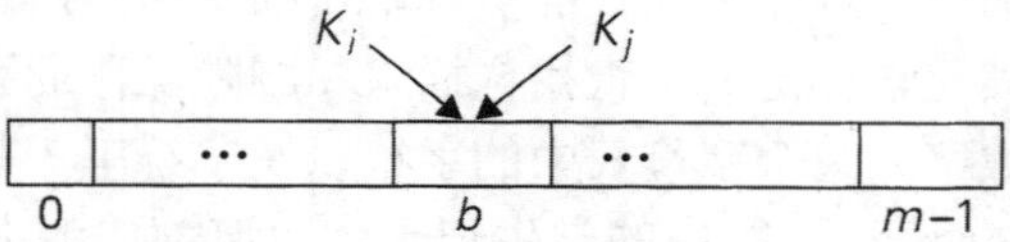

图 7.4 两个键在散列中的碰撞：$h(K_i) = h(K_j)$

7.3.1 开散列(分离链)

在开散列中，键被存储在附着于散列表单元格上的链表中。每个链表包含着所有散列到该单元格的键。作为一个例子，请考虑下面这些词的列表：

A，FOOL，AND，HIS，MONEY，ARE，SOON，PARTED

我们会使用前面提到的用于字符串的简单函数来作为散列函数，也就是说，我们会把词中的字母在字母表中的位置全部加起来，在除以 13 以后，计算出这个和的余数，这就是散列表的长度。

我们从一张空表开始，第一个键是词 A，它的散列值是 $h(\text{A}) = 1 \bmod 13 = 1$。第二个键是词 FOOL，因为$(6+15+15+12) \bmod 13 = 9$，所以它被放置在第 9 个单元格中，以此类推。图 7.5 给出了这个过程的最终结果。要注意的是，键 ARE 和 SOON 有一个碰撞，因为 $h(\text{ARE}) = (1+18+5) \bmod 13 = 11$，并且 $h(\text{SOON}) = (19+15+15+14) \bmod 13 = 11$。

键	A	FOOL	AND	HIS	MONEY	ARE	SOON	PARTED
散列地址	1	9	6	10	7	11	11	12

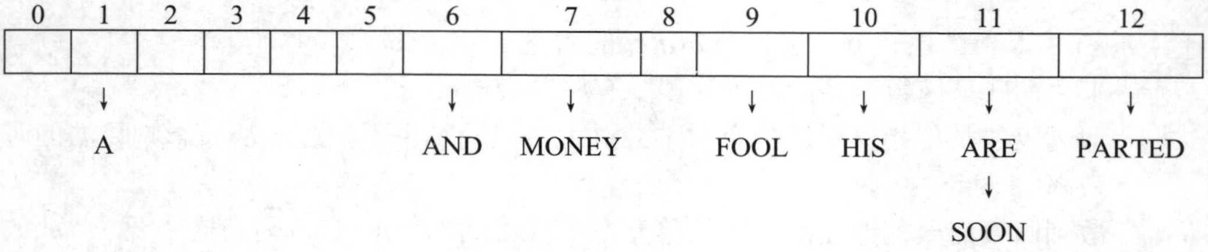

图 7.5 用分离链构造散列表的例子

我们如何在这种由链表的表所实现的字典中进行查找呢？其实就是简单地应用创建这张表时用到的相同例程，来做键的查找。为了举例说明，假设我们要在图 7.5 的散列表中查找键 KID，我们先用同样的散列函数计算该键的函数值：$h(\text{KID}) = 11$。因为附着在单元格 11 上的链表不为空，这个链表可能会包含要查找的键。但因为也存在碰撞的可能，所以我们在遍历完这个链表以前，还不能下结论说实际情况是否就是如此。在我们把 KID 首先和 ARE 比较，然后和 SOON 比较了之后，我们的查找才以失败告终。

一般来说，查找的效率取决于链表的长度，而这个长度又取决于字典和散列表的长度以及散列函数的质量。如果该散列函数大致均匀地将 n 个键分布在散列表的 m 个单元格中，每个链表的长度大约相当于 n/m 个键。其比率 $\alpha = n/m$ 称为散列表的**负载因子**(load factor)，它在散列的效率中扮演了一个至关重要的角色。具体来说，假设在成功查找和不成功查找中平均需检查的指针个数分别为 S 和 U，它们的值分别应是：

$$S \approx 1 + \frac{\alpha}{2}, \quad U = \alpha \tag{7.4}$$

基于这样的标准假设：查找的是随机选定的元素，并且散列函数把键均匀地分布在表的单元格中。这样的结果是理所当然的。的确，它们和在链表中的顺序查找基本相同。我们使用散列所获得的效益，是在链表的平均长度中去掉了一个因子 m (散列表的长度)。

通常来说，我们希望负载因子不要和 1 相差太大。它太小意味着非常多的空链表，因而没有有效地利用空间；它太大则意味着链表的长度较大，因此查找时间会变长。但如果负载因子和 1 相差无几，我们就会得到一个效率令人吃惊的查找方案：平均来说，只需要以一两次比较为代价就能完成一个给定键的查找！虽然在比较之外，确实还需要花时间计算一个查找键的散列函数值，但这是一个常数时间的操作，与 n 和 m 无关。请注意，我们之所以能够得到这样卓越的效率，不仅是因为这个方法本身就非常精巧，而且也是以额外的空间为代价的。

另外两种字典操作——插入和删除，也和查找基本相同。插入一般来说是在链表的尾部完成的(但本节习题第 6 题给出了该规则的一种可行修改)。删除是这样实现的：先查找一个需要删除的键，然后再把它从链表中移走。因此，这些操作的效率和查找是相同的，如果键的个数 n 和散列表的长度 m 大致相等，它们在平均情况下都是属于 $\Theta(1)$ 的。

7.3.2　闭散列(开式寻址)

在闭散列中，所有的键都存储在散列表本身中，而没有使用链表(当然，这意味着表的长度 m 至少必须和键的数量 n 一样大)，可以采用不同的策略来解决碰撞。最简单的一种称为**线性探查**(linear probing)，它检查碰撞发生处后面的单元格。如果该单元格为空，新的键就放置在那里；如果下一个单元格也被占用了，就检查该单元格的直接后继是否可用，以此类推。请注意，如果到达了散列表的尾部，查找就折回到表的开始处。也就是说，我们把表作为一个循环数组。图 7.6 在阐明这个方法时，使用了我们在介绍分离链时用到的相同的词列表。

为了查找给定的键 K，我们从计算 $h(K)$开始，其中 h 是在构造表时用到的散列函数。如果单元格 $h(K)$为空，该查找就失败了。如果该单元格不为空，必须拿 K 和单元格中的内容进行比较：如果它们相等，就找到了一个匹配的键；如果它们不相等，就拿 K 和下一个单元格中的键进行比较，按照这种方式一直比较，直到遇到了一个匹配的键(成功的查找)或者一个空的单元格(失败的查找)。例如，如果在图 7.6 的表中查找词 LIT，会有 $h(\text{LIT}) = (12+9+20) \bmod 13 = 2$，因为单元格 2 为空，我们可以立即停止了。然而，如果查找 KID，因为 $h(\text{KID}) = (11+9+4) \bmod 13 = 11$，所以在得出查找失败的结论之前，必须拿 KID 与 ARE，

SOON，PARTED 和 A 进行比较。

键	A	FOOL	AND	HIS	MONEY	ARE	SOON	PARTED
散列地址	1	9	6	10	7	11	11	12

0	1	2	3	4	5	6	7	8	9	10	11	12
	A								FOOL			
	A								FOOL			
	A					AND			FOOL			
	A					AND			FOOL	HIS		
	A					AND	MONEY		FOOL	HIS		
	A					AND	MONEY		FOOL	HIS	ARE	
	A					AND	MONEY		FOOL	HIS	ARE	SOON
PARTED	A					AND	MONEY		FOOL	HIS	ARE	SOON

图 7.6　用线性探查构造散列表的例子

虽然对于这个散列版本来说，查找和插入操作是简单而直接的，但删除操作则不是这样。例如，如果我们简单地从图 7.6 的散列表的最后状态中删除键 ARE，在后面的查找中，就无法找到键 SOON。的确，在计算出 $h(\text{SOON}) = 11$ 以后，该算法会发现这个地址为空，并会报告一个查找失败的结果。一个简单的方法是使用“延迟删除”，也就是说，用一个特殊的符号来标记曾被占用过的位置，以把它们和那些从未被占用过的位置区别开来。

比起分离链，线性探查的数学分析是一个复杂得多的问题①。此问题的结论的简化版本声称，在成功查找和不成功查找的情况下，对于负载因子为 α 的散列表，该算法必须要访问的次数分别为

$$S \approx \frac{1}{2}\left(1+\frac{1}{1-\alpha}\right) \text{和}\ U \approx \frac{1}{2}\left[1+\frac{1}{(1-\alpha)^2}\right] \tag{7.5}$$

(散列表的规模越大，该近似值越精确。)即使对于密度很高的表(即 α 是一个较大的百分比)，这些数字也是小得惊人的。

α	$\frac{1}{2}\left(1+\frac{1}{1-\alpha}\right)$	$\frac{1}{2}\left[1+\frac{1}{(1-\alpha)^2}\right]$
50%	1.5	2.5
75%	2.5	8.5
90%	5.5	50.5

尽管如此，当散列表接近于满的时候，由于一种称为聚类的现象，线性探查的性能恶化了。线性探查中的**聚类**(cluster)是一系列被连续占据的单元格(包括可能的环绕)。例如，

① 这个问题是在 1962 年由一个年轻的数学系研究生唐纳德 • E. 克努特(Donald E. Knuth，汉名高德纳)解决的。克努特最终成为了当代最重要的计算机科学家之一。他的一部多卷文集《计算机编程艺术》([KnuI]，[KnuII]，[KnuIII]，[KnuIV])，在迄今为止已经出版的关于算法的书中仍然是最全面和最具影响力的。

图 7.6 的散列表的最终状态中有两个聚类。聚类对于散列来说是一个坏消息，因为它们降低了字典操作的效率。还要注意，当聚类变得越来越大时，一个新的元素加入聚类的可能性也会增加。此外，大的聚类增加了在一个新键插入后两个聚类相合并的可能性，可能导致更大程度上的聚合。

有一些其他的碰撞解决策略可以用来缓解这个问题。其中最重要的策略之一是**双散列法**(double hashing)。在这种方案中，我们使用了另一个散列函数 $s(K)$，用来确定在一个位于 $l = h(K)$的碰撞发生后，所使用的探查序列的固定增量。

$$(l + s(K)) \bmod m,\ (l + 2s(K)) \bmod m,\ \cdots \tag{7.6}$$

为了保证表中每一个位置都被序列(7.6)探查到，增量 $s(K)$和表的长度 m 必须是互质的，也就是说，它们唯一的公因数必须是 1。(如果 m 本身是质数，这个条件自动满足。)在文献中推荐了一些这样的函数：$s(K) = m - 2 - K \bmod (m - 2)$。对于较小的散列表用 $s(K) = 8 - (K \bmod 8)$，而对于较大的散列表用 $s(K) = K \bmod 97+1$。事实证明，双散列的数学分析是非常困难的。部分成果和这种方法的大量实践经验告诉我们，如果使用优秀的散列函数(包括主函数和辅函数)，双散列的性能要比线性探查好。但当散列表接近于满的时候，它的性能也会恶化。在这种情况下唯一的解决方案是**重散列**(rehashing)：扫描当前的表，把它所有的键重新放置到一个更大的表中。

在字典的实现中，平衡查找树是散列表的主要竞争对手，因此有必要将两者的主要特征进行比较。

- **渐近时间效率**(asymptotic time efficiency)　在使用散列表时，查找、插入和删除操作的效率在平均情况下是 $\Theta(1)$，最坏情况(可能性很小)下是 $\Theta(n)$。而对于平衡查找树来说，这些操作的时间效率在平均和最坏情况下都是 $\Theta(\log n)$。
- **有序性保留**(ordering preservation)　相较于平衡查找树，散列表并没有假定键是有序的，也通常不保证它们的有序性。这使得散列表不太适用于要求按序遍历键值和按范围查询的应用，例如计算位于某个上界和下界之间的键值的个数。

自从 20 世纪 50 年代 IBM 的研究人员发明了散列法以来，发现了散列的许多重要应用。具体来说，它已经成为了存储符号表的一种标准技术，符号表是在编译过程中产生的计算机程序的符号列表。对于象棋程序这类人工智能应用来说，散列表可以很方便地用来检查棋盘上的某个位置是不是已经被考虑过。事实证明，在做了一些修改以后，它也可以用于存储磁盘上的非常大型的字典。散列的这个变化形式被称为**可扩充散列法**(extendible hashing)。因为相对于存取主内存而言，磁盘存取的开销是比较大的，所以我们宁可多做内存访问，少做磁盘访问。相应地，在可扩充散列中的散列函数计算出来的，是可能包含 b 键的一个**存储段**(bucket)的磁盘地址。当一个键的存储段确定了以后，段中的所有键都被读到主内存中，然后再查找要找的键。在下一节中，我们会讨论 B 树，这是存储大字典的另一种主要方式。

习题 7.3

1. 对于输入 30, 20, 56, 75, 31, 19 和散列函数 $h(K) = K \bmod 11$，做以下练习。

a．构造它们的开散列表。

b．求在本表中成功查找的最大键值比较次数。

c．求在本表中成功查找的平均键值比较次数。

2．对于输入 30, 20, 56, 75, 31, 19 和散列函数 $h(K) = K \bmod 11$，做以下练习。

a．构造它们的闭散列表。

b．求在本表中成功查找的最大键值比较次数。

c．求在本表中成功查找的平均键值比较次数。

3．为什么说散列函数只依赖于自然语言单词的一个字母(例如第一个字母)不是一个好主意？

4．如果散列函数把键均匀地分布到表的每一个单元格中，表的长度为 m，那么 n 个键全部被散列到表中同一个单元格的概率是多少？

5．**生日悖论** 生日悖论问的是，当一个房间里有多少人时，其中两个人生日(月和日)相同的概率大于 1/2？这个问题的答案十分出人意料，请试着求解。对于散列来说这个结论意味着什么？

6．对于散列的分离链版本，回答下面的问题。

a．如果已知字典中的所有键都是唯一的，你会把键插入哪里？哪些字典操作(如果有的话)会从这个改变中受益？

b．我们可以维护同一个链表中的键的有序性。哪些字典操作会从这个改变中受益？如果需要对存储在整张表中的所有的键进行排序，我们如何利用这个特性？

7．请解释如何应用散列法来检查一个列表中元素的唯一性。这个应用的时间效率如何？将其时间效率同蛮力算法(2.3 节)和基于预排序的算法(6.1 节)的进行比较。

8．在下表中填入 ADT 字典的 5 种实现的平均效率类型(作为表 1)和最差效率类型(作为表 2)。

操　作	无序数组	有序数组	二叉查找树	平衡查找树	散 列 表
查找					
插入					
删除					

9．我们是在时空权衡技术的上下文中讨论散列的。但散列还利用了另外一种通用策略，你能说出是哪一种吗？

10．写一个计算机程序，它使用散列技术来处理下面的问题。对于一个给定的自然语言文本，生成一个不重复词的列表，包括每个词在文本中的出现次数。在程序中插入恰当的计数器，对散列法的效率做经验分析，并拿结果和相应的理论结果做比较。

7.4 B 树

如果所讨论的数据集合包含数量庞大的记录，并需要存储在磁盘上，那么利用额外空间来提高给定数据集合访问速度的思想就显得尤其重要了。组织这种数据集合的一种主要技术是**索引**，如果对记录的键值做了索引，索引就可以提供一些有关记录位置的信息。对于结构化记录(和文本、图像、音频和视频这些“非结构化”数据相对应)的数据集合来说，最重要的索引结构是 **B 树**，它是由贝尔(R. Bayer)和麦克格雷特(E. McGreight)发明的([Bay72])。它对 2-3 树(6.3 节)允许查找树的同一个节点包含多个键的思想进行了扩展。

在我们这里所说的 B 树中，所有的数据记录(或者记录的键)都按照键的升序存储在叶子中。它们的父母节点作为索引。具体来说，每个父母节点包含 $n-1$ 个有序的键 $K_1 < \cdots < K_{n-1}$，为了简单起见，我们假设它们都是唯一的。这些键之间插入了 n 个指向节点子女的指针，使得子树 T_0 中的所有键都小于 K_1，子树 T_1 中的所有键都大于等于 K_1 且小于 K_2，而 K_1 等于子树 T_1 中最小的键，以此类推，直到最后一棵子树 T_{n-1}，它的键大于等于 K_{n-1}，而 K_{n-1} 等于 T_{n-1} 中最小的键(见图 7.7[①])。

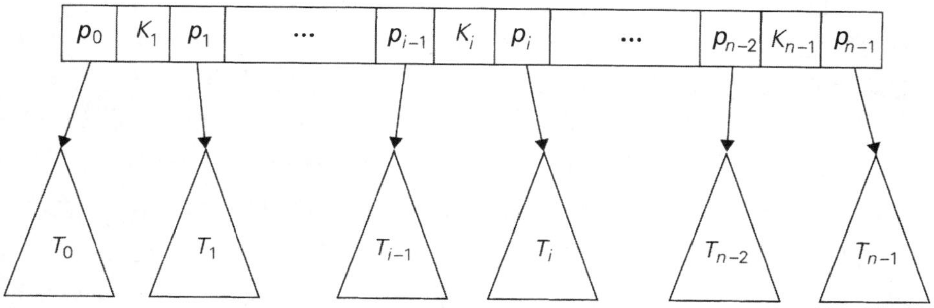

图 7.7　B 树的父母节点

此外，一棵次数为 $m \geqslant 2$ 的 B 树必须满足下面这些结构上的特性：

- 它的根要么是一个叶子，要么具有 2 到 m 个子女。
- 除了根和叶子以外的每个节点，具有 $\lceil m/2 \rceil$ 到 m 个子女(因此也具有 $\lceil m/2 \rceil - 1$ 到 $m-1$ 个键)。
- 这棵树是(完美)平衡的，也就是说，它的所有叶子都在同一层上。

图 7.8 给出了一棵次数为 4 的 B 树的例子。

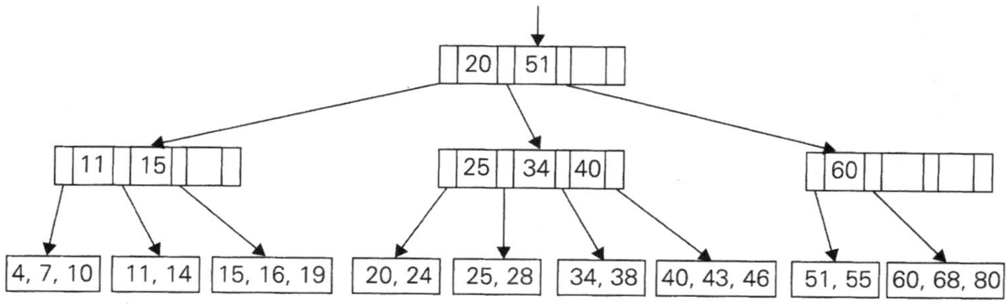

图 7.8　一棵次数为 4 的 B 树的例子

① 图 7.7 中描述的节点称为 n **节点**。因此，一棵经典二叉查找树中的所有节点都是 2 节点，6.3 节介绍的 2-3 树中包含 2 节点和 3 节点。

在 B 树中的查找和二叉查找树的查找非常相似，和 2-3 树比起来就更相似了。从根开始，我们顺着一根指针链条前进，这根链条指向一个可能包含查找键的叶子。然后我们再在这个叶子的键中查找该查找键。请注意，因为键的存储是有序的，无论对于父母节点还是叶子，我们都可以使用折半查找。当然，键的数量必须大到一定程度，否则这种做法就不值得了。

然而，在这种数据结构的一个典型应用中，我们需要关心的并不是键值的比较次数。当我们用 B 树在磁盘上存储一个大型的数据文件时，B 树的节点常常和磁盘的页相对应。由于一般来说，访问磁盘页面的时间比起在计算机的高速内存中比较键值所花费的时间要多出好几个数量级，所以在 B 树以及其他类似的数据结构中，磁盘的访问次数成了衡量效率的主要指标。

在查找键值已给定的某条记录的过程中，我们需要访问多少个 B 树的节点？这个数量明显等于树的高度加 1。为了估计这个高度，我们来求一下一棵次数为 m 高度为 h 的 B 树能够包含的最少节点数。树的根至少会包含一个键。第 1 层至少会包含两个节点，每个节点中至少包含 $\lceil m/2\rceil-1$ 个键，因此键的总个数至少为 $2(\lceil m/2\rceil-1)$。第 2 层至少会包含 $2\lceil m/2\rceil$ 个节点(第 1 层中节点的子女)，每个节点至少包含 $\lceil m/2\rceil-1$ 个键，因此键的总个数至少为 $2\lceil m/2\rceil(\lceil m/2\rceil-1)$。一般来说，第 i 层中的节点($1\leqslant i\leqslant h-1$)至少会包含 $2\lceil m/2\rceil^{i-1}(\lceil m/2\rceil-1)$ 个键。最后，第 h 层，也就是叶子层，至少会包含 $2\lceil m/2\rceil^{h-1}$ 个节点，每个节点至少包含一个键。因此，对于任何包含 n 个节点、次数为 m、高度 $h>0$ 的 B 树，我们有下面的不等式：

$$n\geqslant 1+\sum_{i=1}^{h-1}2\lceil m/2\rceil^{i-1}(\lceil m/2\rceil-1)+2\lceil m/2\rceil^{h-1}$$

经过一系列的标准化简(本节习题第 2 题)，该不等式简化为：

$$n\geqslant 4\lceil m/2\rceil^{h-1}-1$$

这个不等式又能够推导出一棵高度为 h、次数为 m 的 B 树的上界：

$$h\leqslant\left\lfloor\log_{\lceil m/2\rceil}\frac{n+1}{4}\right\rfloor+1 \tag{7.7}$$

不等式(7.7)显然意味着在 B 树中查找是一种效率为 $O(\log\ n)$的操作。但我们在这里不仅需要确定它的效率类型，而且需要知道这个不等式确切给出的磁盘操作次数。下面这张表给出了在文件包含一亿条记录的情况下，不等式 7.7 右边部分的估计值以及树的次数 m 的一些典型值。

次数 m	50	100	250
h 的上界	6	5	4

请记住，上表中给出的是磁盘访问次数的最大估计值。在实际的应用中，这个数字很少超过 3，其中 B 树的根(有时也包括第一层的节点)会存储在快速内存中以减少磁盘的访问次数。

B 树的插入操作和删除操作就不像查找那么简单了，但它们也都可以在 $O(\log n)$的时间内完成。我们这里只介绍插入算法，大家可以在参考书(如[Aho83]和[Cor09])中找到删除算法的描述。

把一条新记录插入 B 树中的最简单的算法和 6.3 节介绍的 2-3 树插入算法非常类似。首先，我们对新记录的键 K 应用查找例程，找到新记录对应的叶子节点。如果在该叶子中还有存放这条记录的空间，我们把记录存储在那里(插在一个合适的位置上，使得这些键仍能保持有序)，插入就完成了。如果节点中已经没有空间，这个叶子就一分为二，把后面一半的记录放在一个新节点中。在这之后，新节点中最小的键 K' 以及指向它的指针要插入到原来的叶子的父母中(就插在原来叶子的键和指针之后)。这个递归过程可以一直回溯到这棵树的根。如果根也已经满了，原来根的键就一分为二，分别构成新的根的两个子女。作为一个例子，假设约束条件是树的叶子中包含的数据项个数不能超过 3，图 7.9 给出了在图 7.8 的 B 树中插入 65 之后的结果。

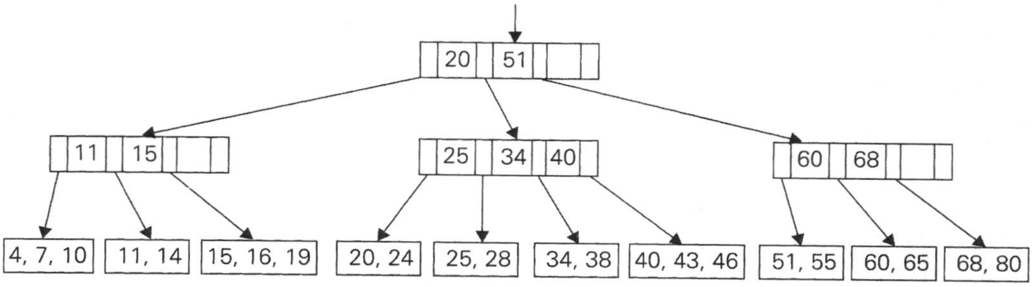

图 7.9　在图 7.8 的 B 树中插入 65 之后的结果

大家应该意识到还会有其他算法来实现 B 树的插入操作。例如，如果在查找与新记录相对应的叶子时就分裂满节点，就能避免节点递归分裂的可能性。另一种做法是把键移给该节点的兄弟来避免节点的分裂。例如，为了把 65 插入图 7.8 的 B 树中，我们可以把满叶子的最小键 60 移给它包含 51 和 55 的兄弟，并把它们父母中的键值替换为 65，也就是第二个子女中新的最小键。这种修改的意图就是以增加算法的少许复杂度为代价，来节约一些空间。

B 树并不是只能和大型文件的索引联系在一起，它也可以被看作若干种查找树中的一种。和其他类型的查找树(例如二叉查找树、AVL 树和 2-3 树)一样，也可以把数据记录连续插入初始为空的树中来构造一棵 B 树(一棵空树也可以认为是一棵 B 树)。当所有存储在叶子和上面层中的键组成了一棵作为索引的 B 树，整个结构常常被称为一棵 B^+树。

习题 7.4

1． 给出现实生活中和计算机无关的一个索引应用的例子。

2． **a．** 证明一个用于推导 B 树高度上界的等式：

$$1+\sum_{i=1}^{h-1}2\lceil m/2\rceil^{i-1}(\lceil m/2\rceil-1)+2\lceil m/2\rceil^{h-1}=4\lceil m/2\rceil^{h-1}-1$$

b． 完成不等式(7.7)的推导，给出一棵 B 树高度的上界。

3． 为了保证查找一个包含一亿条记录的文件的磁盘访问次数不超过 3 次，B 树的次

数 m 最小应该是多少？我们可以假设根所在的磁盘页存储在主内存中。

4. 假设一个叶子中包含的数据项不能超过 3 个，在对图 7.8 中的 B 树插入 30 和 31 之后，画出这时的 B 树。

5. 描述一个求 B 树中最大键的算法。

6. **a.** **自顶向下 2-3-4 树**是一棵次数为 4 的 B 树，并对 B 树的**插入**操作做如下改动：一旦为一个新键查找叶子时遇到了一个满节点(也就是一个包含 3 个键的节点)，就把该节点分裂为两个节点，并把它们的中间键交给原来节点的父母(如果满节点恰好是根，就为中间键创建一个新的根)。向一棵空树连续插入下面这个键的列表，来构造一棵自顶向下 2-3-4 树。

10，6，15，31，20，27，50，44，18

b. 和 2-3 树的插入过程相比，这个插入过程的主要优点是什么？主要缺点又是什么？

7. **a.** 写一个程序实现 B 树中的键插入算法。

b. 写一个 B 树中键插入算法的可视化程序。

小　　结

- 无论对于计算机理论工作者还是计算机实践工作者来说，算法设计中的时空权衡都是一个众所周知的问题。作为一种算法设计技术，空间换时间要比时间换空间普遍得多。
- 在算法设计中，空间换时间技术有两种主要类型，**输入增强**是其中一种。它的思想是对问题输入的部分或全部做预处理，然后将获得的额外信息进行存储，以加速后面问题的解决。用分布计数进行排序以及一些重要的字符串匹配算法都是基于这个技术的算法。
- **分布计数**是一种特殊的方法，用来对元素取值来自于一个小集合的列表排序。
- 用于字符串匹配的 Horspool **算法**可以看作 Boyer-Moore **算法**的一个简化版本。两个算法都以输入增强思想为基础，并且从右向左比较模式中的字符。两个算法都是用同样的**坏符号移动表**。Boyer-Moore 算法还使用了第二个表，称为**好后缀移动表**。
- 第二种使用了空间换时间权衡思想的技术称为**预构造**，它使用额外的空间来实现更快和(或)更方便的数据存取。散列和 B 树是预构造的重要例子。
- **散列**是一种非常高效的实现字典的方法。它的基本思想是把键映射到一张一维表中。这种表在大小上的限制使得它必须采用一种**碰撞解决**机制。散列的两种主要类型是**开散列**(又称为**分离链**，键存储在散列表以外的链表中)以及**闭散列**(又称为**开式寻址**，键存储在散列表中)。平均情况下，这两种算法的查找、插入和删除操作的效率都是属于 $\Theta(1)$ 的。
- **B 树**是一棵平衡查找树，它把 2-3 树的思想推广到允许多个键位于同一个节点上。它的主要应用是维护存储在磁盘上的数据的类索引信息。通过选择恰当的树的次数，即使对于非常大的文件，我们所实现的查找、插入和删除操作也只需要执行很少几次的磁盘存取。

第8章　动态规划

思想，就像幽灵一样……在它自己解释自己之前，必须先告诉它些什么。[①]

——查尔斯·狄更斯

动态规划(dynamic programming)是一种算法设计技术，它有着相当有趣的历史。作为一种使多阶段决策过程最优的通用方法，它是在20世纪50年代由一位卓越的美国数学家理查德·贝尔曼(Richard Bellman)发明的。因此，这个技术名字中的“programming”是计划和规划的意思，不是代表计算机中的编程。它不仅是应用数学中用来解决某类最优问题的重要工具，而且还在计算机领域中被当作一种通用的算法设计技术来使用。在这里，我们正是从这个角度来考虑这种技术的。

如果问题是由交叠的子问题构成的，我们就可以用动态规划技术来解决它。一般来说，这样的子问题出现在对给定问题求解的递推关系中，这个递推关系中包含了相同类型的更小子问题的解。动态规划法建议，与其对交叠的子问题一次又一次地求解，还不如对每个较小的子问题只求解一次并把结果记录在表中，这样就可以从表中得出原始问题的解。

重温一下2.5节讨论过的斐波那契数，我们可以发现它对这项技术做出了很好的阐述。(如果大家还没有读过这一节，应该也能跟上我们的进度。但这个问题实在是太美妙了，如果大家有读一读的冲动，就赶紧付诸行动吧！)斐波那契数是以下序列中的元素：

$$0, 1, 1, 2, 3, 5, 8, 13, 21, 34, \cdots,$$

它可以用一个简单的递推式和两个初始条件来定义：

当 $n>1$ 时，
$$F(n)=F(n-1)+F(n-2) \tag{8.1}$$

$$F(0)=0, \quad F(1)=1 \tag{8.2}$$

如果我们试图利用递推式(8.1)直接计算第 n 个斐波那契数 $F(n)$，可能必须对该函数的相同值重新计算好几遍(图2.6给出了一个具体的例子)。请注意，计算 $F(n)$ 这个问题是以计算它的两个更小的交叠子问题 $F(n-1)$ 和 $F(n-2)$ 的形式来表达的。所以，我们可以简单地在一张一维表中填入 $n+1$ 个 $F(n)$ 的连续值。开始时，通过观察初始条件(8.2)可以填入0和1，然后以式(8.1)作为运算规则计算出其他所有的元素。显然，该数组的最后一个元素应该包含 $F(n)$。这个非常简单的算法只需要一个单循环就能完成，2.5节给出了它的一个伪代码。

请注意，实际上，如果只存储斐波那契序列中最后两个元素的值，就可以避免使用额外的数组来完成这个任务(参见习题2.5的第8题)。这种现象并不罕见，而且我们会在本章中遇到更多这样的例子。虽然动态规划法的直接应用也可以解释成一种特殊类型的空间换时间权衡技术，但有时候一个动态规划算法经过改进可以避免使用额外的空间。

① 引自查尔斯·狄更斯(1812—1870)所著的《董贝父子》。

某些算法无需计算出该序列前面所有的元素就可以给出第 n 个斐波那契数的值(参见 2.5 节)。然而，一般来说，一个算法如果基于经典的从底至上动态规划方法，那就需要解出给定问题的所有较小子问题。动态规划法的一个变化形式试图避免对不必要的子问题求解。8.2 节在介绍这个技术时，利用了一种所谓的记忆功能，我们可以把它看作动态规划的一种从顶至下的变化形式。

但无论我们使用动态规划的经典的从底至上版本还是它基于记忆功能的从顶至下版本，设计这样一种算法的关键步骤还是相同的，即导出一个问题实例的递推关系，该递推关系包含该问题的更小(并且是交叠的)子实例的解。但像计算第 n 个斐波那契数这样，直接表现为公式(8.1)的形式，可以说是这个规则的一个极少例外。

由于动态规划的大多数应用都是求解最优化问题，因此我们需要指出这类应用中的一个一般性法则。理查德·贝尔曼称其为**最优化法则**(principle of optimality)。该法则认为最优化问题任一实例的最优解，都是由其子实例的最优解构成的。最优化法则在大多数情况下是成立的，尽管也有少数情况例外(一个相当罕见的例子，就是在图中找最长简单路径)。虽然在应用动态规划求解具体问题时，需要检查最优化法则是否适用，但在设计动态规划算法时，做一个这样的检查并不困难。

在本章的各个小节和习题中有不少动态规划算法的标准例子。(实际上，8.4 节算法的发现是独立于动态规划的，只是在后来才被当作这种技术的应用实例。)该技术还有许多其他的应用，范围从文本的最优折行(例如，[Baa00])到图像缩放(例如，[Avi07])，甚至还包括复杂工程问题的多种应用(例如，[Ber01])。

8.1　三个基本例子

本节目的是介绍动态规划算法在三个典型例子中的应用。

例 1　币值最大化问题　给定一排 n 个硬币，其面值均为正整数 $c_1, c_2, \cdots, c_n$，这些整数并不一定两两不同。请问如何选择硬币，使得在其原始位置互不相邻的条件下，所选硬币的总金额最大。

上述最大可选金额用 $F(n)$表示。为了得到 $F(n)$的递推关系，我们将所有可行的选择划分为两组：包括最后一枚硬币的和不包括最后一枚硬币的。第一组中，可选硬币的最大金额等于 $c_n+F(n-2)$，即最后一枚硬币的面值加上之前 $n-2$ 枚硬币的可选最大金额。按照 $F(n)$的定义，另一组中，可选的最大金额等于 $F(n-1)$。因此，我们得到符合初始条件的递推方程：

$$F(n)=\max\{c_n+F(n-2), F(n-1)\},\quad n>1 \tag{8.3}$$
$$F(0)=0, F(1)=c_1$$

类似 2.5 节中求第 n 个斐波那契数的算法 Fib(n)，通过从左至右计算一行表格，我们能够求出 $F(n)$。

算法　CoinRow(C[1..n])
　　//应用公式(8.3)，自底向上求最大金额

```
//在满足所选硬币不相邻的条件下，从一排硬币中选择最大金额的硬币
//输入：数组 C[1..n]保存 n 个硬币的面值
//输出：可选硬币的最大金额
F[0]←0; F[1]←C[1]
for i ←2 to n do
    F[i]←max(C[i]+ F[i – 2], F[i – 1])
return F[n]
```

应用上述算法求解一排硬币 5, 1, 2, 10, 6, 2 的过程如图 8.1 所示。算法求得的最大金额为 17。值得指出的是，事实上，我们也求出了给定的一排硬币中前 i 枚硬币($1 \leqslant i \leqslant 6$)的最大金额。例如，对于 $i = 3$，最大钱数 $F(3) = 7$。

$F[0] = 0,\ F[1] = c_1 = 5$

下标	0	1	2	3	4	5	6
C		5	1	2	10	6	2
F	0	5					

$F[2] = \max\{1 + 0, 5\} = 5$

下标	0	1	2	3	4	5	6
C		5	1	2	10	6	2
F	0	5	5				

$F[3] = \max\{2 + 5, 5\} = 7$

下标	0	1	2	3	4	5	6
C		5	1	2	10	6	2
F	0	5	5	7			

$F[4] = \max\{10 + 5, 7\} = 15$

下标	0	1	2	3	4	5	6
C		5	1	2	10	6	2
F	0	5	5	7	15		

$F[5] = \max\{6 + 7, 15\} = 15$

下标	0	1	2	3	4	5	6
C		5	1	2	10	6	2
F	0	5	5	7	15	15	

$F[6] = \max\{2 + 15, 15\} = 17$

下标	0	1	2	3	4	5	6
C		5	1	2	10	6	2
F	0	5	5	7	15	15	**17**

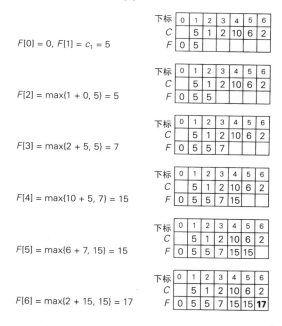

图 8.1　对一排硬币 5, 1, 2, 10, 6, 2 应用动态规划算法求解币值最大化问题

为了求出构成最大金额的那些硬币，我们需要回溯计算过程，来确定在递推方程(8.3)中，是 $c_n + F(n-2)$还是 $F(n-1)$，产生了最终的最大金额。在最后一次引用递推方程时，是 $c_6 + F(4)$给出了最大金额 17，这意味着硬币 $c_6 = 2$ 是最优解的一部分。继续回溯 $F(4)$的计算，最大金额由 $c_4 + F(2)$给出，这意味着 $c_4 = 10$ 也是最优解的一部分。最后，计算 $F(2)$时，其最大值由 $F(1)$产生，意味着 c_2 不是最优解的一部分，而硬币 $c_1 = 5$ 是。因而，最优解是$\{c_1, c_4, c_6\}$。为了避免回溯时的重复计算，当计算 F 的值时，关于递推方程(8.3)两个项哪个更大的信息也保存在一个额外数组中。

用算法 CoinRow 求 $F(n)$，以得出可选最大金额以及构成最大金额的硬币集合，显然需要耗费$\Theta(n)$时间和$\Theta(n)$空间。这远远优于下列方案：直接应用递推方程(8.3)自顶向下递推求解或者穷举查找(参见习题 8.1 第 3 题)。

例 2　找零问题　考虑著名找零问题的一般情形：需找零金额为 n，最少要用多少面值为 $d_1 < d_2 < \cdots < d_m$ 的硬币？对于美国版的硬币面值(尽管并非所有国家采用这一体系，但

大多数国家确是如此)，第 9 章将给出一个简单高效的算法。在这里，我们考虑一般情形的动态规划算法：假设有 m 种面值为 $d_1 < d_2 < \cdots < d_m$ 的硬币，其中 $d_1 = 1$，且每种面值的硬币数量无限可得。

设 $F(n)$ 为总金额为 n 的数量最少的硬币数目，方便起见定义 $F(0) = 0$。获得 n 的途径只能是：在总金额为 $n - d_j$ 的一堆硬币上加入一个面值为 d_j 的硬币，其中 $j = 1, 2, \cdots, m$，并且 $n \geqslant d_j$。因此，我们只需要考虑所有满足上述要求的 d_j 并选择使得 $F(n - d_j) + 1$ 最小的 d_j 即可。由于 1 是常量，我们显然可以先找出最小的 $F(n - d_j)$，然后加 1 即可。因此，我们得到了以下 $F(n)$ 的递归公式：

$$\begin{cases} \text{当} n > 0, \ F(n) = \min\limits_{j:n \geqslant d_j} \{F(n - d_j)\} + 1 \\ F(0) = 0 \end{cases} \tag{8.4}$$

我们可以用类似求解上述币值最大化问题的方法，从左至右填充一张单行表格来求出 $F(n)$，但在这里，表格中每一格的计算都需要求出至多 m 个数的最小值。

```
算法 ChangeMaking(D[1..m], n)
    //应用动态规划算法求解找零问题，找出使硬币加起来等于 n 时所需最少的硬币数目
    //其中币值为 d1 < d2 < … < dm，d1 = 1
    //输入：正整数 n，以及用于表示币值的递增整数数组 D[1…m]，D[1] = 1
    //输出：总金额等于 n 的硬币最少的数目
    F[0]←0
    for i ←1 to n do
        temp←∞; j ←1
        while j ≤ m and i ≥ D[j ] do
            temp ←min(F [i − D[j ]], temp)
            j ←j + 1
        F[i]←temp + 1
    return F[n]
```

对于 $n = 6$，币值为 1, 3, 4 的硬币应用上述算法的过程如图 8.2 所示。产生的答案是 2 枚硬币。该算法的时间效率和空间效率显然分别是 $O(nm)$和$\Theta(n)$。

$F[0] = 0$

n	0	1	2	3	4	5	6
F	0						

$F[1] = \min\{F[1-1]\} + 1 = 1$

n	0	1	2	3	4	5	6
F	0	1					

$F[2] = \min\{F[2-1]\} + 1 = 2$

n	0	1	2	3	4	5	6
F	0	1	2				

$F[3] = \min\{F[3-1], F[3-3]\} + 1 = 1$

n	0	1	2	3	4	5	6
F	0	1	2	1			

$F[4] = \min\{F[4-1], F[4-3], F[4-4]\} + 1 = 1$

n	0	1	2	3	4	5	6
F	0	1	2	1	1		

$F[5] = \min\{F[5-1], F[5-3], F[5-4]\} + 1 = 2$

n	0	1	2	3	4	5	6
F	0	1	2	1	1	2	

$F[6] = \min\{F[6-1], F[6-3], F[6-4]\} + 1 = 2$

n	0	1	2	3	4	5	6
F	0	1	2	1	1	2	**2**

图 8.2 给定 $n = 6$，币值为 1，3，4，ChangeMaking 算法的运行过程

要求出最优解使用了哪些硬币，我们需要回溯上述计算来找出公式(8.4)中是哪些面值的硬币产生了最小值。对上面的例子，最后一次引用公式(当 $n = 6$)时，最小值是由 $d_2 = 3$ 产生的。第二个最小值(当 $n = 6 - 3$)也是由该面值产生的。因此，对于 $n = 6$ 的最优硬币集合就是 2 个 3。

例 3　硬币收集问题　在 $n \times m$ 格木板中放有一些硬币，每格的硬币数目最多为一个。在木板左上方的一个机器人需要收集尽可能多的硬币并把它们带到右下方的单元格。每一步，机器人可以从当前的位置向右移动一格或向下移动一格。当机器人遇到一个有硬币的单元格时，就会将这枚硬币收集起来。设计一个算法找出机器人能找到的最大硬币数并给出相应的路径。

令 $F(i, j)$为机器人截止到第 i 行第 j 列单元格(i, j)能够收集到的最大硬币数。单元格(i, j)可以经由上方相邻单元格$(i - 1, j)$或者左边相邻单元格$(i, j - 1)$到达。单元格$(i - 1, j)$和单元格$(i, j - 1)$中最大的硬币数目分别是 $F(i - 1, j)$和 $F(i, j - 1)$。当然，第一行单元格没有上方相邻单元格，第一列单元格没有左边相邻单元格。对这些单元格，我们假定 $F(i - 1, j)$或 $F(i, j - 1)$的值为 0，因为其不存在相应的相邻单元格。因此，截止到单元格(i, j)机器人能够收集到的最大硬币数是这两个数的较大值加上单元格(i, j)中可能存在的一枚硬币。换句话说，对 $F(i, j)$我们有如下的递归公式：

$$\begin{cases} F(i, j) = \max\{F(i-1, j), F(i, j-1)\} + c_{ij}, & 1 \leqslant i \leqslant n,\ 1 \leqslant j \leqslant m \\ F(0, j) = 0,\ 1 \leqslant j \leqslant m; & F(i, 0) = 0,\ 1 \leqslant i \leqslant n \end{cases} \tag{8.5}$$

若单元格(i, j)中有硬币存在，则 c_{ij} 为 1，否则为 0。

利用这些公式，我们可以通过逐行或者逐列的方式填充 $n \times m$ 表以求得 $F(i, j)$，这在涉及二维表的动态规划算法中很典型。

```
算法 RobotCoinCollection(C[1..n, 1..m])
    //利用动态规划算法计算机器人在 n × m 木板上所能收集的最大硬币数
    //机器人从(1, 1)出发，每次向右或向下移动，从左上方移动到右下方
    /输入：矩阵 C[1..n, 1..m]，矩阵元素为 1 或者 0 分别表示单元格中有一枚硬币或者没有
    //输出：机器人在单元格(n,m)中收集到的最大硬币数
    F[1, 1]←C[1, 1]; for j ←2 to m do F[1, j]←F[1, j − 1]+ C[1, j]
    for i ←2 to n do
        F[i, 1]←F[i − 1, 1]+ C[i, 1]
        for j ←2 to m do
            F[i, j ]←max(F [i − 1, j], F[i, j − 1]) + C[i, j ]
    return F[n, m]
```

对图 8.3(a)的硬币布局，图 8.3(b)给出了算法求解的运行过程。由于通过公式(8.5)计算表中每个单元格的 $F(i, j)$值花费常量时间，因此算法的时间效率为$\Theta(nm)$。算法的空间效率也是$\Theta(nm)$。

通过回溯计算过程可以得到最优路径：如果 $F(i-1, j) > F(i, j-1)$，到达单元格(i, j)的最优路径肯定是来自其上方相邻单元格；如果 $F(i-1, j) < F(i, j-1)$，达到单元格(i, j)的最优路径肯定是来自其左方的相邻单元格；如果 $F(i-1, j) = F(i, j-1)$，达到单元格(i, j)的最优路径可以来自上方相邻或左方相邻单元格。以图 8.3(a)为例，产生了两条不同的最优路径，在图 8.3(c)中显示。如果忽略此类双解的情况，可以在$\Theta(n+m)$时间内找到一条最优路径。

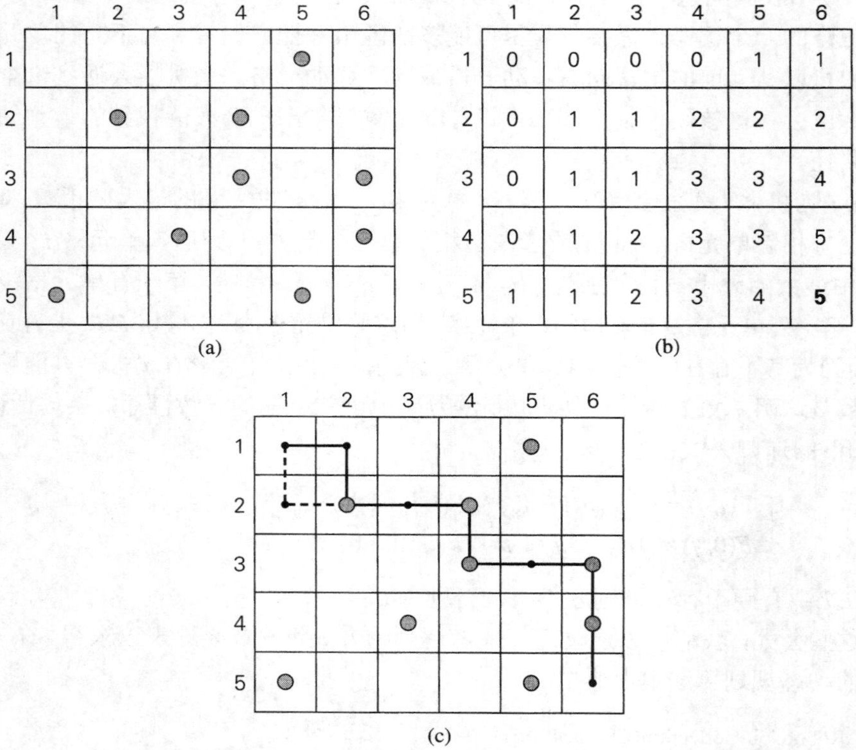

图 8.3　(a)木板上初始的硬币布局，(b)动态规划算法的计算结果，(c)收集到 5 个硬币(最大值)的两条路径

习题 8.1

1. 动态规划法和分治法有什么共同点？这两种技术之间最主要的不同点是什么？
2. 求解币值最大化问题的一个实例 5, 1, 2, 10, 6。
3. **a.** 说明直接应用递归式(8.3)求解币值最大化问题的时间效率是指数级的。

   b. 说明通过穷举查找求解币值最大化问题的时间效率至少是指数级的。
4. 对于币值为 1, 3, 5 且 $n = 9$ 的找零问题，利用动态规划算法求其所有解。
5. 对于有些单元格不可达的硬币收集问题，如何修改原来的动态规划算法？应用新算法求解下图问题，其中不可达的单元格用×表示。对于这块板而言有多少条最优路径？

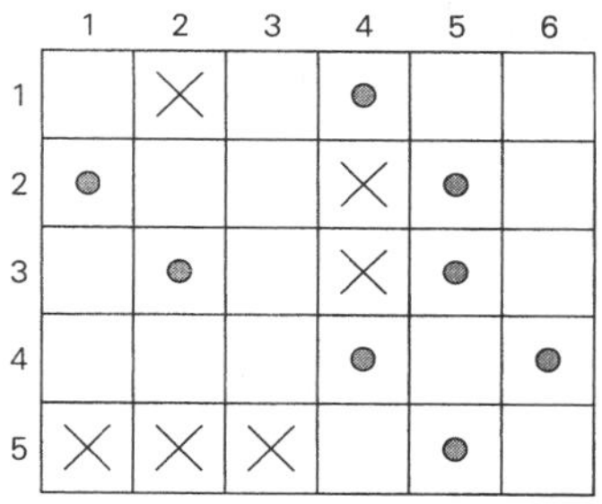

6. **切割木棍问题**　为下列问题设计一个动态规划算法。已知小木棍的销售价格 p_i 和长度 i 相关，$i = 1, 2, \cdots, n$，如何把长度为 n 的木棍切割为若干根长度为整数的小木棍，使得所能获得的总销售价格最大？该算法的时间效率和空间效率各是多少？

7. **最短路径数量**　国际象棋中的车可以水平或竖直移到棋盘中同行或同列的任何一格。将车从棋盘的一角移到另一对角，有多少条最短路径？路径的长度由车所经过的方格数(包括第一格和最后一格)来度量。使用下列方法求解该问题。

   a. 动态规划算法

   b. 基本排列组合

8. **最小总和问题**　将正整数排成等边三角形，三角形的底边有 n 个数，下图给出了 $n = 4$ 的一个例子。从三角形顶点出发通过一系列相邻整数(在图中用圆圈表示)，如何使得到达底边时的总和最小？为这个问题设计一个动态规划算法并给出时间效率。

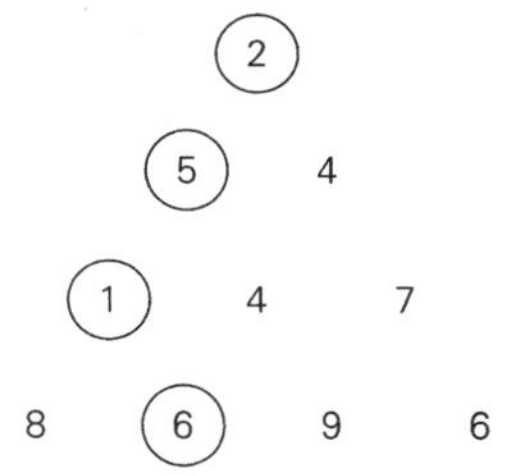

9. **二项式系数**　设计一个高效的算法计算二项式系数 $C(n, k)$，该算法不能利用乘法。给出算法的空间效率和时间效率。

10. **有向无环图的最长路径**

    a. 设计一个高效算法找出有向无环图中最长路径的长度。(这个问题无论是作为其他动态规划应用的原型，或者就其自身而言都是很重要的。当一个项目由若干具有前趋依赖的任务组成时，它决定了完成该项目所需的最少时间。)

    b. 将币值最大化问题变换为寻找有向无环图的最长路径问题。

11. **最大子方阵**　对一个 $m \times n$ 布尔矩阵 $\boldsymbol{B}$，找出其元素均为 0 的最大子方阵。设计一个动态规划算法并给出时间效率。(该算法可能会用于在计算机屏幕中寻找最大空白方形区域或者是选择建筑地点。)

12. **世界大赛的胜率**　考虑 A 和 B 两支队伍，正在进行一系列比赛，直到一个队赢得了 n 场比赛为止。假设 A 队赢得每场比赛的概率都是相同的，即等于 p，而 A 队

丢掉比赛的概率是 $q = 1 - p$(因此，就不存在平局了)。当 A 队还需要 i 场胜利才能赢得系列赛，B 队还需要 j 场胜利才能赢得系列赛时，A 队赢得系列赛的概率为 $P(i, j)$。

a．为 $P(i, j)$建立一个可以在动态规划算法中使用的递推关系。

b．如果 A 队赢得一场比赛的概率是 0.4，该队赢得一个 7 场系列赛的概率是多少？

c．为解决该问题写一个动态规划算法的伪代码，并确定它的时间和空间效率。

8.2 背包问题和记忆功能

8.2.1 背包问题

我们用设计一个背包问题的动态规划算法来作为本节的开始：给定 n 个重量为 $w_1, \cdots, w_n$, 价值为 $v_1, \cdots, v_n$ 的物品和一个承重量为 W 的背包，求这些物品中最有价值的一个子集，并且要能够装到背包中。(这个问题在 3.4 节中介绍过，那时候我们是用穷举查找算法来对它求解的。)在这里假设所有的重量和背包的承重量都是正整数，而物品的数量不必是整数。

为了设计一个动态规划算法，需要推导出一个递推关系，用较小子实例的解的形式来表示背包问题的实例的解。让我们来考虑一个由前 i 个物品($1 \leqslant i \leqslant n$)定义的实例，物品的重量分别为 $w_1, \cdots, w_i$，价值分别为 $v_1, \cdots, v_i$，背包的承重量为 $j(1 \leqslant j \leqslant W)$。设 $F(i, j)$ 为该实例的最优解的物品总价值，也就是说，是能够放进承重量为 j 的背包中的前 i 个物品中最有价值子集的总价值。可以把前 i 个物品中能够放进承重量为 j 的背包中的子集分成两个类别：包括第 i 个物品的子集和不包括第 i 个物品的子集。然后有下面的结论：

(1) 根据定义，在不包括第 i 个物品的子集中，最优子集的价值是 $F(i-1, j)$。

(2) 在包括第 i 个物品的子集中(因此，$j - w_i \geqslant 0$)，最优子集是由该物品和前 $i-1$ 个物品中能够放进承重量为 $j - w_i$ 的背包的最优子集组成。这种最优子集的总价值等于 $v_i + F(i-1, j-w_i)$。

因此，在前 i 个物品中最优解的总价值等于这两个价值中的较大值。当然，如果第 i 个物品不能放进背包，从前 i 个物品中选出的最优子集的总价值等于从前 $i-1$ 个物品中选出的最优子集的总价值。这个结果导致了下面这个递推式：

$$F(i, j) = \begin{cases} \max\{F(i-1, j), v_i + F(i-1, j-w_i)\}, & j - w_i \geqslant 0 \\ F(i-1, j) & , j - w_i < 0 \end{cases} \tag{8.6}$$

我们可以很容易地如下定义初始条件：

$$\text{当 } j \geqslant 0 \text{ 时，} F(0, j) = 0\text{；当 } i \geqslant 0 \text{ 时，} F(i, 0) = 0 \tag{8.7}$$

我们的目标是求 $F(n, W)$，即 n 个给定物品中能够放进承重量为 W 的背包的子集的最大总价值以及最优子集本身。

图 8.4 给出了涉及公式(8.6)和公式(8.7)的物品总价值。当 $i, j > 0$ 时，为了计算第 i 行第 j 列的单元格 $F(i, j)$，我们拿前一行同一列的单元格与 v_i 加上前一行左边 w_i 列的单元格的和

做比较，计算出两者的较大值。这个表格既可以逐行填，也可以逐列填。

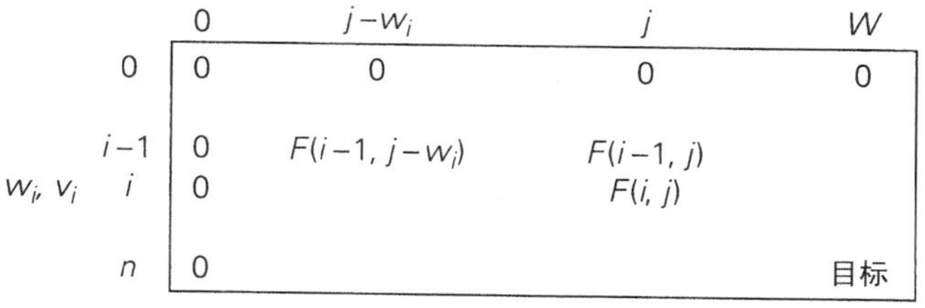

图 8.4　用动态规划算法解背包问题的表格

例 1　考虑下列数据给出的实例：

物　品	重　量	价值/美元
1	2	12
2	1	10
3	3	20
4	2	15

承重量 $W=5$

图 8.5 给出了用公式(8.6)和公式(8.7)填写的动态规划表。

	i	承重量 j 0	1	2	3	4	5
	0	0	0	0	0	0	0
$w_1=2,\ v_1=12$	1	0	0	12	12	12	12
$w_2=1,\ v_2=10$	2	0	10	12	22	22	22
$w_3=3,\ v_3=20$	3	0	10	12	22	30	32
$w_4=2,\ v_4=15$	4	0	10	15	25	30	**37**

图 8.5　用动态规划算法解背包问题的一个实例

因此，最大的总价值为 $F(4, 5) = 37$。可以通过回溯这个表格单元的计算过程来求得最优子集的组成元素。因为 $F(4, 5) > F(3, 5)$，物品 4 以及填满背包余下 $5-2=3$ 个单位承重量的一个最优子集都包括在最优解中。而后者是由元素 $F(3, 3)$表示的。因为 $F(3, 3) = F(2, 3)$，物品 3 不是最优子集的一部分。因为 $F(2, 3) > F(1, 3)$，物品 2 是最优选择的一部分，这个最优子集用元素 $F(1, 3-1)$来指定余下的组成部分。同样道理，因为 $F(1, 2) > F(0, 2)$，物品 1 是最优解{物品 1，物品 2，物品 4}的最后一个部分。

该算法的时间效率和空间效率都属于 $\Theta(nW)$。用来求最优解的具体组成的时间效率属于 $O(n)$。我们要求大家在习题中证明这些断言。

8.2.2　记忆化

就像我们在本章开头所讨论的以及在接下来的几节中所阐述的，动态规划方法所涉及问题的解，满足一个用交叠的子问题来表示的递推关系。直接自顶向下对这样一个递推式求解导致一个算法要不止一次地解公共的子问题，因此效率是非常低的(一般来说是指数级的，甚至更差)。另一方面，经典的动态规划方法是自底向上工作的：它用所有较小子问题的解填充表格，但是每个子问题只解一次。这种方法无法令人满意的一面是，在求解给定问题时，有些较小子问题的解常常不是必需的。由于这个缺点没有在自顶向下法中表现出来，所以我们很自然地希望把自顶向下和自底向上方法的优势结合起来。我们的目标是得到这么一种方法，它只对必要的子问题求解并且只解一次。这种方法是存在的，它是以**记忆功能**(memory function)为基础的。

该方法用自顶向下的方式对给定的问题求解，但还需要维护一个类似自底向上动态规划算法使用的表格。一开始的时候，用一种“null”符号初始化表中所有的单元格，用来表明它们还没有被计算过。之后，一旦需要计算一个新的值，该方法先检查表中相应的单元格。如果该单元格不是“null”，它就从表中取值；否则，就使用递归调用进行计算，然后把返回的结果记录在表中。

下面这个算法针对背包问题实现了这个思想。在对表格初始化之后，我们需要以参数 $i = n$ (物品的数量)和 $j = W$(背包的承重量)来调用递归函数。

```
算法  MFKnapsack (i, j)
      //对背包问题实现记忆功能方法
      //输入：一个非负整数 i 表示先考虑的物品数量，一个非负整数 j 表示背包的承重量
      //输出：前 i 个物品的最优可行子集的价值
      //注意：我们把输入数组 Weights[1..n]，Values[1..n]和表格 F[0..n, 0..W]作为全局变量
      //除了行 0 和列 0 用 0 初始化以外，F 的所有单元格都用-1 初始化
      if  F[i, j] < 0
         if  j < Weights[i]
            value ← MFKnapsack(i − 1, j)
         else
            value ← max(MFKnapsack(i − 1, j),
                  Values[i] + MFKnapsack(i − 1, j − Weights[i]))
         F[i, j] ← value
      return  F[i, j]
```

例 2 对例 1 中的实例应用记忆功能法。图 8.6 给出了结果。只计算了 20 个有效值(也就是不在行 0 和列 0 上的)中的 11 个。只有一个有效单元 $V(1, 2)$ 的值是从表中取到的，而不是计算得来的。对于较大的实例，这种单元的比例会显著地增加。

		承重量 j					
	i	0	1	2	3	4	5
	0	0	0	0	0	0	0
$w_1 = 2, v_1 = 12$	1	0	0	12	12	12	12
$w_2 = 1, v_2 = 10$	2	0	—	12	22	—	22
$w_3 = 3, v_3 = 20$	3	0	—	—	22	—	32
$w_4 = 2, v_4 = 15$	4	0	—	—	—	—	**37**

图 8.6 用记忆功能算法解背包问题的一个实例

一般来说，我们不要奢望对背包问题应用了记忆功能法以后，提高的效率会超过一个常数因子，因为它的时间效率类型和自底向上算法是相同的(为什么？)。如果在动态规划算法中，计算一个值无法在常数时间内完成，性能的改进可能会更显著。最好记住这一点，相对于自底向上算法的空间优化版本来说，记忆功能算法的空间效率是较低的。

习题 8.2

1. **a.** 对于下列背包问题的实例，应用自底向上动态规划算法求解。

物　品	重　量	价值/美元
1	3	25
2	2	20
3	1	15
4	4	40
5	5	50

承重量 $W = 6$

b. a 中的实例有多少个不同的最优子集？

c. 一般来说，如何从动态规划算法所生成的表中判断出背包问题的实例是不是具有不止一个最优子集？

2. **a.** 为背包问题写一段自底向上的动态规划算法的伪代码。

b. 写一段伪代码，使得可以从背包问题的自底向上动态规划算法生成的表中求得最优子集的组成。

3. 对于背包问题的自底向上动态规划算法，请证明：

a. 它的时间效率属于 $\Theta(nW)$。

b. 它的空间效率属于 $\Theta(nW)$。

c. 从一张填好的动态规划表中求得最优子集的组合所用的时间属于 $O(n)$。

4. **a.** 判断正误：背包问题实例的动态规划表中某一行值的序列总是非递减的。

b. 判断正误：背包问题实例的动态规划表中某一列值的序列总是非递减的。

5. 假设 n 种物品中每种物品的数量不限，为该背包问题设计一个动态规划算法并分析该算法的时间效率。

6. 对第 1 题中给出的背包问题的实例应用记忆功能方法。在动态规划表中找出这样的单元格：(1)在这个实例中，从来没有被记忆功能方法计算过的单元格；(2)不需要重新计算就能使用的单元格。

7. 证明背包问题的记忆功能算法的时间效率类型和自底向上算法是相同的(参见第 3 题)。

8. 为什么根据公式 $C(n, k) = C(n-1, k-1) + C(n-1, k)$计算二项式系数时，记忆功能法不是一个好方法？

9. 针对下面某一种著名的动态规划方法的应用写一个研究报告。

a. 求两个序列中最长的公共子序列。

b. 最优串编辑。

c. 多边形的最小三角剖分。

8.3 最优二叉查找树

在计算机科学中，二叉查找树是最重要的数据结构之一。它的一种最主要应用是实现字典，这是一种具有查找、插入和删除操作的元素集合。如果集合中元素的查找概率是已知的(例如，从历史查找的统计数据中得出)，这就很自然地引出了一个最优二叉查找树的问题：它在查找中的平均键值比较次数是最低的。为了简单起见，我们仅限于讨论如何使成功查找的平均比较次数达到最小。可以扩充这个方法，把不成功的查找也包含进来。

作为一个例子，请考虑分别以概率 0.1，0.2，0.4，0.3 来查找 4 个键 *A*，*B*，*C*，*D*。包含这些键的二叉查找树有 14 种不同的可能，图 8.7 给出了其中的两种情况。在成功查找时，第一棵树的平均键值比较次数为 $0.1×1+0.2×2+0.4×3+0.3×4 = 2.9$，而第二棵树是 $0.1×2+0.2×1+0.4×2+0.3×3 = 2.1$。其实，这两棵树都不是最优的。(你能说出哪棵二叉树是最优的吗？)

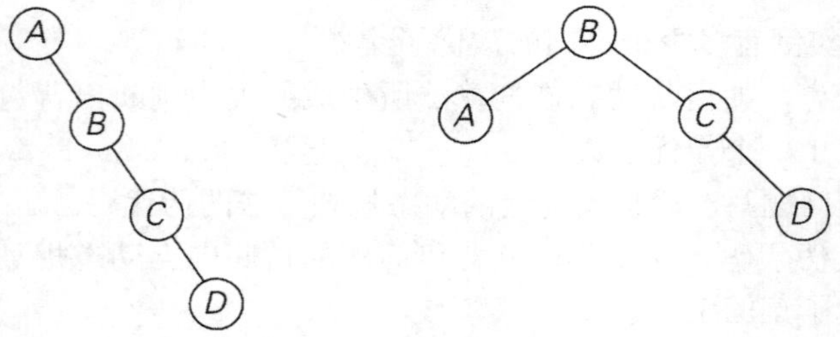

图 8.7 包含键 *A*，*B*，*C*，*D* 的 14 种可能的二叉树中的两种

对于这个很小的例子，可以生成包含这些键的全部 14 棵二叉查找树来求出最优的那棵树。但作为一个通用的算法，这种穷举查找方法是不现实的：包含 n 个键的二叉查找树的总数量等于第 n 个**卡塔兰数**(Catalan number)

$$当 n>0 时，\quad c(n)=\frac{1}{n+1}\binom{2n}{n}，\quad c(0)=1$$

它以 $4^n/n^{1.5}$ 的速度逼近无穷大(参见本节习题第 7 题)。

所以，让我们设 $a_1, \cdots, a_n$ 是从小到大排列的互不相等的键，$p_1, \cdots, p_n$ 是它们的查找概率。T_i^j 是由键 a_i，…，a_j 构成的二叉树，$C(i, j)$是在这棵树中成功查找的最小的平均查找次数，其中 i, j 是一些整数下标，$1 \leqslant i \leqslant j \leqslant n$。因此，虽然我们只对 $C(1, n)$ 感兴趣，但遵循经典的动态规划方法，我们要求出该问题的所有较小实例的 $C(i, j)$值。为了推导出动态规划算法中隐含的递推关系，需要考虑从键 $a_i, \cdots, a_j$ 中选择一个根 a_k 的所有可能的方法。对于这样一棵二叉树(图 8.8)来说，它的根包含了键 a_k，它的左子树 T_i^{k-1} 中的键 a_i，…，a_{k-1} 是最优排列的，它的右子树 T_{k+1}^j 中的键 a_{k+1}，…，a_j 也是最优排列的。(请注意，我们在这里是如何利用了最优化法则。)

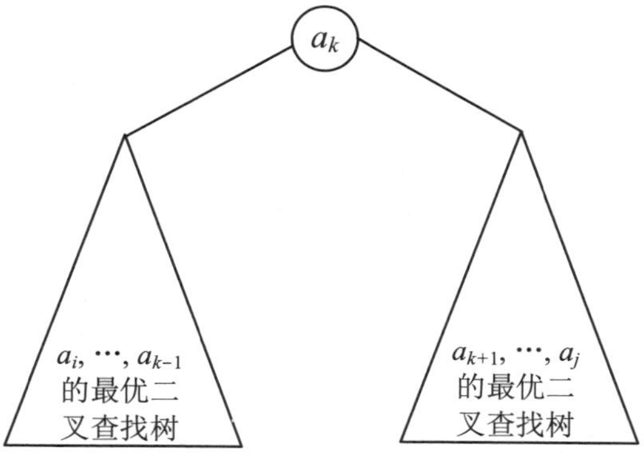

图 8.8　以 a_k 为根的二叉查找树(BST)，以及两棵最优二叉查找子树 T_i^{k-1} 和 T_{k+1}^j

如果我们从 1 开始对树的层数进行计数，以使得比较的次数等于键所在的层数，就可以得到下面的递推关系：

$$\begin{aligned}C(i,j) &= \min_{i\leqslant k\leqslant j}\{p_k\times 1+\sum_{s=i}^{k-1}p_s\times(a_s\text{在}T_i^{k-1}\text{中的层数}+1)+\\&\quad\sum_{s=k+1}^{j}p_s\times(a_s\text{在}T_{k+1}^{j}\text{中的层数}+1)\}\\&=\min_{i\leqslant k\leqslant j}\{\sum_{s=i}^{k-1}p_s\times a_s\text{在}T_i^{k-1}\text{中的层数}+\sum_{s=k+1}^{j}p_s\times a_s\text{在}T_{k+1}^{j}\text{中的层数}+\sum_{s=i}^{j}p_s\}\\&=\min_{i\leqslant k\leqslant j}\{C(i,k-1)+C(k+1,j)\}+\sum_{s=i}^{j}p_s\end{aligned}$$

因此，我们有了下面的递推式：

$$\text{当}1\leqslant i\leqslant j\leqslant n\text{时，}\quad C(i,j)=\min_{i\leqslant k\leqslant j}\{C(i,k-1)+C(k+1,j)\}+\sum_{s=i}^{j}p_s \tag{8.8}$$

我们假设在公式(8.8)中，当$1\leqslant i\leqslant n+1$时，$C(i,i-1)=0$，这可以解释为空树的比较次数。请注意，这个公式意味着

$$\text{当}1\leqslant i\leqslant n\text{时，}C(i,i)=p_i$$

它应该是一棵包含 a_i 的单节点二叉树。

图 8.9 中的二维表给出了用式(8.8)来计算 $C(i,j)$时需要用到的一些值：它们是 i 行中位于 j 列左边的列中的值，以及 j 列中在 i 行下边的行中的值。箭头指出了需要对元素求和的一对对单元格，然后求出这些元素对的和的最小值，把它作为 $C(i,j)$的值记录下来。这意味着我们要沿着表格的对角线填写表格，一开始把主对角线全部填 0，然后把给定概率 p_i($1\leqslant i\leqslant n$)填在对角线的右上方，并向着右上角移动。

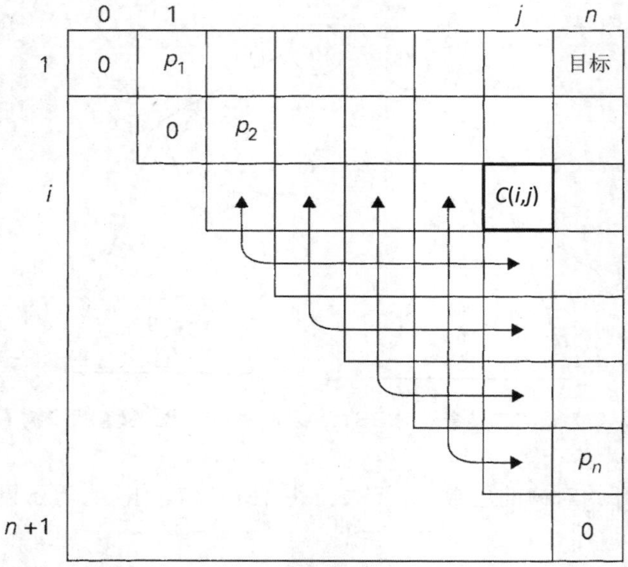

图 8.9 构造一棵最优二叉查找树的动态规划算法的表格

我们所描述的算法是用来计算 $C(1, n)$的，也就是最优二叉树中成功查找的平均比较次数。如果还想得到最优二叉树本身，需要维护另一个二维表来记录在式(8.8)达到最小时的 k 值。这张表的形式和图 8.9 一样，并且也从单元格 $R(i, i) = i(1 \leqslant i \leqslant n)$开始，以同样的方式填充。当表格填满时，它的单元格指出了最优子树的根的下标，这使得我们可以对整个给定集合重新构造一棵最优树。

例 让我们对本节开头使用的 4 个键的集合应用该算法，来给大家一个感性的认识。

键	*A*	*B*	*C*	*D*
查找概率	0.1	0.2	0.4	0.3

初始表格如下：

主表

	0	1	2	3	4
1	0	0.1			
2		0	0.2		
3			0	0.4	
4				0	0.3
5					0

根表

	0	1	2	3	4
1		1			
2			2		
3				3	
4					4
5					

我们来计算 $C(1, 2)$：

$$C(1,2)=\min\begin{cases} k=1:\ C(1,0)+C(2,2)+\sum_{s=1}^{2} p_s = 0+0.2+0.3=0.5 \\ k=2:\ C(1,1)+C(3,2)+\sum_{s=1}^{2} p_s = 0.1+0+0.3=0.4 \end{cases} = 0.4$$

因此，在前两个键 A 和 B 可能构成的两棵二叉树中，最优树的根下标是 2(也就是包含 B)，在这棵树中成功查找的平均键值比较次数是 0.4。

我们会要求大家在习题中完成这个计算过程。大家最后会得到下面两个最终表。

主表

	0	1	2	3	4
1	0	0.1	0.4	1.1	1.7
2		0	0.2	0.8	1.4
3			0	0.4	1.0
4				0	0.3
5					0

根表

	0	1	2	3	4
1		1	2	3	3
2			2	3	3
3				3	3
4					4
5					

因此，在这棵最优树中的平均键值比较次数等于 1.7。因为 $R(1, 4) = 3$，这棵最优树的根包含第三个键，也就是 C。它的左子树是由键 A 和 B 构成的，它的右子树只包含键 D(为什么？)。为了求得这些子树的具体结构，我们按照下面的方式，再次求助于根表，先找到它们的根。因为 $R(1, 2) = 2$，包含 A 和 B 的最优树的根是 B，其中 A 是它的左子女(也是单节点树的根：$R(1, 1) = 1$)。因为 $R(4, 4) = 4$，这棵单节点最优树的根就是它的唯一键 D。图 8.10 完整地呈现了这棵最优树。

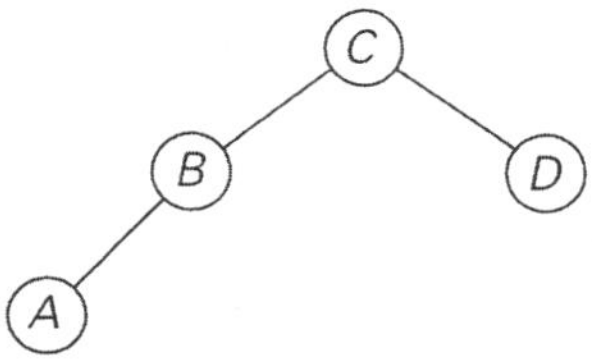

图 8.10　例题中的最优二叉查找树

下面是这个动态规划算法的伪代码。

```
算法 OptimalBST (P[1..n])
    //用动态规划算法求最优二叉查找树
    //输入：一个 n 个键的有序列表的查找概率数组 P[1..n]
    //输出：在最优 BST 中成功查找的平均比较次数，以及最优 BST 中子树的根表 R
    for i ← 1 to n do
        C[i, i−1] ← 0
        C[i, i] ← P[i]
        R[i, i] ← i
    C[n+1, n] ← 0
    for d ← 1 to n − 1 do //对角线计数
        for i ← 1 to n − d do
            j ← i + d
            minval ← ∞
            for k ← i to j do
                if C[i, k − 1] + C[k + 1, j] < minval
                    minval ← C[i, k − 1] + C[k + 1, j]; kmin ← k
            R[i, j] ← kmin
            sum ← P[i]; for s ← i + 1 to j do sum ← sum + P[s]
```

```
        C[i, j] ← minval + sum
return C[1, n], R
```

该算法的空间效率显然是平方级的，这个算法版本的时间效率是立方级的(为什么？)。一个更详细的分析告诉我们，根表中的单元格总是沿着每一行和每一列非降序排列的。这就把 $R(i, j)$的值限定在范围 $R(i, j-1), \cdots, R(i+1, j)$内，使得我们有可能把该算法的运行时间降低到 $\Theta(n^2)$。

习题 8.3

1. 完成本节构造最优二叉查找树的例题中余下的计算。
2. **a**. 算法 OptimalBST 的时间效率为什么是立方级的？
   b. 算法 OptimalBST 的空间效率为什么是平方级的？
3. 写一个线性时间算法的伪代码，来从根表中生成最优二叉查找树。
4. 请设计一种在常量时间(每个求和式)内计算求和式 $\sum_{s=i}^{j} p_s$ 的算法，我们会在构造最优二叉查找树的动态规划算法中用到这个算法。
5. 判断正误：一棵最优二叉查找树的根总是包含查找概率最高的键。
6. 如果所有键的查找概率都相等，将如何对一个包含 n 个键的集合构造最优二叉查找树？如果 $n = 2^k$，平均比较次数是多少？
7. **a**. 请证明，对于一个包含 n 个有序键的集合，所能构造的不同的二叉查找树 $b(n)$ 的数量满足递推关系：

$$当 n > 0 时，\quad b(n) = \sum_{k=0}^{n-1} b(k)b(n-1-k)，\quad b(0) = 1$$

   b. 已知该递推关系的解是由卡塔兰数给出的。对于 $n = 1, 2, \cdots, 5$ 验证该断言。
   c. 求 $b(n)$的增长次数。对于构造最优二叉查找树的穷举查找算法而言，这个问题的答案意味着什么？
8. 设计一个 $\Theta(n^2)$ 的算法来求最优二叉查找树。
9. 把求解最优二叉查找树问题的算法推广到能够处理不成功查找的情况。
10. 写出采用记忆功能法求解最优二叉查找树问题的伪代码。算法功能可以只限于求出一次成功查找的最少键值比较次数。
11. **矩阵连乘** 考虑如何使得在计算 n 个矩阵的乘积 $\boldsymbol{A}_1\ \boldsymbol{A}_2 \cdots \boldsymbol{A}_n$ 时，总的乘法次数最小，这些矩阵的维度分别为 $d_0 \times d_1$，$d_1 \times d_2$，$\cdots$，$d_{n-1} \times d_n$。假设所有两个矩阵的中间乘积都使用蛮力算法(基于定义)计算。
   a. 给出一个三个矩阵连乘的例子，当分别用$(\boldsymbol{A}_1\boldsymbol{A}_2)\boldsymbol{A}_3$ 和 $\boldsymbol{A}_1(\boldsymbol{A}_2\boldsymbol{A}_3)$计算时，它们的乘法次数至少相差 1 000 倍。
   b. 有多少种不同的方法来计算 n 个矩阵的连乘乘积？
   c. 设计一个求 n 个矩阵乘法最优次数的动态规划算法。

8.4 Warshall 算法和 Floyd 算法

在本节中，我们来看看两个著名的算法：用于计算有向图传递闭包的 Warshall 算法和计算全部最短路径的 Floyd 算法。本质上，这两种算法都是基于相同的思想：利用目标问题和一个更简单问题而不是更小规模问题的关系。沃舍尔和弗洛伊德在公开其算法时并未提及动态规划方法。但是，这两种算法显然具有动态规划的特征，因此被看作动态规划技术的具体应用。

8.4.1 Warshall 算法

回忆一下，一个有向图的邻接矩阵 $\boldsymbol{A}=\{a_{ij}\}$是一个布尔矩阵，当且仅当从第 i 个顶点到第 j 个顶点之间有一条有向边时，矩阵第 i 行第 j 列的元素为 1。我们可能也会关心另一种矩阵，它能够告诉我们，给定图的顶点之间是否存在着任意长度的有向路径。这种矩阵，称为有向图的传递闭包，使我们能够在常数时间内判断第 j 个顶点是否可从第 i 个顶点到达。

这里有几个应用实例。当电子表格单元格中的值被改变时，电子表格软件必须知道受此变化影响的所有其他单元格。如果电子表格由这样一个有向图模型表示，其中图的顶点表示单元格，而边表示单元格之间的依赖关系，传递闭包将提供我们变化所影响范围的信息。在软件工程中，传递闭包除了用于测试面向对象软件的继承关系外，也用于追踪数据流和控制流的依赖性。在电子工程中，它被用来对数字电路进行冗余识别和生成测试用例。

定义 一个 n 顶点有向图的**传递闭包**(transitive closure)可以定义为一个 n 阶布尔矩阵 $\boldsymbol{T}=\{t_{ij}\}$，如果从第 i 个顶点到第 j 个顶点之间存在一条有效的有向路径(即长度大于 0 的有向路径)，矩阵第 i 行($1\leqslant i\leqslant n$)第 j 列($1\leqslant j\leqslant n$)的元素为 1，否则，t_{ij} 为 0。

作为例子，图 8.11 给出了一个有向图、该图的邻接矩阵及其传递闭包。

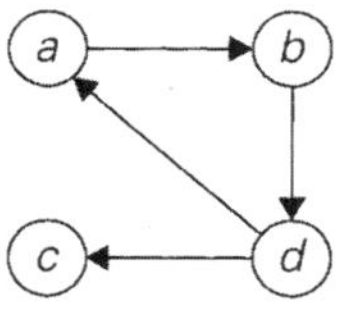

(a)

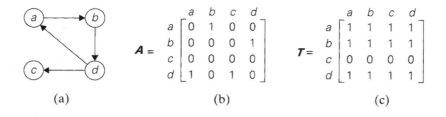

$$\boldsymbol{A}=\begin{array}{c}\\ a\\ b\\ c\\ d\end{array}\begin{array}{c}\begin{array}{cccc}a&b&c&d\end{array}\\ \begin{bmatrix}0&1&0&0\\0&0&0&1\\0&0&0&0\\1&0&1&0\end{bmatrix}\end{array}$$

(b)

$$\boldsymbol{T}=\begin{array}{c}\\ a\\ b\\ c\\ d\end{array}\begin{array}{c}\begin{array}{cccc}a&b&c&d\end{array}\\ \begin{bmatrix}1&1&1&1\\1&1&1&1\\0&0&0&0\\1&1&1&1\end{bmatrix}\end{array}$$

(c)

图 8.11 (a)有向图，(b)它的邻接矩阵，(c)它的传递闭包

我们可以在深度优先查找和广度优先查找的帮助下生成有向图的传递闭包。从第 i 个顶点开始，无论采用哪种遍历方法，都能够得到通过第 i 个顶点访问到的所有顶点的信息，因此，传递闭包的第 i 行的相应列置为 1。这样，以每个顶点为起始点做一次这样的遍历就生成了整个图的传递闭包。

由于这个方法对同一个有向图遍历了多次，我们希望找到一个更好的算法。这样的算法的确存在，称为 **Warshall 算法**，它是以史蒂芬·沃舍尔(S. Warshall)的名字命名的([War62])。为了方便起见，假定有向图的顶点数目为 n，因此顶点矩阵的行和列可以用 1 到 n 表示。Warshall 算法通过一系列 n 阶布尔矩阵来构造传递闭包。

$$\boldsymbol{R}^{(0)},\ \cdots,\ \boldsymbol{R}^{(k-1)},\ \boldsymbol{R}^{(k)},\ \boldsymbol{R}^{(n)} \tag{8.9}$$

每一个这种矩阵都提供了有向图中有向路径的特定信息。具体来说，当且仅当从第 i 个顶点到第 j 个顶点之间存在一条有向路径(长度大于 0)，并且路径的每一个中间顶点的编号不大于 k 时，矩阵 $\boldsymbol{R}^{(k)}$ 的第 i 行第 j 列的元素 $r_{ij}^{(k)}$ $(i, j=1,2,\cdots,n,\ k=0,1,\cdots,n)$的值等于 1。因此，这一系列矩阵从 $\boldsymbol{R}^{(0)}$ 开始，这个矩阵不允许它的路径中包含任何中间顶点，所以 $\boldsymbol{R}^{(0)}$ 就是有向图的邻接矩阵。(回忆一下，邻接矩阵包含单点路径，也就是不包含任何中间顶点的路径。)$\boldsymbol{R}^{(1)}$包含允许使用第一个顶点作为中间顶点的路径信息。由于有了更多的自由度，因此可以说，这个矩阵会比 $\boldsymbol{R}^{(0)}$包含更多的 1。推而广之，序列(8.9)中每一个后继矩阵相对它的前趋来说，都允许增加一个顶点作为其路径上的顶点，所以可能(但也不是必然的)会包含更多的 1。序列中的最后一个矩阵，反映了能够以有向图的所有 n 个顶点作为中间顶点的路径，因此它就是有向图的传递闭包。

该算法的中心思想是，任何 $\boldsymbol{R}^{(k)}$中的所有元素都可以通过它在序列(8.9)中的直接前趋 $\boldsymbol{R}^{(k-1)}$计算得到。把矩阵 $\boldsymbol{R}^{(k)}$中第 i 行第 j 列的元素 $r_{ij}^{(k)}$ 置为 1。这意味着存在一条从第 i 个顶点 v_i 到第 j 个顶点 v_j 的路径，路径中每一个中间顶点的编号都不大于 k 。

$$v_i，\text{每个顶点编号都不大于 } k \text{ 的一个中间顶点列表}，v_j \tag{8.10}$$

对于这种路径，有两种可能的情况。在第一种情况下，路径的中间顶点列表中不包含第 k 个顶点。那么这条从 v_i 到 v_j 的路径中顶点的编号不会大于 $k-1$，所以 $r_{ij}^{(k-1)}$ 也等于 1。第二种可能性是路径(8.10)的中间顶点的确包含第 k 个顶点 v_k。在不失一般性的前提下，假设 v_k 在列表中只出现一次。(如果不是这种情形，我们只要简单地把路径中第一个 v_k 和最后一个 v_k 之间的顶点全部消去，就可以创建一条从 v_i 到 v_j 的新路径。)在做出上述说明以后，路径(8.10)可以改写成下面这种形式：

$$v_i，\text{编号} \leqslant k-1 \text{ 的顶点}，v_k，\text{编号} \leqslant k-1 \text{ 的顶点}，v_j$$

这个表现形式的第一部分意味着存在一条从 v_i 到 v_k 的路径，路径中每个中间顶点的编号都不大于 $k-1$ (因此 $r_{ik}^{(k-1)}=1$)，而第二部分意味着存在一条从 v_k 到 v_j 的路径，路径中每个中间顶点的编号也都不大于 $k-1$ (因此 $r_{kj}^{(k-1)}=1$)。

我们刚才所证明的是，如果 $r_{ij}^{(k)}=1$，则要么 $r_{ij}^{(k-1)}=1$，要么 $r_{ik}^{(k-1)}=1$ 而且 $r_{kj}^{(k-1)}=1$。很容易看出，它的逆命题也成立。因此，对于如何从矩阵 $\boldsymbol{R}^{(k-1)}$的元素中生成矩阵 $\boldsymbol{R}^{(k)}$的元素，有下面的公式：

$$r_{ij}^{(k)} = r_{ij}^{(k-1)} \text{ 或}(\ r_{ik}^{(k-1)} \text{ 和 } r_{kj}^{(k-1)}\ ) \tag{8.11}$$

公式(8.11)是 Warshall 算法的核心。对于如何从矩阵 $\boldsymbol{R}^{(k-1)}$的元素中生成矩阵 $\boldsymbol{R}^{(k)}$的元素，这个公式意味着以下规则，这个规则尤其适合于手工应用 Warshall 算法。

- 如果一个元素 r_{ij} 在 $\boldsymbol{R}^{(k-1)}$中是 1，它在 $\boldsymbol{R}^{(k)}$中仍然是 1。

- 如果一个元素 r_{ij} 在 $\boldsymbol{R}^{(k-1)}$ 中是 0，当且仅当矩阵中第 i 行第 k 列的元素和第 k 行第 j 列的元素都是 1，该元素在 $\boldsymbol{R}^{(k)}$ 中才能变成 1(图 8.12 演示了这个规则)。

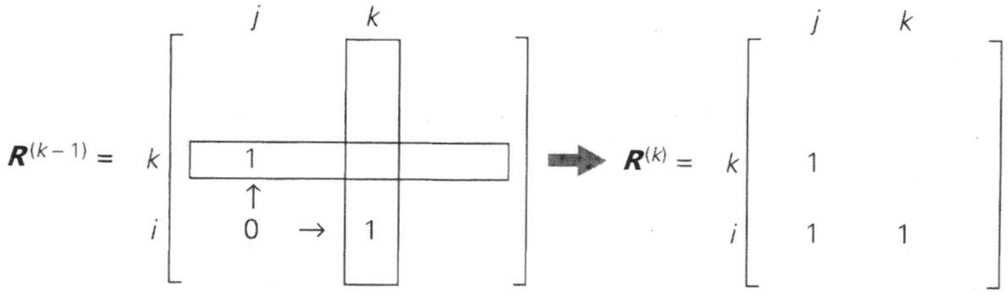

图 8.12　Warshall 算法中将 0 变成 1 的规则

作为例子，图 8.13 告诉我们如何对图 8.11 中的有向图应用 Warshall 算法。

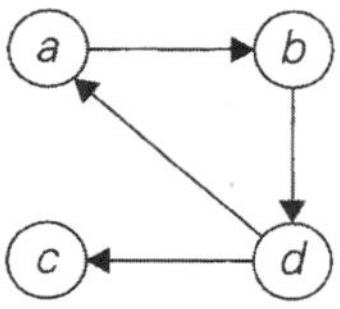

$$\boldsymbol{R}^{(0)}=\begin{array}{c|cccc} & a & b & c & d\\ \hline a & 0 & 1 & 0 & 0\\ b & 0 & 0 & 0 & 1\\ c & 0 & 0 & 0 & 0\\ d & 1 & 0 & 1 & 0\end{array}$$

第一个矩阵的说明：该矩阵反映了不包含中间顶点的路径($\boldsymbol{R}^{(0)}$就是邻接矩阵本身)，框起来的行和列用来计算 $\boldsymbol{R}^{(1)}$

$$\boldsymbol{R}^{(1)}=\begin{array}{c|cccc} & a & b & c & d\\ \hline a & 0 & 1 & 0 & 0\\ b & 0 & 0 & 0 & 1\\ c & 0 & 0 & 0 & 0\\ d & 1 & \mathbf{1} & 1 & 0\end{array}$$

第二个矩阵的说明：该矩阵反映了包含编号不大于 1 的中间顶点(也就是 a)的路径(请注意有一条从 d 到 b 的新路径)，框起来的行和列用来计算 $\boldsymbol{R}^{(2)}$

$$\boldsymbol{R}^{(2)}=\begin{array}{c|cccc} & a & b & c & d\\ \hline a & 0 & 1 & 0 & \mathbf{1}\\ b & 0 & 0 & 0 & 1\\ c & 0 & 0 & 0 & 0\\ d & 1 & 1 & 1 & \mathbf{1}\end{array}$$

第三个矩阵的说明：该矩阵反映了包含编号不大于 2 的中间顶点(也就是 a 和 b)的路径(请注意有两条新路径)，框起来的行和列用来计算 $\boldsymbol{R}^{(3)}$

$$\boldsymbol{R}^{(3)}=\begin{array}{c|cccc} & a & b & c & d\\ \hline a & 0 & 1 & 0 & 1\\ b & 0 & 0 & 0 & 1\\ c & 0 & 0 & 0 & 0\\ d & 1 & 1 & 1 & 1\end{array}$$

第四个矩阵的说明：该矩阵反映了包含编号不大于 3 的中间顶点(也就是 a，b，c)的路径(没有新路径)，框起来的行和列用来计算 $\boldsymbol{R}^{(4)}$

$$\boldsymbol{R}^{(4)}=\begin{array}{c|cccc} & a & b & c & d\\ \hline a & \mathbf{1} & 1 & \mathbf{1} & 1\\ b & \mathbf{1} & \mathbf{1} & \mathbf{1} & 1\\ c & 0 & 0 & 0 & 0\\ d & 1 & 1 & 1 & 1\end{array}$$

第五个矩阵的说明：该矩阵反映了包含编号不大于 4 的中间顶点(也就是 a，b，c，d)的路径(请注意有 5 条新路径)

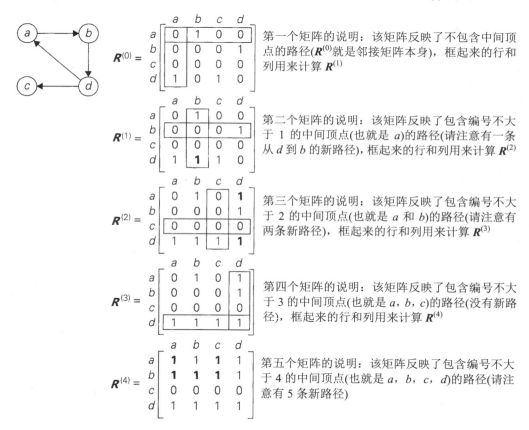

图 8.13　对图中的有向图应用 Warshall 算法，新的路径用粗体字表示

下面是 Warshall 算法的伪代码。

算法　Warshall ($\boldsymbol{A}[1..n, 1..n]$)
　//实现计算传递闭包的 Warshall 算法
　//输入：包括 n 个顶点有向图的邻接矩阵 $\boldsymbol{A}$
　//输出：该有向图的传递闭包
　$\boldsymbol{R}^{(0)} \leftarrow \boldsymbol{A}$

```
    for  k ← 1 to n do
        for  i ← 1  to n do
            for  j ← 1  to n do
                R^(k)[i, j] ← R^(k-1)[i, j] or  R^(k-1)[i, k] and  R^(k-1)[k, j]
    return R^(n)
```

对于 Warshall 算法，有这样一些观察结果。首先，它是非常简洁的，尽管如此，它的效率仅仅属于 $\Theta(n^3)$。实际上，如果用邻接链表来表示稀疏图，在本节开头提到的基于遍历的算法的渐近效率要好于 Warshall 算法(为什么？)。通过重新构造上述 Warshall 算法实现中的最内层循环，可以提高对某些输入的处理速度(参见本节习题第 4 题)。该算法的另一种加速方法是把矩阵中的行看作位串，然后使用大多数现代计算机语言都提供的位“或”运算。

至于 Warshall 算法的空间效率，它的情况类似于本章前面的两个例子：计算斐波那契数和计算二项式系数。虽然我们使用不同的矩阵来记录每一步的中间结果，但这实际上是没有必要的。本节习题第 3 题要求大家找到一个方法避免这种对计算机内存的滥用。最后，我们会在后面看到如何应用 Warshall 算法的内在思想来求解一个更一般性的问题，即求加权图中最短路径的长度。

8.4.2 计算完全最短路径的 Floyd 算法

给定一个加权连通图(无向的或有向的)，**完全最短路径问题**(all-pairs shortest-paths problem)要求找到从每个顶点到其他所有顶点之间的距离(最短路径的长度)。图的最短路径问题有若干变化形式，这是其中一种。由于它在通信、交通网络和运筹学上的重要应用，多年来已被深入地研究。最短路径问题的最新应用是对计算机游戏中的路径规划距离进行预先计算。

为了方便起见，可以把最短路径的长度记录在一个称为**距离矩阵**(distance matrix)的 n 阶矩阵 $\boldsymbol{D}$ 中：矩阵中第 i 行第 j 列的元素 d_{ij} 指出了从第 i 个顶点到第 j 个顶点之间最短路径的长度($1 \leqslant i, j \leqslant n$)。示例可以参见图 8.14。

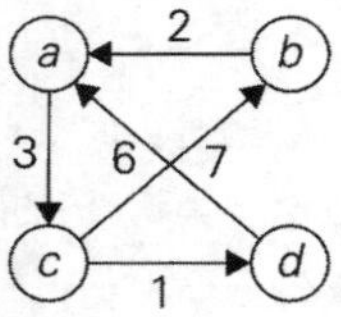

(a)

$$\boldsymbol{W} = \begin{array}{c} \\ a \\ b \\ c \\ d \end{array} \begin{array}{c} \begin{array}{cccc} a & b & c & d \end{array} \\ \begin{bmatrix} 0 & \infty & 3 & \infty \\ 2 & 0 & \infty & \infty \\ \infty & 7 & 0 & 1 \\ 6 & \infty & \infty & 0 \end{bmatrix} \end{array}$$

(b)

$$\boldsymbol{D} = \begin{array}{c} \\ a \\ b \\ c \\ d \end{array} \begin{array}{c} \begin{array}{cccc} a & b & c & d \end{array} \\ \begin{bmatrix} 0 & 10 & 3 & 4 \\ 2 & 0 & 5 & 6 \\ 7 & 7 & 0 & 1 \\ 6 & 16 & 9 & 0 \end{bmatrix} \end{array}$$

(c)

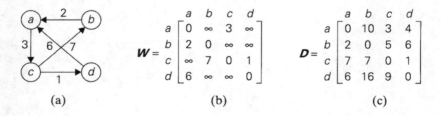

图 8.14 (a)有向图，(b)图的权重矩阵，(c)图的距离矩阵

可以使用一种非常类似于 Warshall 方法的算法来生成这个距离矩阵。它被称为 **Floyd 算法**，是以它的发明者罗伯特 · W. 弗洛伊德(Robert W. Floyd)的名字命名的[①]。只要图中不

① 弗洛伊德在发表该算法([Flo62])的时候明确引用了沃舍尔的论文。事实上，早在 3 年前，伯纳德 · 罗伊(Bernard Roy)在法国科学院的论文集里发表过几乎一样的算法([Roy59])。

包含长度为负的回路(此类回路中，只要重复回路足够多次，两点距离可以任意小)，这个算法既可以应用于无向加权图，也可以应用于有向加权图。这个算法通过扩展后不仅可找到所有顶点对的最短长度，同时还能保存最短路径本身(参见本节习题第 10 题)。

Floyd 算法通过一系列 n 阶矩阵来计算一个 n 顶点加权图的距离矩阵：

$$\boldsymbol{D}^{(0)},\ \cdots,\ \boldsymbol{D}^{(k-1)},\ \boldsymbol{D}^{(k)},\ \cdots,\ \boldsymbol{D}^{(n)} \tag{8.12}$$

每一个这种矩阵都包含了所讨论的矩阵在特定路径约束下的最短路径的长度。明确地说，矩阵 $\boldsymbol{D}^{(k)}(k = 0, 1, \cdots, n)$的第 i 行第 j 列$(i, j = 1, 2, \cdots, n)$的元素 $d_{ij}^{(k)}$ 等于从第 i 个顶点到第 j 个顶点之间所有路径中一条最短路径的长度，并且路径的每一个中间顶点(如果有的话)的编号不大于 k 。具体来说，这一系列矩阵从 $\boldsymbol{D}^{(0)}$开始，该矩阵不允许它的路径中包含任何中间顶点。所以，$\boldsymbol{D}^{(0)}$就是图的权重矩阵。在序列的最后一个矩阵 $\boldsymbol{D}^{(n)}$中，包含了能够以所有 n 个顶点作为中间顶点的全部路径中最短路径的长度，因此它就是我们打算求的距离矩阵。

和 Warshall 算法一样，每一个 $\boldsymbol{D}^{(k)}$中的任何元素都可以通过它在序列(8.12)中的直接前趋 $\boldsymbol{D}^{(k-1)}$计算得到。把 $d_{ij}^{(k)}$ 作为矩阵 $\boldsymbol{D}^{(k)}$中第 i 行第 j 列的元素。这意味着 $d_{ij}^{(k)}$ 等于从第 i 个顶点到第 j 个顶点之间所有路径中一条最短路径的长度，并且路径的每一个中间顶点的编号不大于 k 。

$$v_i，每个顶点编号都不大于 k 的一个中间顶点列表，v_j \tag{8.13}$$

我们可以把所有这种路径分成两个不相交的子集：一个子集中的路径不把第 k 个顶点作为中间顶点，另一个子集则反之。因为第一个子集中，路径所包含的中间顶点的编号不会大于 $k-1$ ，根据我们的矩阵定义，其中最短路径的长度为 $d_{ij}^{(k-1)}$ 。

在第二个子集中最短路径的长度是多少呢？如果图中不包含长度为负的回路，则可以把注意力集中在第二个子集的这种路径上，即顶点 v_k 只在中间顶点中出现过一次的路径(因为多次访问 v_k 只会增加路径的长度)。所有这种路径都具有下面的形式：

$$v_i，编号 \leqslant k-1 的顶点，v_k，编号 \leqslant k-1 的顶点，v_j$$

换句话说，每条这种路径都由两条路径构成：一条从 v_i 到 v_k 的路径，路径中每个中间顶点的编号都不大于 $k-1$ ；一条从 v_k 到 v_j 的路径，路径中每个中间顶点的编号也都不大于 $k-1$ 。图 8.15 描述了这种情况。

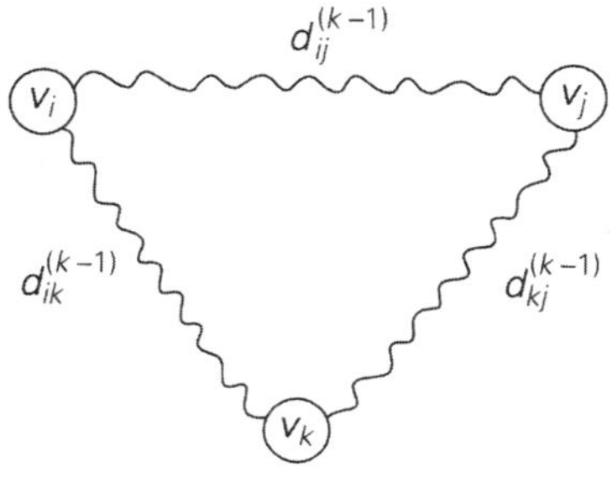

图 8.15　Floyd 算法的内在思想

因为从 v_i 到 v_k 的所有路径中，中间顶点编号不大于 $k-1$ 的最短路径长度等于 $d_{ik}^{(k-1)}$，而

从 v_k 到 v_j 的所有路径中，中间顶点编号不大于 $k-1$ 的最短路径长度等于 $d_{kj}^{(k-1)}$，那么这些路径中，以第 k 个顶点为中间顶点的最短路径长度等于 $d_{ik}^{(k-1)}+d_{kj}^{(k-1)}$。把两个子集中最短路径的长度都考虑进来，我们得出了下面的递推式：

$$\text{当 } k \geqslant 1,\ d_{ij}^{(0)}=w_{ij} \text{ 时},\ d_{ij}^{(k)}=\min\{d_{ij}^{(k-1)},\ d_{ik}^{(k-1)}+d_{kj}^{(k-1)}\} \tag{8.14}$$

也可以用另外一种方法来表述，如果要把当前距离矩阵 $\boldsymbol{D}^{(k-1)}$ 中的第 i 行第 j 列元素替换为第 i 行(同一行)第 k 列元素和第 k 行第 j 列(同一列)元素的和，当且仅当后者的和小于它的当前值。

图 8.16 告诉我们如何对图 8.14 中的图应用 Floyd 算法。

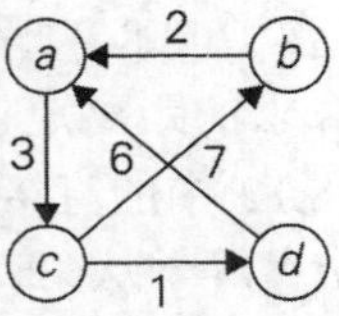

$$\boldsymbol{D}^{(0)}=\begin{array}{c|cccc} & a & b & c & d \\ \hline a & 0 & \infty & 3 & \infty \\ b & 2 & 0 & \infty & \infty \\ c & \infty & 7 & 0 & 1 \\ d & 6 & \infty & \infty & 0 \end{array}$$

第一个矩阵的说明：不包含中间顶点的最短路径长度($\boldsymbol{D}^{(0)}$就是权重矩阵本身)

$$\boldsymbol{D}^{(1)}=\begin{array}{c|cccc} & a & b & c & d \\ \hline a & 0 & \infty & 3 & \infty \\ b & 2 & 0 & \mathbf{5} & \infty \\ c & \infty & 7 & 0 & 1 \\ d & 6 & \infty & \mathbf{9} & 0 \end{array}$$

第二个矩阵的说明：中间顶点(也就是 a)的编号不大于 1 的最短路径(请注意有两条新的最短路径：从 b 到 c，从 d 到 c)

$$\boldsymbol{D}^{(2)}=\begin{array}{c|cccc} & a & b & c & d \\ \hline a & 0 & \infty & 3 & \infty \\ b & 2 & 0 & 5 & \infty \\ c & \mathbf{9} & 7 & 0 & 1 \\ d & 6 & \infty & 9 & 0 \end{array}$$

第三个矩阵的说明：中间顶点(也就是 a 和 b)的编号不大于 2 的最短路径(请注意有一条从 c 到 a 的新的最短路径)

$$\boldsymbol{D}^{(3)}=\begin{array}{c|cccc} & a & b & c & d \\ \hline a & 0 & \mathbf{10} & 3 & \mathbf{4} \\ b & 2 & 0 & 5 & \mathbf{6} \\ c & 9 & 7 & 0 & 1 \\ d & 6 & \mathbf{16} & 9 & 0 \end{array}$$

第四个矩阵的说明：中间顶点(也就是 a，b，c)的编号不大于 3 的最短路径(请注意有 4 条新的最短路径：从 a 到 b，从 a 到 d，从 b 到 d，从 d 到 b)

$$\boldsymbol{D}^{(4)}=\begin{array}{c|cccc} & a & b & c & d \\ \hline a & 0 & 10 & 3 & 4 \\ b & 2 & 0 & 5 & 6 \\ c & \mathbf{7} & 7 & 0 & 1 \\ d & 6 & 16 & 9 & 0 \end{array}$$

第五个矩阵的说明：中间顶点(也就是 a，b，c，d)的编号不大于 4 的最短路径(请注意有一条从 c 到 a 的新的最短路径)

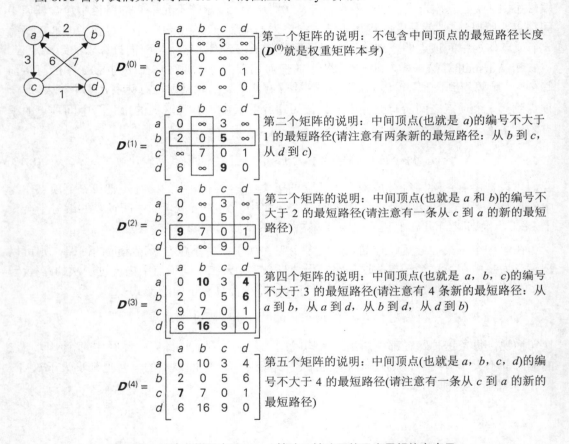

图 8.16　对给出的图应用 Floyd 算法。被改写的元素用粗体字表示

以下是 Floyd 算法的伪代码。它利用了这样一个事实，即序列(8.12)中的下一个矩阵可以在它的前趋矩阵上进行改写。

```
算法  Floyd (W[1..n,1..n])
      // 实现计算完全最短路径的 Floyd 算法
      // 输入：不包含长度为负的回路的图的权重矩阵 W
      // 输出：包含最短路径长度的距离矩阵
      D ← W                          //如果可以改写 W，这一步可以省略
      for  k ← 1  to n do
```

```
for i ← 1 to n do
  for j ← 1 to n do
      D[i, j] ← min{D[i, j], D[i, k] + D[k, j]}
return D
```

显然，Floyd 算法的时间效率和 Warshall 算法的时间效率相同，都是立方级的。在第 9 章中，我们来考察 Dijkstra 算法，这是另一种计算最短路径的算法。

习题 8.4

1. 对由下列邻接矩阵定义的有向图应用 Warshall 算法，求它的传递闭包。

$$\begin{bmatrix} 0 & 1 & 0 & 0 \\ 0 & 0 & 1 & 0 \\ 0 & 0 & 0 & 1 \\ 0 & 0 & 0 & 0 \end{bmatrix}$$

2. **a.** 证明 Warshall 算法的时间效率是立方级的。

b. 请解释一下，对于用邻接链表表示的稀疏图，Warshall 算法的时间效率为什么比不上基于遍历的算法。

3. 请解释一下，如果不使用额外的存储空间来存储该算法中间矩阵的元素，如何实现 Warshall 算法。

4. 请解释一下，如何重新构造算法 Warshall 的最内层循环，使得它至少对于某些输入来说运行得更快。

5. 假设矩阵的行是由位串来表示的，我们可以对它执行“位或”操作，请重写 Warshall 算法的伪代码。

6. **a.** 请解释一下，如何使用 Warshall 算法来确定一个给定的有向图是不是无环有向图。对于该问题，它是一个好算法吗？

b. 应用 Warshall 算法来求一个无向图的传递闭包是不是一个好主意？

7. 对于下面具有权重矩阵的有向图，求解完全最短路径问题。

$$\begin{bmatrix} 0 & 2 & \infty & 1 & 8 \\ 6 & 0 & 3 & 2 & \infty \\ \infty & \infty & 0 & 4 & \infty \\ \infty & \infty & 2 & 0 & 3 \\ 3 & \infty & \infty & \infty & 0 \end{bmatrix}$$

8. 证明在 Floyd 算法的序列(8.12)中，可以通过改写前趋来得到后面的一个矩阵。

9. 给出一个权重为负的图或有向图的例子，对于它，Floyd 算法不能输出正确的结果。

10. 加强 Floyd 算法，使得该算法能够求出最短路径本身，而不仅仅是它们的长度。

11. **挑棍游戏**　也叫“挑游戏棒”或“撒棒”。该游戏中有若干塑料或木制的游戏棒散倒在桌子上，玩家要试着把它们一根接一根取走而不要移动其他游戏棒。在这里，我们只考虑一对对游戏棒之间是不是通过一系列相互搭着的游戏棒相连接。

给定 $n(n > 1)$根游戏棒(假设它们散倒在一张很大的画图纸上)的端点列表，请找出所有相连的游戏棒。请注意，搭在一起的算相连，但能通过其他相连游戏棒间接相连的也应该算相连。(1994 年 ACM 国际大学生编程竞赛东中心区试题)

小　　结

- **动态规划**方法是一种对具有交叠子问题的问题进行求解的技术。一般来说，这样的子问题出现在求解给定问题的递推关系中，这个递推关系中包含了相同类型的更小子问题的解。动态规划法建议，与其对交叠的子问题一次又一次地求解，还不如对每个较小的子问题只解一次并把结果记录在表中，这样就可以从表中得出原始问题的解。
- 对一个最优问题应用动态规划方法要求该问题满足**最优化法则**：一个最优问题的任何实例的最优解是由该实例的子实例的最优解组成的。
- 和许多其他问题一样，任意面额的硬币找零问题可以用动态规划方法求解。
- 用动态规划算法求解背包问题可以作为应用该技术求解组合难题的例证。
- **记忆功能**技术试图把自顶向下和自底向上方法的优势结合起来，对具有交叠子问题的问题求解。它用自顶向下的方式，对给定问题的必要子问题只求解一次，并把它们的解记录在表中。
- 如果已知键的一个集合以及它们的查找概率，可以使用动态规划方法来构造一棵**最优二叉查找树**。
- 求传递闭包的 Warshall **算法**和求完全最短路径问题的 Floyd **算法**都基于同一种思想，可以把这种思想解释为动态规划技术的一种应用。

第 9 章　贪 婪 技 术

贪婪，我找不到一个更好的词来描述它，它就是好！它就是对！它就是有效！

——美国演员迈克尔·道格拉斯，影片《华尔街》中的台词

让我们再次回到**找零问题**(change-making problem)，这是世界各地成千上万的收银员所要面对的(至少是潜意识里)问题：用当地面额为 $d_1>d_2>\cdots>d_m$ 的最少数量的硬币找出金额为 n 的零钱(此次和 8.1 节不同，我们假设面额是降序排列的)。例如，在美国广泛使用的硬币的面额是 $d_1 = 25$(二角五分硬币)、$d_2 = 10$(一角硬币)、$d_3 = 5$(五分镍币)和 $d_4 = 1$(一分硬币)。我们如何用这些种面额的硬币给出 48 美分的找零？如果我们给出的答案是 1 个二角五分硬币、2 个一角硬币和 3 个一分硬币，我们就(有意识地或者潜意识地)遵循了一种从当前几种可能的选择中确定一个最佳选择序列的逻辑策略。的确，在第一步中，我们可以给出 4 种面额中的任何一个硬币。“贪婪”的想法导致我们给出 1 个二角五分硬币，因为它把余下的数量降到最低，也就是 23 美分。在第二步中，我们还有同样面额的硬币，但不能给出 1 个二角五分硬币，因为这违反了问题的约束。所以在这一步中的最佳选择是 1 个一角硬币，把余额降到了 13 美分。再给出 1 个一角硬币，还差 3 个美分，就用 3 个一分硬币。

对于找零问题的这个实例，这个解是不是最优的呢？它的确是最优的。实际上，可以证明，就这些硬币的面额来说，对于所有的正整数金额，贪婪算法都会输出一个最优解。与此同时，也很容易给出一个硬币面额的例子，使得对于某些金额来说，贪婪算法无法给出一个最优解，例如 $d_1 = 25$，$d_2 = 10$，$d_3 = 1$，而 $n = 30$。

本章开头段落中对找零问题应用的方法被称为**贪婪**(greedy)**法**。尽管实际上这个方法只能应用于最优问题，但计算机科学家把它当作一种通用的设计技术。贪婪法建议通过一系列步骤来构造问题的解，每一步对目前构造的部分解做一个扩展，直到获得问题的完整解为止。这个技术的核心是，所做的每一步选择都必须满足以下条件。

- **可行的**(feasible)：即它必须满足问题的约束。
- **局部最优**(locally optimal)：它是当前步骤中所有可行选择中最佳的局部选择。
- **不可取消**(irrevocable)：即选择一旦做出，在算法的后面步骤中就无法改变了。

这些要求对这种技术的名称做出了解释：在每一步中，它要求“贪婪”地选择最佳操作，并希望通过一系列局部的最优选择，能够产生一个整个问题的(全局的)最优解。我们尽量避免从哲学的角度来讨论贪婪是好还是不好。(如果大家还没有看过本章的引语中提到的那部电影，我可以告诉大家，影片中男主人公的结局并不好。)从我们算法的角度来看，这个问题应该是，贪婪算法是否是有效的。就像我们将会看到的，的确存在某些类型问题，一系列局部的最优选择对于它们的每一个实例都能够产生一个最优解。然而，还有一些问题并不是这种情况。对于这样的问题，如果我们关心的是近似解，或者我们只能满足于近似解，贪婪算法仍然是有价值的。

在本章的前两节，我们讨论最小生成树的两种经典算法：Prim 算法和 Kruskal 算法。关于这两个算法值得一提的是，它们按照两种不同的思路应用贪婪方法来解同一个问题，

并且它们两者都会产生一个最优解。在 9.3 节中，我们会介绍另一个经典的算法——解加权图最短路径问题的 Dijkstra 算法。9.4 节致力于介绍哈夫曼树及其经典应用，哈夫曼编码是一种重要的数据压缩方法，也可以把它解释成贪婪技术的一种应用。最后，我们会在 12.3 节中讨论基于贪婪技术的一些近似算法的例子。

通常来说，贪婪算法看上去既直观又简单。给定一个最优化问题，考虑几个小规模的问题实例后，通常容易得出如何以贪婪的方式处理该问题。通常最困难的是如何证明某一贪婪算法能获得最优解(如果可以获得最优解)。一个常用的证明方法是使用数学归纳法。如 9.1 节所示，我们可以证明贪婪算法在每一步获得的部分解能够扩展到全局最优解。

为了证明贪婪算法能够获得最优解，第二个办法是证明在接近问题目标的过程中，贪婪算法每一步的选择至少不比任何其他算法差。作为例子，考虑下列问题：国际象棋中的马从 100 × 100 棋盘的一角移动到对角线的另一角，找出马所需的最小移动步数。(马的移动是 L 形的，即先走两个直格或横格，然后再沿 90 度方向走一格)，一个明显的贪婪算法是，每次移动都尽可能接近目标。因此，如果马从(1,1)开始，最终到达(100,100)，将按照下述步骤移动 66 步：

$$(1,1) — (3, 2) — (4, 4) — \cdots — (97, 97) — (99, 98) — (100, 100)$$

上述问题得解。(假设每次移动两步，则移动次数 k 可由方程 $1+ 3k = 100$ 求得。)为什么 66 是最小移动步数？因为如果我们用曼哈顿距离来度量起点到终点的距离，该距离是起点与终点的行数差及列数差的和，贪婪算法每步将该距离减少 3，这是马所能实现的最佳移动。

第三种证明法是基于算法的输出，而不是它执行的操作，来证明贪婪算法获得的最终解的最优性。作为一个例子，请考虑下列问题：如何在一个 8 × 8 的棋盘里放置最大数目的棋子，使得没有两个棋子放置在同一格子，或垂直相邻、水平相邻、对角线相邻的格子上。按照贪婪策略，我们在放置每个棋子时应该为下一棋子的放置留下尽可能多的可利用方格。例如，从最左上角开始放置，我们能放置 16 个棋子，如图 9.1(a)所示。为什么这个解是最优的？为说明原因，将棋盘划分为 16 个 2 × 2 的小棋盘，如图 9.1(b)所示。显然，在每个小棋盘上，不可能放置两个及以上的棋子，这意味着棋盘上非邻接棋子的总数目，不会超过 16 个。

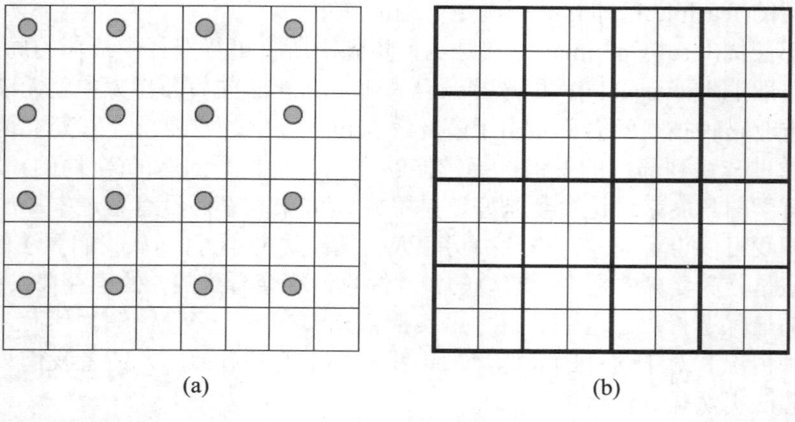

(a)　　(b)

图 9.1　(a)在非邻接的方格中放置 16 个棋子，(b)划分棋盘以证明其上最多放置 16 个棋子

最后，我们应当提及贪婪技术背后一个相当复杂的理论，它是基于一种称为“拟阵”的抽象组合结构。有兴趣的读者可以参考[Cor09]或者大量的关于这个主题的互联网资源。

9.1 Prim 算法

在实践中常常会遇到这样的问题：给定 n 个点，把它们按照一种代价最低的方式连接起来，使得任意两点之间都存在一条路径。上述问题可直接应用于各类网络的设计，包括通信网络、计算机网络、交通网络以及输电网络，从而能够以最低的成本实现网络连通。但该问题也可应用于寻找数据点集中的聚类，或者在考古学、生物学、社会学以及其他科学中用于分类的目的。另外，它也有助于构造旅行商等难题的近似解(参见 12.3 节)。

用图中的顶点来表示上述问题中的点，可能的连接用图的边来表示，而连接的成本则用边的权重表示。那么上述问题就可以表示成最小生成树问题，下面给出它的正式定义。

定义 连通图的一棵**生成树**(spanning tree)是包含图的所有顶点的连通无环子图(也就是一棵树)。加权连通图的一棵**最小生成树**(minimum spanning tree)是图的一棵权重最小的生成树，其中，树的**权重**(weight)定义为所有边的权重总和。**最小生成树问题**(minimum spanning tree problem)就是求一个给定的加权连通图的最小生成树问题。

图 9.2 演示的一些例子解释了这些概念。

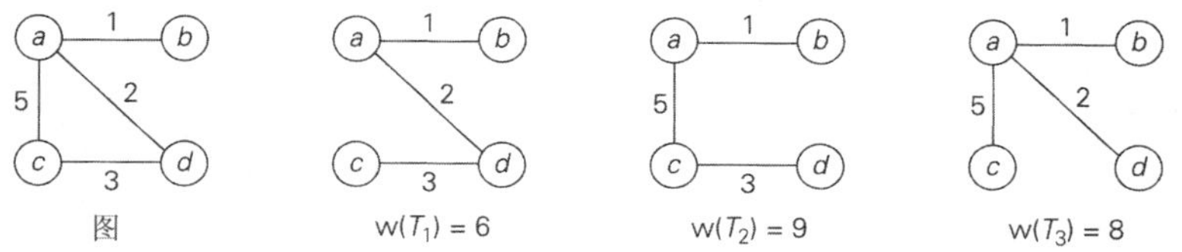

图 9.2 图和它的生成树，T_1 是该图的最小生成树

如果试图用一种穷举查找算法来构造一棵最小生成树，会遇到两个严重的障碍。首先，随着图的规模的增长，生成树的数量呈指数增加(至少稠密图是如此)。其次，生成一个给定图的所有生成树也并非易事。实际上，这比用一些高效的算法来求加权图的最小生成树还要困难。在本节中，我们介绍 Prim 算法，它至少可以追溯到 1957 年①([Pri57])。

Prim 算法通过一系列不断扩张的子树来构造一棵最小生成树。我们从图的顶点集合 V 中任意选择的一个单顶点，作为序列中的初始子树。每一次迭代时，以一种贪婪的方式来扩张当前的生成树，即把不在树中的最近顶点添加到树中(我们所说的最近顶点，是指一个不在树中的顶点，它以一条权重最小的边和树中的顶点相连，而树的形状是无所谓的)。当图的所有顶点都包含在所构造的树中以后，该算法就停止了。因为在每次迭代的时候，该算法只对树扩展一个顶点，这种迭代的总次数是 $n-1$，其中 n 是图中的顶点个数。对树进

① 罗伯特·普里姆(Robert Prim)重新发现了这个算法，该算法在 27 年前就已经被一个捷克数学家 Vojtěch Jarník 发表在一本捷克期刊上。

行扩展时用到的边的集合用来表示该算法的生成树。

下面是该算法的伪代码。

算法 Prim (G)
//构造最小生成树的 Prim 算法
//输入：加权连通图 $G = <V, E>$
//输出：E_T，组成 G 的最小生成树的边的集合
$V_T \leftarrow \{v_0\}$ //可以用任意顶点来初始化树的顶点集合
$E_T \leftarrow \varnothing$
for $i \leftarrow 1$ **to** $|V|-1$ **do**
在所有的边 (v, u) 中，求权重最小的边 $e^* = (v^*, u^*)$，
使得 v 在 V_T 中，而 u 在 $V - V_T$ 中
$V_T \leftarrow V_T \cup \{u^*\}$
$E_T \leftarrow E_T \cup \{e^*\}$
return E_T

对于每一个不在当前树中的顶点，必须知道它连接树中顶点的最短边的信息，这是 Prim 算法的特性所要求的。为了提供这种信息，可以对一个顶点附加两个标记：树中最近顶点的名称以及相应边的长度(权重)。对于和树中的任何顶点都不相邻的顶点，可以加上一个 ∞ 的标记，指出它们和树中顶点的距离是无穷大的，其最近的树中顶点的名字就用 null 标记代替。(或者，可以把不在树中的顶点分为两个集合：“边缘”集合和“不可见”集合。边缘集合只包括那些不在树中，但至少和树中一个顶点相邻的顶点。把它们作为候选者，从中选取加入树的下一个顶点。图中所有其他的顶点都是不可见顶点，称之为“不可见”是因为算法还没有对它们做任何操作。)通过这些标记，求出加入当前树 $T = <V_T, E_T>$的下一个顶点就变成了一项非常简单的任务，只要求出集合 $V - V_T$ 中距离标记最小的顶点即可，至于它是哪一个顶点并不重要。

在确定了一个加入树中的顶点 u^* 以后，需要做两步操作：

- 把 u^* 从集合 $V - V_T$ 移动到树的顶点集合 V_T 中。
- 对于集合 $V - V_T$ 中每一个剩下的顶点 u，如果它用一条比 u 的当前距离标记更短的边和 u^* 相连，分别把它的标记更新为 u^* 以及 u^* 与 u 之间边的权重。①

图 9.3 演示了如何对一个特定的图应用 Prim 算法。

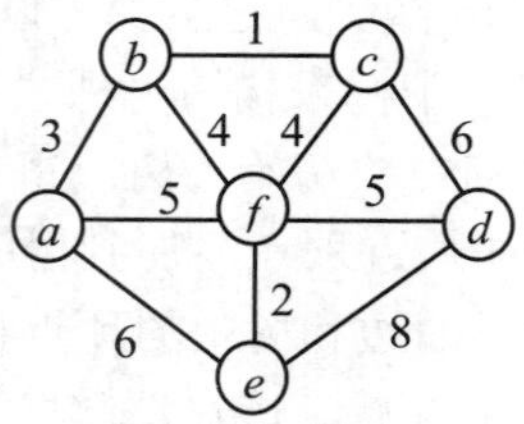

图 9.3 Prim 算法的应用。当中一列每个顶点后面的括号包含两个标记，分别指出了最近的树中顶点和边的权重，被选中的顶点和边加粗表示

① 如果是以边缘集合和不可见集合来实现的，所有和 u^*相邻的不可见顶点也必须要移到边缘集合中。

树中顶点	余下的顶点	图　示
a(−, −)	**b(a, 3)** c(−, ∞) d(−, ∞) e(a, 6) f(a, 5)	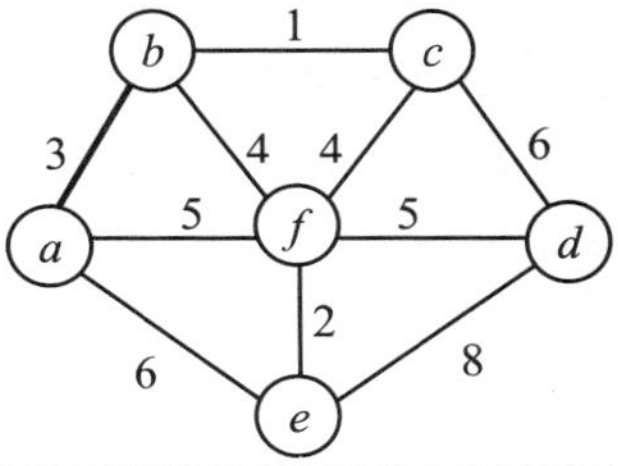
b(a, 3)	**c(b, 1)** d(−, ∞) e(a, 6) f(b, 4)	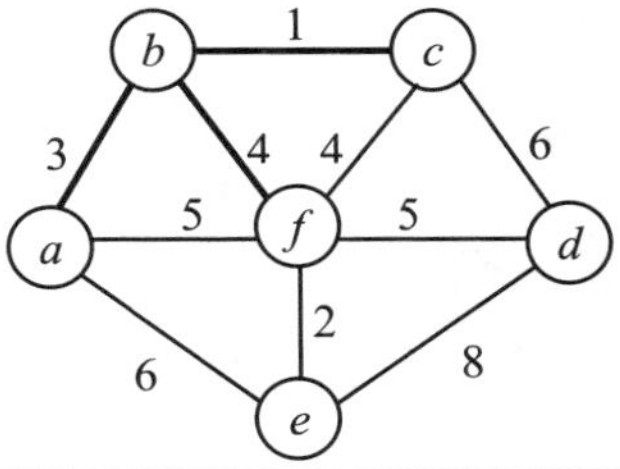
c(b, 1)	d(c, 6) e(a, 6) **f(b, 4)**	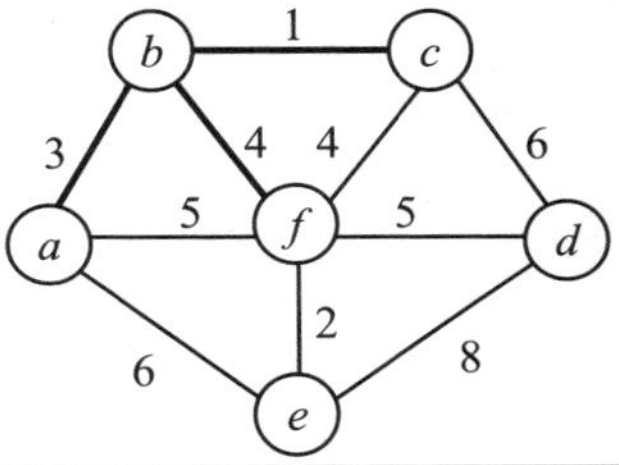
f(b, 4)	d(f, 5) **e(f, 2)**	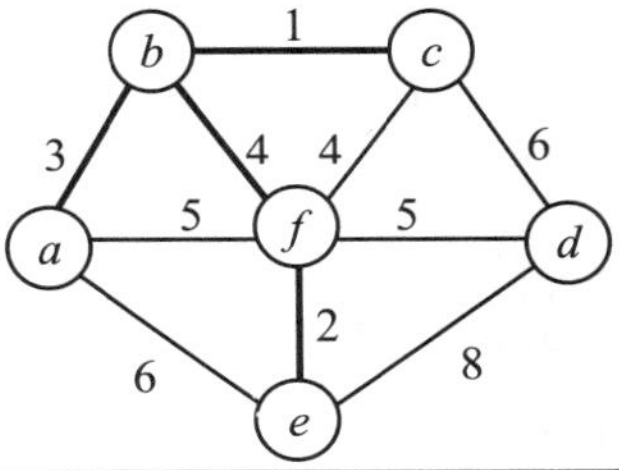
e(f, 2)	**d(f, 5)**	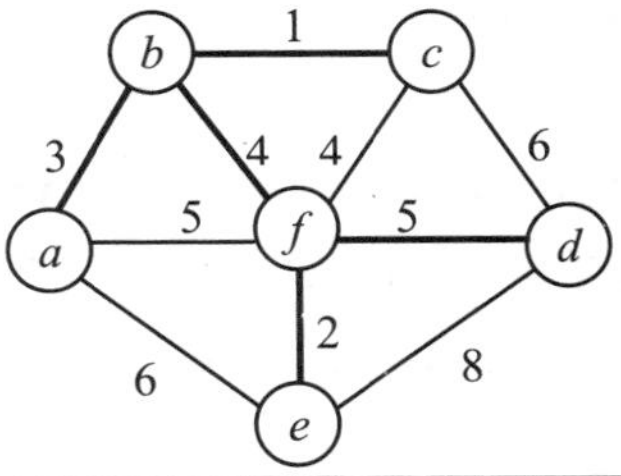
d(f, 5)		

图 9.3(续)

Prim 算法是否总能产生一棵最小生成树呢？这个问题的答案是肯定的。让我们用归纳法来证明 Prim 算法生成的每一棵子树 $T_i(i = 0, \cdots, n-1)$都是某些最小生成树的一部分(也就是子图)。(当然，这显然意味着，序列中的最后一棵树 T_{n-1} 就是最小生成树本身，因为它包含图中所有 n 个顶点。)归纳的基本条件是显而易见的，因为 T_0 包含一个独立顶点，因此必然是任意最小生成树的一部分。在归纳步骤中，假设 T_{i-1} 是某些最小生成树 T 的一部分。我们需要证明，通过 Prim 算法从 T_{i-1} 生成的 T_i 也是一棵最小生成树的一部分。通过假设图中没有一棵最小生成树包含 T_i，用反证法来证明。设 $e_i = (v, u)$是从 T_{i-1} 中一个顶点到不在 T_{i-1} 中的一个顶点的权重最小的边，Prim 算法用它来把 T_{i-1} 扩展到 T_i。因为我们的假设，e_i 不可能属于包括 T 在内的任何最小生成树。所以，如果把 e_i 加到 T 中，就会构成一条回路(图 9.4)。

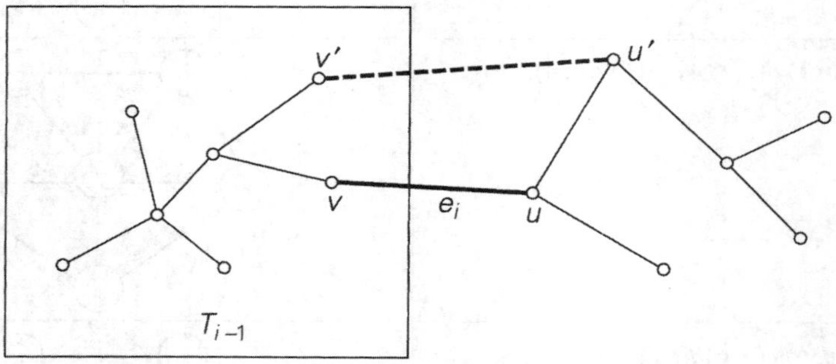

图 9.4 Prim 算法的正确性证明

除了边 $e_i = (v, u)$，该回路必定包含另一条边 (v', u')，它把一个顶点 $v' \in T_{i-1}$ 和不在 T_{i-1} 中的顶点 u' 连接起来。(也许 v' 就是 v，或者 u' 就是 u，但不可能两者都成立。)如果现在从回路中删除边 (v', u')，得到了整个图的另一棵生成树，它的权重小于等于 T 的权重，因为 e_i 的权重小于等于 (v', u') 的权重。因此，这棵生成树就是一棵最小生成树，这和我们的没有一棵最小生成树包含 T_i 的假设相矛盾。这就完成了 Prim 算法的正确性证明。

Prim 算法的效率如何呢？这个答案取决于所选择的表示图本身的数据结构，以及表示集合 $V - V_T$ 的优先队列的数据结构，集合中顶点的优先级就是到最近的树的顶点的距离。(大家可能希望再看看图 9.2 中的例子，可以看到，集合 $V - V_T$ 的操作的确像一个优先队列。)例如，如果图是由权重矩阵来表示的，而优先队列是由一个无序数组来实现的，该算法的运行时间将会属于 $\Theta(|V|^2)$。的确，在每一遍 $|V|-1$ 次迭代中，就要遍历实现优先队列的数组，来查找并删除距离最小的顶点，如果有必要，再更新余下顶点的优先级。

我们也可以用**最小堆**(min-heap)来实现优先队列。最小堆是 6.4 节讨论的堆结构的一种镜像。(实际上可以这样实现它，即对所有给定的键值求反以后再来构造一个堆。)也就是说，一个最小堆是一棵完全二叉树，其中每个元素都小于等于它的子女。堆的所有主要特性对于最小堆来说是成立的，但还是有一些明显的改变。例如，最小堆的根包含的是最小元素而不是最大元素。从规模为 n 的最小堆中删除一个最小元素或者插入一个新元素都是 $O(\log n)$的操作，改变一个元素优先级的操作也是同样的(参见本节习题第 15 题)。

如果图是由邻接链表表示的，并且优先队列是由最小堆实现的，该算法的运行时间属于 $O(|E|\log|V|)$。这是因为该算法执行了 $|V|-1$ 次删除最小元素的操作，并且进行了 $|E|$ 次验证，如有必要，还要对一个规模不大于 $|V|$ 的最小堆改变其元素的优先级。就像我们前面提到的，每一种操作都是 $O(\log|V|)$ 的操作。因此，Prim 算法的这种实现的运行时间属于

$$(|V|-1+|E|)O(\log|V|)=O(|E|\log|V|)$$

因为，在一个连通图中，$|V|-1\leqslant|E|$。

在下一节中，大家将会看到最小堆问题的另一种贪婪算法，它和 Prim 算法贪婪的方式是不同的。

习题 9.1

1. 为找零问题写一个贪婪算法的伪代码，它以金额 n 和硬币的面额 $d_1>d_2>\cdots>d_m$ 作为输入。该算法的时间效率类型是怎样的？
2. 设计一个处理分配问题的贪婪算法(参见 3.4 节)。这个贪婪算法总是能产生最优解吗？
3. **作业调度**　如果在单处理器上，有 n 个运行时间分别为 $t_1, t_2, \cdots, t_n$ 的已知作业，请考虑它们的调度问题。这些作业可以按任意顺序执行，一次只能执行一个作业。要求是安排一个调度计划，使得所有的作业在系统中花费的时间最少(一个作业在系统中花费的时间是该作业用于等待的时间和用于运行的时间的总和)。为该问题设计一个贪婪算法。这个贪婪算法总是能产生最优解吗？
4. **相容区间**　给定实数轴上 n 个开区间$(a_1, b_1), (a_2, b_2), \cdots, (a_n, b_n)$，每个区间表示占用相同资源的任务的开始时间和结束时间，问题是找最大的相容区间数，使得这些区间互不重叠。基于下列策略，研究三个贪婪算法：
   a．最早开始时间优先
   b．最短占用时间优先
   c．最早完成时间优先
   对于以上每个算法，要么证明该算法能够给出最优解，要么给出一个反例表明它不能生成最优解。
5. **重温过桥问题**　考虑一下广义的过桥问题(习题 1.2 的第 2 题)。有 $n>1$ 个人，他们的过桥时间分别是 t_1，t_2，…，t_n。问题的其他条件不变：同一时间只能有两个人一起过桥(他们的速度等于较慢者的速度)，他们身边带着这群人仅有的一支手电筒。
   为该问题设计一个贪婪算法，求出用该算法过桥需要多少时间。对于该问题的任何实例，该算法都能生成最小过桥时间吗？如果能，请证明；如果不能，请给出人数最少的实例。
6. **向下均分**　有 $n>1$ 个相同的缸，其中一个有 W 品脱的水，而别的缸为空。你被允许执行下列操作：取两个缸，然后把他们中的水在两个缸之间均分。目标是通过执行上述一系列操作，使得初始有水的缸中的水最小化。完成这个任务的最好方法是什么？
7. **谣言传播**　有 n 个人，每个人都拥有不同的谣言。通过发电子信息，他们想互相共享所有的谣言。假定发送者会在信息中包含他已知的所有谣言，而且一条信息只有一个收信人。设计一个贪心算法，保证在每个人都能获得所有谣言的条件下，使发送的信息数最小。

8. 巴切特砝码问题 求 n 个砝码 $\{w_1, w_2, \cdots, w_n\}$ 的一个集合，使得它可以对天平上重量范围从 1 到 W 的任意整数负载进行称重。分别对下面两种条件求解：

a. 砝码只能放在天平的一边。

b. 砝码能够放在天平的两边。

9. **a.** 对下面的图应用 Prim 算法。优先队列中包括所有不在树中的顶点。

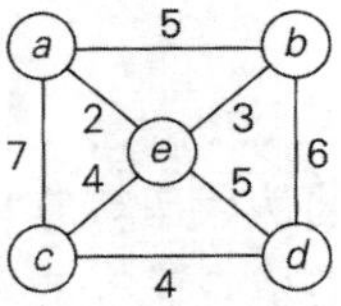

b. 对下面的图应用 Prim 算法。优先队列中只包括边缘顶点(这种顶点不在树中，但它至少和一个树中的顶点相邻)。

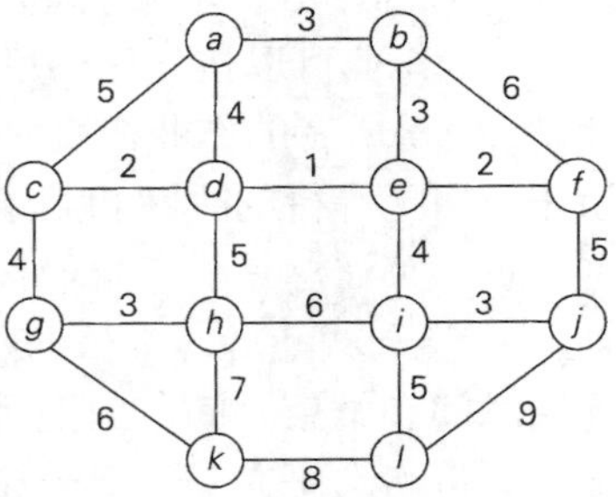

10. 最小生成树的概念可以应用于加权连通图。在应用 Prim 算法之前是否需要检查图的连通性，还是该算法本身就能完成这种检查？

11. 如果图的边权重可为负，Prim 算法总是能正确求出最小生成树吗？

12. 令 T 是由 Prim 算法得到的图 G 的最小生成树。通过对 G 增加一个新的顶点和一些新的边，假设新边有权重且新边连接新顶点和图 G 中的某些顶点，从而得到一个新图 G_{new}。我们能通过仅对 T 增加一条新边，就能构造出图 G_{new} 的一棵最小生成树吗？如果回答是，请解释如何得到；如果回答否，请解释为什么不能。

13. 如果连通图的边不含权，如何应用 Prim 算法得到该图的一棵最小生成树？Prim 算法是求解该问题的好算法吗？

14. 请证明：如果加权连通图的每一个权重都是唯一的，它只具有唯一的最小生成树。

15. 设计一个高效的算法来改变最小堆的一个元素值。该算法的时间效率如何？

9.2 Kruskal 算法

在前一节中，我们讨论了一个贪婪算法，它通过把离树中顶点最近的顶点贪婪地包含进来，“培养”起一棵最小生成树。值得注意的是，对于最小生成树问题还有另外一个贪婪算法，它也总是能够产生一个最优解。这个算法就是 **Kruskal 算法**([Kru56])，是以约瑟夫·克鲁斯卡尔(Joseph Kruskal)的名字命名的，他在发明这个算法时还是一名二年级的研究生。Kruskal 算法把一个加权连通图 $G = <V, E>$ 的最小生成树看作一个具有 $|V|-1$ 条边的

无环子图，并且边的权重和是最小的(不难证明这样的子图一定是一棵树)。因此，该算法通过对子图的一系列扩展来构造一棵最小生成树，这些子图总是无环的，但在算法的中间阶段，并不一定是连通的。

该算法开始的时候，会按照权重的非递减顺序对图中的边进行排序。然后，从一个空子图开始，它会扫描这个有序列表，并试图把列表中的下一条边加到当前的子图中。当然，这种添加不应导致一个回路，如果产生了回路，则把这条边跳过。

算法 Kruskal (G)
　　//构造最小生成树的 Kruskal 算法
　　//输入：加权连通图 $G = <V, E>$
　　//输出：E_T，组成 G 的最小生成树的边的集合
　　按照边的权重 $w(e_{i_1}) \leqslant \cdots \leqslant w(e_{i_{|E|}})$ 的非递减顺序对集合 E 排序
　　$E_T \leftarrow \varnothing$；$ecounter \leftarrow 0$　//初始化树中边的顶点集合以及集合的规模
　　$k \leftarrow 0$　//初始化已处理的边的数量
　　while $ecounter < |V| - 1$ **do**
　　　　$k \leftarrow k + 1$
　　　　if $E_T \cup \{e_{i_k}\}$ 无回路
　　　　　　$E_T \leftarrow E_T \cup \{e_{i_k}\}$；$ecounter \leftarrow ecounter + 1$
　　return E_T

通过再次使用前一节中证明 Prim 算法的关键步骤，也能够证明 Kruskal 算法的正确性。在 Prim 算法中，E_T 实际上是一棵树；而在 Kruskal 算法中，一般来说仅仅是一个无环子图。但最终可以证明，这种情况是一个可以克服的障碍。

9.1 节中用一个图来说明 Prim 算法，图 9.5 演示了我们是如何对同一个图应用 Kruskal 算法的。在跟踪该算法的操作时，要注意某些中间子图的非连通性。

如果对一个规模不大的图同时手工应用 Prim 算法和 Kruskal 算法，会得到后者比前者更简单的印象。但这种印象是错误的，因为在每一次迭代时，Kruskal 算法必须要检查把下一条边加入已经选中的边中是否会形成一条回路。不难发现，当且仅当新的边所连接的两个顶点之间已经有一条路径时才会形成一条新的回路，也就是说，当且仅当这两个顶点属于相同的连通分量(图 9.6)时，这种情况才会出现。也请注意，Kruskal 算法生成的子图中的每一个连通分量都是一棵树，因为其中不包含回路。

根据这些观察结果，不难对 Kruskal 算法做出一种略微不同的解释。可以把该算法的操作看成是对包含给定图的**所有**顶点和**某些**边的一系列森林所做的连续动作。初始森林是由 $|V|$ 棵普通的树构成的，每棵树包含图的一个单独顶点。而最终的森林是由一棵单独的树构成的，它就是该图的最小生成树。在每次迭代时，该算法从图的边的有序列表中取出下一条边(u, v)，并找到包含顶点 u 和 v 的树。如果它们不是同一棵树，通过加入边(u, v)把这两棵树连成一棵更大的树。

幸运的是，有一些高效算法可以实现这种功能，算法中也包括对两个顶点是否属于同一棵树的关键性检查。它们被称为**并查(union-find)算法**，我们会在下一个小节中讨论。如果使用一种高效的并查算法，Kruskal 算法的运行时间就取决于对给定图中边的权重进行排序所需要的时间。因此，假如排序算法也是高效的，Kruskal 算法的时间效率将会属于 $O(|E| \log |E|)$。

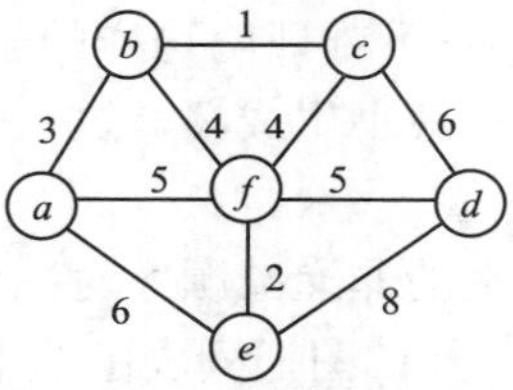

树中边	边的有序列表	图 示
bc 1	***bc*** *ef* *ab* *bf* *cf* *af* *df* *ae* *cd* *de* 1 2 3 4 4 5 5 6 6 8	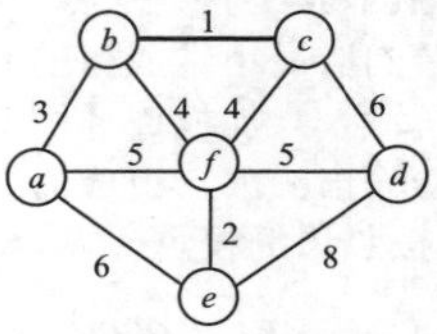
ef 2	*bc* ***ef*** *ab* *bf* *cf* *af* *df* *ae* *cd* *de* 1 2 3 4 4 5 5 6 6 8	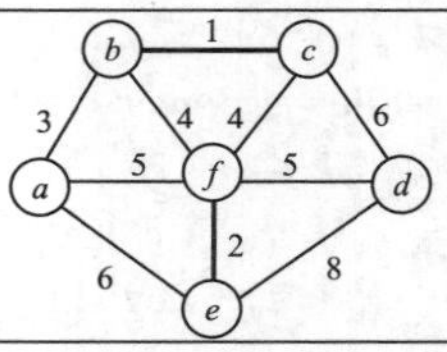
ab 3	*bc* *ef* ***ab*** *bf* *cf* *af* *df* *ae* *cd* *de* 1 2 3 4 4 5 5 6 6 8	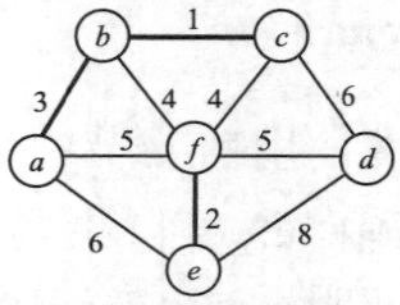
bf 4	*bc* *ef* *ab* ***bf*** *cf* *af* *df* *ae* *cd* *de* 1 2 3 4 4 5 5 6 6 8	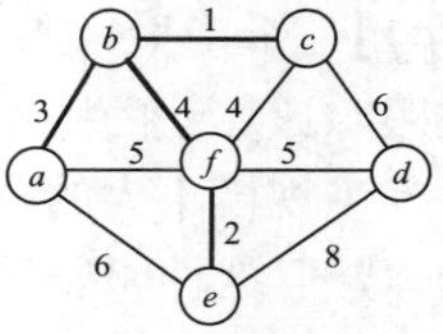
df 5	*bc* *ef* *ab* *bf* *cf* *af* ***df*** *ae* *cd* *de* 1 2 3 4 4 5 5 6 6 8	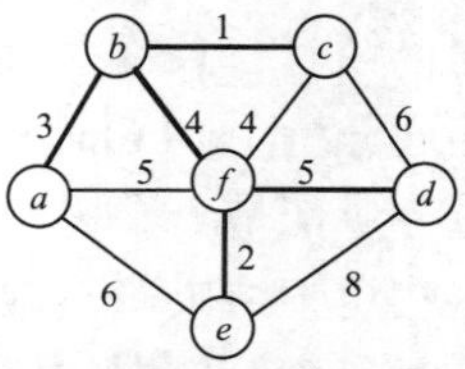

图 9.5 Kruskal 算法的应用。被选中的边加粗表示

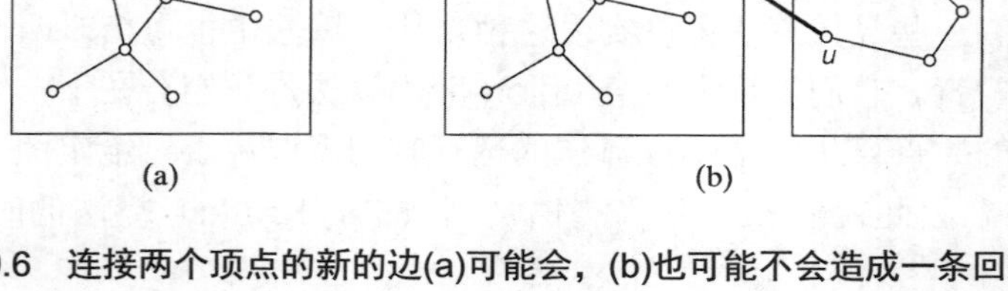

(a) (b)

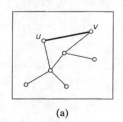

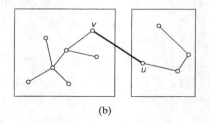

图 9.6 连接两个顶点的新的边(a)可能会，(b)也可能不会造成一条回路

不相交子集和并查算法

有许多应用要求把一个 n 元素集合 S 动态划分为一系列不相交的子集 S_1，S_2，…，S_k，Kruskal 算法就是其中的一种。在把它们初始化为 n 个单元素子集以后，每一个子集都包含了 S 中一个不同的元素，然后可以对这些子集做一系列求并集和查找的混合操作。(请注意，在任何这种操作序列中，求并集操作的次数不会超过 $n-1$ 次，因为每次求并都至少会把子集的大小增加 1，而在整个集合 S 中只有 n 个元素。)因此，我们在这里涉及的是一种抽象数据类型，这种数据类型是由某个有限集的一系列不相交子集以及下面这些操作构成的。

- makeset(x)生成一个单元素集合$\{x\}$。假设这个操作对集合 S 的每一个元素只能应用一次。
- find(x)返回一个包含 x 的子集。
- union(x, y)构造分别包含 x 和 y 的不相交子集 S_x 和 S_y 的并集，并把它添加到子集的集合中，以代替被删除后的 S_x 和 S_y。

让我们举个例子，其中 $S=\{1, 2, 3, 4, 5, 6\}$。因为 makeset(i)可以生成集合$\{i\}$，把这个操作应用 6 次以后，就初始化了一个由 6 个单元素集合组成的结构：

$$\{1\}，\{2\}，\{3\}，\{4\}，\{5\}，\{6\}$$

执行 union(1, 4)和 union(5, 2)产生出

$$\{1, 4\}，\{5, 2\}，\{3\}，\{6\}$$

如果再执行 union(4, 5)和 union(3, 6)，则最后就得到如下两个不相交的子集：

$$\{1, 4, 5, 2\}，\{3, 6\}$$

这种抽象数据类型的大多数实现都会使用每一个不相交子集中的一个元素作为子集的**代表**(representative)。有些实现对于这样一种代表没有强加任何的特定约束。其他的实现则有一些特定的约束，例如要求每个子集中的最小元素作为子集的代表。而且，这些算法常常会假设集合的元素是整数(或者可以映射为整数)。

实现这种数据结构有两种主要的做法。第一种称为**快速查找**(quick find)，其查找操作的时间效率是最优的；第二种称为**快速求并**(quick union)，其求并集操作是最优的。

快速查找要使用一个数组，并以集合 S 中的元素来索引数组；数组中的值指出了包含这些元素的子集代表。每一个子集都是由链表实现的，表头包含了指向表头和表尾元素的指针以及表中的元素个数(图 9.7 给出了一个例子)。

根据这种方案，makeset(x)的实现要求把代表数组中相应元素的值赋为 x，并把相应的链表初始化为值为 x 的单节点链表。这种操作的时间效率显然属于 $\Theta(1)$，因此初始化 n 个单元素子集属于 $\Theta(n)$。find(x)的效率也是属于 $\Theta(1)$：我们需要做的就是从代表数组中取出 x 的代表。union(x, y)的执行时间就要长一些。一种直接的做法就是把 y 的列表添加到 x 列表的后面，对于 y 列表中的所有元素更新它们的代表信息，然后再删除 y 的列表。然而，很容易验证，如果以这种算法进行一系列的求并集操作

$$\text{union}(2,1)，\text{union}(3,2)，\cdots，\text{union}(i+1,i)，\cdots，\text{union}(n,n-1)$$

它的运行时间属于 $\Theta(n^2)$，这要比一些已知的做法慢。

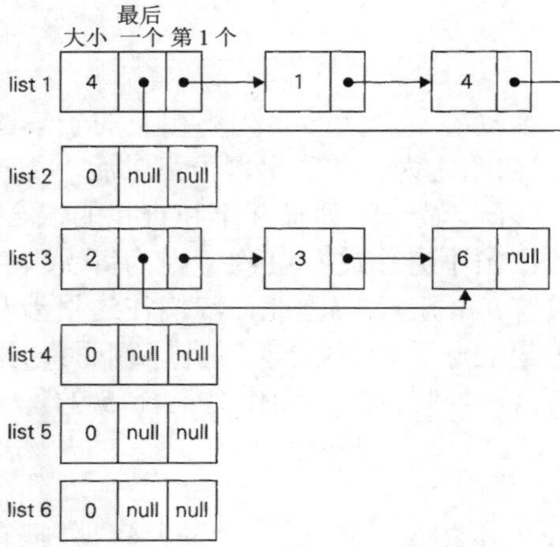

子集代表	
代表元素的下标	代表
1	1
2	1
3	3
4	1
5	1
6	3

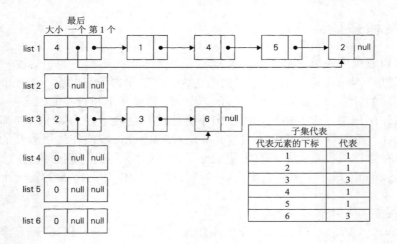

图 9.7　在执行了 union(1, 4)，union(5, 2)，union(4, 5)和 union(3, 6)以后，快速查找法得出的子集{1, 4, 5, 2}和{3, 6}的链表表示。大小为 0 的链表是被删除的子集

有一种简单的方法可以改进一系列 union 操作的总效率，即总是将两个链表中较短的表添加到较长的表之后，而顺序则是无所谓的。当然，前提是每个链表的大小是已知的，例如可以在表头中存储元素的数量。这种改进称为**按大小求并**(union by size)。虽然这不会改善一次 union 操作的最差效率(它还是属于 $\Theta(n)$)，但对于一系列按大小求并的操作，可以证明任何合理的操作序列的最差效率是属于 $O(n\log n)$ 的。①

下面是该断言的一个证明。设要对集合 S 中的子集进行处理，a_i 是 S 中的一个元素，在一系列按大小求并的操作中，a_i 的代表被更新的次数为 A_i。如果集合 S 有 n 个元素，A_i 最多能达到多大？每次更新 a_i 的代表时，a_i 总是属于求并集的两个字集中较小的子集，而并集的规模至少是包含 a_i 的子集的两倍大。因此，当 a_i 的代表第一次被更新时，结果集至少包含 2 个元素；当第二次被更新时，结果集至少包含 4 个元素；推而广之，当它被第 A_i 次更新时，结果集将至少包含 2^{A_i} 个元素。因为整个集合 S 只有 n 个元素，而 $2^{A_i} \leqslant n$，因此 $A_i \leqslant \log_2 n$。所以，对于 S 中的所有 n 个元素来说，代表可能被更新的总次数不会超过 $n\log_2 n$。

因此，对于按大小求并，不超过 $n-1$ 次求并和 m 次查找的操作序列的时间效率属于 $O(n\log n+m)$。

第二种不相交子集的实现方法是**快速求并**，它用一棵有根树来表示每一个子集。树中的节点包含子集中的元素(每个节点一个元素)，而根中的元素就被当作该子集的代表；树中的边从子女指向它们的父母(图 9.8)。此外，还要维护一个从集合元素到树中节点的映射，例如用一个指针数组来实现。为了简单起见，图 9.8 没有给出这个映射。

根据这种实现，makeset(x)需要创建一棵单节点的树，这是一个 $\Theta(1)$ 的操作，因此初始化 n 棵单节点树是 $\Theta(n)$ 的操作。union(x, y)的实现方法是把 y 树的根附加到 x 树的根上(并把指向 y 树的根的指针置为空，来把 y 树删除)。这种操作的时间效率显然属于 $\Theta(1)$。find(x)的实现方法是沿着一条指针链，从包含 x 的节点开始找到树的根(根中元素作为子集代表就是该函数的返回值)。相应地，单次 find 操作的时间效率属于 $O(n)$，因为一棵表示子集的树可以退化为一个 n 节点的链表。

① 这就是我们在第 2 章中提到过的摊销效率的一个具体例子。

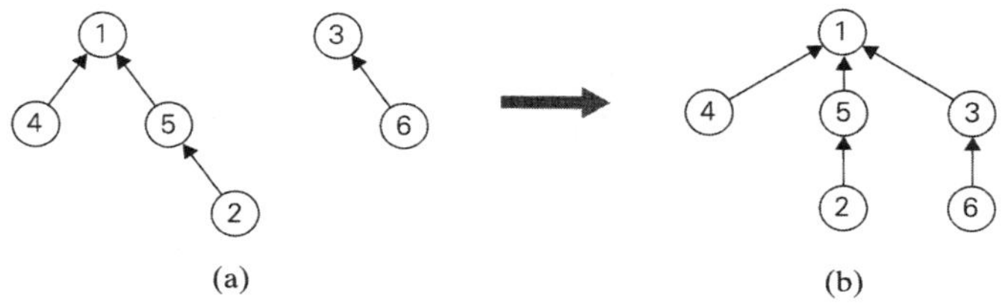

图 9.8　(a)快速求并中用来表示子集{1, 4, 5, 2}和{3, 6}的森林，(b)union(5, 6)的结果

这种时间效率是可以改进的。一种直接的做法就是在执行 union 操作时总是把较小的树附加到较大树的根上，而次序是无关紧要的。既可以用节点的个数(这个版本称为**按大小求并**)，也可以用树的高度(这个版本称为**按层数求并**，即 union by rank)来度量树的大小。当然，它们都需要存储树中每一个节点的信息，对这两种方式而言分别是节点子孙的数量，以及以该节点为根的子树高度。不难证明，在任何一种情况下树的高度都会是对数级的，这就使得每次执行查找的时间不超过 $O(\log n)$。因此，对于快速求并来说，不超过 $n-1$ 次求并和 m 次查找的操作序列的时间效率属于 $O(n+m\log n)$。

实际上，两种类型的快速求并都可以和**路径压缩**(path compression)法结合，以获得更好的效率。这种改进使得查找操作执行过程中遇到的每一个节点都直接指向树的根(图 9.9)。根据一个十分复杂的分析(这个分析已经超出了本书的范围，详情参见[Tar84])，经过类似这种技术的改进，不超过 $n-1$ 次求并和 m 次查找的操作序列的时间效率和线性效率只有很小的差异。

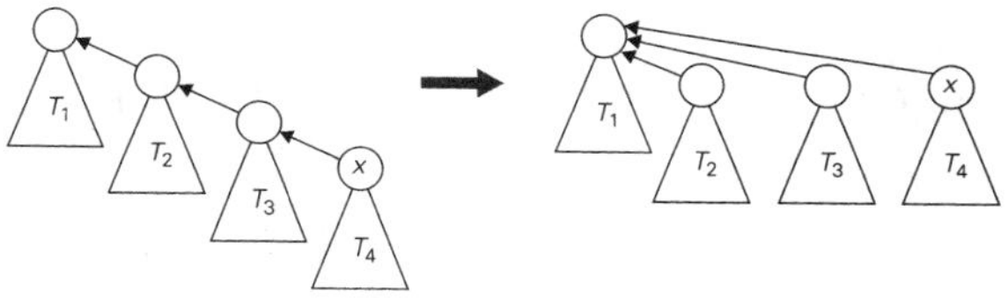

图 9.9　路径压缩

习题 9.2

1. 应用 Kruskal 算法求下列图的最小生成树。

a.

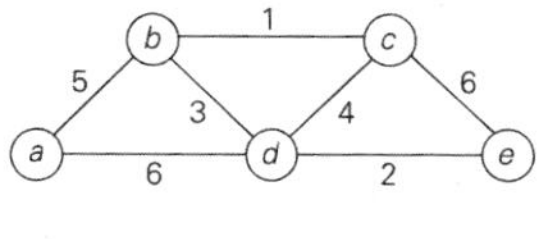

b.

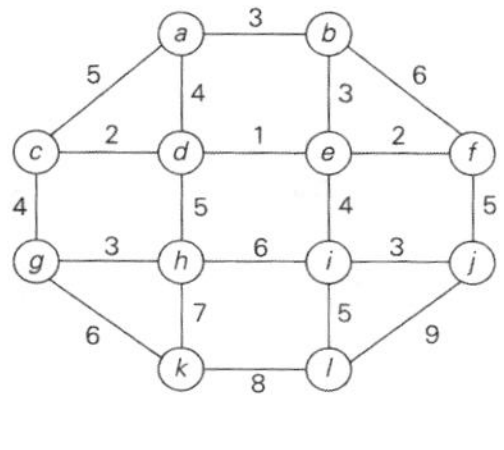

2. 判断正误：
   a. 如果 e 是加权连通图中权重最小的边，它至少是图的一棵最小生成树的边。
   b. 如果 e 是加权连通图中权重最小的边，它必定是图的每一棵最小生成树的边。
   c. 如果加权连通图中每条边的权重都是互不相同的，该图必定只有一棵最小生成树。
   d. 如果加权连通图中每条边的权重不是互不相同的，该图必定不止有一棵最小生成树。
3. 如果有必要，要对算法 Kruskal 做什么改动，使得它可以求出任意图的**最小生成森林**(minimum spanning forest)？(一个最小生成森林中的树都是图的连通分量的最小生成树。)
4. 对于包含负权重边的图，Kruskal 算法都能正确工作吗？
5. 设计一个求加权连通图的**最大生成树**(maximum spanning tree)算法，这是一种包含最大可能权重的树。
6. 按照不相交子集的抽象数据类型中的操作重写 Kruskal 算法的伪代码。
7. 证明 Kruskal 算法的正确性。
8. 对于快速求并的按大小求并版本，证明 find(x)的时间效率属于 $O(\log n)$。
9. 至少找到两个提供 Kruskal 算法和 Prim 算法动画的网站。讨论这些动画的优点和缺点。
10. 设计并做一个实验，对于不同规模和密度的随机图，对 Prim 算法和 Kruskal 算法的效率进行经验比较。
11. **斯坦纳(Steiner)树** 4 个村庄坐落在欧几里得平面上一个单位正方形的 4 个顶点上。要求用最短的公路网把它们连接起来，使得每对村庄之间都有一条连通的路径。求这样一个网络。
12. 基于下列算法，各写一个程序以产生一个随机的迷宫。
   a. Prim 算法
   b. Kruskal 算法

9.3 Dijkstra 算法

在本节中，考虑**单起点最短路径问题**(single-source shortest-paths problem)：对于加权连通图的一个称为**起点**(source)的给定顶点，求出它到所有其他顶点之间的一系列最短路径。需要重点强调的是，这里关心的不是从一个起点出发访问所有其他顶点的单条最短路径，这种问题的难度更大(实际上，3.4 节提到过旅行商问题的一个版本，本书的后面部分还要再讨论)。单起点最短路径问题要求的是一组路径，每条路径都从起点出发通向图中的一个不同顶点，当然，其中某些路径可能具有公共边。

这种最短路径问题有着种类繁多的实际应用，从而成为热门的研究主题。显而易见而又最为广泛的应用包括运输规划以及通信网络(包括互联网)数据包的路由问题。但还有很多并不明显的应用，包括社会网络、语音识别、文档排版、机器人技术、编译器以及航空班组调度所涉及的最短路径问题。在娱乐界，也会涉及最短路径问题，例如视频游戏中的路径查找，以及使用状态空间图寻找智力游戏的最优解(该案例可以参见 6.6 节提及的一个非常简单的例子)。

有若干著名的算法可以对它求解，包括我们在第 8 章中讨论过的一个更通用的求解完全最短路径问题的 Floyd 算法。在这里我们考虑最著名的单起点最短路径算法，它称为 **Dijkstra 算法**。[①]该算法只能应用于不含负权重的图。因为在大多数应用中这个条件都满足，所以这种局限性并没有影响 Dijkstra 算法的广泛应用。

Dijkstra 算法按照从给定起点到图中顶点的距离，顺序求出最短的路径。首先，它求出从起点到最接近起点的顶点之间的最短路径，然后求出第二近的，以此类推。推而广之，在第 i 次迭代开始以前，该算法已经确定了 $i-1$ 条连接起点和离起点最近顶点之间的最短路径。这些顶点、起点和从起点到顶点的路径上的边，构成了给定图的一棵子树 T_i(图 9.10)。因为所有边的权重都是非负数，可以从与 T_i 的顶点相邻的顶点中找到下一个和起点最接近的顶点。和 T_i 的顶点相邻的顶点集合称为“边缘顶点”，以它们为候选对象，Dijkstra 算法可以从中选出下一个最接近起点的顶点。(实际上，所有其他的顶点也可以看作边缘顶点，只是它们以权重无限大的边和树中顶点相连。)为了确定第 i 个最接近的顶点，对于每一个边缘顶点 u，该算法求出它到最近的树中顶点 v 的距离(根据边(v, u)的权重)以及从起点到 v (刚才由算法确定的)的最短路径长度 d_v 的和，再从中选出具有最小和的顶点。Dijkstra 算法的洞察力在于它意识到只要比较这些特定的路径就足够了。

为了使该算法的操作更容易，我们给每一个顶点附加两个标记。数字标记 d 指出到目前为止该算法求出的从起点到该顶点间最短路径的长度，当另一个顶点加到树中，d 就指出了从起点到那个顶点之间的最短路径长度。另一个标记指出了在这条路径上倒数第二个顶点的名字，也就是在当前所构造的树中标出顶点的父母。(对于起点 s 以及不和树中顶点相邻的顶点，不必指定该标记。)有了这两个标记以后，求下一个最近的顶点 $u*$ 就成了一个简单的任务，我们只要找到具有最小的 d 值的边缘顶点就可以了。而顺序是无所谓的。

在确定了加入树中的顶点 $u*$ 以后，还需要做两个操作：

- 把 $u*$ 从边缘集合移到树顶点集合中。
- 对于余下的每一个边缘顶点 u，如果通过权重为 $w(u*, u)$ 的边和 $u*$ 相连，当 $d_{u*} + w(u*, u) < d_u$ 时，把 u 的标记分别更新为 $u*$ 和 $d_{u*} + w(u*, u)$。

图 9.11 演示了如何对一个具体的图应用 Dijkstra 算法。

Dijkstra 算法的标记和结构与 Prim 算法的用法十分相似(参见 9.1 节)。它们两者都会从余下顶点的优先队列中选择下一个顶点来构造一棵扩展树。但千万不要把它们混淆了。它们解决的是不同的问题，因此，所操作的优先级也是以不同的方式计算的：Dijkstra 算法比较路径的长度，因此必须把边的权重相加，而 Prim 算法则直接比较给定的权重。

---

① 艾兹赫尔·W. 戴克斯特拉(Edsger W. Dijkstra，1930—2002)是荷兰一位著名的计算机科学和工业的先驱，他在 20 世纪 50 年代中期发明了这个算法。戴克斯特拉对于他的算法是这样说的：“这是我给自己提出的第一个图问题，并且解决了它。令人惊奇的是我当时并没有发表。但这在那个时代是不足为奇的。因为那时，算法基本上不被当作一种科学研究的主题。”

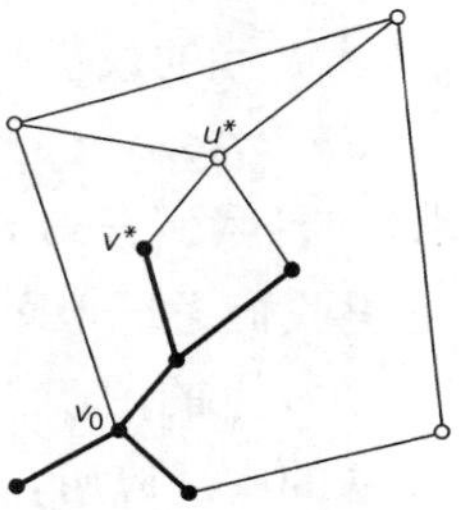

图 9.10 Dijkstra 算法的思想。已经找到的最短路径子树加粗表示。对于子树中的每条路径长度加上相邻顶点和子树中相应顶点之间距离的和，进行比较后，从中选出下一条最接近起点 v_0 的顶点 u^*

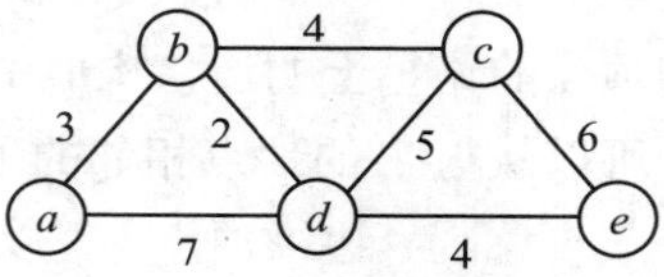

树中顶点	余下的顶点	图 示
$a(-, 0)$	$\mathbf{b(a, 3)}$ $c(-, \infty)$ $d(a, 7)$ $e(-, \infty)$	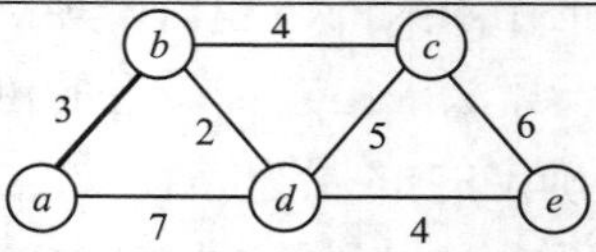
$b(a, 3)$	$c(b, 3+4)$ $\mathbf{d(b, 3+2)}$ $e(-, \infty)$	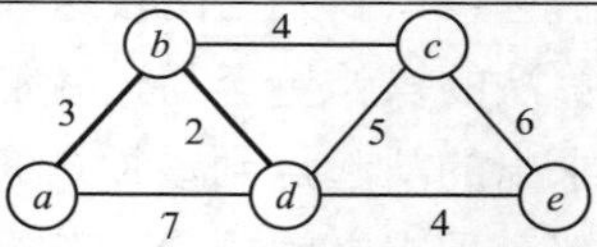
$d(b, 5)$	$\mathbf{c(b, 7)}$ $e(d, 5+4)$	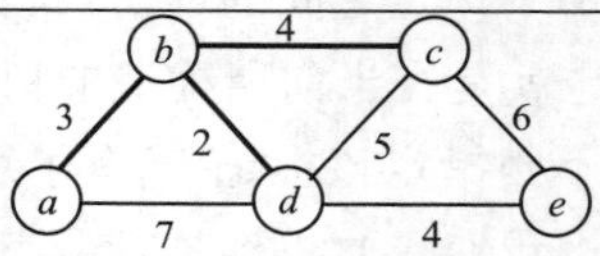
$c(b, 7)$	$\mathbf{e(d, 9)}$	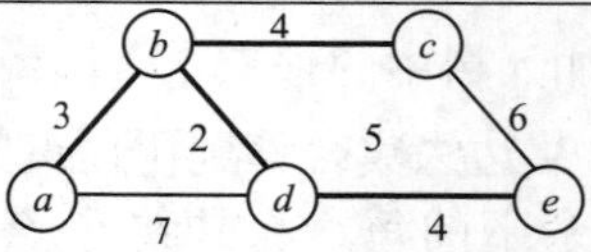
$e(d, 9)$		

最短的路径(从左列中的目标顶点根据非数字标记向起点回溯，来确定最短路径)和它们的长度(由树中数字标记给出)如下。

从 a 到 b：$a-b$，长度为 3

从 a 到 d：$a-b-d$，长度为 5

从 a 到 c：$a-b-c$，长度为 7

从 a 到 e：$a-b-d-e$，长度为 9

图 9.11 Dijkstra 算法的应用。下一个最接近的顶点用粗体给出

现在可以给出一段 Dijkstra 算法的伪代码。对于标记顶点的两个集合(已经求出了最短路径的顶点集合 V_T 和边缘顶点的优先队列 Q)上的详细操作，这个算法要比 9.1 节的 Prim

算法讲得更清楚。(请注意，在下面的伪代码中，在第 0 次迭代完成**以后**，V_T包含了一个给定的起点，而边缘集合中包含了所有和起点相邻的顶点。)

```
算法  Dijkstra (G, s)
    //单起点最短路径的 Dijkstra 算法
    //输入：具非负权重加权连通图 G = <V, E>以及它的顶点 s
    //输出：对于 V 中的每个顶点 v 来说，从 s 到 v 的最短路径的长度 d_v
    //以及路径上的倒数第二个顶点 p_v
    Initialize(Q)  //将顶点优先队列初始化为空
    for V 中每一个顶点 v
        d_v ← ∞; p_v ← null
        Insert(Q, v, d_v)  //初始化优先队列中顶点的优先级
    d_s ← 0; Decrease(Q, s, d_s)        //将 s 的优先级更新为 d_s
    V_T ← ∅
    for i ← 0 to |V|−1 do
        u* ← DeleteMin(Q)         //删除优先级最小的元素
        V_T ← V_T ∪ {u*}
        for V − V_T 中每一个和 u* 相邻的顶点 u do
            if d_u* + w(u*,u) < d_u
                d_u ← d_u* + w(u*, u);  p_u ← u*
                Decrease(Q, u, d_u)
```

Dijkstra 算法的时间效率依赖于用来实现优先队列的数据结构以及用来表示输入图本身的数据结构。根据 9.1 节中分析 Prim 算法时所提到的原因，如果图用权重矩阵表示，优先队列用无序数组来实现，该算法属于$\Theta(|V|^2)$。如果图用邻接链表表示，优先队列用最小堆来实现，该算法属于$O(|E|\log|V|)$。如果用一种**斐波那契堆**(Fibonacci heap，例如[Cor09])的更复杂的数据结构来实现优先队列，无论是 Prim 算法还是 Dijkstra 算法的最差效率都会更好一些。然而，这种结构过于复杂而且开销十分可观，这种改进基本上只具有理论价值。

习题 9.3

1. 请解释，为了解决下面的问题，Dijkstra 算法和所操作的图是否要做调整？要做怎样的调整？
   a. 对于加权有向图，求解单起点最短路径问题。
   b. 求一个加权图或者有向图中两个顶点之间的最短路径[这个变化形式被称为**单对最短路径问题**(single-pair shortest-path problem)]。
   c. 求一个加权图或有向图中所有其他顶点到一个给定顶点之间的最短路径[这个变化形式被称为**单终点最短路径问题**(single-destination shortest-paths problem)]。
   d. 如果对图中的每个顶点都赋予一个非负的数字，求解这种图的单起点最短路径问题(路径的长度定义为组成路径的顶点数字之和)。
2. 解下面这个单起点最短路径问题的实例，以顶点 a 作为起点。

a.

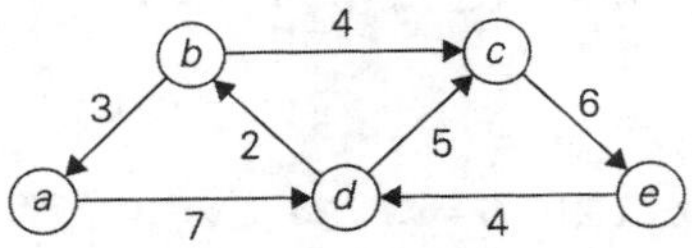

b.

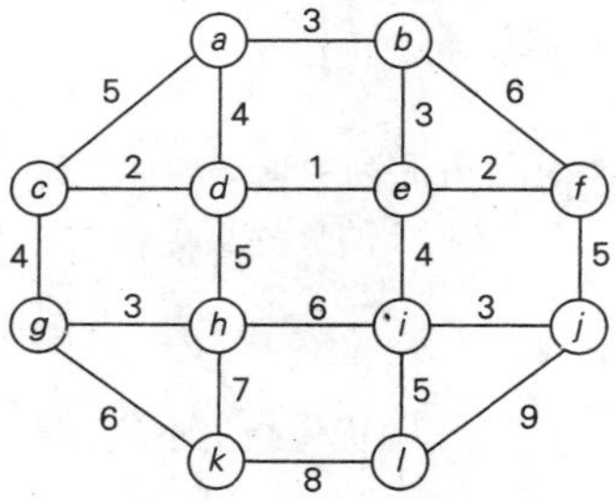

3. 给出一个反例，说明对于包含负权重的加权连通图，Dijkstra 算法可能会无效。

4. 有一个加权连通图 G，在对它求解单起点最短路径问题的过程中构造了一棵树 T。下列说法是对还是错？

a. T 是 G 的生成树。

b. T 是 G 的最小生成树。

5. 为 Dijkstra 算法的简化版本写一段伪代码，对于用权重矩阵表示的图，只求出从一个给定顶点到其他所有顶点的距离(也就是最短路径的长度，而不是最短路径本身)。

6. 对于权重全部大于 0 的图，证明 Dijkstra 算法的正确性。

7. 对于用邻接链表表示的有向无环图，设计一个解单起点最短路径问题的线性算法。

8. 解释如何利用 Dijkstra 算法求解最小总和问题(习题 8.1 第 8 题)。

9. **最短路径建模**　假设有一个加权连通图的模型，是由球(代表顶点)和连接球的相应长度的绳子(代表边)构成的。

a. 描述如何用这个模型解单对最短路径问题。

b. 描述如何用这个模型解单起点最短路径问题。

10. 回顾习题 1.3 中的第 6 题，它要求在与华盛顿特区、英国伦敦一样发达的地铁系统中，为地铁乘客确定一条从指定车站到另一个车站的最优路径。为这个任务写一个程序。

9.4　哈夫曼树及编码

假设我们必须为文本中的每一个字符赋予一串称为**代码字**(codeword)的比特位，对 n 个不同字符组成的文本进行编码，并且这些字符都来自于某张字母表。例如，我们可以使用一种**定长编码**(fixed-length encoding)，对每个字符赋予一个长度同为 m ($m \geqslant \log_2 n$)的位串。

这就是标准 ASCII 码的原理。为了产生平均长度最短的位串，有一种基于古老思想的编码生成方案，它把较短的代码字分配给更常用的字符，把较长的代码字分配给较不常用的字符。[具体来说，19 世纪中叶塞缪尔·摩斯(Samuel Morse)发明的电报码中就应用了这个思想。在摩斯码中，像 $e(\cdot)$和 $a\,(\cdot-)$这样的常用字符被赋予了点划组成的短序列，而像 $q(--\cdot-)$和 $z(--\cdot\cdot)$这样的不常用字符则赋予了长序列。]

如果使用**变长编码**(variable-length encoding)，则会遇到定长编码不曾有的一种问题，它要求对不同的字符赋予长度不同的代码字。也就是说，如何能知道编码文本中用了多少位来代表第一个字符(或者更一般地来说，是第 i 个字符)呢？为了防止问题复杂化，我们只讨论**自由前缀码**(prefix-free code，或者简称为 prefix code，即**前缀码**)。在前缀码中，所有的代码字都不是另一个字符代码字的前缀。因此，经过这样的编码，可以简单地扫描一个位串，直到得到一组等于某个字符代码字的比特位，用该字符替换这些比特位，然后重复上述操作，直到达到位串的末尾。

如果打算对某个字母表创建一套二进制前缀码，很自然地可以把字母表中的字符和一棵二叉树的叶子联系起来，树中所有的左向边都标记为 0，而所有的右向边都标记为 1。可以通过记录从根到字符叶子的简单路径上的标记来获得一个字符的代码字。因为从一个叶子到另一个叶子的连续简单路径不存在，所以一个代码字不可能是另一个代码字的前缀，也就是说，任何这样的树都会生成一套前缀码。

如果已知字符的出现概率，可以按照这种方式构造许多棵代表给定字母表的树，但如何构造一棵将较短位串分配给高频字符，将较长位串分配给低频字符的树呢？我们可以根据下面的贪婪算法来构造，当戴维·哈夫曼(David Huffman)还是麻省理工学院的学生时，作为课后作业的一部分，他发明了这个算法([Huf52])。

哈夫曼算法

第一步： 初始化 n 个单节点的树，并为它们标上字母表中的字符。把每个字符的概率记在树的根中，用来指出树的**权重**(更一般地来说，树的权重等于树中所有叶子的概率之和)。

第二步： 重复下面的步骤，直到只剩一棵单独的树。找到两棵权重最小的树(对于权重相同的树，可任意选择其一，另请参考本节习题第 2 题)。把它们作为新树中的左右子树，并把其权重之和作为新的权重记录在新树的根中。

上面的算法所构造的树称为**哈夫曼树**。它按照刚才所描述的方式定义了一套**哈夫曼编码**。

例　考虑一个包含 5 个字符的字符表{A, B, C, D, _}，它们的出现概率如下：

字符	A	B	C	D	_
出现概率	0.35	0.1	0.2	0.2	0.15

图 9.12 给出了根据这样的输入构造的哈夫曼树。我们最后得到了下面这样的代码字：

字符	A	B	C	D	_
出现概率	0.35	0.1	0.2	0.2	0.15
代码字	11	100	00	01	101

因此，DAD 被编码为 011101，而 10011011011101 解码以后就是 BAD_AD。

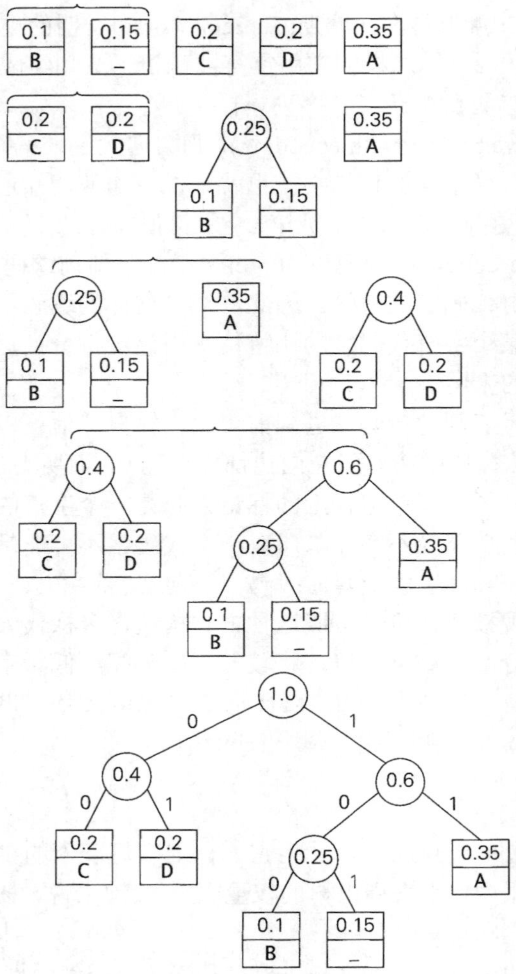

图 9.12　构造哈夫曼编码树的一个例子

根据给定的出现概率和求得的代码字的长度，在这套编码中，每个字符的平均位长是

$$2\times0.35+3\times0.1+2\times0.2+2\times0.2+3\times0.15=2.25$$

如果我们用定长编码表示相同的字母表，对于每一个字符至少要用 3 位来表示。因此，对于这个简单的例子，哈夫曼编码实现的**压缩率**(compression ratio，这是压缩算法效率的一种标准度量指标)是$[(3-2.25)/3]\times100\% = 25\%$。换句话说，我们可以指望一个文本的哈夫曼编码要比其定长编码少占用 25%的存储空间(哈夫曼编码的大量实验告诉我们，这种方法的压缩率一般为 20%～80%，这依赖于所压缩文本中的字符)。

哈夫曼编码是一种最重要的文件压缩方法。除了它的简单性和通用性外，它生成的还是一种最优编码，也就是最小长度编码(条件是，字符出现的概率是独立的，也是事先知道的)。实际上，最简单的哈夫曼压缩要求事先扫描给定的文本，来对文本中字符的出现次数

计数。然后就用这些出现次数构造哈夫曼编码树，并按照前面描述的方式对文本进行编码。然而，这种方案要求我们必须把编码树的信息包含在编码文本中，以保证成功解码。通过所谓的**动态哈夫曼编码**(dynamic Huffman encoding)可以克服这个缺点，这种方法在每次从源文本中读入一个字符时就更新编码树。而更先进的算法，例如 **Lempel-Ziv** 算法(可参见[Say05])不是对单个字符编码，而是对一串字符编码，从而在许多应用场景中可以实现更高效和稳定的压缩。

必须知道，哈夫曼算法的应用并不仅限于数据压缩。假设有 n 个正数 $w_1, w_2, \cdots, w_n$，要把它们分配给一棵二叉树的 n 个叶子，每个叶子一个数。如果把**加权路径长度**(weighted path length)定义为 $\sum_{i=1}^{n} l_i w_i$，其中 l_i 是从根到第 i 个叶子的简单路径的长度，如何构造一棵具有最小加权路径长度的二叉树呢？这正是哈夫曼算法要解决的一个更一般性的问题。(对于编码问题来说，l_i 和 w_i 分别是代码字的长度和第 i 个字符的出现概率。)

这种问题出现在包括决策在内的许多场合。作为一个例子，考虑从 n 个可能目标中猜测一个选定目标的游戏(例如猜测一个 1～n 的整数)，玩家可以问一些能够回答是或者否的问题。由于玩这个游戏的策略不同，可以建立不同的**决策树**①(decision tree)模型，就像图 9.13 给出的 $n = 4$ 的树。在这样的树中，从根到一个叶子的最短路径长度，就是为了确定叶子所代表的数字需要提问的问题个数。如果数字 i 被选中的概率为 p_i，求和式 $\sum_{i=1}^{n} l_i p_i$ (其中 l_i 是从根到第 i 个叶子的路径长度)表示根据决策树代表的游戏策略，为了“猜出”选定的数字平均需要问的问题个数。如果每个数字被选中的概率都是 $1/n$，最佳的策略就是像二叉树那样，连续把候选元素消去一半(或者几乎一半)。但对于任意 p_i 来说，情况可能并不是这样的(例如，如果 $n = 4$ 并且 $p_1 = 0.1$，$p_2 = 0.2$，$p_3 = 0.3$，$p_4 = 0.4$，它的最小加权路径树就是图 9.13 中最右面的那一棵)。因此，为了在一般的情况下解题，我们需要使用哈夫曼算法。

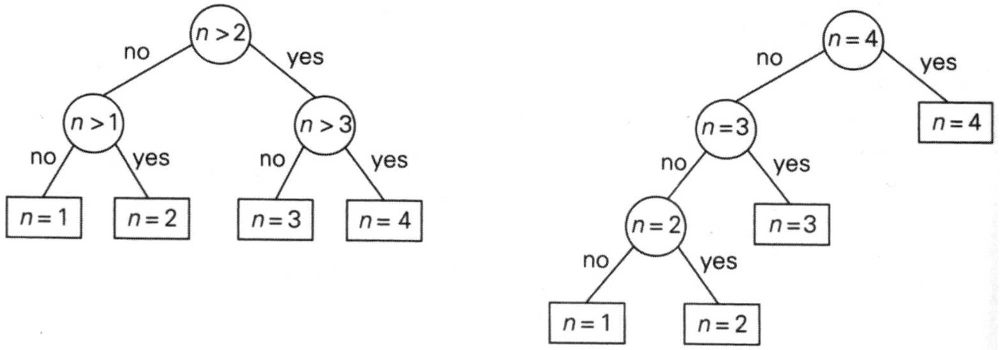

图 9.13　猜测 1～4 内整数的两棵决策树

请注意，这是我们第二次遇到构造一棵最优二叉树的问题。在 8.3 节中讨论过构造一棵最优二叉查找树的问题，树中的每一个节点都分配了一个正数(代表查找概率)。在本节中，给定的数字只分配给叶子。相对来说，后面这个问题要更简单一些，它可以用贪婪算法求解，而前者则要用更复杂的动态规划算法求解。

① 11.2 节会更详细地讨论决策树。

习题 9.4

1. a．对于下面的数据构造一套哈夫曼编码：

字符	A	B	C	D	–
出现概率	0.4	0.1	0.2	0.15	0.15

   b．用 a 中的编码对文本 ABACABAD 进行编码。

   c．对于 100010111001010 用 a 中的编码进行解码。

2. 出于数据传输的目的，我们常常需要一套码长差异最小的编码(在具有相同平均长度的编码中)。针对以下数据构造哈夫曼编码。在权重相同的情况下，选择不同的子树会导致两套不同的编码。请计算这两套编码码长的平均值和方差。

字符	A	B	C	D	E
出现概率	0.1	0.1	0.2	0.2	0.4

3. 请指出是否每一种哈夫曼编码都有下面的特性：

   a．频率最低的两个字符具有相同的码长。

   b．频率较高的字符的码长总是小于等于频率较低的字符的码长。

4. 有一个 n 个字符构成的字母表，它的哈夫曼编码可能具有的最大码长是多少？

5. a．为哈夫曼树的构造算法写一段伪代码。

   b．如果以字母表的规模为自变量，哈夫曼树构造算法的时间效率类型是什么？

6. 请说明，如果字母表中的字符按照它们的使用频率顺序给出，则可以在线性时间内构造一棵哈夫曼树。

7. 给定一棵哈夫曼编码树，可以用哪种算法求出所有字符的代码字？以字母表的规模为自变量，算法的时间效率类型是什么？

8. 请解释如何在不实际构造一棵哈夫曼树的情况下，生成一套哈夫曼编码。

9. a．写一个程序，为给定的英文文本构造一套哈夫曼编码，并对该文本编码。

   b．写一个程序，对一段用哈夫曼码编码的英文文本进行解码。

   c．做一个实验，测试对包含 1000 个词的一段英文文本进行哈夫曼编码时，典型的压缩率位于什么样的区间。

   d．对编码程序做一个实验，测试如果用标准的估计频率代替英文文本中字符的实际出现频率，该程序的压缩率会有什么样的变化。

10. **猜底牌** 设计一种策略，使在下面的游戏中，期望提问的次数达到最小([Gar94])。有一副纸牌，是由 1 张 A，2 张 2，3 张 3，…，9 张 9 组成的，一共包含 45 张牌。有人从这副洗过的牌中抽出一张牌，问一连串可以回答是或否的问题来确定这张牌的点数。

小　　结

- **贪婪技术**建议通过一系列步骤来构造问题的解，每一步对目前构造的部分解做一个扩展，直到获得问题的完整解为止。这个技术的核心是，所做的每一步选择都必须满足**可行**、**局部最优**和**不可取消**原则。
- **Prim 算法**是一种为加权连通图构造最小生成树的贪婪算法。它的工作原理是向前面构造的一棵子树中添加离树中顶点最近的顶点。
- **Kruskal 算法**是另一种最小生成树问题的算法。它按照权重的升序把边包含进来，以构造一棵最小生成树，并使得这种包含不会产生一条回路。为了保证这种检查的效率，需要应用一种所谓的**并查算法**。
- **Dijkstra 算法**解决了单起点最短路径问题，该问题要求出从给定的顶点(起点)出发通向加权图或者有向图的其他所有顶点的最短路径。它的工作过程和 Prim 算法是一样的，不同点在于它比较的是路径的长度而不是边的长度。对于不含负权重的图，Dijkstra 算法总是能够产生一个正确的解。
- **哈夫曼树**是一棵二叉树，它使得从根出发到包含一组预定义权重的叶子之间的加权路径长度达到最小。哈夫曼树最重要的应用是哈夫曼编码。
- **哈夫曼编码**是一种最优的自由前缀变长编码方案，它基于字符在给定文本中的出现频率，把位串赋给字符。这是通过贪婪地构造一棵二叉树来完成的，二叉树的叶子代表字母表中的字符，而树中的边则标记为 0 或者 1。

第 10 章 迭代改进

只有将成功建立在稳定增长的基础上，才能成为最终的胜利者。

——电话之父，贝尔(1835—1910)

第 9 章讨论的贪婪策略，喜欢一点一点地构造最优问题的解，每次总是把一个局部最优解加入一个部分构造解之中。在这一章中，我们尝试用一种不同的方法来设计最优问题的算法。它从某些可行解(一个满足问题所有约束的解)出发，通过重复应用一些简单的步骤来不断改进它。这些步骤一般会通过一些小的、局部的改变来生成一个可行解，这个解使得目标函数值更为优化。如果目标函数值无法再得到优化，该算法就把最后的可行解作为最优解返回，然后算法就结束了。

要顺利实现这一思想可能会遇到几个障碍。第一，我们需要一个初始的可行解。对于某些问题来说，我们总是可以从一个平凡解开始，或者是其他算法(例如贪婪算法)所生成的近似解。但对另一些问题来说，求一个初始解也不容易，可能和可行解找到后求解该问题所花的力气是一样多的。第二，对可行解应该做什么样的改变并不总是一目了然的。第三，也是最根本的困难，就是局部极值和全局极值(最大或者最小)的问题。想一想，如果没有地图，要在浓雾天找到一个山区的最高点是多么困难。一个合乎逻辑的做法是从所在的点出发，沿着山向上走。但总会走到一个没法向上走的点，这个做法就不得不停止了。这时，我们可能遇到了一个局部最高点，但因为我们无法穷尽所有的可能性，所以没有一个简单的方法可以告诉我们该点是不是整个山区的最高点(这就是全局最大的问题)。

幸运的是，有一些重要的问题可以用迭代改进来求解。其中最重要的就是线性规划问题。我们在 6.6 节中已经遇到过这个主题了。而在 10.1 节中，我们要介绍单纯形法，这是线性规划的经典算法。尽管 1947 年美国数学家乔治·B. 丹齐格(George B. Dantzig)就发明了该算法，但事实证明这是算法史上意义最重大的成果之一。

在 10.2 节中，我们将讨论一个重要的问题，就是在负载容量有限的链路组成的网络上，如何实现传输流量的最大化。这个问题其实是线性规划的一个特例。然而，该问题的特殊结构使我们可以用一种比单纯形法更高效的算法对其求解。我们会对这个问题的迭代改进算法做概要描述，这个算法是美国数学家小福特(L. R. Ford, Jr.)和富尔克森(D. R. Fulkerson)在 20 世纪 50 年代发明的。

本章的最后两节是关于二分图匹配的。这个问题要求找出两个不相交集合中元素的最优匹配。此类例子包括将员工和工作配对，将高中毕业生和大学配对以及男女的婚姻配对。10.3 节讨论使匹配对数量最大化的问题，10.4 节关注匹配稳定问题。

我们在 12.3 节中介绍旅行商问题和背包问题近似算法时，还会讨论一些迭代改进算法。在其他参考书中也可以找到迭代改进算法的例子，例如莫尔特(Moret)和夏皮罗(Shapiro)的算法教材([Mor91])、介绍连续和离散的最优问题的书(如[Nem89])以及介绍启发式查找的著作(如[Mic10])。

10.1　单纯形法

我们已经遇到过线性规划问题(参见 6.6 节)，它要求根据一系列线性约束求一个包含若干变量的线性方程的最优解。

根据约束 $a_{i1}x_1+\cdots+a_{in}x_n \leqslant (\text{或} \geqslant \text{或} =) b_i$， $i=1$，…， m

$$x_i \geqslant 0, \cdots, \quad x_n \geqslant 0 \tag{10.1}$$

求 $c_1x_1+\cdots+c_nx_n$ 的最大或最小值。

我们提到过，有许多重要的实际问题可以按照线性规划的实例来建模。苏联的康托洛维奇(L. V. Kantorovich)以及荷裔美国人库普曼斯(T. C. Koopmans)这两个研究人员甚至还因为他们对线性规划理论及其经济学应用的贡献在 1975 年荣获了诺贝尔奖。显然，由于不设诺贝尔数学奖，瑞典皇家科学院无法将此荣誉授予美国数学家丹齐格，他被公认为是现代线性规划理论之父，同时也是线性规划的经典算法——单纯形法的发明者[①]。

10.1.1　线性规划的几何解释

在介绍解线性规划问题的通用方法之前，我们先来看一个小例子，这将有助于大家了解这类问题的基本特征。

例 1　考虑下列两个变量的线性规划问题。

根据约束

$$\begin{aligned} x+y &\leqslant 4 \\ x+3y &\leqslant 6 \\ x\geqslant 0,\ & y\geqslant 0 \end{aligned} \tag{10.2}$$

求 $3x+5y$ 的最大值。

根据定义，该问题的**可行解**(feasible solution)是满足该问题所有约束的任意点 (x,y)，该问题的**可行区域**(feasible region)是其所有可行点的集合。为了帮助理解，我们可以在坐标平面上画出可行区域。大家应该还记得，任意 $ax+by=c$ 这样的方程，如果系数 a 和 b 不全为 0，都定义了一条直线。这条直线把坐标平面一分为二：所有 $ax+by>c$ 的点和所有 $ax+by<c$ 的点(这两个部分是很容易区分的，任取一个不在直线 $ax+by=c$ 上的点 (x_0,y_0)，

① 丹齐格(1914—2005)获得过很多荣誉，包括 1976 年美国总统颁发的国家科学奖章。国家奖章对于他的得奖原因是这样评价的：“他发明了线性规划及其求解方法，推动了逻辑、调度、网络优化等重要问题的大范围科技应用，也推动了利用计算机对数学理论进行高效的应用。”

然后检查一下 $ax_0+by_0>c$ 和 $ax_0+by_0<c$ 哪个不等式成立即可)。具体到式(10.2)来说，不等式 $x+y\leqslant 4$ 所定义的点的集合是由直线 $x+y=4$ 以及直线下方的点组成的，而不等式 $x+3y\leqslant 6$ 所定义的点的集合是由直线 $x+3y=6$ 以及直线下方的点组成的。因为可行区域中的点一定满足问题的所有约束，所以问题(10.2)的可行区域是上述两个区域与坐标平面的第一象限(这是由非负约束 $x\geqslant 0$， $y\geqslant 0$ 定义的，参见图 10.1)的交集。因此，问题(10.2)的可行区域是一个凸多边形，其顶点是 $(0,0)$， $(4,0)$， $(0,2)$ 和 $(3,1)$ (最后这个点是直线 $x+y=4$ 和 $x+3y=6$ 的交点，是通过解这两个线性方程的联立方程组得到的)。我们的目标是要找到一个**最优解**(optimal solution)，它是可行区域上的一个点，使得**目标函数**(objective function) $z=3x+5y$ 有最大值。

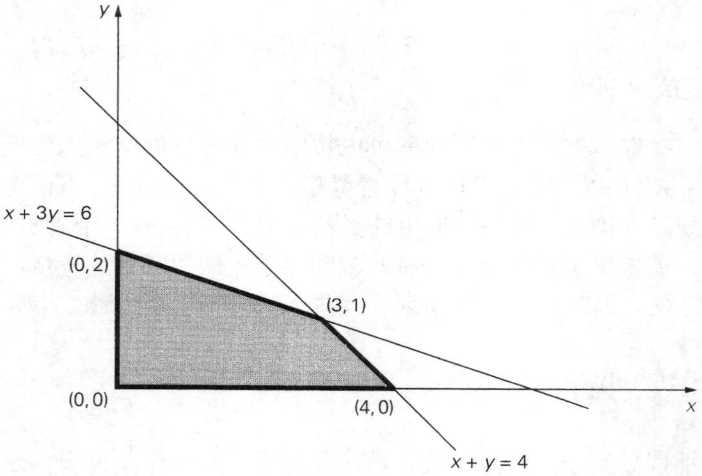

图 10.1 问题(10.2)的可行区域

假设目标函数的值等于 20，是不是存在可行解呢？使得 $3x+5y$ 等于 20 的点 (x,y) 是由直线 $3x+5y=20$ 定义的。因为该直线和可行区域没有公共点(参见图 10.2)，因此对该假设的回答是“否”。如果 $3x+5y$ 取 10，那么 $3x+5y=10$ 和可行区域有无限多的交点。请注意，直线 $3x+5y=20$ 和 $3x+5y=10$ 的斜率是相同的。其实，如果 z 是常量，由方程 $3x+5y=z$ 定义的任意直线都有同样的斜率。这些直线称为该目标函数的**水平线**(level line)。因此，我们的问题可以重新定义为求参数 z 的最大值，使得水平线 $3x+5y=z$ 和可行区域只有一个公共点。

为了求这根直线，我们有两种做法。一是可以把直线 $3x+5y=20$ 沿西南方向向可行区域移动(不要改变它的斜率)，直到它第一次碰到可行区域；二是可以把直线 $3x+5y=10$ 向东北方向移动，直到它即将离开可行区域。无论哪种做法，都会停在点 $(3,1)$ 处，这时相应的 z 值为 $3\times 3+5\times 1=14$。这意味着所求的线性规划问题的最优解是 $x=3$， $y=1$，而目标函数的最大值是 14。

请注意，如果在问题(10.2)中，把 $z=3x+3y$ 作为目标函数求最大值，z 取得最大值时，水平线 $3x+3y=z$ 将会和一条与水平线具有相同斜率的边界线段重合(大家可以在图 10.2 中画这条线)。因此，该线段上位于顶点 $(3,1)$ 和 $(4,0)$ 之间的所有点，包括顶点本身都是最优解，显然，它们都会使目标函数的值达到最大。

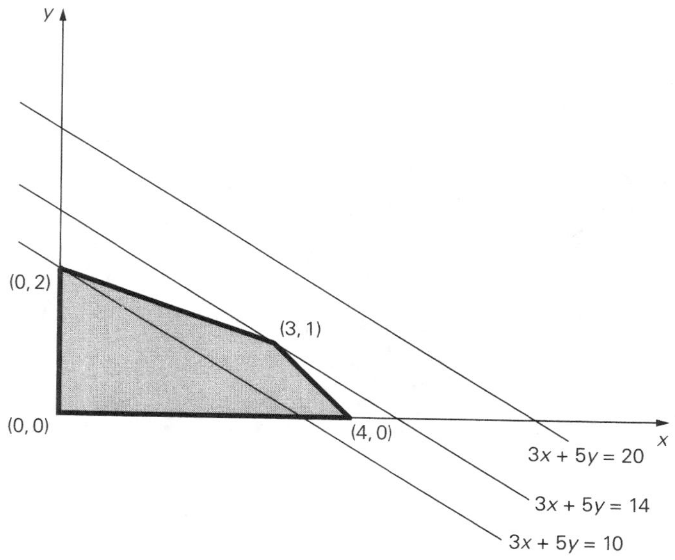

图 10.2　用几何法来解二维的线性规划问题

是不是所有的线性规划问题都可以在可行区域的顶点上找到最优解呢？如果不做合适的限定，那么答案将是“否”。首先，一个线性规划问题的可行区域可能为空。例如，约束中可能包含两个相互矛盾的需求，类似 $x+y\leqslant 1$ 和 $x+y\geqslant 2$，这个问题的可行区域里不包含任何点。如果线性规划问题的可行区域为空，它被称为**不可行的**(infeasible)。显然，不可行的问题不具有最优解。

另一种情况可能出现在线性规划问题的可行区域无界时，下例就演示了这种情况。

例 2　如果我们把问题(10.2)中的两个不等式反过来，改成 $x+y\geqslant 4$ 和 $x+3y\geqslant 6$，那么新问题的可行区域就会变成无界的(参见图 10.3)。如果一个线性规划问题的可行区域无界，它的目标函数在可行区域上可能会有最优解，但也可能没有。例如，如果根据约束 $x+y\geqslant 4$，$x+3y\geqslant 6$，$x\geqslant 0$ 和 $y\geqslant 0$ 来求 $z=3x+5y$ 的最大值，那么它没有最优解。因为在可行区域上，不论 $3x+5y$ 有多大，都有相应的点可以对应。这种问题被称为是**无界的**(unbounded)。另一方面，根据同样约束求 $z=3x+5y$ 的最小值则有一个最优解(是哪个？)。

幸运的是，即使变量的数量大于两个，上面例题所讨论的最重要的特性仍然成立。具体来说，线性规划问题的可行区域和二维坐标平面上的凸多边形在许多方面都非常相似。即可行区域总是具有有限数量的顶点，数学家们往往喜欢称之为**极点**(参见 3.3 节)。而且，线性规划问题的最优解往往可以在可行区域的一个极点上找到。下面的定理正是说明了这个特性。

定理(极点定理)　可行区域非空的任意线性规划问题有最优解，而且，最优解总是能够在其可行区域的一个极点上找到[①]。

---

① 除了某些退化的实例(例如根据 $x+y=1$ 来求 $z=x+y$ 的最大值)，如果可行区域无界的线性规划问题有一个最优解，该解也在可行区域的一个极点上。

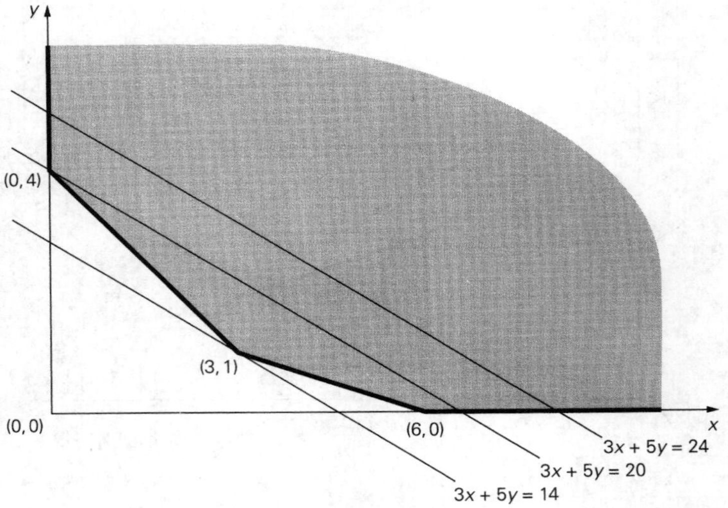

图 10.3　约束为 $x+y\geqslant 4$，$x+3y\geqslant 6$，$x\geqslant 0$ 和 $y\geqslant 0$ 时，线性规划问题的可行区域无界，图中还显示了 $3x+5y$ 的三条水平线

这个定理告诉我们，在解一个线性规划问题时，起码在可行区域有界的情况下，我们只需考虑有限数量的点，而可以忽略其他所有点。大体来说，我们可以这样求解问题：在每个极点上计算目标函数的值，然后选出具有最佳值的那个点。但要实现这个方法还有两个主要障碍。一个障碍是我们需要一种方法来生成可行区域的所有极点。我们下面就会看到，人们已经发现了一个非常简单直接的代数方法来完成这一任务。另一个障碍在于一个典型可行区域的极点数量。这里有个坏消息：随着问题规模的增长，极点的数量是呈指数级增长的。对于大多数具有一定应用价值的线性规划问题来说，对极点采用穷举法来计算就不现实了。

幸运的是，有一种算法在一般情况下只需要检测可行区域极点中的一小部分就能找到最优点。这个著名的算法被称为**单纯形法**。这个算法的思想可以用几何术语描述如下：先在可行区域中找到一个极点，然后检查一下是不是在邻接极点处可以让目标函数取值更佳。如果不是，当前顶点就是最优点，然后算法停止；如果是，转而处理那个能让目标函数取值更佳的邻接顶点。有限步以后，该算法要么发现了一个取到最优解的极点，要么证明了最优解不存在。

10.1.2　单纯形法概述

我们现在的目标是要把单纯形法的几何描述“翻译”成更具算法精确性的代数语言。在将单纯形法应用于线性规划问题之前，先要将其转化为一种称为**标准形式**(standard form)的特定形式。标准形式要满足下列要求：

- 它必须是一个最大化问题。
- 所有的约束都必须用线性方程的形式表示(除了非负约束)。
- 所有的变量都必须要求是非负的。

因此，具有 m 个约束和 n 个变量($n \geqslant m$)的标准形式的通用线性规划问题是：

根据约束

$$a_{i1}x_1 + \cdots + a_{in}x_n = b_i, \quad i = 1, 2, \cdots, m \tag{10.3}$$
$$x_1 \geqslant 0, \cdots, x_n \geqslant 0$$

使 $c_1x_1 + \cdots + c_nx_n$ 最大化。

我们也可以把它写成紧凑矩阵的形式：

根据约束

$$\boldsymbol{A}x = \boldsymbol{b}$$
$$x \geqslant 0$$

使 cx 最大化。

其中，

$$c = [c_1 c_2 \cdots c_n], \quad x = \begin{bmatrix} x_1 \\ x_2 \\ \vdots \\ x_n \end{bmatrix}, \quad \boldsymbol{A} = \begin{bmatrix} a_{11} & a_{12} & \cdots & a_{1n} \\ \vdots & & & \vdots \\ a_{m1} & a_{m2} & \cdots & a_{mn} \end{bmatrix}, \quad \boldsymbol{b} = \begin{bmatrix} b_1 \\ b_2 \\ \vdots \\ b_m \end{bmatrix}$$

任何线性规划问题都能够转化成等价的标准形式问题。如果需要对目标函数最小化，我们可以把它替换成等价的最大化问题，只要把同一目标函数的所有系数 c_j 替换为 $-c_j$ 即可，$j = 1, 2, \cdots, n$(6.6 节对这种变换做过一个更一般性的讨论)。如果问题的约束是用不等式给出的，我们也可以用一个等价的等式来替换它，方法是在等式中加入一个所谓的**松弛变量**(slack variable)，这个变量表明原不等式两边应该相差多少。这里最好还是举个例子，问题(10.2)中的两个不等式可以分别转换为下面两个等式：

$$x + y + u = 4, \text{ 其中 } u \geqslant 0; \quad x + 3y + v = 6, \text{ 其中 } v \geqslant 0$$

最后，在大多数线性规划问题中，变量一开始就要定义成非负的，因为它们往往代表现实世界的某些物理量。如果在问题的初始定义时没有这种约束，那么没有受非负约束的变量 x_j 应该被替换成两个新的非负变量的差：$x_j = x'_j - x''_j$，$x'_j \geqslant 0$，$x''_j \geqslant 0$①。

这样，问题(10.2)的标准形式就是下面这个包含 4 个变量的线性规划问题：

根据约束

$$x + y + u = 4$$
$$x + 3y + v = 6 \tag{10.4}$$
$$x, \ y, \ u, \ v \geqslant 0$$

使 $3x + 5y + 0u + 0v$ 最大化。

很容易发现，如果我们求得了问题(10.4)的最优解 (x^*, y^*, u^*, v^*)，只要忽略其最后两个坐标值，就可以得到问题(10.2)的最优解。

标准形式的主要优势在于，它可以让我们用一种简单的机制来确定可行区域的极点。以问题(10.4)为例，我们需要把约束等式的 4 个变量中的两个设为 0，来得到一个包含两个线性方程的二元方程组，然后对其求解。对于包含 m 个等式的 n 元方程组($n \geqslant m$)的一般情

---

① 译注：这样，原变量 x_j 可以取负值，但标准形式中则不会出现没有受非负约束的变量。

况，我们需要把 $n-m$ 个变量设成 0，来得到一个包含 m 个等式的 m 元方程组。如果得到的方程组具有唯一解(所有变量数量等于方程数量的非退化方程组都应该具有唯一解)，我们就得到了一个**基本解**(basic solution)。在解方程组前被设为 0 的坐标称为**非基本的**(nonbasic)，而解方程得到的坐标值称为**基本的**(basic)。(这个术语来自于线性代数。具体来说，我们可以把问题(10.4)的约束方程组写成如下形式：

$$x\begin{bmatrix}1\\1\end{bmatrix}+y\begin{bmatrix}1\\3\end{bmatrix}+u\begin{bmatrix}1\\0\end{bmatrix}+v\begin{bmatrix}0\\1\end{bmatrix}=\begin{bmatrix}4\\6\end{bmatrix}$$

二维向量空间的一个基是由任何两个不互为比例的向量组成的。一旦选定了一个基，任何向量都可以用基向量倍数之和来唯一表示。(基本和非基本变量分别指出，在选择基时，哪些给定向量应该是基的一部分，哪些不是。)

如果一个基本解的所有坐标值都非负，该基本解被称为**基本可行解**(basic feasible solution)。例如，我们把 x 和 y 设为 0，然后解 u 和 v 的方程组，将得到一个基本可行解 $(0,0,4,6)$。如果我们把 x 和 u 设为 0，然后解 y 和 v 的方程组，将得到一个基本解 $(0,4,0,-6)$，而它不是可行解。基本可行解的重要性在于它们和可行区域极点之间的一一对应关系。例如，$(0,0,4,6)$ 是问题(10.4)的可行区域的一个极点(图 10.1 上的点 $(0,0)$ 是它在 x-y 平面上的投影)。附带说一句，将单纯形法应用于该问题时，$(0,0,4,6)$ 是一个自然的起点。

就像上面提到的，随着目标函数变大，单纯形法不断处理一系列邻接的极点(基本可行解)。每个这样的点都可以用一张**单纯形表**(simplex tableau)来表示，这张表根据极点来存储基本可行解的信息。例如，对于问题(10.4)的 $(0,0,4,6)$，它的单纯形表是这样的：

	x	y	u	v	
u	1	1	1	0	4
← v	1	3	0	1	6
	−3	−5	0	0	0
		↑			

(10.5)

一般来说，一个线性规划问题的标准形式如果存在 n 个变量以及 m 个线性方程的约束 $(n \geqslant m)$，它的单纯形表具有 $m+1$ 行和 $n+1$ 列。表格前 m 行的每一行都包含了一个相应约束方程的系数，其最后一列单元格则包含了方程等号右边的值。除了最后一列，每一列头上都标出了变量的名称。每一行前都标出了该表格所代表的基本可行解的基本变量，这个解的基本变量的值则位于最后一列。还请注意，用基本变量标识的列构成一个 $m \times m$ 的单位矩阵。

单纯形表的最后一行被称为**目标行**(objective row)。一开始，它在前 n 列填入目标函数的系数，只是符号取反，并在最后一列填入目标函数在初始点的值。在后续迭代中，目标行以同样方式跟随其他行进行变换。单纯形法用目标行来检查当前表是不是代表了一个最优解：如果目标行的所有单元格都非负(但最后一列的单元格可能为负)，则它代表了一个最优解；如若不然，那么任何一个为负的单元格都意味着，在下一张表中一个非基本变量应该变成基本变量。

例如，根据这个标准，表格(10.5)所代表的基本可行解 $(0,0,4,6)$ 并不是最优的。x 列的负值指出，我们通过增加基本可行解 $(0,0,4,6)$ 中 x 坐标的值来增加目标函数 $z=3x+5y+0u+0v$ 的取值。的确，因为在目标函数中 x 的系数为正，x 的值越大，该函数的值也越大。当然，由于 x 变大了，作为“补偿”，我们需要调整基本变量 u 和 v 的值，使得新的点仍然位于可行区域。为了实现这个目的，必须满足下面两个条件：

$$x+u=4\text{，其中 } u\geqslant 0$$
$$x+v=6\text{，其中 } v\geqslant 0$$

这意味着：

$$x\leqslant \min\{4,6\}=4$$

请注意，如果把 x 的值从 0 增加到 4(这是可能的最大值)，这时我们发现新的解 $(4,0,0,2)$ 变成了可行区域中紧邻 $(0,0,4,6)$ 的另一个极点，而 $z=12$。

同样，目标行中 y 列的负值指出，我们还可以通过增加初始基本可行解 $(0,0,4,6)$ 中的 y 坐标值来增加目标函数的取值。这时需要应用下列等式：

$$y+u=4\text{，其中 } u\geqslant 0$$
$$3y+v=6\text{，其中 } v\geqslant 0$$

这意味着：

$$y\leqslant \min\left\{\frac{4}{1},\frac{6}{3}\right\}=2$$

如果把 y 的值从 0 增加到 2(这是可能的最大值)，这时我们发现新的解 $(0,2,2,0)$ 变成了另一个紧邻 $(0,0,4,6)$ 的极点，而 $z=10$。

如果目标行中有若干负的单元格，一个常用规则是选出其中最小的，也就是那个绝对值最大的负数。之所以采用这个规则是因为观察发现，这样做的话，变量值每个单位的改变能够让目标函数获得最大的增长(在本例中，在 $(0,0,4,6)$ 中把 x 的值从 0 变成 1，使得 $z=3x+5y+0u+0v$ 的值从 0 变为 3，而在 $(0,0,4,6)$ 中把 y 的值从 0 变成 1，将把 z 的值从 0 变为 5)。但请注意，由于可行约束的限制，每个变量可以增长的幅度是不同的。具体到本例来说，如果选择增加 y 而不是增加 x，目标函数的增加值会小一些。但在我们继续本例时，我们仍然还是要遵循这个常用规则来增加 y 变量的值。新的基本变量称为**输入变量**(entering variable)，它所在的列称为**主元列**(pivot column)，我们用↑来标记主元列。

现在我们来说明如何选择**分离变量**(departing variable)，这是一个基本变量，但在下一张表中将变成非基本变量(任意基本解中的基本变量总数必须等于约束方程的个数 m)。就像上面讲到的，为了得到一个使目标函数更大的邻接极点，在把输入变量变得尽可能大的同时，我们需要把一个原有的基本变量变成 0，并保证所有其他变量的非负性。根据这个观察结果，我们可以得到在单纯形表中选择分离变量的一个规则：对于主元列上的每个**正**单元格，将其所在行最后一个单元格除以主元列的单元格，求得一个所谓的 θ **比率**。以表格(10.5)为例，其 θ 比率为：

$$\theta_u=\frac{4}{1}=4\text{，}\quad \theta_v=\frac{6}{3}=2$$

θ比率最小的行指出了哪个是分离变量，即要变成非基本变量的变量。如果θ比率相同，则任选其一。在本例中，它是变量v。我们用←来标记分离变量所在的行，将其称为**主元行**(pivot row)，记作$\overleftarrow{\text{row}}$。记住，如果主元列没有正单元格，则不必计算$\theta$比率，这意味着该问题是无界的，算法也就可以终止了。

最后，为了将当前表变换[这种变换称为**主元化**(pivoting)，和解线性方程组的高斯-若尔当消去法的主要步骤是类似的，参见习题 6.2 的第 8 题]为下一张表格，我们还需要执行以下步骤。首先，将主元行中的所有单元格除以**主元**(主元位于主元行和主元列的相交单元格)来求得$\overleftarrow{\text{row}}_{\text{new}}$。对于表格(10.5)来说，我们得到：

$$\overleftarrow{\text{row}}_{\text{new}}: \frac{1}{3}\ \ 1\ \ 0\ \ \frac{1}{3}\ \ 2$$

然后用下面算式的计算结果来替换包括目标行在内的每一行：

$$\text{row} - c\overleftarrow{\text{row}}_{\text{new}}$$

c是各行主元列的单元格。对于表格(10.5)来说，这一步骤将产生如下结果：

$$\text{row 1} - 1\times\overleftarrow{\text{row}}_{\text{new}}: \quad \frac{2}{3}\ \ 0\ \ 1\ \ -\frac{1}{3}\ \ 2$$

$$\text{row 3} - (-5)\times\overleftarrow{\text{row}}_{\text{new}}: -\frac{4}{3}\ \ 0\ \ 0\ \ \frac{5}{3}\ \ 10$$

因此，单纯形法将表格(10.5)变换为下列表格：

	x	y	u	v	
← u	$\frac{2}{3}$	0	1	$-\frac{1}{3}$	2
y	$\frac{1}{3}$	1	0	$\frac{1}{3}$	2
	$-\frac{4}{3}$	0	0	$\frac{5}{3}$	10
	↑				

(10.6)

表格(10.6)代表一个基本可行解$(0, 2, 2, 0)$，它使得目标函数值增长到 10。但这个解还不是最优的(为什么？)。

大家应该自己做一做下一次迭代，这一步会生成表格(10.7)：

	x	y	u	v	
x	1	0	$\frac{3}{2}$	$-\frac{1}{2}$	3
y	0	1	$-\frac{1}{2}$	$\frac{1}{2}$	1
	0	0	2	1	14

(10.7)

这个表格代表基本可行解$(3, 1, 0, 0)$。这是最优解，因为表格(10.7)的目标行中，每个单元格都是非负的。目标函数的最大值等于 14，也就是目标行的最后一个单元格。

我们现在来总结一下单纯形法的步骤。

单纯形法小结

第 0 步：初始化 将给定的线性规划问题表示成标准形式，并建立一个初始表格，它最右列的单元格都是非负的，接下来的 m 列组成了一个 $m \times m$ 的单位矩阵(目标行的单元格则不必满足这一条件)。这 m 列确定了初始的基本可行解的基本变量，而表格中的行用基本变量来标识。

第 1 步：最优测试 如果目标行中的所有单元格都是非负的(除了最右列中代表目标函数值的那个单元格)，就可以停止了：该表格代表了一个最优解，它的基本变量的值在最右列中，而剩下的非基本变量的值是 0。

第 2 步：确定输入变量 从目标行的前 n 个单元格中选择一个非负的单元格(一个常用规则是，选择绝对值最大的那个负单元格，如遇相同值，则任选其一)。该单元格所在的列确定了输入变量和主元列。

第 3 步：确定分离变量 对于主元列上的每个正单元格，将其所在行最右单元格除以主元列的单元格，求得一个所谓的 θ 比率(如果主元列单元格都为负或 0，该问题是无界的，算法终止)。找出 θ 比率最小的行(比率相同时，任选其一)，该行确定了分离变量和主元行。

第 4 步：建立下一张表格 将主元行中的所有单元格除以主元得到新主元行。包括主元行在内的每一行，要减去该行主元列单元格和新主元行的乘积(除了主元行的 1，这一步会把主元列的所有单元格变成 0)。把主元行前的标识用主元列的变量名代替，返回第 1 步。

10.1.3 单纯形法其他要点

单纯形法有效性的正式证明可以在一些专门讨论线性规划细节的书中找到(例如[Dan63])。但我们在这里还是要对该方法做一些重要的说明。一般来说，单纯形法的每次迭代都会得出该问题的可行区域的一个极点，该点使得目标函数值更大。如果一个或一个以上的基本变量等于 0，我们称之为退化的实例。在这种实例中，单纯形法只能保证新极点的目标函数值大于或等于上个极点。这反过来会导致这样一种可能：不但目标函数的值会在若干次迭代中“停止”不动，而且该算法可能会转回到一个先前处理过的极点，从而永无停歇。后一现象称为**环路**(cycling)。虽然这种情况实际很难发生，但能够引发环路的特定问题实例已经被构造出来了。用 **Bland 法则**(Bland’s rule)对第 2 步和第 3 步进行简单的修改，就会除去理论上存在环路的可能性。假设变量是用带下标的字母表示的(例如：x_1，x_2，…，x_n)，该规则这样定义：

修改后的第 2 步：在目标行的负单元格中，选择下标最小的列。

修改后的第 3 步：在 θ 比率最小的行中，选择下标最小的基本变量所标识的行。

对于第 0 步的假定还应做一些说明。如果问题是以这种形式给出的，即所有针对非负变量的约束都是不等式 $a_{i1}x_1 + \cdots + a_{in}x_n \leqslant b_i$，$b_i \geqslant 0$，$i = 1, 2, \cdots, m$，那么这些假定都是自动满足的。的确，在第 i 个约束上增加一个非负的松弛变量 x_{n+i}，我们就得到了一个等式

$a_{i1}x_1 + \cdots + a_{in}x_n + x_{n+i} = b_i$。这时，单纯形法初始表格需要满足的所有条件都能满足，因为有一个显而易见的基本可行解 $x_1 = \cdots = x_n = 0$，$x_{n+1} = \cdots = x_{n+m} = 1$。但如果问题不是以这种形式给出的，要找到一个基本可行解就不是那么容易了。而且，对于可行区域为空的问题来说，并不存在初始基本可行解，因此我们需要以算法的方式来识别出这类问题。处理该类问题的一种方法是利用经典单纯形法的一个扩展方法，称为**两阶段单纯形法**(two-phase simplex method，可以参见[Kol95])。简单来说，该方法是在一个给定问题的约束等式中加入了一系列人工变量，使得新问题具有一个明显的基本可行解。然后，它利用单纯形法将人工变量的和最小化，来解该线性规划问题。新问题的最优解要么对应原问题的初始表格，要么指出原问题的可行区域为空。

单纯形法的效率如何呢？因为该算法处理的是某可行区域的一系列邻接极点，可能有人已经猜出它的效率不会很高，因为众所周知，极点的数量会随着问题的规模呈指数级增长。的确，单纯形法的最差效率仍然是指数级的。但幸运的是，该算法在半个多世纪中的实际应用表明，在一个典型的应用中，如果 m 和 n 分别是约束等式和变量的数量，算法的迭代次数在 m 到 $3m$ 之间，而每次迭代的操作次数和 mn 是成正比的。

因为该算法是 1947 年发明的，许多研究人员对该方法进行了细致的研究。其中有些人专门致力于改进原算法或者对它进行高效的实现。这些努力的结果是，单纯形法的程序实现被打磨到了相当完善的程度，具有几十万个约束和变量的超大型问题甚至可以用一个例程来解决。实际上，在一些精巧的软件包中就包含了这类程序。这种软件包可以让用户输入问题的约束，然后用一种友好的界面输出问题的解。这些软件包还提供工具供用户研究解的重要特性，例如解对于输入数据变化的敏感程度。这种研究对于许多应用都是非常重要的，包括一些经济领域的应用。另一方面，该算法也已经获得了很大程度的普及，现在，在台式机上，不论是用标准的电子表格软件，还是用因特网上提供的工具，解决中等规模的线性规划问题都是轻而易举的事情。

研究人员还试图找到在最差情况下仍具有多项式效率的线性规划问题的算法。这类算法的一个重要里程碑要算卡奇安(L. G. Khachian)给出的证明([Kha79])。该证明表明，**椭球法**(ellipsoid method)可以在多项式时间内对任意线性规划问题求解。虽然椭球法在实际应用中比单纯形法慢许多，但它的最差效率更佳，这激发了人们去寻找单纯形法的替代算法。1984 年，卡马卡发表了一个算法，它不但具有多项式类型的最差效率，而且在实证测试中的表现也和单纯形法不相上下。尽管我们这里不打算讨论 **Karmarkar 算法**([Kar84])，但仍然需要指出，它也是基于迭代改进思想的。然而，该算法会生成一系列位于可行区域内的可行解，而不是像单纯形法那样连续处理一系列邻接极点。类似这样的算法被称为**内部点法**(interior-point method，可以参见[Arb93])。

习题 10.1

1. 考虑以下版本的邮局选址问题(习题 3.3 第 3 题)：假设 $x1, x2, \cdots, x_n$ 是整数，它们分别代表坐落在一条直路上的 n 个村庄的坐标。求邮局的位置，使得各村庄和该邮局之间的平均距离最小。邮局可以(但非必须)坐落在其中一座村庄。针对上述问题，设计一个基于迭代改进思想的算法并分析该算法对求解该问题是否是高效的。

2. 用几何方法求解下列线性规划问题。

a. 根据约束

$$-x+y\leqslant 1$$
$$2x+y\leqslant 4$$
$$x\geqslant 0,\quad y\geqslant 0$$

使 $3x+y$ 最大化。

b. 根据约束

$$4x\geqslant y$$
$$y\leqslant 3+x$$
$$x\geqslant 0,\quad y\geqslant 0$$

使 $x+2y$ 最大化。

3. 考虑下列线性规划问题。

根据约束

$$x+y\geqslant 4$$
$$x+3y\geqslant 6$$
$$x\geqslant 0,\quad y\geqslant 0$$

使 c_1x+c_2y 最小化，其中 c_1 和 c_2 都是实数，并且不全为 0。

a. 给出一个 c_1 和 c_2 的例子，使得该问题具有唯一最优解。

b. 给出一个 c_1 和 c_2 的例子，使得该问题具有无穷最优解。

c. 给出一个 c_1 和 c_2 的例子，使得该问题没有最优解。

4. 如果问题(10.2)的不等式约束更严格，分别变成 $x+y<4$ 和 $x+3y<6$，该问题的解会有所不同吗？

5. 对下列问题，跟踪单纯形法的操作。

a. 习题 2a 的问题。

b. 习题 2b 的问题。

6. 对 6.6 节的例 1，跟踪单纯形法的操作。

a. 手工跟踪。

b. 从因特网上下载一个单纯形法的实现来跟踪。

7. 确定用单纯形法求解以下问题需要多少次迭代。

根据约束 $0\leqslant x_j\leqslant b_j$，其中 $b_j>0$，$j=1, 2, \cdots, n$

使 $\sum_{j=1}^{n}x_j$ 最大化。

8. 我们是不是能应用单纯形法来解决背包问题(参见 6.6 节的例 2)？如果你认为能，请指出这是不是一个解决该问题的好算法；如果你认为不能，请说明原因。

9. 请证明，除非 $k=1$，否则线性规划问题不可能具有 $k\geqslant 1$ 个确定个数的解。

10. 如果线性规划问题

根据约束 $\sum_{j=1}^{n}a_{ij}x_j\leqslant b_i$，其中 $i=1, 2, \cdots, m$

$$x_1,\ x_2,\ \cdots,\ x_n\geqslant 0$$

使 $\sum_{j=1}^{n} c_j x_j$ 最大化。

是**主**(primal)问题，它的**对偶**(dual)问题是

根据约束 $\sum_{i=1}^{m} a_{ij} y_i \geqslant c_j$，其中 $j=1, 2, \cdots, n$

$y_1,\ y_2,\ \cdots,\ y_m \geqslant 0$

使 $\sum_{i=1}^{m} b_i y_i$ 最小化。

a．用矩阵的符号来表示主问题和对偶问题。

b．求下列线性规划问题的对偶问题。

根据约束 $x_1 + x_2 + x_3 \leqslant 6$

$x_1 - x_2 - 2x_3 \leqslant 2$

$x_1,\ x_2,\ x_3 \geqslant 0$

使 $x_1 + 4x_2 - x_3$ 最大化。

c．解上述主问题和对偶问题，并比较它们目标函数的最优值。

10.2 最大流量问题

在本节中，我们来考虑一个重要的问题，即如何使传输网络(管道系统、通信系统和配电系统，等等)上的物质流最大化。我们假设这里所说的传输网络可以用 n 个顶点的加权连通图来表示，各顶点用 1 到 n 的数字来标识，图的边用集合 E 表示，该图具有如下特性：

- 包含 1 个没有输入边的顶点；该顶点称为**源点**(source)，用数字 1 标识。
- 包含 1 个没有输出边的顶点；该顶点称为**汇点**(sink)，用数字 n 标识。
- 每条有向边 (i, j) 的权重 u_{ij} 是一个正整数(这个数字表示该边所代表的链路把物质从 i 送到 j 的数量上限)，称为该边的**容量**(capacity)。

满足这些特性的有向图称为**流量网络**(flow network)，或者简称**网络**(network)[①]。图 10.4 给出了一个简单的网络实例。

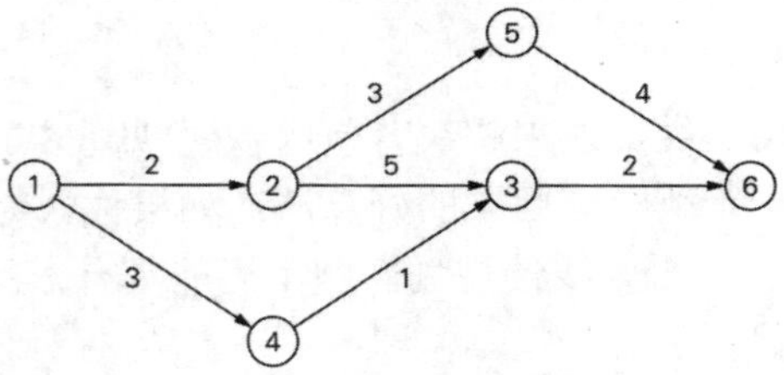

图 10.4 网络图的例子。顶点中的数字是顶点的“名字”，边上的数字是边的容量

① 在更通用的模型里，网络可以有若干源点和汇点，同时允许容量 u_{ij} 为无穷大。

该模型假设源点和汇点分别是物质流唯一的出发地和目的地，所有其他的顶点只能改变流的方向，但不能消耗或者添加物质。换句话说，进入中间顶点的物质总量必须等于离开的物质总量。这个条件被称为**流量守恒要求**(flow-conservation requirement)。如果用 x_{ij} 来标记通过边 (i, j) 的传输量，那么对于任意中间顶点 i 来说，流量守恒要求可以用下列等式约束来表示：

$$\sum_{j:(j,i)\in E} x_{ji} = \sum_{j:(i,j)\in E} x_{ij}\text{，其中 } i = 2, 3, \cdots, n-1 \tag{10.8}$$

其中，左右两边的和分别代表进入和离开顶点 i 的输入流和输出流的总和。

由于物质通过网络的中间顶点后不会有任何改变，这表明离开源点的物质总量必然会在汇点处结束(这一结果也可以通过等式(10.8)的正式推导获得，我们要求大家在习题中完成)。因此，就有了下列等式：

$$\sum_{j:(1,j)\in E} x_{1j} = \sum_{j:(j,n)\in E} x_{jn} \tag{10.9}$$

这个数量是源点的总输出流，当然也等价于汇点的总输入流，我们称之为流的**值**(value)，标记为 v。这就是我们想要最大化的目标，当然，要通过网络中所有可能的流才能完成最大化。

因此，一个给定网络的(可行)**流**(flow)是实数值 x_{ij} 对边 (i, j) 的分配，使得网络满足流量守恒约束(10.8)和**容量约束**(capacity constraint)：

$$\text{对于每条边 } (i,j)\in E \text{ 来说，}\quad 0 \leqslant x_{ij} \leqslant u_{ij} \tag{10.10}$$

因此，**最大流量问题**(maximum-flow problem)可以用下面这个最优问题来正式定义：

对于每条边 $(i, j) \in E$ 来说，$0 \leqslant x_{ij} \leqslant u_{ij}$

$$\text{根据约束 } \sum_{j:(j,i)\in E} x_{ji} - \sum_{j:(i,j)\in E} x_{ij} = 0\text{，其中 } i = 2, 3, \cdots, n-1 \tag{10.11}$$

使得 $v = \sum_{j:(1,j)\in E} x_{1j}$ 最大化。

可以用单纯形法或者解线性规划问题的其他通用算法来求解线性规划问题(10.11)(参见 10.1 节)。然而，如果利用了问题(10.11)的特殊结构，则可以设计一个更快的算法。具体来说，这里用到迭代改进的思想是很自然的。我们总是可以从流量 0 开始(也就是对于网络的每条边 (i, j)，都设置 $x_{ij} = 0$)。然后，在每次迭代时，试着找到一条可以传输更多的流量的，从源点到汇点的路径。这样的路径被称为**流量增益**(flow augmenting)**路径**。如果找到了一条流量增益路径，我们沿着路径调整边上的流量，以得到更大的流量值，并试着为新的流量找到一条新的增益路径。如果不能找到流量增益路径，我们就认为当前流量已经是最优的了。这个解最大流量问题的一般性模板被称为**增益路径法**(augmenting-path method)，因为小福特和富尔克森发明了这个方法(参见[For57])，它也称为 **Ford-Fulkerson 法**。

但增益路径法的实际实现就不是那么简单直接了。为了说明原因，我们来看看图 10.4 的网络。在图 10.5(a)中，我们从 0 流量开始(该图中，每条边上传输的流量 0 和边的容量用斜线隔开，在其他例子中也会这样标记)。如果沿着当前流量 x_{ij} 小于边容量 u_{ij} 的有向边，可以很容易找到一条从源点到汇点的增益路径。由于存在多种可能路径，假设先把增益路径确定为$1 \to 2 \to 3 \to 6$。在这条路径上，我们可以最多把流量增加两个单位，这是各边未使用容量的最小值。图 10.5(b)显示了新的流量。流量增益路径的朴素思想只能把问题解决到这一地步了。但遗憾的是，图 10.5(b)中的流量并不是最优的：沿着路径$1 \to 4 \to 3 \leftarrow 2 \to 5 \to 6$流量值还能再增加，只要在边(1,4)，(4,3)，(2,5)，(5,6)增加 1，在边(2,3)上减少 1 就可以做到了。作为这次增益的结果，图 10.5(c)显示了流的分布。这个流量确实是最大的。(为什么？)

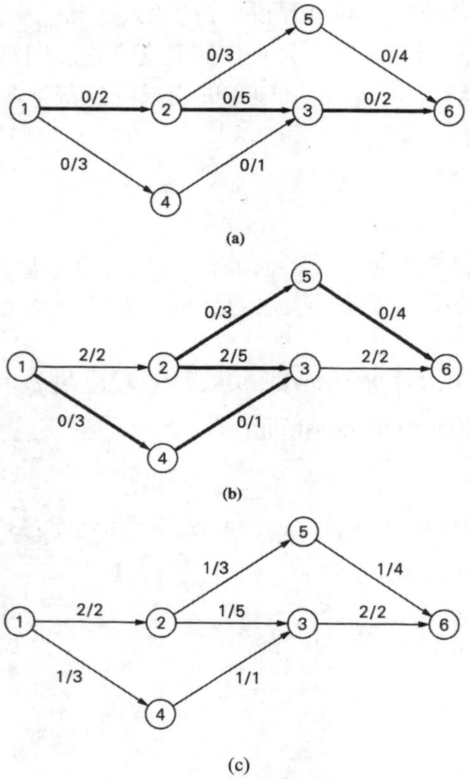

图 10.5 用于说明增益路径法。流量增益路径用粗线表示。流量和边的容量分别标在斜线的前后

因此，为了求流量x的流量增益路径，我们需要考虑对应无向图中具有如下特征的任意连续顶点i和j：①它们以从i和j的有向边连接，该边具有正的未使用容量$r_{ij} = u_{ij} - x_{ij}$(使得我们可以把通过该边的流量最多增加r_{ij}个单位)；②它们以从j到i的有向边连接，该边具有正的流量x_{ji}(使得我们可以把通过该边的流量最多减少x_{ji}个单位)。

第一类边称为**前向边**(forward edge)，因为在顶点列表$1 \to \cdots i \to j \cdots \to n$中，它们的尾列在头的前面；第二类边称为**后向边**(backward edge)，因为在顶点列表$1 \to \cdots i \leftarrow j \cdots \to n$中，它们的尾列在头的后面。举例来说，对于上面例子中的路径$1 \to 4 \to 3 \leftarrow 2 \to 5 \to 6$来说，(1,4)，(4,3)，(2,5)，(5,6)是前向边，而(3,2)是后向边。

对于一个给定的流量增益路径，设r是路径中所有前向边的未使用容量r_{ij}和所有后向边的流量x_{ji}的最小值。很容易看出，如果我们在每条前向边的当前流量上增加r，在每条后向边的流量上减去 r ，就会得到一个可行流量，它的值比上一次大 r 个单位。的确，设 i 是一条流量增益路径上的一个中间顶点。在顶点 i 上存在前向边和后向边的 4 种可能组合：

$$\xrightarrow{+r} i \xrightarrow{+r},\quad \xrightarrow{+r} i \xleftarrow{-r},\quad \xleftarrow{-r} i \xrightarrow{+r},\quad \xleftarrow{-r} i \xleftarrow{-r}$$

无论哪种情况，在完成边上给出的流量调整以后，顶点 i 仍然会满足流量守恒要求。再者，因为 r 是流量增益路径上所有正向边上大于 0 的未使用容量和所有后向边上大于 0 的流量的最小值，所以新的流量也会满足容量约束。最后，在增益路径的第一条边的流量上增加 r 会将流量的值增加 r 。

基于所有边的容量都是整数的假设， r 也一定是一个正整数。因此，在增量路径法的每次迭代中，流量的值至少增加 1。由于流量最大值的上界已经确定(也就是源点所附带的边的容量和)，增益路径法在有限次迭代后一定会停止[①]。令人惊讶的是，最终的流量一定是最大化的，而且和增量路径的变化次序无关。这个重要的结果可以由最大流-最小割定律的证明得出(可以参见[For62])，本节会加以证明。

上面对增益路径法的一般形式进行了描述，但它并没有给出生成流量增益路径的具体方法。然而，这些路径的生成次序如果不恰当，会对该方法的效率有巨大的影响。举例来说，我们可以考虑图 10.6(a)中的网络，其中 U 代表某大正整数。如果我们沿着路径 $1 \to 2 \to 3 \to 4$ 对流量 0 进行增益，就会得到图 10.6(b)中值为 1 的流量。而沿着路径 $1 \to 3 \leftarrow 2 \to 4$ 对流量 0 进行增益，就会得到图 10.6(c)中值为 2 的流量。如果我们继续选择这对流量增益路径，总共需要 $2U$ 次迭代才能得到最大的流量值 $2U$ (图 10.6(d))。当然，我们也可以仅用两次迭代就得到这一最大流量，首先，沿着路径 $1 \to 2 \to 4$ 来对流量 0 进行增益。然后，沿着路径 $1 \to 3 \to 4$ 来对新的流量进行增益。 $2U$ 和 2 之间的巨大差异说明了上述观点。

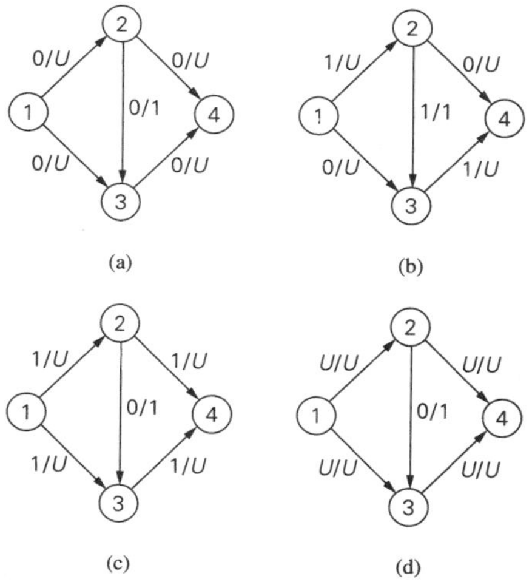

图 10.6　增益路径法的性能退化

① 如果容量的上界是无理数，增量路径法可能不会终止(可以参见[Chv83]，pp. 387-388，它用一个设计巧妙的例子证明了这种情况的存在)。但这种情况只具有理论意义，因为计算机中无法存储无理数，而有理数总可以转变为整数，只要改变容量的度量单位就可以了。

幸运的是，有若干生成流量增益路径的高效方法，它们都可以避免上例中显示的性能下降。其中最简单的一种方法利用广度优先查找，用数量最少的边来生成增益路径(参见 3.5 节)。这种增量路径法是由埃德蒙斯(J. Edmonds)和卡普(R. M. Karp)给出的([Edm72])，称为**最短增益路径法**(shortest-augmenting-path algorithm)或者**先标记先扫描算法**(first-labeled-first-scanned algorithm)。这里的标记意味着用两个记号来标记一个新的(未标记)顶点。第一个标记指出从源点到被标记顶点还能增加多少流量。第二标记指出了另一个顶点的名字，就是从该顶点访问到被标记顶点的(对于源点来说，这个标记可以不必指定)。方便起见，也可以为第二个标记加上+或者-符号，用来分别指出该顶点是通过前向边还是后向边访问到的。因此，源点总是可以标记为∞，–。对于其他顶点，则要按照下述方法计算它的标记。

如果未标记顶点 j 是由从 i 到 j 的有向边和遍历队列中的前面顶点 i 相连接的，而且 j 具有大于 0 的未使用容量 $r_{ij}=u_{ij}-x_{ij}$，那么顶点 j 就标记为 l_j，i^+，其中 $l_j=\min\{l_i, r_{ij}\}$。

如果未标记顶点 j 是由从 j 到 i 的有向边和遍历队列中的前面顶点 i 相连接的，而且 j 具有大于 0 的流量 x_{ji}，那么顶点 j 就标记为 l_j，i^-，其中 $l_j=\min\{l_i, x_{ji}\}$。

如果这种加入了标记的遍历结束于汇点，当前流量的增量就可以确定为汇点的第一个标记。我们从汇点开始，沿着第二个标记回溯到源点，来执行这一增量。在这条路径上，前向边的当前流量增加，后向边的当前流量减少。如果遍历队列为空以后，汇点仍然没有被标记，该算法就把当前流量作为最大值返回并结束算法。

```
算法  ShortestAugmentingPath(G)
    //最短增量路径算法的实现
    //输入：网络 G，具有一个源点 1 和一个汇点 n，每条边 (i, j) 的容量都是正整数 u_ij
    //输出：最大流量 x
    对网络中的每条边 (i, j)，设 x_ij = 0
    把源点标记为 ∞, –，再把源点加入到空队列 Q 中
    while not Empty(Q) do
        i ← Front(Q); Dequeue(Q)
        for 从 i 到 j 的每条边 do      //前向边
            if j 没有被标记
                r_ij ← u_ij − x_ij
                if r_ij > 0
                    l_j ← min{l_i, r_ij}；用 l_j, i⁺ 来标记 j
                    Enqueue(Q, j)
        for 从 j 到 i 的每条边 do      //后向边
            if j 没有被标记
                if x_ji > 0
                    l_j ← min{l_i, x_ji}；用 l_j, i⁻ 来标记 j
                    Enqueue(Q, j)
        if 汇点被标记了
            //沿着找到的增益路径进行增益
            j ← n        //从汇点开始，用第二个标记反向移动
            while j ≠ 1      //没有到达源点
                if 顶点 j 的第二个标记是 i⁺
                    x_ij ← x_ij + l_n
```

　　　　　　else　　　//顶点 j 的第二个标记是 i^-

　　　　　　　　$x_{ji} \leftarrow x_{ji} - l_n$

　　　　　　$j \leftarrow i$; $i \leftarrow i$ 的第二个标记指出的顶点

　　　　除了源点，擦去所有顶点的标记

　　　　用源点对 Q 重新初始化

return x　　//当前的流量是最大的

图 10.7 告诉我们如何对图 10.4 中的网络应用该算法。

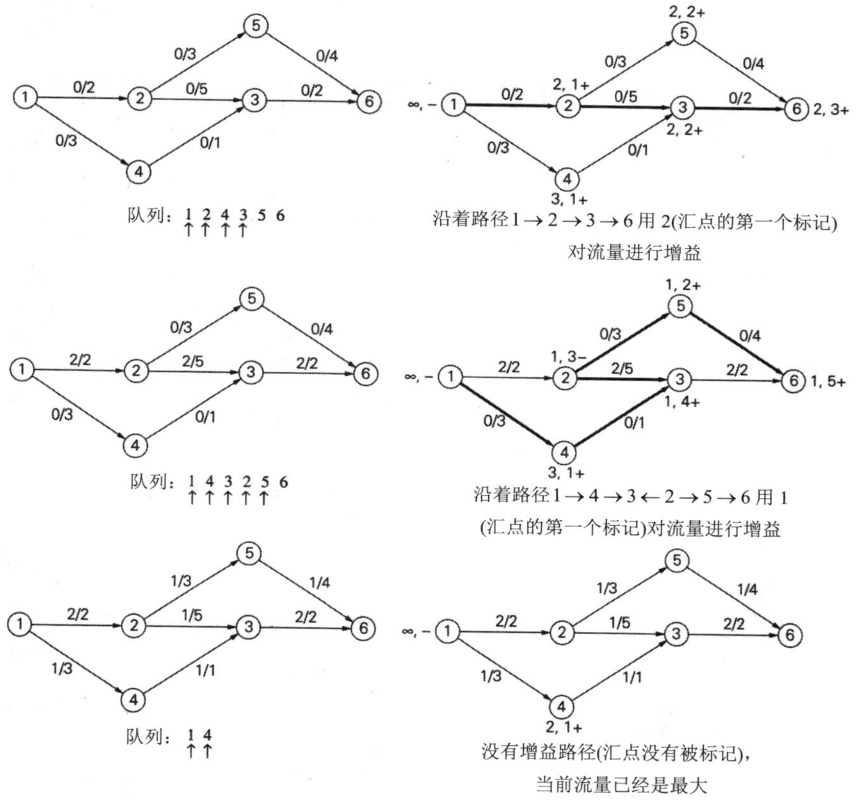

图 10.7　演示了最短增益路径算法。左边的图显示了在下一次迭代开始前的当前流量；右边的图显示了该次迭代对顶点标记的结果、找到的增益路径(粗线)以及增益前的流量。从队列中删除的顶点用↑表示

增益路径法得到的最终流量为什么是最优的呢？这是一个定理导出的结论，该定理把网络的流量和网络的割联系在了一起。什么是割呢？我们可以把网络的顶点分成两个子集：X 和 $\overline{X}$ 。X 包含源点，$\overline{X}$ 是 X 的补，包含汇点。所有头在 $\overline{X}$ ，尾在 X 的边的集合称为**割**(cut)。我们把割记作 $C(X,\overline{X})$ 或者简单地记作 C 。举例来说，对于图 10.4 的网络来说：

$X=\{1\}$ ，因此 $\overline{X}=\{2,3,4,5,6\}$ ，这时 $C(X,\overline{X})=\{(1,2),(1,4)\}$ ，

$X=\{1,2,3,4,5\}$ ，因此 $\overline{X}=\{6\}$ ，这时 $C(X,\overline{X})=\{(3,6),(5,6)\}$ ，

$X=\{1,2,4\}$ ，因此 $\overline{X}=\{3,5,6\}$ ，这时 $C(X,\overline{X})=\{(2,3),(2,5),(4,3)\}$ 。

“割”这个名字源于下列性质：如果割中所有的边都从网络中删除，网络中将不存在从源点到汇点的有向路径。的确，假设 $C(X,\overline{X})$ 是割，让我们来看看从源点到汇点的有向路径是怎样的。如果 v_i 是路径中属于 $\overline{X}$ 的第一个顶点($\overline{X}$ 不可能为空，因为它包含汇点)，那么 v_i 不是源点并且它在该路径上的直接前趋 v_{i-1} 属于 X ，因此从 v_{i-1} 到 v_i 的边必定是割 $C(X,\overline{X})$ 的一个元素。这就证明了上面所说的性质。

割 $C(X,\overline{X})$ 的**容量**，记作 $c(X,\overline{X})$ ，定义为构成割的边的容量和。对于上面举的三个割的例子来说，它们的容量分别是 5，6 和 9。因为一个网络中割的数量必然有限而且大于 0(为什么？)，因此必定会存在一个**最小割**(minimum cut)，也就是具有最小容量的割(图 10.4 的最小割是哪个？)。下面这个定理告诉我们最大流和最小割之间的重要关系。

定理(Max-Flow Min-Cut Theorem，最大流-最小割定理)　网络中的最大流量值等于它最小割的容量。

证明　首先，设 x 是值为 v 的可行流量，$C(X,\overline{X})$ 是容量为 c 的割，两者属于同一网络。我们把通过该割的流量定义为：“从 X 到 $\overline{X}$ 的边上的流量之和”与“从 $\overline{X}$ 到 X 的边上的流量之和”的差值。这个结论是显而易见的，也可以从流量守恒等式以及流量值的定义(习题 10.2 第 6 题 b)正式推导出来，即通过割 $C(X,\overline{X})$ 的流量等于流量值 v：

$$v=\sum_{i\in X,\ j\in\overline{X}} x_{ij}-\sum_{j\in\overline{X},\ i\in X} x_{ji} \tag{10.12}$$

因为第二个求和式不可能为负，而且任意边 (i,j) 上的流量 x_{ij} 不可能大于边的容量 u_{ij} ，等式(10.12)也就意味着

$$v\leqslant\sum_{i\in X,\ j\in\overline{X}} x_{ij}\leqslant\sum_{i\in X,\ j\in\overline{X}} u_{ij}$$

即

$$v\leqslant c \tag{10.13}$$

因此，网络上任意可行流的值不可能超过该网络上任意割的容量。

设 v^* 是通过增益路径法得到的最终流量 x^* 的值。如果我们找到一个割的容量等于 v^*，根据不等式(10.13)，我们可以有如下结论：①最终流的值 v^* 是所有可行流中最大的，②该割的容量是网络中所有割的最小值，③最大流的值等于最小割的容量。

为了找到这样的割，请考虑这样的顶点集合 X^*，集合中的顶点可以从源点出发，经由未使用容量大于 0(相对于最终流量 x^* 而言)的前向边和流量为正的后向边组成的无向路径来到达。该集合包含源点但不包含汇点：如果它包含汇点，流量 x^* 就会有一个增益路径，这和流量 x^* 是最终流量的假设是矛盾的。再来考虑割 $C(X^*,\overline{X^*})$ 。根据集合 X^* 的定义，每条从 X^* 到 $\overline{X^*}$ 的边 (i,j) 都没有未使用的容量，即 $x^*_{ij}=u_{ij}$ ，而每条从 $\overline{X^*}$ 到 X^* 的边 (j,i) 都没有流量(否则，j 就属于 X^*)。对最终流量 x^* 和上面定义的集合 X^* 应用等式(10.12)，得到

$$v^*=\sum_{i\in X^*,\ j\in\overline{X^*}} x^*_{ij}-\sum_{j\in\overline{X^*},\ i\in X^*} x^*_{ji}=\sum_{i\in X^*,\ j\in\overline{X^*}} u_{ij}-0=c(X^*,\overline{X^*})$$

因此定理得证。

上面的证明不仅告诉我们最大流量值和最小割的容量是相等的，而且还意味着当增益路径法结束时，它同时生成了最大流和最小割。如果我们使用最短增益路径算法中的标记方法，在该方法最后一次迭代时，所有从已标记顶点到未标记顶点的边就构成了最小割。最后，该证明还暗示我们，所有这样的边一定是满的(也就是边上的流量一定等于边的容量)，而如果有从未标记顶点到已标记顶点的边，它们一定都是空的(即边上没有流量)。具体来说，对于图 10.7 的网络，该算法求得最小割是{(1, 2), (4, 3)}，容量是 3，两条边都符合满的要求。

埃德蒙斯和卡普在他们的论文([Edm72])中证明了最短增益路径算法用到的增益路径数量肯定不会超过 $nm/2$，其中，n 和 m 分别是顶点和边的数量。由于对于用邻接链表法表示的网络来说，用广度优先查找求得一条增益路径的时间属于 $O(n+m)=O(m)$，最短增益路径算法的时间效率属于 $O(nm^2)$。

对于最大流量问题已经发现了一些更高效的算法(参见专著[Ahu93]和类似[Cor09]和[Kle06]的书籍中的相关章节)。其中有些是用一种更高效的方式来实现增益路径的思想。其他算法则是基于一种称为预流的概念。**预流**(preflow)是这样一种流量：它满足容量约束但不满足流量守恒约束。任意顶点的输入流都可以大于输出流。预流推进算法把过剩的流量向汇点处移动，直到网络中的所有中间顶点都重新满足流量守恒约束为止。这类算法中较快的其最差效率可以接近 $O(nm)$。请注意，预流推进算法并不属于迭代改进这一类，因为它们并没有在满足问题所有约束的前提下生成一系列渐优的解。

作为本节的结论，我们需要指出，虽然是传输方面的应用催生了网络流量的研究，但事实证明这个模型对于许多其他领域的应用都是非常有用的。我们会在下一节来讨论一个这样的应用。

习题 10.2

1. 由于最大流量算法需要从两个方向来处理边，我们对网络的邻接矩阵表示法做如下修改会更方便。如果从顶点 i 到顶点 j 有一条容量为 u_{ij} 的有向边，那么第 i 行和第 j 列的元素设为 u_{ij}，而第 j 行和第 i 列的元素设为 $-u_{ij}$；如果顶点 i 和 j 之间没有边，上面两个元素都设为 0。给出一个简单的算法，在用这种矩阵表示的网络中找到源点和汇点，并指出它的时间效率。
2. 对下列网络用最短增益路径算法求它们的最大流和最小割。

   a.

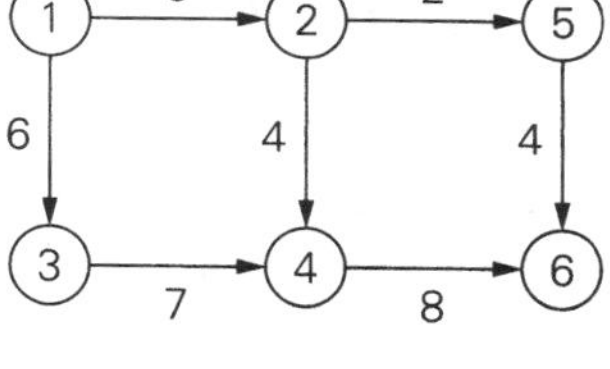

b.

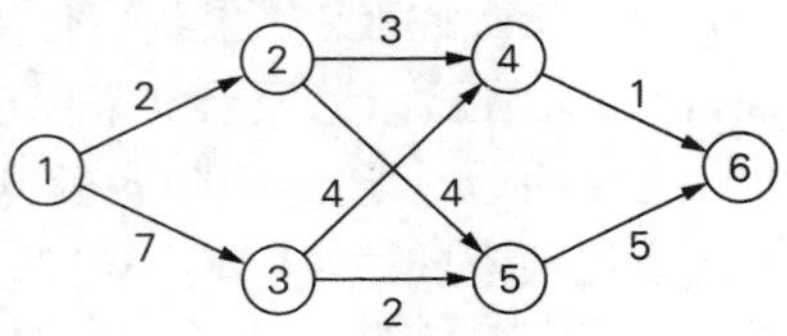

3. a. 最大流问题是不是仅有唯一解？如果网络中所有边的容量都各不相同，答案还相同吗？
   b. 对于在给定的网络中求具有最小容量的割的最小割问题，是不是有唯一解？如果网络中所有边的容量都各不相同呢？
4. a. 对于网络中有多个源点和汇点的最大流量问题，如何能将其转化为具有一个源点和一个汇点的等价问题？
   b. 有些网络对于中间顶点能够通过的流量有容量约束。这种网络的最大流量问题如何能转化为仅包含边容量约束的等价问题？
5. 考虑网络是有根树的情况，它的根是源点，叶子是它的汇点，所有的边都是和从根到叶子的路径同向的。设计一个高效的算法来求出这种网络的最大流量。该算法的时间效率是多少？
6. a. 证明等式(10.9)。
   b. 请证明对于网络的任何流和任何割来说，流的值等于穿过割的流量(参见等式(10.12))。请解释这个特性和等式(10.9)的关系。
7. a. 将图 10.4 中网络的最大流量问题表述为线性规划问题。
   b. 用单纯形法解该线性规划问题。
8. 作为最短增益路径算法的替代，埃德蒙斯和卡普还给出了一种最大容量增益路径算法([Edm72])，该算法沿着能够将流量增加最大值的路径来对路径增益。选择一种语言来实现这两种算法，并对它们的效率关系进行经验分析。
9. 了解一种更先进的最大流量算法，并写个报告，该算法可以是①Dinitz 算法，②Karzanov 算法，③Malhotra-Kamar-Maheshwari 算法，④Goldberg-Tarjan 算法。
10. **就餐问题** 几个家庭一起外出就餐。为了增进社交，他们希望同一个家庭的人不要坐在一张桌子上。试述如何利用最大流量问题找到一个满足要求的座位排法(或者证明这种排法不存在)。假设该就餐团具有 p 个家庭，第 i 个家庭有 a_i 个成员。还假设有 q 张桌子，第 j 张桌子的座位容量是 b_j。([Ahu93])

10.3 二分图的最大匹配

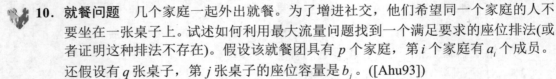

在很多情况下，我们都会遇到为两个集合的元素进行配对的问题。一个传统的例子就是舞会中的男女配对问题，但我们也可以很容易找到许多更严肃的应用。方便起见，我们可以用图中的顶点来代表两个给定集合的元素，将可配对的顶点用边连接起来。所谓图的一个**匹配**(matching)其实是图中边的子集，其中任何两条边都不共一个顶点。**最大匹配**

(maximum matching)，或者更精确地称为**最大基数匹配**(maximum cardinality matching)，是包含最多边的匹配。(图 10.8 中的图的最大匹配是哪个？该最大匹配是唯一的吗？)最大匹配问题就是求一个给定图的最大匹配的问题。对于任意图来说，这是一个比较困难的问题。杰克·埃德蒙斯([Edm65])在 1965 年解决了这个问题([Gal86]给出了详细的介绍，包括一些更新的资料)。

本节只讨论二分图这种较简单的情况。在一个**二分图**(bipartite graph)中，所有的顶点都可以分为两个不相交的集合V和U，两个集合大小不一定相等，但每条边都连接两个集合中各一个顶点。换句话说，一个二分图的顶点可以染成两种颜色，使得每条边两头顶点的颜色是不同的，这样的图也称为**二色图**(2-colorable)。图 10.8 中的图是二分图。不难证明，当且仅当图中不存在奇数长度的回路时，图是二色图。本节后面部分会假设一个给定二分图的顶点集合已经按照定义的要求分成了V和U两个集合(参见习题 3.5 的第 8 题)。

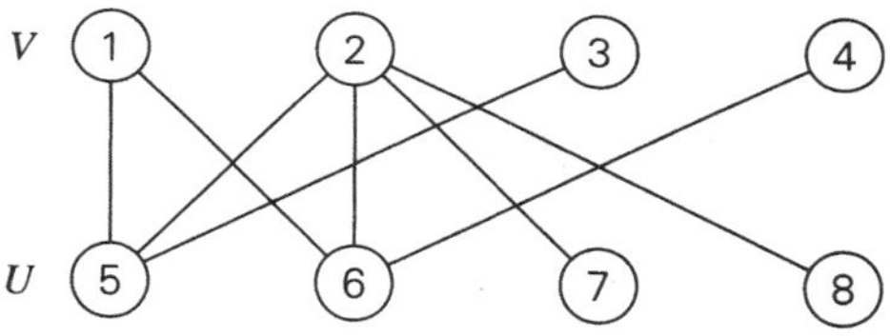

图 10.8 二分图的例子

我们将迭代改进技术应用于最大基数匹配问题。设M是二分图$G=\langle V,U,E\rangle$的一个匹配。如何对它进行改进，即找到一个包含更多边的匹配呢？显然，无论是V还是U，如果其中每个顶点都是**匹配的**[有一个**对偶**(mate)]，即作为M中一条边的端点，那么该匹配无法再改进，M已经是最大匹配了。因此，如果当前匹配可以改进，V和U都必须包含**未匹配顶点**(或称为**自由顶点**)，即还有顶点没有和M中的任何边发生联系。例如，对于图 10.9(a)来说，当$M_a=\{(4,8),(5,9)\}$时，顶点 1，2，3，6，7 和 10 是自由的，而顶点 4，5，8 和 9 是匹配的。

另一个显而易见的事实是，我们只要增加一条连接两个自由顶点的边，立刻就可以扩大当前匹配的规模。例如，在图 10.9(a)中，把$(1,6)$加入匹配$M_a=\{(4,8),(5,9)\}$，就可以得到一个更大的匹配$M_b=\{(1,6),(4,8),(5,9)\}$ (图 10.9(b))。我们现在来对顶点 2 做匹配，以求得一个比M_b更大的匹配。唯一的做法就是把边$(2,6)$加入新的匹配中。为了做到这一点只能把$(1,6)$移走，但作为补偿，可以把$(1,7)$包含到新的匹配中来。新的匹配$M_c=\{(1,7),(2,6),(4,8),(5,9)\}$显示在图 10.9(c)中。

一般来说，我们通过构造一条简单路径来增加当前匹配的规模。这条简单路径一头连接V中的自由顶点，另一头连接U中的自由顶点，路径上的边交替出现在$E-M$和M中。也就是说，路径上的第一条边不属于M，第二条边属于M，以此类推，直到最后一条不属于M的边。这种路径称为M的**增益路径**。例如，路径 2, 6, 1, 7 是图 10.9(b)中匹配M_b的一条增益路径。由于增益路径的长度总是为奇数，把位置为奇数的边加入M，把位置为偶数的边从M中删除，就可以生成一个新的匹配，该匹配比M多一条边。对匹配的这种调整称为**增益**(augmentation)。因此，在图 10.9 中，对M_a根据增益路径 1, 6 进行增益以后得到匹配M_b，对M_b根据增益路径 2, 6, 1, 7 进行增益以后得到匹配M_c。而 3, 8, 4, 9, 5, 10 是

匹配 M_c 的增益路径(参见图 10.9(c))。向 M_c 中加入 $(3,8)$，$(4,9)$ 和 $(5,10)$，并删除 $(4,8)$ 和 $(5,9)$，我们就得到了图 10.9(d)中的匹配 $M_d=\{(1,7),(2,6),(3,8),(4,9),(5,10)\}$。匹配 M_d 不仅是最大匹配而且是**完美匹配**(perfect)，即它匹配了图中的所有顶点。

在我们讨论求增益路径的算法前，先来看看如果增益路径不存在意味着什么。根据法国数学家克劳德·贝尔热(Claude Berge)证明的定理，这种情况意味着当前匹配是最大匹配。

定理 当且仅当 M 不存在增益路径时，M 是最大匹配。

证明 如果 M 的增益路径存在，那么匹配的规模可以通过增益变得更大。接下来的部分较难证明：如果不存在 M 的增益路径，该匹配是最大匹配。我们反过来假设图 G 中的一个特定匹配 M 不符合这种情况。设 M^* 是 G 中的最大匹配，根据我们的假设，M^* 中边的数量至少比 M 中边的数量大 1，即 $|M^*|>|M|$。我们来考虑集合 M 和 M^* 的对称差 $M\oplus M^*=(M-M^*)\cup(M^*-M)$，这个集合中的边要么属于 M，要么属于 M^*，但不同时属于两个集合。请注意 $|M^*-M|>|M-M^*|$，因为根据假设 $|M^*|>|M|$。设 G' 是 G 的一个子图，它是由 $M\oplus M^*$ 中的所有边及其端点构成的。根据匹配的定义，$G'\subseteq G$ 中的任何顶点和 M 的连接不可能超过一条边，和 M^* 的连接也不可能超过一条边。因此，G' 中每个顶点的连通度不会大于 2，从而 G' 的每个连通分量要么是一条路径，要么是一个偶数长度的回路，它的边依次隶属于 $M-M^*$ 和 M^*-M。因为 $|M^*-M|>|M-M^*|$，而且对于 G' 中任何长度为偶数，边依次交替的回路来说，它在 $M-M^*$ 和 M^*-M 中的边的数量是相同的，因此至少存在一条具有交替边的路径，它的起点和终点都是 M^*-M 中的同一条边。因此，匹配 M 具有一条增益路径，这和前面该路径不存在的假设是矛盾的。

我们关于增益路径的讨论衍生出了一个构造二分图最大匹配的通用方法。该方法从某初始匹配(例如空集合)开始，求出一个增益路径，并沿着该路径对当前匹配进行增益。如果无法再找到增益路径，该算法终止并返回最后匹配，该匹配就是最大的。

我们现在给出一个具体的算法来实现这个思路。该算法用一种类似广度优先查找的图遍历方法来搜索匹配 M 的一个增益路径，它从 V 或者 U 中选择一个集合，从该集合的所有自由顶点开始搜索。(合理的做法是选择较小的那个顶点集合，但下面的伪代码暂不做这种优化。)回忆一下，增益路径如果存在，它是一条连接 V 中自由顶点和 U 中自由顶点的奇数长度的路径，除非它只包含一条边，否则，它沿“之”字形，把 V 中的一个顶点和 U 中另一个对应顶点相连，然后再沿“之”字形，沿着 M 所定义的唯一一条可能边连回 V，依此类推，直到遇到 U 中的一个自由顶点。(作为例子，可以画出图 10.9 中匹配的增益路径。)因此，任何可能的增益路径，它的边都是按照上面所描述的模式交替连接两个集合的。根据这个现象，在对图进行类似广度优先查找遍历时，可以根据下面的规则来标记顶点。

情况 1(队列的第一个顶点 w 在 V 中) 如果 u 是邻接 w 的一个自由顶点，它被作为增益路径的另一个端点，因此标记停止，对匹配的增益可以开始了。我们沿着顶点的标记(见下文)回溯，交替把它的边加入当前匹配或者从当前匹配中删除，以得到所求的增益路径。如果 u 不是自由顶点，而且通过一条不在 M 中的边和 w 相连，则把 u 标记为“w”，除非 u 已经被标记过了。

情况 2(队列的第一个顶点 w 在 U 中) 在这种情况下，w 已经被匹配了，我们把它在 V 中的对偶标记为“w”。

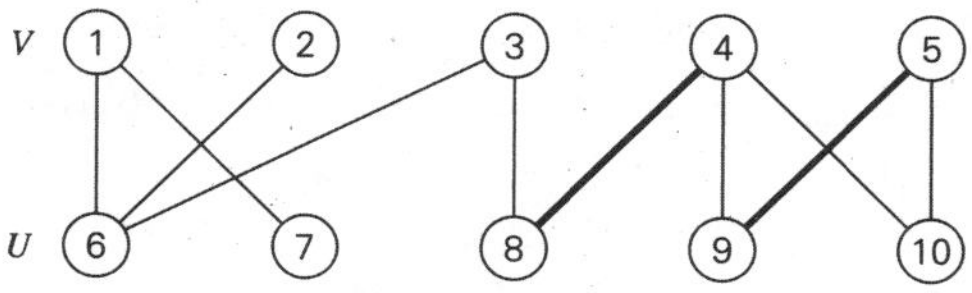

(a)

增益路径：1, 6

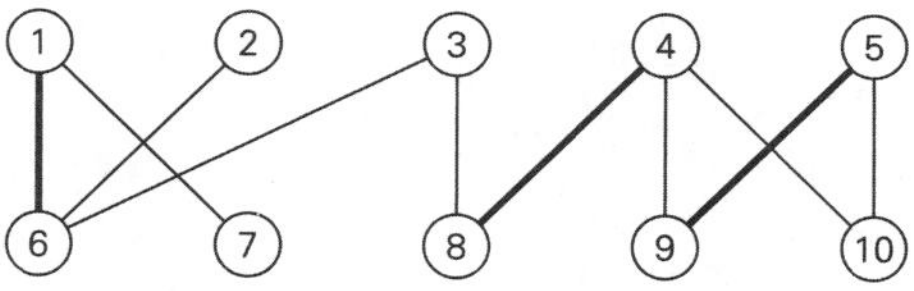

(b)

增益路径：2, 6, 1, 7

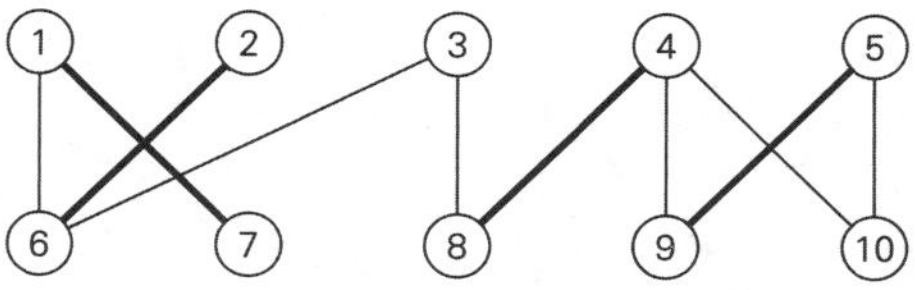

(c)

增益路径：3, 8, 4, 9, 5, 10

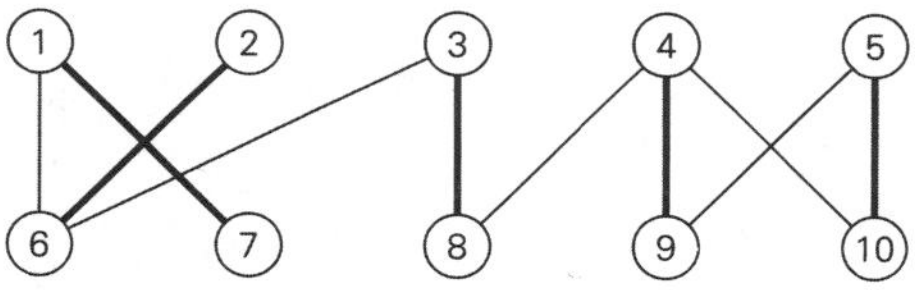

(d)

最大匹配

图 10.9　增益路径和匹配增益

以下是该算法的完整伪代码。

```
算法  MaximumBipartiteMatching(G)
    //用类似广度优先查找的遍历来求二分图的一个最大匹配
    //输入：二分图 G = ⟨V, U, E⟩
    //输出：输入图中一个最大基数匹配
    初始的边集合 M 包含某些合法的匹配(例如空集合)
    初始队列 Q 包含 V 中的所有自由顶点(任意序)
    while not Empty(Q) do
        w←Front(Q); Dequeue(Q)
        if w ∈ V
            for 邻接 w 的每个顶点 u do
                if u 是自由顶点
                    //增益
                    M ← M ∪ (w, u)
                    v ← w
                    while v 已经被标记 do
```

```
                    u ← 以 v 标记的顶点； M ← M − (v, u)
                    v ← 以 u 标记的顶点； M ← M ∪ (v, u)
                删去所有顶点的标记
                用 V 中所有的自由顶点重新初始化 Q
                break      // 退出 for 循环
            else  // u 已经匹配
                if (w, u) ∉ M  and u 未标记
                    用 w 标记 u
                    Enqueue(Q, u)
    else  // w ∈ U (而且匹配)
        用 w 来标记 w 的对偶 v
        Enqueue(Q, v)
    return M  //当前匹配是最大匹配
```

图 10.10 告诉我们如何对图 10.9(a)中的匹配应用该算法。请注意，该算法求得的最大匹配和图 10.9(d)中的最大匹配是不同的。

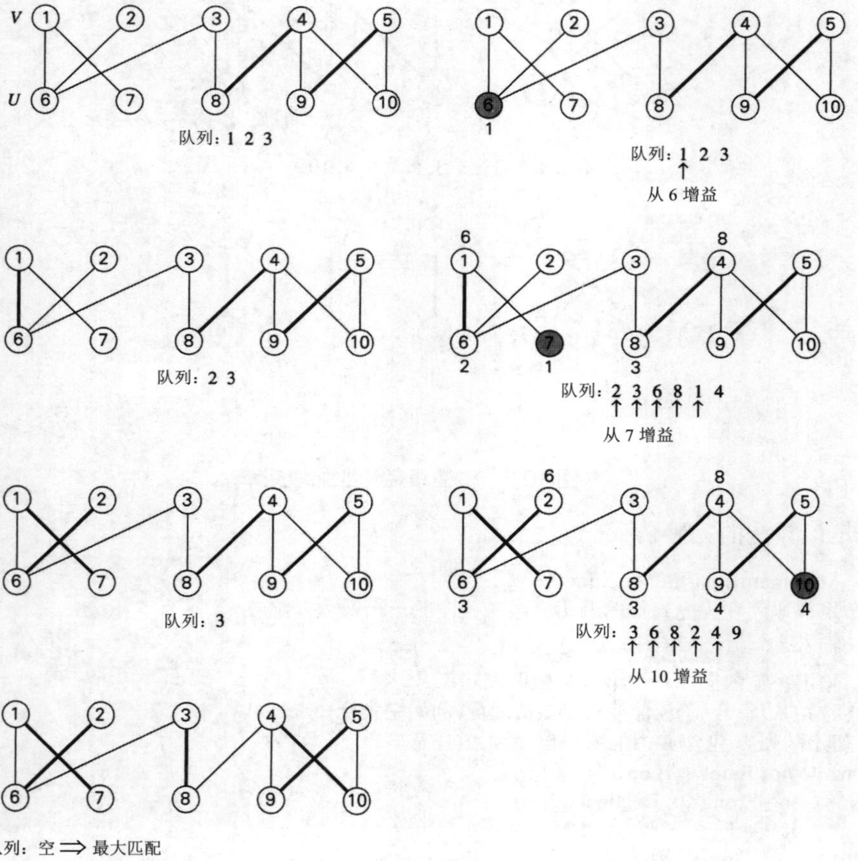

图 10.10 最大基数匹配算法的应用。左边一列显示了在下一次迭代开始时的当前匹配和初始队列，右边一列显示了在增益开始之前该算法对顶点所做的标记。匹配边用粗线表示。顶点上方的标记显示出该标记是从哪个顶点做出的。为清晰起见，所找到的增益路径的顶点加上了阴影还进行了标记。从队列中删除的顶点用↑符号指出来

该最大匹配算法的效率如何？除了最后一次匹配，它的每次迭代都会把上次的两个自由顶点匹配起来，集合 V 和 U 各一个。因此，迭代的总数不可能超过 $\lfloor n/2 \rfloor + 1$，其中 $n = |V| + |U|$ 是图中的顶点个数。每次迭代所花的时间是 $O(n+m)$，其中 $m = |E|$ 是图中边的条数。这里假设，每个顶点的状态信息(是自由的，还是匹配的。如果是匹配的，它的对偶是谁)都能在常数时间内得到。把顶点存储在数组中就是一种办法。因此，该算法的时间效率属于 $O(n(n+m))$。霍普克洛夫特和卡普([Hop73])已经告诉我们如何把效率提升至 $O(\sqrt{n}(n+m))$，方法是把多次迭代在一个阶段完成，然后用一次查找把最大数量的边添加到匹配中。

本节关注如何在二分图中匹配最大数量的顶点对。但某些应用则要求考虑匹配不同对的质量或者成本。例如，工人完成工作的效率可能是不同的，女孩对待选的舞伴可能会有不同的偏好。这时我们会很自然地用包含加权边的二分图来对这类情况建模。这就导致了另一个问题，如何使连接匹配顶点的边的权重和最大。这个问题称为**最大权重匹配问题**(maximum-weight matching problem)。我们在 3.4 节中遇到过这个问题，只是当时名字叫分配问题。该问题有不少精巧的算法，它们的效率比穷举查找要高很多(可以参见[Pap82]，[Gal86]和[Ahu93])。但这里不进行讨论，因为它们太复杂，尤其是对一般的图来说。

习题 10.3

1. 对于下列图中用粗线显示的匹配来说，求出它们的增益，或者解释一下为什么增益不存在。

a.

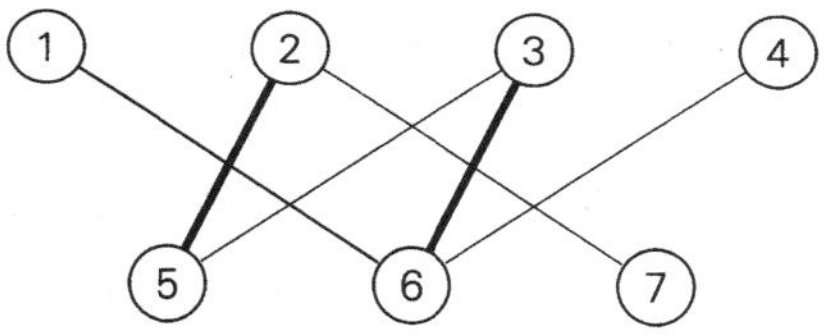

b.

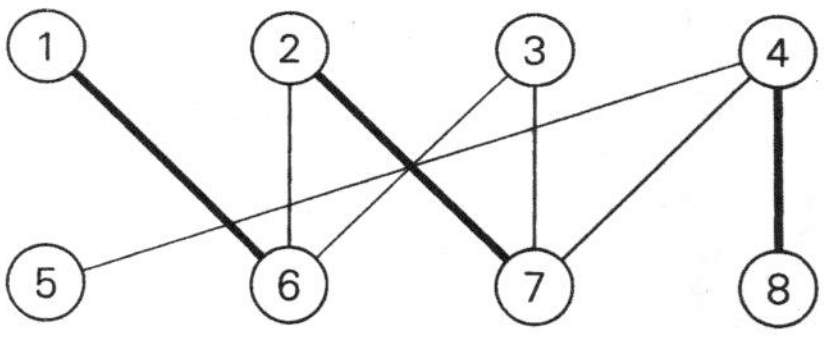

2. 对下列二分图应用最大匹配算法。

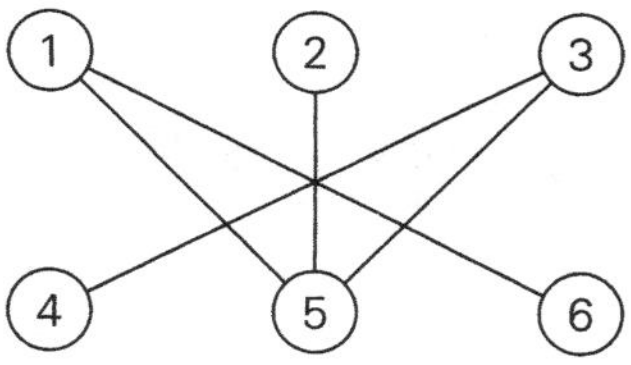

3. **a.** 一个二分图 $G = \langle V, U, E \rangle$，顶点集合 V 和 U 均有 n 个顶点，并至少有 n 条边，它可能的最大匹配数和最小匹配数各是多少？

b. 一个二分图 $G = \langle V, U, E \rangle$，顶点集合 V 和 U 均有 n 个顶点，并至少有 n 条边，最大基数匹配问题可能解的最大数量和最小数量各是多少？

4. **a.** **Hall 婚姻定理**断言，如果二分图 $G = \langle V, U, E \rangle$，当且仅当对于每个子集 $S \subseteq V$，都有 $|R(S)| \geqslant |S|$ 时，G 有一个匹配，可以匹配集合 V 中的所有顶点，其中，

$R(S)$ 是和 S 中顶点邻接的所有顶点的集合。对下列图检验该性质：① $V=\{1,2,3,4\}$，② $V=\{5,6,7\}$。

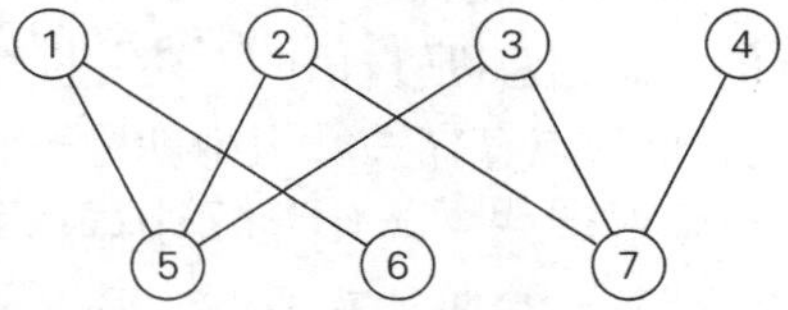

b．设计一个算法，当二分图 $G=\langle V,U,E\rangle$ 中有一个匹配 V 中所有顶点的匹配时，该算法返回 yes，否则，返回 no。能否根据 Hall 婚姻定理来设计该算法？

5. 假设有 5 个委员会 A，B，C，D，E，它们是由 6 个人 a，b，c，d，e，f 组成的：A 的成员是 b，c；B 的成员是 b，d，e；C 的成员是 a，c，d，e，f；D 的成员是 b，d，e；E 的成员是 b，e。这是不是一个**独立代表系统**(system of distinct representatives)，也就是说，是不是能从每个委员会中选出一个独立的代表来呢？

6. 请说说如何能把二分图的最大基数匹配问题化简为 10.2 节讨论的最大流问题。

7. 考虑下列求二分图 $G=\langle V,U,E\rangle$ 最大匹配的贪婪算法：把所有顶点按照它们的连通度从小到大排列，扫描该有序列表，把这样一条边加入当前匹配(一开始是空的)，该边连接该列表的自由顶点和该顶点邻接的连通度最小的自由顶点。如果该顶点已经匹配或者该顶点没有邻接的自由顶点，就忽略该顶点。该算法是不是总能输出一个二分图的最大匹配？

8. 设计一个线性效率的算法来求一棵树的最大匹配。

9. 选择一种语言实现本节所介绍的最大匹配算法。在 n 个顶点的集合上试验该算法对二分图的性能，图中的边是随机生成的(分稠密和稀疏两种模式)。比较试验效率和理论效率的差别。

10. **多米诺谜题**　多米诺是一块 2×1 的方块，方向上既可以水平放置，也可以垂直放置。一块由多个 1×1 的格子组成的板，如果能够正好用多米诺覆盖，而且没有重叠，则称为一个覆盖。对于一块 8×8 的板，是不是可以用多米诺覆盖，并使得对角的两个格子不被覆盖？

10.4　稳定婚姻问题

本节将讨论二分图匹配问题的一个有趣版本，我们称之为稳定婚姻问题。有一个 n 个男士的集合 $Y=\{m_1,m_2,\cdots,m_n\}$ 和一个 n 个女士的集合 $X=\{w_1,w_2,\cdots,w_n\}$。每个男士有一个排序的列表，把女士按照潜在结婚对象的优先级进行排序。同样，每个女士也有一个男士的优先级列表。图 10.11(a)和图 10.11(b)给出了这样两类列表集合的例子。同样的信息也可以用一个 $n\times n$ 的等级矩阵来表示(参见图 10.11(c))。矩阵的行和列分别代表两个集合中的男士和女士。m 行 w 列的元素包含两个等级：第一个是 w 在 m 的优先列表中的位置(等级)，第二个是 m 在 w 的优先列表中的位置(等级)。例如，图 10.11(c)中的 Jim 行和 Ann 列的 3, 1 表示，Ann 是 Jim 的第三个选择，而 Jim 是 Ann 的第一个选择。这两种表示法哪种更优取决于我们手头的任务。例如，用等级矩阵更容易显示出集合元素的匹配，但优先列表对于匹配算法的实现来说，是一种效率更高的数据结构。

一个**婚姻匹配**(marriage matching) M 是一个包含 n 个 (m,w) 对的集合，每一对的成员都按照一对一的模式从两个不相交的 n 元素集合 Y 和 X 中选出。也就是说，Y 中的每个男士 m 都只和 X 中的一个女士 w 配对，反之亦然。(如果我们用完全二分图中的顶点来表示 Y 和 X，用边来连接可能的结婚对象，那么婚姻匹配就是这种图中的一个完美匹配。)如果在匹配 M 中，$m \in Y$，$w \in X$，男士 m 和女士 w 没有匹配，但他们都更倾向于对方而不是 M 中的伴侣，那么 (m,w) 称为**受阻对**(blocking pair)。例如，对于婚姻匹配 $M = \{(\text{Bob, Ann}), (\text{Jim, Lea}), (\text{Tom, Sue})\}$ 来说，(Bob, Lea) 是受阻对(图 10.11(c))。因为他们在 M 中没有匹配，但 Bob 更喜欢 Lea 而不是 Ann，Lea 更喜欢 Bob 而不是 Jim。如果婚姻匹配 M 不存在受阻对，我们说它是**稳定的**(stable)；否则，M 就是**不稳定的**(unstable)。根据这个定义，图 10.11(c)中的婚姻匹配是不稳定的，因为 Bob 和 Lea 可以抛弃指定给他们的配偶而投入他们更喜欢的一个组合。**稳定婚姻问题**(stable marriage problem)就是要根据给定的男士和女士的优先选择，求出一个稳定的婚姻匹配。

男士的优先选择

	1st	2nd	3rd
Bob:	Lea	Ann	Sue
Jim:	Lea	Sue	Ann
Tom:	Sue	Lea	Ann

(a)

女士的优先选择

	1st	2nd	3rd
Ann:	Jim	Tom	Bob
Lea:	Tom	Bob	Jim
Sue:	Jim	Tom	Bob

(b)

等级矩阵

	Ann	Lea	Sue
Bob	[2,3]	1,2	3,3
Jim	3,1	[1,3]	2,1
Tom	3,2	2,1	[1,2]

(c)

图 10.11　稳定婚姻问题的一个实例数据：(a)男士的优先列表，(b)女士的优先列表，(c)等级矩阵(加框的元素组成了一个不稳定的匹配)

令人惊奇的是，该问题总是有解的。(你能不能找出图 10.11 中实例的解？)下面这个算法就可以用来求解。

稳定婚姻算法

输入：有一个 n 个男士的集合和一个 n 个女士的集合，以及每个男士选择女士的优先级和每个女士选择男士的优先级。

输出：一个稳定的婚姻匹配。

第 0 步：一开始所有的男士和女士都是自由的。

第 1 步：如果有自由男士，从中任选一个然后执行以下步骤：

- **求婚**　选中的自由男士 m 向 w 求婚，w 是他优先列表上的下一个女士(即优先级最高而且之前没有拒绝过他)。
- **回应**　如果 w 是自由的，她接受求婚和 m 配对。如果她不是自由的，她把 m 和她当前的配偶做比较。如果她更喜欢 m，她接受 m 的求婚，她的前配偶就变成自由人。否则，她拒绝 m 的求婚，m 还是自由的。

第 2 步：返回 n 个匹配对的集合。

在我们分析该算法前，先来对某些输入跟踪该算法应有所帮助。图 10.12 就给出这么

一个例子。

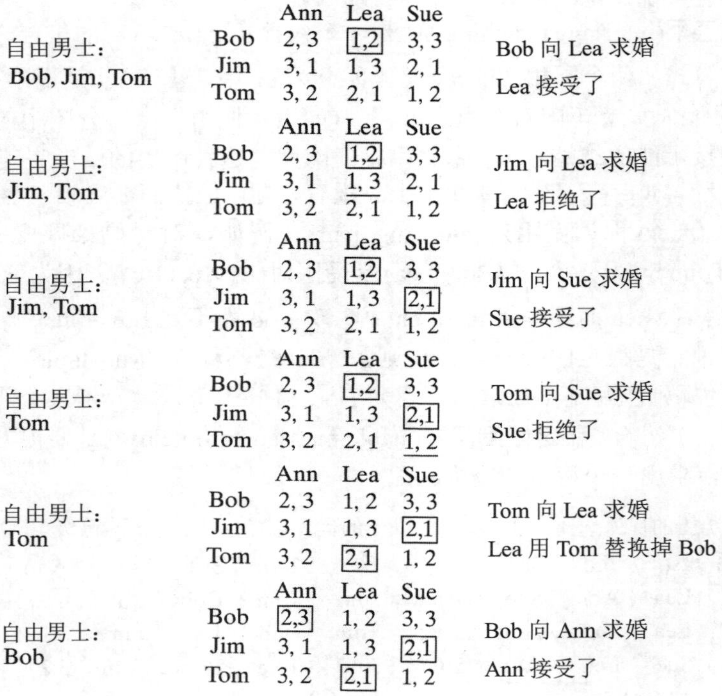

Ann Lea Sue
自由男士：
Bob, Jim, Tom
Bob 2, 3 1,2 3, 3
Jim 3, 1 1, 3 2, 1
Tom 3, 2 2, 1 1, 2
Bob 向 Lea 求婚
Lea 接受了
Ann Lea Sue
自由男士：
Jim, Tom
Bob 2, 3 1,2 3, 3
Jim 3, 1 1, 3 2, 1
Tom 3, 2 2, 1 1, 2
Jim 向 Lea 求婚
Lea 拒绝了
Ann Lea Sue
自由男士：
Jim, Tom
Bob 2, 3 1,2 3, 3
Jim 3, 1 1, 3 2,1
Tom 3, 2 2, 1 1, 2
Jim 向 Sue 求婚
Sue 接受了
Ann Lea Sue
自由男士：
Tom
Bob 2, 3 1,2 3, 3
Jim 3, 1 1, 3 2,1
Tom 3, 2 2, 1 1, 2
Tom 向 Sue 求婚
Sue 拒绝了
Ann Lea Sue
自由男士：
Tom
Bob 2, 3 1, 2 3, 3
Jim 3, 1 1, 3 2,1
Tom 3, 2 2,1 1, 2
Tom 向 Lea 求婚
Lea 用 Tom 替换掉 Bob
Ann Lea Sue
自由男士：
Bob
Bob 2,3 1, 2 3, 3
Jim 3, 1 1, 3 2,1
Tom 3, 2 2,1 1, 2
Bob 向 Ann 求婚
Ann 接受了

图 10.12　稳定婚姻算法的应用。被接受的求婚用加框的单元来表示，被拒绝的求婚用加下划线的单元来表示

我们来讨论一下稳定婚姻算法的特性。

定理　稳定婚姻算法不超过 n^2 迭代就会终止，并会输出一个稳定的婚姻匹配。

证明　该算法开始的时候有 n 个男士，他们的优先列表里共列出了 n^2 的女士。每次迭代时，一个男士向一个女士求婚。这就减少了男士可以在今后继续求婚的总次数，因为一个男士只能向一个女士求一次婚。因此，该算法不超过 n^2 次迭代就会停止。

我们现在来证明最终的匹配 M 是一个稳定的婚姻匹配。因为该算法在所有 n 个男士和 n 个女士一一配对后停止，我们唯一需要证明的就是 M 的稳定性。我们用反证法假设 M 是不稳定的，则必然存在一个男士 m 和一个女士 w 组成的受阻对，他们在 M 中没有匹配起来，因此他们相比目前 M 中的配偶必然更倾向于对方。因为 m 按照降序对他优先列表的每个女士求婚，而 w 优先于 m 在 M 中的配偶，m 一定在某次迭代的时候向 w 求过婚。无论 w 拒绝了 m 的求婚，还是先接受然后又在后面的迭代中用其他人替换掉了 m，w 的配偶在 w 的优先列表中一定比 m 有更高的优先级，因为只有在该算法的每次迭代时，女士的配偶的优先级才能提高。我们前面的假设是相对于 w 在 M 中的最终配偶，w 更倾向于 m，因此结论和假设产生了矛盾。

稳定婚姻算法有一个明显的缺陷。它有一些“性别倾向”。按照上面的描述，它更容易满足男士的偏好。我们对下面这个实例跟踪该算法就可以很容易地发现这一点。

	女士 1	女士 2
男士 1	1, 2	2, 1
男士 2	2, 1	1, 2

该算法显然会输出一个稳定的匹配 $M = \{(男士1, 女士1), (男士2, 女士2)\}$。在这个匹配中，所有的男士都和他们的第一选择相匹配，但对女士来说则并不如此。我们可以证明该算法总是会生成一个**男士最优**(man-optimal)的稳定匹配：在任何稳定的婚姻中，它总是尽可能把优先级最高的女士分配给男士。当然，如果把该算法中男士和女士的角色互换，即让女士求婚而由男士来接受或拒绝求婚，这一个性别偏见也可以反过来，但并不能消除。

根据稳定婚姻算法总是生成某个性别最优的稳定匹配的事实，可以得出另一个重要的推论。很容易证明，对于一个给定的参与者优先选择集合来说，男士(女士)最优的匹配是唯一的。因此，该算法的输出并不取决于自由男士(女士)们的求婚顺序。因此，我们可以使用任何想用的数据结构(例如队列或者堆栈)来表示参与者的集合，而不会改变该算法的输出。

稳定匹配概念和上面所讨论的算法都是由盖尔(D. Gale)和沙普利(L. S. Shapley)在他们的论文“College Admissions and the Stability of Marriage”(大学录取和婚姻稳定)中给出的([Gal62])。我们还不清楚大家认为标题中的两个应用哪个更重要，但重要的是，稳定是匹配的一个特性，在多种多样的应用中都会需要描述。例如，在美国，为了把医学院学生和实习医院匹配起来，多年来稳定一直是其中一个目标。要了解稳定婚姻问题的应用历史，更深层次的讨论及其扩展，可以参考格斯菲尔德(Gusfield)和欧文(Irwing)的专著([Gus89])。

习题 10.4

1. 请考虑下面这个等级矩阵给出的稳定婚姻问题的实例。

	A	B	C
α	1, 3	2, 2	3, 1
β	3, 1	1, 3	2, 2
γ	2, 2	3, 1	1, 3

对于其中的每个婚姻匹配，指出它是不是稳定的。对于每个不稳定的匹配，指出它的受阻对。对于稳定的匹配，指出它是男士最优、女士最优还是两者皆否。(假设希腊字母和罗马字母分别代表男士和女士。)

2. 设计一个简单的算法来检查一个给定的婚姻匹配是否稳定，并确定它的时间效率类型。

3. 应用稳定婚姻算法求第 1 题给出的实例的稳定婚姻匹配。

   a. 用男士求婚版求解。

   b. 用女士求婚版求解。

4. 对下面这个等级矩阵给出的实例求稳定婚姻匹配。

	A	B	C	D
α	1, 3	2, 3	3, 2	4, 3
β	1, 4	4, 1	3, 4	2, 2
γ	2, 2	1, 4	3, 3	4, 1
δ	4, 1	2, 2	3, 1	1, 4

5. 确定稳定婚姻算法的时间效率类型。

   a. 在最坏情况下。

   b. 在最优情况下。

6. 证明男士最优稳定婚姻集合总是唯一的。女士最优稳定婚姻匹配是否也是如此?

7. 证明在男士最优稳定匹配中，在任何稳定的婚姻匹配下，每位女士都匹配给了所有可能中最差的配偶。

8. 实现 10.4 节给出的稳定婚姻算法，使得它的运行时间属于 $O(n^2)$。通过实验来确定它的平均效率。

9. 大学入学问题(或实习医院分配问题)比稳定婚姻问题更具一般性。在该问题中，一个学校可以接受多个申请人的入学申请。写一个关于该问题的报告。

10. 考虑**室友问题**(problem of the roommates)，该问题和稳定婚姻问题相关但更难:“偶数个男孩要分成一对对室友。在配对的集合中，如果有两个男孩不是室友，但相对现在室友他们更希望分在一起，那么该集合是不稳定的，反之，该集合是稳定的。”[Gal62] 给出该问题的一个实例，使得该实例不存在稳定的配对。

小 结

- **迭代改进技术**用来求最优问题的解，它生成一系列使问题的目标函数值不断改进的可行解。这一系列可行解中，后续解相比前面的解一般总是有些小的、局部的改变。如果目标函数值无法再得到优化，该算法就把最后的可行解作为最优解返回，然后算法就结束了。
- 正好可以用迭代改进算法求解的重要问题包括线性规划、网络流量最大化以及图的最大数量顶点匹配问题。
- **单纯形法**是求解一般线性规划问题的经典方法。它的思路是：生成问题可行区域的一系列邻接极点，使得目标函数值不断改进。
- **最大流量问题**要求找出一个网络中可能存在的最大流量，网络是包含一个源点和一个汇点的加权有向图。
- **Ford-Fulkerson 法**是利用迭代改进技术求解最大流量问题的经典方法。**最短增益路径法**通过一种广度优先查找的方式对网络的顶点做标记，从而实现了上述思想。
- **Ford-Fulkerson 法**也可以求出给定网络的**最小割**。
- **最大基数匹配**是图中边的最大子集，该子集中的任何两条边都不共顶点。对于二分图来说，可以对之前求得的匹配进行一系列增益来获得这个子集。
- **稳定婚姻问题**要求基于给定的匹配优先级，求出两个 n 元素集合的元素之间的**稳定匹配**。该问题可以用 **Gale-Shapley 算法**求解，而且总有解。

第 11 章　算法能力的极限

智力用来区分可行和不可行，理智用来辨别有意义和无意义。所以即使是可行的，也不一定是有意义的。

——马克斯·玻恩(1882—1970)，*My life and My Views*，1968

我们在本书前面的章节中遇到了许多算法，可以求解各种各样的问题。我们必须公正地评价算法作为问题求解工具的作用：它们是极其强大的指令，用现代计算机来执行时尤其如此。但算法的能力并不是没有极限的，因此本章的主题就是讨论算法的极限。我们会看到：有些问题是无法用任何算法来求解的；有些问题可以用算法求解，但无法在多项式的时间内获得答案；有些问题可以在多项式的时间内用算法求解，但往往局限于最优情况。

我们从 11.1 节开始，用一些方法来求算法效率的下界，也就是说，估计一下求解一个问题需要的最少工作量。一般来说，即使是一个貌似很简单的问题，也不容易求得它的一个有效下界。和确定一个具体算法的效率不同，我们现在的任务是确定**所有**已知或未知算法的效率极限。这就需要我们必须仔细地定义这些算法能够允许执行的操作。如果我们没有仔细地定义"游戏规则"，可以说，我们的结论最终会被丢进"不可能声明"的大垃圾堆中，就像著名的英国物理学家开尔文爵士在 1895 年所下的定义："比空气重的飞行器是不可能存在的。"

11.2 节讨论决策树。这种技术使我们可以在其他应用中确定基于比较的算法在排序和查找有序数组时的效率下界。进而我们可以回答这样的问题：我们是不是可以发明一个比合并排序更快的排序算法？折半查找是不是查找有序数组的最快算法？(凭我们的直觉，这两个问题的答案是什么？)顺便提及，决策树也是帮助我们求解某些谜题的重要工具，例如我们在 4.4 节中讨论过的假币问题。

11.3 节要讨论一个棘手的问题：哪些问题可以或者不可以在多项式的时间内求解？这在计算机科学中是一个较为成熟的领域，被称为"复杂性理论"。我们会介绍该理论的基本要素，并且非正式地讨论 P，NP 和 NP 完全问题这些基本概念，包括计算机科学理论中最重要的未解问题，即 P 和 NP 问题的关系。

本章的最后一节涉及数值分析。计算机科学的这个分支关心的是解"连续"数学问题的算法——解方程和联立方程组，求类似 $\sin x$ 和 $\ln x$ 这种函数的值以及求积分等。这类问题本身就具有两种类型的限制。首先，它们中的大多数无法精确求解。其次，即使对它们近似求解，所需要处理的数字在计算机中也只能用有限的精度来表示。如果不加注意地处理近似值有可能会导致偏差很大的结果。我们将会看到，在计算机上即使求解一个基本的二次方程也是非常困难的，以至于我们需要对二次方程根的标准公式进行一些修改。

11.1 如何求下界

我们可以用两种方法来查看算法的效率。我们可以建立它的渐近效率类型(例如关于最差效率的)，然后根据 2.2 节给出的效率类型列表，看一看该类型处于什么样的位置。例如选择排序，它的效率是平方级的，还算是一个快速的算法，而汉诺塔问题的算法就非常慢了，因为它的效率是指数级的。但有人可能会说，这就像苹果和橘子一样，是不能相提并论的，因为这两个算法解决的是不同的问题。所以另一种方法，可能也是更“公平”的方法，就是根据同样问题的其他求解算法，来看一看一个具体算法的效率如何。按照这种观点，我们不得不认为选择排序是较慢的，因为有一些 $O(n\log n)$ 级的排序算法。而另一方面，汉诺塔算法则变成了它求解的问题中最快的算法。

当我们想根据同样问题的其他算法来确定一个算法的效率时，我们需要知道解该问题的**任意**算法可能具有的最佳效率。从这样一个**下界**(lower bound)可以得知，在寻找所讨论问题的更优算法时，我们可以期望获得多少改进。如果该边界是**紧密**(tight)的，也就是说我们已经知道一个和下界的效率类型相同的算法，那么我们所能希望的改进最多也就是一个常量因子。如果我们知道最快的算法和最优的下界之间还有不少差距，那么仍有可能改进：要么存在一个匹配下界的更快的算法，要么可以证明一个更好的下界。

在本节中，我们向大家介绍几种建立下界的方法，并用特定的例子对它们进行说明。就像我们在本书前面的章节中分析特定算法的效率一样，我们会把下界类型和特定操作需要执行的最少次数区别开来。作为规律，第二个要比第一个更难。例如，我们可以立即断定任何求 n 个数的中值的算法必须属于 $\Omega(n)$ (为什么？)，但如果要证明该问题的任何基于比较的算法在最坏情况下(对于奇数 n)至少要做 $3(n-1)/2$ 次比较就不那么容易了。

11.1.1 平凡下界

确定一个下界类型的最简单方法的基础是对问题的输入中必须要处理的项进行计数，同时对必须要输出的项进行计数。因为任何算法至少要“读取”所有它必须要处理的项，并“写”出它的全部输出，这样的计数就产生了一个**平凡下界**(trivial lower bound)。例如，任何生成 n 个不同项所有排列的算法都必定属于 $\Omega(n!)$，因为输出的规模是 $n!$。而且这个下界是紧密的，因为除了初始排列以外，好的排列算法在每个排列上所花的时间都是常数(参见 4.3 节)。

作为另一个例子，考虑一个在给定点 x 计算 n 次多项式

$$p(x)=a_nx^n+a_{n-1}x^{n-1}+\cdots+a_0$$

的问题，其中系数 a_n, a_{n-1}, …, a_0 是给定的。很容易看出任何计算多项式的算法都必须要处理所有的系数。的确，如果不是这样，一旦我们改变一个未处理系数的值，当 x 位于非零点时，多项式的值就会改变。这意味着任何这样的算法都必须属于 $\Omega(n)$ 。这个下界是紧密的，因为无论是从右到左的求值算法(习题 6.5 的第 2 题)还是霍纳法则(6.5 节)，它们的效率都是线性的。

出于同样的原因，计算两个 n 阶方阵乘积的算法的平凡下界属于 $\Omega(n^2)$，因为任何这样的算法必须处理输入矩阵中的 $2n^2$ 个元素，并且生成乘积中的 n^2 个元素。然而，我们还不知道这个边界是否是紧密的。

平凡下界往往过小，因而用处不大。例如，旅行商问题的平凡边界是 $\Omega(n^2)$，因为它的输入是 $n(n-1)/2$ 个城市间的距离，它的输出是构成最优路线的 $n+1$ 个城市的列表。但这个边界是绝对没有用的，因为对于该问题来说，还没有一个算法的运行时间属于任意次数的多项式。

用这个方法推导出一个有意义的平凡下界还有另一个障碍。这个障碍就在于，如何确定所讨论问题的所有算法都必须要处理的那部分输入。例如，从一个有序数组中查找符合给定值的元素并不需要处理数组的所有元素。(为什么？)作为另一个例子，考虑一下根据无向图的邻接矩阵确定图的连通性问题。看上去似乎任何这样的算法都必须检查所有 $n(n-1)/2$ 条边是否存在，但要证明这样一个事实却并不容易。

11.1.2　信息论下界

上面描述的方法考虑的是问题的输出规模，而信息论方法则试图根据算法必须处理的信息量来建立效率的下界。作为一个例子，请考虑一个著名的游戏，某人在 1 和 n 之间选择了一个正整数，我们可以向他提一些能够回答是或否的问题，来推导出这个数。任何求解该问题的算法都必须解决一定数量的不确定信息，这个数量就是 $\lceil \log_2 n \rceil$，也就是为了在 n 种可能选择中确定某个数所需的比特数。我们可以认为每个问题(或者更精确一点，是每个问题的一个答案)最多只能生成算法输出(也就是所选择的数字)的一比特信息。因此，最坏的情况下，任何这类算法在确定它的输出之前都至少需要 $\lceil \log_2 n \rceil$ 步这样的步骤。

我们把刚才使用的方法称为**信息论法**(information-theoretic argument)，因为它和信息论是相关的。对于许多涉及比较的问题，包括排序和查找，求出所谓的**信息论下界**(information-theoretic lower bound)是非常有用的。通过一种称为**决策树**(decision tree)的机制，可以更精确地实现这种方法的内在思想。因为这种技术的重要性，我们会在 11.2 节中专门做更详细的讨论。

11.1.3　敌手下界

让我们再来看看介绍信息论下界思想时用到的“猜”数字游戏。我们可以证明，如果有人扮演一个希望该算法尽可能多提问的敌对角色，在最坏的情况下，该算法必须要问 $\lceil \log_2 n \rceil$ 个问题。这个敌手开始的时候把所有 1～n 的数字都作为潜在的可选对象。(就游戏而言，这显然是作弊，但在这里只是作为证明我们论点的一个方法。)在每个问题之后，这个敌手给出一个答案把数字最多的集合留下来，当然留下的集合要和本次答案以及所有前面给出的答案一致。(这个策略把本次回答前至少一半的数字留了下来。)如果在集合的规模变成 1 之前停下来，敌手可以给出一个合法的数字，作为算法没有成功判断出的数字。现在，这就是一个简单的技术层面的问题了，它告诉我们，如果要把一个 n 元素的集合消减为一个单元素的集合，并且每次对余下集合的规模取整，那么必须要做$\lceil \log_2 n \rceil$次迭代。因此，在最坏的情况下，任何算法至少要问$\lceil \log_2 n \rceil$个问题。

这个例子告诉我们如何用**敌手法**(adversary method)建立下界。它基于一种恶意而又一致的敌手逻辑：恶意使它不断地把算法推向最消耗时间的路径，而一致又迫使它必须和已经做出的选择保持一致。它沿着最消耗时间的路径把一个潜在输入的集合消减为一个单独的输入，通过度量这个过程中所需要的工作量，我们就得到了一个下界。

作为另一个例子，考虑一下把两个规模为 n 的有序列表

$$a_1<a_2<\cdots<a_n \text{ 和 } b_1<b_2<\cdots<b_n$$

合并为一个规模为 $2n$ 的有序列表的问题。为了简单起见，我们假设 a 和 b 中的元素都是唯一的，这就使该问题只有一个唯一解。其实我们在 5.1 节中讨论合并排序时遇到过这个问题。那时候，我们一遍一遍地比较两个余下列表中的第一个元素，然后输出其中较小的一个元素。在最坏的情况下，这种合并算法的键值比较次数是 $2n-1$。

是不是还有更快的合并算法呢？回答是否定的。克努特([KnuIII]，p. 198)用下面这个敌手法证明，该问题的任何基于比较算法的键值比较次数的下界是 $2n-1$。我们的敌手会使用下面这个规则：当且仅当 $i<j$ 时，对 $a_i<b_j$ 的比较返回真。为了和这种规则相一致，任何正确的合并算法只能产生出一种合并列表：

$$b_1<a_1<b_2<a_2<\cdots<b_n<a_n$$

为了生成这种合并列表，任何正确的算法将不得不一次不差地进行 $2n-1$ 次相邻元素对的比较，也就是 b_1 和 a_1 比，a_1 和 b_2 比，以此类推。如果其中一次比较没有做，例如，a_1 没有和 b_2 相比，我们可以交换这两个键，以得到

$$b_1<b_2<a_1<a_2<\cdots<b_n<a_n$$

这和所有已经做过的比较都是一致的，但并不能和前面给出的正确形态区别开来。因此，对于任何合并算法需要的键值比较次数来说，$2n-1$ 的确是一个下界。

11.1.4　问题化简

我们在 6.6 节已经接触过问题化简法了。那时我们讨论的是如何把一个问题 P 化简为另一个可以用已知算法求解的问题 Q，来得到 P 的算法。我们也可以用类似的化简思想来求下界。为了表明问题 P 至少和另一个具有已知下界的问题 Q 一样复杂，我们需要把 Q 转化为 P(而不是把 P 转化为 Q)。换句话说，我们应该表明问题 Q 的任意实例都可以转化为问题 P 的一个实例，所以任何求解 P 的算法都可以用来求解 Q。那么，Q 的一个下界也将会是 P 的一个下界。表 11.1 列出了常用于这个目的的许多重要的问题。

表 11.1　建立下界时，常在问题化简中使用的问题

问　题	下　界	紧密与否
排序	$\Omega(n\log n)$	是
在有序数组中查找	$\Omega(\log n)$	是

续表

问　题	下　界	紧密与否
元素唯一性问题	$\Omega(n\log n)$	是
n 位整数的乘法	$\Omega(n)$	未知
方阵的乘法	$\Omega(n^2)$	未知

在下一节中，我们会建立排序以及查找的下界。元素唯一性问题关心的是 n 个给定的数中是否存在重复的数字。(我们在 2.3 节和 6.1 节中遇到过这个问题。)要证明这个看似简单的问题的下界，需要基于非常复杂的数学分析，这远远超出了本书的范围(参见[Pre85]，它给出了一个入门性的介绍)。至于最后两个代数问题，表 11.1 给出的下界并不复杂，但对它们是不是能做进一步的改进仍然是一个未知数。

作为通过问题化简建立下界的例子，我们来考虑一下**欧几里得最小生成树问题**(Euclidean minimum spanning tree problem)：给定笛卡儿平面上的 n 个点，构造一棵总长度最小的树，并且树的顶点必须是给定的点。我们使用元素唯一性问题作为那个下界已知的问题。我们可以把 n 个实数 $x_1, x_2, \cdots, x_n$ 的集合变换为笛卡儿平面上 n 个点的集合。为了达到这个目的，我们只要把 0 作为这些点的 y 坐标即可：$(x_1, 0), (x_2, 0), \cdots, (x_n, 0)$。设 T 就是这个点集合的最小生成树。因为 T 必须包含一条最短边，检查一下 T 是不是包含一条长度为 0 的边，也等于回答了元素唯一性问题。这个化简意味着 $\Omega(n\log n)$ 也是欧几里得最小生成树问题的一个下界。

因为我们还不清楚许多问题的复杂性到底如何，我们常常用化简技术来比较两个问题的相对复杂性。例如，公式

$$xy = \frac{(x+y)^2 - (x-y)^2}{4} \text{ 以及 } x^2 = xx$$

表明：尽管看上去后者比前者简单，但计算两个 n 位整数的积和求一个 n 位整数的平方的复杂性相同。

对于矩阵的操作也有几个类似的结果。例如，两个对称矩阵的乘法和两个任意方阵的乘法的复杂性相同。这个结论是基于下面两个事实：第一，前面的问题是后面问题的一种特例；第二，可以把任意两个 n 阶方阵(例如 $\boldsymbol{A}$ 和 $\boldsymbol{B}$)的乘法问题化简为两个对称矩阵

$$\boldsymbol{X} = \begin{bmatrix} 0 & \boldsymbol{A} \\ \boldsymbol{A}^T & 0 \end{bmatrix} \text{和} \boldsymbol{Y} = \begin{bmatrix} 0 & \boldsymbol{B}^T \\ \boldsymbol{B} & 0 \end{bmatrix}$$

的乘法问题，其中 $\boldsymbol{A}^T$ 和 $\boldsymbol{B}^T$ 分别是 $\boldsymbol{A}$ 和 $\boldsymbol{B}$ 的转置矩阵(也就是 $\boldsymbol{A}^T[i,j] = \boldsymbol{A}[j,i]$，$\boldsymbol{B}^T[i,j] = \boldsymbol{B}[j,i]$)，而 0 代表元素全部为 0 的 n 阶方阵。的确，

$$\boldsymbol{XY} = \begin{bmatrix} 0 & \boldsymbol{A} \\ \boldsymbol{A}^T & 0 \end{bmatrix}\begin{bmatrix} 0 & \boldsymbol{B} \\ \boldsymbol{B}^T & 0 \end{bmatrix} = \begin{bmatrix} \boldsymbol{AB} & 0 \\ 0 & \boldsymbol{A}^T\boldsymbol{B}^T \end{bmatrix}$$

我们所需要的乘积 $\boldsymbol{AB}$ 可以很方便地从中提取出来(不错，我们将不得不对两倍于原始大小的矩阵做乘法，但这只是一个微不足道的技术上的困难，而不会影响它的复杂性)。

这样的结果虽然很有意思，但我们还会在 11.3 节中遇到一些化简方法的更重要的应用，来比较问题的复杂性。

习题 11.1

1. 请证明，任何求解换碟子谜题(习题 3.1 的第 14 题)的算法最少需要移动 $n(n+1)/2$ 次。该下界紧密吗？
2. 请证明，汉诺塔问题的经典递归算法(2.4 节)所给出的盘子移动次数，是解决该问题的最少步骤。
3. 求下面每个问题的平凡下界，并试着指出这个下界是不是紧密的。
   a. 求数组中的最大元素。
   b. 检查邻接矩阵表示的图是不是完全图。
   c. 生成一个 n 元素集合的所有子集。
   d. 确定 n 个给定的实数是否都是唯一的。
4. 考虑一下在一架天平的帮助下，从 n 个外观相同的硬币中选出一个较轻的假币的问题。我们是不是能够像课本中求猜数游戏的问题次数那样，用信息论下界法下结论，在最坏的情况下，任何求假币的算法都至少需要称重 $\lceil \log_2 n \rceil$ 次？
5. 请证明，在最坏的情况下，任何基于比较的算法在求包含 n 个实数的集合中的最大元素时，都必须要做 $n-1$ 次比较。
6. 对于利用交换邻接元素来对数组排序的算法来说，它的紧密下界是多少？
7. 用敌手下界法证明，对于一个包含 n 个顶点的图来说，任何检查其连通性的算法都属于 $\Omega(n^2)$。在这里，一个算法唯一允许执行的操作就是检查图中的两个顶点之间是否存在边。请个下界是紧密的吗？
8. 一个基于比较的排序算法，在合并两个大小分别是 n 和 $n+1$ 的有序列表时，最少需要进行多少次比较？请证明该答案的正确性。
9. 如果

$$\boldsymbol{A}=\begin{bmatrix}1 & -1\\ 2 & 3\end{bmatrix} \text{且} \boldsymbol{B}=\begin{bmatrix}0 & 1\\ -1 & 2\end{bmatrix}$$

   试着把它们转化为对称矩阵以后再求积。
10. **a.** 本节中使用了两个公式来指出两个整数的乘法问题和平方问题在复杂性上是等价的，能否使用这两个公式表明两个矩阵的乘法问题和平方问题在复杂性上是等价的？
    b. 证明两个 n 阶矩阵的乘法可以化简为一个 $2n$ 阶矩阵的乘方。
11. 对于求 n 个实数 $x_1, x_2, \cdots, x_n$ 中两个最接近数的问题，求它的一个紧密下界。
12. 为数字填空问题(习题 6.1 的第 9 题)寻找一个紧密下界。

11.2 决 策 树

许多重要的算法，尤其是那些排序和查找算法，它们的工作方式都是对它们的输入项做比较。我们可以用一种称为**决策树**的工具来研究这些算法的性能。作为一个例子，图 11.1

给出了一棵求三个数中最小数算法的决策树。二叉决策树的每一个内部节点都代表了节点中指出的一次键值比较，例如 $k < k'$。如果 $k < k'$ 成立，后面的比较信息就包含在节点的左子树中，而节点的右子树则包含了 $k < k'$ 时的相关比较信息。(为了简单起见，我们在本节中假设所有的输入项都是唯一的。)每一个叶子都表示算法在遇到某个规模为 n 的输入时，可能会产生的一个输出。请注意，叶子的数量可以大于输出的个数，因为对于某些算法来说，相同的输出可能是经过不同的比较路径得来的。(图 11.1 恰好就是这种情况。)但有一点很重要，就是叶子的数量必须至少和可能的输出数量一样多。对于一个特定的规模为 n 的输入，算法的操作可以沿着决策树中一条从根到叶子的路径来完成，这样，一遍操作中的键值比较次数就等于路径中边的数量。因此，在最坏的情况下，比较的次数就等于该算法的决策树高度。

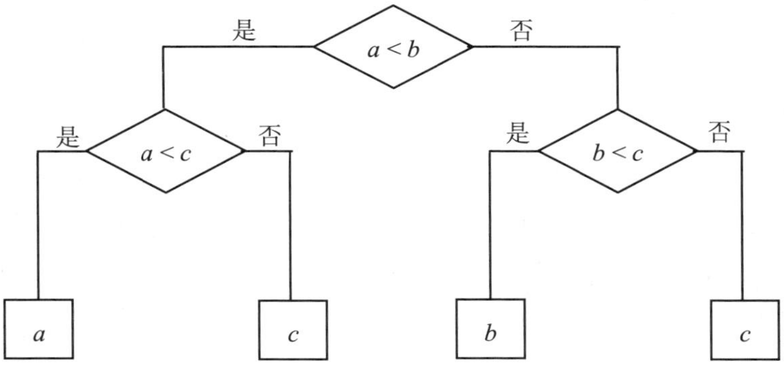

图 11.1　求三个数中最小数的决策树

隐藏在这个模型后面的中心思想来自于这样一个事实，即一棵树如果具有给定数量的叶子，而这个数量是由可能的输出数量规定的，那么这棵树必须有足够的高度来容纳那么多的叶子。确切地说，我们不难证明对于任何具有 l 个叶子，高度为 h 的二叉树，

$$h \geqslant \lceil \log_2 l \rceil \tag{11.1}$$

的确，对于一棵具有最多叶子的高度为 h 的二叉树而言，它的所有的叶子都在最下面一层。(为什么？)因此，在这样一棵树中，叶子的最大数量也就是 2^h。换句话说，$2^h \geqslant l$，这显然意味着式(11.1)的成立。

不等式(11.1)给出了二叉决策树的一个下界，因此也给出了在最坏情况下，任何所讨论问题的基于比较的算法在比较次数上的下界。这样的边界称为**信息论下界**(参见 11.1 节)。我们会在下面这两种重要的问题中继续介绍这个技术：排序和在有序数组中的查找。

11.2.1　排序的决策树

大多数排序算法都是基于比较的，也就是说，它们的工作方式都是对待排序列表中的元素进行比较。通过研究这类算法的决策树特性，我们就可以推导出其在时间效率上的重要下界。

我们可以把一个排序算法的输出解释成对一个输入列表的元素下标求一种排列，使得列表的元素按照升序排列。作为一个例子，请考虑三元素列表 a, b, c，其元素为可排序的，例如实数或字符串。对列表排序后得到的输出 $a < c < b$ (参见图 11.2)，我们所求得的排列是 1, 3, 2。因此，对一个任意的 n 元素列表排序后，可能的输出的数量等于 $n!$。

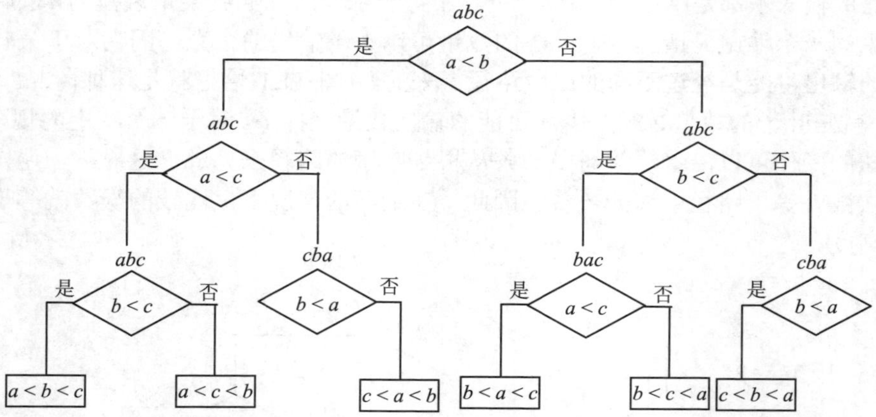

图 11.2 三元素选择排序的决策树。在节点上的三个字母指出了被排序数组的当前状态。注意有两个冗余的比较 $b < a$，前面所做比较的结果导致这两个比较都只有一个可能的输出

不等式(11.1)指出了任何基于比较的排序算法的二叉决策树的高度，因此，这种算法在最坏情况下的比较次数不可能小于 $\lceil \log_2 n! \rceil$。

$$C_{\text{worst}}(n) \geqslant \lceil \log_2 n! \rceil \tag{11.2}$$

使用 $n!$ 的史特林公式，得到：

$$\lceil \log_2 n! \rceil \approx \log_2 \sqrt{2\pi n}(n/\mathrm{e})^n = n\log_2 n - n\log_2 \mathrm{e} + \frac{\log_2 n}{2} + \frac{\log_2 2\pi}{2} \approx n\log_2 n$$

换句话说，任何基于比较的排序算法，对一个任意的 n 元素列表进行排序时，最坏情况下大约必须要做 $n\log_2 n$ 次比较。请注意，合并排序在最坏的情况下所做的比较次数大概就是这个数字，因此它的渐近效率是最优的。这也意味着这个渐近下界 $n\log_2 n$ 是紧密的，所以也不可能再继续改进。然而，我们应该指出，对于 n 的某些取值来说，$n\log_2 n$ 的下界是可以改进的。例如，$\lceil \log_2 12! \rceil = 29$，但事实证明，在最坏的情况下，对一个包含 12 个元素的数组进行排序，30 次比较是必要的(也是充分的)。

我们也可以用决策树来分析基于比较的排序算法的平均性能。我们可以把一个特定算法的平均比较次数用它决策树叶子的平均深度来表示，也就是从根到叶子的平均路径长度。例如，图 11.3 给出了 3 个元素的插入排序的决策树，它的平均深度是 $(2+3+3+2+3+3)/6 = 2\frac{2}{3}$。

基于一个标准假设，即排序的所有 $n!$ 个输出都不是特殊的，我们可以证明，任何基于比较的算法在对一个 n 元素列表排序时，它的平均比较次数的下界是

$$C_{\text{avg}}(n) \geqslant \log_2 n! \tag{11.3}$$

就像我们前面看到的，它的下界大约是 $n\log_2 n$。大家可能会觉得惊讶，平均情况和最差情

况的下界几乎是相等的。但要知道，这两个边界是分别取了最坏和平均情况下比较次数的最大值之后获得的。对于单独的排序算法，它们的平均效率当然可以明显地好于它们的最差效率。

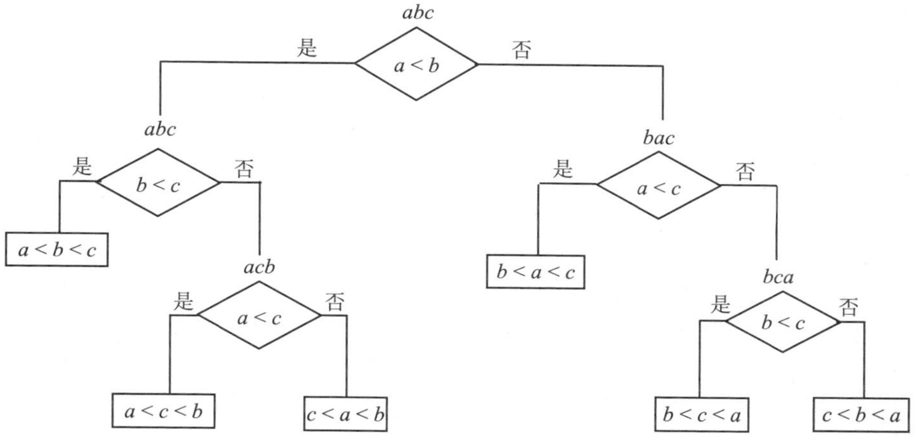

图 11.3　三个元素的插入排序的决策树

11.2.2　查找有序数组的决策树

在本节中，我们要看一看，对于包含 n 个键 $A[0]<A[1]<\cdots<A[n-1]$ 的有序数组的查找问题来说，如何用决策树来建立它的键值比较次数的下界。解这个问题的最主要的算法就是折半查找。就像我们在 4.3 节中看到的，折半查找在最坏情况下的比较次数 $C_{\text{worst}}^{\text{bs}}(n)$ 是由下面这个公式给出的：

$$C_{\text{worst}}^{\text{bs}}(n)=\lfloor \log_2 n \rfloor+1=\lceil \log_2(n+1) \rceil \tag{11.4}$$

我们会用决策树来确定这是不是最差比较次数可能具有的最小值。

因为这里使用的是三路比较，其中键 K 要和某些元素 $A[i]$ 做比较，以确定 K 是小于 $A[i]$、等于 $A[i]$ 还是大于 $A[i]$，因此，我们很自然地用到了三叉决策树。图 11.4 给出了这样一棵树在 $n=4$ 时的情形。该树的内部节点指出了和查找键进行比较的数组元素。而叶子要么在成功查找时指出匹配的元素，要么在不成功查找时指出查找键所在的间隔。

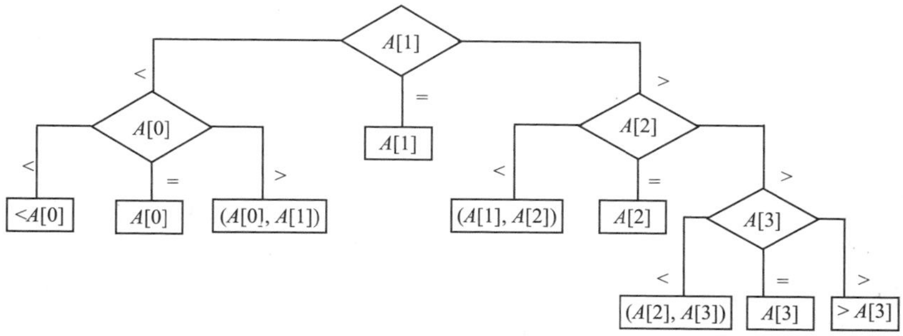

图 11.4　四元素数组折半查找的三叉决策树

我们可以用一棵类似图 11.4 的三叉查找树来表示任何一个用三路比较对有序数组进行查找的算法。对于一个包含 n 个元素的数组，所有这样的决策树都会有 $2n+1$ 个叶子(表示 n 种成功查找和 $n+1$ 种不成功查找)。因为一棵具有 l 个叶子的三叉树的最低高度 h 等于 $\lceil \log_3 l \rceil$，我们得到了在最坏情况下比较次数的下界：

$$C_{worst}(n) \geqslant \lceil \log_3(2n+1) \rceil$$

这个下界小于 $\lceil \log_2(n+1) \rceil$，也就是小于折半查找在最坏情况下的比较次数，起码在 n 相当大的时候是这样的(而且对于每一个正整数 n 来说，它都小于或者等于 $\lceil \log_2(n+1) \rceil$——参见习题 11.2 第 7 题)。我们是不是能够证明一个更好的下界呢，还是折半查找远远不是最优的？答案是前者。为了获得一个更好的下界，我们应该考虑图 11.5 中的二叉树，而不是三叉树。这样一棵树中的内部节点也和前面一样，是和三路比较相对应的，但它们也作为成功比较的终端节点。因此叶子仅仅表示不成功的查找，而且在一个 n 元素数组的查找中一共有 $n+1$ 个这样的叶子。

让我们对图 11.4 和图 11.5 给出的决策树做一个比较，可以看出，简单地把三叉决策树的所有中间子树都消去，就变成了一棵二叉决策树。对这样一棵二叉决策树应用不等式(11.1)就会得出

$$C_{worst}(n) \geqslant \lceil \log_2(n+1) \rceil \tag{11.5}$$

这个不等式缩小了下界和最坏情况下折半查找的比较次数之间的差距，两者都是 $\lceil \log_2(n+1) \rceil$。一个更复杂的分析(可以参见[KnuIII]，6.2.1 节)表明，在查找的标准假设下，折半查找在平均情况下所做的比较次数也是最少的。在成功和不成功查找时，该算法的平均比较次数大约分别是 $\log_2 n - 1$ 和 $\log_2(n+1)$。

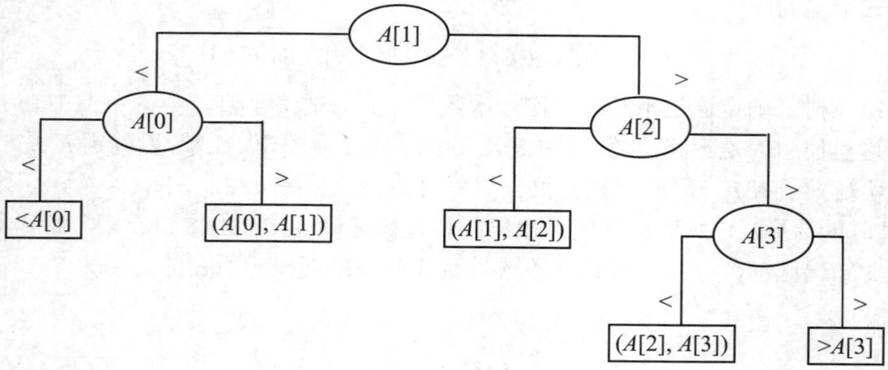

图 11.5　四元素数组折半查找的二叉决策树

习题 11.2

1. 用数学归纳法证明

   a．对于任何高度为 h，具有 l 个叶子的二叉树来说，$h \geqslant \lceil \log_2 l \rceil$。

   b．对于任何高度为 h，具有 l 个叶子的三叉树来说，$h \geqslant \lceil \log_3 l \rceil$。

2. 考虑在三元素集合$\{a, b, c\}$中求中值的问题。
   a. 对于求解该问题的基于比较的算法，它的信息论下界是多少？
   b. 为求解该问题的算法画一棵决策树。
   c. 如果你的算法在最坏情况下的比较次数大于信息论下界，你是否认为存在一种符合这个下界的算法？(要么给出这样一种算法，要么证明它不存在。)
3. 对于下面的问题，画出它们的决策树，并求出它们在最坏情况和平均情况下的键值比较次数。
   a. 三元素的基本冒泡排序。
   b. 三元素的增强冒泡排序(如果在最后一遍循环中没有发生交换，它就会停止)。
4. 设计一个基于比较的算法来对四元素的数组进行排序，使得可能的元素比较次数最少。
5. 设计一个基于比较的算法来对五元素的数组进行排序，使得最坏情况下只需要进行 7 次比较。
6. 为一个四元素有序列表的顺序查找画一棵二叉决策树。
7. 对查找有序数组的两个下界——$\lceil \log_3(2n+1) \rceil$和$\lceil \log_2(n+1) \rceil$——进行比较，来证明：
   a. 对于每一个正整数n，$\lceil \log_3(2n+1) \rceil \leqslant \lceil \log_2(n+1) \rceil$。
   b. 对于每一个大于等于n_0的正整数n，$\lceil \log_3(2n+1) \rceil < \lceil \log_2(n+1) \rceil$。
8. 在n个数字中找最大值的基于比较的算法，其信息论下界是多少？这个下界是紧密的吗？
9. **竞赛树**是一棵完全二叉树，它反映了一系列“淘汰赛”的结果：它的叶子代表参加比赛的n个选手，每一个内部节点代表由节点的子女所代表的选手中的胜者。因此，树的根就代表了淘汰赛的总冠军。
   a. 这一系列淘汰赛中比赛的总场数是多少？
   b. 这一系列淘汰赛中一共要进行多少轮比赛？
   c. 设计一个高效的算法，它能够利用比赛中产生的信息确定亚军。请问这个算法需要进行多少场额外的比赛？
10. **高级假币问题**　有$n \geqslant 3$个外观相同的硬币，它们要么全都是真的，要么只有一个是假的。我们不知道假币是比真币重还是比真币轻。有一架天平可以比较两堆硬币的重量，也就是说，根据天平左倾、右倾还是平衡，我们可以知道两堆硬币是不是一样重，或是某一堆要比另一堆重，但重多少是不知道的。我们要确定是不是每个硬币都是真的，如果不是，就要找出那个假币，并且要指出它是比真币轻还是比真币重。
   a. 请证明在最坏的情况下，这个问题的任何算法都至少要称重$\lceil \log_3(2n+1) \rceil$次。
   b. 如果一个算法在$n=3$时只要两次称重就能解决该问题，画出它的决策树。
   c. 请证明，如果$n=4$，不存在只称重两次的算法。

d. 一个算法在 $n = 4$ 时，利用额外的一枚真币，只要两次称重就能解决该问题，画出它的决策树。

e. 该问题的经典版本是，不使用额外的硬币在 $n = 12$ 时称重 3 次。画出相关算法的决策树。

11. 拼板游戏 拼板游戏包含 n 块拼板。我们把拼接在一起的一块或多块拼板称为一个“零件”。把两个“零件”拼接在一起称为一次“移动”。要把所有的板拼在一起，哪种算法能够使“移动”的次数最少？

11.3 *P*、*NP* 和 *NP* 完全问题

无论是计算机科学家还是计算机专业人士，在研究问题的计算复杂性时，他们首先考虑的都是一个给定的问题是不是能够用某些算法在多项式的时间内求解。

定义 1 如果一个算法的最差时间效率属于 $O(p(n))$，我们说该算法能够在多项式的时间内对问题求解，其中 $p(n)$是问题输入规模的一个多项式函数。(请注意，因为我们这里使用了符号 O，所以，能够在对数时间内求解的问题也能够在多项式时间内求解。)我们把可以在多项式时间内求解的问题称为**易解的**(tractable)，而不能在多项式时间内求解的问题则称为**难解的**(intractable)。

为什么要按照这种方式来确定什么是难处理的问题呢？我们有若干理由。第一，表 2.1 以及在 2.1 节中对它所做的讨论指出，我们无法保证能够在合理的时间内对难解问题的所有实例求解，除非问题的实例非常小。第二，虽然当多项式的次数相差很大时，$O(p(n))$中的运行时间也会有巨大的差别，但对于实用的多项式类型的算法来说，它们的多项式次数很少会大于 3。而且，作为算法下界的多项式，它们的系数也往往不会很大。第三，多项式函数具有许多很方便的特性。具体来说，两个多项式的和或者组合也仍然是多项式。第四，选用了多项式这种类型以后，可以发展出一种称为**计算复杂性**(computational complexity)的理论，这个理论试图根据问题的内在复杂性对问题进行分类。根据这种理论，只要用一种主要的计算模型来描述问题，并用一种合理的编码方案来描述输入，问题的难解性都是相同的。

我们在本节中只会涉及复杂性理论的一些基本概念和思想。如果希望对该理论进行更正规的学习，大家可以很容易地找到许多专门探讨这个主题的教科书(例如[Sip05]，[Aro09])。

11.3.1 *P* 和 *NP* 问题

本书中讨论的大多数算法都能够用某些算法在多项式时间内求解。它们中包括计算两个整数的乘积以及最大公因数的问题，排序和查找(查找一个列表中的特定键或者是在一个文本串中查找一个给定的模式)问题，检查一个图的连通性和无环性的问题，求加权图的最小生成树和最短路径的问题。(请大家往这个列表中添加更多的例子。)非正式地来说，我

们可以把那些能够在多项式时间内求解的问题当作计算机科学家所说的 P 集合。在一个更正式的定义中，只有**判定问题**(decision problem)才属于 P，也就是那些能够回答是或否的问题。

定义 2　P 类问题是一类能够用(确定性的)算法在多项式的时间内求解的判定问题。这种问题类型也称为**多项式**(polynomial)**类型**。

下面的理由可以告诉我们为什么要把 P 约束为判定问题。首先，把不能在多项式时间内求解的问题排除在外是明智的，因为它们会产生指数级的巨大输出。这种问题的出现是很自然的，例如求一个给定集合的所有子集或者是 n 个不同项的全部排列，但显然，从一开始我们就能看出，这些问题是无法在多项式的时间内求解的。其次，虽然许多重要问题以它们最自然的形式出现时并不是判定问题，但它们可以化简为一系列更容易研究的判定问题。例如，图的着色问题是这样表述的，在对图的顶点着色时，我们最少需要几种颜色才能使得任意两个相邻的顶点都不同色。但我们可以换另一种问法：我们是否可以用不超过 m 种颜色对图的顶点着色，$m = 1, 2, \cdots$。(用 m 种颜色对图的顶点着色的问题被称为 **m 色问题**。)该序列中使 m 色问题有解的第一个 m 值，就是图的着色问题的最优版本的解。

我们当然很想知道是不是每一个判定问题都能够在多项式的时间内求解。但这个问题的答案是否定的。实际上，某些判定问题是不能用任何算法求解的。我们把这种问题称为**不可判定**(undecidable)**问题**，这是相对于能用算法求解的**可判定**(decidable)**问题**而言的。阿兰•图灵在 1936 年给出了不可判定问题的著名例子[①]，我们把它称为**停机问题**(halting problem)：给定一段计算机程序和它的一个输入，判断该程序对于该输入是会中止，还是会无限运行下去。

这个例子虽然很出名，但它的证明却简短得令人吃惊。通过反证法，我们假设 A 是一个能够求解停机问题的算法。也就是说，对于任何程序 P 和它的输入 I，

$$A(P,I)=\begin{cases}1,\ \text{如果程序}P\text{对于输入}I\text{会停机}\\0,\ \text{如果程序}P\text{对于输入}I\text{不会停机}\end{cases}$$

我们可以把程序 P 看成是它自己的一个输入，然后利用算法 A 对于(P, P)的输出来构造下面这个程序 Q：

$$Q(P)=\begin{cases}\text{停机，如果}A(P,P)=0\text{，即程序}P\text{对于输入}P\text{不会停机}\\\text{不停机，如果}A(P,P)=1\text{，即程序}P\text{对于输入}P\text{会停机}\end{cases}$$

然后用 Q 来替代 P，得到：

$$Q(Q)=\begin{cases}\text{停机，如果}A(Q,Q)=0\text{，即程序}Q\text{对于输入}Q\text{不会停机}\\\text{不停机，如果}A(Q,Q)=1\text{，即程序}Q\text{对于输入}Q\text{会停机}\end{cases}$$

---

① 阿兰・图灵(1912—1954)作为英国逻辑学和计算机科学先驱，对计算机科学理论做出了许多重要的突破性贡献，这只是其中之一。为了纪念他，ACM(计算机从业人员和研究人员的一个重要协会)以图灵的名字设立了一个奖项，来颁发给对计算机科学理论做出过卓越贡献的科研人员。理查德・卡普([Kar86])在这样的场合做过一次演讲，给我们叙述了在复杂性理论发展过程中的一段有趣的历史。

这就产生了矛盾，因为程序 Q 的两种输出都是不可能的，因此必定存在某些无法判定的问题。

那么是否存在可以判定但又难解的问题呢？这种问题的确是存在的，但在那些自然产生的问题(而不是作为理论论据所构造的问题)中，已知的例子非常少见。

然而，有许许多多的重要问题，我们既没有找到它们的多项式类型算法，也无法证明这样的算法不存在。加里(M. Garey)和约翰逊(D. Johnson)所写的经典专著([Gar79])中包含了一个列表，表中给出了几百个这样的问题。它们来自于不同的领域，包括计算机科学、数学和运筹学。下面给出的是这个类别中很小一部分最著名的问题。

- **哈密顿回路问题** 确定一个给定的图中是否包含一条哈密顿回路(一条起止于相同顶点的路径，并且只经过其他所有顶点一次)。
- **旅行商问题** 对于相互之间距离为已知正整数的 n 座城市，求最短的漫游路径(求一个权重为正整数的完全图的最短哈密顿回路)。
- **背包问题** 对于 n 个重量和价值都为给定正整数的物品和一个承重量为给定正整数的背包，求这些物品中一个最有价值的子集，并且要能够装到背包中。
- **划分问题** 给定 n 个正整数，判断是否能把它们划分成两个不相等的子集，并且和相等。
- **装箱问题(bin-packing problem)** 给定 n 个物品，它们的大小都是不超过 1 的有理数，把它们装进数量最少的大小为 1 的箱子中。
- **图的着色问题(graph-coloring problem)** 对于一个给定的图，求使得任何两个相邻顶点的颜色都不同时需要分配给图顶点的最少颜色数量。
- **整数线性规划问题(integer linear programming problem)** 求一个线性函数的最大(或最小)值，函数包含若干个整数变量，并且满足线性等式和(或)不等式形式的有限约束。

这些问题中有些是判定问题，另一些不是判定问题的可以转化为等价的判定问题(就像图的着色问题可以转化为 m 色问题一样)。但这些问题的共同点就是，它们都有着按照指数增长的候选项，其规模是输入规模的函数，我们需要在这些候选项中寻找问题的最终解。然而，值得注意的是，有些问题还是躲进了多项式类型的保护伞。例如欧拉回路问题，它问是否存在一条对给定图的每条边都只访问一次的回路。通过检查图的连通性以及是否图中所有顶点的入度和出度都相等，我们可以在 $O(n^2)$的时间中解决该问题。这个例子特别令人吃惊：从直觉上我们无法想象，将所有边都遍历一次的回路问题(欧拉回路)相比将所有顶点都遍历一次的回路问题(哈密顿回路)要简单得多，因为看上去前者要比后者更复杂。

绝大多数判定问题的另一个公共特性是：虽然在计算上对问题求解可能是困难的，但在计算上判定一个待定解是否解决了该问题却是简单的；这种判定可以在多项式时间内完成。(我们可以假设这样的待定解是由某人任意生成的，并且留待我们验证它的正确性。)例如，我们可以容易地检测出某个顶点列表是不是一个 n 顶点给定图的哈密顿回路。我们需要确认的不过是：列表包含了给定图的 $n+1$ 个顶点，前 n 个顶点都是互不相同的，而最后一个顶点和第一个顶点是相同的，而且列表中的每一对连续顶点都是由一条边相连的。

由于这在判定问题中是一个普遍现象，计算机科学家们给出了不确定算法的概念。

定义 3　一个**不确定算法**(nondeterministic algorithm)是一个两阶段的过程，它把一个判定问题的实例 l 作为它的输入，并进行下面的操作。

非确定(“猜测”)阶段：生成一个任意串 S，把它当作给定实例 l 的一个候选解(但也可能是完全不着边际的)。

确定(“验证”)阶段：确定算法把 l 和 S 都作为它的输入，如果 S 的确是 l 的一个解，就输出“是”(如果 S 不是 l 的一个解，该算法要么返回“否”，要么根本就不停下来)。

当且仅当对于问题的每一个真实例，不确定算法都会在某次执行中返回“是”的时候，我们说它能够求解这个判定问题(换句话说，我们要求一个不确定算法对一个解至少能够猜中一次，而且能够验证它的正确性。当然，我们也不希望它对于答案应该是“否”的实例也返回“是”)。最后，如果一个不确定算法在验证阶段的时间效率是多项式级的，我们说它是**不确定多项式**(nondeterministic polynomial)**类型**的。

现在我们可以定义 NP 问题类型了。

定义 4　NP 类问题是一类可以用不确定多项式算法求解的判定问题。我们把这种问题类型称为**不确定多项式类型**。

大多数判定问题都是属于 NP 类的。首先，这个类型包含了所有 P 类的问题：

$$P \subseteq NP$$

的确是这样，因为一个问题如果属于 P，我们可以在不确定算法的验证阶段忽略在不确定(“猜测”)阶段生成的串 S，而使用确定多项式时间的算法对它求解。但 NP 也包含哈密顿回路问题、划分问题、旅行商问题的判定版本、背包问题、图的着色问题以及[Gar79]中列出的其他几百种难度很高的组合优化问题。另一方面，停机问题则属于为数很少的已知不属于 NP 的判定问题。

这就导致了计算机科学理论中一个最重要的未解之谜：P 到底是 NP 的一个真子集，还是这两种类型本来就是一致的？我们把它用符号表示为

$$P \stackrel{?}{=} NP$$

请注意，$P = NP$ 意味着，虽然计算机科学家们持续努力了许多年还没有找到这样的算法，但这几百种难度很高的组合判定问题的确都能够用某个多项式时间的算法来求解。而且，我们知道许多著名的判定问题都是 NP 完全问题(见下文)，这使得我们更加怀疑 $P = NP$ 。

11.3.2　*NP* 完全问题

非正式地来讲，一个 NP 完全问题是 NP 中的一个问题，它和该类型中任何其他问题的难度都是一样的，因为根据定义，NP 中的任何其他问题都能够在多项式的时间内化简成这种问题(图 11.6 是一个示意图)。

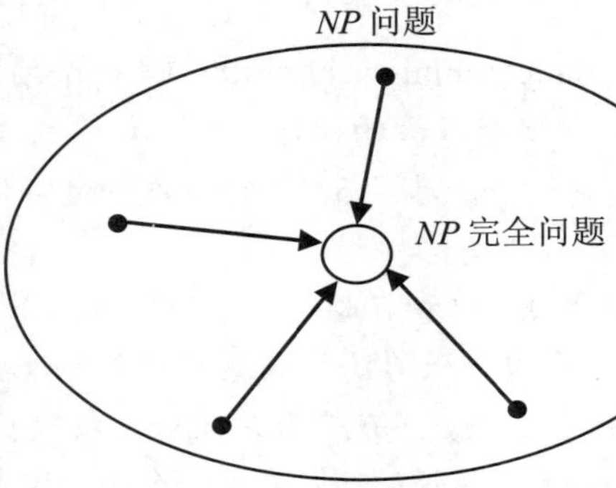

图 11.6 NP 完全问题的概念。箭头表示 NP 问题到 NP 完全问题在多项式时间内的化简

对于这些概念，下面给出了更正式的定义。

定义 5 我们说一个判定问题 D_1 可以**多项式化简**(polynomially reducible)为一个判定问题 D_2，条件是存在一个函数 t 能够把 D_1 的实例转化为 D_2 的实例，使得

(1) t 把 D_1 的所有真实例映射为 D_2 的真实例，把 D_1 的所有假实例映射为 D_2 的假实例。

(2) t 可以用一个多项式算法计算。

这个定义显然意味着如果问题 D_1 可以多项式化简为某些能够在多项式时间内求解的问题 D_2，那么问题 D_1 就可以在多项式时间内求解。(为什么？)

定义 6 一个判定问题 D 是 ***NP*** **完全问题**(*NP*-complete)，条件是：

(1) 它属于 *NP* 类型。

(2) *NP* 中的任何问题都能够在多项式时间内化简为 D。

对于紧密关联的判定问题能够在多项式的时间内相互转化这一事实，我们并不感到非常惊讶。例如，我们可以证明哈密顿回路问题可以多项式化简为旅行商问题的判定版本。后者可以描述为这样一个问题，即在一个权重为正整数的给定完全图中，确定是否存在一条长度不超过一个给定正整数 m 的哈密顿回路。我们可以把哈密顿回路问题的一个给定实例中的图 G 映射成表示旅行商问题实例中的一个完全加权图 G'，方法是把 G 中每条边的权重设为 1，然后把 G 中任何一对不邻接的顶点间都加上一条权重为 2 的边。至于哈密顿回路长度的上界 m，我们有 $m=n$，其中 n 是 G(和 G')中顶点的数量。显然，这样一种转换可以在多项式的时间内完成。

设 G 是哈密顿回路问题中的一个真实例，那么 G 就有一个哈密顿回路，而且它在 G' 中的映像的长度为 n，因此该映像就是旅行商问题的判定版本中的一个真实例。反过来说，如果在 G' 中一个哈密顿回路的长度不大于 n，那么它的长度一定恰好等于 n(为什么？)，而且，这个回路一定是由出现在 G 中的边组成的，那么旅行商问题的判定版本中的一个真实例就是哈密顿回路问题中的一个真实例。这就完成了我们的证明。

然而，*NP* 完全性的概念要求 *NP* 中的所有问题，无论是已知的还是未知的，都能够多项式化简为我们所讨论的问题。由于判定问题的类型多得令人不知所措，如果我们说有人已经找到了 *NP* 完全问题的一个特定例子，大家一定会感到吃惊的。然而，这个数学上的壮举已经由美国的斯蒂芬·库克(Stephen Cook)和苏联的莱昂尼德·莱文(Leonid Levin)分别独立完成了①。库克在他 1971 年的论文([Coo71])中指出，所谓的**合取范式可满足性问题**(CNF-satisfiability problem)就是 *NP* 完全问题。合取范式可满足性问题和布尔表达式有关。每一个布尔表达式都能被表示成合取范式(conjunctive normal form)的形式，就像下面这个表达式，包含了 3 个布尔变量 x_1，x_2，x_3 以及它们的非，分别标记为 $\bar{x}_1$，$\bar{x}_2$，$\bar{x}_3$：

$$(x_1 \vee \bar{x}_2 \vee \bar{x}_3) \,\&\, (\bar{x}_1 \vee x_2) \,\&\, (\bar{x}_1 \vee \bar{x}_2 \vee \bar{x}_3)$$

合取范式可满足性问题问的是，我们是否可以把**真**或者**假**赋给一个给定的合取范式类型的布尔表达式中的变量，使得整个表达式为**真**。(很容易看出，对于上面的式子，这是可以做到的：如果 $x_1 =$ 真，$x_2 =$ 真，$x_3 =$ 假，那么整个表达式为**真**。)

自从库克和莱文发现了第一个 *NP* 完全问题之后，计算机科学家们发现了几百种(也可能有几千种)其他的例子。具体来说，前面提到的一些著名问题(或者它们的判定版本)，例如哈密顿回路、旅行商问题、划分问题、装箱问题以及图的着色问题，它们都是 *NP* 完全问题。然而，我们知道，如果 $P \neq NP$，就必然存在着既不属于 *P* 又非 *NP* 完全问题的 *NP* 问题。

有一段时间，这种例子的最佳候选者是确定一个给定整数是质数还是合数的问题。经过一个重要的理论突破，坎普尔印度技术研究所的马宁德拉·阿格拉沃(Manindra Agrawal)教授以及他的学生尼拉·卡亚尔(Neeraj Kayal)和尼廷·萨克斯那(Nitin Saxena)于 2002 年宣布发现了一个多项式时间的确定算法([Agr04])，可以用来判定质数。但该问题的算法无法对一个相关问题求解，即对大合数做因子分解，而该问题正是一种广泛使用的加密方法，即所谓 RSA **算法**([Riv78])的核心部分。

证明一个判定问题是 *NP* 完全问题需要经过两个步骤。第一步，我们需要证明所讨论的问题属于 *NP* 问题。也就是说，可以在多项式的时间里检验一个任意生成的串，以确定它是不是可以作为问题的一个解。一般来说，这一步并不难。第二步是证明 *NP* 中的每一个问题都能在多项式的时间内化简成所讨论的问题。由于多项式化简的传递性，为了完成这一步证明，我们可以证明一个已知的 *NP* 完全问题能够在多项式时间内转化为所讨论的问题(参见图 11.7)。虽然给出这样一种转化需要具有相当的独创性，但相对于证明 *NP* 中的每一个问题都允许这种转化，则要简单得多。例如，如果我们已知哈密顿回路问题是 *NP* 完全问题，它能够在多项式的时间内化简为判定旅行商问题，则意味着后者也是 *NP* 完全问题(在经过一个简单的检验之后，也就是检验判定旅行商问题属于 *NP* 类型)。

NP 完全性的定义显然意味着，即使我们仅仅得到了一个 *NP* 完全问题的多项式确定算法，也说明所有的 *NP* 问题都能够用一个确定算法在多项式的时间内解出，因此 $P = NP$。换句话说，得到了一个 *NP* 完全问题的多项式算法可以表明，对于所有类型的判定问题来说，检验待定解和在多项式时间内求解在复杂性上并没有本质的差别。这种推论使得大多数计算机科学家相信 $P \neq NP$，尽管到目前为止还没有人能从数学上证明这个迷人的猜想。

---

① 这种事情在科学史上并不罕见，突破性的发现经常是几乎同时由几位科学家独立完成。实际上，莱文给出了一个比 *NP* 完全性更一般性的概念，它不再局限于判定问题，但他的论文[Lev73]比库克的晚发表两年。

有人写了一本关于 15 位卓越的计算机科学家的生活和发现的书([Sha98])，令人惊讶的是，在和这本书的作者会谈时，对于这个问题，库克好像陷入两难，无法做出一个最终的结论，而莱文则认为我们可以期望 $P = NP$ 这样的结果。

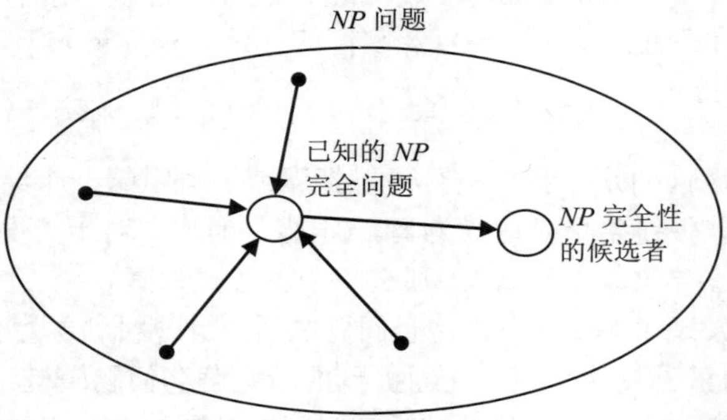

图 11.7 用化简法证明 *NP* 完全性

无论 $P \stackrel{?}{=} NP$ 这个问题的最终答案如何，在今天，知道一个问题是 *NP* 完全问题具有重要的现实意义。它意味着，如果我们知道所面对的是一个 *NP* 完全问题，我们最好不要指望能够设计出一个能够对它所有实例求解的多项式时间算法，以此获得名望和财富①。我们应该做的就是关注那些致力于降低问题求解难度的方法。本书第 12 章就会介绍这样的方法。

习题 11.3

1. 一个棋类游戏可以定义为一个判定问题：知道棋子的一个合法布局以及下一步是哪一方走的信息，确定这一方是否会赢。这个判定问题是可判定的吗？

2. 一个特定的问题可以用一个运行时间为 $O(n^{\log_2 n})$ 的算法求解。下面哪个断言是正确的？

a. 该问题是易解的。

b. 该问题是难解的。

c. 以上两种说法都不对。

3. 对下面的图举一个例子，或者说明为什么不存在这样的例子。

a. 存在哈密顿回路但不存在欧拉回路的图。

b. 存在欧拉回路但不存在哈密顿回路的图。

c. 既存在哈密顿回路又存在欧拉回路的图。

d. 图中存在一个包含所有顶点的回路，但既没有哈密顿回路又没有欧拉回路。

4. 对于下面的每一个图，求出它的颜色数量。

---

① 2000 年，位于麻省剑桥市的克雷数学研究所(CMI)悬赏 100 万美元求解该问题。

a.

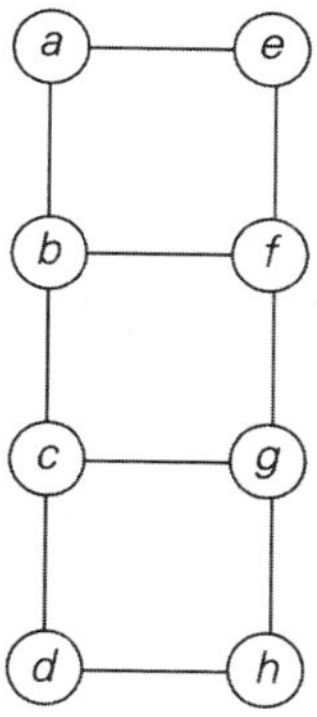

b.

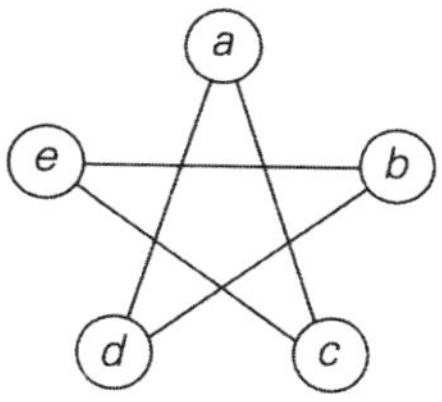

c.

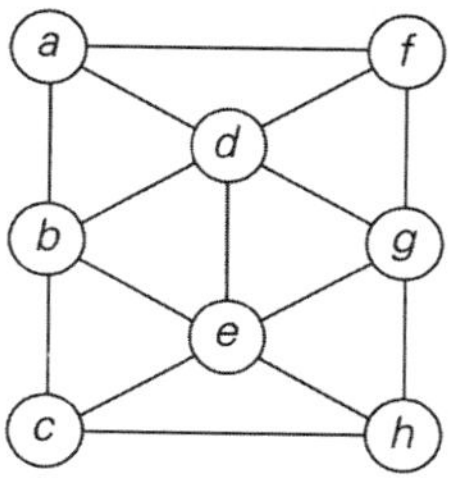

5. 为图的二色问题设计一个多项式时间的算法：确定一个给定图的顶点是否可以用不超过两种颜色染色，使得任何两个邻接的顶点都不同色。

6. 考虑下面这个解合数问题的蛮力算法：把从 2 到$\lfloor n/2 \rfloor$的连续整数作为n的可能除数进行检查。如果其中一个可以整除n，就返回“是”(也就是说这个数字是合数)。如果没有一个数能够整除n，则返回“否”。这个算法为什么不能使该问题归入P类？

7. 定义下面每个问题的判定版本，并且简要描述问题的一个多项式时间的算法，它能够检验某个待定解是不是问题的一个解。(我们可以假设一个待定解代表了检验算法的一个合法输入。)

a. 背包问题　　**b.** 装箱问题

8. 证明划分问题能够在多项式时间内化简为背包问题的判定版本。

9. 证明下面三个问题能够在多项式的时间内相互转化。

a. 对于一个给定的图 $G = <V, E>$和一个正整数$m \leqslant |V|$，确定G是不是包含一个规模大于等于m的**团**(clique)。(图中一个规模为k的团是图的一个包含k个顶点的完全子图。)

b. 对于一个给定的图 $G = <V, E>$和一个正整数$m \leqslant |V|$，确定是不是存在G的一个规模小于等于m的**顶点覆盖**(vertex cover)。(图 $G = <V, E>$的一个规模为k的顶点覆盖是一个满足$|V'| = k$的子集$V' \subseteq V$，并且对于每一条边$(u,v) \in E$，u和v中至少有一个属于V'。)

c. 对于一个给定的图 $G = <V, E>$和一个正整数$m \leqslant |V|$，确定G是不是包含一个规模大于等于m的**独立集**(independent set)。(图 $G = <V, E>$的一个规模为k的独立集是一个满足$|V'| = k$的子集$V' \subseteq V$，并且对于所有的u，$v \in V'$，顶点u和v在G中不邻接。)

10. 判断下面的问题是不是 NP 完全问题。给定几个由大小写字母构成的序列，问是否可能从每个序列中选出一个字母，使得同一个字母的大小写版本不会被同时选中。例如，序列是 Abc，BC，aB 和 ac，可以从第一个序列中选 A，从第二和第三个序列中选 B，从第四个序列中选 c。另外一个四个序列的例子是 AB，Ab，aB 和 ab，这个例子不存在选择方案能够满足问题要求。([Kar86])

11. 下面哪些示意图和我们当前对于复杂度类型P，NP，NPC(NP 完全问题)的知识没有矛盾？

a.

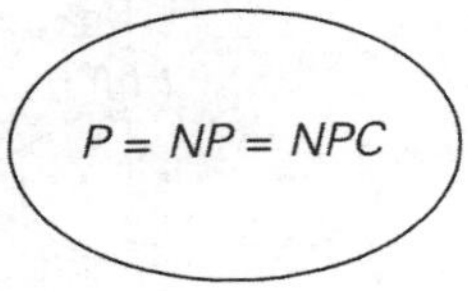

b.

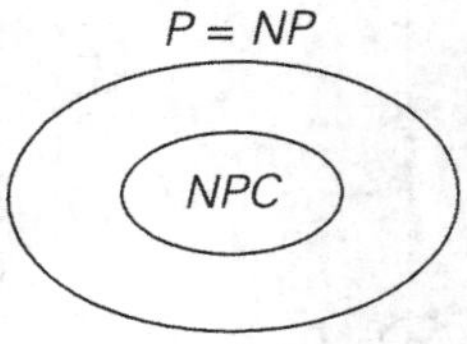

c.

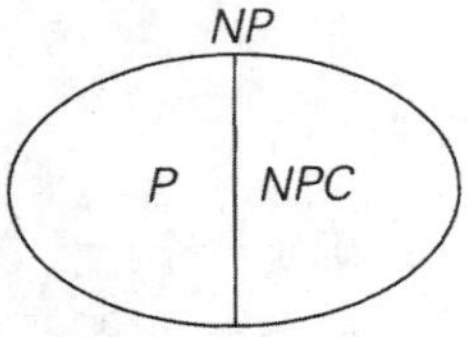

d.

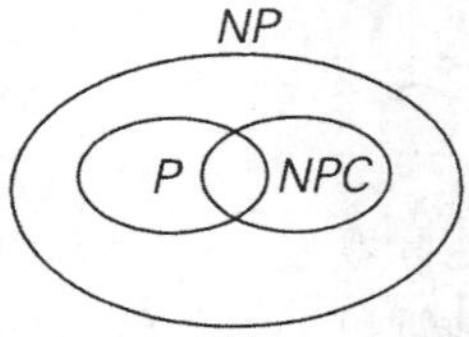

e.

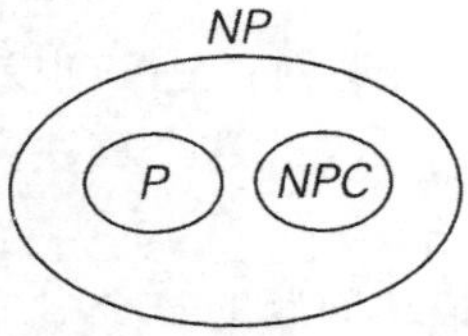

12. 亚瑟王打算请 150 名骑士参加宫中一年一度的宴会。遗憾的是，有些骑士相互之间会有口角，而亚瑟王知道谁和谁不和。亚瑟王希望能让他的客人围着一张圆桌坐下，而所有不和的骑士相互之间都不会挨着坐。

a. 哪一个标准问题能够作为亚瑟王问题的模型？

b. 作为一个研究作业，请证明，如果和每个骑士不和的人数不超过 75，那么该问题是有解的。

11.4 数值算法的挑战

数值分析(numerical analysis)常常被描述为计算机科学的一个分支，它关心的是那些求解数学问题的算法。但我们需要对这个描述做一个重要的澄清：这里所说的问题是“连续”数学的问题，例如解方程和联立方程组，求类似 $\sin x$ 和 $\ln x$ 这种函数的值以及求积分等。这类问题和离散数学的问题是相对的，离散数学涉及类似图、树、排列和组合这样的结构。我们之所以对数学问题的高效算法感兴趣是因为这样一个事实：这些问题都是作为现实生活中许多自然现象和社会科学现象的模型而出现的。实际上，计算机科学的研究、教学和应用的主要领域都会用到数值分析。随着计算机在商业和日常生活中的大量应用，计算机主要用于信息的存取，所以近 30 年来，数值分析相对不那么重要了。但是，随着现代计算机能力的提高，数值分析的应用也得到了增强，它渐渐扩展到了技术和基础研究的所有领域。因此，在现代计算机的广阔领域中，一个人的兴趣无论在哪里，他至少有必要对连续数学问题提出的具体挑战有一定的理解。

我们不打算讨论在建模时遇到的各种困难，这是如何用数学语言来描述一个现实现象的问题。如果假设这个问题已经解决了，那么我们在求解一个数学问题时面对的主要障碍是什么呢？首要的障碍就是大多数数值分析问题无法精确求解这样一个事实①。这些问题必须近似求解，而我们通常的做法是用有限逼近来代替一个无穷对象。例如，e^x 在给定点 x 的值可以这样计算：通过泰勒序列前面若干项的有限和(称为第 n 次**泰勒多项式**)来逼近无穷泰勒序列在 $x=0$ 的值。

$$e^x \approx 1 + x + \frac{x^2}{2!} + \cdots + \frac{x^n}{n!} \tag{11.6}$$

我们再给出另一个例子，一个函数的定积分可以用函数值的有限加权和来逼近，这被称为**组合梯形法则**(composite trapezoidal rule)，大家可能在微积分课上已经学过了。

$$\int_a^b f(x)\mathrm{d}x \approx \frac{h}{2}[f(a) + 2\sum_{i=1}^{n-1} f(x_i) + f(b)] \tag{11.7}$$

其中，$h=(b-a)/n$，$x_i = a + ih$，而 $i = 0, 1, \cdots, n$(图 11.8)。

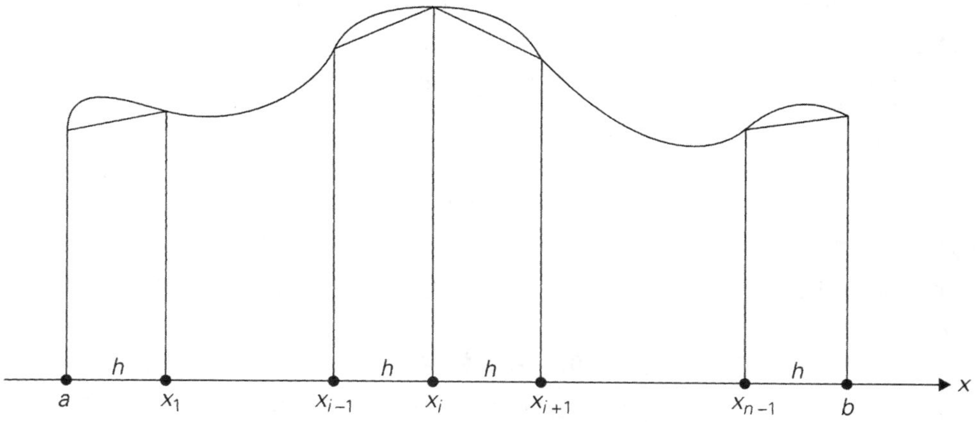

图 11.8　组合梯形法则

这种逼近所造成的误差被称为**截断误差**(truncation error)。数值分析中的一个主要任务就是估计截断误差的数量级。一般的做法是使用微积分工具，有基本的，也有非常高等的。例如，对于逼近式(11.6)我们有

$$\left| e^x - \left[1 + x + \frac{x^2}{2!} + \ldots + \frac{x^n}{n!} \right] \right| \leqslant \frac{M}{(n+1)!} |x|^{n+1} \tag{11.8}$$

其中，在以 0 和 x 为端点的区间上，$M = \max e^{\xi}$。这个公式使得我们在需要确保逼近式(11.6)具备预定义的精确度时，可以确定泰勒多项式的次数。

例如，如果需要用公式(11.6)来计算 $e^{0.5}$，并且需要确保截断误差小于 10^{-4}，我们可以按照下面的方式操作。首先，我们估计公式(11.8)中的 M：

$$M = \max_{0 \leqslant \xi \leqslant 0.5} e^{\xi} \leqslant e^{0.5} < 2$$

① 我们在 6.2 节和 6.5 节中分别讨论过解线性方程组和多项式求值问题，它们都是这个规律的罕见特例。

运用截断误差边界和需要的精度水平 10^{-4}，我们从式(11.8)中得到：

$$\frac{M}{(n+1)!}|0.5|^{n+1}<\frac{2}{(n+1)!}0.5^{n+1}<10^{-4}$$

为了解最后一个不等式，我们可以计算表达式

$$\frac{2}{(n+1)!}0.5^{n+1}=\frac{2^{-n}}{(n+1)!}$$

的前面几个值，然后就可以看出，满足上面那个不等式的 n 的最小值是 5。

同样，下面这个不等式给出了逼近式(11.7)的标准边界：

$$\left|\int_a^b f(x)\mathrm{d}x-\frac{h}{2}\left[f(a)+2\sum_{i=1}^{n-1}f(x_i)+f(b)\right]\right|\leqslant\frac{(b-a)h^2}{12}M_2 \tag{11.9}$$

其中，在区间 $a\leqslant x\leqslant b$ 中，$M_2=\max|f''(x)|$。我们要求大家在本节的习题中使用这个不等式(习题 11.4 第 5 题和第 6 题)。

另一种类型的误差被称为**舍入误差**(round-off error)，这是因为一台数字计算机只能够表示实数的有限精度。不仅所有的无理数(根据定义，为了精确表示这种数字，需要无限位数)会出现这种误差，许多有理数也会有这样的误差。在绝大多数情况下，实数被表示成浮点数

$$\pm .d_1d_2\cdots d_pB^E \tag{11.10}$$

其中，B 是数字的基数，一般是 2 或者 16(或者对于简单的计算器来说，是 10)；$d_1, d_2, \cdots, d_n$ 这些数字(对于 $i=1, 2, \cdots, p$ 来说，$0\leqslant d_i<B$，并且除非该实数为 0，否则 $d_1>0$)合起来表示浮点数的小数部分，被称为**尾数**(mantissa)；E 是一个整数**指数**，它的取值范围基本上是 0 点对称的。

浮点表示法的精度取决于式(11.10)中**有效数字**的位数 p。大多数的计算机支持两到三种精度级别：**单精度**(一般来说相当于 6 位到 7 位十进制有效数字)、**双精度**(13 到 14 位十进制有效数字)以及**扩展精度**(19 到 20 位十进制有效数字)。使用更高的精度会减慢计算的速度，但可能会有助于克服某些由于舍入误差导致的问题。如果还需要更高精度，可能也仅仅是用于算法的某些特定步骤。

无论采用哪种逼近，重要的是要分清用近似值 α 表示一个数 α^* 时的**绝对误差**(absolute error)和**相对误差**(relative error)。

$$\text{绝对误差}=|\alpha-\alpha^*| \tag{11.11}$$

$$\text{相对误差}=\frac{|\alpha-\alpha^*|}{|\alpha^*|} \tag{11.12}$$

(如果 $\alpha^*=0$，相对误差没有定义。)

由于两种分别称为**溢出**(overflow)和**下溢**(underflow)的现象，在浮点运算中不能出现非常大和非常小的数字。当一个算术操作产生了一个超出了计算机浮点数范围的结果，就会发生一个溢出。典型的溢出会发生在两个非常大的数字相乘或者除以一个非常小的除数时。有时候，我们可以对求值表达式中的指数做一些简单的变换来解决这个问题(例如，$(10^{29}\times 11^{30})/12^{30} = 10^{29}\times(11/12)^{30}$)，或者替换为一个等价的表达式(例如，不用 $100!/(2!(100-2)!)$ 来计算 $\binom{100}{2}$，而用 $(100\times 99)/2$ 来计算)，或者是计算一个表达式的对数而

不是计算表达式本身。

如果一个操作结果的数量级过小，以至于无法表示为一个非 0 的数值部分时，就会发生一个下溢。通常，下溢的数字会用 0 来表示，但硬件上会产生一个特殊的信号，告诉我们发生了这样一个事件。

我们必须要记住，除了数字的不精确表示之外，计算机所执行的算术操作也并不总是精确的。具体来说，两个基本相等的浮点数相减会导致相对误差大大增加。这个现象被称为**减法抵消**(subtractive cancellation)。

例 1　考虑两个无理数 $\alpha^* = \pi = 3.14159265\cdots$ 和 $\beta^* = \pi - 6\times10^{-7} = 3.14159205\cdots$，分别用浮点数 $\alpha = 0.3141593\times10^1$ 和 $\beta = 0.3141592\times10^1$ 表示。这两个近似数的相对误差并不大，分别是：

$$\frac{|\alpha-\alpha^*|}{\alpha^*} = \frac{0.0000003\cdots}{\pi} < \frac{4}{3}\times10^{-7}$$

和

$$\frac{|\beta-\beta^*|}{\beta^*} = \frac{0.00000005\cdots}{\pi-6\times10^{-7}} < \frac{1}{3}\times10^{-7}$$

用浮点表示法 $\gamma = \alpha - \beta$ 表示 $\gamma^* = \alpha^* - \beta^*$ 的差所造成的相对误差为

$$\frac{|\gamma-\gamma^*|}{\gamma^*} = \frac{10^{-6}-6\times10^{-7}}{6\times10^{-7}} = \frac{2}{3}$$

尽管 α 和 β 都是相当精确的逼近，但 $\frac{2}{3}$ 这个值对于相对误差来说还是非常大的。

请注意，如果将这样一个低精度的差作为除数来使用，这个舍入误差会有一个显著的放大。(我们在 6.2 节中讨论高斯消去法时已经遇到过这个问题。那时我们的解决方案是使用部分选主元法。)许多数值算法对典型的输入要进行成千上万次的算术操作。对于这样的算法，无论从实践角度，还是从理论角度，舍入误差的传递都是我们最关心的问题。对于某些算法来说，算法操作中的舍入误差在传递时会有递增效应。我们非常不愿意见到数值算法具有这种特性，它被称为**不稳定性**(instability)。有些问题对于它们的输入显示出很高的敏感度以至于我们根本无法为它们设计出一个稳定的算法。我们把这种问题称为**坏脾气的**(ill-conditioned)。

例 2　考虑下面这个包含两个线性方程的二元方程组：

$$\begin{cases}1.001x + 0.999y = 2\\ 0.999x + 1.001y = 2\end{cases}$$

它的唯一解是 $x = 1$，$y = 1$。为了说明这个方程组对于等号右边的微小改变是多么敏感，请考虑这个具有相同的系数矩阵但右边值有轻微差别的方程组：

$$\begin{cases}1.001x + 0.999y = 2.002\\ 0.999x + 1.001y = 1.998\end{cases}$$

该方程组的唯一解是 $x = 2$，$y = 0$，这和前一个方程组的解相差很远。请注意，该方程组的系数矩阵接近于退化矩阵。(为什么？)因此，如果它的系数有微小的改变都有可能产生一个要么无解要么有无穷多解的方程组，这依赖于它等号右边的那些值。大家可以在数值分析的教科书(例如[Ger03])中，对于如何度量系数矩阵的“坏脾气”程度，找到一些更正式也更详细的讨论。

我们用一个著名的求二次方程根的问题作为总结：

$$ax^2+bx+c=0 \tag{11.13}$$

其中，系数 a，b，c 为任意实数($a\neq 0$)。根据中学代数，当且仅当方程的判定式 $D=b^2-4ac$ 大于等于 0 时，方程(11.13)有实根，而且方程根可以用下面这个方程求出：

$$x_{1,2}=\frac{-b\pm\sqrt{b^2-4ac}}{2a} \tag{11.14}$$

尽管公式(11.14)为数学家所关心的问题给出了一个通解，但它远远不是算法设计师所需要的通解。第一个主要障碍就是如何求平方根。即使对于大多数整数 D 来说，$\sqrt{D}$ 也是一个只能近似计算的无理数。有一个比中学通常教的方法好得多的平方根计算方法(它是根据**牛顿法**(Newton's method)得出的，牛顿法是一个非常重要的解方程算法，我们会在 11.4 节中讨论)。这个方法会根据方程

$$x_{n+1}=\frac{1}{2}\left(x_n+\frac{D}{x_n}\right),\quad n=0，1，\cdots \tag{11.15}$$

生成 $\sqrt{D}$ 的近似值的一个序列 $\{x_n\}$，其中 D 是一个给定的非负数，而初始的近似值 x_0 可以选择 $x_0=(1+D)/2$(选择其他值也是可以的)。不难证明序列(11.15)是递减的(如果 $D\neq 1$)并且总是收敛于 $\sqrt{D}$。在两种情况下，我们可以停止生成该序列的元素：要么当序列中两个连续元素的差小于一个预定义的允许误差 $\varepsilon>0$，即

$$x_n-x_{n+1}<\varepsilon$$

要么 x_{n+1}^2 足够接近于 D。对于 D 的大多数值来说，逼近序列(11.15)非常快速地向 $\sqrt{D}$ 收敛。具体来说，我们可以证明在 $0.25\leqslant D<1$ 时，不需要超过 4 次迭代我们就能保证

$$|x_n-\sqrt{D}|<4\times 10^{-15}$$

而且通过公式 $d=D2^p$，我们总能把 d 的一个给定值换算到区间[0.25, 1]中的某一点，其中 p 是一个偶整数。

例 3 让我们使用牛顿算法来计算 $\sqrt{2}$。(为了简单起见，我们就不进行缩放了。)我们在第 6 位小数的地方对数字四舍五入，并使用数值分析的标准符号≐来指出该舍入操作。

$$x_0=\frac{1}{2}\times(1+2)=1.500000$$

$$x_1=\frac{1}{2}\times\left(x_0+\frac{2}{x_0}\right)\doteq 1.416667$$

$$x_2=\frac{1}{2}\times\left(x_1+\frac{2}{x_1}\right)\doteq 1.414216$$

$$x_3 = \frac{1}{2} \times \left(x_2 + \frac{2}{x_2} \right) \doteq 1.414214$$

$$x_4 = \frac{1}{2} \times \left(x_3 + \frac{2}{x_3} \right) \doteq 1.414214$$

这时我们不得不停下来了，因为 $x_4 = x_3 \doteq 1.414214$，所以其他的所有近似值也都是相同的。$\sqrt{2}$ 的精确值是 1.41421356…。

即使平方根的计算已经不成问题，是不是就能轻而易举地写出一个基于公式(11.14)的程序呢？由于舍入误差可能产生的影响，回答是否定的。还有其他一些障碍，我们这里所要面对的是减法抵消的威胁。如果 b^2 远大于 $4ac$，$\sqrt{b^2 - 4ac}$ 就会非常接近于 $|b|$，并且用公式(11.14)计算出来的根就会出现较大的相对误差。

例 4 根据乔治·福赛思(George E. Forsythe)[①]的一篇论文([For69])来考虑下面这个方程：

$$x^2 - 10^5 x + 1 = 0$$

它真正的根保留 11 位有效数字之后，等于

$$x_1^* \doteq 99999.999990$$

和

$$x_2^* \doteq 0.000010000000001$$

如果我们使用公式(11.14)并取 7 位十进制有效数字参与所有的浮点数运算，我们会得到

$$(-b)^2 = 0.1000000 \times 10^{11}$$
$$4ac = 0.4000000 \times 10^{1}$$
$$D \doteq 0.1000000 \times 10^{11}$$
$$\sqrt{D} \doteq 0.1000000 \times 10^{6}$$
$$x_1 \doteq \frac{-b + \sqrt{D}}{2a} \doteq 0.1000000 \times 10^{6}$$
$$x_2 \doteq \frac{-b - \sqrt{D}}{2a} \doteq 0$$

尽管用 x_1 逼近 x_1^* 的相对误差非常小，但第二个根的相对误差是非常大的。

$$\frac{|x_2 - x_2^*|}{x_2^*} = 1 \text{ (也就是 100\%)}$$

为了避免可能产生较大的相对误差，我们可以改用另一种公式。这个公式是这样求得的：

① 乔治·福赛思(1917—1972)是一位著名的数值分析学家，他极力倡导美国应该把计算机科学作为大学里的一门独立学科，并在这个过程中扮演了领导角色。本书前言中的引言就来自他的原话。

$$x_1 = \frac{-b+\sqrt{b^2-4ac}}{2a} = \frac{(-b+\sqrt{b^2-4ac})(-b-\sqrt{b^2-4ac})}{2a(-b-\sqrt{b^2-4ac})} = \frac{2c}{-b-\sqrt{b^2-4ac}}$$

如果$b>0$，我们不用担心分母出现减法抵消的危险。至于 x_2，则可以用标准公式

$$x_2 = \frac{-b-\sqrt{b^2-4ac}}{2a}$$

来计算，也没有减法抵消的危险，当然b也必须大于 0。

在$b<0$的情况下，结果是对称的，我们可以分别使用公式

$$x_1 = \frac{-b+\sqrt{b^2-4ac}}{2a} \text{ 和 } x_2 = \frac{2c}{-b+\sqrt{b^2-4ac}}$$

(如果$b=0$，两种情况都适用。)

在应用公式(11.14)时，我们还会遇到其他一些障碍，它们也和浮点计算的局限性有关：如果a非常小，除以a会导致一个溢出。我们似乎除了使用双精度等方法以外，没有办法解决在计算 b^2-4ac 时遇到的减法抵消危机。但多伦多大学的威廉·卡亨(William Kahan)已经解决了这个问题(参见[For69])，他的算法被认为是数值分析历史上的一个重大成就。

我们希望，本章所做的简要概述已经足以激起大家对数值分析的兴趣，如果是这样，大家可以在许多数值分析的专著中寻求更多的信息。我们会在本书第 12 章中再讨论一个主题：解一元方程的 3 种经典方法。

习题 11.4

1. 如果α是α^*的近似值，有些教材用满足下面这个不等式的最大的非负整数k来定义α的有效位数：

$$\frac{|\alpha-\alpha^*|}{|\alpha^*|} < 5\times 10^{-k}$$

   根据这个定义，π 的下面这些近似值的有效位数是多少？

   a. 3.1415 **b.** 3.1417

2. 如果已知$\alpha=1.5$是某个数字α^*的近似值，并且绝对误差不超过 10^{-2}，求：

   a. α^*的可能值的范围。

   b. 这些近似值的相对误差的范围。

3. 求用第五次泰勒多项式($x_0 = 0$)求得的 $\sqrt{e}=1.648721\cdots$ 的近似值，并计算出这个近似值的截断误差。这个结果和本节给出的理论预测相符吗？

4. 推导组合梯形法则公式(11.7)。

5. 用$n=4$时的组合梯形法则来逼近下面的定积分。求出每个近似值的截断误差，并拿它和公式(11.9)给出的值做比较。

   a. $\int_0^1 x^2 \mathrm{d}x$ **b.** $\int_1^3 x^{-1} \mathrm{d}x$

6. 如果用组合梯形法则计算 $\int_0^1 e^{\sin x}dx$，应该有多少个子区间才能保证截断误差小于 10^{-4}？如果要小于 10^{-6} 呢？

7. 解两个线性方程组，并指出它们是否是坏脾气的。

a. $\begin{cases}2x+5y=7\\2x+5.000001y=7.000001\end{cases}$　　**b.** $\begin{cases}2x+5y=7\\2x+4.999999y=7.000002\end{cases}$

8. 写一个计算机程序来解方程 $ax^2+bx+c=0$。

9. **a.** 请证明，对于任何非负数 D 和初始近似值 $x_0>\sqrt{D}$ 来说，计算 $\sqrt{D}$ 的牛顿法序列是严格递减的，并且收敛于 $\sqrt{D}$。

b. 请证明，如果 $0.25\leqslant D<1$ 且 $x_0=(1+D)/2$，牛顿法不超过 4 次迭代就能保证

$$|x_n-\sqrt{D}|<4\times10^{-15}$$

10. 应用牛顿法的 4 次迭代来计算 $\sqrt{3}$，并估计求得的近似值的绝对误差和相对误差。

小　　结

- 对于求解某个特定问题的一类算法，下界指出了**任何**属于这个类型的算法所能够具有的最佳效率。
- **平凡下界**基于对问题输入中必须要处理的项进行计数，同时对必须要输出的项进行计数。
- **信息论下界**常常是通过决策树机制得到的。这个技术对于基于比较的排序和查找算法特别有效。具体来说，
  - ◆ 在最坏的情况下，任何基于比较的通用排序算法至少必须要执行 $\lceil\log_2 n!\rceil\approx n\log_2 n$ 次键值比较。
  - ◆ 在最坏的情况下，任何基于比较的查找有序数组的通用算法至少必须要执行 $\lceil\log_2(n+1)\rceil$ 次键值比较。
- **敌手法**在建立下界时遵循的是一种有恶意的敌手逻辑，它总是试图把算法推向最消耗时间的路径。
- 也可以用**化简法**来建立下界，也就是说，把一个具有已知下界的问题化简为所讨论的问题。
- 复杂性理论试图按照问题的计算复杂性来对它们分类。它们主要可以分成**易解的**和**难解的**两类问题，也就是能在多项式时间内求解的问题和不能在多项式时间内求解的问题。纯粹出于技术上的原因，复杂性理论关注的是**判定问题**，就是能够回答“是”或“否”的问题。
- **停机问题**是一个无法判定的判定问题实例，也就是说，它是无法用任何算法求解的。
- P 是所有能够在多项式时间内求解的判定问题所构成的类型。而 NP 是那些随意生成的解能够在多项式时间内得到验证的问题所构成的类型。
- 我们知道 NP 中的许多问题是 NP 完全问题：NP 中的所有其他问题都能够在多项

式的时间内转化为这种问题。库克发表的**合取范式可满足性问题**第一次证明了一个问题的 NP 完全性。

- 我们还不知道 $P = NP$ 是否成立，抑或 P 仅仅是 NP 的一个真子集。这是计算机科学理论中最重要的一个待解难题。对已知的几千种 NP 完全问题来说，如果发现了其中任何一个问题的多项式时间算法，也就意味着 $P = NP$。
- **数值分析**是计算机科学的一个分支，它处理的是求解连续的数学问题。在解大多数这样的问题时，会产生两种误差：截断误差和舍入误差。**截断误差**是由于用有限来逼近无穷造成的。**舍入误差**是由于数字计算机在表示数字时的不精确性造成的。
- 作为两个相近浮点数相减的结果，有可能会发生**减法抵消**。这会导致相对舍入误差大大增加，因此需要予以避免(要么改变表达式的形式，要么在计算这种差的时候使用更高的精度)。
- 写一个解二次方程 $ax^2 + bx + c = 0$ 的计算机程序是一项困难的工作。计算平方根的问题可以用**牛顿法**来解决。减法抵消问题也可以解决，方法是根据系数 b 是正还是负，分别运用不同的公式，并且用双精度来计算判别式 $b^2 - 4ac$。

第 12 章　超越算法能力的极限

不断关注那些已被他人成功应用的新思路。你的原创思想只应该应用在那些你正在研究的问题上。

——托马斯·爱迪生(1847－1931)

正如本书前文所述，许多问题很难用算法求解。但同时，其中很多问题又是如此重要，以至于我们无法坐视不理。本章介绍了几个方法，专门处理这样的难题。

12.1 节和 12.2 节介绍了两种算法设计技术，**回溯法**(backtracking)和**分支界限法**(branch-and-bound)。使用这两种算法以后，我们至少可以求解某些组合难题的较大实例。我们可以把这两种策略都看作对 3.4 节介绍的穷举查找的一个改进。但和穷举查找不同的是，它们每次只构造候选解的一个分量，然后评估这个部分构造解：如果加上剩下的分量也不可能求得一个解，就绝对不会生成剩下的分量。虽然在最坏的情况下，我们还是需要面对穷举查找中遇到的指数级爆炸问题，但这种方法使我们至少可以对某些组合难题的较大实例求解。

回溯法和分支界限法都是以构造一棵**状态空间树**为基础的，树的节点反映了对一个部分解所做的特定选择。如果可以保证，节点子孙所对应的选择不可能得出问题的一个解，两种技术都会立即停止处理这个节点。两种技术的区别在于它们能够处理的问题类型不同。分支界限法只能应用于最优问题，因为它基于针对一个问题的目标函数，计算其可能值的边界。回溯法并不受这种要求的制约，但在大多数情况下，它处理的是非优化问题。回溯法和分支界限法的另一个区别在于它们生成状态空间树的节点的顺序不同。对于回溯法来说，它的树的生长顺序常常是深度优先的(也就是和 DFS 类似)。分支界限法可以根据多种规则生成节点，12.2 节介绍了一种最普通的规则，即最佳优先规则。

12.3 节暂时放弃了对问题精确求解的想法。它所介绍的算法是对问题近似求解的，但速度非常快。具体来说，我们讨论的是一些关于旅行商问题和背包问题的近似算法。对于旅行商问题，我们会研究基础的理论研究成果以及一些著名近似算法的相关经验数据。对于背包问题，我们首先讨论一个贪婪算法，然后是一个靠参数调节的系列算法，这种系列算法能够在多项式时间内生成任意精度的近似解。

12.4 节关心的是求解非线性方程的算法。在简要介绍了这个非常重要的问题之后，我们来看一看求近似根的三种经典方法：平分法、试位法以及牛顿法。

12.1　回　溯　法

本书自始至终(具体可以参见 3.4 节和 11.3 节)都能遇到这样的问题，它们要求在相对问题的输入规模按照指数速度增长(或者更快)的域中，找出一个具有指定特性的元素：例如在图顶点的所有排列中求一个哈密顿回路，对于背包问题的一个实例求其中最有价值的物品子集，等等。11.3 节给出了许多这样的问题不能在多项式时间内求解的理由。也请回忆一下，我们在 3.4 节中讨论过解这种问题的方法，至少在原则上，我们可以用穷举查找法求解。穷举查找技术建议我们先生成所有的候选解，然后找出那个(或者那些)具有需要特性的元素。

回溯法是这个方法的一个更聪明的变化形式。它的主要思想是每次只构造解的一个分量，然后按照下面的方法来评估这个部分构造解。如果一个部分构造解可以进一步构造而不会违反问题的约束，我们就接受对解的下一个分量所做的第一个合法选择。如果无法对下一分量进行合法的选择，就不必对剩下的任何分量再做任何选择了。在这种情况下，该算法进行回溯，把部分构造解的最后一个分量替换为它的下一个选择。

通过对所做的选择构造一棵所谓的**状态空间树**，我们很容易实现这种处理。树的根代表了在查找解之前的初始状态。树的第一层节点代表了对解的第一个分量所做的选择，第二层节点代表了对解的第二个分量所做的选择，以此类推。如果一个部分构造解仍然有可能导致一个完整解，我们说这个部分解在树中的相应节点是**有希望的**(promising)；否则，我们说它是**没希望的**(nonpromising)。叶子则要么代表了没希望的死胡同，要么代表了算法找到的完整解。在大多数情况下，一个回溯算法的状态空间树是按照深度优先的方式来构造的。如果当前节点是有希望的，通过向部分解添加下一个分量的第一个合法选择，就生成了节点的一个子女，而处理也会转向这个子女节点。如果当前节点变得没希望了，该算法回溯到该节点的父母，考虑部分解的最后一个分量的下一个可能选择。如果这种选择不存在，它再回溯到树的上一层，以此类推。最后，如果该算法找到了问题的一个完整解，它要么就停止了(如果只需要一个解)，要么继续查找其他可能的解。

12.1.1　*n* 皇后问题

我们把 ***n* 皇后问题**作为第一个例子，这是编写教材的作者经常喜欢引用的一个例子。这个问题要求把 n 个皇后放在一个 $n\times n$ 的棋盘上，使得任何两个皇后都不能相互攻击，即它们不能同行，不能同列，也不能位于同一条对角线上。对于 $n=1$，问题的解很简单，而且很容易看出对于 $n=2$ 和 $n=3$ 来说，这个问题是无解的。所以我们考虑 4 皇后问题，并用回溯法对它求解。因为每个皇后都必须分别占据一行，我们需要做的不过是为图 12.1 棋盘上的每个皇后分配一列。

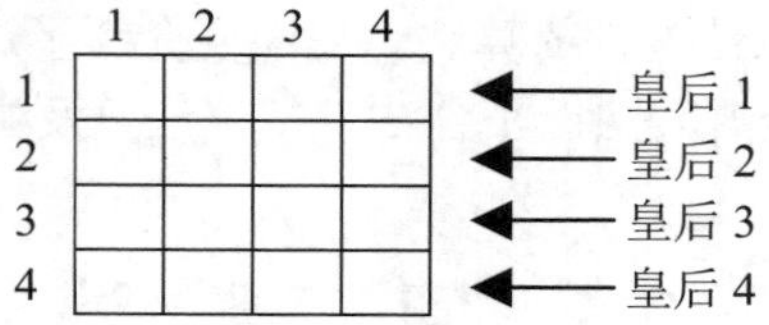

图 12.1　4 皇后问题的棋盘

我们从空棋盘开始，然后把皇后 1 放到它所在行的第一个可能位置上，也就是第一行第一列。对于皇后 2，在经过第一列和第二列的失败尝试之后，我们把它放在第一个可能的位置，就是格子(2, 3)，位于第二行第三列的格子。这被证明是一个死胡同，因为皇后 3

将没有位置可放。所以，该算法进行回溯，把皇后 2 放在下一个可能位置(2, 4)上。这样皇后 3 就可以放在(3, 2)，这被证明是另一个死胡同。该算法然后就回溯到底，把皇后 1 移到(1, 2)。接着皇后 2 到(2, 4)，皇后 3 到(3, 1)，而皇后 4 到(4, 3)，这就是该问题的一个解。图 12.2 给出了这个查找的状态空间树。

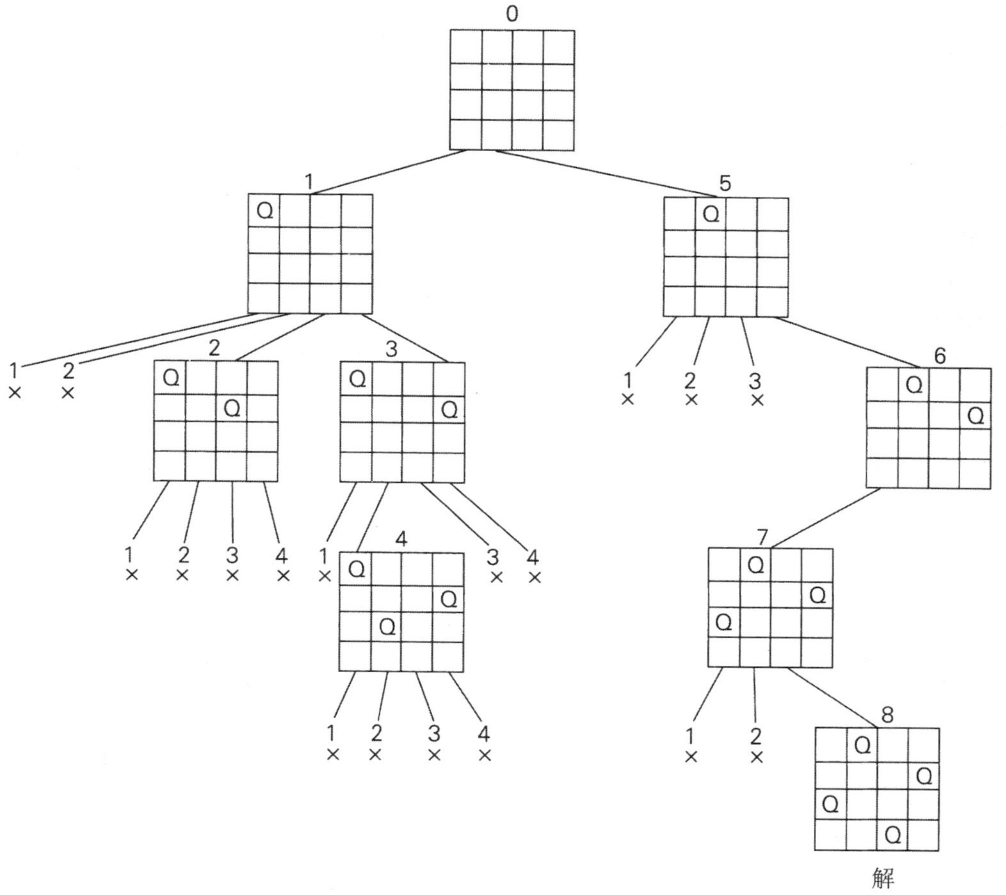

图 12.2　用回溯法解 4 皇后问题的状态空间树。x 表示一个试图把皇后放在指定列的不成功的尝试。节点上方的数字指出了节点被生成的次序

如果需要求另一个解(对于 4 皇后问题来说，有多少个这样的解？)，该算法只要从停下来的叶子开始，继续刚才的操作即可。或者，我们也可以利用棋盘的对称性来求出剩余的解。

最后应当指出，对于任何一个 $n \geqslant 4$ 的 n 皇后问题都可以在线性时间内求解。事实上，在过去 150 年里，数学家找到一些可选公式，用于计算 n 皇后的可行位置([Bel09])。还可以使用一些通用算法设计技术来寻找这些位置(习题 12.1 第 4 题)。

12.1.2 哈密顿回路问题

作为下一个例子，考虑一下如何对图 12.3(a)给出的图求一条哈密顿回路的问题。

在不失一般性的前提下，可以假设如果一条哈密顿回路存在，它是从顶点 a 开始的。相应地，我们把顶点 a 作为状态空间树(图 12.3(b))的根。如果存在问题的解，这个未来解的第一个分量就是所要构造的哈密顿回路的第一个中间顶点。如果按照字母顺序，从与 a 邻接的 3 个顶点中选择一个，被选中的顶点是 b。该算法又从 b 转向 c，接着是 d，然后是 e，最后到了 f，f 被证明是一个死胡同。所以该算法从 f 回溯到 e，然后回溯到 d，再回溯到 c，从 c 开始，该算法可以第一次选择一条新路径。最终证明，从 c 走到 e 也是没有用的，该算法不得不从 e 回溯到 c，再回溯到 b。从 b 开始，算法可以走过顶点 f, e, c, d，然后可以合法地返回到 a，这就生成了一条哈密顿回路 a, b, f, e, c, d, a。如果我们需要寻找另一条哈密顿回路，可以从已求得的解所在的叶子开始回溯，然后继续前面的操作。

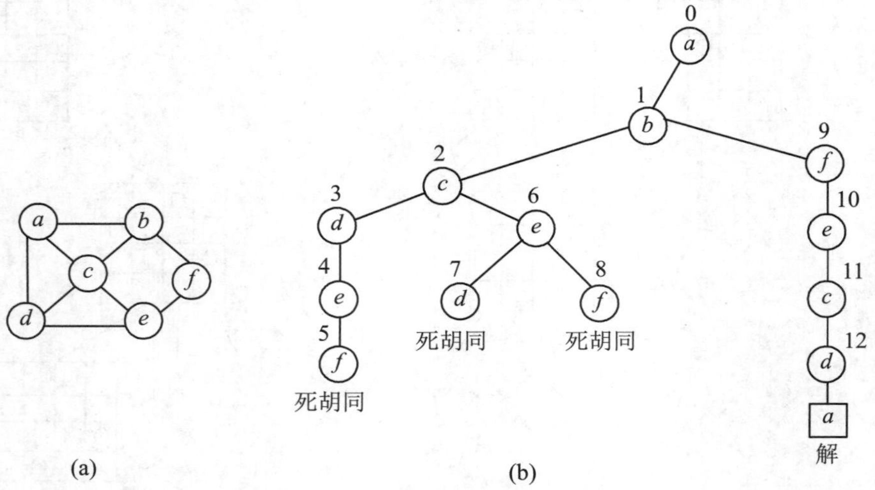

图 12.3 (a)图，(b)求哈密顿回路的状态空间树。节点上方的数字指出了节点的生成顺序

12.1.3 子集和问题

作为最后一个例子，我们来考虑“**子集和**”问题(subset-sum problem)：求 n 个正整数构成的一个给定集合 $A = \{a_1, \cdots, a_n\}$的子集，子集的和要等于一个给定的正整数 d。例如，对于 $A = \{1, 2, 5, 6, 8\}$和 $d = 9$ 来说，该问题有两个解：$\{1, 2, 6\}$和$\{1, 8\}$。当然，这个问题的某些实例是无解的。

把集合元素按照升序排序会带来不少的方便。所以可以假设

$$a_1 < a_2 < \cdots < a_n$$

我们可以按照二叉树的形式来构造状态空间树，就像图 12.4 中 $A = \{3, 5, 6, 7\}$，$d = 15$ 这个实例一样。这棵树的根代表了起点，这时候还没有对给定的元素做任何决定。根的左右子

女分别代表在当前所求的子集中包含或者不包含 a_1。同样地，从第一层的节点向左走表明包含 a_2，而向右走则表示不包含，以此类推。因此，从根到树的某个第 i 层节点的路径，指出了该节点所代表的子集中包含了前 i 个数字中的哪些数字。

我们把这些数字的和 s 记录在节点中。如果 s 等于 d，我们就找到了问题的一个解。这时候可以选择返回结果并且停止。但如果需要求出全部解，就要回溯到该节点的父母节点，然后继续寻找。如果 s 不等于 d，当下面这两个不等式中的任何一个成立，我们就把该节点作为没有希望的节点终止掉。

$$s + a_{i+1} > d \text{ (和 } s \text{ 太大)}$$

$$s + \sum_{j=i+1}^{n} a_j < d \text{ (和 } s \text{ 太小)}$$

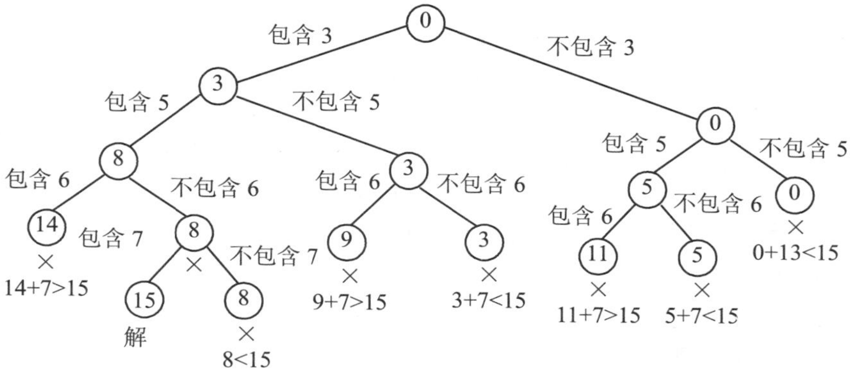

图 12.4　对“子集和”问题的实例 $A = \{3, 5, 6, 7\}$，$d = 15$ 应用回溯算法生成的完全状态空间树。节点代表了一个子集，节点内部的数字就是已经包含在该子集中的数字的和。叶子下方的不等式指出了它的终止原因

12.1.4　一般性说明

从更一般的角度来看，大多数回溯算法都满足下面的描述。某个回溯算法的一个输出可以看作一个 n 元组$(x_1, x_2, \cdots, x_n)$，其中每一个坐标 x_1 都是某个有限线性有序集 S_i 的一个元素。例如，对于 n 皇后问题，每一个 S_i 都是从 1 到 n 的整数(列编号)构成的一个集合。这个元组可能需要满足一些额外的约束(例如，在 n 皇后问题中的相互不攻击要求)。取决于具体的问题，所有解元组的长度可以是相等的(n 皇后问题和哈密顿回路问题)，也可以是不等的(“子集和”问题)。一个回溯算法会明确地或者隐含地生成一棵状态空间树，树中的节点代表了由算法的前面步骤所定义的前 i 个坐标所组成的部分构造元组。如果这样一个元组$(x_1, x_2, \cdots, x_i)$不是问题的一个解，该算法从 s_{i+1} 中找出下一个元素，该元素不仅和$(x_1, x_2, \cdots, x_n)$的值相容，而且和问题的约束相容，然后把这个元素加到元组中，作为元组的第 $i+1$ 个坐标。如果这样的元素不存在，该算法向后回溯，考虑 x_i 的下一个值，以此类推。

下面这段伪代码可以用 $i = 0$ 调用，来启动一个回溯算法，$X[1..0]$代表一个空元组。

```
算法 Backtrack(X[1..i])
    //给出通用回溯算法的一个模板
    //输入：X[1..i]确定了一个解的前面 i 个有希望的分量
    //输出：代表问题的解的所有元组
    if X[1..i]是一个解 write X[1..i]
        else //参见习题 12.1 第 9 题
            for 和 X[1..i]以及约束相容的每一个元素 x ∈ S_{i+1} do
                X[i+1] ← x
                Backtrack(X[1..i+1])
```

虽然在本节开始的时候，成功地求解了三个难题的较小实例，但我们不应该得出一个错误结论，认为回溯法是一种非常高效的技术。在最坏的情况下，对于手头的问题，它可能必须生成一个呈指数增长(或者更快)的状态空间中所有的可能解。当然，我们总是希望，在耗尽了时间或者存储空间，或者两者都被耗尽之前，一个回溯算法可能会修剪掉它的状态空间树中足够多的分支。这个策略是否奏效呢？在不同的情况下差别是很大的，不仅不同的问题之间会有很大差别，就是同一个问题的不同实例之间，差别也相当大。

有一些技巧可能会帮助我们缩小状态空间树的规模。有一种技巧就是利用了组合问题中常常表现出的对称性。例如，n 皇后问题的棋盘具有若干种对称方式，所以，某些解可以通过翻转从其他解中求出。具体来说，这意味着，我们不需要考虑第一个皇后在后面 $\lfloor n/2 \rfloor$ 列中的位置，因为任何一个把第一个皇后放在格子 $(1, i)$ $(\lceil n/2 \rceil \leqslant i \leqslant n)$ 中的解，都可以通过翻转(如何翻转？)从另一个解中求出，这个解把第一个皇后放在格子$(1, n-i+1)$中。这个观察结果可以把状态空间树的规模缩减大约一半。另一个技巧是把值预先分配给解的一个或多个分量，就像我们在哈密顿回路例子中的做法。“子集和”这个例子运用了预排序，它表明，重新排列一个给定实例中的数据可能会带来另一种潜在的好处。

我们非常希望能够估计出一个回溯算法的状态空间树的规模。然而，作为一条规律，这个问题太困难以至于我们无法用分析法求解。克努特([Knu75])建议，我们可以生成一条从根到一个叶子的随机路径，并按照生成路径的过程中不同选择的数量信息，来估计树的规模。具体来讲，设解的第一个分量 x_1 中，能够和问题约束相容的值的数量是 c_1。我们随机选择其中的一个值(等概率是 $1/c_1$)来转向根的 c_1 个子女中的一个。对于 x_2 的 c_2 个可能值也执行同样的操作，它们都是和 x_1 以及其他约束相容的，我们转向该节点的 c_2 个子女中的一个。继续这个过程，对 $x_1, x_2, \cdots, x_n$ 随机地选择值，直到遇见一个叶子。如果假设第 i 层的节点平均具有 c_i 个子女，我们可以估计树中的节点数量为

$$1 + c_1 + c_1c_2 + \cdots + c_1c_2\cdots c_n$$

这样的估计可以多做几次，然后计算它们的平均值。即使这个随机变量的标准差可能比较大，但我们也能够有效地估计出树的实际规模。

对于回溯法，最后还有三件事要说。首先，这个方法主要用于那些困难的组合问题，这些问题可能存在精确解，但我们无法用高效的算法求解。其次，回溯法和穷举查找法是不同的。对于一个问题的所有实例，穷举法注定都是非常缓慢的。但应用了回溯法之后，我们至少可以希望，对于一些规模不是很小的实例，我们能够在可接受的时间内对问题求解。对于最优问题来说尤其如此，通过对部分构造解的质量进行评估，回溯的思想在最优问题上得到了进一步的强化。最后，即使回溯法没有消去一个问题的状态空间中的任何一

个元素，并在结束的时候生成了其中的所有元素，它还是提供了一种特定的解题方法，而这个方法本身也是具有一定价值的。

习题 12.1

1. a．对于本节中做到一半的 4 皇后问题，继续使用回溯查找，以求得该问题的第二个解。
   b．请解释一下，如何利用棋盘的对称性求得 4 皇后问题的第二个解。
2. a．5 皇后问题的哪一个解是回溯算法求得的最后一个解。
   b．利用棋盘的对称性，至少再求出该问题的 4 个解。
3. a．任选一种语言实现 n 皇后问题的回溯算法。对一系列 n 值运行该程序，以得到该算法的状态空间树中的节点数。拿这些值和该问题的穷举查找算法所生成的候选解的数量进行比较(参见习题 3.4 的第 9 题)。
   b．对于 a 中调用程序的每一个 n 值，用 12.1 节描述的方法估计状态空间树的规模，并且拿这些估计值和实际获得的值做比较。
4. 对于任意 $n \geqslant 4$，设计一个可以在线性时间内求解 n 皇后问题的算法。
5. 用回溯法对下图求哈密顿回路问题。

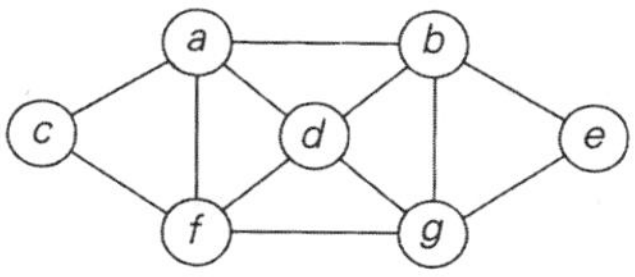

6. 对图 12.3(a)应用回溯法求解 3 色问题。
7. 用回溯法生成{1, 2, 3, 4}的所有排列。
8. a．应用回溯法对“子集和”问题的下面实例求解：$A = \{1, 3, 4, 5\}$，$d = 11$。
   b．如果我们只使用两个不等式中的一个来判定没有希望的节点，这个回溯算法能够正确工作吗？
9. 本节给出的回溯算法的通用模板，只有在没有一个解是另一个解的前缀的情况下才能正常工作。修改这个伪代码，使它在无此约束的情况下也能正确工作。
10. 对于下面的问题写一个程序，实现它的回溯算法：
    a．哈密顿回路问题。
    b．m 色问题。
11. **插棒游戏**　这个类似谜题的游戏在等边三角形的板上布置了 15 个孔。在初始的时候，如下图所示，除了一个孔，所有孔都插上了插棒。一个插棒可以跳过它的直接邻居，移到一个空白的位置上。这一跳会把被跳过的邻居从板上移走。
    设计并实现一个回溯算法，求解该谜题的下列版本：
    a．已知空孔的位置，求出消去 13 个插棒的最短步骤，对剩下的插棒的最终位置不限。
    b．已知空孔的位置，求出消去 13 个插棒的最短步骤，剩下的插棒最终要落在最初的空孔上。

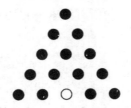

12.2 分支界限法

请回忆一下，上一节所讨论的回溯法的中心思想是，一旦推导出无法从问题状态空间树的某个分支中产生一个解，我们就立即把这个分支砍掉。由于最优问题是根据某些约束(旅途的长度、所选物品的价值、分配的成本等)寻求目标函数的最大或最小值，我们在处理这类问题时，回溯的思想可以得到进一步的强化。请注意，在最优问题的标准术语中，**可行解**(feasible solution)是一个位于问题的查找空间中的点，它能够满足问题的所有约束(例如，旅行商问题中的一个哈密顿回路，或总重量不超过背包承重量的物品子集)，而**最优解**(optimal solution)是一个使目标函数取得最佳值的可行解(例如，最短哈密顿回路或能够装进背包的最有价值的物品子集)。

和回溯法相比，分支界限法需要两个额外的条件：

- 对于一棵状态空间树的每一个节点所代表的部分解，我们要提供一种方法，计算出通过这个部分解繁衍出的任何解在目标函数上的最佳值边界①。
- 目前求得的最佳解的值。

如果可以得到这些信息，我们可以拿某个节点的边界值和目前求得的最佳解进行比较：如果边界值不能超越(也就是说，在最小化问题中不小于，在最大化问题中不大于)目前的最佳解，这个节点就是一个没有希望的节点，需要立即终止(也有人说把树枝剪掉)，因为从这个节点生成的解，没有一个能比目前已经得到的解更好。这就是分支界限技术的主要思想。

一般来说，对于一个分支界限算法的状态空间树来说，只要符合下面三种中的一种原因，我们就会终止它在当前节点上的查找路径：

- 该节点的边界值不能超越目前最佳解的值。
- 该节点无法代表任何可行解，因为它已经违反了问题的约束。
- 该节点代表的可行解的子集只包含一个单独的点(因此无法给出更多的选择)。在这种情况下，我们拿这个可行解在目标函数上的值和目前求得的最佳解进行比较，如果新的解更好一些，就用前者替换后者。

12.2.1 分配问题

为了让大家更好地理解分支界限法，我们把它应用于分配问题。分配问题要求把

① 对于最小化问题，这个边界是下界；对于最大化问题，这个边界是上界。

n 项工作分配给 n 个人，并使总分配成本尽可能地小。我们在 3.4 节中介绍过这个问题，当时是用穷举查找法解决的。请回忆一下，一个分配问题的实例是由一个 n 阶成本矩阵 $\boldsymbol{C}$ 所确定的，所以我们可以对问题这样定义：从矩阵的每一行中选取一个元素，使得任何两个元素都不在同一列上，并使它们的和尽可能小。我们拿 3.4 节中研究的同一个小实例来演示一下如何应用分支界限技术求解分配问题。

$$\begin{array}{cccccc} & \text{任务 1} & \text{任务 2} & \text{任务 3} & \text{任务 4} & \\ \boldsymbol{C} = & \left[\begin{matrix} 9 & 2 & 7 & 8 \\ 6 & 4 & 3 & 7 \\ 5 & 8 & 1 & 8 \\ 7 & 6 & 9 & 4 \end{matrix}\right] & & & & \begin{matrix} \text{人员 } a \\ \text{人员 } b \\ \text{人员 } c \\ \text{人员 } d \end{matrix} \end{array}$$

在不对问题实际求解的情况下，我们如何求出一个最优选择的成本下界呢？方法有好几种。例如，很明显，包括最优解在内，任何解的成本都不会小于矩阵每一行中最小元素的和。对于这个实例来说，它的和是 $2+3+1+4=10$。我们必须要强调，这个和并不是任何合法选择的成本(3 和 1 来自于矩阵的同一列)；它仅仅是任何合法选择的成本下界。我们可以，也将把这个思路应用于那些部分构造解。例如，对于任何在第一行中选择 9 的合法选择，它们的下界应该是 $9+3+1+4=17$。

在着手构造该问题的状态空间树之前，我们还需要做一点说明。状态空间树和树节点的生成顺序有关。不同于回溯法总是生成最近一个有希望节点的单个子女，在当前树的未终止叶子中，我们会选择其中最有希望的节点，并生成它的所有子女。[未终止的叶子，就是还有希望的叶子，也被称为**活的**(live)叶子。]但如何识别出最有希望的叶子呢？其实，我们可以比较活叶子的下界。把具有最佳下界的节点作为最有希望的节点是比较明智的，但我们并不排除这种可能性，即一个最优解最终可能会属于状态空间树上的另一个分支。分支界限策略的这个变化形式被称为**最佳优先分支边界**(best-first branch-and-bound)。

回到前面给出的分配问题的实例，我们从树的根开始，根意味着我们还没有从成本矩阵中选择任何元素。就像我们曾经讨论过的，根的下界值(标记为 lb)等于 10。树的第一层节点代表从矩阵第一行中选择了一个元素，例如，把一个任务分配给人员 a(图 12.5)。

所以我们有 4 个可能包含最优解的活叶子——节点 1 到 4——其中最有希望的是节点 2，因为它的下界值最小。根据最优查找策略，我们首先从该节点扩展分支，也就是说，我们可以考虑 3 种不同的方法，来从第二行中选择一个不在第二列的元素，也就是可以分配给 b 的 3 项不同工作(图 12.6)。

在 6 个可能包含最优解的活叶子(节点 1，3，4，5，6，7)中，我们还是选择下界值最小的节点，即节点 5。首先，我们考虑从 c 行中选择第三列的元素(也就是把任务 3 分配给人员 c)。这使得我们别无选择，只能在 d 列中选取第四行的元素(把任务 4 分配给人员 d)。这就生成了叶子 8(图 12.7)，它对应于一个总成本是 13 的可行解 $\{a \to 2, b \to 1, c \to 3, d \to 4\}$。它的兄弟节点 9，对应于一个总成本是 25 的可行解 $\{a \to 2, b \to 1, c \to 4, d \to 3\}$。因为它的成本大于叶子 8 所代表的解，节点 9 就被简单地终止了。(显然，如果它的成本小于 13，我们应该用节点 9 的数据替换目前为止的最优解信息。)

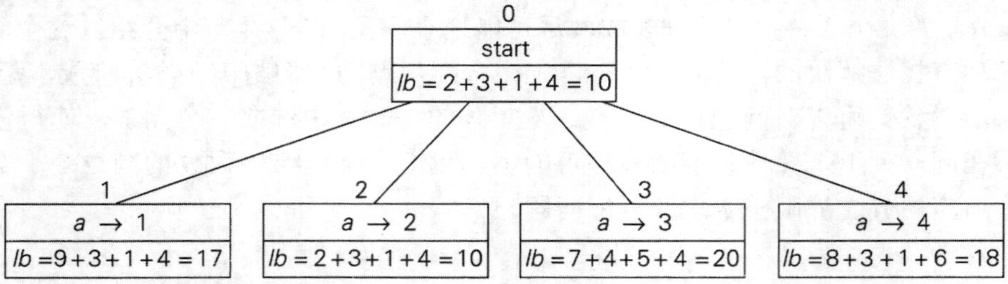

图 12.5 用最佳优先分支边界算法求解分配问题的实例，这是其状态空间树的第 0 层和第 1 层。节点上方的数字表示节点的生成顺序。节点中的字段指出了分配给人员 *a* 的工作编号以及该节点的下界值 *lb*

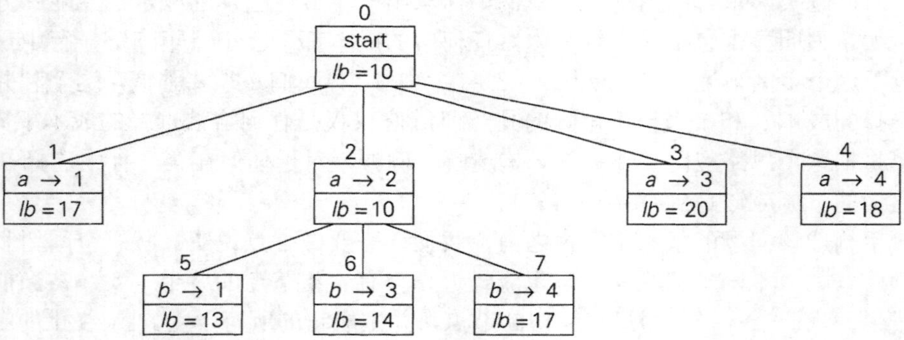

图 12.6 用最佳优先分支边界算法求解分配问题的实例，这是其状态空间树的第 0 层、第 1 层和第 2 层

现在，我们检查最后的状态空间树的每一个活叶子(图 12.7 中的节点 1，3，4，6，7)，我们发现，它们的下界值都不小于 13，也就是目前最佳选择(叶子 8)的值。因此，我们把它们都终止掉，并承认叶子 8 所代表的解就是该问题的最优解。

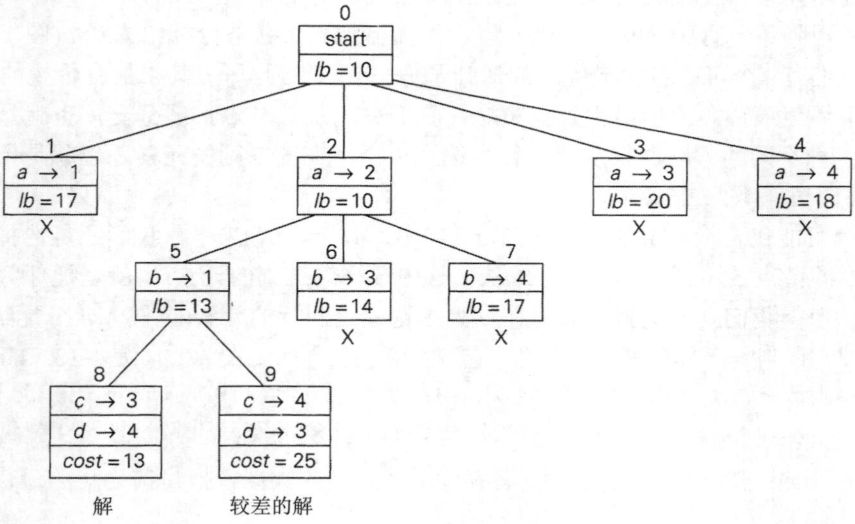

图 12.7 用最佳优先分支边界算法求解分配问题的实例，这是其完全状态空间树

在离开分配问题之前，我们必须清楚这一点，和下一个例子不同，这个问题有一个称为匈牙利法的多项式时间算法(例如[Pap82])。由于有了这个高效的算法，用分支界限法求解分配问题应该看作教学的一个便利工具，而不要作为实际的应用。

12.2.2 背包问题

现在让我们讨论一下如何应用分支界限技术求解背包问题。3.4 节介绍了背包问题：给定 n 个重量为 w_i，价值为 v_i 的物品($i = 1, 2, \cdots, n$)，以及一个承重量为 W 的背包，找出其中最有价值的物品子集，并且能够全部装入背包中。对于给定实例中的物品，按照降序对它们的“价值重量比”排序会带来不少方便。这样，第一个物品可以给出每单位重量的最佳回报，而最后一个物品只能给出每单位重量的最差回报，可以按照任意方式建立这种次序：

$$v_1/w_1 \geqslant v_2/w_2 \geqslant \cdots \geqslant v_n/w_n$$

我们可以很自然地用图 12.8 中的一棵二叉树来构造这个问题的状态空间树。树中第 $i\,(0 \leqslant i \leqslant n)$层的每一个节点，都代表了 n 个物品中所有符合以下特征的子集，其中每个子集都包含了根据序列中前 i 个物品所做出的特定选择。这个特定选择是根据从根到该节点的一条路径所唯一确定的：向左的分支表示包含下一个物品，而向右的分支表示不包含下一个物品。我们把这个选择的总重量 w 和总价值 v 记录在节点中，有必要的话，任何向这个选择添加 0 个或者多个物品之后得到的子集的上界 ub 也会被记录下来。

计算上界 ub 的一个简单方法是，把已选物品的总价值 v，加上背包的剩余承重量 $W - w$ 与剩下物品的最佳单位回报 v_{i+1}/w_{i+1} 的积。

$$ub = v + (W - w)(v_{i+1}/w_{i+1}) \tag{12.1}$$

作为一个具体的例子，对于 3.4 节用穷举查找法求解的背包问题的相同实例，我们应用分支界限算法对其求解(所不同的是，我们按照价值重量比对物品按照降序重新排序)。

对于它的状态空间树的根来说(作为例子，可参见图 12.8)，还没有选择任何物品。因此，已选物品的总重量 w 和它们的总价值 v 都等于 0。由公式(12.1)计算出来的上界值等于 100 美元。根的左子女节点 1，代表了包含物品 1 的子集。已包含物品的总重量和总价值分别是 4 和 40 美元；上界的值等于 40+(10 − 4)×6 = 76(美元)。节点 2 代表了不包含物品 1 的子集。相应地，$w = 0$，$v = 0$美元，而 $ub = 0+(10-0)\times 6 = 60$(美元)。对于这个最大化问题来说，由于节点 1 的上界要比节点 2 的上界大，所以它的希望也较大，因此我们首先从节点 1 开始扩展分支。它的子女节点 3 和节点 4，分别代表包含物品 1、包含或者不包含物品 2 的子集。由于节点 3 所代表的每一个子集的总重量超过了背包的承重量，我们可以立即终止节点 3。节点 4 的 w 和 v 与它的父母是相同的；它的上界 ub 等于 40+(10 − 4)×5 = 70(美元)。我们选择节点 4 而不是节点 2 来开始下一次扩展(为什么？)，由此得到了节点 5 和节点 6，它们分别包含和不包含物品 3。我们使用和前面的节点相同的方法，计算这两个节点的总重量、总价值以及上界。从节点 5 扩展分支生成了节点 7 和节点 8，节点 7 代表无可行解，节点 8 只代表一个价值为 65 美元的子集{1, 3}。剩下的活节点 2 和 6 的上界值小于节点 8 所代表的解的值。因此，这两个节点都可以终止掉，而节点 8 所代表的子集{1, 3}就是该问题的最优解。

物　品	重　量	价值/美元	价值/重量
1	4	40	10
2	7	42	6
3	5	25	5
4	3	12	4

背包的承重量 W 等于 10

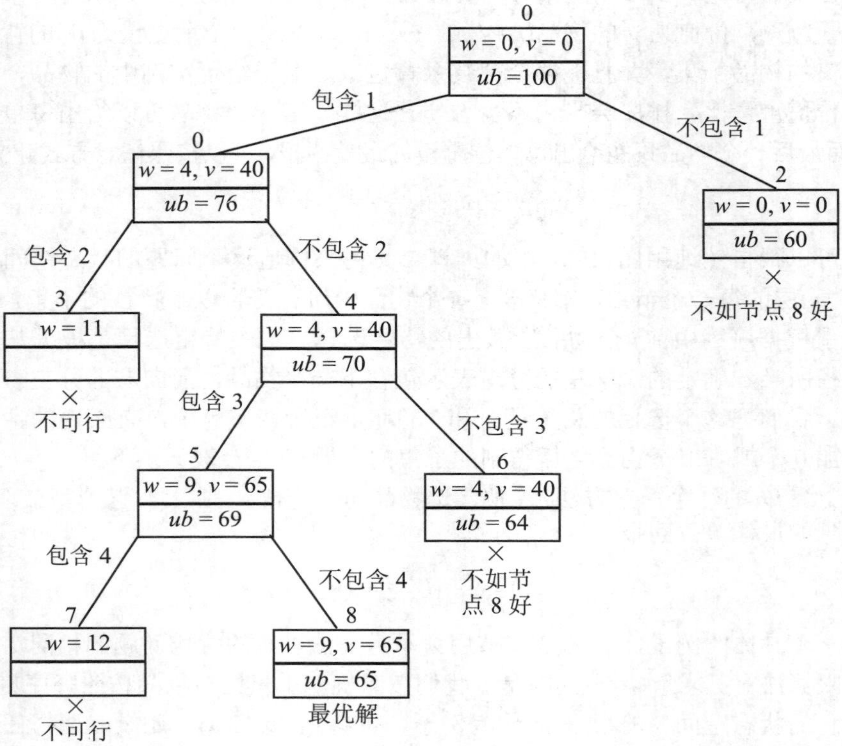

图 12.8　对背包问题的实例求解的分支界限算法的状态空间树

用分支界限算法求解背包问题具有相当不寻常的特性。一般来说，一棵状态空间树的中间节点并不能确定问题的查找空间中的一个点，因为解的某些分量还未明确(作为一个例子，可以看看前面小节中所讨论的分配问题的分支界限树)。然而，对于背包问题来说，树的每一个节点都可以代表给定物品的一个子集。在生成了树中的每一个新节点之后，我们可以利用这个事实，来更新目前为止的最佳子集信息。如果对上面研究的实例采用这种做法，我们就可以在节点 8 生成之前终止节点 2 和节点 6，因为它们都小于节点 5 所代表的子集的价值 60 美元。

12.2.3　旅行商问题

如果能够对旅程长度给出一个合理的下界，我们就能对旅行商问题的实例应用分支界限技术。通过把城市距离矩阵 $\boldsymbol{D}$ 的最小元素乘以城市数量 n，我们可以得到一个非常简单的下界。但对于对称矩阵 **D** 来说，还有一个不容易一眼看出而信息量更大的下界，而且也不用花很多力气来计算。不难证明(习题 12.2 第 8 题)，我们可以这样计算任何旅程长度 l 的下界：对于每一个城市 i ($1 \leqslant i \leqslant n$)，求出从城市 i 到最近的两个城市的距离之和 s_i；计算出这 n 个数字的和 s，并把结果除以 2；而且，如果所有的距离都是整数，还要将这个结果向上取整。

$$lb = \lceil s/2 \rceil \tag{12.2}$$

例如，对于图 12.9(a)中的实例，公式(12.2)给出了：

$$lb = \lceil [(1+3)+(3+6)+(1+2)+(3+4)+(2+3)]/2 \rceil = 14$$

此外，如果一个给定图的任何旅程子集都必须包含某些特定的边，我们可以相应地改变下界(12.2)。例如，如果在图 12.9(a)中，要求图的所有哈密顿回路都必须包含边(a, d)，我们可以把每个顶点附带的两条最短边，和要求附带的边(a, d)或(d, a)相加，以得到下面这个下界：

$$\lceil [(1+5)+(3+6)+(1+2)+(3+5)+(2+3)]/2 \rceil = 16$$

我们现在应用分支界限算法以及公式(12.2)给出的边界函数来求图 12.9(a)中的图的最短哈密顿回路。为了减少潜在的工作量，我们利用了 3.4 节给出的两个观察结果。首先，在不失一般性的前提下，我们可以只考虑以 a 为起点的旅程。其次，因为图是无向图，我们可以只生成 b 在 c 之前的旅程。此外，在访问了 $n-1=4$ 个城市之后，我们的旅程只能访问那个没有被访问的城市，然后回到起点，而没有别的选择。图 12.9(b)给出了应用该算法所得出的状态空间树。

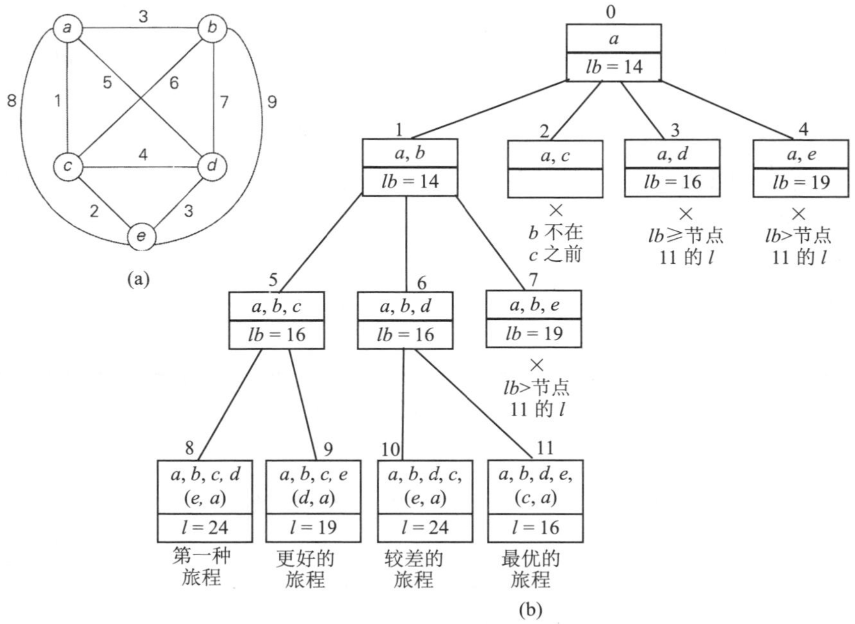

图 12.9　(a)加权图，(b)应用于该图的分支界限算法的状态空间树。节点中给出的顶点列表确定了该节点所代表的那些哈密顿回路的开始部分

在前一节的结尾处，我们对回溯法的优缺点的评价也适用于分支界限法。我们再重申一遍其中的重点：这两种状态空间树技术使我们可以对组合难题的许多较大实例求解。然而，作为一个规律，我们无法从实质上预先判定，哪些实例可以在现实的时间内求解，哪些实例不能。

如果加上一些额外的信息，例如游戏棋盘的对称性，可求解实例的范围可以更大。按照这种思路，我们可以从那些有效可行解的目标函数值中得到信息，并利用这些知识来加速一个分支界限算法的执行速度。在我们开始构造一棵状态空间树之前，可以这样获得这种可行解，例如利用数据的特性，或者，对于某些问题甚至可以随机生成。然后我们可以立即把这样一个解作为目前为止的最佳解，而不必让分支界限算法自己得出第一个可行解。

和回溯法相比，用分支界限法对问题求解既会带来机遇也会带来挑战：如何选择节点的生成顺序以及如何得到一个好的边界函数。虽然我们前面使用的最佳优先法则是一种明智的方法，但它求解的速度可能会比其他策略更快，也可能不会。(计算机科学有一个分支称为人工智能，它特别关心生成状态空间树的不同策略。)

发现一个好的边界函数往往并不容易。一方面，我们希望这个函数容易计算。但另一方面又不能过于简单，否则，它无法完成它的主要使命，即尽可能地削剪状态空间树的分支。我们可能需要对所讨论问题的各种实例进行大量试验，才能在这两个矛盾的需求之间达成适当的平衡。

习题 12.2

1. 在一个最佳优先分支界限算法中，我们应该使用什么样的数据结构来跟踪活节点？
2. 对于本节求解的分配问题的相同实例，用基于矩阵列(而不是行)的边界函数以及最佳优先分支界限算法求解。
3. **a.** 对于分配问题的分支界限算法，给出一个最优输入的例子。
   b. 对于分配问题的分支界限算法来说，在最好的情况下，它的状态空间树会包含多少节点？
4. 写一个用分支界限算法求解分配问题的程序，用该程序在你的计算机上做实验，对于那些能够在一分钟内求解的实例，确定其成本矩阵的平均规模。
5. 用分支界限算法对背包问题的以下实例求解。

物　品	重　量	价值/美元
1	10	100
2	7	63
3	8	56
4	4	12

$W = 16$

6. **a.** 对于背包问题，给出一个比本节介绍的更复杂(也更好)的边界函数。
   b. 根据这个边界函数，用分支界限算法对第 5 题的实例求解。
7. 写一个程序用分支界限算法对背包问题求解。

8. **a.** 在旅行商问题的实例中，如果用整数对称矩阵表示城市间的距离，请证明公式(12.2)给出的下界的合法性。

b. 对于非对称距离矩阵，我们应该如何修改下界公式(12.2)？

9. 对于下面的图，应用分支界限算法求解旅行商问题。

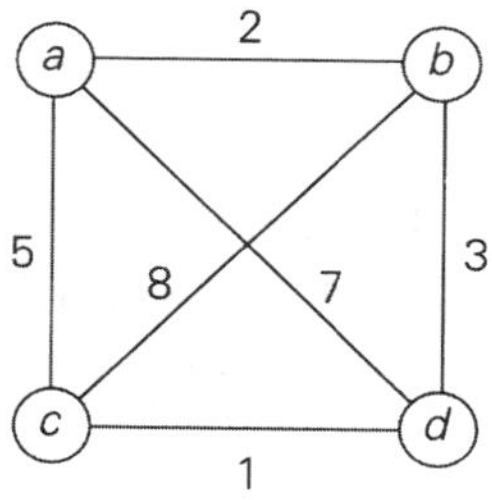

(我们在 3.4 节中用穷举查找法求解过这个问题。)

10. 作为一个研究作业，写一个研究报告，主题是如何用状态空间树对类似国际象棋、跳棋和井字游戏这样的游戏编程。我们应该着重阅读的两种算法是极大极小算法和 $\alpha-\beta$ 剪枝法。

12.3 *NP* 困难问题的近似算法

在本节中，我们讨论如何求解与旅行商问题和背包问题类似的组合最优难题。就像我们在 11.3 节中指出的，这些问题的判定版本都是 *NP* 完全的。这些组合难题的最优版本属于一类 ***NP* 困难问题**(*NP*-hard problem)，也就是至少和 *NP* 完全问题一样困难的问题①。因此，对于这些问题，我们没有已知的多项式时间的算法，而且有严格的理论可以使我们相信，这样的算法是不存在的。但其中许多问题具有非常重要的实际意义，我们应该如何来处理这些问题呢？

如果所讨论问题的实例非常小，我们可以用一种穷举查找算法对它求解(3.4 节)。8.2 节也表明，其中某些问题也可以用动态规划技术求解。但是，即使这些方法在理论上是可行的，它们的实用性也是很有限的，它们要求实例的输入规模相对较小。分支界限技术的发明被证明是一项重要的突破，因为这种技术使我们有可能在可接受的时间内，对组合最优难题的某些较大实例求解。然而，这种优良的性能常常是无法保证的。

还可以用另一种完全不同的方法来处理组合最优难题：用快速的算法对它们近似求解。有些应用并不一定要求最优解，可能较优的解就足够了。对于这样的应用，这种方法尤其有吸引力。此外，在实际应用中，我们常常不得不处理不精确的数据。在这种情况下，选择一个近似解应该是极其明智的。

虽然不同的近似算法有各种各样的复杂度，但其中许多算法都是基于特定问题的启发式算法。**启发式**(heuristic)**算法**是一种来自于经验而不是来自于数学证明的常识性规则。例

① 我们把可多项式化简问题的概念不仅局限于 *NP* 类型，而是包括本节所讨论的最优问题类型，这样就可以更正式地定义 *NP* 困难问题的概念(参见[Gar97]，第 5 章)。

如，在旅行商问题中，我们可以访问最近的未访问城市，这就是这个概念的很好例子。本节稍后会讨论一个基于启发式算法的算法。

当然，如果我们使用的算法所给出的输出仅仅是实际最优解的一个近似值，我们就会想知道这个近似值有多精确。对于一个对某些函数 f 最小化的问题来说，我们可以用近似解 s_a 的相对误差规模

$$re(s_a)=\frac{f(s_a)-f(s^*)}{f(s^*)}$$

来度量它的精度，其中 s^* 是问题的一个精确解。另一种做法是，因为 $re(s_a)=f(s_a)/f(s^*)-1$，我们可以简单地使用**精确率**(accuracy ratio)

$$r(s_a)=\frac{f(s_a)}{f(s^*)}$$

作为 s_a 的精确度度量标准。请注意，为了保证度量标准的一致性，最大化问题的近似解精确度常常是这样计算的：

$$r(s_a)=\frac{f(s^*)}{f(s_a)}$$

以使得这个比率总是大于等于 1，就像最小化问题的精确率一样。

显然，$r(s_a)$越是接近 1，算法近似解的质量就越高。但对于大多数实例来说，没法算出这个精确率，因为一般来说，我们并不知道目标函数真正的最优值 $f(s^*)$。我们只能寄希望于得到 $r(s_a)$ 的一个较好上界。这就导出了下列定义。

定义　如果对于所讨论问题的任何实例，一个多项式时间的近似算法的近似解的精确率最多是 c，我们把它称作一个 c **近似算法**(approximation algorithm)，其中 $c\geqslant 1$。也就是说：

$$r(s_a)\leqslant c \tag{12.3}$$

对于问题的所有实例，使不等式(12.3)成立的 c 的最佳(也就是最低)值，称为该算法的**性能比**(performance ratio)，记作 R_A。

性能比是一个用来指出近似算法质量的主要指标。我们需要那些 R_A 尽量接近 1 的近似算法。但遗憾的是，就像我们会看到的，某些简单近似算法的性能比趋向于无穷大($R_A=\infty$)。这并不意味着我们不能使用这些算法，只是提醒我们要小心对待它们的输出。

求解组合最优难题时，我们要把两个重要的事实记在脑中。首先，虽然对大多数这类问题来说，精确求解的难度级别和把两个问题在多项式时间内相互转换是相同的，但在近似算法的领域，这个等价关系并不成立。对于其中某些问题来说，求一个良好的近似解要比其他问题简单得多。其次，某些难题具有一些特殊的实例类型，这些类型不仅在实际应用中非常重要，而且比相应的一般性问题更易解。旅行商问题就是一个最好的例子。

12.3.1　旅行商问题的近似算法

我们在 3.4 节中用穷举查找法求解过旅行商问题；在 11.3 节中，作为一个最有名的 NP 完全问题，我们提到过它的判定版本；我们还在 12.2 节中讨论了如何用分支界限算法对它

的实例求解。多年来，这个著名的问题已经出现了众多的近似解法。作为例子，我们这里来讨论其中的一部分。(关于这个主题的更多细节讨论，可以参见[Law85]，[Hoc97]，[App07]和[Gut07]。)

不过先要回答这样一个问题，我们是不是可能找到一个具有有限性能比的多项式时间的近似算法，来对旅行商问题的所有实例求解。下面的定理([Sah76])告诉我们，除非 $P = NP$，否则答案为否。

定理 1　如果 $P \neq NP$，则旅行商问题不存在 c 近似算法。也就是说，该问题不存在多项式时间的近似算法使得所有的实例都满足

$$f(s_a) \leqslant cf(s^*)\text{，}\quad c \text{ 为常数}$$

证明　用反证法，假设存在这样的近似算法 A 和常数 c (不失一般性，可以假设 c 是一个正整数)，则可以证明该算法可以在多项式时间内求解哈密顿回路问题。我们将利用 11.3 节使用的转换的变化形式来把哈密顿回路问题变换为旅行商问题。设 G 是一个具有 n 个顶点的任意图。我们可以把 G 映射为一个加权完全图 G'，方法是将 G 中每条边的权重设为 1，然后把 G 中不邻接的顶点间都加上一条权重为 $cn+1$ 的边。如果 G 有一条哈密顿回路，它在 G' 中的长度应该是 n，因此，它就是 G' 的旅行商问题的精确解 s^*。请注意，如果 s_a 是算法 A 求得的 G' 的近似解，那么根据假设可知 $f(s_a) \leqslant cn$。如果 G 不具有哈密顿回路，那么 G' 中的最短旅途将至少包含一条权重为 $cn+1$ 的边，因此 $f(s_a) \geqslant f(s^*) > cn$。根据上述两个推导出的不等式，我们可以在多项式的时间内求解图 G 的哈密顿回路问题，方法是把 G 映射为 G'，应用算法 A 来得到 G' 中的旅途 s_a，然后将它的长度和 cn 比。由于哈密顿回路问题是 NP 完全问题，除非 $P = NP$，否则就会得出一个矛盾。

1. TSP 的贪婪算法(greedy algorithms for the TSP)

旅行商问题最简单的近似算法是基于贪婪技术的。这里我们讨论其中两种算法。

1)　最近邻居算法

下面这个简单的贪婪算法基于一种**最近邻居**(nearest-neighbor)的启发式算法：下一次总是访问最近的未访问城市。

第一步：任意选择一个城市作为开始。

第二步：重复下面的操作直到访问完所有的城市。访问和最近一次访问的城市 k 最接近的未访问城市(如果有距离相同的城市，可任意选择其一)。

第三步：回到开始的城市。

例 1　对于图 12.10 中的图所代表的实例，把 a 作为开始顶点，最近邻居算法生成的旅程(哈密顿回路)s_a 等于 $a-b-c-d-a$，长度等于 10。

最优解可以简单地用穷举查找法求出，是旅程 s^*：$a-b-d-c-a$，长度等于 8。因此，这个近似解的精确率为

$$r(s_a) = \frac{f(s_a)}{f(s^*)} = \frac{10}{8} = 1.25$$

(也就是说，旅程 s_a 比最优旅程 s^* 要长 25%。)

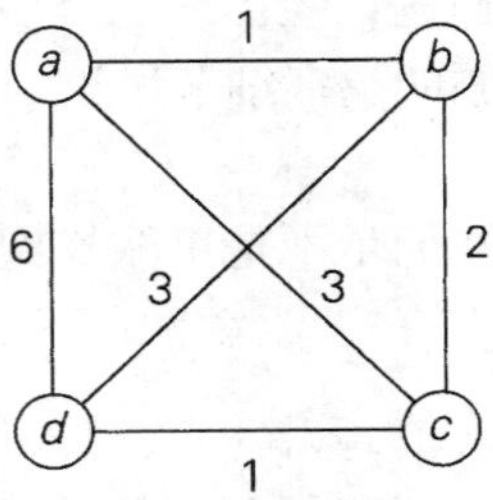

图 12.10 用来阐明最近邻居算法的旅行商问题的实例

遗憾的是，除了简单之外，最近邻居算法乏善可陈。具体来说，我们无法说出在一般情况下，该算法求解的精确度是多少，因为这个算法会在旅程别无选择的情况下，迫使我们穿过一条非常长的边。的确，如果我们把例 1 中边(a, d)的权重改成任意一个$w \geqslant 6$的大数，该算法会输出一条长度为$4+w$的旅程$a-b-c-d-a$，而最优解还是$a-b-d-c-a$，长度为 8。因此，

$$r(s_a)=\frac{f(s_a)}{f(s^*)}=\frac{4+w}{8}$$

只要对w选择一个足够大的值，$r(s_a)$可以任意大。因此，对于这个算法，$R_A=\infty$(和定理 1 的结论相同)。

2) 多片段启发算法(multifragment-heuristic algorithm)

旅行商问题还有另一个比较自然的贪婪算法，它把该问题抽象成：求一个给定加权完全图的最小权重边集合，使得所有顶点的连通度都为 2。(该算法强调的是顶点而不是边，是不是让我们想起另一个贪婪算法？)对该问题应用上述贪婪技术可以得出下列算法([Ben90])。

第一步： 将边按照权重的升序排列。将要构造的旅途边集合一开始是空集合。

第二步： 重复下面的操作直到获得一条节点数为n的旅途，n是待解问题中的城市数量：将排序列表中的下一条边加入旅途边集合，保证本次加入不会使得某个顶点的连通度为 3，也不会产生一条长度小于n的回路；否则，忽略这条边。

第三步： 返回旅途边集合。

作为例子，我们来对图 12.10 应用该算法，这会得到$\{(a,b),(c,d),(b,c),(a,d)\}$。这个边集合组成的旅途和最近邻居算法生成的旅途是相同的。一般来说，多片段启发算法生成的旅途比最近邻居算法有显著改善，本节结尾处提供的实验数据也会说明这一点。但多片段启发算法的性能比也是没有上界的。

然而，对于一类非常重要的，被称为**欧几里得类型**的实例所构成的子集，我们可以给出最近邻居算法和多片段启发算法精确度的一个有效断言。有些实例中，城市间的距离满足以下正常条件：

- 三角不等式。对于任意城市i，j，k构成的三角形，$d[i,j]\leqslant d[i,k]+d[k,j]$(城市$i$和$j$之间的距离不会超过从$i$经过某些中间城市$k$再到$j$的折线路径长度)。
- 对称性。对于任意两个城市i和j，$d[i,j]=d[j,i]$(从i到j的距离和从j到i的距离

是相同的)。

旅行商问题的相当部分实际应用属于欧几里得实例。具体来说，包括地理方面的应用，其中城市和平面中的点相对应，而距离是由标准欧几里得公式计算出来的。虽然求解欧几里得类型的实例时，最近邻居算法和多片段启发算法的性能比还是无法界定，但对于该算法的任何 $n \geqslant 2$ 个城市的实例来说，其精确率都满足下面的不等式：

$$\frac{f(s_a)}{f(s^*)} \leqslant \frac{1}{2}(\lceil \log_2 n \rceil + 1)$$

其中，$f(s_a)$ 和 $f(s^*)$ 分别是启发式算法的长度和最短旅程的长度(参见[Ros77]和[Ong84])。

2. 基于最小生成树的算法(minimum-spanning-tree-based algorithm)

旅行商问题的有些近似算法利用了同一个图的哈密顿回路和最小生成树的关系。由于从哈密顿回路中去掉一条边就能得到一棵生成树，我们希望可以先构造一棵最小生成树，然后在这一良好的基础上来构造一条近似最短路径。下面这个算法用一种非常直接的方式实现了这一思想。

绕树两周算法(twice-around-the-tree algorithm)

第一步： 对一个旅行商问题的给定实例，构造它相应图的最小生成树。

第二步： 从一个任意顶点开始，绕着这棵最小生成树散步一周，并记录下经过的顶点。(这可以用深度优先遍历来完成。)

第三步： 扫描第二步中得到的顶点列表，从中消去所有重复出现的顶点，但留下出现在列表尾部的起始顶点不要消去。(这相当于在散步中走捷径。)列表中余下的顶点就构成了一条哈密顿回路，这就是该算法的输出。

例 2　让我们对图 12.11(a)中的图应用这个算法。该图的最小生成树是由边 (a,b)，(b,c)，(b,d) 和 (d,e) 组成的(图 12.11(b))。如果起止点都是 a，绕树散步两周是这样走的：a，b，c，b，d，e，d，b，a。消去第二个 b (从 c 到 d 的捷径)，然后是第二个 d 和第三个 b (从 e 到 a 的捷径)，就生成了长度为 39 的哈密顿回路：a，b，c，d，e，a。

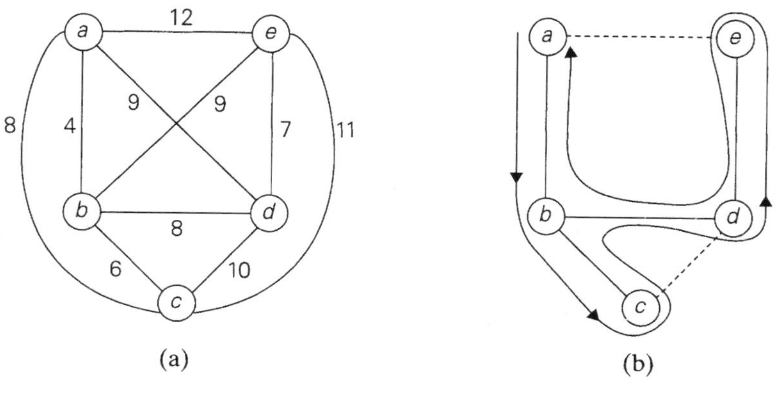

图 12.11　演示了绕树两周算法。(a)图，(b)绕着最小生成树散步时走捷径

例 2 中求得的旅程不是最优的。虽然这个实例很小，以至于我们可以用穷举查找法或者分支界限法来求出一个最优解，但为了不失一般性，我们将避免这样做。一般来说，我们并不知道最优解的实际长度是多少，因此，无法计算精确率 $f(s_a)/f(s^*)$。但对于绕树两周算法来说，如果给定的图是欧几里得类型的，我们至少可以对上面的精确率做一个估计。

定理 2 对于具有欧几里得距离的旅行商问题来说，绕树两周算法是一个 2 近似算法。

证明 显然，如果我们在第一步中使用一个合理的算法，例如 Prim 算法或者 Kruskal 算法，绕树两周就是一个多项式时间的算法。我们需要证明的是，对于旅行商问题的欧几里得实例来说，绕树两周算法得到的旅程 s_a 的长度最多为最优旅程 s^* 长度的两倍。也就是说：

$$f(s_a) \leqslant 2f(s^*)$$

因为从 s^* 中移走任何一条边都会产生一棵生成树 T，其权重可以设为 $w(T)$，这一定大于等于图的最小生成树的权重 $w(T^*)$，我们得到不等式

$$f(s^*) > w(T) \geqslant w(T^*)$$

这个不等式意味着

$$2f(s^*) > 2w(T^*) = \text{算法第二步中得到的路程长度}$$

由于算法第三步中，求 s_a 时可能走的捷径不可能增加欧几里得图中的路程长度，也就是说：

$$\text{第二步获得的路径长度} \geqslant s_a \text{的长度}$$

结合前两个不等式，我们得到：

$$2f(s^*) > f(s_a)$$

实际上，这个断言比我们需要证明的断言更强一些。

3. Christofides 算法

对于欧几里得旅行商问题，还有一种性能比更好的近似算法，就是著名的 **Christofides 算法**([Chr76])。它也利用了这个问题和最小生成树的关系，但该方法比绕树两周算法更复杂。请注意，绕树两周算法生成的绕树两周轨迹是多重图中的一条欧拉回路，我们可以把给定的图中的每条边重复一遍来得到这个多重图。回忆一下，当且仅当连通多重图的每个顶点的连通度都是偶数时，它才具有欧拉回路。Christofides 算法找出图的最小生成树中所有连通度为奇数的顶点，然后把这些顶点的最小权重匹配边(这种顶点的数量总为偶数，因此总有最小权重匹配边)加入图中。然后该算法求出该多重图中的欧拉回路，再通过走捷径的办法将其转换为哈密顿回路，这一步和绕树两周算法的最后一步是相同的。

例 3 我们在图 12.12 中跟踪 Christofides 算法，所使用的实例(图 12.12(a))和在图 12.11 中跟踪绕树两周算法用到的实例是相同的。图 12.12(b)给出了该图的最小生成树。这个图有 4 个连通度为奇数的顶点：a，b，c 和 e。这 4 个顶点的最小权重匹配是由边 (a, b) 和 (c, e) 组成的。(由于这个实例很小，我们可以比较三种可能匹配的总权重来求得最小权重匹配，它

们是：(a,b) 和 (c,e)，(a,c) 和 (b,e)，(a,e) 和 (b,c)。)从顶点 a 开始对该多重图遍历，得到欧拉回路 $a-b-c-e-d-b-a$，对它走捷径之后，生成长度为 37 的旅途 $a-b-c-e-d-a$。

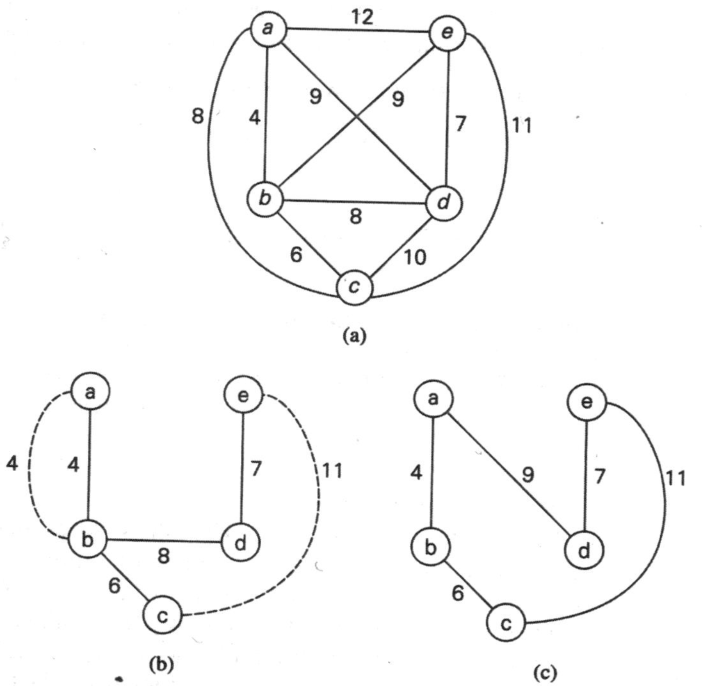

图 12.12　Christofides 算法的应用。(a)图，(b)最小生成树加上所有连通度为奇数的顶点的最小权重匹配边(用虚线表示)，(c)得到的哈密顿回路

对于欧几里得实例，Christofides 算法的性能比是 1.5(可以参见[Pap82])。一般来说，在经验测试中，Christofides 算法生成的近似最优旅途明显好于绕树两周算法生成的。(本节结尾处会提供一些实验数据。)通过对算法最后一步的走捷径法进行优化，这种启发式算法求得的旅途还能更短：按照任意次序检查被多次访问的城市，并对每个城市找出可能的最佳捷径。但在例 3 中，从 $a-b-c-e-d-b-a$ 得到的 $a-b-c-e-d-a$ 不能通过这种增强法得到改善，因为对 b 的第二次出现走捷径正好比对第一次走捷径来得好。但一般来说，至少对于随机生成的欧几里得实例，这种做法可以把近似解和最优旅途长度之间的差距减少 10%～15%([Joh07a])。

4. 本地查找启发法(local search heuristics)

对于欧几里得实例来说，用迭代改进算法求得的近似最优旅途的质量好得惊人，这类算法也被称为本地查找启发法。其中最著名的要算 2 选、3 选和 Lin-Kernighan 算法。这类算法从某个初始旅途开始，初始旅途可以随机构造或者用某些简单的近似算法求得，例如最近邻居算法。每次迭代时，该算法把当前旅途中的一些边用其他边来代替，试图得到一个和当前旅途稍有差别的旅途。如果这个改变能生成一个更短的旅途，该算法就把新旅途作为当前旅途，然后用同样方法试图找到另一个相近的旅途；否则，就把当前旅途作为算法的输出返回，算法也就停止了。

2 选算法的工作方式是删除一个旅途中的一对非邻接边，然后把这两条边的端点用另一对边重新连起来，以得到另一个旅途(参见图 12.13)。这个操作称为**2 改变**(2-change)。请注意，将两对端点重新连接起来的方法只有一种，因为另一种连接法会把图分成两个不相交的分量。

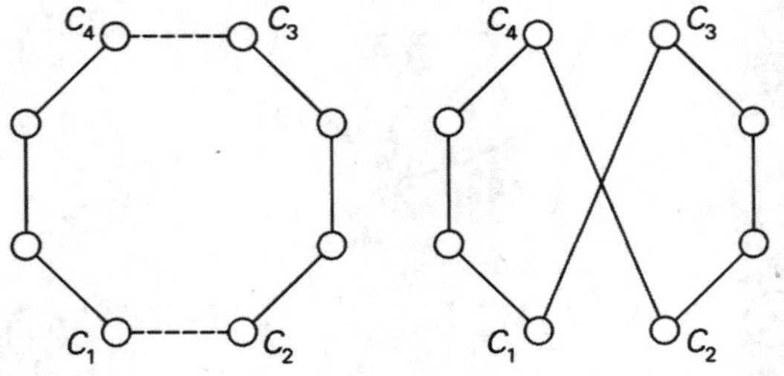

图 12.13　2 改变。(a)原旅途，(b)新旅途

例 4　对于图 12.11 的图，我们从最近邻居旅途 $a-b-c-d-e-a$ 开始改进，它当前的长度 l_{nn} 等于 39。接下来，2 选算法会按照图 12.14 所示生成下一个旅途。

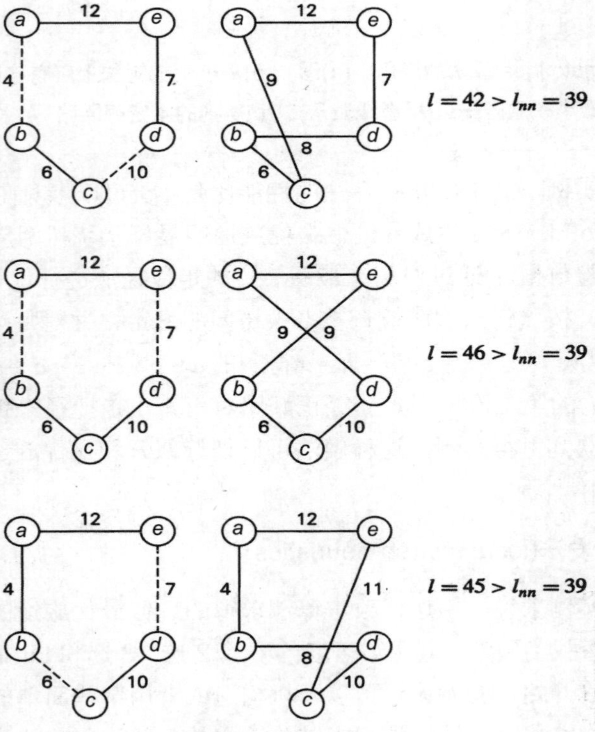

图 12.14　对图 12.11 中的最近邻居旅途的 2 改变

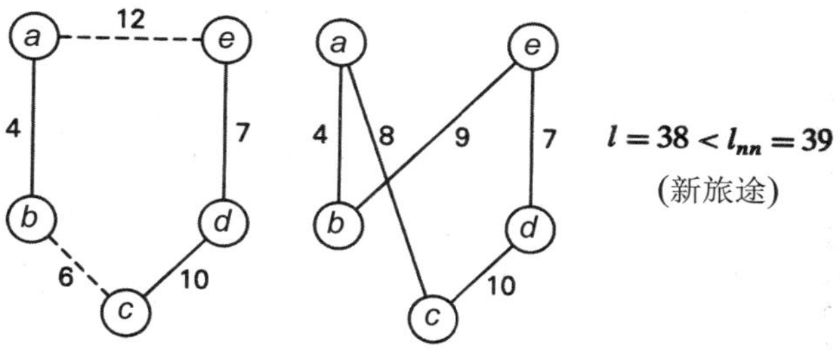

图 12.14(续)

将 2 改变的概念推而广之，对于任何 $k \geqslant 2$，都可以得到 **k 改变**。这种操作最多替换当前旅途中的 k 条边。但除了 2 改变，只有 3 改变被证明具有实际意义。图 12.15 给出了 3 改变中可能发生的两种主要替换。

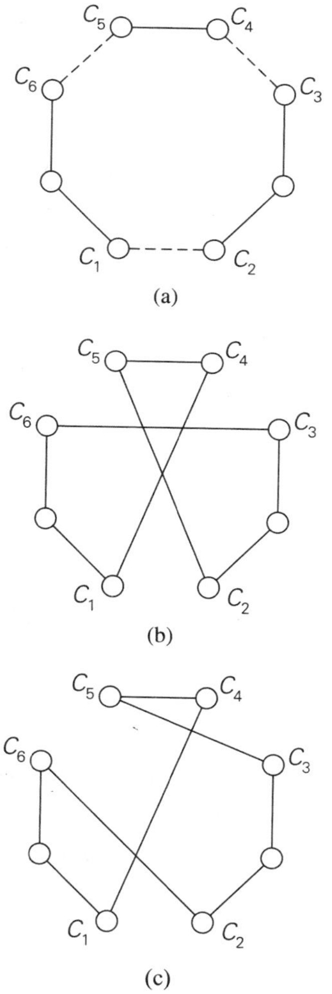

图 12.15　3 改变：(a)原旅途，(b)和(c)新旅途

对于旅行商问题还有其他若干种本地查找算法。其中最突出的要数 Lin-Kernighan 算法了([Lin73])。从 1973 年诞生开始的 20 多年来，它都被公认是求解高质量近似最优旅途的最佳算法。Lin-Kernighan 算法是一种变选算法：我们可以把它的操作看作是 3 选操作后面跟着一系列的 2 选操作。因为它太复杂，所以这里不做讨论。约翰逊(Johnson)和麦吉奥赫(McGeoch)写过一本很好的概论([Joh07a])，其中给出了这个算法的简要描述、最新扩展以及高效实现的方法。这些概论还对旅行商问题的启发式算法做了经验分析，其中当然也包括 Lin-Kernighan 算法。本节也会引用其中部分数据作为结论。

5. 经验分析结果(empirical result)

过去 50 年间，人们倾注了大量的热情来研究旅行商问题。这种热情既有纯理论的成分，也源于非常重要的实际需求，例如电路板和超大规模集成电路器件的制造、X 射线结晶学以及基因工程。更高效的启发算法，更复杂的数据结构导致的高效实现，不断提高的计算能力都使得算法的效率不断提高，其实际效能和其理论上的最差效率简直是天壤之别。对于旅行商问题的一类最重要的应用尤其如此，那就是在二维平面上，点和点之间的距离是标准的欧几里得距离。

现在，在一台高性能的工作站上，使用类似 Concord([App])这样的优化软件包，哪怕 1 000 个城市的实例也可以在非常合理的时间内精确求解，这个时间一般是 1 分钟或更少。实际上，根据这个软件包作者的网站上的信息，截至 2010 年 1 月这个精确求解的旅行商问题的最大实例是超大规模集成电路上穿越 85 900 个点的最短路径。这一记录远远超越了之前的记录——瑞典全部 24 978 个城市的最短路径问题。我们毫不怀疑，这个记录迟早会被打破，我们对更大实例精确求解的能力会越来越强。但这些非凡的成就并不能抹煞相关近似算法的作用。首先，某些应用产生的实例规模对于精确算法来说仍然过大，从而无法在合理的时间内得到解决。其次，有些人宁可花几秒钟求得一个接近最优的旅途而不愿意花几小时甚至几天来计算一个精确的最短旅途。

但如果不知道最优旅途的长度，我们又怎么能判断一个近似解的优劣呢？有一个简便方法可以解决这个困难，那就是将所求实例描述为一个线性规划问题，然后忽略其中的整数约束并求解。这个解确立了最短旅途的下界，我们也称之为 Held-Karp 下界(Held-Karp bound)。一般来说，Held-Karp 下界和最优旅途的长度非常接近(相差不到 1%)，而且这个下界只需要若干秒或者几分钟就可以计算出来，除非该实例的确十分巨大。因此，对于用启发式算法求得的旅途 s_a，我们可以用公式 $r(s_a) = f(s_a) / f(s^*)$ 来估计它的精确度的上界，即 $f(s_a) / HK(s^*)$，其中 $f(s_a)$ 是启发式旅途 s_a 的长度，而 $HK(s^*)$ 是最短旅途的 Held-Karp 下界。

[Joh07a]对上述算法[①]做了大量的经验分析，它们输出的近似解质量以及运行时间可以参见表 12.1。报告中的样本实例都包含随机生成的 10 000 个城市，这些城市无一例外都是平面上的整数坐标点，它们之间的欧几里得距离向最近的整数取整。对于大得多的实例(多

---

① 我们并没有将绕树两周算法的研究结果包括其中，因为它的解质量太低，其近似解平均要比最优解长出 40%。我们也没有包括那些非常复杂的本地查找算法的研究结果，因为它们的近似解比最优解长了不到 1%。

至 100 万个城市)来说，只要实例的类型不变，这些启发式算法产生的旅途的质量也是不变的。这里所说的运行时间指的是专家编写的程序运行在 Compaq ES40(或相同配置的其他机型)上的结果，该机器配置了 500 MHz 的 Alpha 处理器和 2 GB 的主存。

旅行商问题的不对称实例——例如城市间距离是一个非对称矩阵的旅行商问题——已经被证明比欧几里得实例更加难以解决，无论运用精确算法还是近似算法。具体来说，约翰逊等人所做的一个高端调查([Joh07b])指出，许多 316 城市的不对称实例的精确解至今仍然未知。

表 12.1　对同样的包含 10 000 城市的随机欧几里得实例，各种启发式算法的平均旅途质量和运行时间([Joh07a])

启发式算法	超过 Held-Karp 下界的%	运行时间/秒
最近邻居	24.79	0.28
多片段	16.42	0.20
Christofides	9.81	1.04
2 选	4.70	1.41
3 选	2.88	1.50
Lin-Kernighan	2.00	2.06

12.3.2　背包问题的近似算法

背包问题是另一个著名的 *NP* 困难问题，我们也在 3.4 节中介绍过：给定 n 个重量为 w_1, …, w_n，价值为 v_1, …, v_n 的物品，以及一个承重量为 W 的背包，找出其中最有价值的物品子集，并且能够全部装入背包中。我们看到过如何用穷举查找法(3.4 节)、动态规划法(8.2 节)和分支界限法(12.2 节)对这个问题求解。现在我们要用近似算法求解该问题。

1. 背包问题的贪婪算法

我们可以想到若干种贪婪方法来求解该问题。一种是按照物品重量的降序进行选择。然而，越重的物品并不一定是集合中最有价值的。或者，我们可以按照物品价值的降序挑选物品，但无法保证背包的承重量能够有效利用。我们是不是能够找到一种既考虑重量又考虑价值的贪婪策略呢？这种策略是存在的，方法是计算价值重量比 v_i/w_i，$i = 1, 2, \cdots, n$，并且按照这些比率的降序选择物品。(实际上，在 12.2 节中，我们已经在设计分支界限算法时使用过这个方法了。)以下算法基于这种启发式的贪婪算法。

1)　离散背包问题的贪婪算法

第一步：对于给定的物品，计算其价值重量比 $r_i = v_i/w_i$，$i = 1, 2, \cdots, n$。

第二步：按照第一步计算出的比率的降序对物品排序(原先的顺序可以忽略)。

第三步：重复下面的操作，直到有序列表中不留下物品。如果列表中的当前物品能够装入背包，将它放在背包中并处理下一物品；否则，直接处理下一个物品。

例 5　让我们来考虑背包问题的一个实例，其中背包的承重量是 10，物品的信息参见

下表。

物　品	重　量	价值/美元
1	7	42
2	3	12
3	4	40
4	5	25

计算它们的价值重量比，并对这些效率比率按照非升序排列，我们得出下表。

物　品	重　量	价值/美元	价值/重量
1	4	40	10
2	7	42	6
3	5	25	5
4	3	12	4

该贪婪算法会选择重量为 4 的第一个物品，跳过下一个重量为 7 的物品，选择下一个重量为 5 的物品，然后跳过最后一个重量为 3 的物品。这样得到的解恰好是这个实例的最优解(参见 12.2 节，那时我们用分支界限算法求解过同样的实例)。

这个贪婪算法是不是总能产生一个最优解呢？回答当然是否定的：如果它可以，我们就有了一个求解 *NP* 困难问题的多项式时间的算法。实际上，下面的例子说明，我们无法对这个算法的近似解的精确度给出一个有限的上界。

例 6

物　品	重　量	价　值	价值/重量
1	1	2	2
2	W	W	1

背包的承重量 $W > 2$

因为物品已经按照要求排序了，该算法选择了第一个物品并跳过了第二个物品。这个子集的总价值是 2。而最优选择是物品 2，它的价值是 W。因此，这个近似解的精确率 $r(s_a)$ 是 $W/2$，它是没有上界的。

令人惊讶的是，对这个贪婪算法略做调整就能够得到一个具有有限性能比的近似算法。只需从两个解中选取较好的一个：一个是贪婪算法求得的解，另一个解只包含具有最大价值并且能够装进背包的单个物品。(注意，对于前面例子的实例，第二个解要比第一个更好。)不难证明，这个**增强贪婪算法**(enhanced greedy algorithm)的性能比等于 2。也就是说，一个最优子集 s^*的价值，永远不会是增强贪婪算法所得到的子集 s_a 价值的两倍以上，而这个断言所能给出的最小乘数也是 2。

考虑一下背包问题的连续版本也是有益的。在这个版本中，我们可以按照任意比例取走给定的物品。对于该问题的这个版本，我们可以很自然地把贪婪算法修改如下。

2)　连续背包问题的贪婪算法

第一步： 对于给定的物品，计算其价值重量比 v_i/w_i，$i = 1, 2, \cdots, n$。

第二步： 按照第一步计算出的比率的降序对物品排序(原先的顺序可以忽略)。

第三步： 重复下面的操作，直到背包已经装满，或者有序列表中不留下物品。如果列表中的当前物品能够完全装入背包，将它放在背包中并处理下一个物品；否则，取出它能够装满背包的最大部分，然后停止。

例如，我们为了演示离散版本的贪婪算法，使用了例 3 中的四物品实例，现在假设它是个连续实例，我们的算法会取走重量为 4 的第一个物品，然后取走下一个物品的 6/7，来装满整个背包。

毫不奇怪，这个算法总是能够产生连续背包问题的最优解。的确，这些物品是按照它们利用背包承重量的效率排序的。如果有序列表的第一个物品重量为 w_1，价值为 v_1，没有一个解使用了 w_1 单位的承重量以后，能够产生高于 v_1 的回报。如果第一个物品或者其部分不能装满背包，我们应该继续尽量多地取走效率第二高的物品，以此类推。这基本上已经给出了一个正式证明的轮廓，我们把它留给大家做练习。

也请注意，对于一个连续背包问题实例的最优解来说，它的值可以提供给同样实例的离散版本，作为其最优解的取值上界。在求解离散背包问题的分支界限方法中，可以用这个观察结果来计算状态空间树节点的上界，但这个方法要比 12.2 节的方法更复杂。

2. 近似方案

我们现在回到背包问题的离散版本。这个问题和旅行商问题不同，它存在着一些多项式时间的**近似方案**(approximation scheme)，这些方案都是用参数来调节的系列算法，使我们可以得到满足任意预定义精度的近似 $s_a^{(k)}$ 解：

$$\text{对于任何规模为}\,n\,\text{的实例来说，}\quad \frac{f(s^*)}{f(s_a^{(k)})} \leqslant 1 + 1/k$$

其中，k 是一个范围为 $0 \leqslant k < n$ 的整数参数。第一个近似方案是萨尼(S. Sahni)在 1975 年给出的([Sah75])。该算法生成所有小于等于 k 个物品的子集，并像贪婪算法那样，向每一个能够装入背包的子集添加剩余的物品(也就是按照它们价值重量比的非升序排列)。以这种方式得到的最有价值的子集就作为算法的输出返回。

例 7　图 12.16 给出了一个小例子，在 $k = 2$ 时应用近似方案。该算法输出 $\{1, 3, 4\}$，这就是该实例的最优解。

物　品	重　量	价值/美元	价值/重量
1	4	40	10
2	7	42	6
3	5	25	5
4	1	4	4

背包的承重量 $W = 10$

(a)

图 12.16　在 $k = 2$ 时应用萨尼近似方案的一个例子。(a)实例，(b)该算法生成的子集

子　集	添加的物品	价值/美元
∅	1, 3, 4	69
{1}	3, 4	69
{2}	4	46
{3}	1, 4	69
{4}	1, 3	69
{1, 2}	不可行	
{1, 3}	4	69
{1, 4}	3	69
{2, 3}	不可行	
{2, 4}		46
{3, 4}	1	69

(b)

图 12.16(续)

如果大家对这个例子印象不是很深也是可以理解的，因为这个方案的理论意义远大于实用价值。它是基于这样一个事实：尽管可以用预定义的精度逼近最优解，但该算法的时间效率却是 n 的多项式函数。的确，在添加额外的元素之前，该算法生成的子集总数是

$$\sum_{j=0}^{k}\binom{n}{j}=\sum_{j=0}^{k}\frac{n(n-1)\cdots(n-j+1)}{j!}\leqslant\sum_{j=0}^{k}n^j\leqslant\sum_{j=0}^{k}n^k=(k+1)n^k$$

对于每一个这样的子集，我们需要 $O(n)$的时间来确定它可能的扩展。因此，该算法的效率属于 $O(kn^{k+1})$ 。请注意，这个效率虽然是 n 的多项式函数，但萨尼方案的时间效率却是 k 的指数函数。一个更加复杂的近似方案，被称为**完全多项式方案**(fully polynomial scheme)，就没有这样的缺陷。讨论这种算法的书有不少，我们推荐阅读专著[Mar90]和[Kel04]，它们还包含了有关背包问题的大量其他材料。

习题 12.3

1. **a.** 对下列距离矩阵所定义的实例应用最近邻居算法。假设我们从 1 到 5 对城市编号，并且算法从第一个城市开始。

$$\begin{bmatrix} 0 & 14 & 4 & 10 & \infty \\ 14 & 0 & 5 & 8 & 7 \\ 4 & 5 & 0 & 9 & 16 \\ 10 & 8 & 9 & 0 & 32 \\ \infty & 7 & 16 & 32 & 0 \end{bmatrix}$$

b. 计算该近似解的精确率。

2. **a.** 写一段最近邻居算法的伪代码。假设它的输入是由一个 n 阶距离方阵给出的。

b. 最近邻居算法的时间效率是多少？

3. 对图 12.11(a)中的图应用绕树两周算法。还是从同一个顶点 a 出发绕最小生成树行走，但线路和图 12.11(b)中的不同。这样得到的旅程长度和图 12.11(b)中的旅程长度一样吗？

4. 请证明，绕树两周算法中所走的这种捷径不会增加欧几里得图中的旅程长度。

5. 用贪婪算法求解背包问题，它的时间效率类型是什么？

6. 请证明，背包问题的增强贪婪算法的性能比 R_A 等于 2。

7. 请考虑装箱问题的贪婪算法，它也被称为**优先容纳**(first-fit，FF)**算法**：按照每个物品给出的顺序，把它装入第一个能够容纳它的箱子；如果这样的箱子不存在，就把该物品放在一个新箱子里，并将该箱子加在箱子列表的尾部。

a. 对于实例

$$s_1 = 0.4\,,\quad s_2 = 0.7\,,\quad s_3 = 0.2\,,\quad s_4 = 0.1\,,\quad s_5 = 0.5$$

应用 FF 算法，并确定得到的解是否是最优的。

b. 确定 FF 算法最差的时间效率。

c. 证明 FF 算法是一个 2 近似算法。

8. 装箱问题还有一个**降序优先容纳**(first-fit decreasing，FFD)**算法**：它在开始的时候，对物品按照体积的非升序排序，然后再执行优先容纳算法。

a. 对于实例

$$s_1 = 0.4\,,\quad s_2 = 0.7\,,\quad s_3 = 0.2\,,\quad s_4 = 0.1\,,\quad s_5 = 0.5$$

应用 FFD 算法，并确定得到的解是否是最优的。

b. FFD 算法是否总能够生成一个最优解？证明你的答案。

c. 证明 FFD 算法是一个 1.5 近似算法。

d. 做一个试验，确定一下对于装箱问题的随机实例来说，FF 算法和 FFD 算法哪一个能够生成更精确的近似解。

9. **a.** 设计一个简单的 2 近似算法，对于一个给定的图，求它的**最小顶点覆盖**(minimum vertex cover，即包含最少顶点的顶点覆盖)。

b. 考虑下面这个求给定图的**最大独立集**(maximum independent set，即包含最多顶点的独立集)的近似算法。应用 a 中的 2 近似算法，然后输出所有不在求得的顶点覆盖中的顶点。我们是不是也可以声称该算法是一个 2 近似算法？

10. **a.** 为图的着色问题设计一个多项式时间的贪婪算法。

b. 证明该近似算法的性能比是无穷大的。

12.4　解非线性方程的算法

在本节中，我们讨论几个解一元线性方程

$$f(x) = 0 \tag{12.4}$$

的算法。

我们在数值分析的子领域中选择这个主题是有理由的。第一，无论从理论还是实践的角度来看，这都是一个极其重要的问题。在科学和工程中，它直接或间接地充当了众多现象的一个数学模型。(举个例子，我们可以回忆一下，用标准微积分技术求一个函数 $f(x)$的最值点是以求函数的极值点为基础的，而极值点就是方程 $f'(x)=0$ 的根。)第二，它代表了数值分析中最容易理解的主题，但同时又展示了数值分析中的主要工具和最关心的问题。第三，某些解方程的方法和数组的查找算法非常类似，因此也可以作为应用通用算法设计技术求解连续数学问题的例子。

我们先要消除大家关于解方程的一个错误概念。从中学到微积分学所得到的解方程经验可能会使大家相信，我们可以使用因式分解或者方便的公式来对方程求解。很抱歉地告诉大家，我们被欺骗了(当然是为了最良好的教学目的)：我们之所以能够对所有这些方程求解，是因为它们都是经过精心挑选的。一般来说，我们无法对方程精确求解，而只能使用近似算法来求解。

即使是求解二次方程

$$ax^2+bx+c=0$$

情况也是如此，因为方程根的标准公式

$$x_{1,2}=\frac{-b\pm\sqrt{b^2-4ac}}{2a}$$

需要计算平方根，而对于大多数的正数来说，这只能近似求解。此外，就像我们在 11.4 节中讨论过的，这个规范公式需要做一定的修改，来避免可能出现低精度的解。

如果多项式的次数大于 2，根的公式是怎样的呢？对于三次和四次多项式来说，它们的根公式是存在的，但却由于过于复杂，缺少实用价值。如果多项式的次数大于 4，就没有只包含多项式系数、算术操作以及开根号操作的通用求根公式了。这个不平凡的结论是由意大利数学家和物理学家保罗·鲁菲尼(Paolo Ruffini，1765—1822)在 1799 年首次发表的，大约四分之一个世纪之后又被挪威数学家尼尔斯·阿贝尔(Niels Abel，1802—1829)再次发现，然后又由法国数学家埃瓦里斯特·伽罗华(Evariste Galois，1811—1832)做了进一步的完善。①

虽然这样的公式不存在，但我们也不必太过失望。就像伟大的德国数学家卡尔·弗里德里希·高斯(1777－1855)在他 1801 年的论文中所指出的，一个方程的代数解并不具有很大的意义，充其量相当于为方程的根设置一个符号，然后说该方程有一个根等于这个符号([OCo98])。

我们可以把方程(12.4)的根解释成函数 $f(x)$的图像和 x 轴的交点。本节讨论的三种算法都利用了这种解释。$f(x)$的图像和 x 轴的交点可以有一个(例如 $x^3=0$)、多个甚至无穷多个($\sin x=0$)，或者没有交点($e^x+1=0$)。方程(12.4)则会分别有一个根、多个根或者没有根。在着手求近似根之前，建议画出方程图像的草图。它可以帮助我们确定根的数量以及它们的大致位置。一般来说，把根分隔开来也是一个好办法，也就是找出那些只包含所讨论方程一个根的区间。

① 当时卓越的数学家几乎完全忽略了鲁菲尼的发现，阿贝尔年纪轻轻死于贫困，伽罗华年仅 21 岁就在一次决斗中死去了。但他们对解高次方程做出的贡献，现在被看作数学史上最伟大的成就之一。

12.4.1　平分法

该算法是基于这样一个观察结果，如果一个连续函数的图像在 a 点和 b 点上取到的函数值符号相反，那么该函数在这两点之间至少要和 x 轴相交一次(图 12.17)。

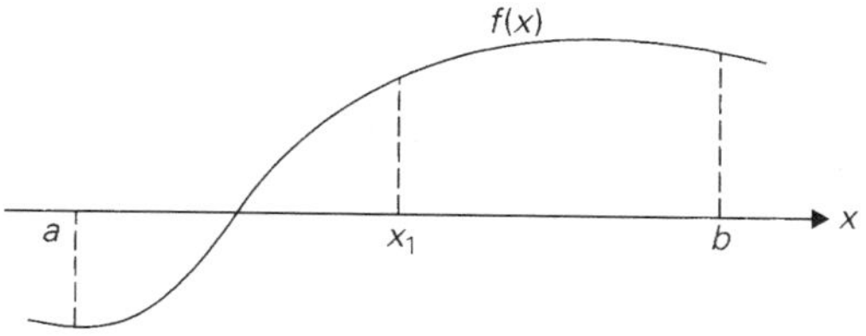

图 12.17　平分法的第一次迭代：x_1 是区间[a,b]的中点

在微积分课程中，这个观察结果的合法性是以定理的形式给出的，我们在这里认为它必然成立。在解方程(12.4)时，它就是下面这个所谓**平分法**(bisection method)的基础。开始时有一个区间[a, b]，在其端点上，$f(x)$的符号相反。该算法计算 $f(x)$在中点 $x_{mid} = (a+b)/2$ 上的值。如果 $f(x_{mid}) = 0$，就求得一个根，算法也终止了。否则，它继续在[a, x_{mid}]或者[x_{mid}, b]上查找根，至于在哪个区间上找，则取决于在哪个区间的端点上，$f(x)$能取到方向相反的值。

因为不能指望平分算法能够恰好发现方程的根并终止，我们需要另一种标准来终止算法。当包括某个根 x^* 的区间[a_n, b_n]变得足够小，以至于用 x_n(区间的中点)逼近 x^* 的绝对误差肯定会小于某些预先选定的小数 $\varepsilon > 0$ 时，我们就可以把算法停止了。因为 x_n 是[a_n, b_n]的中点，而 x^* 也位于这个区间，我们有

$$|x_n - x^*| \leqslant \frac{b_n - a_n}{2} \tag{12.5}$$

因此，一旦 $(b_n - a_n)/2 < \varepsilon$，也就相当于

$$x_n - a_n < \varepsilon \tag{12.6}$$

时，我们就可以停止该算法。

不难证明：

$$|x_n - x^*| \leqslant \frac{b_1 - a_1}{2^n},\quad n = 1,\ 2,\ \cdots \tag{12.7}$$

这个不等式意味着，我们希望近似值的序列$\{x_n\}$有多么接近根 x^*，它就可以多么接近 x^*，只要选择足够大的 n 就可以。换句话说，我们可以认为$\{x_n\}$**收敛于**(converge)根 x^*。然而我们要注意，因为任何数字计算机都会用 0 来表示非常小的值(11.4 节)，所以收敛的断言在理论上为真，但在实践中却未必如此。实际上，如果我们选择的 ε 小于一个特定机器的阈值，该算法就永远不会停止！使问题复杂化的另一个潜在原因是在对所讨论的函数求值时，可能会发生舍入误差。因此，在平分法的程序实现中，限制算法允许执行的迭代次数是一

个好办法。

以下是平分法的伪代码。

```
算法 Bisection (f(x), a, b, eps, N)
     //实现平分法，求出 f(x) = 0 的一个根
     //输入：实数 a 和 b，a < b
     //[a, b]上的一个连续函数 f(x)，f(a)f(b) < 0
     //绝对误差的上界 eps > 0
     //迭代次数的上界 N
     //输出：(a, b)上的一个根的近似(或者精确)值 x
     //或者，如果达到了迭代次数的限制，就返回一个括住根的区间
      n ← 1 //迭代计数
      while n ≤ N do
          x ← (a + b) / 2
          if x − a < eps return x
          fval ← f(x)
          if fval = 0 return x
          if fval * f(a) < 0
              b ← x
          else a ← x
          n ← n + 1
          return "迭代限制", a, b
```

请注意，至少在理论上，我们可以用不等式(12.7)事先求出能够满足要求的迭代次数，以获得预先设定的精确度。的确，我们可以选择一个足够大的迭代次数 n，来满足不等式 $(b_1 - a_1)/2^n < \varepsilon$，也就是，只要

$$n > \log_2 \frac{b_1 - a_1}{\varepsilon} \tag{12.8}$$

即可。

例 1 让我们考虑这个方程

$$x^3 - x - 1 = 0 \tag{12.9}$$

它有一个实根。(参见图 12.18 中 $f(x) = x^3 - x - 1$ 的图像。)因为 $f(0) < 0$ 且 $f(2) > 0$，这个根一定位于区间(0, 2)内。如果我们允许的误差级别是 $\varepsilon = 10^{-2}$，不等式(12.8)需要 $n > \log_2(2/10^{-2})$ 次，或者 $n \geq 8$ 次迭代。

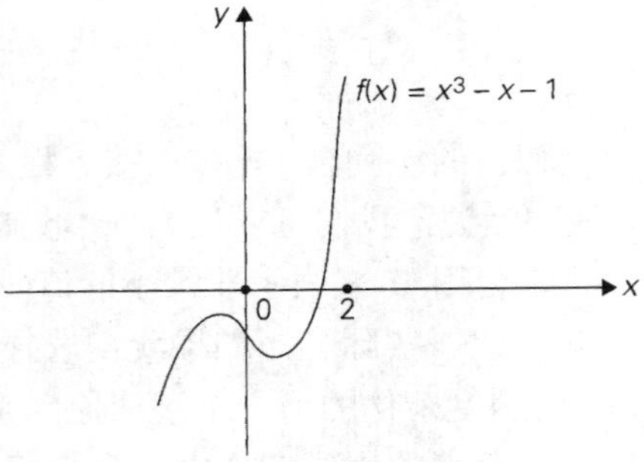

图 12.18　函数 $f(x) = x^3 - x - 1$ 的图像

如果用平分法解方程(12.9)，图 12.19 给出了它前 8 次迭代的路径。

这样，我们得到了 $x_8 = 1.3203125$ 作为方程(12.9)根 x^* 的近似值，而且我们可以确保

$$|1.3203125 - x^*| < 10^{-2}$$

此外，如果我们考虑方程(12.9)的左边部分在 a_8，b_8 和 x_8 处的符号，我们可以断言，这个根位于 1.3203125 和 1.328125 之间。

n	a_n	b_n	x_n	$f(x_n)$
1	0.0−	2.0+	1.0	−1.0
2	1.0−	2.0+	1.5	0.875
3	1.0−	1.5+	1.25	−0.296875
4	1.25−	1.5+	1.375	0.224609
5	1.25−	1.375+	1.3125	−0.051514
6	1.3125−	1.375+	1.34375	0.082611
7	1.3125−	1.34375+	1.328125	0.014576
8	1.3125−	1.328125+	1.3203125	−0.018711

图 12.19　平分法解方程(12.9)时的路径。在第二列、第三列数字后面的符号指出了 $f(x) = x^3 - x - 1$ 在区间的相应端点处的符号

平分法作为解方程的通用算法的主要缺点就是，相对于其他已知的方法而言，它的收敛速度较慢。因为这个原因，我们很少使用这个方法。而且，它无法扩展到解更一般性的方程和方程组的领域。不过这个方法也有若干优点。它在向根收敛时，所在区间的特性是非常容易检验的。而且它也不像某些更快的方法那样，要用到函数 $f(x)$的导数。

平分法使我们想起了哪一种重要的算法？对了，我们发现它和折半查找非常类似。两种算法都是对查找问题的不同变化形式求解，而且它们都是减半算法。它们的主要差别在于问题的定义域：折半查找解决的是离散问题，平分法解决的是连续问题。还要记住一点，尽管折半查找要求输入数组是有序的，但平分法并不要求它的函数是非递增或者非递减的。最后，虽然折半查找速度很快，但平分法并不快。

12.4.2　试位法

试位法(method of false position，拉丁名称是 regula falsi)相对于插值查找就像平分法相对于折半查找。和平分法一样，在每次迭代时，它都会用某个区间$[a_n, b_n]$括住一个连续函数 $f(x)$的根，该函数在 a_n 和 b_n 的符号相反。但和平分法不同的是，它在计算根的下一个近似值时，不是用$[a_n, b_n]$的中点，而是用穿过点$(a_n, f(a_n))$和$(b_n, f(b_n))$的直线在 x 轴的截距(图 12.20)。

我们要求大家在习题中证明，x 轴截距的公式可以写成：

$$x_n = \frac{a_n f(b_n) - b_n f(a_n)}{f(b_n) - f(a_n)} \tag{12.10}$$

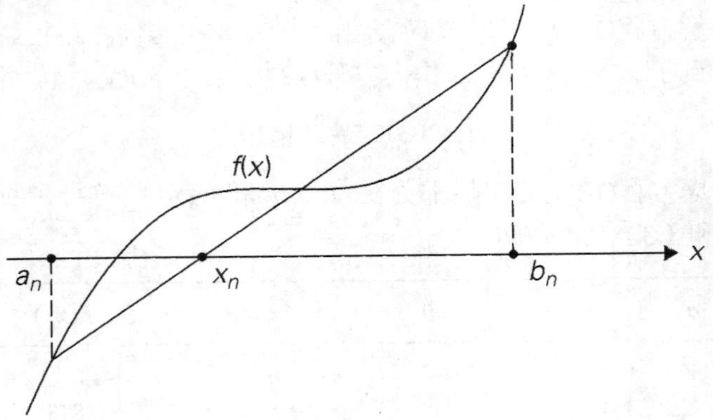

图 12.20 试位法的迭代

例 2 图 12.21 给出了用这个方法解方程(12.9)时，前 8 次迭代的结果。

虽然它在这个例子上的性能没有平分法好，但对于许多实例，它都会产生一个更加快速的收敛序列。

n	a_n	b_n	x_n	$f(x_n)$
1	0.0−	2.0+	0.333333	−1.296296
2	0.333333−	2.0+	0.676471	−1.366909
3	0.676471−	2.0+	0.960619	−1.074171
4	0.960619−	2.0+	1.144425	−0.645561
5	1.144425−	2.0+	1.242259	−0.325196
6	1.242259−	2.0+	1.288532	−0.149163
7	1.288532−	2.0+	1.309142	−0.065464
8	1.309142−	2.0+	1.318071	−0.028173

图 12.21 试位法解方程(12.9)时的路径。在第二列、第三列数字后面的符号指出了 $f(x) = x^3 - x - 1$ 在区间的相应端点处的符号

12.4.3 牛顿法

牛顿法，也被称为**牛顿-拉弗森法**(Newton-Raphson method)，是最重要的解方程的通用算法之一。在解一元方程(12.4)时，它可以用图 12.22 表示：该方法的近似序列的下一个元素，是根据函数 $f(x)$的图像在 x_n 点切线的 x 轴截距求出的。

因此，近似序列中元素的解析公式为：

$$x_{n+1} = x_n - \frac{f(x_n)}{f'(x_n)}, \quad n = 0, 1, \cdots \tag{12.11}$$

在大多数情况下，如果选择的初始近似值 x_0“足够接近”根，牛顿算法能够保证序列(12.11)

是收敛的。(在数值分析的教材中，选择 x_0 的方法是经过精确定义的。)对于远离根的初始近似值，牛顿法可能也会收敛，但这是无法保证的。

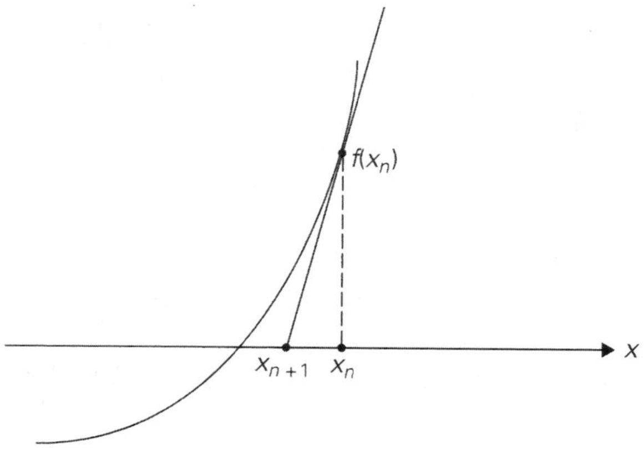

图 12.22　牛顿法的一次迭代

例 3　计算 $\sqrt{a}$ 可以定义为求方程 $x^2 - a = 0$ 的非负根。如果我们对 $f(x) = x^2 - a$ 和 $f'(x) = 2x$ 应用公式(12.11)，得到：

$$x_{n+1} = x_n - \frac{f(x_n)}{f'(x_n)} = x_n - \frac{x_n^2 - a}{2x_n} = \frac{x_n^2 + a}{2x_n} = \frac{1}{2}\left(x_n + \frac{a}{x_n}\right)$$

这就是我们在 11.4 节中计算平方根的近似值时使用的公式。

例 4　让我们对方程(12.9)应用牛顿法，之前我们曾用平分法和试位法求解过。在这种情况下，方程(12.11)变成

$$x_{n+1} = x_n - \frac{x_n^3 - x_n - 1}{3x_n^2 - 1}$$

我们假设把 $x_0 = 2$ 作为近似序列的初始元素。图 12.23 包含了牛顿法前 5 次迭代的结果。

n	x_n	x_{n+1}	$f(x_{n+1})$
0	2.0	1.545455	1.145755
1	1.545455	1.359615	0.153705
2	1.359615	1.325801	0.004625
3	1.325801	1.324719	4.7×10^{-6}
4	1.324719	1.324718	5×10^{-12}

图 12.23　牛顿法解方程(12.9)时的路径

大家一定会注意到，相对于平分法和试位法的近似序列而言，牛顿法的近似序列向根收敛的速度有多么快。一般来说，如果初始近似值接近方程的根，牛顿法都会非常迅速地

收敛。然而请注意，在这个方法的每次迭代中，我们都需要对函数和导函数重新求值，而前面两种算法都只需要对函数本身求一次值。而且，牛顿法不会像前两个方法那样把根括起来。实际上，对于一个任意函数以及任意选择的初始近似值来说，它的近似序列有可能发散。还有，因为公式(12.11)的分母上包含函数的导数，如果该导数等于 0，这个方法就会失败。实际上，在根 x^* 附近时，如果 $f'(x)$ 的边界远离 0，牛顿法是最有效的。具体来说，如果在 x_n 和 x^* 的区间上：

$$|f'(x)| \geqslant m_1 > 0$$

我们可以用微积分中的均值定理来估计 x_n 和 x^* 之间的距离：

$$f(x_n) - f(x^*) = f'(c)(x_n - x^*)$$

其中 c 是 x_n 和 x^* 之间的某个点。因为 $f(x^*) = 0$，$|f'(c)| \geqslant m_1$，我们得到

$$|x_n - x^*| \leqslant \frac{|f(x_n)|}{m_1} \tag{12.12}$$

当公式(12.12)的右边部分小于一个预先选定的精确度 ε 时，可以作为我们停止牛顿算法的一个标准。其他一些可能的停止标准包括：

$$|x_n - x_{n-1}| < \varepsilon$$

和

$$|f(x_n)| < \varepsilon$$

其中，ε 是一个小的正数。由于后两个标准并不一定意味着 x_n 接近根 x^*，所以我们认为它们不如基于式(12.12)的标准。

牛顿算法的缺点无法掩盖它的主要优点：在选择了适当的初始近似值之后它能够快速收敛，而且能够应用于更一般类型的方程和方程组。

习题 12.4

1. **a.** 在因特网或者图书馆中寻找一个例程，来求一个实系数的一般性三次方程 $ax^3 + bx^2 + cx + d = 0$ 的一个实根。

b. 该例程是以什么样的通用算法设计技术为基础的？

2. 请指出下面的方程分别有多少根？

a. $xe^x - 1 = 0$ **b.** $x - \ln x = 0$ **c.** $x\sin x - 1 = 0$

3. **a.** 请证明，如果 $p(x)$ 是一个奇次多项式，那么它必定至少有一个实根。

b. 请证明，如果 x_0 是一个 n 次多项式 $p(x)$ 的一个根，该多项式可以因式分解为

$$p(x) = (x - x_0)q(x)$$

其中，$q(x)$ 是一个 $n-1$ 次多项式。请解释一下，对于求一个多项式的根来说，这个定理有什么样的意义。

c. 请证明，如果 x_0 是一个 n 次多项式 $p(x)$的某个根，那么

$$p'(x_0)=q(x_0)$$

其中，$q(x)$是 $p(x)$除以 $x-x_0$ 得到的商。

4. 证明不等式(12.7)。

5. 用平分法求方程

$$x^3+x-1=0$$

的根，而且绝对误差要小于 10^{-2}。

6. 推导出支撑试位法的公式(12.10)。

7. 用试位法求方程

$$x^3+x-1=0$$

的根，而且绝对误差要小于 10^{-2}。

8. 推导出支撑牛顿法的公式(12.11)。

9. 用牛顿法求方程

$$x^3+x-1=0$$

的根，而且绝对误差要小于 10^{-2}。

10. 给出一个例子，证明牛顿法的近似序列有可能发散。

11. **贪吃羊**　有一片半径为 100 英尺的圆形草地。一只羊被绳子拴在草地边缘的木桩上。请问绳子多长能够保证羊最多只能吃掉一半的草？

小　　结

- **回溯法**和**分支界限法**是两种算法设计技术，它们求解的是这种问题：随着实例规模的增长，问题的选择次数至少呈指数增长。两种算法每次都只构造解的一个分量，一旦确定当前已经做出的选择无法导出一个解，就会立即终止当前步骤。这种方法使我们能够在可接受的时间内，对 *NP* 困难问题的许多较大实例求解。
- 无论是回溯法还是分支界限法，都把**状态空间树**作为它们的主要机制。状态空间树是一棵有根树，它的节点代表了所讨论问题的部分构造解。一旦能够确认，从和节点子孙相对应的选择中无法求得问题的解，这两种技术都会立即终止该节点。
- **回溯法**在它的大多数应用中，都按照深度优先查找法构造它的状态空间树。如果状态空间树的当前节点所代表的选择序列可以进一步扩展，而且不会违反问题的约束，它就会考虑下一个分量的第一个余下的合法选择。否则，这个方法就会回溯，也就是撤销部分构造解的最后一个分量，并用下一个选择来代替。
- **分支界限法**是一种算法设计技术，它强化了状态空间树的生成方法。也就是估计可能从状态空间树的当前节点中求得的最佳值，如果这个估计值不超过当前过程中已经得到的最佳解，接下来就不会再考虑该节点了。

- 近似算法常常用来求组合优化难题的近似解。**性能比**是用来衡量这种近似算法精度的主要度量标准。
- **最近邻居**和**多片段启发式算法**是两种简单的贪婪算法，用来对旅行商问题近似求解。这两种算法的性能比是没有上界的，哪怕对一种重要的子集——**欧几里得图**来说，也是如此。
- **绕树两周**和 **Christofides 算法**利用了图的最小生成树来构造欧拉回路，然后用走捷径的办法将其变换为哈密顿回路(即旅行商问题的近似解)。对于欧几里得图来说，这两种算法的性能比分别是 2 和 1.5。
- 本地查找启发式算法(包括 2 选、3 选和 Lin-Kernighan 算法)的思路是，用更短的边来替换当前旅途中的边，直到无法替换为止。对于旅行商问题的较大欧几里得实例，这类算法可以在若干秒内求得一个长度仅比最优解多几个百分点的近似解。
- 背包问题有一种巧妙的贪婪算法，它的基本思想是，按照价值重量比的降序处理输入物品。对于该问题的连续版本来说，该算法总能生成一个精确的最优解。
- 背包问题的**多项式近似方案**是一种参数可调的多项式时间算法，可以按照预定义的任意精度生成近似解。
- 解非线性方程是数值分析中最重要的领域之一。虽然我们没有非线性方程的求根公式(只有少数例外)，但有若干算法可以对它们近似求解。
- **平分法**和**试位法**分别是连续版本的折半查找和插值查找。它们的主要优势在于，算法在每次迭代时，都会把根括在某个区间里。
- **牛顿法**会生成近似根的一个序列，它们都是函数图像的切线在 x 轴上的截距。如果选择了一个较好的初始近似值，该算法一般只需要很少的几次迭代，就能给出方程根的一个高精度近似值。

跋

科学只不过是经过整理和系统化的常识。

——《科学与教育》，托马斯·H. 赫胥黎(1825—1895)，英国生物学家和教育家

好了，我们终于到达终点了。这条道路很漫长，虽然不像人类从欧几里得算法(本书以它开始)走到最新开发的那些算法那么长，但也足够长了。所以最后再回顾一下，我们从这次旅途中学到了什么。

一开始我们就给出了一个被大家广泛接受的观点：算法的概念构成了计算机科学的基石。而且，因为计算机程序不过是算法在特定机器上的实现，算法也是实用计算技术的核心。

和任何科学一样，计算机科学关心的也是对它的主要课题进行分类。虽然可以用无数种方法对算法进行分类，但其中的两种方法尤其重要。我们可以按照算法的内在设计思想和效率对它们进行分类。这两个主要因素也折射出实用计算技术的需求：在设计一个新算法时，我们需要设计技术作指导；我们也需要一个框架来保证一个给定算法的效率。

本书中，我们讨论了 10 种通用设计技术：

蛮力法	**动态规划**
分治法	**贪婪技术**
减治法	**迭代改进**
变治法	**回溯法**
时空权衡	**分支界限法**

我们展示了这些技术是如何应用于计算机科学中的各种重要问题的，例如排序、查找、字符串处理以及一些几何问题和数值问题。虽然这些基础技术无法适用于所有的问题，但把它们汇聚在一起就变成了一个强有力的工具包，可以设计新的算法，也可以对现存的算法归类。此外，这些技术也可以看作一种通用的解题方法，而不局限于计算机领域。本书中包含的谜题就体现了这个观点。

这个分析框架把运行时间作为输入规模的函数，然后用函数的增长次数对算法进行分类。它是通过研究算法基本操作的执行次数来达到这个目的的。对于非递归算法和递归算法来说，它们的主要工具分别是求和公式和递推关系。我们看到，虽然类型很少，但有多得惊人的算法可以归在下表的某种类型中。

类　型	标　记	重要的例子
常量时间	$\Theta(1)$	散列法(平均情况)
对数	$\Theta(\log n)$	折半查找(最差情况和平均情况)
线性	$\Theta(n)$	顺序查找(最差情况和平均情况)
线性对数	$\Theta(n\log n)$	高级排序算法

续表

类　型	标　记	重要的例子
平方	$\Theta(n^2)$	基本排序算法
立方	$\Theta(n^3)$	高斯消去法
指数	$\Omega(a^n)$	组合问题

对于某些算法，我们必须区分它们的最差效率、最佳效率和平均效率。平均情况尤其棘手，我们讨论过如何对它根据经验求解。

我们谈到过算法的极限，也看到，这种极限是由两种主要原因造成的：问题的内在复杂性，以及对于绝大多数数值问题来说，我们必须处理经过舍入的数字。当然，我们也讨论过解决这些问题的方法。

然而，大家不必感到意外，还有许多算法的领域是本书没有涉及的。其中最重要的是随机算法和并行算法。**随机算法**(randomized algorithm)是一种在执行时做出随机选择的算法。例如，对数组进行排序时，我们可以随机选择一个数组元素作为快速排序的中轴。和确定性算法不同，对于相同的输入，随机算法在各次运行中的行为是不同的，因此可能会产生不同的结果。对于许多应用来说，我们可以利用这种可变性来设计一种随机算法，相对于同样问题的确定性算法来说，它们要么更快，要么更简单，要么两者都是。

目前为止所发现的随机算法中，令人印象最深的可能就是那些检验数字是否为质数的算法了，例如 Miller-Rabin 算法(可以参见[Cor09])。对于千位数来说，这个随机算法可以在可接受的时间内对问题求解，并且生成错误答案的概率要小于硬件故障的概率。同时，我们没有已知的多项式时间的确定性算法可以对这个问题求解，而这个问题对于现代加密技术来说又是至关重要的。如果需要了解更多随机算法的知识，我们向大家强烈推荐莫特万尼(R. Motwani)和拉赫曼(P. Raghavan)的专著([Mot95])以及卡普(R. M. Karp)的优秀概论([Kar91])。

今天所使用的绝大多数计算机仍然和约翰·冯·诺依曼在半个多世纪前描绘的结构非常相似。这种构架的中心假设就是指令是一条接一条执行的，每次执行一步操作。相应地，被设计用来在这种机器上执行的算法称为**顺序算法**(sequential algorithm)。本书所讨论的算法就是这种算法。某些更新型的计算机并不满足冯·诺依曼模型的中心假设，它们可以执行并发操作，也就是并行计算。能够利用这种能力的算法被称为**并行算法**(parallel algorithm)。

作为一个例子，请考虑对存储在数组 $A[0..n-1]$ 中的 n 个数字求和的问题。我们可以证明，任何只使用乘法、加法和减法的顺序算法至少需要 $n-1$ 步来对这个问题求解。然而，如果我们可以对元素 $A[0]$ 和 $A[1]$，$A[2]$ 和 $A[3]$ 等并行匹配并求和，这个问题的规模就会减半。重复这种操作，直到求出一个总和，就会得到一种只需要执行 $\lceil \log_2 n \rceil$ 步的算法。

有大量的书籍专门讨论并行算法。许多通用的算法教材也包含了专门介绍并行算法的独立篇章([Hor07]特别提供了大量并行算法的内容)，或者把它们和顺序算法一起讨论(参见[Ber05]和[Mil05])。

科技进步的巨轮在近期带来了一些非常有前途的突破性发现，例如量子计算和 DNA 计算。它们可能会对未来的计算能力以及算法产生巨大影响。**量子计算**(quantum computing,

参见[Yan08])试图利用一种使原子同时处于两种状态的量子物理现象。因此，至少在理论上，一个由 n 个这样的原子(称为“量比特”)组成的系统，可以同时包含 2^n 比特的信息。在 1994 年，AT&T 实验室的彼得·肖尔(Peter Shor)提出了一个利用这种理论上的可能性对整数分解因子的算法([Sho94])。对于 b 比特位数字的输入，该算法只需 $O(b^3)$ 的时间和 $O(b)$ 的空间。而且，IBM 研究人员制造出了一台包含 7 个量比特的计算机，能够实际实现 Shor 算法，并成功地把数字 15 分解成了 3 和 5。虽然存在种种技术问题，使我们很难把这种方法(或类似的方法)扩展到对更大的问题求解，并且事实可能还将证明这些问题是难以克服的，但量子计算还是有可能改变我们目前对于某些计算问题的难度的观念。但需要指出的是，整数分解因子问题(更精确来说，是该问题的判定版本)，尽管非常难，但肯定不是 NP 完全问题。因此，能够在量子计算机上对其高效求解并不意味着所有难题都有多项式时间的量子算法。实际上，我们相信，能够在量子计算机上用多项式时间求解的问题和 NP 完全问题是 NP 类问题中两个不相交的子集。

如果说量子计算试图驾驭量子物理的威力来求解困难的计算问题，那么 **DNA 计算**(DNA computing)则打算利用基因选择机制来达到相同的目的。这种方法的最著名的例子也是在同一年，即 1994 年，由一位美国计算机科学家莱恩·阿德勒曼(Len Adleman)提出的([Adl94])，他因参与了非常重要的加密算法 RSA 的开发而闻名。阿德勒曼告诉我们，在有向图中求哈密顿回路的问题，原则上可以这样求解：先生成代表图中路径的 DNA 链，然后从中舍弃那些不满足定义的路径。我们知道，哈密顿路径的存在性问题是一个 NP 完全问题，而阿德勒曼的方法类似于穷举查找。但是数量庞大的生化过程并行发生，使我们有望在可接受的时间内得到问题的一个解。阿德勒曼可以对一个包含 7 个顶点的图求解哈密顿路径问题，虽然他必须对该过程中的某个部分重复多遍，来提纯 DNA 解。

如果把阿德勒曼的方法扩展到更大的图，这个过程需要数量以指数快速增长的核苷。虽然 DNA 计算的真正潜力还不清晰，但世界上有若干研究小组还在继续研究这一课题，并且已经取得了一些进展。其中，美国航空航天署于 2002 年宣布，阿德勒曼领导的研究小组开发出一台 DNA 计算机，它在求解问题时可以评估 100 万个备选答案，以保证最终解满足 24 个不同的约束。同一年，以色列维兹曼科学研究所的研究人员开发出了一台可编程的分子计算机，该计算机并不基于硅芯片，而是由酶和 DNA 分子构成的，只是该计算机只能求解判定问题。但加州技术研究所的研究人员在 2011 年发布了迄今为止最复杂的生化电路，它能够求平方根并就近取整，前提是该整数不大于 15。

总而言之，在未来的学习和工作旅途中，无论大家通过何种方式与算法打交道，前方的道路仍旧会像从前那样令人激动。能够像算法学这样肯定地做出这种保证的科学和工程领域并不多。希望大家在这个领域能有令人满意的收获。

附录 A　算法分析的实用公式

本附录列出了一些有用的公式和法则，它们可以帮助我们对算法进行数学分析。更进一步的知识可以在[Gra94]，[Gre07]，[Pur04]和[Sed96]中找到。

A.1　对数的性质

在下面的公式中，我们假设所有对数的底都大于 1，$\lg x$ 代表该对数以 2 为底，$\ln x$ 则代表对数的底是 $e = 2.71828\cdots$，x，y 是任意的正数。

(1)　$\log_a 1 = 0$

(2)　$\log_a a = 1$

(3)　$\log_a x^y = y \log_a x$

(4)　$\log_a xy = \log_a x + \log_a y$

(5)　$\log_a \dfrac{x}{y} = \log_a x - \log_a y$

(6)　$a^{\log_b x} = x^{\log_b a}$

(7)　$\log_a x = \dfrac{\log_b x}{\log_b a} = \log_a b \log_b x$

A.2　组　合　学

(1)　一个 n 元素集合的排列数量：$P(n) = n!$

(2)　一个 n 元素集合中 k 个元素的组合数量：$C(n,k) = \dfrac{n!}{k!(n-k)!}$

(3)　一个 n 元素集合的子集数量：2^n

A.3　重要的求和公式

(1)　$\sum_{i=l}^{u} 1 = \underbrace{1+1+\cdots+1}_{u-l+1\text{次}} = u-l+1$（$l,u$ 是整数边界，$l \leqslant u$）；$\sum_{i=1}^{n} 1 = n$

(2)　$\sum_{i=1}^{n} i = 1+2+\cdots+n = \dfrac{n(n+1)}{2} \approx \dfrac{1}{2}n^2$

(3)　$\sum_{i=1}^{n} i^2 = 1^2+2^2+\cdots+n^2 = \dfrac{n(n+1)(2n+1)}{6} \approx \dfrac{1}{3}n^3$

(4) $\sum_{i=1}^{n} i^k = 1^k + 2^k + \cdots + n^k \approx \frac{1}{k+1} n^{k+1}$

(5) $\sum_{i=0}^{n} a^i = 1 + a + \cdots + a^n = \frac{a^{n+1}-1}{a-1}(a \neq 1)$；$\sum_{i=0}^{n} 2^i = 2^{n+1} - 1$

(6) $\sum_{i=1}^{n} i2^i = 1\times 2 + 2\times 2^2 + \cdots + n2^n = (n-1)2^{n+1} + 2$

(7) $\sum_{i=1}^{n} \frac{1}{i} = 1 + \frac{1}{2} + \cdots + \frac{1}{n} \approx \ln n + \gamma$，其中 $\gamma \approx 0.5772\cdots$(欧拉常数)

(8) $\sum_{i=1}^{n} \lg i \approx n \lg n$

A.4 求和乘法法则

(1) $\sum_{i=l}^{u} ca_i = c\sum_{i=l}^{u} a_i$

(2) $\sum_{i=l}^{u} (a_i \pm b_i) = \sum_{i=l}^{u} a_i \pm \sum_{i=l}^{u} b_i$

(3) $\sum_{i=l}^{u} a_i = \sum_{i=l}^{m} a_i + \sum_{i=m+1}^{u} a_i$，其中 $l \leqslant m < u$

(4) $\sum_{i=l}^{u} (a_i - a_{i-1}) = a_u - a_{l-1}$

A.5 用定积分对求和进行近似计算

$\int_{l-1}^{u} f(x)\mathrm{d}x \leqslant \sum_{i=l}^{u} f(i) \leqslant \int_{l}^{u+1} f(x)\mathrm{d}x$，其中 $f(x)$是非递减函数

$\int_{l}^{u+1} f(x)\mathrm{d}x \leqslant \sum_{i=l}^{u} f(i) \leqslant \int_{l-1}^{u} f(x)\mathrm{d}x$，其中 $f(x)$是非递增函数

A.6 向下取整和向上取整公式

对一个实数向下取整，记作$\lfloor x \rfloor$，它的定义是不超过 x 的最大整数(例如，$\lfloor 3.8 \rfloor = 3$，$\lfloor -3.8 \rfloor = -4$，$\lfloor 3 \rfloor = 3$)。对一个实数向上取整，记作$\lceil x \rceil$，它的定义是不小于 x 的最小整数(例如，$\lceil 3.8 \rceil = 4$，$\lceil -3.8 \rceil = -3$，$\lceil 3 \rceil = 3$)。

(1) $x - 1 < \lfloor x \rfloor \leqslant x \leqslant \lceil x \rceil < x + 1$

(2) 对于实数 x，整数 n：$\lfloor x+n \rfloor = \lfloor x \rfloor + n$，$\lceil x+n \rceil = \lceil x \rceil + n$

(3) $\lfloor n/2 \rfloor + \lceil n/2 \rceil = n$

(4) $\lceil \lg(n+1) \rceil = \lfloor \lg n \rfloor + 1$

A.7 其　　他

(1) 当 $n \to \infty$ 时，$n! \approx \sqrt{2\pi n}\left(\frac{n}{\mathrm{e}}\right)^n$ (史特林公式)

(2) 求模(n , m 是整数， p 是正整数)

$(n+m) \bmod p = (n \bmod p + m \bmod p) \bmod p$

$(nm) \bmod p = ((n \bmod p) \times (m \bmod p)) \bmod p$

附录 B 递推关系简明指南

B.1 序列和递推关系

定义 一个(数值)**序列**(sequence)是有序数字的一个列表。

例如： 2, 4, 6, 8, 10, 12, …(正偶数)

0, 1, 1, 2, 3, 5, 8, …(斐波那契数)

0, 1, 3, 6, 10, 15, …(选择排序的键值比较次数)

我们常常将一个带下标(如 n 或 i)的字母(例如 x 或 a)括在大括号中，以此来表示一个序列，例如$\{x_n\}$。我们也可以使用另一种标记 $x(n)$。这个标记强调了这样一个事实，即序列就是一个函数：它的自变量 n 指出了一个数字在列表中的位置，而函数值 $x(n)$则代表数字本身。$x(n)$被称为该序列的**通项**(generic term)。

有两种主要方法来定义一个序列。

- 用一个精确公式把它的通项表示成一个 n 的函数。例如，$x(n) = 2n$，其中 $n \geqslant 0$。
- 用一个方程把它的通项和该序列的一个或多个其他项关联起来，并且提供第一项(或者前几项)的精确值，例如：

$$x(n) = x(n-1) + n\text{，其中 } n > 0 \tag{B.1}$$

$$x(0) = 0 \tag{B.2}$$

对于分析递归算法来说(关于这个主题的详细讨论可以参见 2.4 节)，后一种表示法尤其重要。

我们把类似式(B.1)的方程称作**递推方程**或者**递推关系**(或者简称为**递推式**)，而把类似式(B.2)的方程称为它的**初始条件**。初始条件也可以给出非 0 项的值，例如，某些递推式给出了 $n=1$ 时的值。对于有的递推式来说(例如，定义斐波那契数的递推式 $F(n) = F(n-1)+F(n-2)$——参见 2.5 节)，初始条件需要给定的值不止一个。

对一个满足给定初始条件的给定递推式求解，意味着要找到序列通项的一个精确公式，使得该公式既能够满足递推方程，又能够满足初始条件，或者也可以证明这样的序列不存在。例如，要使得递推式(B.1)能够满足初始条件(B.2)，它的解是：

$$x(n) = \frac{n(n+1)}{2}\text{，其中 } n \geqslant 0 \tag{B.3}$$

为了验证，我们可以把该公式代入式(B.1)，确保对于每一个 $n > 0$，该公式都成立，也就是：

$$\frac{n(n+1)}{2} = \frac{(n-1)(n-1+1)}{2} + n$$

再代入式(B.2)中，确保 $x(0) = 0$，也就是：

$$\frac{0 \times (0+1)}{2} = 0$$

有时候，我们需要把一个递推式的通解和特解区别开来。一般来说，会有无穷多个序列满足同一个递推方程。递推方程的**通解**(general solution)就是一个能够指出所有这种序列的公式。通常情况下，一个通解会包含一个或多个任意常数。例如，对于递推式(B.1)，它的通解可以用下面的公式给出：

$$x(n) = c + \frac{n(n+1)}{2} \tag{B.4}$$

其中的 c 就是这样一个任意常数。如果对 c 赋予不同的值，我们就能得出方程(B.1)的所有解，而且只有这些解能够满足方程(B.1)。

一个**特解**(particular solution)就是一个满足给定递推方程的特定序列。我们通常感兴趣的是那个满足给定初始条件的特解。例如，序列(B.3)就是(B.1)-(B.2)的一个特解。

B.2 递推关系的求解方法

能够对每一个递推关系求解的通用方法并不存在。(这并不奇怪，因为即使对于极其简单的一元方程 $f(x) = 0$，我们也无法给出它的通解。)然而，我们有多种技术可以对不同种类的递推式求解，其中某些方法的效果比另一些更好。

1. 前向替换法(method of forward substitution)

我们可以从初始条件给出的序列初始项开始，使用递推方程生成序列的前面若干项，寄希望于从中找到一个能够用闭合公式表示的模式。如果找到了这样的公式，我们可以用两种方法对它进行验证：第一，将它直接代入递推方程和初始条件中(就像我们对(B.1)-(B.2)的做法)；第二，用数学归纳法来证明。

例如，考虑下列递推式：

$$x(n) = 2x(n-1) + 1\text{，其中 } n > 1 \tag{B.5}$$

$$x(1) = 1 \tag{B.6}$$

我们可以这样得到前面几项：

$$\begin{aligned}
x(1) &= 1 \\
x(2) &= 2x(1) + 1 = 2 \times 1 + 1 = 3 \\
x(3) &= 2x(2) + 1 = 2 \times 3 + 1 = 7 \\
x(4) &= 2x(3) + 1 = 2 \times 7 + 1 = 15
\end{aligned}$$

不难发现，这些数字就是 2 的连续阶乘减 1：

$$x(n) = 2^n - 1\text{，} \quad n = 1, 2, 3, 4$$

现在我们认为这个公式可以生成(B.5)-(B.6)的解的通项。为了证明这个假设，我们既可以把该公式直接代入式(B.5)和(B.6)中，也可以用数学归纳法证明。

从实用的角度来说，能够使用前向替换法的情况很有限，因为我们一般很难从序列的前几项中找到一个正确的模式。

2. 反向替换法(method of backward substitution)

这种求解递推关系的工作方法，就像它的名字一样：使用所讨论的递推关系，将 $x(n-1)$ 表达为 $x(n-2)$ 的函数，然后把这个结果代入原始方程，来把 $x(n)$ 表示为 $x(n-2)$ 的函数。对 $x(n-2)$ 重复这个步骤，我们就可以把 $x(n)$ 表示为 $x(n-3)$ 的函数。对于许多递推关系来说，我们将能够看出一种模式，并能够把 $x(n)$ 表示为 $x(n-i)$ 的函数，其中 $i=1, 2, \cdots$。选择 i 的值，使得 $n-i$ 能够落入初始条件的定义域，再使用一种标准的求和公式，这样往往能够得到一个闭合公式用来表示该递推式的解。

作为例子，让我们对递推式(B.1)-(B.2)应用反向替换法。这样，我们有递推方程

$$x(n)=x(n-1)+n$$

用 $n-1$ 代替方程中的 n，得到 $x(n-1)=x(n-2)+n-1$；在将这个 $x(n-1)$ 的表达式替换到最初的方程中之后，我们得到：

$$x(n)=[x(n-2)+n-1]+n=x(n-2)+(n-1)+n$$

在最初的方程中用 $n-2$ 代替 n，得到 $x(n-2)=x(n-3)+n-2$；将这个 $x(n-2)$ 的表达式代入最初的方程以后，我们得到：

$$x(n)=[x(n-3)+n-2]+(n-1)+n=x(n-3)+(n-2)+(n-1)+n$$

比较一下 $x(n)$ 的这三个公式，我们可以看出，在经过了这样 i 次替代之后，应该有以下模式：①

$$x(n)=x(n-i)+(n-i+1)+(n-i+2)+\cdots+n$$

因为初始条件是针对 $n=0$ 的，我们需要 $n-i=0$，也就是 $i=n$，来和初始条件联系起来：

$$x(n)=x(0)+1+2+\cdots+n=0+1+2+\cdots+n=n(n+1)/2$$

对于各种各样的简单递推关系来说，这种反向替换法出奇地有效。在本书中，我们可以找到许多成功应用这种方法的例子(具体可以参见 2.4 节及其习题)。

3. 二阶常系数线性递推式

有一类重要的递推式既不能用前向替换法也不能用反向替换法求解，它的形式是这样的：

$$ax(n)+bx(n-1)+cx(n-2)=f(n) \tag{B.7}$$

其中 a，b，c 都是实数，$a\neq 0$。这种递推式被称为**二阶常系数线性递推式**(second-order linear recurrence with constant coefficients)。说它**二阶**(second-order)是因为在所讨论的未知序列中，元素 $x(n)$ 和 $x(n-2)$ 相差两个位置；说它**线性**(linear)是因为递推式的左边部分是序列未知项的一个线性组合；说它**常系数**(constant coefficients)是因为我们假设 a，b，c 是某些固定的

① 严格来讲，我们需要用数学归纳法来证明该模式公式对于 i 的合法性。然而，先求解再验证常常会更简单(就像我们前面求 $x(n)=n(n+1)/2$ 的做法)。

数字。如果对于每个 n 都有 $f(n)=0$，我们说这个递推式是**齐次**(homogeneous)的；否则，我们说它是**非齐次**(inhomogeneous)的。

让我们先来考虑齐次的情况：

$$ax(n)+bx(n-1)+cx(n-2)=0 \tag{B.8}$$

除了 $b=c=0$ 这种退化的情况，方程(B.8)具有无穷多的解。所有这样的解，构成了方程(B.8)的通解，可以通过下面三种公式之一来求得。针对具体的情况，应该使用三个公式中的哪一个，要依赖于和递推式(B.8)具有相同系数的二次方程

$$ar^2+br+c=0 \tag{B.9}$$

的根。我们把二次方程(B.9)称作递推方程(B.8)的**特征方程**(characteristic equation)。

定理 1 设 r_1，r_2 是递推关系(B.8)的特征方程(B.9)的两个根。

第一种情况 如果 r_1 和 r_2 是不相等的实根，递推式(B.8)的通解由下面的公式给出：

$$x(n)=\alpha r_1^n+\beta r_2^n$$

其中，α 和 β 是两个任意的实常数。

第二种情况 如果 r_1 和 r_2 相等，递推式(B.8)的通解由下面的公式给出：

$$x(n)=\alpha r^n+\beta nr^n$$

其中，$r=r_1=r_2$，α 和 β 是两个任意的实常数。

第三种情况 如果 r_1 和 r_2 是两个不相等的复数，$r_{1,2}=u\pm iv$，递推式(B.8)的通解由下面的公式给出：

$$x(n)=\gamma^n[\alpha\cos n\theta+\beta\sin n\theta]$$

其中，$\gamma=\sqrt{u^2+v^2}$，$\theta=\arctan v/u$，α 和 β 是两个任意的实常数。

实际上，在推导第 n 个斐波那契数的精确公式时(2.5 节)，要用到该定理的第一种情况。首先，我们重写斐波那契数的序列递推公式：

$$F(n)-F(n-1)-F(n-2)=0$$

它的特征方程为

$$r^2-r-1=0$$

它的根为

$$r_{1,2}=\frac{1\pm\sqrt{1-4(-1)}}{2}=\frac{1\pm\sqrt{5}}{2}$$

因为该特征方程具有两个不相等的实根，因此，我们需要用到定理 1 中的第一种情况：

$$F(n)=\alpha\left(\frac{1+\sqrt{5}}{2}\right)^n+\beta\left(\frac{1-\sqrt{5}}{2}\right)^n$$

到目前为止，我们忽略初始条件 $F(0)=0$ 和 $F(1)=1$。现在我们利用它们来确定常数 α

和 β 的具体值。我们将给定的初始条件中 n 的值 0 和 1，带入最后一个公式中，分别使它们等于 0 和 1：

$$F(0)=\alpha\left(\frac{1+\sqrt{5}}{2}\right)^0+\beta\left(\frac{1-\sqrt{5}}{2}\right)^0=0$$

$$F(1)=\alpha\left(\frac{1+\sqrt{5}}{2}\right)^1+\beta\left(\frac{1-\sqrt{5}}{2}\right)^1=1$$

经过一些标准代数简化之后，我们可以得到如下二元线性方程组，α 与 β 是未知数：

$$\alpha+\beta=0$$

$$\left(\frac{1+\sqrt{5}}{2}\right)\alpha+\left(\frac{1-\sqrt{5}}{2}\right)\beta=1$$

对方程组进行求解(例如，将 $\beta=-\alpha$ 带入第二个方程中，求解该方程得到 α 的值)，我们可以得到未知数 $\alpha=1/\sqrt{5}$，$\beta=-1/\sqrt{5}$。所以，

$$F(n)=\frac{1}{\sqrt{5}}\left(\frac{1+\sqrt{5}}{2}\right)^n-\frac{1}{\sqrt{5}}\left(\frac{1-\sqrt{5}}{2}\right)^n=\frac{1}{\sqrt{5}}(\phi^n-\hat{\phi}^n)$$

其中 $\phi=(1+\sqrt{5})/2\approx1.61803$ 并且 $\hat{\phi}=-1/\phi\approx-0.61803$。

作为另一个例子，求解递推方程

$$x(n)-6x(n-1)+9x(n-2)=0$$

其特征方程

$$r^2-6r+9=0$$

具有两个相等的根 $r_1=r_2=3$。因此，根据定理 1 的第二种情况，该通解可由以下公式

$$x(n)=\alpha3^n+\beta n3^n$$

给出。如果要求特解，例如 $x(0)=0$，$x(1)=3$，则可以把 n=0 和 n=1 代入最后一个方程，得到包含两个线性方程的二元方程组。它的解是 $\alpha=0$，$\beta=1$，因此，该递推方程的特解为：

$$x(n)=n3^n$$

我们接下来看看二阶常系数非齐次线性递推式的情况。

定理 2　非齐次方程(B.7)的特解与相应的齐次方程(B.8)的通解相加，所得的和可以作为非齐次方程(B.7)的通解。

因为定理 1 给出了求二阶常系数齐次线性方程通解的完整方法，所以定理 2 把求解方程(B.7)所有解的工作简化为只求它的一个特解。但是对于方程(B.7)右半部分的任意函数 $f(n)$来说，如果没有借助于通用方法，那其实求特解也并非易事。然而，针对于一些简单类型的函数，特解还是可以求得的。具体来说就是，如果 $f(n)$是一个非 0 的常数，我们就可以求得一个同样为常数的特解。

例如，对非齐次递推式

$$x(n)-6x(n-1)+9x(n-2)=4$$

求通解。如果 $x(n)=c$ 是它的一个特解，常数 c 一定满足方程

$$c-6c+9c=4$$

这样我们可以求得 $c=1$。因为我们已经在刚才求得了相应齐次方程

$$x(n)-6x(n-1)+9x(n-2)=0$$

的通解，所以 $x(n)-6x(n-1)+9x(n-2)=4$ 的通解就可以通过如下公式求得：

$$x(n)=\alpha 3^n+\beta n3^n+1$$

在结束这个话题之前，我们需要指出，类似定理 1 和定理 2 的结论对于 **k 阶常系数通用线性递推式**(linear kth degree recurrence with constant coefficients)

$$a_k x(n)+a_{k-1}x(n-1)+\cdots+a_0 x(n-k)=f(n) \tag{B.10}$$

也成立。但是这个一般法则的实用性是有限的，因为我们必须求出 k 次多项式

$$a_k r^k+a_{k-1}r^{k-1}+\cdots+a_0=0 \tag{B.11}$$

的根，而这正是递推式(B.10)的特征方程。

最后还要指出，仍有其他一些更为复杂的技巧可以用于求解递推关系。珀道姆(Purdom)和布朗(Brown)就从算法分析的角度，对该主题进行了彻底的讨论([Pur04])。

B.3 算法分析中的常见递推类型

在算法分析中，某些递推类型的出现表现出极强的规律性。之所以会这样，是因为它们反映的是某种基本设计技术。

1. 减一法

减一(decrease-by-one)算法是利用一个规模为 n 的给定实例和一个规模为 $n-1$ 的给定实例之间的关系来对问题求解。特定的例子包括对 $n!$ 递归求值(2.4 节)和插入排序(4.1 节)。对于这种算法来说，其时间效率的递推方程一般形式如下：

$$T(n)=T(n-1)+f(n) \tag{B.12}$$

其中函数 $f(n)$说明，把一个实例化简为一个更小的实例并把更小实例的解扩展为更大实例的解所需要的时间。对式(B.12)应用反向替换法，我们得到

$$\begin{aligned}T(n)&=T(n-1)+f(n)\\&=T(n-2)+f(n-1)+f(n)\\&=\cdots\\&=T(0)+\sum_{j=1}^{n}f(j)\end{aligned}$$

对于一个特定的函数$f(x)$来说，我们常常既可以对求和式$\sum_{j=1}^{n} f(j)$精确求解，又可以确定它的增长次数。例如，如果$f(n)=1$，$\sum_{j=1}^{n} f(j)=n$；如果$f(n)=\log n$，$\sum_{j=1}^{n} f(j)\in\Theta(n\log n)$；如果$f(n)=n^k$，$\sum_{j=1}^{n} f(j)\in\Theta(n^{k+1})$。该求和式$\sum_{j=1}^{n} f(j)$也可以用包含积分的公式近似求解(具体情况可以参见附录 A 中的相应公式)。

2. 减常因子

减常因子(decrease-by-a-constant-factor)算法会把规模为n的实例化简为一个规模为n/b的实例来对问题求解(对于大多数算法来说，$b=2$，但并不全都如此)。它会对这个较小的实例递归求解，然后，如果有必要，它会把较小实例的解扩展为给定实例的解。最重要的一个例子就是折半查找，其他的例子包括用平方求幂(第 4 章的概述部分)、俄式乘法和假币问题(4.4 节)。

求这种算法的时间效率的递推方程一般形式如下：

$$T(n)=T(n/b)+f(n) \tag{B.13}$$

其中，$b>1$，而函数$f(n)$说明把一个实例化简为一个更小的实例并把更小实例的解扩展为更大实例的解所需要的时间。严格来说，方程(B.13)只有在$n=b^k$，$k=0, 1, \cdots$时才适用。对于不是b的乘方的n来说，我们一般要做一些舍入操作，常常涉及向上取整和(或者)向下取整函数。对于这种方程来说，标准做法是先对它们按照$n=b^k$求解。然后，要么对求得的解进行调整，使之适合所有的n(作为例子，可以参见习题 2.4 的第 7 题)，要么基于**平滑法则**(本附录的定理 4)建立这个解的增长次数。

姑且认为$n=b^k$，$k=0, 1, \cdots$，并对式(B.13)应用反向替换，我们得到下面的结果：

$$\begin{aligned}T(b^k)&=T(b^{k-1})+f(b^k)\\&=T(b^{k-2})+f(b^{k-1})+f(b^k)\\&=\cdots\\&=T(1)+\sum_{j=1}^{k} f(b^j)\end{aligned}$$

对于一个特定的函数$f(x)$来说，我们常常既可以对求和式$\sum_{j=1}^{n} f(b^j)$精确求解，又可以确定它的增长次数。例如，如果$f(n)=1$，

$$\sum_{j=1}^{k} f(b^j)=k=\log_b n$$

我们再给出另一个例子，如果$f(n)=n$，

$$\sum_{j=1}^{k} f(b^j)=\sum_{j=1}^{k} b^j=b\frac{b^k-1}{b-1}=b\frac{n-1}{b-1}$$

而且，递推式(B.13)是递推式(B.14)的特殊情况，而式(B.14)适合主定理(本附录的定理 5)的

情况。具体来说，根据这个定理，如果 $f(n)\in\Omega(n^d)$，$d>0$，那么 $T(n)\in\Omega(n^d)$ 也成立。

3. 分治法

分治(divide-and-conquer)算法是这样求解问题的：先把给定的实例划分为若干个较小的实例，对每个实例递归求解，然后如果有必要，再把较小实例的解合并成给定实例的一个解。假设所有较小实例的规模都为 n/b，其中 a 个实例需要实际求解，对于 $n=b^k$，$k=1, 2, \cdots$，我们得到下面这个合法的递推式：

$$T(n)=aT(n/b)+f(n) \tag{B.14}$$

其中 $a\geqslant 1$，$b\geqslant 2$，而函数 $f(n)$表示把一个实例划分为更小的实例并把更小实例的解合并起来所需要的时间。递推式(B.14)被称为**通用分治递推式**(general divide-and-conquer recurrence)[①]。

对式(B.14)应用反向替换，我们得到下面的结果：

$$\begin{aligned}
T(b^k)&=aT(b^{k-1})=f(b^k)\\
&=a[aT(b^{k-2})+f(b^{k-1})]+f(b^k)=a^2T(b^{k-2})+af(b^{k-1})+f(b^k)\\
&=a^2[aT(b^{k-3})+f(b^{k-2})]+af(b^{k-1})+f(b^k)\\
&=a^3T(b^{k-3})+a^2f(b^{k-2})+af(b^{k-1})+f(b^k)\\
&=\cdots\\
&=a^kT(1)+a^{k-1}f(b^1)+a^{k-2}f(b^2)+\cdots+a^0f(b^k)\\
&=a^k\left[T(1)+\sum_{j=1}^{k}f(b^j)/a^j\right]
\end{aligned}$$

因为 $a^k=a^{\log_b n}=n^{\log_b a}$，当 $n=b^k$ 时，我们对于递推式(B.14)的解有下面的公式：

$$T(n)=n^{\log_b a}\left[T(1)+\sum_{j=1}^{\log_b n}f(b^j)/a^j\right] \tag{B.15}$$

显然，解 $T(n)$的增长次数取决于常数 a 和 b 的值以及函数 $f(n)$的增长次数。基于下一节对 $f(n)$所做的特定假设，我们可以简化公式(B.15)并对 $T(n)$的增长次数得出一个精确的结论。

4. 平滑法则和主定理

前面曾经指出，我们常常会先考虑 n 是 b 的幂的情况，来研究减常因子算法和分治算法的时间效率。(最常见的情况是 $b=2$，就像折半查找和合并排序一样。有时 $b=3$，就像 4.4 节硬币称重谜题的改良算法一样，但 b 也可以是大于等于 2 的任意整数。)我们现在要讨论的问题是，在 n 为 b 的幂时，我们所得到的增长次数对于 n 的所有值都成立。

定义 设 $f(n)$是一个定义在自然数上的非负函数。如果存在一个非负整数 n_0 使得 $f(n)$在区间$[n_0,\infty)$上是非递减的，也就是说，

$$对于任何\ n_2>n_1\geqslant n_0,\ f(n_1)\leqslant f(n_2)$$

---

① 在我们的术语中，如果 $a=1$，我们把它归入减常因子算法，而不是分治算法。

我们就把 $f(n)$ 称为**最终是非递减的**(eventually nondecreasing)。

例如，函数 $(n-100)^2$ 最终是非递减的，虽然它在区间[0, 100]上是递减的，而函数 $\sin^2 \frac{\pi n}{2}$ 就不是一个最终非递减的函数。我们在算法分析中遇到的绝大多数函数都是最终非递减的。其实，其中大多数函数在整个定义域上都是非递减的。

定义　设 $f(n)$ 是一个定义在自然数集合上的非负函数。如果 $f(n)$ 最终非递减并且

$$f(2n) \in \Theta(f(n))$$

我们说 $f(n)$ 是**平滑**的。

不难验证，那些增长不是很快的函数，包括 $\log n$，n，$n\log n$ 和 $n^{\alpha}(\alpha \geqslant 0)$ 都是平滑的。例如，$f(n)=n\log n$ 是平滑的，因为

$$f(2n)=2n\log 2n=2n(\log 2+\log n)=(2\log 2)n+2n\log n \in \Theta(n\log n)$$

快速增长的函数，例如 $a^n(a>1)$ 和 $n!$，都不是平滑的。例如，$f(n)=2^n$ 不是平滑的，因为

$$f(2n)=2^{2n}=4^n \notin \Theta(2^n)$$

定理 3　设 $f(n)$ 是一个符合定义的平滑函数。那么，对于任何确定的整数 $b \geqslant 2$，

$$f(bn) \in \Theta(f(n))$$

也就是说，存在着大于 0 的常数 c_b 和 d_b，以及一个非负整数 n_0，使得

$$\text{当 } n \geqslant n_0 \text{ 时，} \quad d_b f(n) \leqslant f(bn) \leqslant c_b f(n)$$

(经过简单的修改，同样的假设对于 O 和 Ω 符号也成立。)

证明　我们只对符号 O 证明该定理，对符号 Ω 的证明也是类似的。首先，我们不难用归纳法验证，如果 $n \geqslant n_0$ 时，$f(2n) \leqslant c_2 f(n)$，那么

$$\text{对于 } k=1,2,\cdots \text{和 } n \geqslant n_0, \quad f(2^k n) \leqslant c_2^k f(n)$$

在 $k=1$ 时，归纳的起点是很容易验证的。对于一般的情况，假设

$$n \geqslant n_0, \quad f(2^{k-1} n) \leqslant c_2^{k-1} f(n)$$

时，我们得到：

$$f(2^k n)=f(2\cdot 2^{k-1} n) \leqslant c_2 f(2^{k-1} n) \leqslant c_2 c_2^{k-1} f(n)=c_2^k f(n)$$

这就对于 $b=2^k$ 证明了该定理。

现在考虑任何 $b \geqslant 2$ 的整数。设 k 是一个正整数，使得 $2^{k-1} \leqslant b < 2^k$。为了估计 $f(bn)$，我们可以在不失一般性的前提下，假设当 $n \geqslant n_0$ 时 $f(n)$ 是非递减的：

$$f(bn) \leqslant f(2^k n) \leqslant c_2^k f(n)$$

因此，对于 b 的这个值，我们可以用 c_2^k 作为要求的常数，使得定理得证。

这里介绍的这个概念很重要，因为它是下面这条定理的前提。

定理 4(平滑法则) 设 $T(n)$是一个最终非递减函数，而$f(n)$是一个平滑函数。如果

$$n \text{ 是 } b \text{ 的幂时，} T(n) \in \Theta(f(n))$$

其中$b \geqslant 2$，那么

$$T(n) \in \Theta(f(n))$$

(类似的结论对于 O 和 Ω 的情况也成立。)

证明 我们只证明 O 的情况，Ω 的情况可以用类似的方法证明。根据该定理的假设，存在一个正常数c 和一个正整数$n_0 = b^{k_0}$，使得

$$\text{当 } b^k \geqslant n_0 \text{ 时，} T(b^k) \leqslant cf(b^k)$$

当$n \geqslant n_0$时，$T(n)$是非递减的，而根据定理 3，当$n \geqslant n_0$时，$f(bn) \leqslant c_b f(n)$。考虑$n \geqslant n_0$的一个任意值。它被b的两个连续幂括住了：$n_0 \leqslant b^k \leqslant n < b^{k+1}$。所以，

$$T(n) \leqslant T(b^{k+1}) \leqslant cf(b^{k+1}) = cf(bb^k) \leqslant cc_b f(b^k) \leqslant cc_b f(n)$$

因此，我们可以使用cc_b作为$O(f(n))$的定义所需要的常量，使该定理得证。

定理 4 允许我们把$T(n)$在一个容易求解的子集(b的幂)上的增长次数信息扩展到它的完整域。下面给出这类断言中最有用的一个断言。

定理 5(主定理) 设$T(n)$是一个最终非递减函数，并且满足递推式

$$T(n) = aT(n/b) + f(n) \text{，其中 } n = b^k,\ k = 1, 2, \cdots$$
$$T(1) = c$$

其中$a \geqslant 1$，$b \geqslant 2$，$c > 0$。如果$f(n) \in \Theta(n^d)$，$d \geqslant 0$，那么

$$T(n) \in \begin{cases} \Theta(n^d) & \text{当}a < b^d\text{时} \\ \Theta(n^d \log n) & \text{当}a = b^d\text{时} \\ \Theta(n^{\log_b a}) & \text{当}a > b^d\text{时} \end{cases}$$

(类似的结论对符号 O 和 Ω 也成立。)

证明 我们针对主要类型$f(n) = n^d$来证明该定理。(对一般情况的证明只是在技术上对同样的方法做一个小小的扩展，大家可以参考[Cor09]。)如果$f(n) = n^d$，当$n = b^k$, $k = 0, 1, \cdots$时，方程(B.15)得到：

$$T(n) = n^{\log_b a}\left[T(1) + \sum_{j=1}^{\log_b n} b^{jd}/a^j\right] = n^{\log_b a}\left[T(1) + \sum_{j=1}^{\log_b n} (b^d/a)^j\right]$$

这个公式的和是一个等比级数，因此

$$\text{如果 } b^d \neq a \text{，} \sum_{j=1}^{\log_b n} (b^d/a)^j = (b^d/a)\frac{(b^d/a)^{\log_b n} - 1}{(b^d/a) - 1}$$

并且

$$\text{如果}b^d=a\text{，}\quad \sum_{j=1}^{\log_b n}(b^d/a)^j=\log_b n$$

如果$a<b^d$，那么$b^d/a>1$，所以

$$\sum_{j=1}^{\log_b n}(b^d/a)^j=(b^d/a)\frac{(b^d/a)^{\log_b n}-1}{(b^d/a)-1}\in\Theta((b^d/a)^{\log_b n})$$

那么，在这种情况下，

$$\begin{aligned}T(n)&=n^{\log_b a}\left[T(1)+\sum_{j=1}^{\log_b n}(b^d/a)^j\right]\in n^{\log_b a}\Theta((b^d/a)^{\log_b n})\\&=\Theta(n^{\log_b a}(b^d/a)^{\log_b n})=\Theta(a^{\log_b n}(b^d/a)^{\log_b n})\\&=\Theta(b^{d\log_b n})=\Theta(b^{\log_b n^d})=\Theta(n^d)\end{aligned}$$

如果$a>b^d$，那么$b^d/a<1$，因此

$$\sum_{j=1}^{\log_b n}(b^d/a)^j=(b^d/a)\frac{(b^d/a)^{\log_b n}-1}{(b^d/a)-1}\in\Theta(1)$$

那么，在这种情况下，

$$T(n)=n^{\log_b a}\left[T(1)+\sum_{j=1}^{\log_b n}(b^d/a)^j\right]\in\Theta(n^{\log_b a})$$

如果 $a=b^d$，那么 $b^d/a=1$，因此

$$\begin{aligned}T(n)&=n^{\log_b a}\left[T(1)+\sum_{j=1}^{\log_b n}(b^d/a)^j\right]=n^{\log_b a}[T(1)+\log_b n]\in\Theta(n^{\log_b a}\log_b n)\\&=\Theta(n^{\log_b b^d}\log_b n)=\Theta(n^d\log_b n)\end{aligned}$$

因为对于任何d来说，$f(n)=n^d$是一个平滑函数，我们可以引用定理4来完成证明。

定理5提供了一个非常方便的工具来对分治法和减常因子算法的效率进行分析。书中到处都能找到这类应用的例子。

习 题 提 示

第 1 章

习题 1.1

1. 在因特网上查找会更快一些，但去图书馆也是有帮助的。
2. 其实，支持两方面的论据都存在。但有一个非常确实的原则和本题是相关的：科学事实和数学表达式是不能取得专利的。(你认为这是什么原因？)那么，这是不是排除了对所有的算法授予专利呢？
3. 可以假设我们不是为机器，而是在为人写算法。但是，仍然要确保我们的表述不存在明显的歧义。克努特拿小甜饼食谱和算法做了一个有趣的比较([KnuI]，p. 6)。
4. 基于$\lfloor \sqrt{n} \rfloor$的定义，这个问题有一个相当简单直接的算法。
5. 试着设计一个最多做 mn 次比较的算法。
6. **a**. 就遵循课本中给出的欧几里得算法。

   b. 比较一下这两个算法所做的除法次数。
7. 证明如果 d 能够整除 m 和 n(也就是说，存在某些正整数 s 和 t，使得 $m = sd$, $n = td$)，那么它也可以整除 n 和 $r = m \bmod n$，反之亦然。利用公式 $m = qn + r$ $(0 \leqslant r < n)$以及这样一个事实：如果 d 能够整除 u 和 v，那么，它也能够整除 $u + v$ 和 $u - v$。(为什么？)
8. 对于两个任意选定的整数 $m < n$，执行算法的一次迭代。
9. a 的答案可以立即给出；b 则需要检查每一对 $1 < m < n \leqslant 10$ 的数字，才能给出答案。
10. **a**. 利用方程

    $$\gcd(m,n) = \gcd(m-n, n)\text{，其中 } m \geqslant n > 0$$

    b. 关键是要计算出，对于一个初始对 m, n 来说，能够写在板上的不同数字的总数是多少。我们可以利用该问题和 a 的关系。考虑一些较小的例子，尤其是那些 $n=1$ 和 $n=2$ 的例子，也是会有帮助的。
11. 对于某些系数来说，这个问题显然无解。
12. 手工跟踪该算法(例如 $n=10$)并研究算法的输出有助于回答这两个问题。

习题 1.2

1. 农夫必须多次穿越这条河，而且第一次只有一种可行的做法。
2. 和第 1 题中的古代谜题不同，求解谜题的第一步并不是显而易见的。
3. 这里的主要问题是可能会概念不清。

4. 对于系数的所有可能值，该算法都应该正确处理，包括 0 在内。
5. 大家很可能在某一门编程课的导论部分已经学习过这个算法了。如果这个假设不成立，我们必须进行选择：是自己设计这样一个算法呢，还是去找找看。
6. 我们可能需要做一个实地考察来更新我们的记忆。
7. a 题是很难的，虽然它的答案(18 世纪 60 年代由德国数学家约翰·朗伯特发现的)是众所周知的。相比较而言，b 的难度则远远无法相比。
8. 大家很可能知道两种或更多对数字数组进行排序的不同算法。
9. 我们可以减少最内层循环的执行次数，让该循环运行更快(至少对于某些输入是如此)，或者更有效的方法是，重新设计一个更快的算法。

习题 1.3

1. 对于给定的输入跟踪该算法。利用本节给出的稳定和在位的定义。
2. 如果一个查找算法都想不起来，你应该设计一个简单的查找算法。(要抵制住从后文中找一个类似算法的诱惑。)
3. 本书后文会介绍这个算法，但我们自己设计一个也不难。
4. 如果大家在前面的课程中没有遇到过这个问题，可以在因特网上或者在离散数学的教材中寻找答案。实际上，这个答案出奇地简单。
5. 对于一个任意的图，我们没有对这个问题求解的通用算法。但这个特定的图是存在哈密顿回路的，而且不难找到。(需要大家找出其中的一条。)
6. a. 假设自己处在乘客的位置，问问自己会采用哪种标准来评判“最优”路径。然后考虑一下可能会有不同需求的其他人。
   b. 用图来表示这个问题是非常直接明了的。尽管如此，还是要考虑一下那些可以换乘的车站。
7. a. 在旅行商问题中的旅程是怎样的？
   b. 可以很自然地把颜色相同的顶点作为同一个子集中的元素。
8. 考虑一个图，它的顶点代表地图的区域。请大家自己来决定边代表什么。
9. 假设所讨论的圆周存在，我们先求出它的圆心。还有，不要忘了对 $n \leqslant 2$ 的情况专门给出答案。
10. 小心，不要忘了讨论这个问题的任何特殊情况。

习题 1.4

1. a. 充分利用数组是无序的这样一个事实。
   b. 我们实现 1.1 节的一个算法时使用过这个技巧。
2. a. 大家肯定应该听说过，对于一个有序数组来说，有一个特别高效的算法。
   b. 加快不成功查找的速度。
3. a. push(x)将 x 放在堆栈的顶端，pop 则从堆栈顶端将元素删除。
   b. enqueue(x)将 x 加入队列的尾部，dequeue 则从队列的头部将元素删除。

4. 对于所讨论的图的特性和所涉及的数据结构，使用定义就可以了。

5. 有两种著名的算法可以对这个问题求解。第一种使用堆栈，第二种使用队列。虽然本书后面会讨论这两种算法，但不要错过自己发现它们的机会。

6. 不等式$h \leqslant n-1$可以立即从高度的定义得出。下界不等式则来自于$2^{h+1}-1 \geqslant n$，为了证明这个不等式，我们可以考虑一棵高度为h的二叉树可能拥有的最大节点数。

7. 我们应该指出优先队列的三种操作中，每一种操作是如何实现的。

8. 因为涉及插入和删除操作，所以使用一个字典元素的数组(有序的或无序的)并不是可能的最佳实现。

9. 为了回答其中的某个问题，我们需要先了解后缀表达式的概念。(如果大家对此不熟悉，请在因特网上查找相关信息。)

10. 对于该问题有若干种算法。请记住，在单词中，同一个字母可能会出现多遍。

第 2 章

习题 2.1

1. 虽然对其中某些问题可能会有不同的回答，但这个问题的确就像看上去那么简单。不过，不要忘了我们是如何度量一个整数的规模的。

2. **a**．矩阵的和是这样定义的：它的元素等于给定矩阵的相应元素的和。

b．矩阵的乘法需要两种操作：乘法和加法。我们应该把哪一种操作作为基本操作？为什么？

3. 对于相同规模的不同输入，该算法的效率会有差异吗？

4. **a**．手套和袜子不同，它们是分左右手的。

b．我们只有两种本质上不同的结果。数一数得到每种结果各会有多少种不同的情况。

5. **a**．首先证明，如果一个十进制整数n在它的二进制表示中包含b位，那么

$$2^{b-1} \leqslant n < 2^b$$

然后对这个不等式中的项以 2 为底求对数。

b．和公式(2.1)的证明是类似的。

c．公式基本上是一样的，只是要根据基数的不同做些微的调整。

d．我们是如何改变对数的底的？

6. 插入一个验证，用来指出问题是否已经解决。

7. 本节研究过一个类似的问题。

8. 既可以使用$f(4n)$和$f(n)$的差，也可以使用它们的比率，这依赖于哪种方法得到的答案更简洁。(如果可能，试着给出一个不依赖于n的答案。)

9. 如果必要，对所讨论的函数进行化简。挑选出一个带乘数常量的，能够定义它们的增长次数的项(我们会在下一节中讨论回答这个问题的正式方法。然而，即使不知道这个方法，也应该能够回答这个问题)。

10. a. 使用公式$\sum_{i=0}^{n}2^i = 2^{n+1}-1$。

   b. 使用前 n 个奇数和的公式或者算术级数和的公式。

习题 2.2

1. 对该算法相应的基本操作进行计数(参见 2.1 节)，并使用 O，Θ 和 Ω 的定义。
2. 先建立 $n(n+1)/2$ 的增长次数，然后使用 O，Θ 和 Ω 的非正式定义(本节给出过类似的例子)。
3. 对给定的函数进行化简。挑选出一个能够定义它们的增长次数的项。
4. a. 仔细检查相关的定义。

   b. 对于列表中每一对相邻的函数，求它们比率的极限。
5. 先化简某些给定函数，再用表 2.2 中列出的函数来框定每一个给定函数，然后计算相应的极限，来证明它们的最终位置。
6. a. 为了证明这个断言，我们既可以求极限，也可以使用数学归纳法。

   b. 计算 $\lim_{n\to\infty} a_1^n / a_2^n$。
7. 用相应的定义证明 a，b，c 的正确性。为 d 构造一个反例(例如，可以构造两个函数，当自变量为奇数和偶数时，函数的行为是不同的)。
8. 对 a 的证明和 2.2 节对定理断言的证明是类似的。当然，我们需要使用不同的不等式，来限制和的下界。
9. 按照第一次提到该算法时课本中所使用的分析方案。
10. 你可以用直接算法求解 4 个问题，其中一个用 O 表示时间效率类型，另三个则用 Θ表示。
11. 这个问题能够用两次称重解决。
12. 你应该从初始位置交替地朝左和朝右走，直到遇到这扇门。

习题 2.3

1. 使用附录 A 中列出的公共求和公式和法则。在应用这些公式之前，我们可能需要做一些简单的代数操作。
2. 在附录 A 给出的求和式中，找出和所求的求和式类似的公式，然后试着把后者转化为前者。请注意，在建立求和式的增长次数之前，并不一定要求出它的闭合公式。
3. 根据题目中的公式计算即可。
4. a. 如果有必要，可以跟踪该算法，得到它对于 n 的一些较小值的输出(例如，$n = 1, 2, 3$)，这会有帮助的。

   b. 对于课本中讨论的例子，我们也问过这个问题。其中有一个例子和本题尤其相关。

   c. 遵循本节描述的方案。

d. 如果是作为n的函数，我们从 c 的答案中能够立即得到答案。所以大家可能还希望以n的二进制位数为函数，给出问题的回答。(为什么？)

e. 你没有在某些地方遇到过这个和吗？

5. **a.** 如果有必要，可以跟踪该算法，得到它对于n的一些较小值的输出(例如，$n=1, 2, 3$)，这会有帮助的。

b. 对于课本中讨论的例子，我们也问过这个问题。其中有一个例子和本题尤其相关。

c. 既可以遵循本节描述的方案，建立一个求和式并求解，也可以直接回答问题。(两种方法都试一试。)

d. 我们从 c 的答案中能够立即得到答案。

e. 该算法在每次迭代时是不是都要做两次比较？这个思路可以进一步展开，以得到一个更显著的改进——试着对两个元素的数组做做看，再把结论一般化。但我们是不是可以指望得到一个比线性效率更好的算法呢？

6. **a.** 元素$\boldsymbol{A}[i, j]$和$\boldsymbol{A}[j, i]$关于矩阵的主对角线对称。

b. 这里只有一个候选对象。

c. 我们只需要研究最坏情况即可。

d. 我们从 c 的答案中能够立即得到答案。

e. 拿该算法解决的问题和该算法的解题方法做比较。

7. 计算n个数的和需要做$n-1$次加法。该算法在计算乘积矩阵的每一个元素时，需要做多少次加法？

8. 为门的开关次数建立一个求和式，然后用附录 A 的公式来计算它的渐近增长次数。

9. 对于归纳法中一般性步骤的证明，请使用公式

$$\sum_{i=1}^{n+1} i = \sum_{i=1}^{n} i + (n+1)$$

少年高斯在计算$1+2+\cdots+99+100$的和时，注意到这个式子可以按照 50 对数字的和来计算，其中每一对的和都相等。

10. 这个问题其实来自于一本华尔街面试问题集锦，至少有两种不同的方法求解该问题。

11. **a.** 建立一个求和式的难度并不大。然而，在应用标准求和公式和法则时，却要比前面的例子付出更多的努力。

b. 优化该算法的最内层循环。

12. 针对该算法n次迭代以后的方块数建立一个求和式，然后对它化简以得到一个闭合形式的解。

13. 推导一个位数总数目的公式，该公式是页码数 n 的一个函数，其中$1 \leqslant n \leqslant 1000$。将函数按照几个自然区间分段较为便捷。

习题 2.4

1. 其中每一个递推关系都可以用反向替换法求解。

2. 本节中已经建立了该算法的乘法次数的递推关系，也求过解。题目中的递推关系和乘法次数的递推关系基本上是相等的。

3. a. 这个问题类似于计算 $n!$ 的递归算法的基本操作执行次数的递推关系。
   b. 写一个非递归算法的伪代码并确定它的效率。

4. a. 请注意，这里要求的是函数值的递推关系，而不是算法操作次数的递推关系。就按照问题中的伪代码建立递推式。用前向替换法是很容易对这个递推式求解的(参见附录 B)。
   b. 这个问题和我们讨论过的一个问题非常类似。
   c. 我们应该把对 n 递减时所做的减法也包含进来。

5. a. 利用本节推导出的盘子移动次数的公式。
   b. 对三个盘子的情况求解该问题，研究一下每个盘子的移动次数。将这个观察结果推而广之，并对于 n 个盘子的一般情况，证明这个结论的正确性。

6. 所求算法及其分析方法可参见该谜题的经典版本。因为额外的约束，需要求解的小规模实例超过 2 个。

7. a. 根据 n 是奇数还是偶数两种情况分别讨论。并证明，对于这两种情况，$\lfloor \log_2 n \rfloor$ 都能满足递推关系和初始条件。
   b. 参考该算法的伪代码即可。

8. a. 就使用公式 $2^n = 2^{n-1} + 2^{n-1}$，不要对它化简。不要忘了给出一个停止递归调用的条件。
   b. 本节研究过一个类似的算法。
   c. 本节研究过一个类似的问题。
   d. 算法本身的效率类型不好并不意味着该算法一定不好。例如，尽管汉诺塔谜题的经典算法是指数级效率，但它仍然是最优的。所以，如果要声称一个算法不好，就要拿出一个更好的算法来。

9. a. 对于 $n = 1$ 和 $n = 2$ 的情况跟踪该算法应该会有所帮助。
   b. 这和本节讨论的一个例子非常相似。

10. 求解基本操作的数量有两个办法：一是解一个递推关系式，二是直接计算最坏情况下算法需要检查的邻接矩阵的元素个数。

11. a. 利用定义中的公式，得到该算法的乘法次数的递推关系。
   b. 研究该递推关系的右边部分。计算 $M(n)$的前几个值也会有所帮助。

12. 利用邻居的对称性，得出该算法在第 n 次迭代时加入方块数的一个简单公式。

13. 烤三个汉堡的最少时间不到 4 分钟。

14. 首先求解一个简单版本，假设必须存在一个名人。

习题 2.5

1. 试试搜索引擎。

2. 为 n 个月后的兔子数建立一个方程，该月兔子数取决于前几个月的兔子数。

3. 有若干种解题方法。其中最优雅的一种可以把问题和这一节的主题联系起来。

4. 首先写出前 10 个斐波那契数的值，然后寻找明显的模式。
5. 把 ϕ^n 和 $\hat{\phi}^n$ 分别代入递推方程中会更简单。为什么这样就足够了呢？
6. 用 $F(n)$的近似公式计算出超过给定数字的 n 值。
7. 建立 $C(n)$和 $Z(n)$的递推关系，当然，也要建立合适的初始条件。
8. 在该算法的每次迭代时，需要的全部信息只不过是最后两个连续的斐波那契数的值。利用这个事实对算法进行修改。
9. 用数学归纳法证明。
10. 先考虑一个较小的例子，例如计算 gcd (13, 8)。
11. 利用矩形维数的特别性质。
12. 一个整数 N 的最后 k 位数可以用 $N \bmod 10^k$ 来计算。在算法的每一次操作时都对 10^k 求模(参见附录 A)使我们可以避免斐波那契数的指数级增长。也请注意，2.6 节会专门对算法的经验分析做全面的讨论。

习题 2.6

1. 它是否对所有规模为 2 的数组都返回了正确的比较次数？
2. 先对较小的数组调试你的比较计数和输入随机生成部分。
3. 在一台速度比较快的台式机上，至少对于较小的样本来说，我们测得的时间可能为 0。2.6 节给出了一个克服这个困难的窍门。
4. 当输入规模翻番时，看看计数值增长得有多快。
5. 本节也讨论过一个类似的问题。
6. 对于 $n = 2^k$ 比较函数 $\lg\lg n$ 和 $\lg n$ 的值。
7. 在该算法的程序实现中插入一个除法计数器，并对指定范围的输入对运行该程序。
8. 得到 n 在某个范围(例如，10^2 到 10^4，或者 10^2 到 10^5)的随机值的经验数据，并画出这些得到的数据。(我们应该对坐标系中的坐标轴使用不同的比例尺。)

第 3 章

习题 3.1

1. a. 想一想，哪个算法的效率和(或者)复杂性给我们留下了深刻的印象。但这两个特点都不是蛮力算法的特征。
   b. 令人吃惊的是，这并不是一个容易回答的问题。这种例子的一个比较好的来源是数学问题(包括大家在中学和大学课程中学到的)。
2. a. 第一个问题差不多已经在本节中回答了。将答案用二进制位数的函数来表示时，可以使用这两种度量标准的关系公式。
   b. 我们是如何计算$(ab) \bmod m$ 的？
3. 如果做过题目中的习题是会有帮助的。

4. a. 最直截了当的算法就是把 x_0 直接代入公式中，它是平方级的。
   b. 分析一下平方算法做了哪些不必要的操作，可以使我们得出一个更好的算法(线性的)。
   c. 一个 n 次多项式有多少个系数？一个算法要计算 n 次多项式在任意点的值，能不能不对所有的系数做处理？
5. 对于这三种网络拓扑，算法应该分别检查矩阵的什么特征？
6. 其中四个问题的答案是“是”。
7. a. 对求解的问题应用蛮力法。
   b. 用一次称重即可解决问题。
8. 就按照算法来处理给定的输入。(本节中，对另一个输入也这么做过。)
9. 虽然大多数基本排序算法都是稳定的，但不要急于给出答案。可以参考 1.3 小节对稳定性给出的一个一般性评论，不过它介绍的稳定性的定义也是有所帮助的。
10. 一般来说，如果需要不按照顺序来访问列表元素，实现链表算法时会遇到麻烦。
11. 就按照算法来处理给定的输入。(参见本节的另一个例子。)
12. a. 当且仅当所有邻接元素的顺序都正确时，列表是有序的。为什么？
    b. 加入一个布尔标志来记录是否做过交换。
    c. 先给出一个最差输入。
13. 冒泡排序会改变输入中两个相等元素的顺序吗？
14. 考虑一下，把这个谜题作为一个排序问题，是不是会得出一个最简单和高效的解法？

习题 3.2

1. 对 2.1 节算法版本的分析进行修改。
2. 作为 p 的函数，C_{avg} 是哪种类型的函数？
3. 先求解只用一个小仪器的较简单问题。然后为使用两个小仪器的版本设计一个算法，该算法的效率要比线性更好。
4. 圣雄甘地这段话的含义要比这道习题更发人深省。
5. 对于每个输入，只要做一次迭代就可以给出回答问题所需的全部信息。
6. 只要找一个二进制文本和模式的例子就足够了。
7. 令人惊讶的是，该问题的答案是肯定的。
8. a. 对于文本中 A 的一个给定匹配，我们应该查找什么样的子串？
   b. 对于文本中 B 的一个给定匹配，我们应该查找什么样的子串？
9. 该可视化程序既可以用位串也可以用自然文本。我们鼓励大家在给定的文本中查出给定模式的所有匹配。
10. 彻底测试你的程序，对于那些斜着读，并且在表格边缘折行的词要尤其注意。
11. 例如，一个(极其)蛮力的算法只是从棋盘的某个角轰击相邻的可行方格。你能不能给出一个更好的策略呢(为了研究不同策略的相对效率，我们可以让两个程序相互战斗)?你的策略是不是比轰击对手棋盘上随机方格的策略更好呢？

习题 3.3

1. 你可以考虑两种不同的答案：在算法的内部循环中不考虑比较和赋值，或反之。
2. 可以在 $O(n \log n)$的时间内对 n 个实数排序。
3. a. 针对 $n=2$ 和 $n=3$ 来求解这个问题，可能会给你关键的启示。
   b. 如果邮局不必位于某个村庄，你打算把邮局放在什么地方呢？
4. a. 使用绝对值的基本特性检验 i 到 iii 的要求。
   b. 对于曼哈顿距离来说，习题中要求的点是由方程$|x-0|+|y-0|=1$定义的。我们可以先在坐标系的第一象限描绘这些点(也就是 x，$y \geqslant 0$ 的点)，然后利用它们的对称性描绘其余的点。
   c. 这个断言是错误的。例如，我们可以选择 $p_1(0, 0)$，$p_2(1, 0)$，然后寻找 p_3 来作为一个反例。
5. a. 证明汉明距离确实满足距离度量的三个公理。
   b. 你的答案应该包括两个参数。
6. 正确。用数学归纳法证明。
7. 我们的答案应该是两个参数的函数：n 和 k。本节已经解决了这个问题的一个特殊情况($k=2$ 时)。
8. 复习一下本节给出的例子。
9. 凸包的某些极点要比其他极点容易找到。
10. 如果集合中的其他点也位于穿越 p_i 和 p_j 的直线上，其中哪些点还要保留下来，用于后面的处理？
11. 这个程序应该对于 n 个不同点的任意集合都有效，包括多点共线的集合。
12. a. 满足不等式 $ax+by \leqslant c$ 的点集合，就是位于直线 $ax+by=c$ 一侧的半平面，包括该直线本身的所有点。画出每一个不等式的半平面，然后找出它们的交集。
    b. 极点就是 a 中得到的多边形的顶点。
    c. 计算目标函数在极点上的值并进行比较。

习题 3.4

1. a. 找出该算法的基本操作并计算它的执行次数。
   b. 对于给定的每一段时间，计算不会超时的 n 的最大值。
2. 旅行商问题和哈密顿回路问题有多少差别？
3. 有一个著名的充要条件可以判断连通图中是否存在欧拉回路，我们的算法应该检验这个条件是否成立。
4. 生成余下的 $4!-6=18$ 次分配，计算它们的成本，找出其中成本最小的一种方案。
5. 所给出的反例的规模要尽可能小。
6. 将这个问题换一种说法，使得每次尝试划分时，不需要检查两个子集的元素和，而只需要检查一个子集的元素和即可。

7. 遵循完备子图和穷举查找算法的定义。
8. 尝试给定元素的所有序列。
9. 使用初级排列组合的通用公式。
10. a. 用两种不同的方法将魔方的所有元素相加。
    b. 在这里，我们需要生成什么样的组合对象？
11. a. 测试时，我们可以从因特网上搜集一些字母算式。
    b. 由于 1924 年还没有电子计算机，所以我们解题时也不能去搜索因特网。

习题 3.5

1. a. 使用 1.4 节给出的邻接矩阵和邻接链表的定义。
   b. 按照课本中对另一个图执行 DFS 遍历的同样方式进行(参见图 3.10)。
2. 比较对稀疏图进行 DFS 遍历的两个不同版本的效率类型。
3. a. 这样的树的数量等于多少？
   b. 先对连通图回答这个问题。
4. 按照课本中对另一个图执行 BFS 遍历的同样方式进行(参见图 3.11)。
5. 可以使用这样一个事实：一个顶点在 BFS 树中的层数代表从根到该顶点的最短路径(最小边)中的边数。
6. a. BFS 森林的哪种特性能够指出图中存在一个回路(这个答案和 DFS 森林的答案类似)？
   b. 答案是否。找到两个支持这个答案的例子。
7. 告诉大家一个事实，对于这两种遍历来说，当且仅当新的顶点和前面访问的顶点邻接时，它才能被访问到。当这两种遍历停止(也就是说，堆栈或队列为空)时，什么样的顶点已经被访问过了？
8. 对 a 和 b 分别使用一个 DFS 森林和一个 BFS 森林。
9. 使用 DFS 森林或者 BFS 森林。
10. a. 遵循问题定义中的指导。
    b. 两种遍历都尝试一遍，会让你迅速得出结论。
11. 直接应用 BFS，无需画出表示谜题状态的草图。

第 4 章

习题 4.1

1. 在 $n=1$ 时对问题求解。
2. 我们可以认为把苏打水从满杯子倒到空杯子中是一次移动。
3. 用自底向上法比较容易。
4. 利用这样一个事实，一个 n 元素集合 $S=\{a_1, \cdots, a_n\}$ 的所有子集能够分为两组：包

含 a_n 的和不包含 a_n 的。

5. 答案是“否”。
6. 用类似插入排序的思路。
7. 跟踪该算法，就像课本中对另一个输入的做法(参见图 4.4)。
8. a. 限位器应该防止最小的元素向前超出数组的第一个位置。
   b. 将课本中所做的分析对限位器版本再做一遍。
9. 回忆一下，对于一个单链表来说，我们只能顺序访问它的元素。
10. 比较这两种算法最内层循环的运行时间。
11. a. 先对一个三元素数组回答该问题，就能得出一个一般性的答案。
    b. 为了简单起见，可以假设所有的元素都是不同的，而且将 $A[i]$插入它前趋中的 i+1 个位置的概率都是相同的。先分析该算法的限位器版。
12. a. 请注意，对子文件并行排序会更方便，也就是说，$A[0]$和 $A[h_i]$相比，$A[1]$和 $A[1+h_i]$相比，以此类推。
    b. 回忆一下，一般来说，交换两个相隔很远的元素的排序算法是不稳定的。

习题 4.2

1. 按照课本中对另一个图的做法跟踪算法(参见图 4.7)。
2. a. 我们需要证明两个断言：(i)如果有向图中具有有向回路，那么拓扑排序问题无解；(ii)如果有向图中不包含有向回路，那么拓扑排序问题有解。
   b. 考虑一种极端类型的有向图。
3. a. 它和 DFS 的时间效率具有什么样的关系？
   b. 我们是否知道该算法生成的顶点列表的长度？从 DFS 遍历的顶点栈中出栈的第一个顶点，它的最终位置在哪里？
4. 试着对一两个较小的例子做做看。
5. 按照课本中的做法，针对给定的实例跟踪该算法(参见图 4.8)。
6. a. 用反证法证明。
   b. 如果回答这个问题有困难，可以考虑一个有向图的例子，图中有一个顶点没有输入边，然后写出它的邻接矩阵。
   c. 要根据汇点(sink)和邻接链表的定义来得到答案。
7. 对于余下子图中的每个顶点，存储它的输入边数量。维护一个源顶点的队列。
9. a. 按照指示，遵循算法的每个步骤，对于给定的实例跟踪该算法。
   b. 确定该算法三个主要步骤中每一步的效率，然后再确定总效率。当然，这个回答并不依赖于这个图是用邻接矩阵表示的还是用邻接链表表示的。
10. 充分利用拓扑排序以及图的对称性。

习题 4.3

1. 利用组合对象数量的标准公式。为了简单起见，我们可以假设生成一个组合对象的时间和一次赋值是相同的。

2. 本节中我们对一个更小的实例跟踪过这些算法。
3. 参见本节中对该算法的描述。
4. a. 对于 $n=2$ 跟踪该算法。在对 $n=3$ 跟踪这个算法时，利用以上跟踪结果，然后再将新的跟踪结果用于 $n=4$。
   b. 证明该算法能够生成 $n!$ 个排列，而且各个排列互不相同。使用数字归纳法。
   c. 建立该算法的交换次数的递推关系。求它的解以及这个解的增长次数。对于较大的 n，大家可能会用到公式 $e \approx \sum_{i=0}^{n} \frac{1}{i!}$。
5. 本节中，我们对更小的实例跟踪过这两种算法。
6. 窍门讲出来就变得乏味了。
7. 这道习题并不难，因为从一个长度为 $n-1$ 的位串生成一个长度为 n 的位串的方法是显而易见的。
8. 我们仍然可以模仿二进制加法，但不要明确地使用它。
9. 对于 $n=4$，跟踪算法。
10. 对于这个问题有若干种减治算法。它们比我们想象当中的要复杂。按照预定义的次序生成组合不仅有助于设计，也有助于正确性证明。下面这个简单的特性是非常有用的。在不失一般性的前提下，我们假设给定的集合是 $\{1, 2, \cdots, n\}$，那么最小元素是 i 的 k 元素子集一共有 $\binom{n-i}{k-1}$ 个，$i=1, 2, \cdots, n-k+1$。
11. 改变二进制 n 元组中的比特位来表示盘子的移动。
12. 考虑转换一个位串的位数是有帮助的，但不是必要的。

习题 4.4

1. 需要关心当前最长段的长度。
2. 如果一个规模为 n 的实例的计算时间是 $\lfloor \log_2 n \rfloor$，规模为 $n/2$ 的实例的计算时间需要多少？两者是何关系？
3. 对于 a，利用公式可以立即得到答案。回答 b、c、d 的最有效手段是二叉查找树，该树映射了该算法查找任意键值时的操作。
4. 请比较在成功查找时，顺序查找与折半查找的平均键值比较次数的比率。
5. 如何访问一个链表的中间元素？
6. a. 当 $m \leftarrow \lfloor (l+r)/2 \rfloor$，比较 $K \leqslant A[m]$，直到 $l=r$。然后检查查找是否成功。
   b. 本题的分析与课本中折半查找的分析几乎完全相同。
7. 对图片编号，然后在提问中使用编号。
8. 显然，这个算法和折半查找很相似。在最坏的情况下，每次迭代时要做多少次键值比较，数组中尚需处理的元素占多少比例？
9. 从比较中间元素 $A[m]$ 和 $m+1$ 开始。
10. 虽然当 $n \bmod 3 = 0$ 或 $n \bmod 3 = 1$ 时，我们需要怎么处理是比较明显的，但在

$n \bmod 3 = 2$ 时的做法就不是那么显而易见了。

11. **a.** 对于给定的数字跟踪该算法，就像课本中对另一个输入的做法(参见图 4.14(b))。

b. 该算法要做多少次迭代？

12. 既可以用递归也可以用非递归来实现这个算法。

13. 得到答案的最快的方法就是使用本节结尾提到的公式，它利用了 n 的二进制表示。

14. 使用 n 的二进制表示。

15. **a.** 对于课本中给定的递推方程使用前向替换法(参见附录 B)。

b. 从 a 给出的前 15 个 n 的值中观察出一个模式，用解析法表示。然后用数学归纳法证明其正确性。

c. 从 n 的二进制表示开始，将 b 中得到的 $J(n)$的公式转换成二进制的形式。

习题 4.5

1. **a.** 从支撑欧几里得算法的公式中可以立即得到答案。

b. 设 $r = m \bmod n$。研究 r 值和 n 值关系的两种情况。

2. 遵循本节对另一个输入的做法，对给定的输入跟踪该算法。

3. 本节例题的一个具体实例应用了该算法的非递归版本。

4. 写出穿过点$(l, A[l])$和$(r, A[r])$的直线公式，然后对于该直线上 y 坐标为 v 的点，求出它的 x 坐标。

5. 构造一个数组，使得插值查找在每次迭代时只能消去剩余子数组的一个元素。

6. **a.** 解不等式 $\log_2 \log_2 n + 1 > 6$。

b. 计算 $\lim_{n\to\infty} \frac{\log \log n}{\log n}$。请注意，加上一个乘数常量以后，我们可以把这个对数当作自然对数，也就是以 e 为底的对数。

7. **a.** 这个算法是由二叉查找树的定义确定的。

b. 该算法的最坏情况是什么？对于这样一种输入，它要做多少次键值比较？

8. **a.** 分别考虑三种情况：(1)这个键所在的节点是叶子，(2)这个键所在的节点有一个子女，(3)这个键所在的节点有两个子女。

b. 假设我们知道要被删除的键的位置。

9. 从图的一个任意顶点开始，将未遍历的边遍历一遍，直到所有边被遍历或者没有未遍历边存在即可。

10. 本节在分析该游戏的标准版本时用了什么方法？

11. 在纸上先玩几轮可以帮助我们熟悉这个游戏。再考虑一下坏巧克力的某些特殊位置可以帮助我们求解该问题。

12. 为了得到比较好的效果，试着依靠自己的能力设计一个算法。这个算法不必是最优的，但效率应该比较高。

13. 一开始，比较查找元素和第一行最后一个元素。

第 5 章

习题 5.1

1. 这个问题和用分治法对 n 个数字求和问题的相似性不止体现在一个方面。
2. 和第 1 题不同，分治算法的效率可以比蛮力算法的效率提高一个常数因子。
3. 如何通过求解两个规模为 4 的指数问题来计算 a^8？那么 a^9 呢？
4. 看看定理中使用的符号。
5. 应用主定理。
6. 跟踪该算法，就像本节中对另一个输入的做法。
7. 合并排序怎样才能颠倒两个元素的相对顺序？
8. **a.** 像从前一样，使用反向替换。

   b. 什么样的输入使得合并排序所做的键值比较次数最少？在合并阶段，对于这样的输入，合并排序要做多少次比较？

   c. 不要忘了包括分裂前和合并时所做的键值移动次数。
9. 修改合并排序来求解该问题。
11. 分治技术应该把问题的一个实例化简为同样问题的若干个更小的实例。

习题 5.2

1. 我们在本节中对另一个实例跟踪过该算法。
2. 使用停止扫描的规则。
3. 1.3 节定义了什么是稳定的排序算法。一般来说，交换两个相隔很远的元素的算法是不稳定的。
4. 跟踪这个算法，看一看对于哪种输入，下标 i 会越界。
5. 研究一下，本节的快速排序版本如何处理这些输入。当然，我们的答案应该基于键值比较次数。
6. 对于题目中的输入，分裂会在哪个位置发生？
7. **a.** 对于 $n = 10^6$，计算比率 $n^2/(n\log_2 n)$ 是不正确的。

   b. 考虑最好情况和最坏情况的输入。
8. 使用划分的思想。
9. **a.** 可以先尝试两色国旗问题，即对只包含 R 和 B 的数组高效排序。(本节习题第 8 题也是类似的。)

   b. 扩展划分的定义。
11. 使用划分的思想。

习题 5.3

1. 这和本节讨论过的一个问题是基本相同的。
2. 针对一个较小的输入跟踪该算法。
3. 可以利用在本书前几章讨论过的一个算法来完成。
4. 对内部节点数应用归纳法。
5. 大家很可能已经在数据结构课上做过这个标准练习了。我们即使从未接触过，根据本节结尾给出的遍历定义，也可以跟踪这些算法。
6. 这段伪代码就是遍历算法描述的简单复制。
7. 如果大家不知道这个重要问题的答案，可以检查这些遍历方法对于一棵较小的二叉查找树的操作结果。如果要证明，回答这个问题：两个节点的键值为 k_1 和 k_2，当 $k_1<k_2$ 时，遍历算法会做何种处理？
8. 先求出二叉树根顶点的标识，然后确定它的左右子树节点的标识。
9. 对内部节点数应用归纳法。
11. 可以用一棵二叉树来表示掰巧克力的动作。

习题 5.4

1. 我们可以先对 $n=2$ 回答这个问题，然后再推而广之。
2. 对给定的输入跟踪该算法。当然，我们还要再做一遍来计算两位数的乘积。
3. **a**．对等式的两端求对数。
   b．闭合公式的用途是什么？
4. **a**．如果乘数是 10 的幂，我们会怎么做？
   b．试着以 98×76 为例重复这个算法。
5. 以两个四位数为例，计算一下用手算方法将它们相乘需要用到的加法次数。这会有助于回答这个一般性的问题。
6. 用简单的代数操作验证这个公式。
7. 对给定的输入跟踪 Strassen 算法(这需要费些力气，但如果要求在 $n = 1$ 时停止递归，大家花费的力气还要大许多)。用蛮力算法(基于定义)对矩阵相乘来验算我们的答案，也不失为一个好办法。
8. 使用反向替换法对课本中的递推式求解。
9. Pan 算法的乘法次数的递推式和 Strassen 算法的类似。使用主定理确定解的增长次数。

习题 5.5

1. **a**．在该算法组合求解阶段，有多少个点需要考虑？
   b．设计一个相同效率类型的更好算法。

2. 将图 5.7(b)所示的矩形划分为 8 个相等的矩形，然后证明每个矩形最多含一个感兴趣的点。
3. 回忆一下(5.1 节)，合并排序在最坏情况下的键值比较次数是 $C_{worst}(n) = n\log_2 n - n+1$ (其中 $n = 2^k$)。在我们需要建立的递推式中，只需要用到该公式中次数最高的项。
6. a 的答案可以直接从平面几何的教材中找到。
7. 利用行列式的值和三角形面积的关系公式。
8. 它显然是属于 $\Omega(n)$ 的。(为什么？)
9. 设计一个 n 个点的序列，使得该算法在每次递归调用时只能将问题的规模减一。
11. 应用本节介绍的思想来构造十边形，使得它的顶点在 10 个给定的点上。
12. 该路径不能穿过被围区域的内部，但它可以沿着被围区域走。

第 6 章

习题 6.1

1. 这个问题和本节给出的例子是类似的。
2. a. 拿一个集合中的每一个元素和另一个集合中的所有元素进行比较。
   b. 实际上，我们可以使用三种不同的预排序方法：只对一个集合的元素进行排序，分别对每一个集合进行排序，对两个集合的元素一起排序。
3. a. 我们如何求一个有序数组中的最大和最小元素。
   b. 它的蛮力算法和分治算法都是线性的。
4. 使用问题中算法的平均效率的已知结果。
5. a. 这个问题和本习题中前面的一道问题是类似的。
   b. 如果学生的信息写在索引卡片上，我们会如何求解这个问题？更好的办法是，考虑一个从来没有学习过算法课程，但是拥有良好常识的人会如何解决这个问题。
6. a. 对于一种特殊形态的点，许多这类问题是有例外的。为了保证解的唯一性，我们可以先考虑该问题的一些较小的“随机”实例，然后再寻找答案。
   b. 对该问题的一些较小的“随机”实例构造多边形。试着按照一种系统的方式构造多边形。
7. 把实数看作实线上的有序点是有帮助的。针对一个既包含正数又包含负数的给定数组，考虑 $s = 0$ 时的特例也是有帮助的。
8. 对 a_i 和 b_i 排序后，该问题可以在线性时间内求解。
9. 从对给定数字列表排序开始。
10. a. 将它们按照 x 坐标非递减排序，然后从右到左扫描。
    b. 考虑符合理想特征的选择性问题。
11. 使用两次预排序思想。

习题 6.2

1. 跟踪该算法，就像本节中解另一个方程组的做法。
2. a. 按照课本中解释的方法，使用高斯消去法的结论。
   b. 它是变治技术的一个变化形式。是哪个变化形式呢？
3. 为了求逆，我们既可以解一个方程组，方程组右边的 3 个联立向量代表 3 阶单位矩阵的列，也可以使用第 2 题中求得的方程组系数矩阵的 *LU* 分解。
4. 虽然最终的答案是正确的，但我们要找出推导过程中的错误。
5. 该算法的伪代码是非常直截了当的。如果你还有怀疑，可参考本节中跟踪算法的例子。可以遵循分析非递归算法的标准方法来估计该算法运行时间的增长次数。
6. 对这两个算法都使用除法次数和乘法次数的近似公式，来估计这两个算法运行时间的比率。
7. a. 这是一个“正常”的情况：其中一个方程不应该与另一个方程成比例。
   b. 一个方程的系数应该和另一个方程的相应系数相同或者成比例，而方程的右边部分则不然。
   c. 两个方程应该相同或者互成比例(包括右边)。
8. a. 当中轴下方的行改变了以后，按照相同的方法处理中轴上方的矩阵行。
   b. 高斯-若尔当消去法和高斯消去法基于相同的算法设计技术，还是不同的算法设计技术？
   c. 和本节对高斯消去法的做法一样，推导出高斯-若尔当消去法的乘法次数公式。
9. 和对方程组应用高斯消去法使用的时间相比，计算行列式的时间有多长？
10. a. 对给定的方程组应用克拉默法则。
    b. 在克拉默法则的公式中，有多少不同的行列式？
11. a. 如果 x_{ij} 是解中第 i 行和第 j 列面板的开关次数，我们对于 x_{ij} 有什么结论？在回答了这个问题之后，请说明，代表了面板的初始状态的二进制矩阵可以用 n^2 个二进制矩阵的线形组合来表示(利用 mod 2 运算)，每个矩阵代表了开关一个独立面板的效果。
    b. 建立一个包含 4 个方程的四元方程组(参见 a)，然后用高斯消去法求解，用 mod 2 运算来执行所有操作。
    c. 如果你认为包含 9 个方程的九元方程组用手工求解太累，请写一个程序来解这个问题。

习题 6.3

1. 使用 AVL 树的定义。不要忘了 AVL 树是一种特殊的二叉查找树。
2. 对于两题中的树来说，都是从底向上构造较为简单。也就是说，先考虑较小的 n。
3. 左单转和右左双转分别是右单转和左右双转的镜像，后两种的图示可以在本节中找到。

4. 就像本节的例子那样，一个接一个插入键，并进行相应的旋转。

5. a. 一个高效的算法可以立即从二叉查找树的定义中得到，而 AVL 树不过是二叉查找树的一个特例。

   b. 正确的答案和脑海中立即浮现出的答案正好是相反的。

7. a. 参照例子(参见图 6.8)对给定的输入跟踪算法。

   b. 记住，在一棵 2-3 树中查找一个键的键值比较次数不仅依赖于其节点的深度，而且依赖于这个键是节点的第一个键还是第二个键。

8. 不成立。找出一个简单的反例。

9. 最大的键和最小的键会位于什么位置？

习题 6.4

1. a. 对于给定的输入，跟踪课本中描述的算法。

   b. 对于给定的输入，跟踪课本中描述的算法。

   c. 仅依赖于一两个例子是不能验证一个数学命题的正确性的。

2. 对于一个用数组表示的堆，我们只需要检查它是否满足父母优势要求。

3. a. 一棵包含最多节点的高度为 h 的完全树是什么结构？包含最少节点的完全树呢？

   b. 利用 a 建立的结果。

4. 先把右边表示为 h 的函数。然后证明这个等式：要么使用附录 A 给出的求和公式 $\sum i2^i$，要么对 h 进行数学归纳。

5. a. 我们应该在堆的什么位置寻找它的最小元素？

   b. 可以将删除堆的根的算法推而广之，得到删除堆的任意元素的算法。

6. 将三个操作高效实现的时间效率类型填入表中：查找最大元素，查找和删除最大元素以及增加一个新元素。

7. 对于给定的输入跟踪算法。

8. 作为一个规律，交换两个相隔很远的元素的算法是不稳定的。

9. 有人会认为，对于堆的两种主要表示法来说，问题的答案是不同的。

10. 该算法的效率比堆排序低，因为它没用堆而是用数组来实现优先队列。

12. 把生面条握成一束，然后将底部(垂直地)放在桌面上。

习题 6.5

1. 建立一个求和式，然后用求和操作的标准公式和规则对它进行化简。不要忘了包含最内层循环外部的乘法操作。

2. 利用这样一个事实，即 x^i 的值可以从前面求得的 x^{i-1} 计算得到。

3. a. 对两种算法的乘法(和加法)次数使用公式。

   b. 霍纳法则需要使用额外的存储吗？

4. 按照本节中应用于另一个实例的同样方法，对给定的实例应用霍纳法则。

5. 计算 $p(2)$，其中 $p(x)=x^8+x^7+x^5+x^2+1$。

6. 如果该算法的实现能够用长除法高效地除以 $x-c$，答案会是令人惊讶的。

7. a. 按照本节中应用于另一个实例的同样方法，对给定的实例跟踪从左到右二进制幂算法。

   b. 答案是肯定的：可以扩展这个算法，使它也能够处理指数为 0 的情况。

8. 按照本节中应用于另一个实例的同样方法，对给定的实例跟踪从右到左二进制幂算法。

9. 计算并使用 n 的二进制位。

10. 对这种特殊多项式的项使用一种求和公式。

11. 对于问题中给出的任务，比较一下实现它们所需的操作次数。

12. 对于同一个多项式，有多种表达形式。试试将 $n = 2$ 时的拉格朗日插值公式一般化处理：

$$p(x)=y_1\frac{x-x_2}{x_1-x_2}+y_2\frac{x-x_1}{x_2-x_1}$$

习题 6.6

1. a. 运用根据 m 和 n 的质因数计算 lcm (m, n)和 gcd (m, n)的规则。

   b. 从计算 lcm (m, n)的公式中可以立即得到答案。

2. 使用最大化问题和最小化问题的关系。

3. 对 k 进行归纳来证明这个断言。

4. a. 以下面的事实为基础建立我们的算法：当且仅当两个邻接的顶点 i 和 j 都被一条长度为 2 的路径相连时，该图包含一条长度为 3 的回路。

   b. 对于这个问题不要急于下结论。

5. 一个较为简单的解法是把该问题化简为另一个具有已知算法的问题。由于我们在本书中讨论的几何问题并不多，所以不难领会应该把问题化简为哪种类型。

6. 把这个问题表述为单变量函数的最大化问题。

7. 引入双下标变量 x_{ij} 来表示把第 j 项工作分配给第 i 个人。

8. 利用这个实例的特性，把这个问题化简为一个变量更少的问题。

9. 创建一个新图。

10. 先解这个问题的一维版本(习题 3.3 的第 3 题 a)。

11. a. 按照本节对过河谜题的做法，创建这个问题的状态空间图。

    b. 创建这个问题的状态空间图。

    c. 看一看 b 的解中，过了前 6 次河以后得到的状态。

12. 将这个问题化简为一个著名的图遍历问题，再求解。

第 7 章

习题 7.1

1. 是的，这是有可能的。怎么做？
2. 查看该算法的伪代码，看看当遇到相等的值时，它是怎么处理的。
3. 对于给定的输入跟踪该算法(示例参见图 7.2)。
4. 检查一下该算法是否会颠倒两个相等值的相对次序。
5. 在有序数组中，$A[i]$将会位于什么位置？
6. 利用这种树的标准遍历。
7. **a**. 遵循方法描述中对数组 B 和 C 的定义。
   b. 对于 a 中的例子求 $B[C[3]]$(例如)。
8. 从为所有的石像找到目标位置开始。
9. **a**. 利用链表来表示矩阵中的非 0 元素。
   b. 用链表表示每个给定的多项式，多项式的节点分别包含每个非 0 项 a_ix^i 的指数 i 和系数 a_i。
10. 可以通过查找文献或者互联网来回答该问题。

习题 7.2

1. 按照本节中对字符串匹配问题的另一个实例的相同做法，跟踪该算法。
2. 尽管使用了一个特殊的字母表，但这个应用和自然语言字符串的应用没有不同。
3. 对于每个模式，填写它的移动表，然后确定每次尝试时(成功和不成功)的字符比较次数和尝试的次数。
4. 找到一个长度为 m 的二进制串和长度为 n 的二进制串的例子($n \geqslant m$)，使得 Horspool 算法能够：
   a. 在移动距离最小的前提下，产生最多次的字符比较。
   b. 产生最少的字符比较次数。
5. 尝试一个 Horspool 算法的最坏输入是合乎逻辑的做法。
6. Horspool 算法在移动距离超过一个位置的情况下，是否会冒错过另一个匹配子串的风险？
7. 对于每个模式，填写它的两张移动表，然后确定每次尝试时(成功和不成功)的字符比较次数和尝试的次数。
8. 检查 Boyer-Moore 算法的描述。
9. 检查该算法的描述。
11. **a**. 蛮力法适合解决这个问题。
    b. 在查找前采取输入增强技术。

习题 7.3

1. 参照本节对另一个输入的做法(参见图 7.5)，对给定的输入应用开散列(分离链)方法。然后计算在构造好的表中进行成功查找时所需的最大比较次数和平均比较次数。
2. 参照本节对另一个输入的做法(参见图 7.6)，对给定的输入应用闭散列(开式寻址)方法。然后计算在构造好的表中进行成功查找时所需的最大比较次数和平均比较次数。
3. 这种散列函数能够产生多少种不同的地址？键的分布是否均匀？
4. 这道题非常类似于计算掷 n 次骰子结果都相同的概率。
5. 求 n 个人生日都不同的概率。如果和散列联系起来，哪种散列现象和它相一致？
6. **a.** 不需要将新的键插入散列链表的尾部。
   b. 在有序的链表中，哪种操作会变快，为什么？对于排序来说，我们是不是必须把非空链表中的元素都复制到一个数组，然后应用通用的排序算法，还是有办法可以利用每一个非空链表的有序性？
7. 直接应用散列法求解该问题。
8. 把这个问题看作一种简单的复习：最后两列的答案在 7.3 节中，其他的答案在本书相应的章节中。(当然，我们应该使用能够得到的最佳算法。)
9. 如果大家需要更新一下记忆，请检查本书的目录。

习题 7.4

1. 考虑一下信息的查找会得出各种各样的例子。
2. **a.** 使用求和操作的标准法则，具体来说，就是几何级数公式。
   b. 在推导过程中，我们可能会使用以$\lceil m/2 \rceil$为底的对数。
3. 从课文中提供 B 树高度上界的不等式中，求得这个值。
4. 遵循本节描述的插入算法。
5. 这个算法可以从 B 树的定义中得到。
6. **a.** 遵循问题定义中给出的算法描述。请注意，新的键总是插在叶子中，而满节点总是在从上向下的时候分裂，即使叶子中有地方容纳新的键也仍然如此。
   b. 一个满节点的分裂会不会导致该节点的祖先链路上的连锁分裂？我们会不会得到一棵过高的树？

第 8 章

习题 8.1

1. 比较这两种技术的定义。

2. 动态规划算法在求解本节例题 1 时产生的表，有助于求解该问题。
3. a. 参考 2.5 节中至顶向下求第 n 个斐波那契数时的分析。
   b. 建立穷举查找时候选解数目的递推式并求解。
4. 参照本节例题 2，应用动态规划算法求解给定实例。注意，存在两个最优的硬币组合。
5. 针对不可达单元格及其直接邻居，调整公式(8.5)。
6. 问题类似于本节讨论过的找零问题。
7. a. 车到棋盘第 i 行第 j 列方格的最短路径数量和到邻接方格的最短路径数量存在什么关系？
   b. 考虑这样一条最短路径，它要向邻接方格走 14 步。
8. 可以在 2 次时间函数里解决这个问题。
9. 用基本排列组合的著名公式。用更小的二项式系数来表示 $C(n, k)$。
10. a. 首先对有向图的顶点拓扑排序。
    b. 构造有 $n+1$ 个顶点的有向图：一个顶点是开始节点，其他顶点表示给定的硬币。
11. 令 $F(i, j)$表示一个给定矩阵的最大非零子矩阵的阶数，其中给定矩阵的右下角位置在(i, j)。建立 $F(i, j)$的递推式，由 $F(i-1, j)$，$F(i, j-1)$以及 $F(i-1, j-1)$来表示。
12. a. 在 A 队和 B 队分别需要 i 场胜利和 j 场胜利才能赢得系列赛的时候，考虑一下 A 队胜的结果以及 A 队输的结果。
    b. 建立一个 5 行($0 \leqslant i \leqslant 4$)5 列($0 \leqslant j \leqslant 4$)的表，然后利用 a 中推导出的递推式填表。
    c. 应该根据 a 中建立的递推式编写伪代码。根据表格的大小和计算每一个单元格所花费的时间，我们可以立即得出它的时间效率。

习题 8.2

1. a. 仿照本节中对这个问题另一个实例的做法，用公式(8.6)和公式(8.7)填写相应的表格。
   b，c. 如果下列表达式中的两项相等，意味着什么？

$$\max\{F(i-1, j), v_i + F(i-1, j-w_i)\}$$

2. a. 编写伪代码，根据公式(8.6)和公式(8.7)填写图 8.4 的表格(例如，一行接一行)。
   b. 本节通过一个例子，描述了求最优子集的算法。
3. 该算法要计算多少值？计算一个值要花多少时间？需要访问表格中多少个单元格才能求出一个最优子集的组合？
4. 根据 $F(i, j)$的定义，检查下面的不等式是否总是成立？
   a. 当$1 \leqslant j \leqslant W$ 时，$F(i, j-1) \leqslant F(i, j)$。
   b. 当$1 \leqslant i \leqslant n$ 时，$F(i-1, j) \leqslant F(i, j)$。
5. 本题类似于 8.1 节讨论的一个问题。
6. 对于题中的实例跟踪函数 MemoryKnapsack(i, j)的调用。(可以在本节中找到对另一个实例的应用。)

7. 该算法应用公式(8.6)来填充**某些**表格单元。我们为什么仍能断言它的时间效率是属于 $\Theta(nW)$ 的呢?

8. 一个理由涉及时间效率，另一个理由涉及空间效率。

9. 在报告里可以包含算法可视化。

习题 8.3

1. 按照该算法的要求，继续应用公式(8.8)。

2. **a.** 可以遵循研究非递归算法时间效率的标准方法来研究该算法。

b. 该算法生成的这两个表要使用多少空间?

3. $k = R[1, n]$指出一棵最优二叉树的根是有序列表 a_1, …, a_n 的第 k 个元素。它的左右子树的根分别由 $R = [1, k-1]$和 $R[k+1, n]$来确定。

4. 用空间换时间。

5. 如果这个断言是正确的，对于构造最优二叉查找树来说，我们就不会有更简单的算法吗?

6. 这棵树的结构只是将节点的平均深度最小化。不要忘了给出一种将键分布到树节点中的方法。

7. **a.** 对于包含 n 个键的有序列表的二叉查找树和包含 n 个节点的二叉树的总数量来说，由于它们之间存在一种一一对应的关系(为什么?)，我们可以对后者计数。考虑用左右子树对节点划分的所有可能性。

b. 使用这两个公式计算题目中的值。

c. 使用第 n 个卡塔兰数的公式以及 $n!$ 的史特林公式。

8. 利用本节结尾提到的根表的单调性，消除算法 OptimalBST 的最内层循环。

9. 假设 a_1, …, a_n 是从小到大排序的不同键，p_1, …, p_n 分别是它们的查找概率，q_0, q_1, …, q_n 分别是在区间 $(-\infty, a_1)$，(a_1, a_2)，…，(a_n, ∞) 进行不成功查找的概率；$(p_1 + \cdots + p_n) + (q_0 + \cdots + q_n) = 1$。对于期望的键值比较次数，建立一个类似于递推式(8.8)的递推关系，既要考虑成功查找，也要考虑不成功查找。

10. 参见 8.2 节背包问题的记忆功能版本。

11. **a.** 如果矩阵 $\boldsymbol{A}_1$ 的维度为 $d_0 \times d_1$，矩阵 $\boldsymbol{A}_2$ 的维度为 $d_1 \times d_2$，矩阵 $\boldsymbol{A}_3$ 的维度为 $d_2 \times d_3$，我们对于计算$(\boldsymbol{A}_1\boldsymbol{A}_2)\boldsymbol{A}_3$ 和 $\boldsymbol{A}_1(\boldsymbol{A}_2\boldsymbol{A}_3)$所用的乘法次数，可以容易地得到一个通用公式。然后可以选择一些特定的维度，来获得符合要求的实例。

b. 我们可以使用对二叉树计数的方法来得到答案。

c. 计算 $\boldsymbol{A}_i \cdots \boldsymbol{A}_j$ 的最优乘法次数的递推关系和由键 a_i，…，a_j 组成的最优二叉查找树的递推关系非常相似。

习题 8.4

1. 对给定的邻接矩阵应用该算法，就像本节中对另一个矩阵的做法。

2. **a.** 答案可以这样得到：既可以考虑该算法计算了多少值，又可以遵循分析非递归算法时间效率的标准方法(也就是建立一个求和式，计算它的基本操作次数)。

b．对于邻接链表表示的稀疏图来说，它基于遍历的算法的效率类型是什么？

3．请证明，我们可以只用 $R^{(k)}$ 元素的值来改写 $R^{(k-1)}$ 元素，而不用对算法做其他改变。

4．如果 $R^{(k-1)}[i,k]=0$ 会怎么样？

5．先证明公式(8.11)(根据第 3 题的解，上标可以从中消去)

$$r_{ij} = r_{ij} \textbf{ or } (r_{ik} \textbf{ and } \ r_{kj})$$

等价于

$$\textbf{if } r_{ik} \quad r_{ij} \leftarrow (r_{ij} \textbf{ or } r_{kj})$$

6．a．传递闭包的哪种特性指出了有向回路的存在？检验有向回路有更好的算法吗？

b．一个无向图的传递闭包的哪些元素等于 1？我们可以用更快的算法来求这样的元素吗？

7．参见本节对另一个实例应用该算法的例子。

8．$d_{ij}^{(k)}$ 是矩阵 $\boldsymbol{D}^{(k)}$ 中第 i 行第 j 列的元素，它依赖于矩阵 $\boldsymbol{D}^{(k-1)}$ 中的什么元素？这些值可以改写吗？

9．反例必须包含一条长度为负的回路。

10．一个矩阵 $\boldsymbol{P}$，就足以存储用于更新距离矩阵的中间顶点 k 的下标。该矩阵元素可以用-1 来初始化。

第 9 章

习题 9.1

1．我们可以在算法中使用整数除法。

2．我们既可以对整个成本矩阵应用贪婪算法，也可以对它的每一行(或每一列)应用贪婪算法。

3．考虑两个作业的例子会有帮助。当然，在建立了假说之后，我们要么必须证明该算法对于任意输入的最优性，要么找到一个具体的反例来证明它不是最优的。

4．只有最早完成优先算法总能产生最优解。

5．对当前问题应用贪婪算法。可以假设 $t_1 \leqslant t_2 \leqslant \cdots \leqslant t_n$。

6．考虑在当前状态下，所有缸中水的最小数量。

7．对于 $n=4$，信息数量最少是 6。

8．对于该问题的两个版本，我们在考虑了 $n=1, 2, 3$ 的情况之后，就不难得出解的形态的一个假说。问题的关键在于证明这个解的最优性。

9．a．对于给定的图跟踪该算法。可以在本节中找到一个例子。

b．在下一个边缘顶点加入树中之后，把所有和它邻接的不可见顶点加入边缘顶点的优先队列中。

10．对不连通的加权图应用 Prim 算法有助于回答这个问题。

11．算法正确性证明是否适用于边的权重为负的情形？

12. 答案是否。给出一个反例。
13. 由于 Prim 算法要求图的边包含权重，所以我们需要对它们赋权。对于第二个问题，想想求解这个问题的其他算法。
14. 严格来讲，这个问题需要我们做两个证明：证明对于任何加权连通图来说至少存在一棵最小生成树；证明如果每一个权重都是唯一的，则最小生成树也是唯一的。从加权连通图的生成树数量有限这个显而易见的事实，我们可以得出第一个证明。后者的证明可以沿用 Prim 算法的正确性证明，但在结尾处要做小小的改动。
15. 考虑两种情况：这个键的值减小了(这就是 Prim 算法需要的一种情况)以及这个键的值变大了。

习题 9.2

1. 对给定的图跟踪该算法，就像本节中对另一个输入的做法。
2. 其中两个断言是对的，另两个是错的。
3. 对不连通的图应用 Kruskal 算法有助于回答这个问题。
4. 这个问题的一个答案是将包含负权重边的图转换为所有边的权重为正的图。
5. 把最大化问题转化为相应的最小化问题的技巧(参见 6.6 节)是否可以应用在这里？
6. 将不相交子集的抽象数据类型中的操作(makeset(x)，find(x)和 union(x, y))代入本节中算法伪代码的适当位置。
7. 按照 9.1 节中证明 Prim 算法正确性的方案。
8. 证明过程和本节中对**快速查找**的**按大小求并**版本的证明非常相似。
11. 这个问题并不简单，如果另外引入一个顶点(称为斯坦纳点)可以使得网络的总长度小于方块的最小生成树的长度。先对包含 3 个等距点的问题求解，可以帮助我们了解所求问题的解应该是怎么样的。

习题 9.3

1. 其中一个问题对于算法和图都无需改变，另一个问题则需要简单的调整。
2. 对给定的图跟踪该算法，就像本节中对另一个输入的做法。
3. 你的反例可能是仅有三个顶点的图。
4. 只有一个断言是正确的。对另一个断言找到它的反例。
5. 化简本节中给出的伪代码，用无序数组实现优先队列，并忽略顶点的父母标记。
6. 对该算法构造的树中包含的顶点数量应用归纳法，来证明其正确性。
7. 先对有向无环图的顶点进行拓扑排序。
8. 为了得到一个图，可以从顶到底依次连接带圈的数字，然后弄明白如何处理权值赋给顶点而不是边这个事实。
9. 利用几何学和物理学的思路。
10. 在着手实现一个最短路径算法之前，我们必须先确定“最佳路线”的标准。当然，如果程序能够询问用户需要应用哪种标准就更好。

习题 9.4

1. 参见本节给出的例子。
2. 将两个概率最低的节点合在一起以后，在下一次迭代中有两种不同的连接方式。对于得到的这两套哈夫曼码，计算它们码长的平均值和方差。
3. 我们的答案应该基于哈夫曼算法的工作方法或者哈夫曼编码是已知的最优前缀码这样一个事实。
4. 编码的最大长度和哈夫曼编码树的高度显然是相关的。试求一个规模为 n 的字母表的 n 个使用频率构成的集合，使得生成的编码树会产生一个最长的编码。
5. a. 如果一个算法的主要操作是求一个给定集合中最小的两个元素，然后用两者的和替换它们，最适合该算法的数据结构是什么？

   b. 确定该算法的主要操作、它们的执行次数以及对于所使用的数据结构的效率。
6. 维护两个队列：一个用于给定的使用频率，另一个用于新树的权重。
7. 可以很自然地使用一种标准的遍历算法。
8. 从右向左生成编码。
10. 在 9.4 节的结尾我们讨论过一个类似的例子。构造一棵哈夫曼树，然后提出一些特定的问题来求得答案。(我们可以问这样的问题：这张牌是 A 吗？这张牌是 7 吗？这张牌是 8 吗？)

第 10 章

习题 10.1

1. 从一个任意的整数点 x 开始，然后研究其邻居点是否是一个比 x 更好的邮局位置。
2. 画出所讨论问题的可行区域，然后视其方便应用极点定理或平行线法求解。这两种方法课本里都介绍过。
3. 画出所讨论问题的可行区域，然后选择参数 c_1 和 c_2 的值，使得目标函数的水平线具有合适的特性。
4. 对于闭合和半闭合的区间(例如 $0 \leqslant x \leqslant 1$ 和 $0 \leqslant x < 1$)，在线性函数(例如 $f(x) = 2x$)最大化时有什么主要区别？
5. 按照书中对于例题的做法，对给定的实例跟踪单纯形法。
6. 在手工解题之前，最好能够去掉题中的小数系数。也请注意，该题的特点允许我们把它的等式约束用一个不等式约束代替。习题 6.6 的第 8 题曾要求我们直接求解。
7. 该问题的特点使我们立即可以确定它的最优解。针对 $n = 2$ 或者 $n = 3$ 画出它的可行区域，这样做尽管不是必需的，但可以帮助我们求解，也可以帮助我们确定用单纯形法对其求解的迭代次数。

8. 分别考虑该问题的两个版本：连续版本和 0-1 版本(参见 6.6 节的例 2)。

9. 如果 $x'=(x_1',x_2',\cdots,x_n')$ 和 $x''=(x_1'',x_2'',\cdots,x_n'')$ 是同一个线性规划问题的两个不同解，那么以 x' 和 x'' 为端点的线段上的任意点有什么特性？任意这样的点 x 可以表示为 $x=tx'+(1-t)x''=(tx_1'+(1-t)x_1'',tx_2'+(1-t)x_2'',\cdots tx_n'+(1-t)x_n'')$，其中 $0\leqslant t\leqslant 1$。

10. **a**．我们可能会用到转置矩阵的概念，它的行就是给定矩阵的列。

b．对给定的问题应用通用定义。请注意，在把最大化问题转变为最小化问题时，需要改变目标函数的系数，需要改变约束方程的右边部分，需要变换约束条件，还需要改变符号。

c．我们既可以用单纯形法，也可以用几何法。

习题 10.2

1. 用邻接矩阵来表示网络时，源点和汇点在矩阵中分别具有什么特性？

2. 参见课本中给出的算法和例题。

3. 显然，对于任何最优解来说，最大流(割)的值(容量)都是相同的。问题是，不同的流(割)是否能够得出相同的最大值。

4. **a**．向给定的网络中加入额外的顶点和边。

b．如果中间顶点对于能够通过的流量有容量约束，将该顶点分为两个顶点。

5. 利用有根树的递归结构。

6. **a**．对表示流量守恒条件的等式求和。

b．对于集合 X 中确定割的顶点，将定义流量值和流量守恒条件的等式相加。

7. **a**．利用课本中给出的模板(10.11)。

b．既可以使用电子表格中的附加工具，也可以使用因特网上提供的软件。

10. 用边的容量来表示问题的约束。还可以利用第 4 题 a 的解。

习题 10.3

1. 可以使用本节所描述的算法(也可以不用)。

2. 看看本节对另一个二分图是如何应用该算法的。

3. 匹配及其基数的定义可以帮助我们毫不困难地回答该问题。

4. **a**．如果我们可以指出一个子集不满足不等式，则不必检查 V 的每个子集 S 是不是都满足不等式。否则，将集合 V 的所有子集 S 填在一张表上，表包含三列：S，$R(S)$ 和 $|R(S)|\geqslant|S|$。

b．考虑一下时间效率。

5. 将该问题化简为求一个二分图最大匹配的问题。

6. 把一个给定的二分图变换为一个网络，方法是把前者的顶点作为后者的中间顶点。

7. 由于可以证明贪婪算法比本节给出的增益路径算法更简单，我们希望答案是肯定的还是否定的？当然，该观点要经得起特殊的例子甚至是反例的考验。

8. 从把给定树表示为 BFS 树开始。

9. 可以参见[Pap82]和 10.2 节，了解该算法的高效实现。
10. 尽管没必要把问题考虑成棋盘方格的匹配问题，但这种处理可以提供一个简短而精致的证明，表明这个著名的谜题没有解。

习题 10.4

1. 婚姻匹配就是选择矩阵中的三个元素，元素之间相互不同行、不同列。为了确定给定的婚姻匹配是否稳定，检查一下剩下的元素中是不是存在受阻对。
2. 只要考虑一种性别(例如男性)中的每个成员即可，看看他是不是受阻对的潜在一员。
3. 本节中给出了男士求婚版对另一个实例的应用。对于女士求婚版，只要把性别的角色互换一下即可。
4. 该算法的男士求婚版本和女士求婚版本都可以用。
5. 该问题的时间效率显然应该用求婚次数来定义。我们可以(但不要求)分别求出在最佳和最差情况下求婚的精确次数，但 Θ 类型的时间效率也可以满足要求了。
6. 用反证法证明。
7. 用反证法证明。
8. 选择合适的数据结构，使算法最内层循环的运行时间为常量。
9. 主要参考[Gal62]和[Gus89]。
10. 假设有 4 个男孩，其中 3 个都最不想和第 4 个男孩做室友。把这个例子补充完整，使得该例子不存在稳定的分对。

第 11 章

习题 11.1

1. 会不会有一种方法的移动次数要少于蛮力法？为什么？
2. 由于我们知道经典算法的盘子移动次数是 2^n-1，我们只需证明(例如，用数学归纳法)，对于任何算法来说，它的盘子移动次数 $M(n)$都大于等于 2^n-1。或者，我们可以证明，如果 $M^*(n)$是盘子移动的最少次数，那么 $M^*(n)$满足下列递推关系：

$$当\ n>1\ 时，\ M^*(n)=2M^*(n-1)+1；\quad M^*(1)=1$$

   这个递推式的解是 2^n-1。
3. 这些问题都有直截了当的答案。如果某个平凡下界是紧密的，不要忘了指出一个特定的算法来证明它的紧密性。
4. 复习一下 4.4 节介绍的假币问题，会对回答问题有所帮助。
5. 注意比较中的失败者。
6. 想想看如何把数组倒置。

7. 把一个输入图的顶点集合分成两个不相交的子集 U 和 W，它们分别包含 $\lfloor n/2 \rfloor$ 和 $\lceil n/2 \rceil$ 个顶点，请说明，在确认图的连通性之前，任何算法都要检查每一对顶点 (u,w) 之间的边，其中 $u \in U$， $w \in W$。

8. 该问题以及问题的答案和本节讨论的两个 n 元素有序列表的情况非常相似，所以对其下界的证明也非常相似。

9. 遵循本节给出的转化公式。

10. a. 检查一下这个公式是不是对任意的方阵都成立。

    b. 使用一个和本节中的公式类似的公式，证明任意方阵的乘法都可以化简为对称性矩阵的乘方。

11. 哪个具有已知下界的问题和题目中的问题最相似？在找到一个合适的化简以后，不要忘了给出一个算法，来证明这个下界的紧密性。

12. 使用问题化简法。

习题 11.2

1. a. 先对 h 用数学归纳法证明 $2^h \geqslant l$。

   b. 先对 h 用数学归纳法证明 $3^h \geqslant l$。

2. a. 这个问题有多少种结果？

   b. 显然，求解这个简单的问题有许多种方法。

   c. 把 a，b，c 当作实线上的点会有所帮助。

3. 这是一个直截了当的问题，我们可以假设被排序的元素都是各不相同的。(如果大家需要帮助，请参见本节中三元素选择排序和三元素插入排序的决策树。)

4. 计算四元素数组排序的非平凡下界，然后确定一个最差比较次数和这个下界相匹配的排序算法。

5. 这不是一个简单的任务，没有一种标准的排序算法可以做到这一点。试着设计一个特殊的算法，它试图从每次比较中榨取尽可能多的信息。

6. 这是一个非常直截了当的问题。使用一个显而易见的观察结果，即如果在有序数组中进行顺序查找，一旦遇到一个大于查找键的元素，查找就可以停止了。

7. a. 先将对数转换为相同的底。

   b. 最简单的方法是证明

$$\lim_{n\to\infty}\frac{\lceil \log_2(n+1) \rceil}{\lceil \log_3(2n+1) \rceil} > 1$$

   为了避免使用向上取整函数，我们可以使用

$$\frac{f(n)-1}{g(n)+1} < \frac{\lceil f(n) \rceil}{\lceil g(n) \rceil} < \frac{f(n)+1}{g(n)-1}$$

   其中 $f(n) = \log_2(n+1)$ 而 $g(n) = \log_3(2n+1)$，并证明

$$\lim_{n\to\infty}\frac{f(n)-1}{g(n)+1} = \lim_{n\to\infty}\frac{f(n)+1}{g(n)-1} > 1$$

8. 第一个问题的答案直接来自于不等式(11.1)。第二个问题的答案是否。(为什么？)

9. **a.** 考虑失败者。
   b. 考虑竞赛树的高度，或者考虑用折半法将一个 n 元素集合化简为一个单元素集合所需的步数。
   c. 在冠军确定了以后，什么样的选手可以作为亚军呢？
10. **a.** 这个问题有多少种结果？
   b. 画一棵三叉决策树对问题求解。
   c. 请说明，无论是称 2 枚硬币(天平每边 1 个)，还是称 4 枚硬币(天平每边 2 个)，都至少会出现这样一种情形，其中包含的可能结果仍然大于 3 种。而这是无法用一次称重来排除的①。
   d. 首先确定是不是要从 2 枚硬币开始称重。不要忘了我们可以利用那枚额外的真币。
   e. 这是一个著名的谜题，d 的解是关键所在。
11. 如果想用本节介绍的思想来解这道题，请用二叉树表示拼图的过程。

习题 11.3

1. 检查可判定判定问题的定义。
2. 先确定 $n^{\log_2 n}$ 是不是一个多项式函数。然后仔细阅读易解问题和难解问题的定义。
3. 4 种组合都是可能的，它们的例子都不必太大。
4. 只需使用色数的定义。先求解第 5 题会有帮助，但并非必要。
5. 我们已经很熟悉这个问题了。
6. 对于这个问题来说，输入规模的合适度量标准是什么？
7. 参见图着色问题的判定版本中的公式以及本节给出的哈密顿回路问题的验证算法。
8. 可以先把划分问题表示为 0-1 变量的线性等式 x_i，$i = 1, \cdots, n$。
9. 如果大家不熟悉团、顶点覆盖和独立集的概念，先对类似第 4 题中的一些简单图寻找它们的最大团、最小顶点覆盖和最大独立集是一个好方法。就第 9 题所提到的，试着寻找这 3 个概念的关系。我们会发现，考虑原图的**补图**是有用的，这种图的顶点和原图是相同的，边却位于原图中不邻接的顶点之间。
10. 表述不同的同一问题可在本节中找到。
11. 其中只有两个和我们当前对于复杂性类型的知识没有矛盾。
12. 我们需要的问题在本节中明确地提到过。

习题 11.4

1. 根据给定的有效位数定义的要求，计算这个近似值的相对误差。其中一个答案和我们对这个概念的直觉是相反的。
2. 使用绝对误差和相对误差的定义以及这个绝对值的特性。

① 布拉萨德(Brassard)和布拉得利(Bratley)给出了用信息理论进行证明的方法([Bra96])。

3. 计算$\sum_{i=0}^{5}\frac{0.5^i}{i!}$的值和它与$\sqrt{e}=1.648721\cdots$的差的数量级。
4. 对n个近似梯形的每一条应用梯形面积公式，并把它们相加。
5. 对于给定的积分应用公式(11.7)和(11.9)。
6. 求二阶导数$e^{\sin x}$的上界，并用公式(11.9)求出为了保证截断误差小于规定的误差范围，n的值应该是多少。
7. 本节讨论过一个类似的问题。
8. 考虑参数a，b，c的所有可能值。请记住，对一个方程求解意味着求出它的所有根或者证明这样的根不存在。
9. **a.** 证明该序列的每一个元素x_n都满足(i)正数，(ii)大于$\sqrt{D}$(通过计算$x_{n+1}-\sqrt{D}$)，(iii)是降序的(通过计算$x_{n+1}-x_n$)。然后当n趋向于无穷大时，对等式(11.15)的两边求极限。

   b. 使用等式

$$x_{n+1}-\sqrt{D}=\frac{(x_n-\sqrt{D})^2}{2x_n}$$

10. 本节对$\sqrt{2}$做过这样的计算。

第12章

习题12.1

1. **a.** 从第一个解的叶子开始回溯，继续使用该算法。

   b. 如何利用棋盘的对称性从第一个解求得第二个解。
2. 考虑反向应用回溯法。
3. **a.** 利用回溯算法的通用模板。我们必须要知道对于皇后们的给定位置，如何检查是不是没有两个皇后可以相互攻击。为了便于和穷举查找算法相比，我们可以考虑一个不利用对称性求出问题所有解的版本。也请注意，穷举查找算法既可以在$n\times n$的棋盘上选择n个皇后的n个不同格子，也可以将皇后放在不同的行中，或者将皇后放在不同的行和不同的列中。

   b. 对于求解该问题的回溯算法做少许改动就可以得到树的规模的估计算法。虽然对单条随机路径查看这种估计的精确度是有益的，但我们还是需要对若干条路径求平均，得出树的规模的一个较为精确的估计。
4. 分别考虑n除以6得到的6种不同余数的情况。$n \bmod 6 = 2$以及$n \bmod 6 = 3$比其他情形更难，需要对皇后的贪婪位置进行一个调整。
5. 本节曾对该问题的另一个实例求解。
6. 请注意，在不失一般性的前提下，我们可以假设顶点a用颜色1着色，然后把这个信息和状态空间树的根相关联。
7. 这里可以直截了当地应用回溯法。

8. a. 本节求解过这个问题的另一个实例。
   b. 某些节点会被认为是有希望的，但实际上并非如此。
9. 对给定的模板做小小的修改即可。
11. 确保你的程序不会为板上的同一位置生成重复的树节点。而且，如果给定的谜题实例无解，程序应该能够给出相应的消息。

习题 12.2

1. 最佳优先分支界限算法会对它的状态空间树中的活节点做什么操作？
2. 从成本矩阵的列中取出最小的数字来计算下界。根据这个下界函数，更合乎逻辑的方法是，考虑 4 种将任务 1 分配给树的第一层节点的方法。
3. a. 我们的答案应该是一个具有简单结构的 n 阶矩阵，使得算法的速度最快。
   b. 对于 a 中的答案，画出它的状态空间树结构。
5. 本节曾对一个类似的问题求过解。
6. 不止考虑一个不包含在子集中的元素。
8. 对于图中的每个顶点，哈密顿回路都必须恰好附带两条边。
9. 本节曾对一个类似的问题求过解。

习题 12.3

1. a. 先对矩阵的第一列做标记，然后找出第一行中的最小元素以及一个未做标记的列。
   b. 我们需要使用穷举查找法、分支界限法或其他方法求出最优解。
2. a. 最简单的方法是标记对应于已访问城市的列。或者，我们可以维护一个未访问城市的链表。
   b. 遵循分析算法效率的标准方案，这并不困难(对 a 的提示中提到的两种选项，我们生成的结果应该是相同的)。
3. 按照顺时针方向行走。
4. 对于中间顶点 $k \geqslant 1$ 的情况，扩展三角不等式，然后用数学归纳法证明它的正确性。
5. 先确定算法三个步骤中每一步的时间效率。
6. 我们必须征明两个事实：
   i. 对于背包问题的任何实例，$f(s^*) \leqslant 2f(s_a)$，其中 $f(s_a)$是用增强贪婪算法求得的近似解的值，而$f(s^*)$是同一个问题的最优解的精确值。
   ii. 使得这个断言成立的最小常数为 2。
   为了证明 i，使用该问题连续版本的最优解的值，以及它和近似解的值的关系。为了证明 ii，找到一系列包含三个物品的实例来证明这个观点(两个物品的重量可以是$W/2$，第三个物品的重量要略大于$W/2$)。
7. a. 对于给定的实例跟踪该算法，然后回答我们是不是可以把同样的物品放在更少的箱子里？

b. 该算法的基本操作是什么？什么样的输入会使该算法的运行时间最长？

c. 先证明这个不等式：

对于 $B_{FF} > 1$ 的任何实例来说

$$B_{FF} < 2\sum_{i=1}^{n} s_i$$

其中，B_{FF} 是对物品大小为 $s_1, s_2, \cdots, s_n$ 的实例应用优先容纳(FF)算法后得到的箱子数量。为了证明这个不等式，可以利用这个事实，也就是说，半满或不到半满的箱子数量不会超过一个。

8. **a**. 对于给定的实例跟踪该算法，然后回答我们是不是可以把同样的物品放入更少的箱子。

b. 我们既可以使用理论上的证明，也可以提供一个反例。

c. 利用下面两个特性：

i. 被 FFD 放在额外箱子(也就是前 B^* 个箱子之后的箱子)中的物品，大小最多为 $1/3$ 。

ii. 放在额外箱子中的物品最多为 B^*-1 件。(B^* 是箱子的最优数量。)

d. 这个任务有两种版本，其难度级别有显著的差别。是哪两种版本？

9. **a**. 有一种算法的思路和拓扑排序的源删除算法很相似，唯一的不同就是它是从图的任意一条边开始的。

b. 我们在前面提醒过，精确求解 *NP* 困难问题的多项式时间等价性，并不意味着它们的近似解法也是如此。

10. **a**. 对顶点着色，不到必要时不要引入新的颜色。

b. 找到一系列图 G_n，使得下面这个比例可以任意大：

$$\frac{\chi_a(G_n)}{\chi^*(G_n)}$$

(其中，$\chi_a(G_n)$和$\chi^*(G_n)$分别是贪婪算法得到的颜色数量和最优颜色数量。)

习题 12.4

1. 知道这样一个事实有助于大家的查找：这个解法是由意大利文艺复兴时期的数学家吉罗拉莫·卡尔达诺(Girolamo Cardano)首次发表的。

2. 用 $f_1(x) = f_2(x)$表示方程并绘出函数 $f_1(x)$和 $f_2(x)$的图形，可以帮助我们在不使用微积分和复杂计算器的情况下回答这些问题。

3. **a**. 使用支撑平分法的特性。

b. 使用 $p(x)$除以 $x - x_0$ 的多项式除法定义，也就是等式

$$p(x) = q(x)(x - x_0) + r$$

其中，x_0 是多项式 $p(x)$的一个根，$q(x)$和 r 分别是除法的商和余数。

c. 对 b 中给出的等式两边求导，然后再将 x_0 代入。

4. 使用这样一个事实，$|x_n - x^*|$ 是从 x_n (区间 $[a_n, b_n]$ 的中点)到根 x^* 之间的距离。

5. 画一个图，确定根的大概位置，然后选择一个适当的初始区间将它括起来。使用

12.4 节给出的一个合适的不等式来确定所需迭代的最少次数。然后执行算法的迭代，就像本节中对例题的做法。

6. 写出穿越点$(a_n, f(a_n))$和$(b_n, f(b_n))$的直线方程，然后求出它的 x 轴截距。

7. 参见本节给出的例题。我们既可以使用区间长度$[a_n, b_n]$，也可以使用不等式(12.12)来作为停止的标准。

8. 写出函数图形在点$(x_n, f(x_n))$的切线方程，并求出它的 x 轴截距。

9. 参见本节给出的例题。当然，我们的起始点 x_0 可以和例题不同。

10. 作为一个例子，可以考虑 $f(x) = \sqrt[3]{x}$ 。

11. 先就问题中的区域推导出一个方程，然后用本节讨论的某个方法对其求解。

参考文献

[Ade62] Adelson-Velsky, G.M. and Landis, E.M. An algorithm for organization of information. *Soviet Mathematics Doklady*, vol. 3, 1962, 1259–1263.

[Adl94] Adleman, L.M. Molecular computation of solutions to combinatorial problems. *Science,* vol. 266, 1994, 1021–1024.

[Agr04] Agrawal, M., Kayal, N., and Saxena, N. PRIMES is in *P. Annals of Mathematics*, vol. 160, no. 2, 2004, 781–793.

[Aho74] Aho, A.V., Hopcroft, J.E., and Ullman, J.D. *The Design and Analysis of Computer Algorithms*. Addison-Wesley, 1974.

[Aho83] Aho, A.V., Hopcroft, J.E., and Ullman, J.D. *Data Structures and Algorithms*. Addison-Wesley, 1983.

[Ahu93] Ahuja, R.K., Magnanti, T.L., and Orlin, J.B. *Network Flows: Theory, Algorithms, and Applications*. Prentice Hall, 1993.

[App] Applegate, D.L., Bixby, R.E., Chvátal, V., and Cook, W.J. *The Traveling Salesman Problems*. www.tsp.gatech.edu/index.html.

[App07] Applegate, D.L., Bixby, R.E., Chvátal, V., and Cook, W.J. *The Traveling Salesman Problem: A Computational Study*. Princeton University Press, 2007.

[Arb93] Arbel, A. *Exploring Interior-Point Linear Programming: Algorithms and Software (Foundations of Computing)*. MIT Press, 1993.

[Aro09] Arora, S. and Barak, B. *Computational Complexity: A Modern Approach.* Cambridge University Press, 2009.

[Ata09] Atallah, M.J. and Blanton, M., eds. *Algorithms and Theory of Computation Handbook*, 2nd ed. (two-volume set), Chapman and Hall/CRC, 2009.

[Avi07] Avidan, S. and Shamir, A. Seam carving for content-aware image resizing. *ACM Transactions on Graphics*, vol. 26, no. 3, article 10, July 2007, 9 pages.

[Azi10] Aziz, A. and Prakash, A. *Algorithms for Interviews*. algorithmsforinterviews.com, 2010.

[Baa00] Baase, S. and Van Gelder, A. *Computer Algorithms: Introduction to Design and Analysis*, 3rd ed. Addison-Wesley, 2000.

[Bae81] Baecker, R. (with assistance of D. Sherman) *Sorting out Sorting*. 30-minute color sound film. Dynamic Graphics Project, University of Toronto, 1981. video.google.com/videoplay?docid=3970523862559-774879#docid=-4110947752111188923.

[Bae98] Baecker, R. Sorting out sorting: a case study of software visualization for teaching computer science. In *Software Visualization: Programming as a Multimedia Experience,* edited by J. Stasko, J. Domingue, M.C. Brown, and B.A. Price. MIT Press, 1998, 369–381.

[BaY95] Baeza-Yates, R.A. Teaching algorithms. *ACM SIGACT News,* vol. 26, no. 4, Dec. 1995, 51–59.

[Bay72] Bayer, R. and McGreight, E.M. Organization and maintenance of large ordered indices. *Acta Informatica*, vol. 1, no. 3, 1972, 173–189.

[Bel09] Bell, J., and Stevens, B. A survey of known results and research areas for *n*-queens. *Discrete Mathematics*, vol. 309, issue 1, Jan. 2009, 1–31.

[Bel57] Bellman, R.E. *Dynamic Programming*. Princeton University Press, 1957.

[Ben00] Bentley, J. *Programming Pearls*, 2nd ed. Addison-Wesley, 2000.

[Ben90] Bentley, J.L. Experiments on traveling salesman heuristics. In *Proceedings of the First Annual ACM-SIAM Symposium on Discrete Algorithms*, 1990, 91–99.

[Ben93] Bentley, J.L. and McIlroy, M.D. Engineering a sort function. *Software—Practice and Experience*, vol. 23, no. 11, 1993, 1249–1265.

[Ber03] Berlekamp, E.R., Conway, J.H., and Guy, R.K. *Winning Ways for Your Mathematical Plays*, 2nd ed., volumes 1–4. A K Peters, 2003.

[Ber00] Berlinski, D. *The Advent of the Algorithm: The Idea That Rules the World*. Harcourt, 2000.

[Ber05] Berman, K.A. and Paul, J.L. *Algorithms: Sequential, Parallel, and Distributed*. Course Technology, 2005.

[Ber01] Berstekas, D.P. *Dynamic Programming and Optimal Control: 2nd Edition (Volumes 1 and 2)*. Athena Scientific, 2001.

[Blo73] Bloom, M., Floyd, R.W., Pratt, V., Rivest, R.L., and Tarjan, R.E. Time bounds for selection. *Journal of Computer and System Sciences,* vol. 7, no. 4, 1973, 448–461.

[Bog] Bogomolny, A. *Interactive Mathematics Miscellany and Puzzles*. www.cut-the-knot.org.

[Boy77] Boyer, R.S. and Moore, J.S. A fast string searching algorithm. *Communications of the ACM,* vol. 21, no. 10, 1977, 762–772.

[Bra96] Brassard, G. and Bratley, P. *Fundamentals of Algorithmics.* Prentice Hall, 1996.

[Car79] Carmony, L. Odd pie fights. *Mathematics Teacher*, vol. 72, no. 1, 1979, 61–64.

[Cha98] Chabert, Jean-Luc, ed. *A History of Algorithms: From the Pebble to the Microchip.* Translated by Chris Weeks. Springer, 1998.

[Cha00] Chandler, J.P. Patent protection of computer programs. *Minnesota Intellectual Property Review*, vol. 1, no. 1, 2000, 33–46.

[Chr76] Christofides, N. *Worst-Case Analysis of a New Heuristic for the Traveling Salesman Problem*. Technical Report, GSIA, Carnegie-Mellon University, 1976.

[Chv83] Chvátal, V. *Linear Programming*. W.H. Freeman, 1983.

[Com79] Comer, D. The ubiquitous B-tree. *ACM Computing Surveys*, vol. 11, no. 2, 1979, 121–137.

[Coo71] Cook, S.A. The complexity of theorem-proving procedures. In *Proceeding of the Third Annual ACM Symposium on the Theory of Computing,* 1971, 151–158.

[Coo87] Coopersmith, D. and Winograd, S. Matrix multiplication via arithmetic progressions. In *Proceedings of Nineteenth Annual ACM Symposium on the Theory of Computing,* 1987, 1–6.

[Cor09] Cormen, T.H., Leiserson, C.E., Rivest, R.L., and Stein, C. *Introduction to Algorithms*, 3rd ed. MIT Press, 2009.

[Cra07] Crack, T.F. *Heard on the Street: Quantitative Questions from Wall Street Job Interviews*, 10th ed., self-published, 2007.

[Dan63] Dantzig, G.B. *Linear Programming and Extensions.* Princeton University Press, 1963.

[deB10] de Berg, M., Cheong, O., van Kreveld, M., and Overmars, M. *Computational Geometry: Algorithms and Applications*, 3rd ed. Springer, 2010.

[Dew93] Dewdney, A.K. *The (New) Turing Omnibus.* Computer Science Press, 1993.

[Dij59] Dijkstra, E.W. A note on two problems in connection with graphs. *Numerische Mathematik,* vol. 1, 1959, 269–271.

[Dij76] Dijkstra, E.W. *A Discipline of Programming*. Prentice-Hall, 1976.

[Dud70] Dudley, U. The first recreational mathematics book. *Journal of Recreational Mathematics*, 1970, 164–169.

[Eas10] Easley, D., and Kleinberg, J. *Networks, Crowds, and Markets: Reasoning About a Highly Connected World*. Cambridge University Press, 2010.

[Edm65] Edmonds, J. Paths, trees, and flowers. *Canadian Journal of Mathematics*, vol. 17, 1965, 449–467.

[Edm72] Edmonds, J. and Karp, R.M. Theoretical improvements in algorithmic efficiency for network flow problems. *Journal of the ACM*, vol. 19, no. 2, 1972, 248–264.

[Flo62] Floyd, R.W. Algorithm 97: shortest path. *Communications of the ACM*, vol. 5, no. 6, 1962, 345.

[For57] Ford, L.R., Jr., and Fulkerson, D.R. A simple algorithm for finding maximal network flows and an application to the Hitchcock problem. *Canadian Journal of Mathematics*, vol. 9, no. 2, 1957, 210–218.

[For62] Ford, L.R., Jr., and Fulkerson, D.R. *Flows in Networks.* Princeton University Press, 1962.

[For68] Forsythe, G.E. What to do till the computer scientist comes. *American Mathematical Monthly,* vol. 75, no. 5, 1968, 454–462.

[For69] Forsythe, G.E. Solving a quadratic equation on a computer. In *The Mathematical Sciences,* edited by COSRIMS and George Boehm, MIT Press, 1969, 138–152.

[Gal62] Gale, D. and Shapley, L.S. College admissions and the stability of marriage. *American Mathematical Monthly*, vol. 69, Jan. 1962, 9–15.

[Gal86] Galil, Z. Efficient algorithms for finding maximum matching in graphs. *Computing Surveys*, vol. 18, no. 1, March 1986, 23–38.

[Gar99] Gardiner, A. *Mathematical Puzzling*. Dover, 1999.

[Gar78] Gardner, M. *aha! Insight*. Scientific American/W.H. Freeman, 1978.

[Gar88] Gardner, M. *Hexaflexagons and Other Mathematical Diversions: The First Scientific American Book of Puzzles and Games*. University of Chicago Press, 1988.

[Gar94] Gardner, M. *My Best Mathematical and Logic Puzzles.* Dover, 1994.

[Gar79] Garey, M.R. and Johnson, D.S. *Computers and Intractability: A Guide to the Theory of NP-Completeness*. W.H. Freeman, 1979.

[Ger03] Gerald, C.F. and Wheatley, P.O. *Applied Numerical Analysis*, 7th ed. Addison-Wesley, 2003.

[Gin04] Ginat, D. Embedding instructive assertions in program design. In *Proceedings of ITiCSE'04*, June 28–30, 2004, Leeds, UK, 62–66.

[Gol94] Golomb, S.W. *Polyominoes: Puzzles, Patterns, Problems, and Packings*. Revised and expanded second edition. Princeton University Press, 1994.

[Gon91] Gonnet, G.H. and Baeza-Yates, R. *Handbook of Algorithms and Data Structures in Pascal and C*, 2nd ed. Addison-Wesley, 1991.

[Goo02] Goodrich, M.T. and Tamassia, R. *Algorithm Design: Foundations, Analysis, and Internet Examples*. John Wiley & Sons, 2002.

[Gra94] Graham, R.L., Knuth, D.E., and Patashnik, O. *Concrete Mathematics: A Foundation for Computer Science*, 2nd ed. Addison-Wesley, 1994.

[Gre07] Green, D.H. and Knuth, D.E. *Mathematics for Analysis of Algorithms*, 3rd edition. Birkhäuser, 2007.

[Gri81] Gries, D. *The Science of Programming*. Springer, 1981.

[Gus89] Gusfield, D. and Irwing, R.W. *The Stable Marriage Problem: Structure and Algorithms*. MIT Press, 1989.

[Gut07] Gutin, G. and Punnen, A.P., eds. *Traveling Salesman Problem and Its Variations*. Springer, 2007.

[Har92] Harel, D. *Algorithmics: The Spirit of Computing*, 2nd ed. Addison-Wesley, 1992.

[Har65] Hartmanis, J. and Stearns, R.E. On the computational complexity of algorithms. *Transactions of the American Mathematical Society,* vol. 117, May 1965, 285–306.

[Hea63] Heap, B.R. Permutations by interchanges. *Computer Journal*, vol. 6, 1963, 293–294.

[Het10] Hetland, M.L. *Python Algorithms: Mastering Basic Algorithms in the Python Language.* Apress, 2010.

[Hig93] Higham, N.J. The accuracy of floating point summation. *SIAM Journal on Scientific Computing*, vol. 14, no. 4, July 1993, 783–799.

[Hoa96] Hoare, C.A.R. Quicksort. In *Great Papers in Computer Science,* Phillip Laplante, ed. West Publishing Company, 1996, 31–39.

[Hoc97] Hochbaum, D.S., ed. *Approximation Algorithms for NP-Hard Problems*. PWS Publishing, 1997.

[Hop87] Hopcroft, J.E. Computer science: the emergence of a discipline. *Communications of the ACM,* vol. 30, no. 3, March 1987, 198–202.

[Hop73] Hopcroft, J.E. and Karp, R.M. An $n^{5/2}$ algorithm for maximum matchings in bipartite graphs. *SIAM Journal on Computing*, vol. 2, 1973, 225–231.

[Hor07] Horowitz, E., Sahni, S., and Rajasekaran, S. *Computer Algorithms*, 2nd ed. Silicon Press, 2007.

[Hor80] Horspool, R.N. Practical fast searching in strings. *Software—Practice and Experience,* vol. 10, 1980, 501–506.

[Hu02] Hu, T.C. and Shing, M.T. *Combinatorial Algorithms: Enlarged Second edition*. Dover, 2002.

[Huf52] Huffman, D.A. A method for the construction of minimum redundancy codes. *Proceedings of the IRE,* vol. 40, 1952, 1098–1101.

[Joh07a] Johnson, D.S. and McGeoch, L.A. Experimental analysis of heuristics for the STSP. In *The Traveling Salesman Problem and Its Variations,* edited by G. Gutin and A.P. Punnen, Springer, 2007, 369–443.

[Joh07b] Johnson, D.S., Gutin, G., McGeoch, L.A., Yeo, A., Zhang, W., and Zverovitch, A. Experimental analysis of heuristics for the ATSP. In *The Traveling Salesman Problem and Its Variations,* edited by G. Gutin and A.P. Punnen, Springer, 2007, 445–487.

[Joh04] Johnsonbaugh, R. and Schaefer, M. *Algorithms*. Pearson Education, 2004.

[Kar84] Karmarkar, N. A new polynomial-time algorithm for linear programming. *Combinatorica*, vol. 4, no. 4, 1984, 373–395.

[Kar72] Karp, R.M. Reducibility among combinatorial problems. In *Complexity of Computer Communications*, edited by R.E. Miller and J.W. Thatcher. Plenum Press, 1972, 85–103.

[Kar86] Karp, R.M. Combinatorics, complexity, and randomness. *Communications of the ACM*, vol. 29, no. 2, Feb. 1986, 89–109.

[Kar91] Karp, R.M. An introduction to randomized algorithms. *Discrete Applied Mathematics,* vol. 34, Nov. 1991, 165–201.

[Kel04] Kellerer, H., Pferschy, U., and Pisinger, D. *Knapsack Problems*. Springer, 2004.

[Ker99] Kernighan, B.W. and Pike. R. *The Practice of Programming*. Addison-Wesley, 1999.

[Kha79] Khachian, L.G. A polynomial algorithm in linear programming. *Soviet Mathematics Doklady*, vol. 20, 1979, 191–194.

[Kle06] Kleinberg, J. and Tardos, É. *Algorithm Design.* Pearson, 2006.

[Knu75] Knuth, D.E. Estimating the efficiency of backtrack programs. *Mathematics of Computation,* vol. 29, Jan. 1975, 121–136.

[Knu76] Knuth, D.E. Big omicron and big omega and big theta. *ACM SIGACT News*, vol. 8, no. 2, 1976, 18–23.

[Knu96] Knuth, D.E. *Selected Papers on Computer Science*. CSLI Publications and Cambridge University Press, 1996.

[KnuI] Knuth, D.E. *The Art of Computer Programming, Volume 1: Fundamental Algorithms*, 3rd ed. Addison-Wesley, 1997.

[KnuII] Knuth, D.E. *The Art of Computer Programming, Volume 2: Seminumerical Algorithms*, 3rd ed. Addison-Wesley, 1998.

[KnuIII] Knuth, D.E. *The Art of Computer Programming, Volume 3: Sorting and Searching*, 2nd ed. Addison-Wesley, 1998.

[KnuIV] Knuth, D.E. *The Art of Computer Programming, Volume 4A, Combinatorial Algorithms, Part 1.* Addison-Wesley, 2011.

[Knu77] Knuth, D.E., Morris, Jr., J.H., and Pratt, V.R. Fast pattern matching in strings. *SIAM Journal on Computing*, vol. 5, no. 2, 1977, 323–350.

[Kol95] Kolman, B. and Beck, R.E. *Elementary Linear Programming with Applications*, 2nd ed. Academic Press, 1995.

[Kor92] Kordemsky, B.A. *The Moscow Puzzles*. Dover, 1992.

[Kor05] Kordemsky, B.A. *Mathematical Charmers*. Oniks, 2005 (in Russian).

[Kru56] Kruskal, J.B. On the shortest spanning subtree of a graph and the traveling salesman problem. *Proceedings of the American Mathematical Society*, vol. 7, 1956, 48–50.

[Laa10] Laakmann, G. *Cracking the Coding Interview*, 4th ed. CareerCup, 2010.

[Law85] Lawler, E.L., Lenstra, J.K., Rinnooy Kan, A.H.G., and Shmoys, D.B., eds. *The Traveling Salesman Problem*. John Wiley, 1985.

[Lev73] Levin, L.A. Universal sorting problems. *Problemy Peredachi Informatsii,* vol. 9, no. 3, 1973, 115–116 (in Russian). English translation in *Problems of Information Transmission*, vol. 9, 265–266.

[Lev99] Levitin, A. Do we teach the right algorithm design techniques? In *Proceedings of SIGCSE'99*, New Orleans, LA, 1999, 179–183.

[Lev11] Levitin, A. and Levitin, M. *Algorithmic Puzzles*. Oxford University Press, 2011.

[Lin73] Lin, S. and Kernighan, B.W. An effective heuristic algorithm for the traveling-salesman problem. *Operations Research*, vol. 21, 1973, 498–516.

[Man89] Manber, U. *Introduction to Algorithms: A Creative Approach.* Addison-Wesley, 1989.

[Mar90] Martello, S. and Toth, P. *Knapsack Problems: Algorithms and Computer Implementations*. John Wiley, 1990.

[Mic10] Michalewicz, Z. and Fogel, D.B. *How to Solve It: Modern Heuristics*, second, revised and extended edition. Springer, 2010.

[Mil05] Miller, R. and Boxer, L. *Algorithms Sequential and Parallel: A Unified Approach*, 2nd ed. Charles River Media, 2005.

[Mor91] Moret, B.M.E. and Shapiro, H.D. *Algorithms from P to NP. Volume I: Design and Efficiency.* Benjamin Cummings, 1991.

[Mot95] Motwani, R. and Raghavan, P. *Randomized Algorithms.* Cambridge University Press, 1995.

[Nea09] Neapolitan, R. and Naimipour, K. *Foundations of Algorithms, Fourth Edition*. Jones and Bartlett, 2009.

[Nem89] Nemhauser, G.L., Rinnooy Kan, A.H.G., and Todd, M.J., eds. *Optimization*. North-Holland, Amsterdam, 1989.

[OCo98] O'Connor, J.J. and Robertson, E.F. *The MacTutor History of Mathematics archive,* June 1998, www-history.mcs.st-andrews.ac.uk/history/Mathematicians/Abel.html.

[Ong84] Ong, H.L. and Moore, J.B. Worst-case analysis of two traveling salesman heuristics. *Operations Research Letters*, vol. 2, 1984, 273–277.

[ORo98] O'Rourke, J. *Computational Geometry in C*, 2nd ed. Cambridge University Press, 1998.

[Ove80] Overmars, M.H. and van Leeuwen, J. Further comments on Bykat's convex hull algorithm. *Information Processing Letters,* vol. 10, no. 4/5, 1980, 209–212.

[Pan78] Pan, V.Y. Strassen's algorithm is not optimal. *Proceedings of Nineteenth Annual IEEE Symposium on the Foundations of Computer Science*, 1978, 166–176.

[Pap82] Papadimitriou, C.H. and Steiglitz, K. *Combinatorial Optimization: Algorithms and Complexity*. Prentice-Hall, 1982.

[Par95] Parberry, I. *Problems on Algorithms*. Prentice-Hall, 1995.

[Pol57] Pólya, G. *How to Solve It: A New Aspect of Mathematical Method*, 2nd ed. Doubleday, 1957.

[Pre85] Preparata, F.P. and Shamos, M.I. *Computational Geometry: An Introduction.* Springer, 1985.

[Pri57] Prim, R.C. Shortest connection networks and some generalizations. *Bell System Technical Journal,* vol. 36, no. 1, 1957, 1389–1401.

[Pur04] Purdom, P.W., Jr., and Brown, C. *The Analysis of Algorithms.* Oxford University Press, 2004.

[Raw91] Rawlins, G.J.E. *Compared to What? An Introduction to the Analysis of Algorithms*. Computer Science Press, 1991.

[Rei77] Reingold, E.M., Nievergelt, J., and Deo, N. *Combinatorial Algorithms: Theory and Practice.* Prentice-Hall, 1977.

[Riv78] Rivest, R.L., Shamir, A., and Adleman, L.M. A method for obtaining digital signatures and public-key cryptosystems. *Communications of the ACM,* vol. 21, no. 2, Feb. 1978, 120–126.

[Ros07] Rosen, K. *Discreet Mathematics and Its Applications*, 6th ed., McGraw-Hill, 2007.

[Ros77] Rosenkrantz, D.J., Stearns, R.E., and Lewis, P.M. An analysis of several heuristics for the traveling salesman problem. *SIAM Journal of Computing*, vol. 6, 1977, 563–581.

[Roy59] Roy, B. Transitivité et connexité. *Comptes rendus de l'Académie des Sciences*, vol. 249, 216–218, 1959.

[Sah75] Sahni, S. Approximation algorithms for the 0/1 knapsack problem. *Journal of the ACM*, vol. 22, no. 1, Jan. 1975, 115–124.

[Sah76] Sahni, S. and Gonzalez, T. *P*-complete approximation problems. *Journal of the ACM*, vol. 23, no. 3, July 1976, 555–565.

[Say05] Sayood, K. *Introduction to Data Compression*, 3rd ed. Morgan Kaufmann Publishers, 2005.

[Sed02] Sedgewick, R. *Algorithms in C/C++/Java, Parts 1–5: Fundamentals, Data Structures, Sorting, Searching, and Graph Algorithms*, 3rd ed. Addison-Wesley Professional, 2002.

[Sed96] Sedgewick, R. and Flajolet, P. *An Introduction to the Analysis of Algorithms.* Addison-Wesley Professional, 1996.

[Sed11] Sedgewick, R. and Wayne, K. *Algorithms*, *Fourth Edition*. Pearson Education, 2011.

[Sha07] Shaffer, C.A., Cooper, M., and Edwards, S.H. Algorithm visualization: a report on the state of the field. *ACM SIGCSE Bulletin,* vol. 39, no. 1, March 2007, 150–154.

[Sha98] Shasha, D. and Lazere, C. *Out of Their Minds: The Lives and Discoveries of 15 Great Computer Scientists.* Copernicus, 1998.

[She59] Shell, D.L. A high-speed sorting procedure. *Communications of the ACM*, vol. 2, no. 7, July 1959, 30–32.

[Sho94] Shor, P.W. Algorithms for quantum computation: discrete algorithms and factoring. *Proceedings 35th Annual Symposium on Foundations of Computer Science* (Shafi Goldwasser, ed.). IEEE Computer Society Press, 1994, 124–134.

[Sip05] Sipser, M. *Introduction to the Theory of Computation*, 2nd ed. Course Technology, 2005.

[Ski10] Skiena, S.S. *Algorithm Design Manual*, 2nd ed. Springer, 2010.

[Str69] Strassen, V. Gaussian elimination is not optimal. *Numerische Mathematik,* vol. 13, no. 4, 1969, 354–356.

[Tar83] Tarjan, R.E. *Data Structures and Network Algorithms.* Society for Industrial and Applied Mathematics, 1983.

[Tar85] Tarjan, R.E. Amortized computational complexity. *SIAM Journal on Algebraic and Discrete Methods,* vol. 6, no. 2, Apr. 1985, 306–318.

[Tar87] Tarjan, R.E. Algorithm design. *Communications of the ACM,* vol. 30, no. 3, March 1987, 204–212.

[Tar84] Tarjan, R.E. and van Leeuwen, J. Worst-case analysis of set union algorithms. *Journal of the ACM*, vol. 31, no. 2, Apr. 1984, 245–281.

[War62] Warshall, S. A theorem on boolean matrices. *Journal of the ACM,* vol. 9, no. 1, Jan. 1962, 11–12.

[Wei77] Weide, B. A survey of analysis techniques for discrete algorithms. *Computing Surveys*, vol. 9, no. 4, 1977, 291–313.

[Wil64] Williams, J.W.J. Algorithm 232 (heapsort). *Communications of the ACM,* vol. 7, no. 6, 1964, 347–348.

[Wir76] Wirth, N. *Algorithms + Data Structures = Programs.* Prentice-Hall, Englewood Cliffs, NJ, 1976.

[Yan08] Yanofsky, N.S. and Mannucci, M.A. *Quantum Computing for Computer Scientists*. Cambridge University Press, 2008.

[Yao82] Yao, F. Speed-up in dynamic programming. *SIAM Journal on Algebraic and Discrete Methods,* vol. 3, no. 4, 1982, 532–540.